電子工業出版社
Publishing House of Electronics Industry
北京·BEIJING

内 容 简 介

本书基于 UG NX 12 软件的全功能模块，对各个模块进行了全面细致的讲解。本书由浅到深、循序渐进地介绍了 UG NX 12 的基本操作及命令的使用，并配以大量的制作实例。书中实例通俗易懂，具有很强的实用性和代表性，专业性和技巧性等特点也比较突出。

本书适合即将和已经从事机械设计、模具设计、产品设计、钣金设计等专业技术人员，并可作为本科、大中专和相关培训学校的软件专业培训教材。

图书在版编目（CIP）数据

UG NX 12 中文版入门、精通与实战 / 周敏，杨秀丽，戚晓艳编著. -- 北京：电子工业出版社，2020.1

ISBN 978-7-121-29536-2

Ⅰ. ①U… Ⅱ. ①周… ②杨… ③戚… Ⅲ. ①计算机辅助设计－应用软件－教材 Ⅳ. ①TP391.72

中国版本图书馆 CIP 数据核字(2019)第 274525 号

责任编辑：赵英华
印　　刷：三河市鑫金马印装有限公司
装　　订：三河市鑫金马印装有限公司
出版发行：电子工业出版社
　　　　　北京市海淀区万寿路 173 信箱　邮编：100036
开　　本：787×1092　1/16　印张：26.25　字数：759.6 千字
版　　次：2020 年 1 月第 1 版
印　　次：2020 年 1 月第 1 次印刷
定　　价：89.00 元

凡所购买电子工业出版社图书有缺损问题，请向购买书店调换。若书店售缺，请与本社发行部联系，联系及邮购电话：（010）88254888，88258888。

质量投诉请发邮件至 zlts@phei.com.cn，盗版侵权举报请发邮件至 dbqq@phei.com.cn。

本书咨询联系方式：（010）88254161～88254167 转 1897。

UG 是近年来应用最广泛、最具竞争力的 CAD/CAE/CAM 大型集成软件之一，它囊括了产品设计、零件装配、模具设计、NC 加工、工程图设计、模流分析、自动测量和机构仿真等多种功能。该软件完全能够改善整体流程以及该流程中每个步骤的效率，被广泛应用于航空、航天、汽车、通用机械和造船等工业领域。

本书内容

本书基于 UG NX 12 软件的全功能模块，对各个模块进行了全面细致的讲解。本书由浅到深、循序渐进地介绍了 UG NX 12 的基本操作及命令的使用，并配以大量的制作实例。

全书共 12 章，章节内容安排如下。

- 第 1 章：主要介绍 UG NX 12 的软件界面、环境参数配置、坐标系、常用基准工具和对象的选择方法等基础知识，能够帮助初学者快速入门。
- 第 2 章：主要介绍 UG 草图的功能和作用，包括草图平面的确定、草图环境的进入及绘制草图的基本工具等。
- 第 3 章：主要介绍草图曲线的编辑，包括镜像、拖动、修剪、延伸、偏置等操作。
- 第 4 章：主要介绍草图的两种约束。草图约束是限制草图的形状和大小，包括几何约束（限制形状）和尺寸约束（限制大小）。
- 第 5 章：重点讲解造型曲线的构建、变换与编辑操作。造型曲线是创建曲面的基础，曲线创建得越平滑，曲率越均匀，获得的曲面效果将越好。
- 第 6 章：主要介绍 UG 的基础特征工具。相对于单纯的实体建模和参数化建模，UG 采用的是混合建模方法，该方法是基于基础特征的实体建模方法。
- 第 7 章：主要讲解通过草图特征以及 UG 开发的设计特征来创建工程特征和成型特征。这些特征充分体现了参数化的功能，可以进行相关参数的编辑修改，非常方便。
- 第 8 章：主要讲解特征的操作和编辑。在设计过程中，仅仅采用基本的实体建模命令往往不够，还需要进行相关的特征编辑操作才能达到要求。
- 第 9 章：主要详解曲面建模的基本命令，包括以点数据来构建的曲面（常用于逆向工程）、网格曲面和常规曲面等。
- 第 10 章：主要介绍 UG 曲面编辑、操作功能，包括曲面修剪与组合、关联复制、曲面的圆角及斜角操作等。
- 第 11 章：主要介绍 UG NX 12 的装配功能。学完本章，读者能够轻松掌握以自底向上方法建立装配、建立装配配对条件、引用集、加载选项、以自顶向下方法建立装配、几何链接器等重要知识。
- 第 12 章：主要介绍非主模型模板的制作与图框制作、图纸布局、图纸编辑、标注及编辑修改、文字注释与公差添加、自定义符号、明细表制作等相关的制图功能。

本书特色

本书从软件的基本应用及行业知识入手，以UG软件应用为主线，以实例为引导，按照由浅入深、循序渐进的方式，讲解软件的新特性和软件操作方法，使读者能快速掌握UG NX 12的软件功能与行业应用。本书最大特色在于：

- ❑ 功能指令全。
- ❑ 穿插海量典型实例。
- ❑ 附赠大量的教学视频，帮助读者轻松学习。
- ❑ 附赠大量有价值的学习资料及练习内容，帮助读者充分利用软件功能进行相关设计。

本书适合即将和已经从事机械设计、模具设计、产品设计、钣金设计等专业技术人员，以及想快速提高UG建模与有限元分析技能的爱好者，并可作为本科、大中专和相关培训学校的软件专业培训教材。

作者信息

本书由空军航空大学的周敏、杨秀丽和戚晓艳老师编著。由于时间仓促，本书难免有不足和错漏之处，还望广大读者批评和指正！

读者服务

读者在阅读本书的过程中如果遇到问题，可以关注“有艺”公众号，通过公众号与我们取得联系。此外，通过关注“有艺”公众号，您还可以获取更多的新书资讯、书单推荐、优惠活动等相关信息。

扫一扫关注“有艺”

资源下载方法：关注“有艺”公众号，在“有艺学堂”的“资源下载”中获取下载链接，如果遇到无法下载的情况，可以通过以下三种方式与我们取得联系。

1. 关注“有艺”公众号，通过“读者反馈”功能提交相关信息；
2. 请发邮件至art@phei.com.cn，邮件标题命名方式：资源下载+书名；
3. 读者服务热线：（010）88254161~88254167转1897。

投稿、团购合作：请发邮件至art@phei.com.cn。

视频教学

随书附赠100集实操教学视频，扫描右侧二维码关注公众号即可在线观看全书视频（扫描每一章章首的二维码可在线观看相应章节的视频）。

扫码看视频

CONTENTS

CHAPTER 1

UG NX 12 快速入门

本章导读

UG NX 12 是由 SIEMENS 公司目前推出的最新版本，它是一种交互式计算机辅助设计、辅助制造、辅助分析（CAD/CAM/CAE）高度集成的软件系统。由于其功能强大，UG 软件适用于产品的整个开发过程，其涵盖设计、建模、装配、模拟分析、加工制造和产品生命周期管理等功能，广泛应用于机械、模具、汽车、家电、航天等领域。

学习要点

- ☑ UG NX 12 工作界面
- ☑ UG 系统参数配置
- ☑ UG 坐标系
- ☑ 常用基准工具
- ☑ 对象的选择

1.1 UG NX 12 工作界面

UG NX 12 的界面采用了与微软 Office 类似的带状组界面环境。

1. UG NX 12 欢迎界面

在桌面上双击 NX 12 图标或者执行【开始】|【程序】|【UGS NX 12.0】|【NX 12.0】命令，启动 UG NX 12，如图 1-1 所示。

随后进入 UG NX 12 的入口模块（欢迎界面），欢迎界面中包含软件模块、角色、定制、命令等功能的简易介绍等，如图 1-2 所示。

图 1-1　启动 UG NX 12

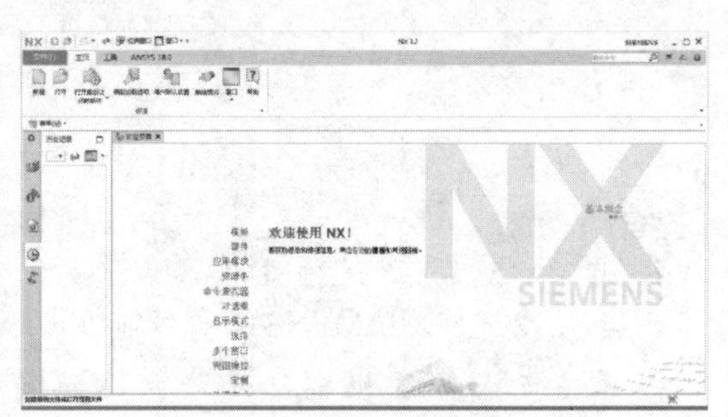

图 1-2　UG NX 12 欢迎界面

2. UG NX 12 建模环境

建模环境界面是用户应用 UG 软件的产品设计环境界面。在欢迎界面窗口中【标准】组中单击【新建】按钮，弹出【新建】对话框，用户可通过此对话框为新建的模型文件重命名、重设文件保存路径，如图 1-3 所示。

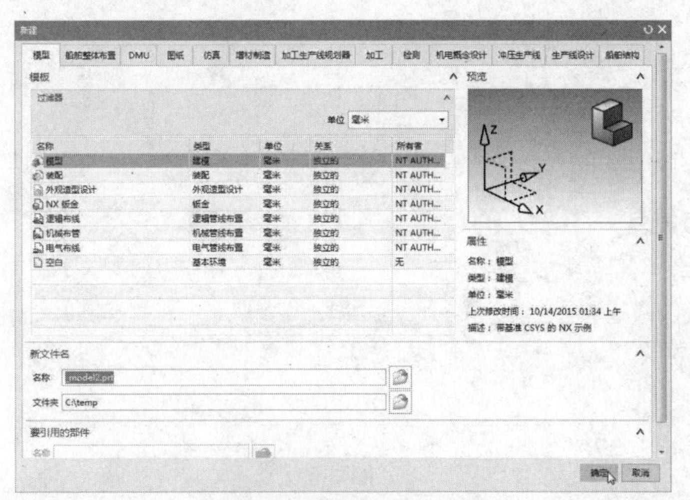

图 1-3　新建模型文件

技术要点：

在 UG NX 12 软件中，可以打开中文路径下的部件文件，也可将文件保存在中文命名的文件夹中。

重设文件名及保存路径后单击【确定】按钮，即可进入 UG NX 12 的建模环境界面，建模环境界面如图 1-4 所示。

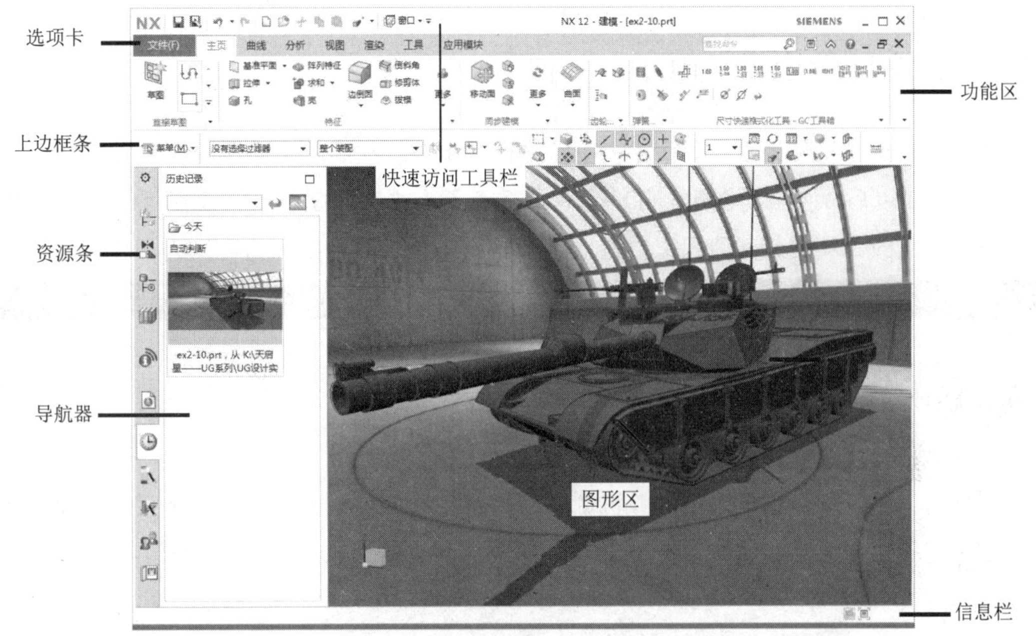

图 1-4　建模环境界面

建模环境界面窗口主要由快速访问工具栏、选项卡、功能区、上边框条、信息栏、资源条、导航器和图形区组成。如果读者还喜欢经典的 UG 环境界面，可以按 Ctrl+2 组合键打开【用户界面首选项】对话框，然后在【主题】选项区的【类型】下拉列表中选择【经典】选项即可，如图 1-5 所示。

切换的经典界面如图 1-6 所示。

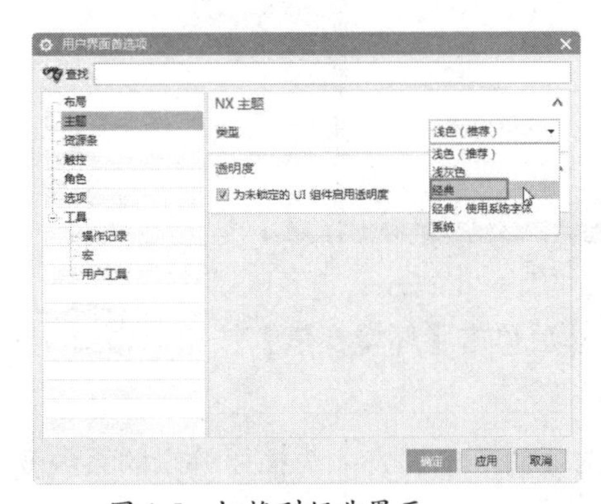

图 1-5　切换到经典界面

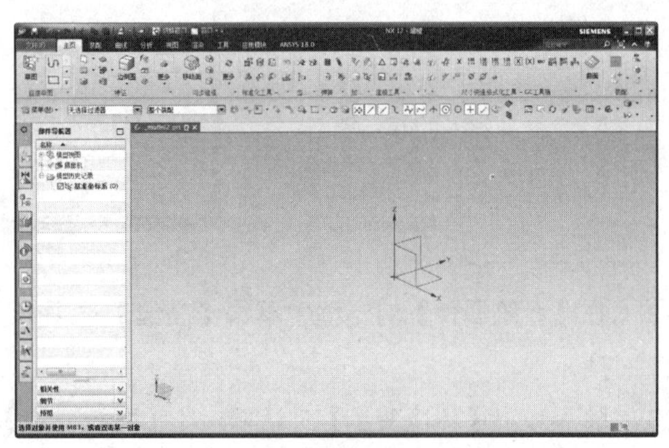

图 1-6　经典界面

1.2　UG 系统参数配置

UG 的系统参数配置一般为程序默认设置，但为了设计需要，用户可自定义配置参数。

UG 的系统参数配置分为【语言环境变量设置】、【用户默认设置】和【首选项设置】。下面就这几个参数设置做简要介绍。

1.2.1 语言环境变量设置

在 Windows 7 操作系统中，软件的工作路径是由系统注册表和环境变量来设置的。在安装 UG NX 12 以后，会自动创建 UG 的语言环境变量。语言环境变量的设置可使 UG 操作界面语言由中文改为英文或其他国家语言，或者是由英文、其他国家语言改为中文。

技术要点：

UG NX 12 不再支持 Windows XP 系统。

上机实践——设置语言环境变量

进行语言环境变量设置的操作步骤如下：

① 在桌面上用鼠标右键单击【计算机】图标，执行【属性】命令，打开【系统】属性组。在组左侧选择【高级系统设置】选项，弹出【系统属性】对话框，如图 1-7 所示。

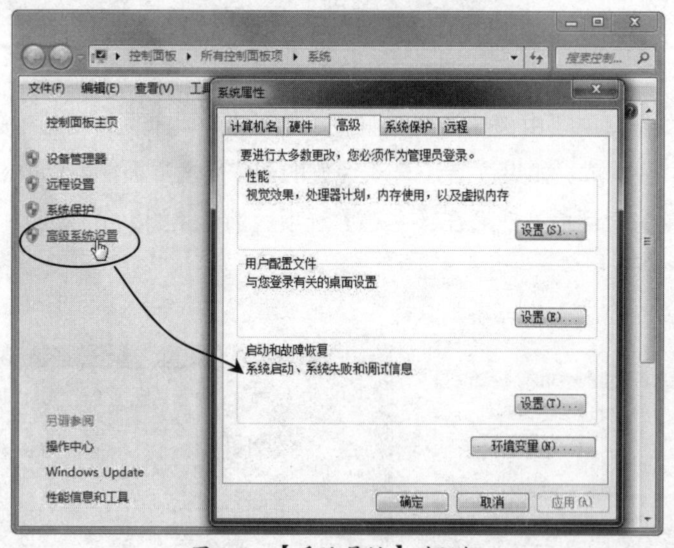

图 1-7 【系统属性】对话框

② 在【系统属性】对话框中单击【高级】选项卡，然后单击【环境变量】按钮，如图 1-8 所示。

③ 随后弹出【环境变量】对话框。在【系统变量】选项的下拉列表中选择要编辑的系统变量【UGII_LANG simpl_chinese】，单击【编辑】按钮，如图 1-9 所示。

④ 接着将随后弹出的【编辑系统变量】对话框中的变量值【simpl_chinese】改为【simpl_english】，单击【确定】按钮，完成由中文改为英文的环境变量设置，如图 1-10 所示。

⑤ 重新启动 UG，所设置的环境变量参数即刻生效。

图 1-8　进入【环境变量】设置

图 1-9　选择要编辑的系统变量

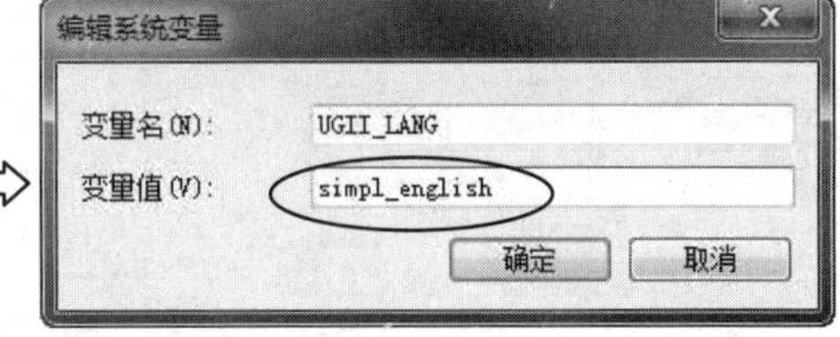

图 1-10　编辑系统变量值

1.2.2　用户默认设置

用户默认设置是指在站点、组、用户级别控制命令、对话框的初始设置和参数。

上机实践——用户默认设置

① 执行菜单栏中的【文件】|【实用工具】|【用户默认设置】命令，如图 1-11 所示。

② 弹出【用户默认设置】对话框，如图 1-12 所示。

图 1-11　执行命令

图 1-12　【用户默认设置】对话框

③ 对话框左侧的下拉列表框中包含了所有的功能模块（站点）及其模块中的各组（组），用户选择相应模块及组后，即可在对话框右边的参数设置选项卡中进行参数设置。参数

设置完成后需重启 UG 软件程序才能生效。

1.2.3 首选项设置

首选项设置主要用于设置一些 UG 程序的默认控制参数。在菜单栏的【首选项】菜单中为用户提供了全部参数设置的功能，如图 1-13 所示。在设计之初用户可根据需要对这些选项进行设置，以便后续工作顺利进行。

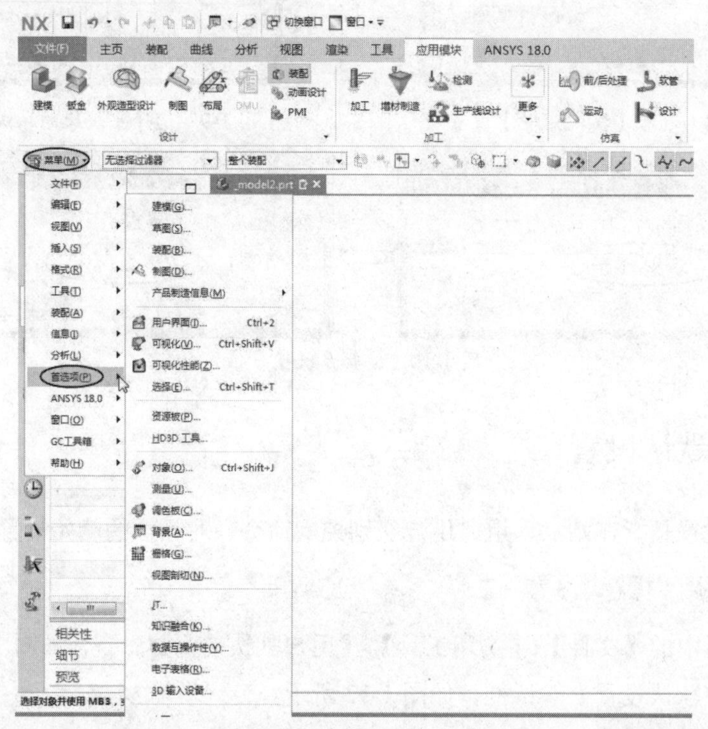

图 1-13 【首选项】菜单

下面简要地介绍一些常用的参数设置，如对象设置、用户界面设置和背景设置等。

技术要点：

需要注意的是，首选项中的许多设置只对当前工作部件有效，打开或新建部件时，需要重新进行设置。

1. 对象设置

对象设置主要用于编辑对象（几何元素、特征）的属性，如线型、线宽、颜色等。执行【首选项】|【对象】命令，弹出【对象首选项】对话框。【对象首选项】对话框中包含三个功能选项卡：【常规】、【分析】和【线宽】。

- 【常规】选项卡：主要是进行工作图层的默认显示设置；模型的类型、颜色、线型和宽度的设置；实体或片体的着色、透明度显示设置，如图 1-14 所示。如图 1-15 所示为设置线宽和颜色的前后对比。

图 1-14　【常规】选项卡

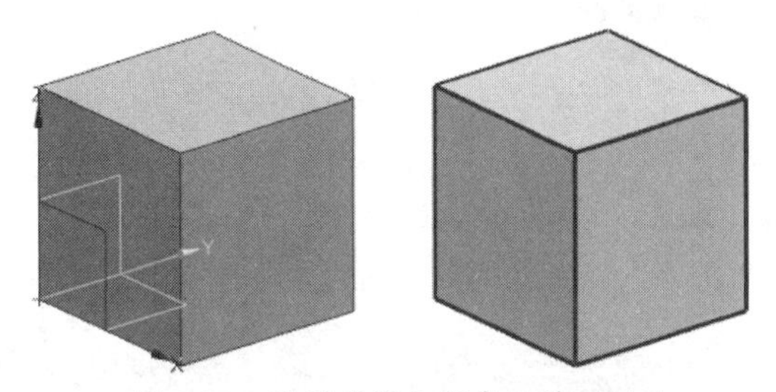

图 1-15　设置线宽和颜色的前后对比

- 【分析】选项卡：主要是控制曲面连续性显示、截面分析显示、偏差测量显示和高亮线的显示等，如图 1-16 所示。
- 【线宽】选项卡：设置传统宽度转换，如图 1-17 所示。

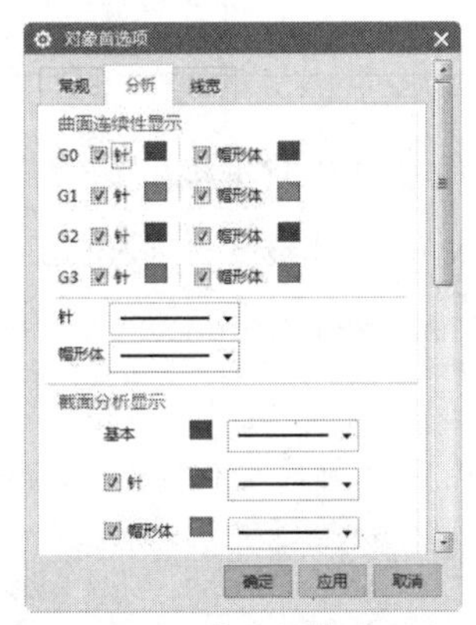

图 1-16　【分析】选项卡

图 1-17　【线宽】选项卡

2. 用户界面设置

用户界面设置主要是设置用户界面和操作记录，并加载用户工具。执行【首选项】|【用户界面】命令，弹出【用户界面首选项】对话框，如图 1-18 所示。

图 1-18　【用户界面首选项】对话框

3. 背景设置

背景设置用于设定屏幕的背景特性，如颜色和渐变效果。执行【首选项】|【背景】命令，弹出【编辑背景】对话框，如图 1-19 所示。

屏幕背景一般为普通（仅有一种底色）和渐变（由一种或两种颜色呈逐渐淡化趋势而形成）两种情况。程序默认为“渐变”背景，若用户喜欢普通屏幕背景，选中【着色视图】选项区的【纯色】单选按钮，然后再单击【普通颜色】颜色图标按钮，并在随后弹出的【颜色】对话框中任意选择一种颜色来作为背景颜色，如图 1-20 所示。

图 1-19 【编辑背景】对话框

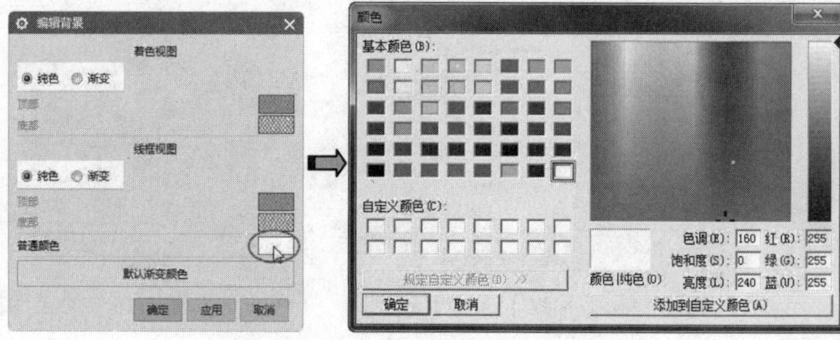

图 1-20 【颜色】对话框

1.3 UG 坐标系

坐标系是软件用来进行工作的空间基准，所有的操作都是相对于坐标系进行的。UG 中坐标系包含三种坐标，分别是绝对坐标系 ACS（Absolute Coordinate System）、工作坐标系 WCS（Work Coordinate System）和机械坐标系 MCS（Machine Coordinate System），这些坐标系都满足右手法则。

- ACS：绝对坐标系，其原点位置永远不会变，在用户新建文件时就已经存在，是软件开发人员预置的内定坐标。
- WCS：是 UG 提供给用户的坐标，用户可以根据需要任意移动位置，也可以进行旋转及新建 WCS 等操作。
- MCS：机械坐标系用于模具设计、数控加工、配线等向导操作中。

在通常的设计工作中，用户可以通过调整 WCS，快速地变换工作方位，提高设计工作的效率。

执行菜单栏中的【格式】|【WCS】命令，弹出【WCS】菜单，如图 1-21 所示。

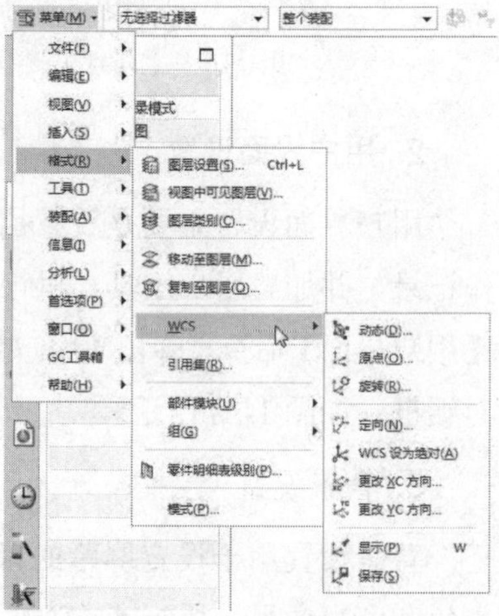

图 1-21 【WCS】菜单

1.3.1 动态

动态 WCS 命令可以通过鼠标直接控制动态坐标系上的平移手柄和旋转球来移动和旋转 WCS，也可以直接在文本框中输入平移的距离和旋转的角度，如图 1-22 所示。

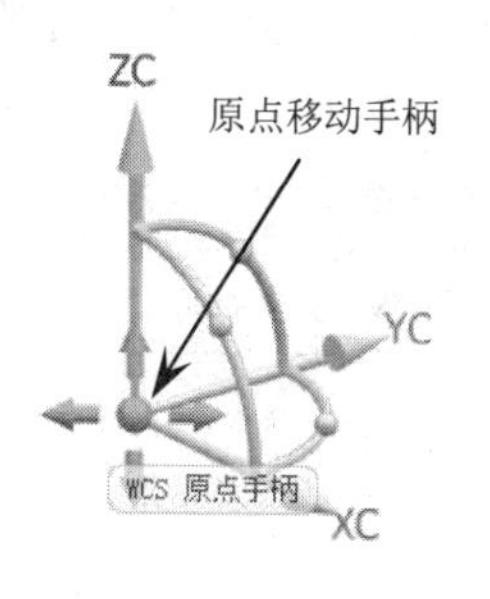

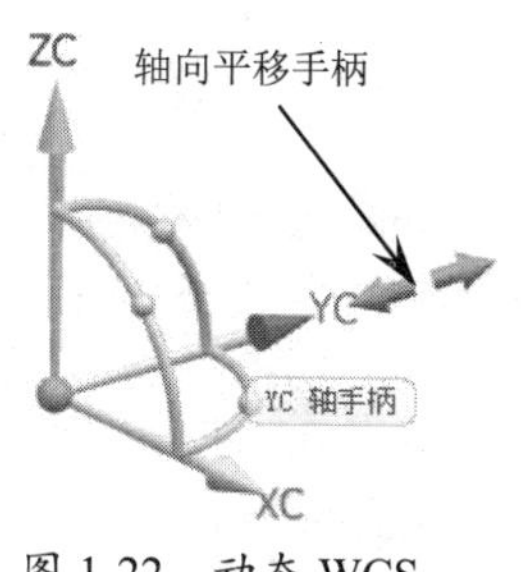

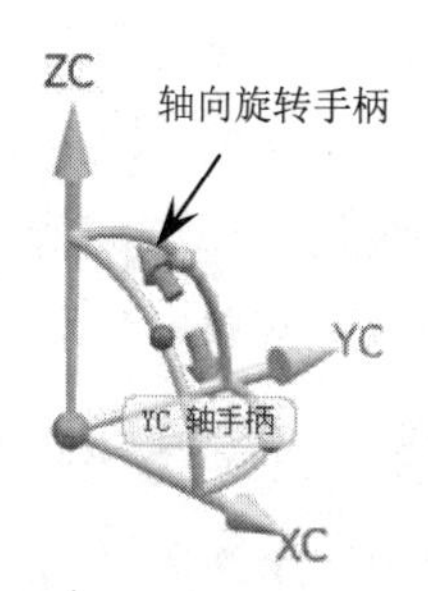

图 1-22　动态 WCS

1.3.2　原点

通过定义当前坐标系的原点来更改 WCS 的位置。该命令只能改变坐标系的位置，不会改变坐标轴的朝向。

采用原点定义 WCS 主要在不需要调整轴向，只需要坐标系原点的位置时使用，由于只需要选取一个点即可完成原点 WCS 的操作。

1.3.3　旋转

旋转 WCS 命令通过当前的 WCS 绕其中一条轴旋转一定的角度，来定义一个新的 WCS。执行菜单栏中的【格式】|【WCS】|【旋转】命令，弹出【旋转 WCS 绕...】对话框，该对话框用来选取旋转的轴和输入旋转的角度，如图 1-23 所示。当【角度】为正值时，逆时针旋转；当【角度】为负值时，顺时针旋转。

1.3.4　定向

定向 WCS 是对 WCS 采用对话框定义的方式进行定向，定向的方式有多种。执行菜单栏中的【格式】|【WCS】|【定向】命令，弹出【CSYS】对话框。在该对话框中的【类型】下拉列表中共有 16 种定向类型，如图 1-24 所示。

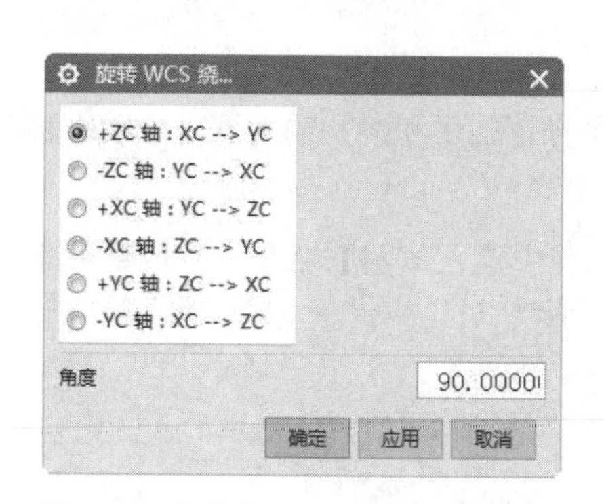

图 1-23　【旋转 WCS 绕...】对话框

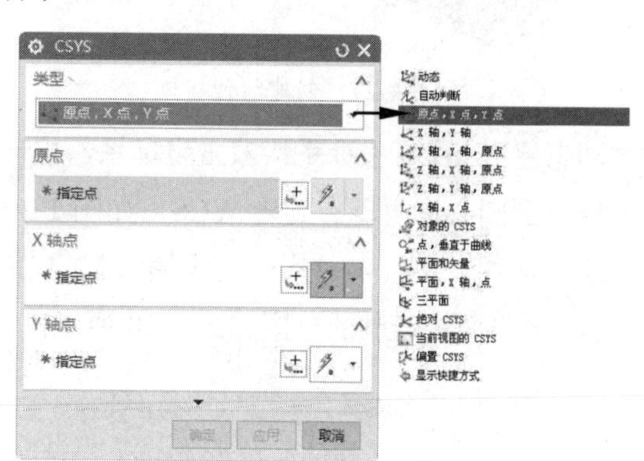

图 1-24　【CSYS】对话框

可以通过定向坐标系工具方便地对 WCS 进行定向，其中【对象的 CSYS】与【原点，X 点，Y 点】等方式比较常用，在此不再一一赘述。

技术要点：

可以通过按 W 键快速地显示 WCS 坐标系，直接双击 WCS 即可动态调整 WCS 坐标系。

上机实践——坐标系操作

利用坐标系操作绘制如图 1-25 所示的图形。

① 绘制草图。在【主页】选项卡的【直接草图】组中单击【草图】按钮，选取草图平面为 *XY* 平面，绘制的草图如图 1-26 所示。

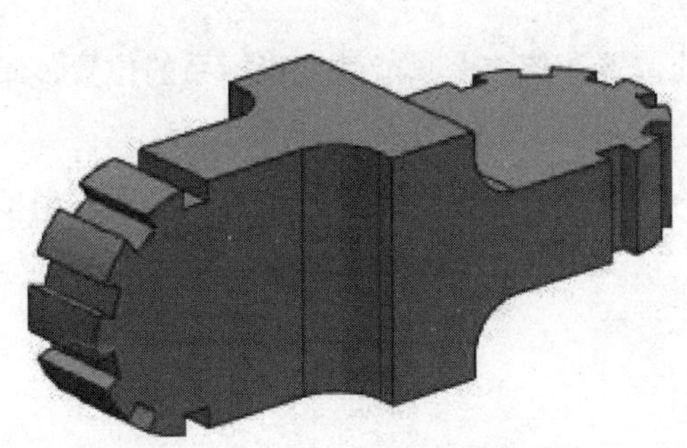

图 1-25　要绘制的图形

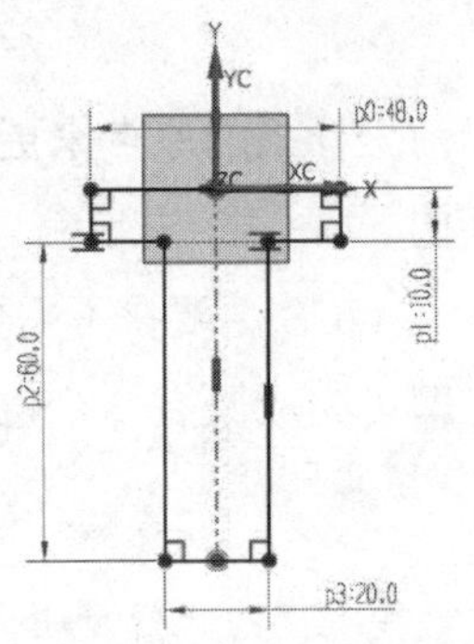

图 1-26　创建草图

② 拉伸实体。在【特征】组中单击【拉伸】按钮，弹出【拉伸】对话框。选取刚才绘制的草图，指定矢量，对称拉伸高度为 48，结果如图 1-27 所示。

③ 倒圆角。在【特征】组中单击【边倒圆】按钮，弹出【边倒圆】对话框。选取要倒圆角的边，输入半径值 24 后单击【确定】按钮，结果如图 1-28 所示。

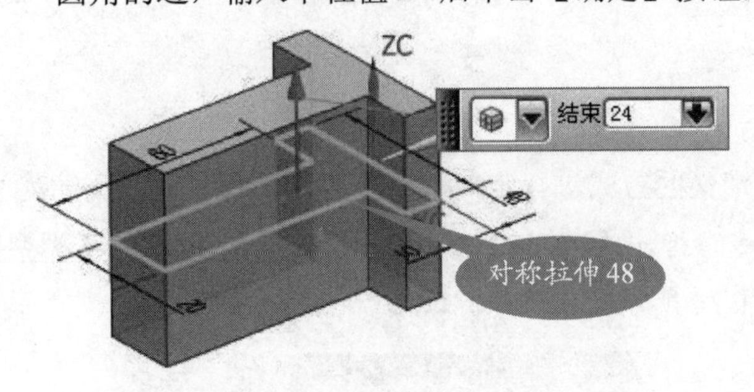

图 1-27　创建拉伸实体

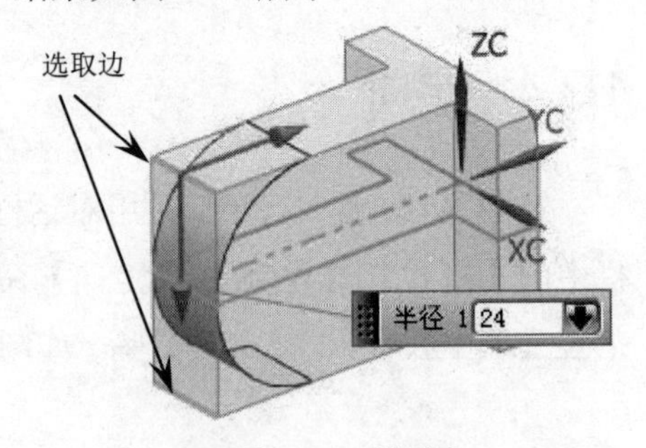

图 1-28　倒圆角

④ 动态建立 WCS 坐标系。双击坐标系，出现坐标系操控把手和参数输入框，先动态移动原点到圆心，再动态旋转 WCS，如图 1-29 所示。

⑤ 绘制草图。执行菜单栏中的【插入】|【在任务环境中插入草图】命令，选取草图平面为 *XY* 平面，绘制的草图如图 1-30 所示。

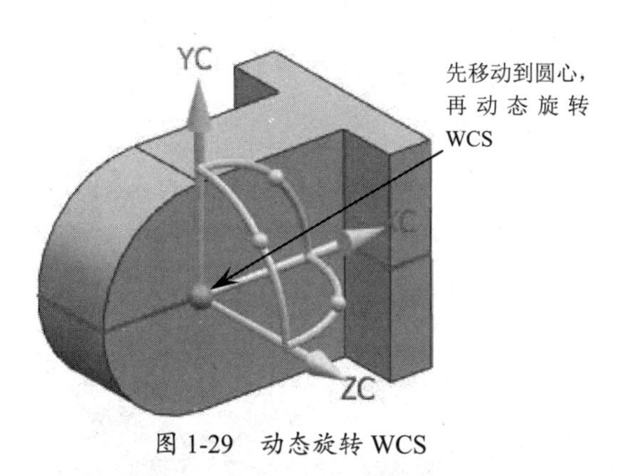

图 1-29　动态旋转 WCS

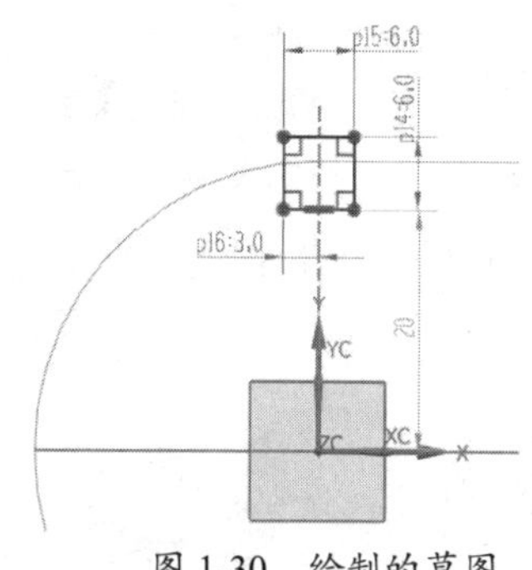

图 1-30　绘制的草图

⑥ 拉伸实体。在【特征】组中单击【拉伸】按钮，弹出【拉伸】对话框。选取刚才绘制的直线，指定矢量，输入拉伸参数，结果如图 1-31 所示。

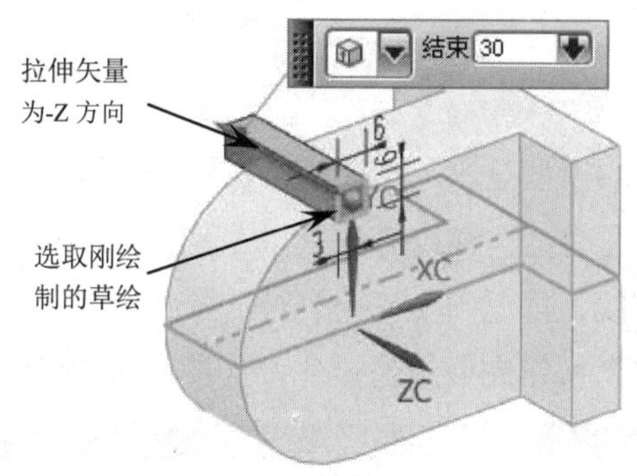

图 1-31　创建拉伸实体

⑦ 创建对象的角度变换。在绘图区中选择要移动的对象，然后执行菜单栏中的【编辑】|【移动对象】命令，弹出【移动对象】对话框。在【运动】下拉列表中选择【角度】选项，指定旋转矢量为 *ZC* 轴、圆弧的圆心为旋转轴点，并输入旋转角度值 180，单击【复制原先的】单选按钮，设置【距离/角度分割】和【非关联副本数】均为 5，最后单击【确定】按钮完成角度变换操作，结果如图 1-32 所示。

图 1-32　创建对象的角度变换

⑧ 创建布尔减去。在【特征】组中单击【减去】按钮，弹出【求差】对话框。选取目标体和工具体，单击【确定】按钮，结果如图 1-33 所示。

⑨ 坐标系恢复到绝对坐标系。执行菜单栏中的【格式】|【WCS】|【WCS 设置为绝对】命令，即可将 WCS 恢复到原始绝对坐标系上，如图 1-34 所示。

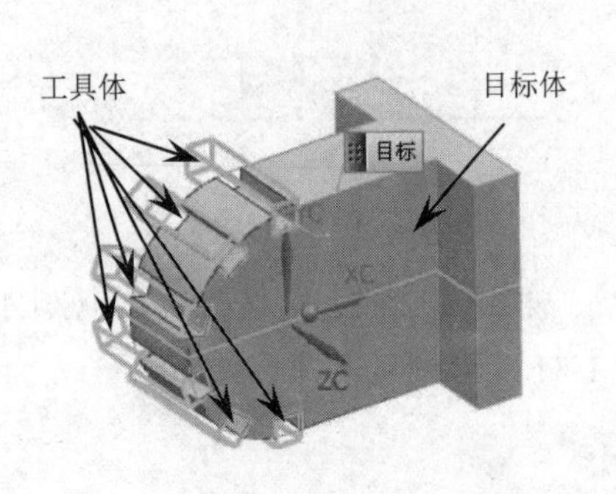

图 1-33 创建布尔减去

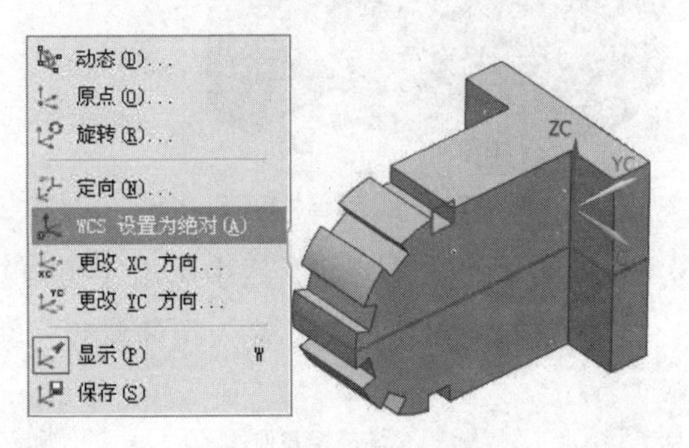

图 1-34 WCS 设置为绝对

⑩ 镜像变换。选取要变换的模型对象，执行菜单栏中的【编辑】|【变换】命令，弹出【变换】对话框。依次选择【通过一直线镜像】和【现有的直线】选项，然后在绘图区中选取中间直线作为镜像直线，再返回【变换】对话框中选择【复制】选项，最后单击【变换】对话框中的【确定】按钮完成镜像操作，如图 1-35 所示。

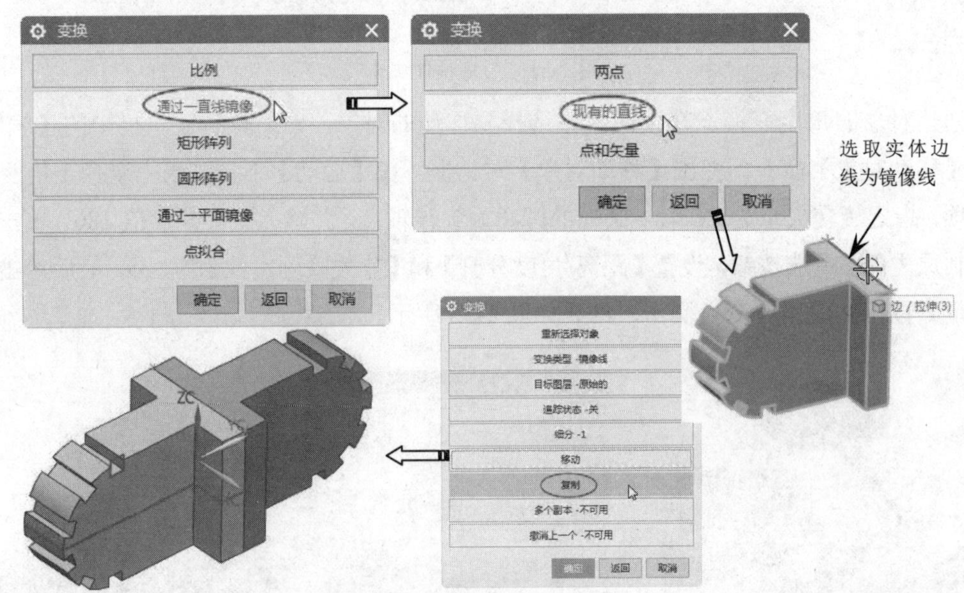

图 1-35 镜像变换

⑪ 动态移动。选取上一步骤创建的镜像对象作为要移动的对象，然后执行菜单栏中的【编辑】|【移动对象】命令，弹出【移动对象】对话框。在【运动】下拉列表中选择【动态】选项，再到绘图区中操控旋转手柄将对象旋转 90°，最后单击【确定】按钮完成动态移动，结果如图 1-36 所示。

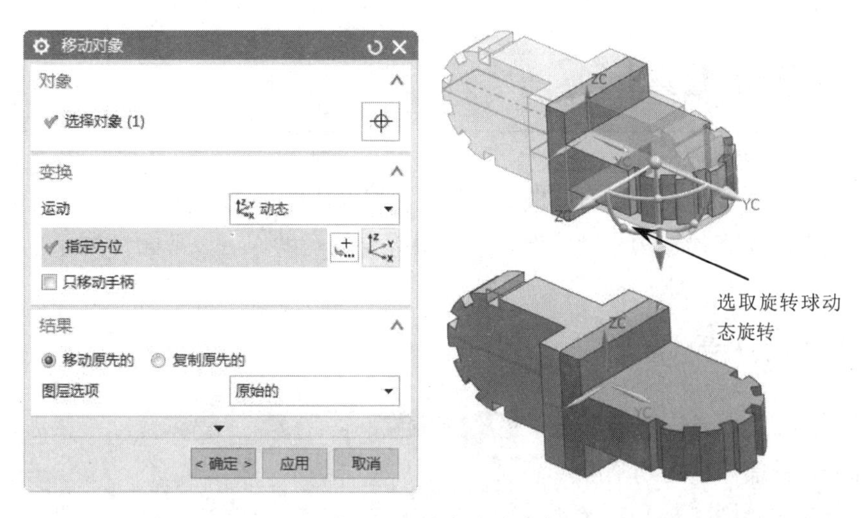

图 1-36　动态移动对象

⑫ 创建布尔合并。在【特征】组中单击【合并】按钮，弹出【合并】对话框，选取目标体和工具体，单击【确定】按钮完成合并，结果如图 1-37 所示。

⑬ 倒圆角。在【特征】组中单击【边倒圆】按钮，弹出【边倒圆】对话框。选取要倒圆角的边，输入半径值 10 后单击【确定】按钮，结果如图 1-38 所示。

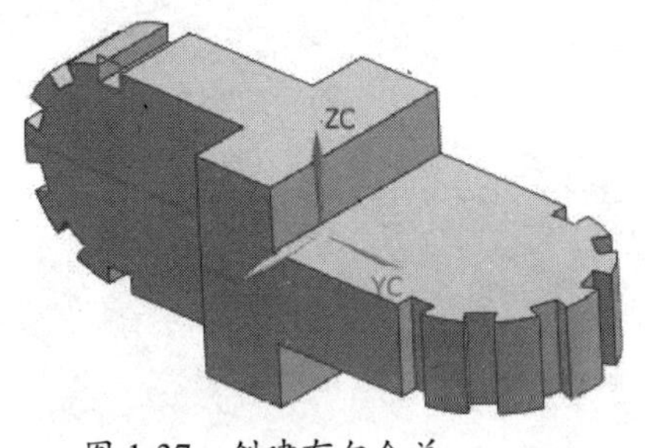

图 1-37　创建布尔合并

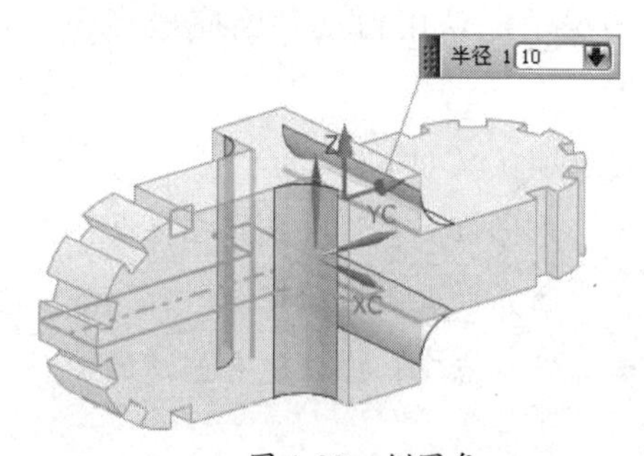

图 1-38　倒圆角

⑭ 隐藏曲线。按 Ctrl+W 组合键，弹出【显示和隐藏】对话框。选择【草图】类型再单击【隐藏】按钮将所有的草图曲线隐藏，结果如图 1-39 所示。

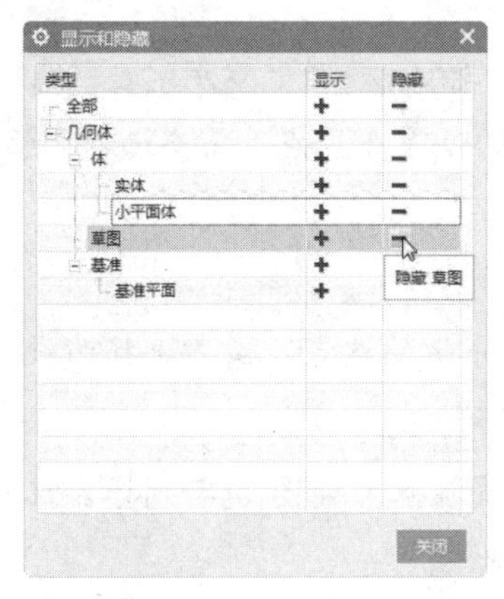

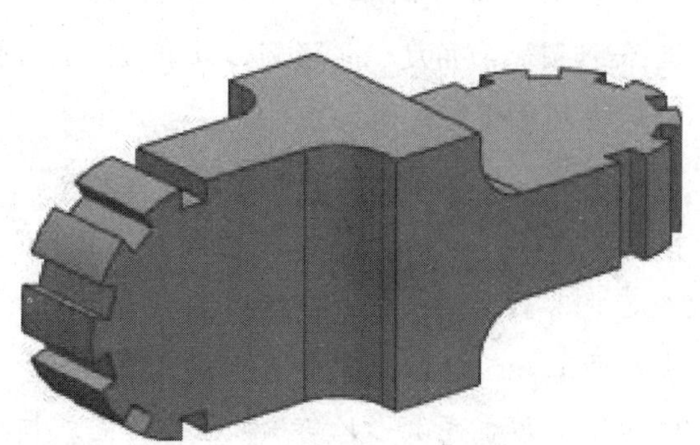

图 1-39　隐藏曲线

1.4 常用基准工具

在使用 UG 进行建模、装配的过程中，经常需要使用基准点工具、矢量构造器、坐标系等工具，这些工具不直接建构模型，但是起了很重要的辅助作用，下面将进行详细的讲解。

1.4.1 基准点工具

无论是创建点，还是创建曲线甚至是创建曲面，都需要使用到基准点工具。执行菜单栏中的【插入】|【基准/点】|【点】命令，弹出【点】对话框，如图 1-40 所示。

图 1-40 【点】对话框

使用基准点工具时，点的类型有：自动判断、光标位置、端点等。一般情况下默认用自动判断完成点的捕捉。

各选项含义如下：

- 光标位置：以光标在任意位置放置点来确定。
- 现有点：拾取现有创建的基准点。
- 端点：捕捉曲线或者实体、片体边缘端点。
- 控制点：捕捉样条曲线的端点、极点，直线的中点等。
- 交点：捕捉线与线的交点、线与面的交点。
- 圆弧中心/椭圆中心/球心：捕捉圆心点、球心点、椭圆中心点。
- 圆弧/椭圆上的角度：沿圆弧或椭圆成角度的位置布置点。需要选择圆弧或椭圆，然后输入角度完成捕捉点。
- 象限点：捕捉圆、圆弧、椭圆的四分点。
- 点在曲线/边上：设置点在曲线的位置的百分比捕捉点。需要选择曲线，然后输入 *U* 向参数完成捕捉点，如图 1-41 所示。
- 点在面上：设置 *U* 向和 *V* 向的位置百分比捕捉点，如图 1-42 所示。选择曲面，然后输入 *U* 向参数、*V* 向参数值即可完成捕捉点。
- 两点之间：在两点之间按位置的百分比创建点。需要选择两个点，然后输入百分比完成捕捉点，如图 1-43 所示。

- 样条极点：拾取样条曲线上的极点来创建点。
- 按表达式：按表达式的定义值来确定点。

图 1-41　点在面上

图 1-42　点曲线/边上

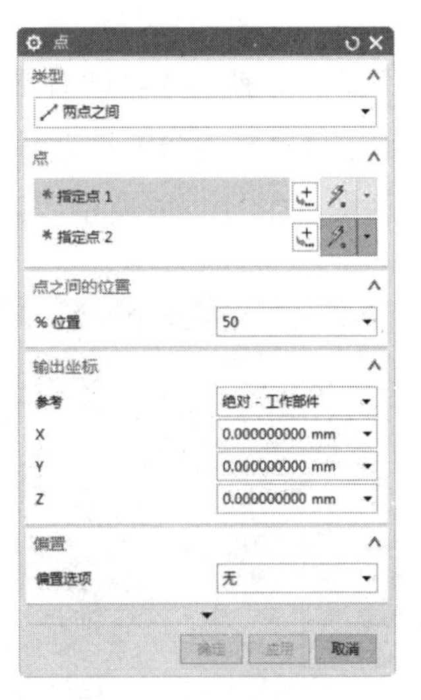

图 1-43　两点之间

1.4.2 基准平面工具

平面构造器主要用于绘图时定义基准平面、参考平面或者切割平面等。执行菜单栏中的【插入】|【基准/点】|【基准平面】命令，弹出【基准平面】对话框，如图 1-44 所示。

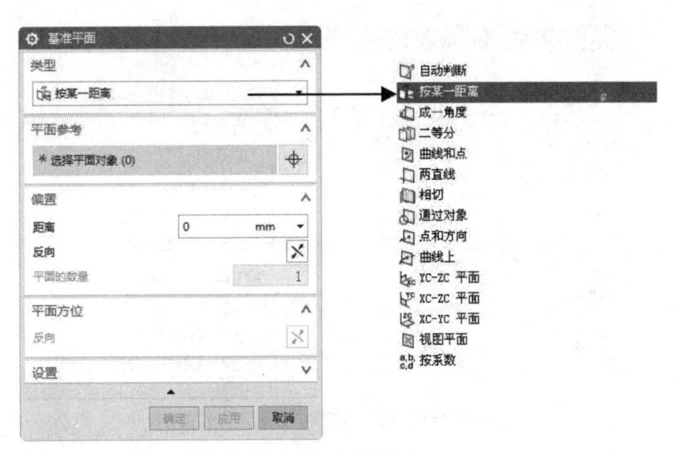

图 1-44　基准平面

在【基准平面】对话框的【类型】下拉列表中共列出了 15 种创建基准平面的方法。

1.4.3 基准轴工具

基准轴工具应用得并不多，通常被矢量工具代替，矢量经常用于拉伸、创建基准轴、拔模等命令，以及用于移动、变换等方向矢量中，执行菜单栏中的【插入】|【基准/点】|【基

准轴】命令，弹出【基准轴】对话框。在该对话框的【类型】下拉列表中显示所有基准轴的创建类型，如图 1-45 所示。

矢量工具不能直接调出，通常镶嵌在其他工具内。执行菜单栏中的【编辑】|【移动对象】命令，弹出【移动对象】对话框。

在【移动对象】对话框中选择【距离】运动类型，再单击【矢量】按钮，弹出【矢量】对话框，如图 1-46 所示。该对话框可用来定义矢量方向。

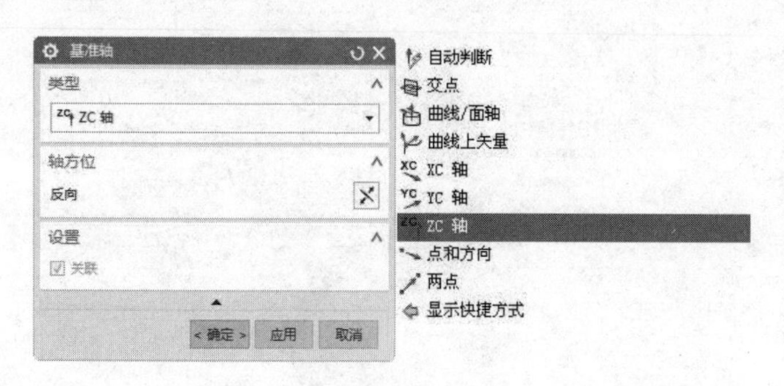

图 1-45 【基准轴】对话框

图 1-46 【矢量】对话框

1.4.4 基准坐标系工具

基准坐标系工具用来创建基准 CSYS。执行菜单栏中的【插入】|【基准/点】|【基准 CSYS】命令，弹出【基准 CSYS】对话框，在该对话框中可选择坐标系类型选项，如图 1-47 所示。

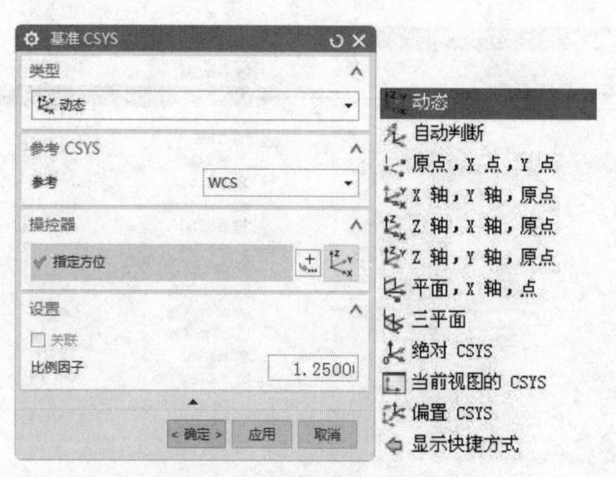

图 1-47 【基准 CSYS】对话框

技术要点：

基准坐标系与坐标系的不同点在于，基准坐标系在创建时不仅建立了 WCS，还建立了 *XY*、*YZ*、*ZX* 三个基准平面以及 *X*、*Y*、*Z* 三个基准轴。

上机实践——基准工具的应用

利用基准工具创建如图 1-48 所示的模型。

① 绘制直线。在【曲线】选项卡中单击【直线】按钮，弹出【直线】对话框。沿 *Z* 轴

正方向设置长度为 13，结果如图 1-49 所示。

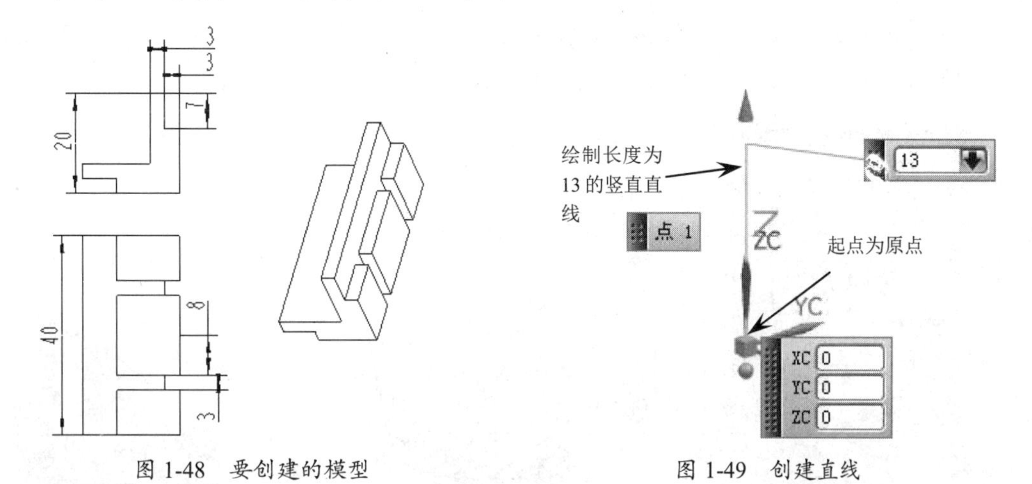

图 1-48　要创建的模型　　　　图 1-49　创建直线

② 创建拉伸实体。在【特征】组中单击【拉伸】按钮，弹出【拉伸】对话框。选取刚才创建的直线作为要拉伸的截面对象，然后指定矢量、输入拉伸参数、设置偏置选项，单击【确定】按钮完成拉伸实体的创建，如图 1-50 所示。

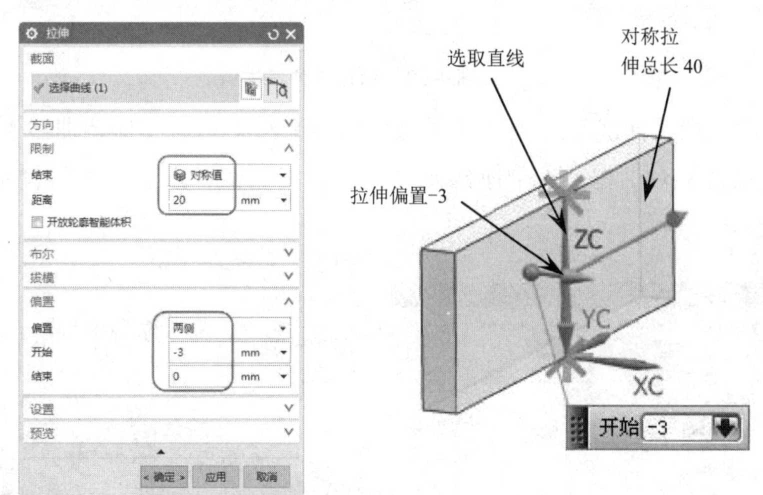

图 1-50　创建拉伸特征

③ 绘制直线。在【曲线】选项卡中单击【直线】按钮，弹出【直线】对话框。设置支持平面和直线参数，创建的直线如图 1-51 所示。

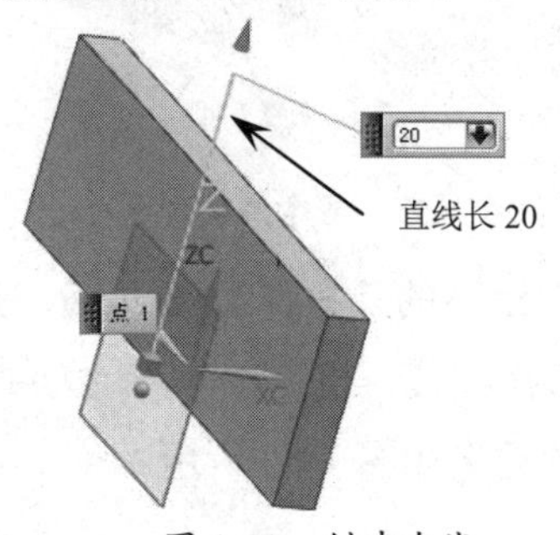

图 1-51　创建直线

④ 创建拉伸实体。单击【特征】组中的【拉伸】按钮，弹出【拉伸】对话框。选取上一步骤创建的直线作为拉伸截面，指定矢量为 *YC* 轴，输入拉伸距离值 20，设置布尔【求和】选项并进行偏置设置，创建的拉伸实体的结果如图 1-52 所示。

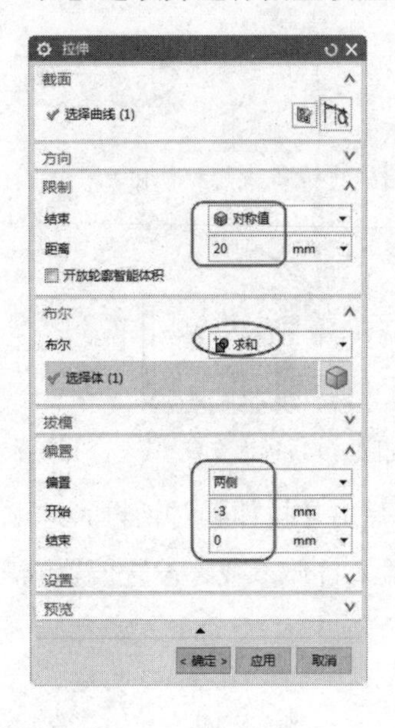

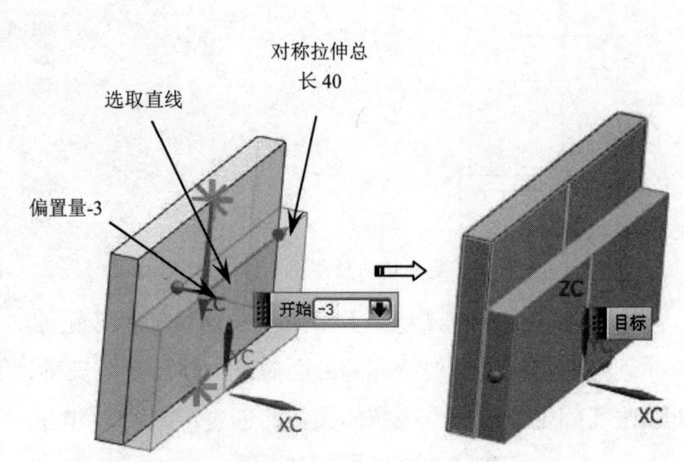

图 1-52 创建拉伸实体

⑤ 偏置曲线。在【曲线】选项卡的【派生曲线】组中单击【偏置曲线】按钮，弹出【偏置曲线】对话框。选取刚绘制的线，在指定偏置点后输入偏置距离，结果如图 1-53 所示。

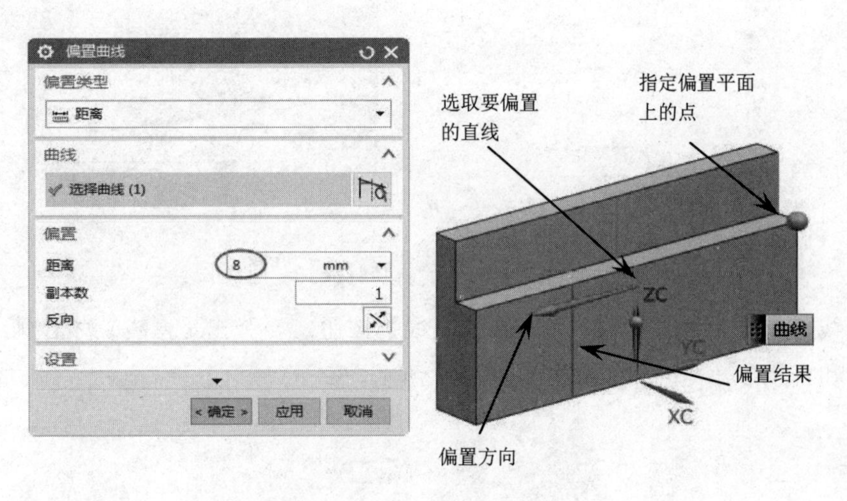

图 1-53 创建偏置曲线

⑥ 创建拉伸实体。单击【特征】组中的【拉伸】按钮，弹出【拉伸】对话框。选取刚才绘制的偏置直线作为拉伸截面曲线，指定拉伸矢量为-*YC* 轴，输入拉伸距离值 3 并进行偏置设置，创建拉伸实体的结果如图 1-54 所示。

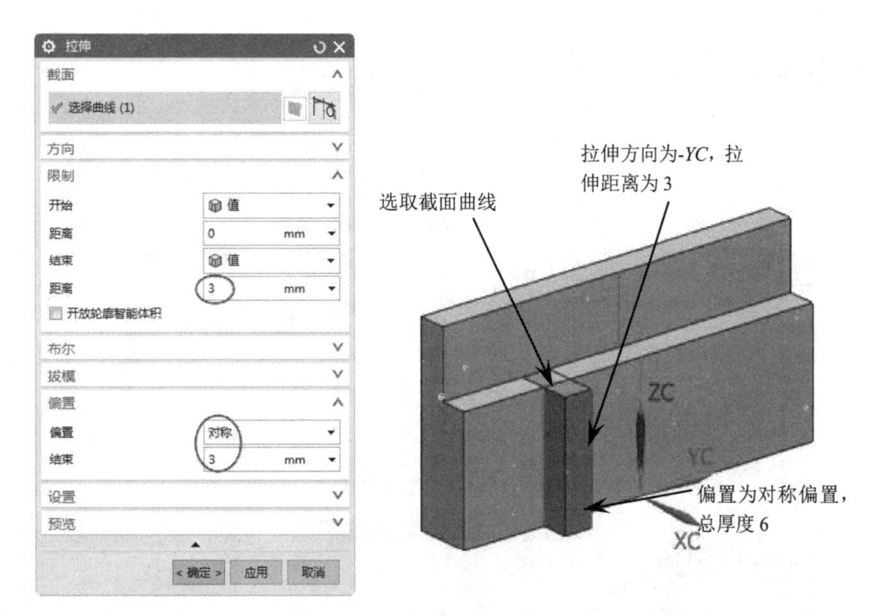

图 1-54　创建拉伸实体

⑦ 镜像变换。选取要变换的模型对象，执行菜单栏中的【编辑】|【变换】命令，弹出【变换】对话框。依次选择【通过一直线镜像】和【现有的直线】选项，然后在绘图区中选取中间直线作为镜像直线，再返回【变换】对话框中选择【复制】选项，最后单击【变换】对话框中的【确定】按钮完成镜像操作，步骤如图 1-55 所示。

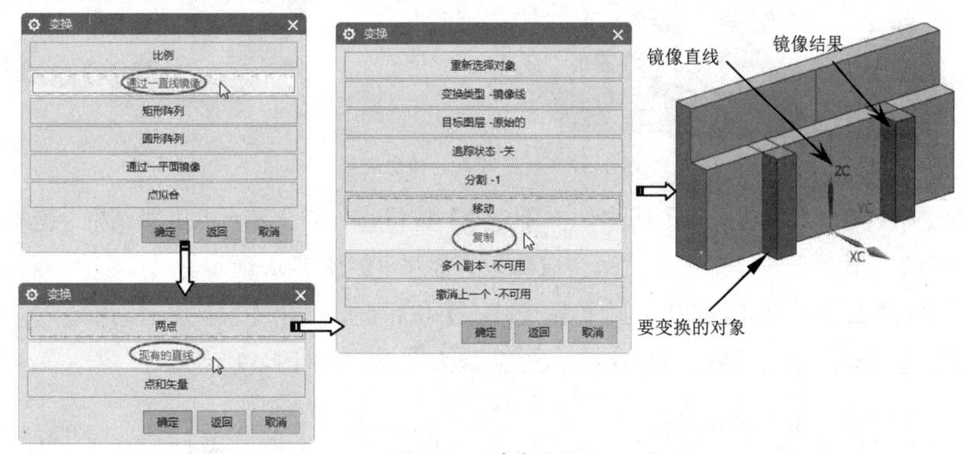

图 1-55　镜像变换

⑧ 创建基准平面。执行菜单栏中的【插入】|【基准/点】|【基准平面】命令，弹出【基准平面】对话框。选取轴和平面，创建与平面成 45° 角的基准平面，如图 1-56 所示。

⑨ 镜像变换。选取所有实体作为要变换的对象，执行菜单栏中的【编辑】|【变换】命令，弹出【变换】对话框。选择【通过一平面镜像】选项弹出【平面】对话框。接着到绘图区选择上一步骤创建的基准平面作为镜像平面，返回【变换】对话框选择【复制】选项，最后单击【变换】对话框中的【确定】按钮完成镜像操作，步骤如图 1-57 所示。

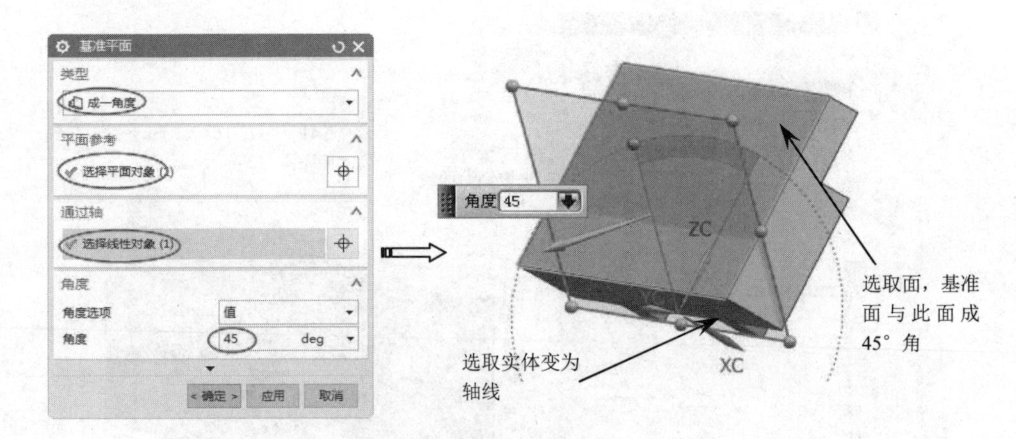

图 1-56　创建基准平面

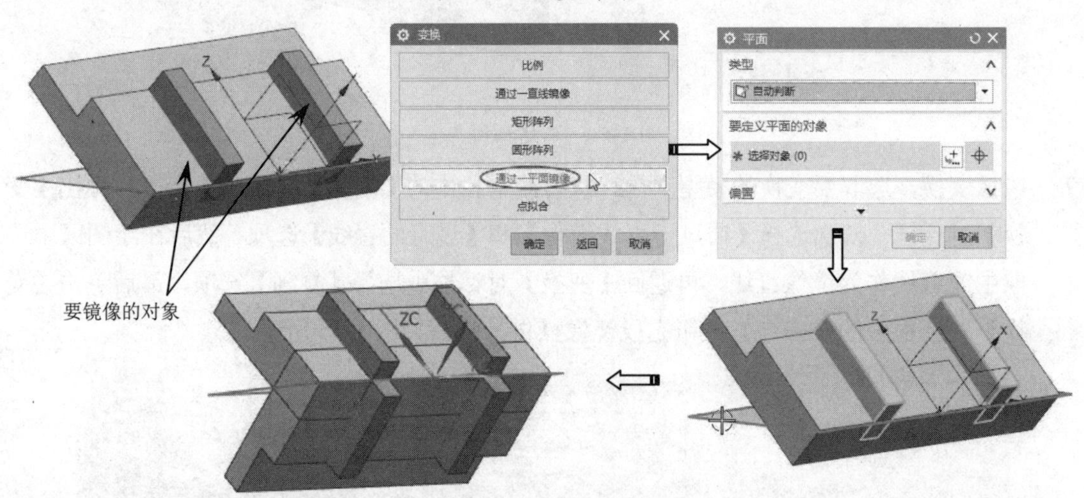

图 1-57　创建对象的镜像变换

⑩ 创建布尔合并。在【特征】组中单击【合并】按钮，弹出【合并】对话框。选取目标体和工具体，单击【确定】按钮完成实体的合并，如图 1-58 所示。

⑪ 创建布尔减去。在【特征】组中单击【减去】按钮，弹出【求差】对话框。选取目标体和工具体，单击【确定】按钮完成布尔减去操作，如图 1-59 所示。

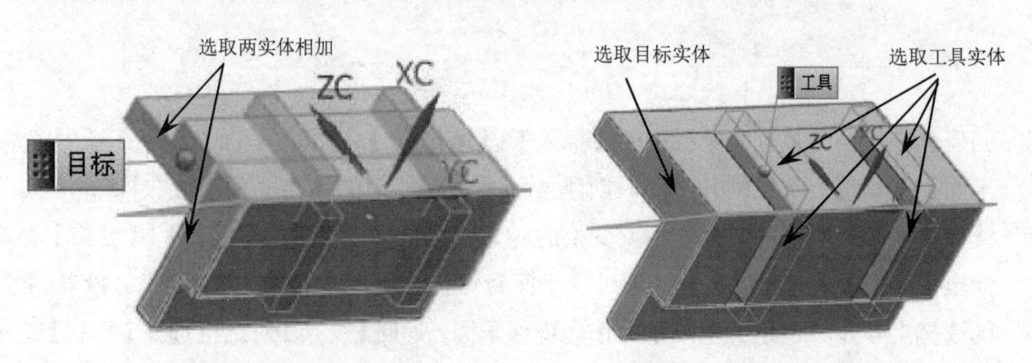

图 1-58　创建布尔合并　　图 1-59　创建布尔减去

⑫ 隐藏曲线和基准平面。按 Ctrl+W 组合键，弹出【显示和隐藏】对话框。选择【曲线】

和【基准平面】类型再单击【隐藏】按钮－将所有的曲线和基准平面隐藏，结果如图 1-60 所示。

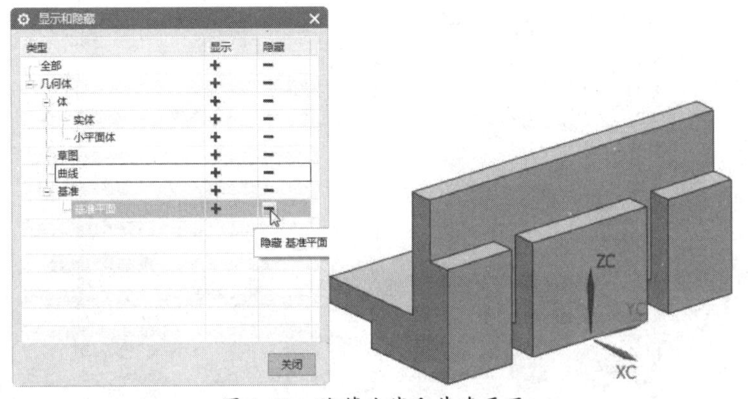

图 1-60　隐藏曲线和基准平面

1.5　对象的选择

对象选择是一个使用最普遍的操作，在很多操作中都需要精确选取要编辑的对象。选择对象通常是通过【类选择】对话框、单击鼠标左键、类型过滤器、【快速拾取】对话框和部件导航器等来完成的。

1.5.1　类选择

【类选择】对话框是在很多命令执行时都会出现的对话框，是选择对象的一种通用功能。在执行某些命令时，弹出的【类选择】对话框如图 1-61 所示。

图 1-61　【类选择】对话框

上机实践——移动到图层

对如图 1-62 所示的图形中的线框进行转层（移动到新图层），并将线框层隐藏，结果如图 1-63 所示。

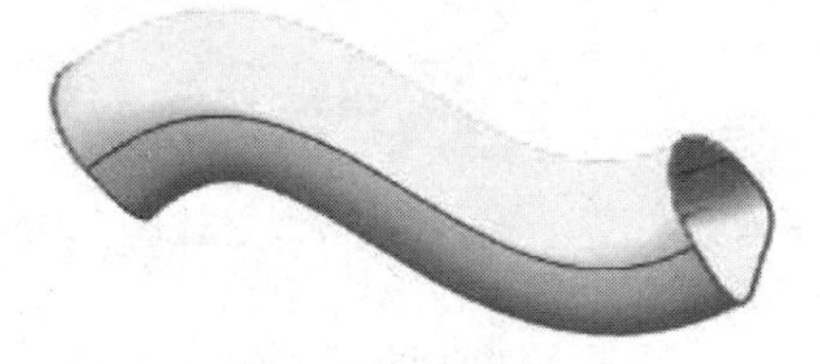

图 1-62　源模型

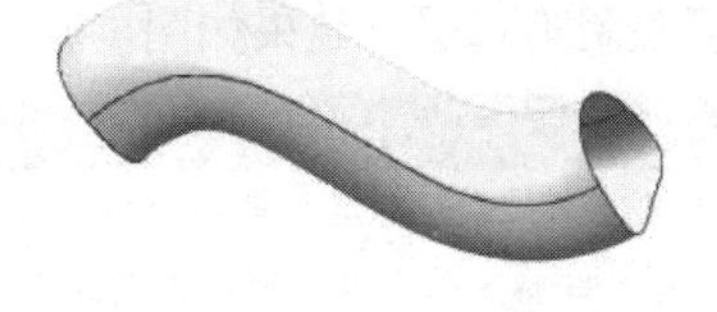

图 1-63　曲线转层结果

① 调取源文件。单击【打开】按钮，弹出【打开】对话框，选取文件“1-1.prt”，单击【OK】按钮，打开源文件，如图 1-64 所示。

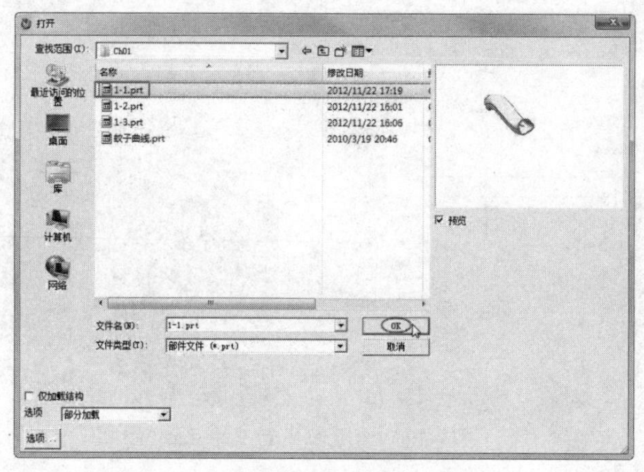

图 1-64 打开源文件

② 执行菜单栏中的【格式】|【移动至图层】命令，然后在弹出的【类选择】对话框中设置类型过滤器，接着选取所有的曲线，如图 1-65 所示。

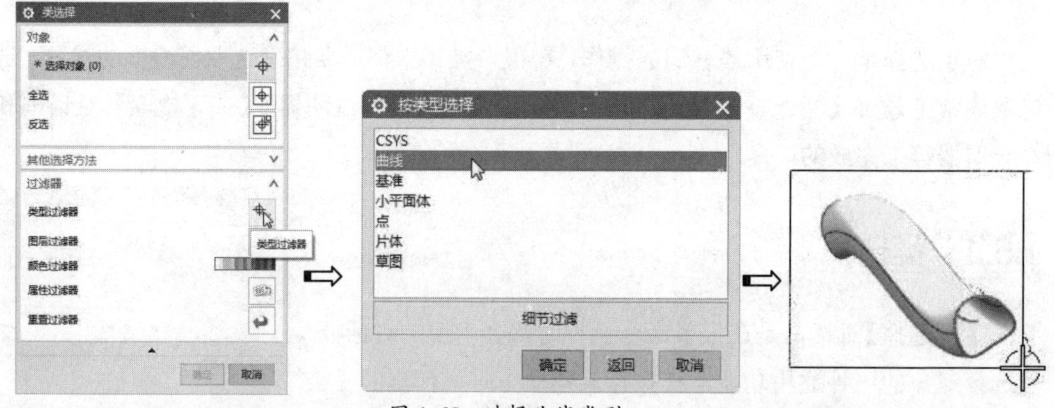

图 1-65 选择曲线类型

③ 单击【确定】按钮后，弹出【图层移动】对话框。在【目标图层或类别】文本框中输入 2，单击【确定】按钮，即可将选取的曲线移动至第二层，如图 1-66 所示。

④ 关闭图层。按 Ctrl+L 组合键，弹出【图层设置】对话框。在该对话框中取消勾选第二层前的复选框，即可关闭第二层，结果如图 1-67 所示。

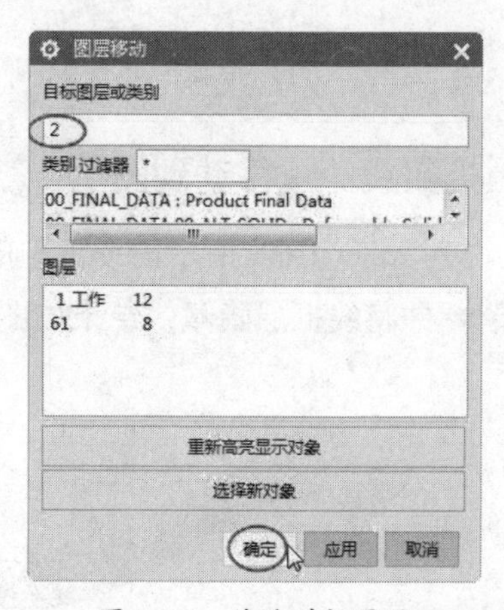

图 1-66 移动到新图层

技术要点：

在关闭图层时注意，其他图层都可以关闭，当前工作图层是不能关闭的。要关闭当前工作图层，可以先将工作图层切换到其他图层后再关闭该图层。

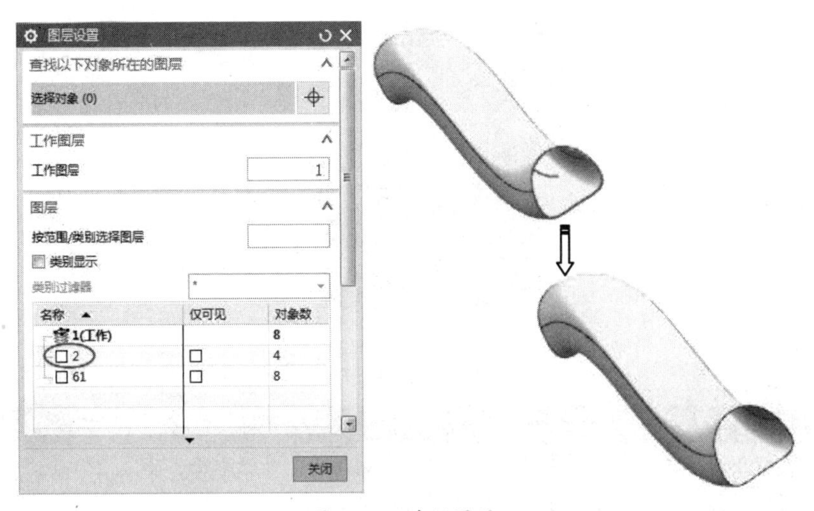

图 1-67　关闭图层

1.5.2　选择组中的选择工具

选择组在上边框条中，默认情况下选择组是显示的，如图 1-68 所示。

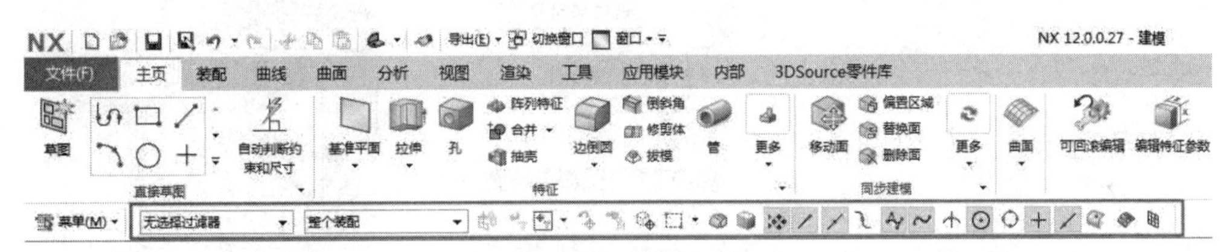

图 1-68　选择组

可以利用选择组中的过滤工具选取对象。

上机实践——过滤选取

利用选择类型过滤器列表中的过滤器选项对魔方进行着色，结果如图 1-69 所示。

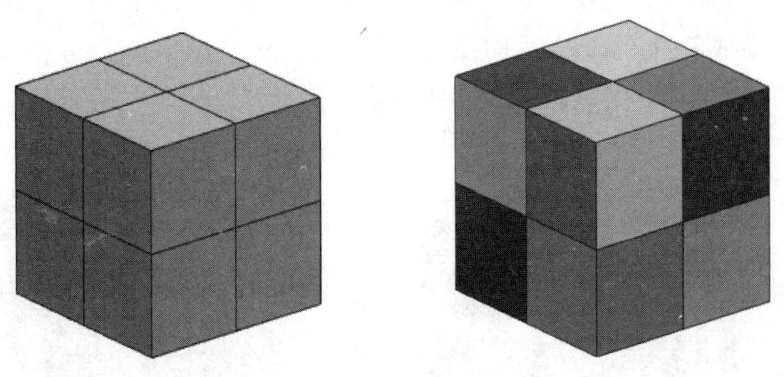

图 1-69　魔方着色

① 打开本例源文件“1-2.prt”。

② 选取面。在选择过滤器中将过滤选项设置为【面】，然后依次选取三个面，选中的面高亮显示，如图 1-70 所示。

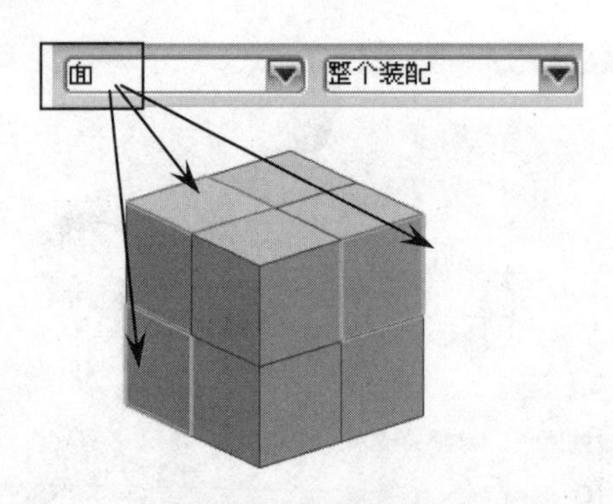

图 1-70 选取面

技术要点：

直接在工具栏中选取过滤器【面】类型进行过滤，则用户只能选取面，不能选取其他的对象。此种方式一旦设置，则应用其后所有操作，直到用户更改此过滤器为止。

③ 着色。按 Ctrl+J 组合键，弹出【编辑对象显示】对话框。将颜色修改为紫色，单击【确定】按钮，完成着色，结果如图 1-71 所示。

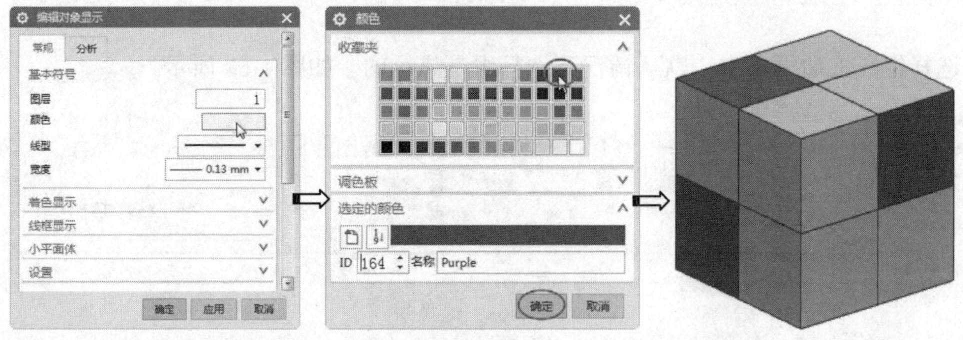

图 1-71 着色

④ 选取面。在选择过滤器中将过滤选项设置为【面】，然后依次选取另外三个面，选中的面高亮显示，如图 1-72 所示。

⑤ 着色。按 Ctrl+J 组合键，弹出【编辑对象显示】对话框。将颜色修改为洋红色，单击【确定】按钮，完成着色，结果如图 1-73 所示。

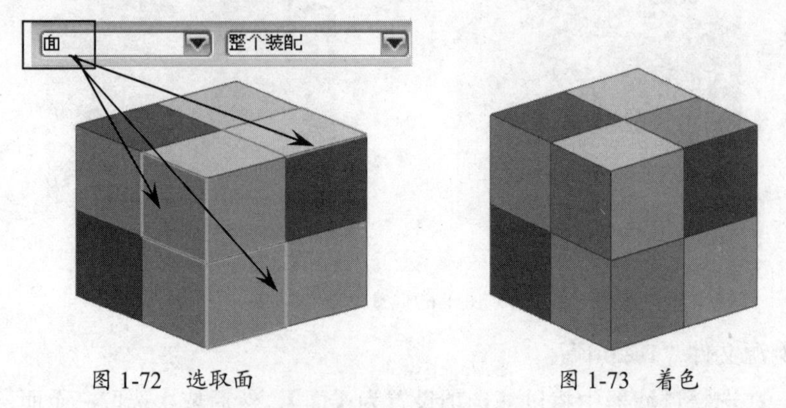

图 1-72 选取面　　图 1-73 着色

⑥ 选取面。在选择过滤器中将过滤选项设置为【面】，然后依次选取另外三个面，选中的面高亮显示，如图 1-74 所示。

⑦　着色。按 Ctrl+J 组合键，弹出【编辑对象显示】对话框。将颜色修改为青色，单击【确定】按钮，完成着色，结果如图 1-75 所示。

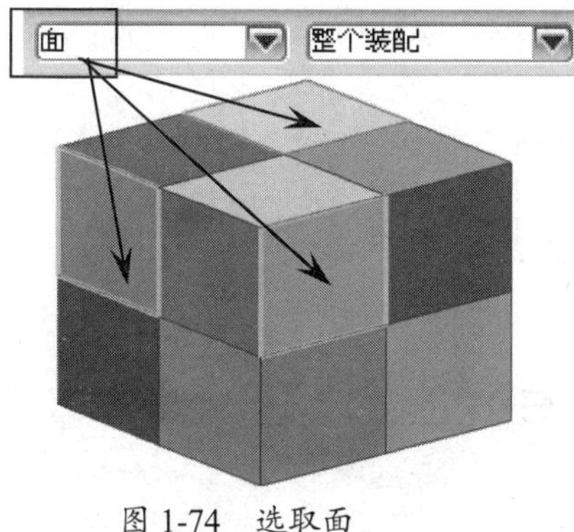

图 1-74　选取面

图 1-75　着色

1.5.3　列表快速拾取

在对象上单击鼠标右键，在弹出的快捷菜单中选择【从列表中选择】选项，弹出【快速拾取】对话框，如图 1-76 所示。

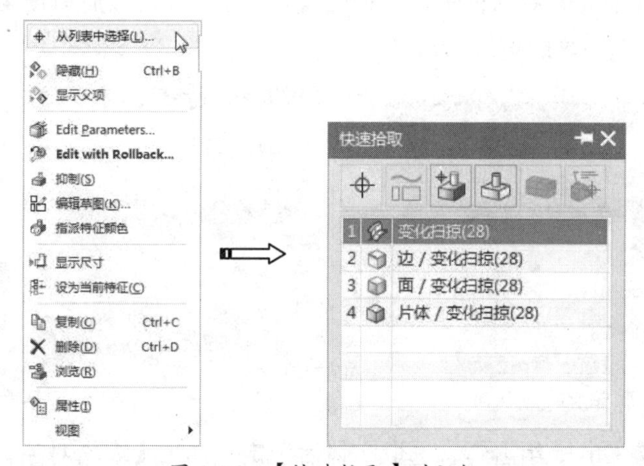

图 1-76　【快速拾取】对话框

上机实践——快速拾取

利用快速拾取对象的方法，对如图 1-77 所示的三通管接头进行抽壳操作，结果如图 1-78 所示。

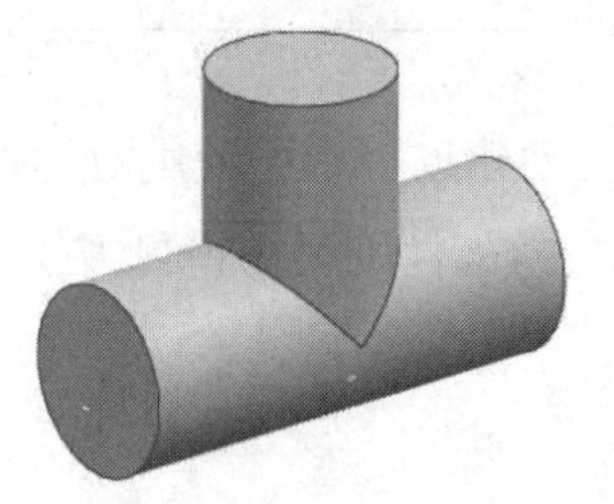
图 1-77　三通管接头

图 1-78　抽壳结果

① 打开本例源文件“1-3.prt”。

② 选取面并抽壳。在【特征】组中单击【抽壳】按钮，弹出【抽壳】对话框。选取要移除的面，依次选取正面的圆柱端面，将光标放在圆柱后端面上片刻出现“…”后单击，如图 1-79 所示。

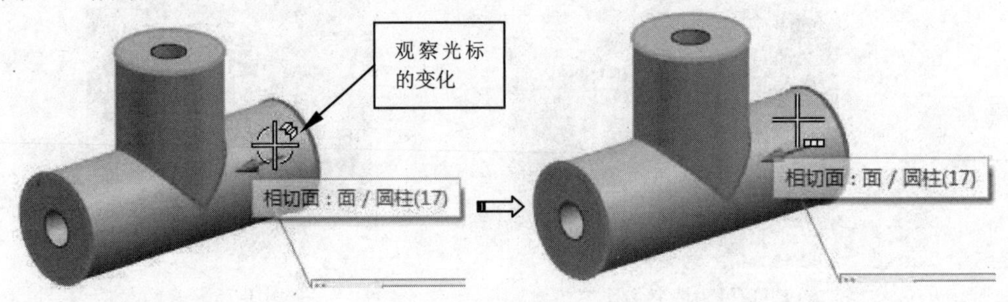

图 1-79 快速拾取

③ 随后弹出【快速拾取】对话框，切换到圆柱后端面后拾取，结果如图 1-80 所示。

技术要点：

在【拾取】对话框中，一般情况下被遮挡的对象排列在后面。

④ 选择面后，在【抽壳】对话框中设置抽壳【厚度】为 2，最后单击【确定】按钮完成抽壳操作，结果如图 1-81 所示。

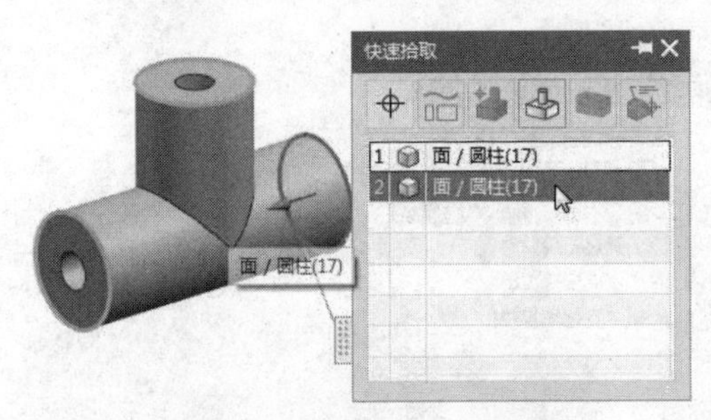

图 1-80 拾取背后的圆柱面

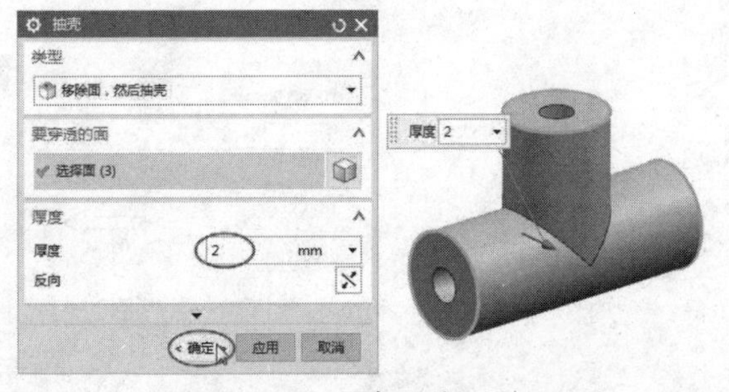

图 1-81 抽壳操作

⑤ 透明化显示。按 Ctrl+J 组合键，选取实体后确定，弹出【编辑对象显示】对话框。将颜色修改为紫色，透明度设置为 10%，单击【确定】按钮，完成着色。

1.6 入门案例——蚊子造型设计

蚊子造型是一个左右对称的造型，因而各部件在创建过程中可使用对称设计。也就是说，为了简化创建操作，相同的部件只需创建一个，其余的部件则采用镜像方法来获得。蚊子造型曲线及模型如图 1-82 所示。

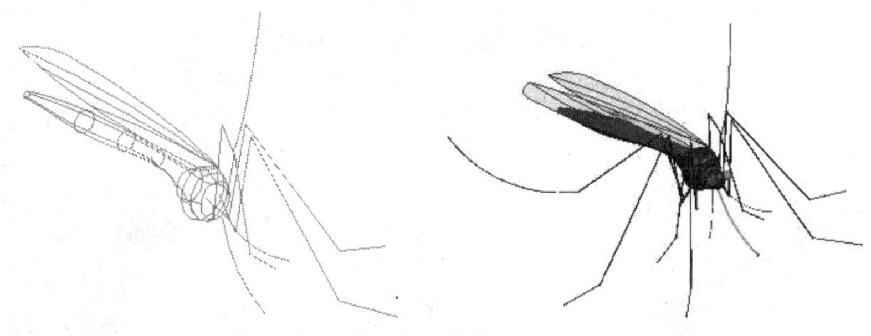

图 1-82　蚊子造型曲线与模型

在进行蚊子实体建模过程中，躯干部分将使用【通过曲线网格】工具创建，头部与眼睛使用【球】工具创建，腿、触角和吸血管则使用【管道】工具创建，翅膀将使用【有界平面】工具来完成。

① 打开本例源文件“蚊子曲线.prt”。

② 在【曲面】组中单击【通过曲线网格】按钮，选择如图 1-83 所示的主曲线和交叉曲线并查看预览效果。

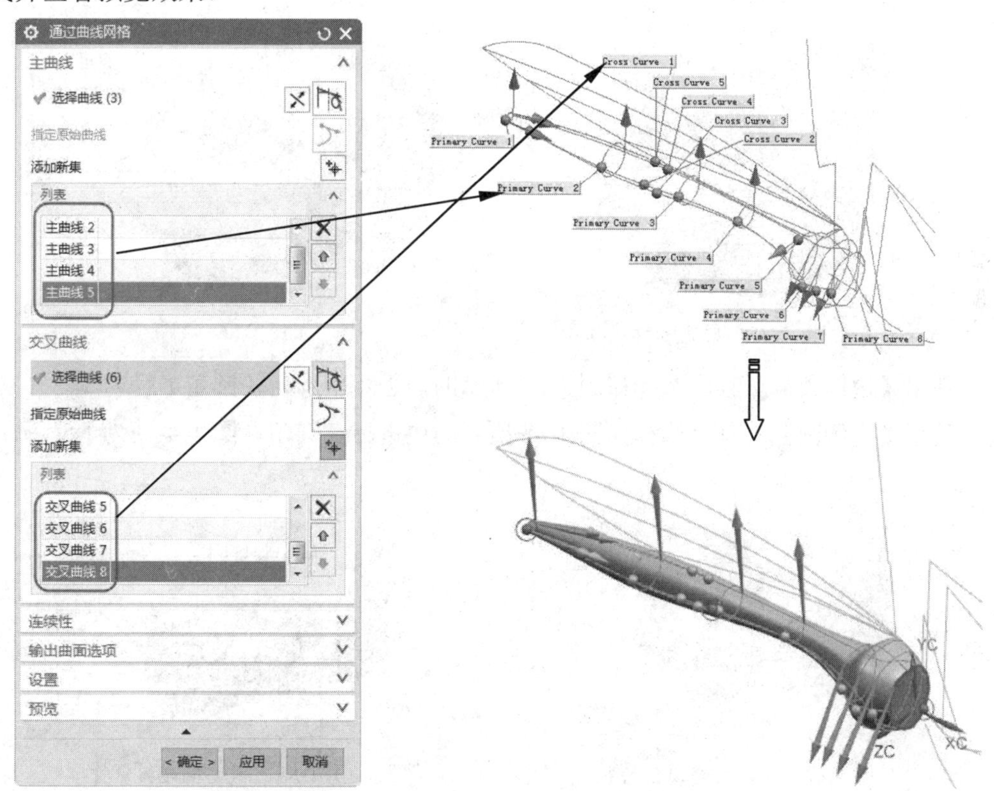

图 1-83　选择主曲线和交叉曲线

③ 单击对话框中的【确定】按钮，创建蚊子的躯干特征。

④ 在【特征】组中单击【球】按钮，弹出【球】对话框。然后按如图 1-84 所示的操作步骤创建蚊子的头部实体特征。

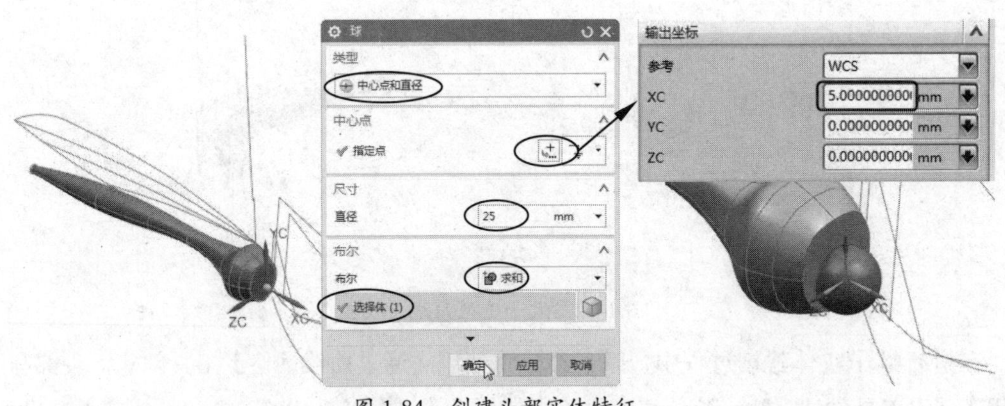

图 1-84 创建头部实体特征

⑤ 同理，再使用【球】工具，在头部特征上创建直径为 12、中心点坐标为 *X*=12、*Y*=4、*Z*=−12 的球体（眼睛特征），如图 1-85 所示。

⑥ 将构建躯干部分特征的曲线隐藏。使用【边倒圆】工具，选择如图 1-86 所示的边进行倒圆角，圆角半径为 8。

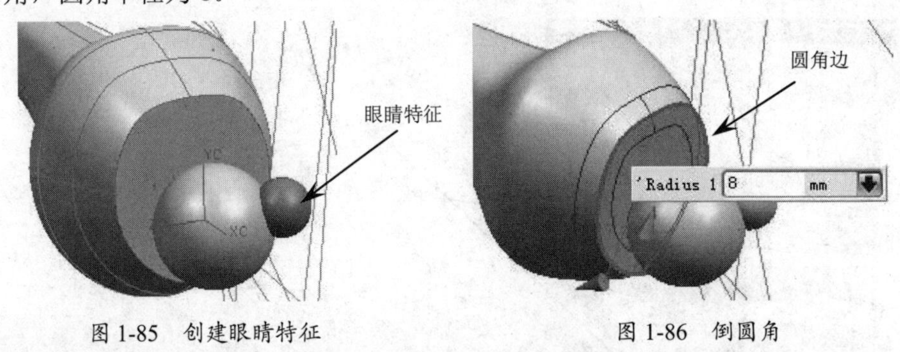

图 1-85 创建眼睛特征

图 1-86 倒圆角

⑦ 使用【边倒圆】工具，选择如图 1-87 所示的边进行倒圆角，圆角半径为 2。

⑧ 使用【边倒圆】工具，选择如图 1-88 所示的边进行倒圆角，圆角半径为 1.5。

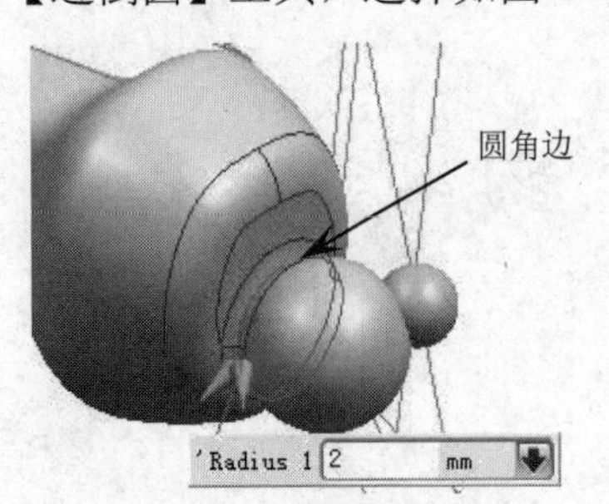

图 1-87 创建头部圆角特征

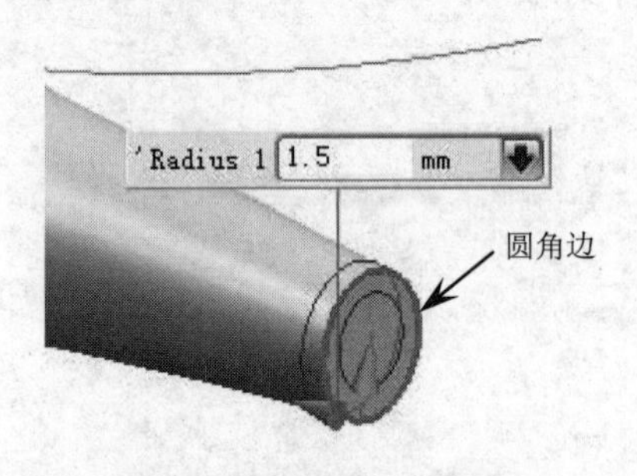

图 1-88 创建尾部圆角特征

⑨ 在【曲面】组的【更多】命令库中单击【管道】按钮，弹出【管道】对话框。然后按如图 1-89 所示的操作步骤创建吸血管管道特征。

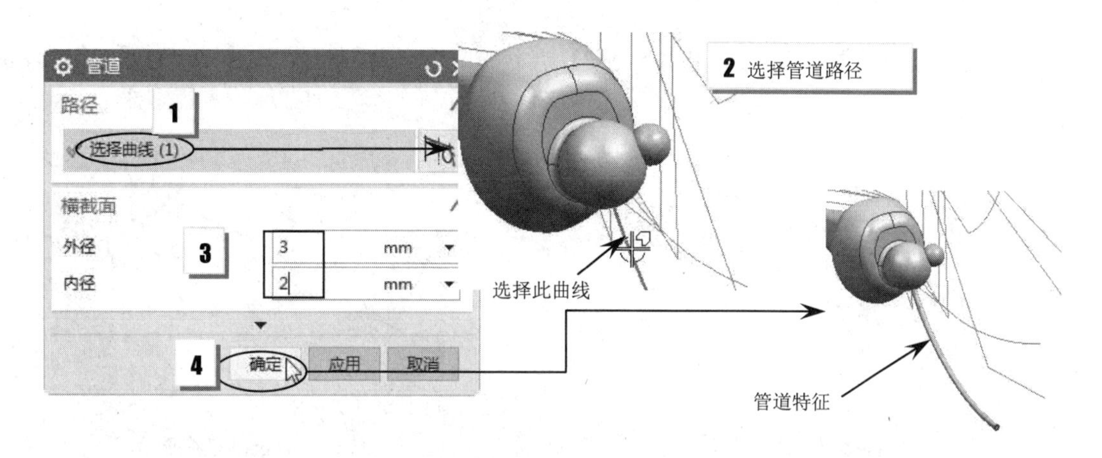

图 1-89　创建吸血管管道特征

⑩　同理，再使用【管道】工具，创建管道横截面外径为 1、内径为 0 的触角特征，如图 1-90 所示。

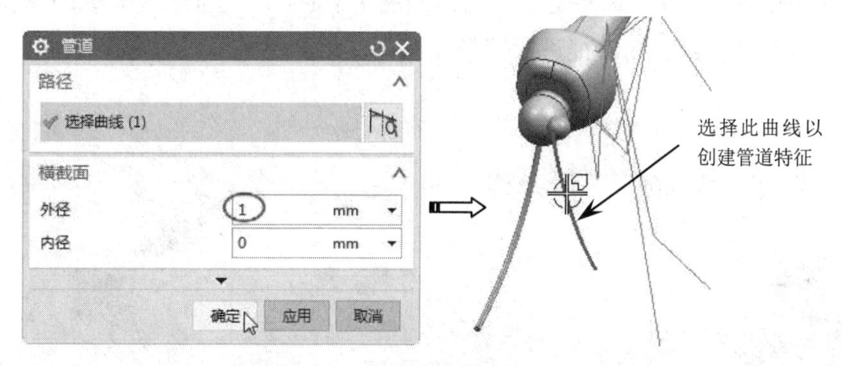

图 1-90　创建触角管道特征

⑪　蚊子有 4 条腿。使用【管道】工具，选择如图 1-91 所示的曲线分别创建管道尺寸不相同的腿部管道特征。管道尺寸分别是：管道外径为 3、内径为 0（腿部第 1 段），管道外径为 2.5、内径为 0（腿部第 2 段），管道外径为 2、内径为 0（腿部第 3 段），管道外径 1.5、内径为 0（腿部第 4 段）。

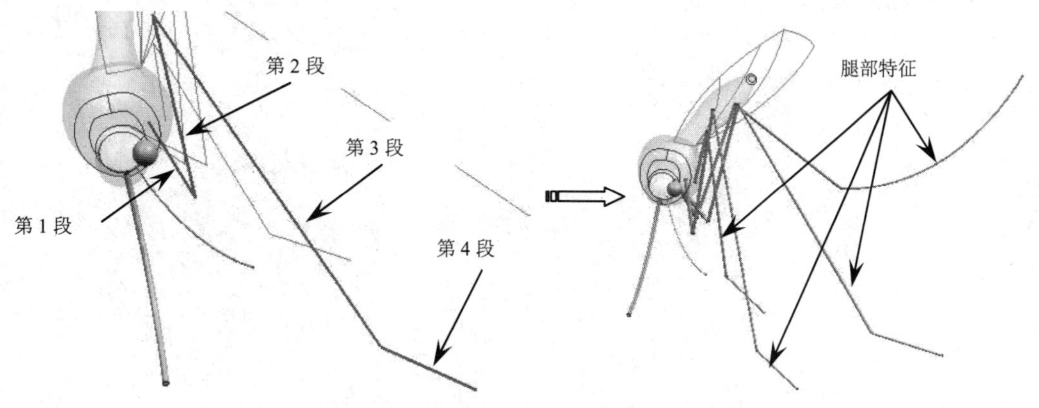

图 1-91　创建蚊子腿部管道特征

⑫　使用【有界平面】工具，选择如图 1-92 所示的曲线来创建有界平面。

⑬ 使用【分割面】工具，选择如图 1-93 所示的曲线来分割有界平面，分割后就得到翅膀特征。

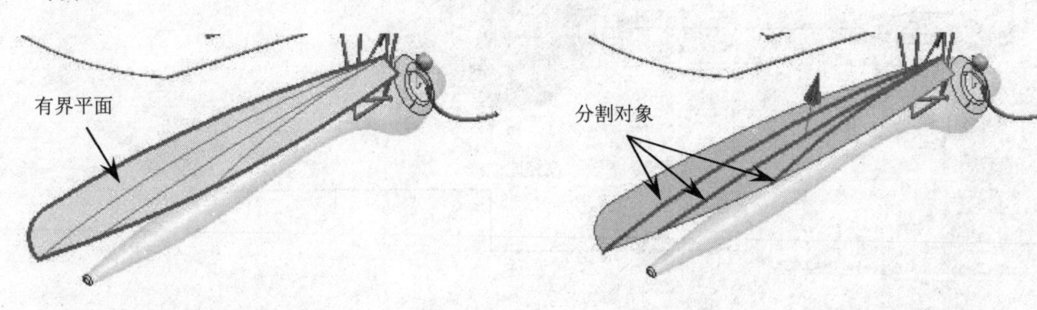

图 1-92 创建有界平面　　图 1-93 分割有界平面

⑭ 使用【基准平面】工具，以 *XC-YC* 平面作为平移参照来创建平移距离为 0 的新基准平面，如图 1-94 所示。

⑮ 使用【镜像体】工具，以新基准平面作为镜像平面，将先前创建完成的翅膀特征、腿部特征、眼睛特征和触角特征进行镜像操作，以此得到另一侧的对称特征，如图 1-95 所示。

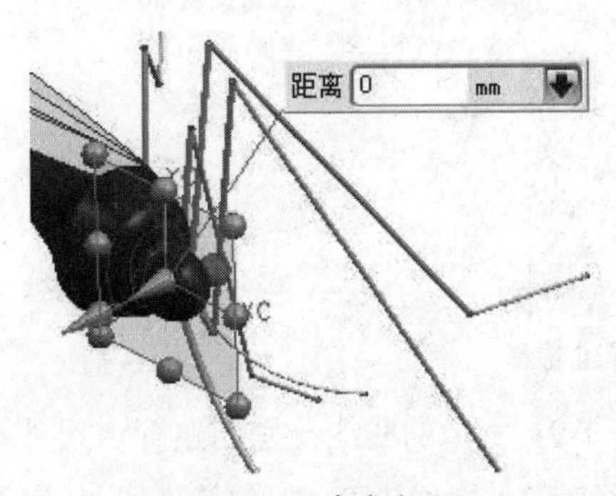

图 1-94 创建基准平面

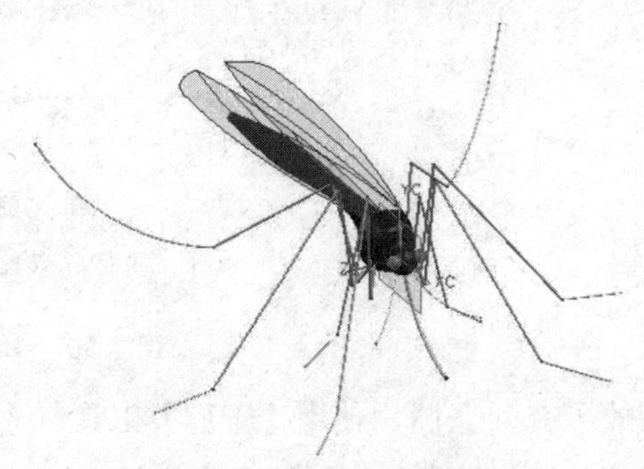

图 1-95 创建镜像体特征

⑯ 使用【合并】工具，将所有实体特征进行合并。至此蚊子造型的建模工作完成，最后将操作的结果数据保存。

CHAPTER 2

草图曲线的绘制

本章导读

草图（Sketch）是位于指定平面上的曲线和点的集合，设计者可以按照自己的思路随意绘制曲线的大概轮廓，再通过用户给定的条件约束来精确定义图形的几何形状。

建立的草图还可以用实体造型工具进行拉伸、旋转等操作，生成与草图相关联的实体模型。修改草图时，关联的实体模型也会自动更新。

学习要点

- ☑ 草图概述
- ☑ 草图工作平面
- ☑ 在两种任务环境中绘制草图
- ☑ 基本草图工具
- ☑ 草图绘制命令

扫码看视频

2.1 草图概述

草图绘制（简称草绘）功能是 UG NX 12 为用户提供的一种十分方便的绘图工具。用户可以首先按照自己的设计意图，迅速勾画出零件的粗略二维轮廓，然后利用草图的尺寸约束和几何约束功能精确确定二维轮廓曲线的尺寸、形状和相互位置。

2.1.1 草图的功能

草图绘制功能为用户提供了一种二维绘图工具，在 UG 中，有两种方式可以绘制二维图，一种是利用基本画图工具，另一种就是利用草图绘制功能。两者都具有十分强大的曲线绘制功能。但与基本画图工具相比，草图绘制功能还具有以下三个显著特点：

- 草图绘制环境中，修改曲线更加方便快捷。
- 草图绘制完成的轮廓曲线与拉伸或旋转等扫描特征生成的实体造型相关联，当草图对象被编辑以后，实体造型也紧接发生相应的变化，即具有参数化设计特点。
- 在草图绘制过程中，可以对曲线进行尺寸约束和几何约束，从而精确确定草图对象的尺寸、形状和相互位置，满足用户的设计要求。

2.1.2 草图的作用

草图的作用主要有以下四点：

- 利用草图，用户可以快速勾画出零件的二维轮廓曲线，再通过施加尺寸约束和几何约束，就可以精确确定轮廓曲线的尺寸、形状和位置等。
- 草图绘制完成后，可以用来拉伸、旋转或扫掠生成实体造型。
- 草图绘制具有参数的设计的特点，这对于在设计某一需要进行反复修改的复件时非常有用。因为只需要在草图绘制环境中修改二维轮廓曲线即可，而不用去修改实体造型，这样就节省了很多修改时间，提高了工作效率。
- 草图可以最大限度地满足用户的设计要求，这是因为所有的草图对象都必须在某一指定的平面上进行绘制。而该指定平面可以是任一平面，既可以是坐标平面和基准平面，也可以是某一实体的表面，还可以是某一片体或碎片。

2.2 草图平面

在绘制草图之前，首先要根据绘制需要选择草图工作平面（简称草图平面）。草图平面是指用来附着草图对象的平面，它可以是坐标平面，如 *XC*–*YC* 平面，也可以是实体上的某一平面，如长方体的某一个面，还可以是基准平面。因此草图平面可以是任一平面，即草图可以附着在任一平面上，这也就给设计者带来极大的设计空间和创作自由。

2.2.1 创建或者指定草图平面

在【直接草图】组中单击【草图】按钮，弹出如图 2-1 所示的【创建草图】对话框。同时在绘图区高亮度显示 *XC*–*YC* 平面和 *X*、*Y*、*Z* 三个坐标轴。

在【创建草图】对话框的【草图类型】下拉列表中（如图 2-2 所示）包含两个选项：【在平面上】和【基于路径】，用户可以选择其中的一种作为新建草图的类型。按照默认设置，选择【在平面上】选项，即设置草图类型为在平面上的草图。

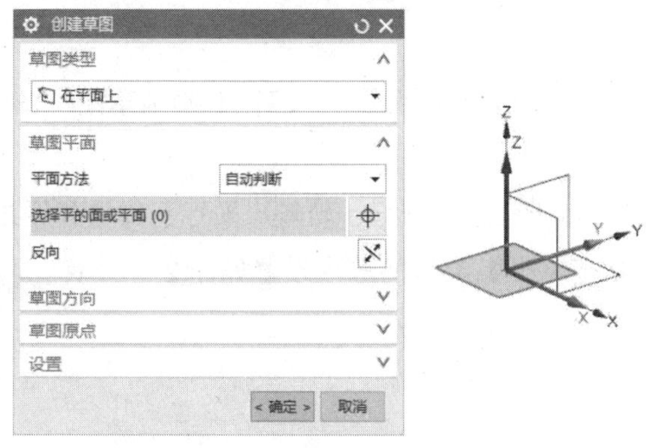

图 2-1 【创建草图】对话框

图 2-2 草图类型

2.2.2 在平面上

将草图绘制在选定的平面或者基准平面上，可以自定义草图的方向、草图原点等。

该类型中所包含的选项及按钮含义如下：

- 【草图平面】选项区：该选项区用于确定草图平面。
  - 平面方法：创建草图平面的方法，包括【自动判断】、【现有平面】、【创建平面】和【创建基准坐标系】。【自动判断】表示程序自动选择草图平面，一般为 *XC*–*YC* 基准平面，如图 2-3a 所示；【现有平面】是指图形区中所有的平面，包括基准平面和模型上的平面，如图 2-3b 所示；【创建平面】是以创建基准平面的方法来创建草图平面；【创建基准坐标系】是以基准坐标系的创建方法来定草图平面，草图平面默认为基准坐标系中的 *XC*–*YC* 平面，如图 2-3c 所示。
  - 反向：单击此按钮，将改变草图方向。

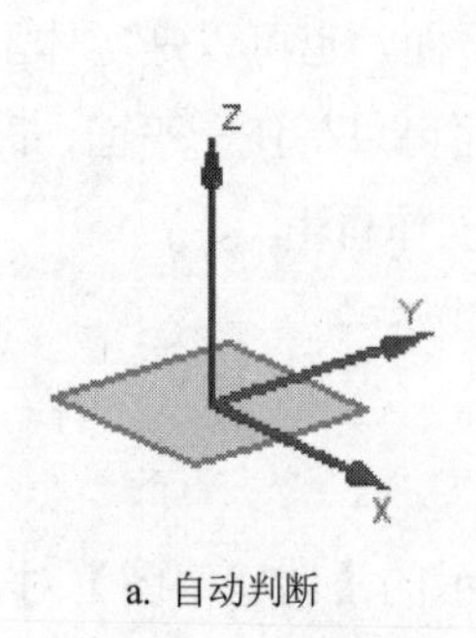

a. 自动判断

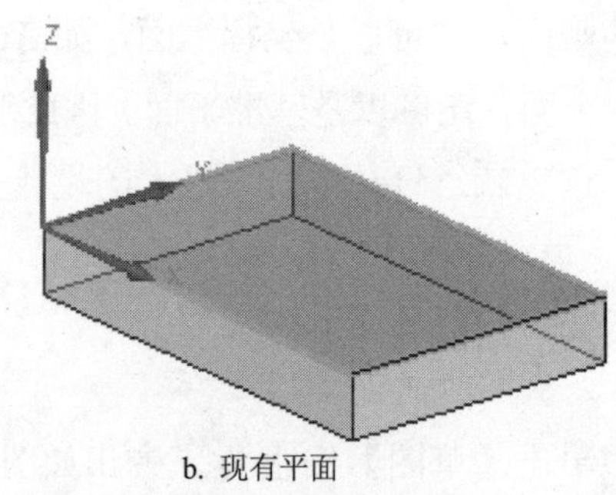

b. 现有平面

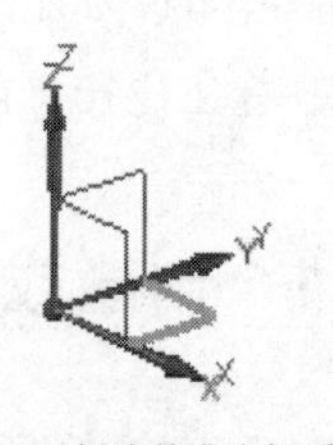

c. 创建基准坐标系

图 2-3 草图平面创建方法

- 【草图方向】选项区：该选项区可控制参考平面中 *X* 轴、*Y* 轴的方向。
- 【草图原点】选项区：设置草图平面坐标系的原点位置。

2.2.3 基于路径

当为特征（如变化的扫掠）构建输入轮廓时，可以选择【基于路径】绘制草图。图 2-4 说明的是完全约束的基于轨迹绘制草图以及产生的变化的扫掠。

选择此类型，将在曲线轨迹路径上创建垂直于轨迹、平行于轨迹、平行于矢量和通过轴的草图平面，并在草图平面上创建草图。【基于路径】类型的选项设置如图 2-5 所示。

对话框中的各选项含义如下：

- 路径：即创建草图平面的曲线轨迹。
- 平面位置：草图平面在轨迹上的位置。
  - 弧长：当轨迹为圆、圆弧或直线时，通过设置弧长来控制平面的位置。
  - 弧长百分比：当轨迹为圆、圆弧或直线时，通过设置弧长的百分比来控制平面的位置。
  - 通过点：当轨迹为任意曲线时，通过点构造器来设置路径上的点，以此创建草图平面。
- 平面方位：确定平面与轨迹的方位关系。
  - 垂直于路径：草图平面与路径垂直。
  - 垂直于矢量：草图平面与指定的矢量垂直。
  - 平行于矢量：草图平面与指定的矢量平行。
  - 通过轴：草图平面将通过或平行于指定的矢量轴。
- 草图方向：确定草图平面中工作坐标系的 *XC* 轴与 *YC* 轴方位。
  - 自动：程序默认的方位。
  - 相对于面：以选择面来确定坐标系的方位。一般情况下，此面必须与草图平面呈平行或垂直关系。
  - 使用曲线参数：使用轨迹与曲线的参数关系来确定坐标系方位。

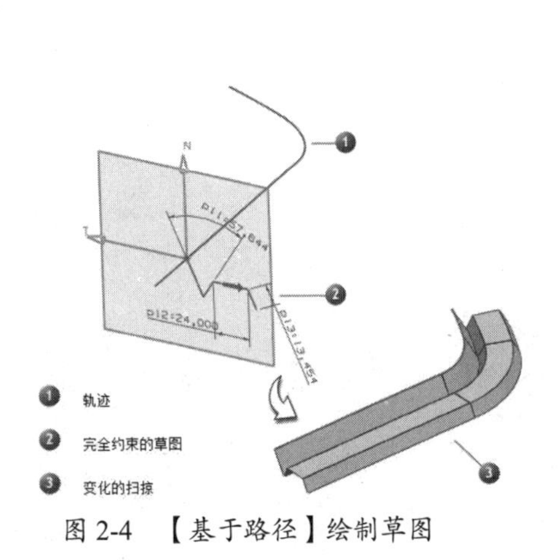

图 2-4 【基于路径】绘制草图

图 2-5 【基于路径】类型

2.3 在两种任务环境中绘制草图

在 UG NX 12 中，有两种不同的任务环境绘制草图方式，包括直接草图和在草图任务环境中打开。

2.3.1 直接草图（建模环境）

在建模环境的【主页】选项卡的【直接草图】组中单击【草图】按钮，弹出【创建草图】对话框。选择并确定草图平面后，【直接草图】组中将显示所有的直接草图绘制工具，如图 2-6 所示。

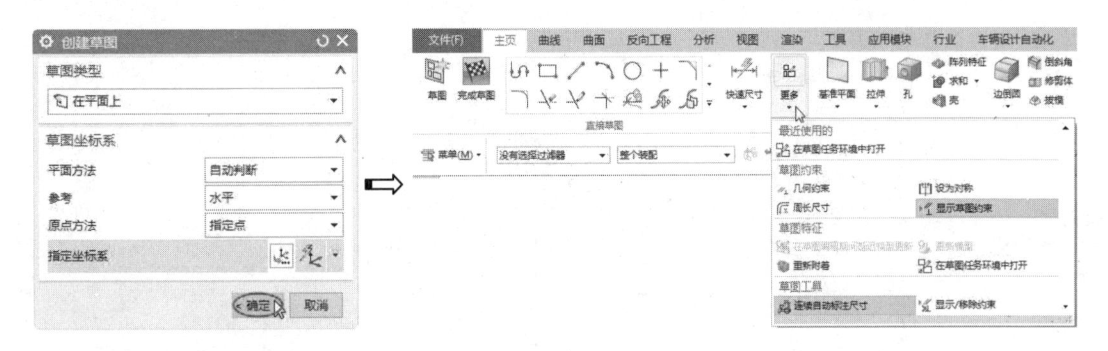

图 2-6 直接草图绘制工具

如图 2-7 所示为在建模环境中绘制的草图。

技术要点：

很多时候，直接草图等同于曲线，而直接草图的绘制要比创建曲线快速、方便得多。

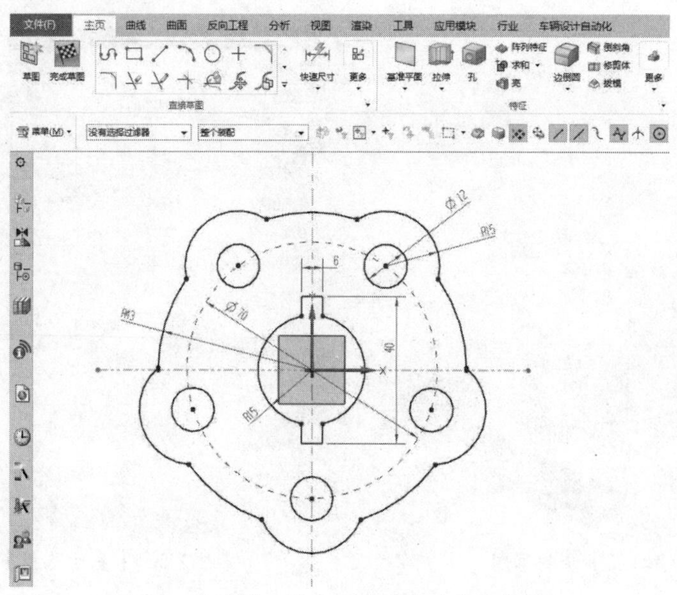

图 2-7　在建模环境中绘制草图（直接草图）

2.3.2　在草图任务环境中打开

由于建模环境中所能使用的草图编辑命令较少，想要获得更多的编辑命令，最好选择【在草图任务环境中打开】方式。

在【直接草图】组的【更多】命令库中执行【在草图任务环境中打开】命令，将由直接草图方式切换到草图任务环境。

如图 2-8 所示为在草图任务环境中绘制的草图。

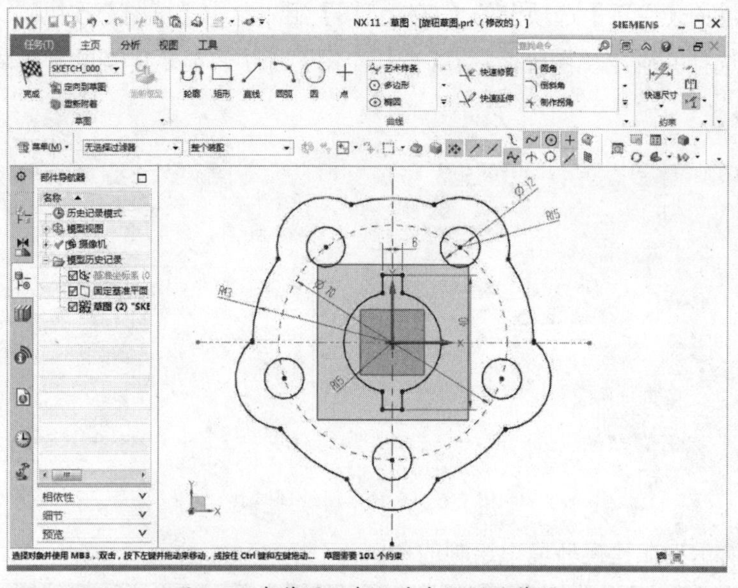

图 2-8　在草图任务环境中绘制的草图

2.4　基本草图工具

草图任务环境中的草图工具主要是对创建的草图进行确认、重命名、视图定向、评估草图、更换模型等操作，如图 2-9 所示。

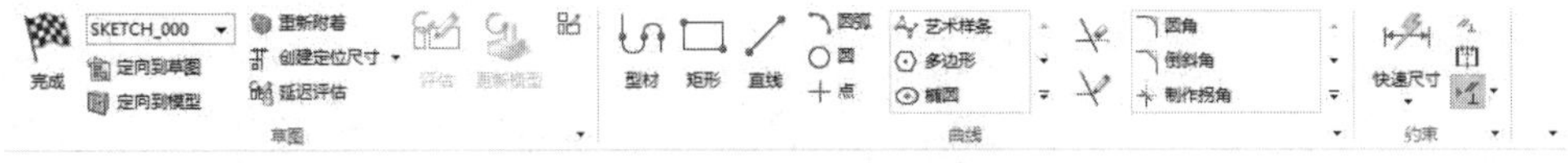

图 2-9　草图任务环境中的草图工具

1. 完成

【完成】命令就是对创建的草图进行确认并退出草图环境。

2. 定向到草图

【定向到草图】就是将视图调整为草图的俯视图，当用户在创建草图过程中视图发生了变化，不便于观察时，可通过此功能将视图调整为俯视图，如图 2-10 所示。

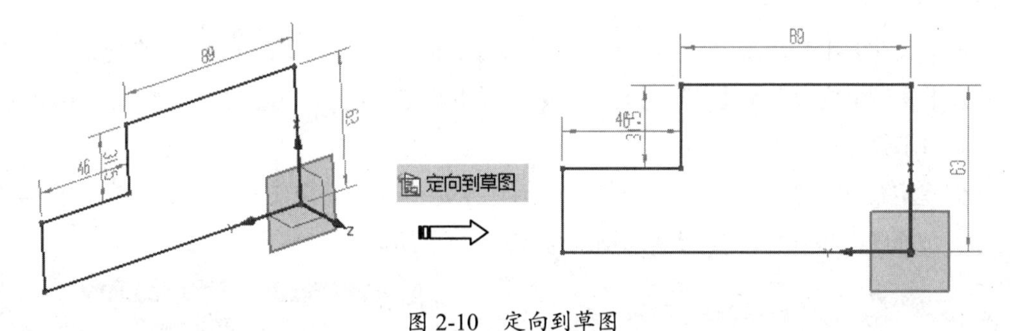

图 2-10　定向到草图

3. 定向到模型

【定向到模型】是将视图调整为进入草图环境之前的视图。这也是为了便于观察绘制的草图与模型之间的关系。例如，进入草图之前的视图为默认的轴测视图，如图 2-11 所示。

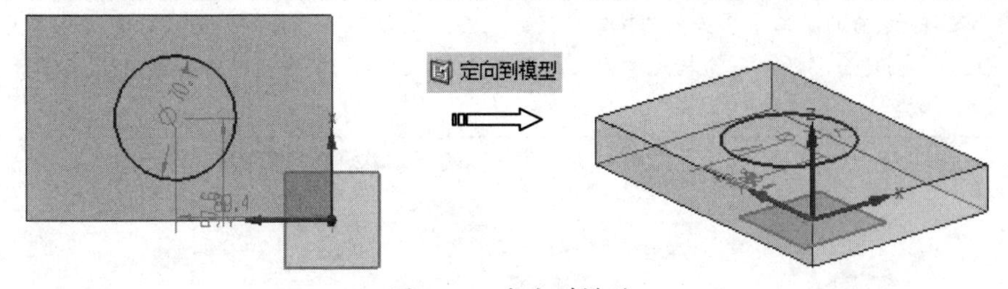

图 2-11　定向到模型

4. 重新附着

【重新附着】就是将草图重新附着到其他基准平面、平面和轨迹上，或者更改草图的方位。在【草图生成器】组中单击【重新附着】按钮，弹出【重新附着草图】对话框，如图 2-12 所示。

通过此对话框重新指定要附着的实体表面或基准面，单击【确定】按钮后草图将附着到新的参考平面上，如图 2-13 所示。

图 2-12 【重新附着草图】对话框

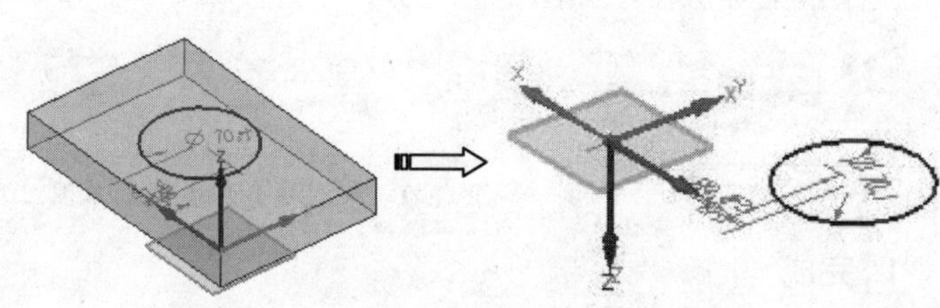

图 2-13 重新附着草图

技术要点：

【重新附着草图】对话框的功能与先前介绍的【创建草图】对话框的功能完全一样，因此这里就不再对【重新附着】对话框的功能选项设置做重复介绍。

5. 定位尺寸

【定位尺寸】工具用来定义、编辑草图曲线与目标对象之间的定位尺寸。它包括【创建定位尺寸】、【编辑定位尺寸】、【删除定位尺寸】和【重新定义定位尺寸】工具，如图 2-14 所示。

（1）创建定位尺寸。

【创建定位尺寸】是指相对于现有的几何体来定位草图。在【草图】组中单击【创建定位尺寸】按钮，弹出【定位】对话框，如图 2-15 所示。

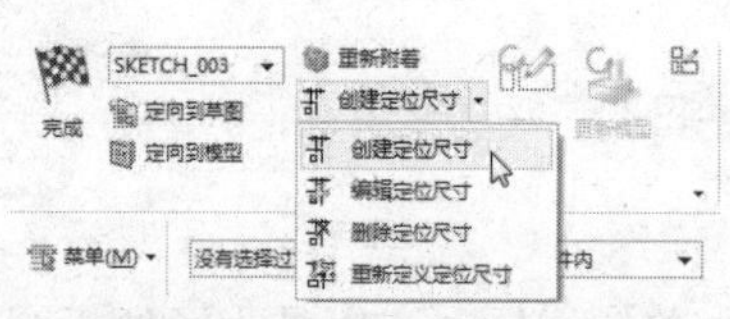

图 2-14 【定位尺寸】工具

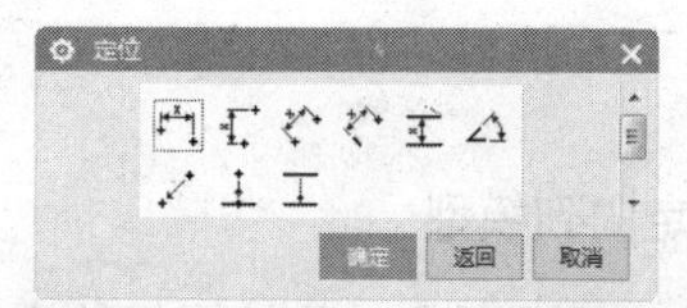

图 2-15 【定位】对话框

技术要点：

在 UG NX 12 之前的版本中，若要创建定位尺寸，在定义草图平面时，请务必取消勾选【关联原点】复选框，并且不要创建自动约束（包括尺寸约束和几何约束），否则会弹出警告，如图 2-16 所示。UG NX 12 不再支持此项功能。

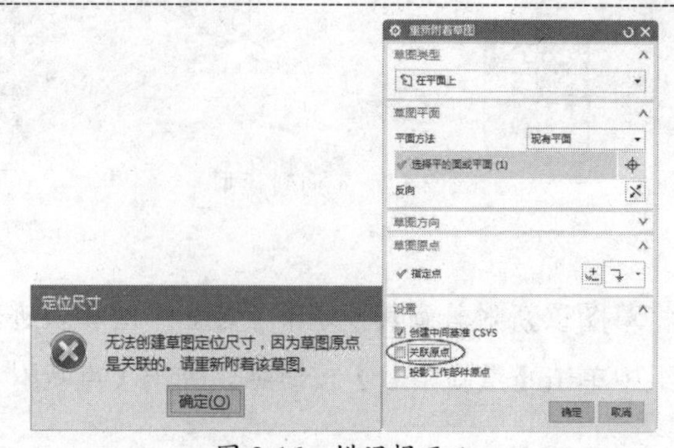

图 2-16 错误提示 1

该对话框中包含水平定位、垂向定位、平行定位、正交定位、按一定距离平行定位、角度定位、点到点定位、点到线定位及线到线定位等九种定位方式。

技术要点：

如果用户在绘制草图时，默认情况下，程序会自动生成定位尺寸。那么再执行【创建定位尺寸】命令，同样会弹出错误提示，如图 2－17 所示。

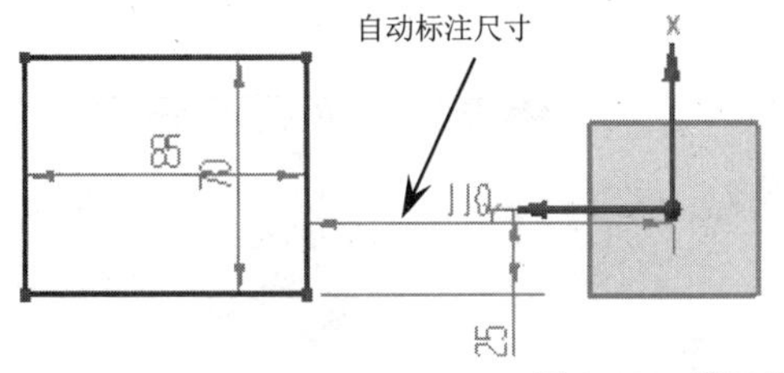

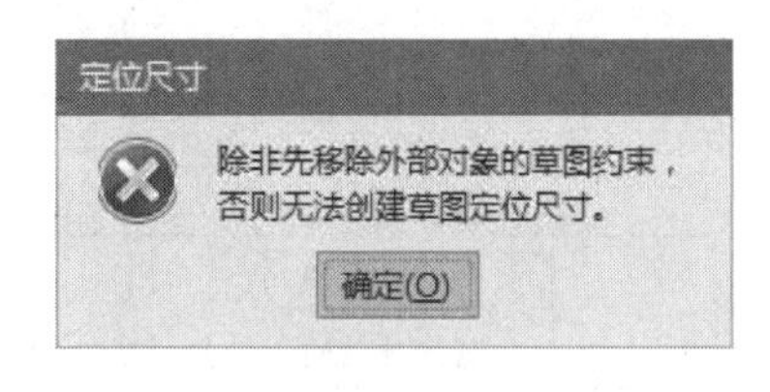

图 2-17　错误提示 2

那么这里怎样移除外部对象的草图约束呢？在菜单栏中执行【任务】|【草图设置】命令，弹出【草图设置】对话框。在该对话框中取消勾选【连续自动标注尺寸】复选框，即可完成设置，如图 2-18 所示。随后在草图绘制过程中将不会自动生成尺寸标注。

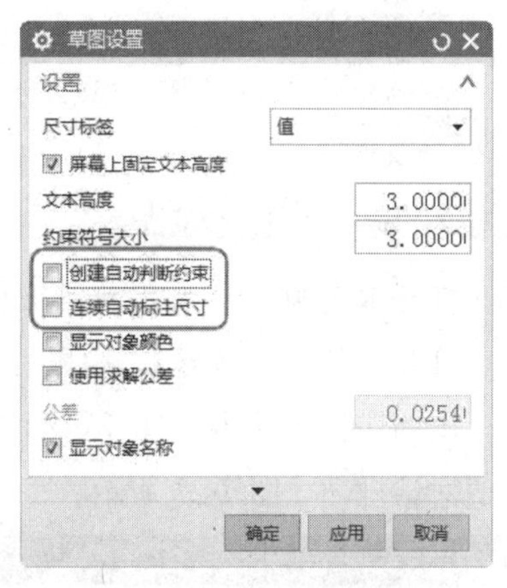

图 2-18　【草图设置】对话框

技术要点：

如果草图已经产生了自动草图标注，若进行草图样式的设置，是不会改变当前草图的尺寸标注状态的。

（2）编辑定位尺寸。

【编辑定位尺寸】就是对已创建的定位尺寸进行编辑，使草图移动。在【草图】组中单击【编辑定位尺寸】按钮，弹出【编辑表达式】对话框，如图 2-19 所示。

在对话框的定位距离文本框中输入新的定位尺寸，单击【确定】按钮后，草图会随着定位尺寸的更改而重新定位。

（3）删除定位尺寸。

【删除定位尺寸】就是删除已创建的定位尺寸。在【草图】组中单击【删除定位尺寸】按钮，弹出【移除定位】对话框，如图 2-20 所示。

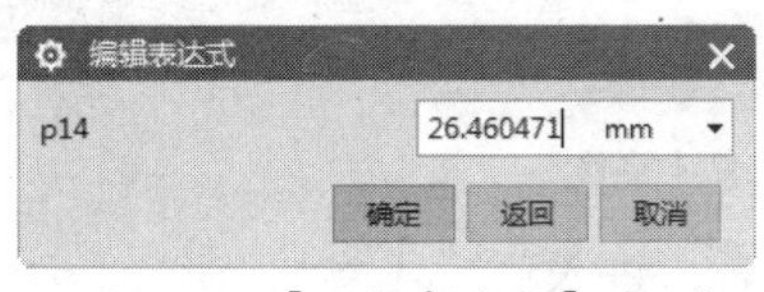

图 2-19　【编辑表达式】对话框

图 2-20　【移除定位】对话框

要删除创建的定位尺寸，选择定位尺寸再单击对话框中的【确定】按钮即可。

（4）重新定义定位尺寸。

【重新定义定位尺寸】就是更改定位尺寸中的原目标对象。

当用户为草图定义定位尺寸（不管是什么类型的定位尺寸）后，在【草图】组中单击【重新定义定位尺寸】按钮，然后程序提示选择要重定义的定位尺寸，当选择【垂向定位】尺寸后会弹出【竖直】对话框，如图 2-21 所示。重新选择新的目标对象后，单击【确定】按钮即可完成定位尺寸的重新定义。

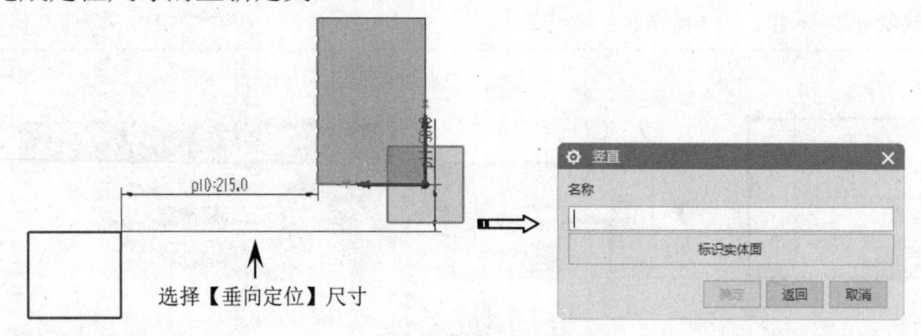

图 2-21 重新定义定位尺寸

技术要点：

在重新定义定位尺寸时，定位尺寸类型决定了弹出的对话框。定位类型有九种，那么将会弹出九种不同的定位对话框。

上机实践——重定位草图

① 打开本例源文件“2-1.prt”，如图 2-22 所示。

② 打开【部件导航器】，用鼠标右键单击【拉伸（2）】，在弹出的快捷菜单中选择【可回滚编辑】命令，打开【拉伸】对话框，如图 2-23 所示。

技术要点：

还可以在模型中双击该拉伸特征打开【拉伸】对话框。

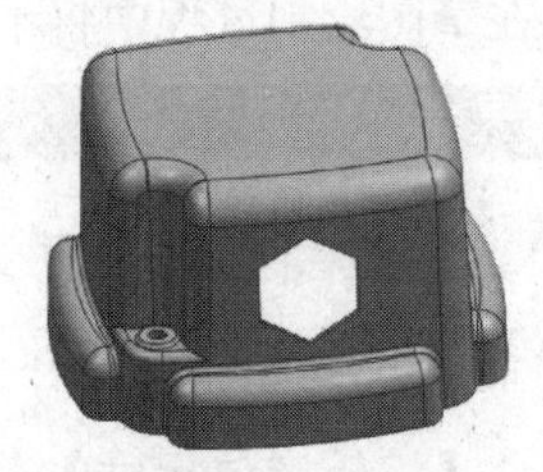

图 2-22 模型文件

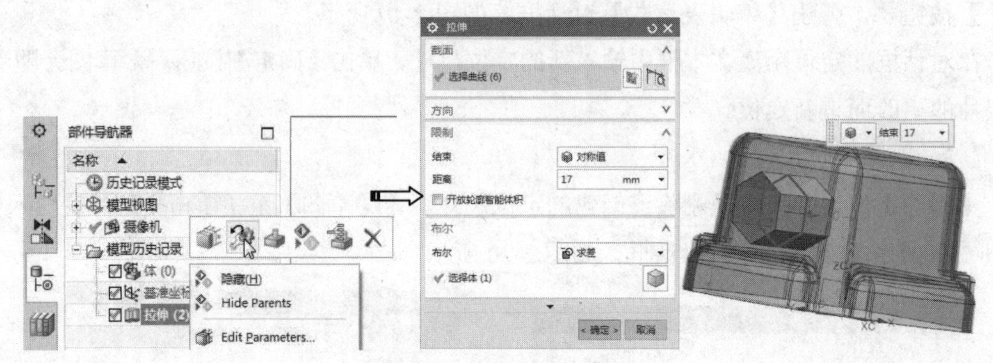

图 2-23 可回滚编辑操作

③ 在【截面】选项区中单击【绘制截面】按钮，进入草绘环境。

④ 在【草图】组中单击【重新附着】按钮，打开【重新附着草图】对话框。

⑤ 选择【在平面上】草图类型，并选择如图 2-24 所示的平面作为草图平面。

图 2-24　选取重新附着的平面

⑥ 单击【确定】按钮，将 p919 尺寸改为−40。单击【完成草图】按钮退出草绘环境，如图 2-25 所示。

⑦ 单击【拉伸】对话框中的【确定】按钮，完成草图的重新附着，如图 2-26 所示。

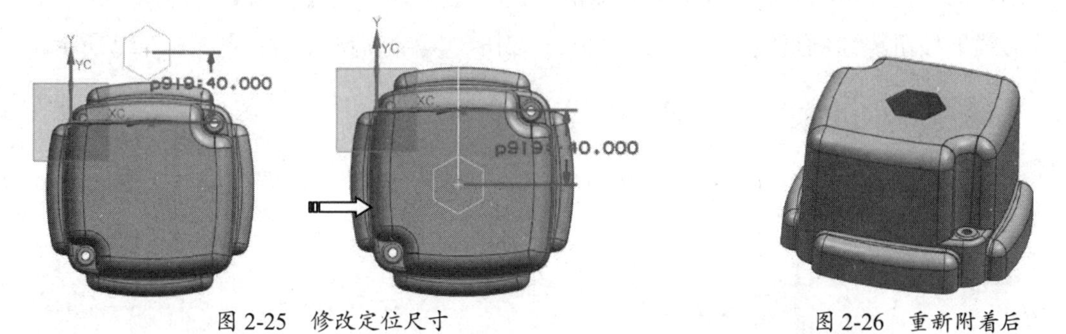

图 2-25　修改定位尺寸　　　　图 2-26　重新附着后

2.5　草图绘制命令

草图绘制命令包含常见的轮廓、直线、圆弧、圆、圆角、倒斜角、矩形、多边形、椭圆、拟合样条、艺术样条、二次曲线等。

2.5.1　轮廓（型材）

进入草图环境后，执行菜单栏中的【插入】|【曲线】|【轮廓】命令，或者直接单击【曲线】选项卡中的【轮廓】按钮，弹出【轮廓】对话框，如图 2-27 所示。

技术要点：

此绘图工具命名为“型材”，翻译有误，原意应该是“轮廓”。

对话框中的各选项含义如下：

- 直线：选取两点绘制直线。

- 圆弧 ：当直接绘制圆弧时，可以绘制三点圆弧，当已经绘制直线时，此命令可以绘制与直线相切的切弧。
- 坐标模式 XY：使用 *XY* 坐标的方式创建曲线点。
- 参数模式 ：使用直线的长度和角度或者圆弧的半径参数来绘制。

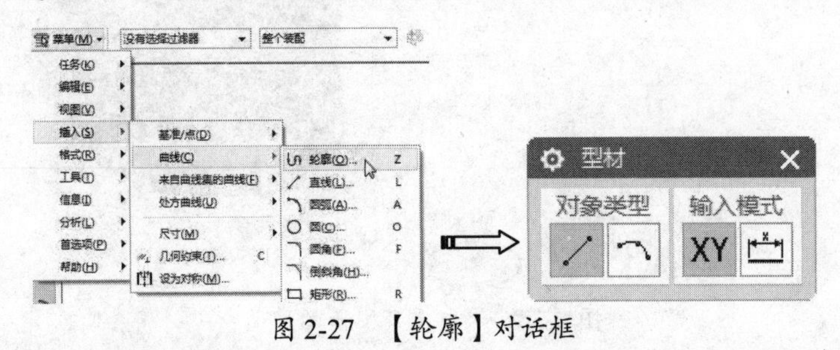

图 2-27 【轮廓】对话框

上机实践——轮廓线绘图

本例要绘制的草图如图 2-28 所示。

① 绘制轮廓。在【曲线】选项卡中单击【轮廓】按钮，弹出【轮廓】对话框。先单击【直线】按钮绘制直线，再单击【圆弧】按钮绘制圆弧，结果如图 2-29 所示。

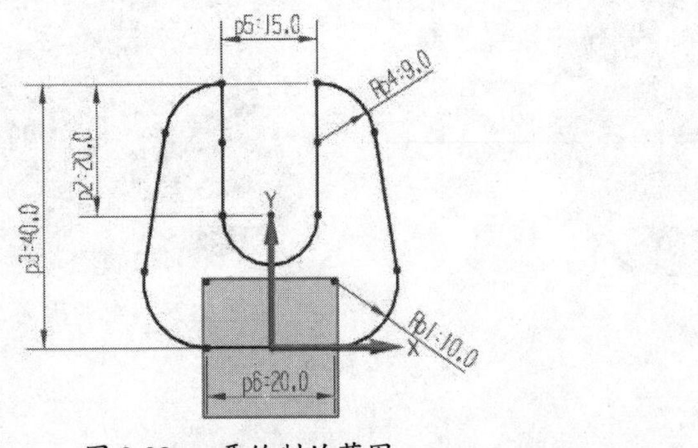

图 2-28 要绘制的草图

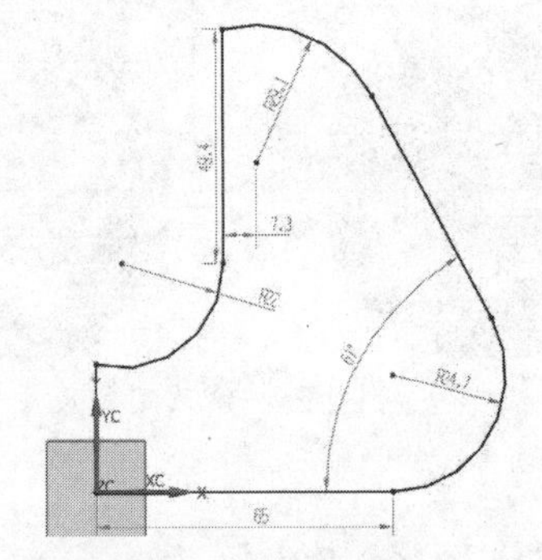
图 2-29 绘制轮廓

② 镜像曲线。在【曲线】选项卡中单击【镜像曲线】按钮，弹出【镜像曲线】对话框。选取要镜像的曲线，再选取中心线，单击【确定】按钮完成镜像，结果如图 2-30 所示。

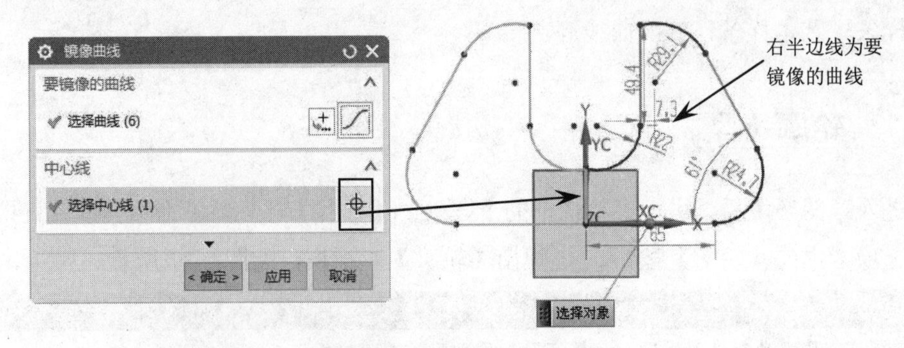

图 2-30 镜像曲线

③ 曲线约束。在【约束】组中单击【几何约束】按钮，弹出【几何约束】对话框。选取要约束的类型，再选取约束的对象，单击【确定】按钮完成约束，结果如图 2-31 所示。

④　标注。在【约束】组中单击【快速尺寸】按钮，弹出【快速尺寸】对话框。选取要标注的对象，拉出尺寸单击确定放置位置，即可完成标注，结果如图 2-32 所示。

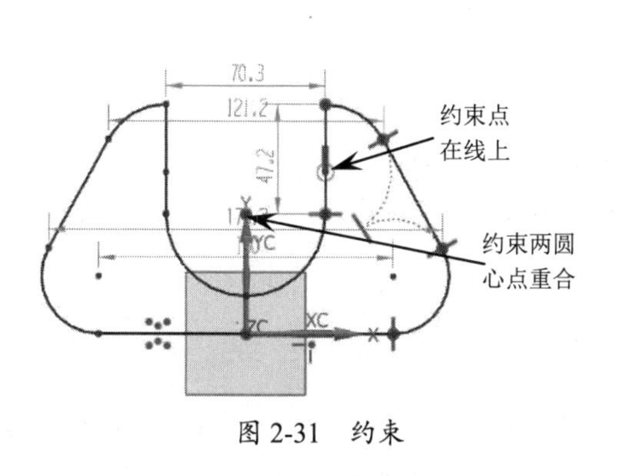

图 2-31　约束

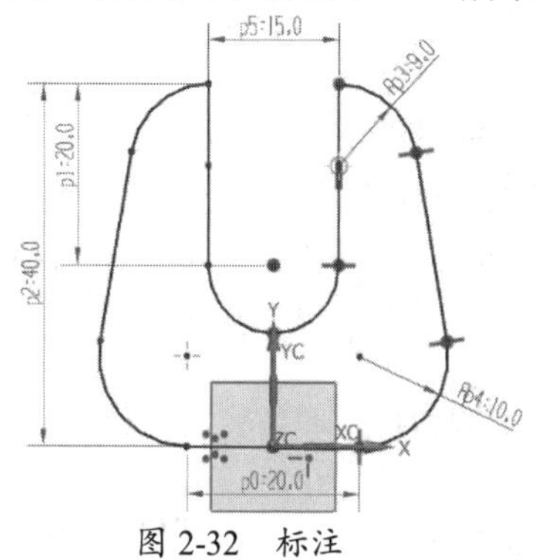

图 2-32　标注

2.5.2　直线

进入草图环境后，执行菜单栏中的【插入】|【曲线】|【直线】命令，或者直接单击【曲线】选项卡中的【直线】按钮，弹出【直线】对话框，如图 2-33 所示。

对话框中的各选项含义如下：

- 坐标模式 XY：使用输入 *X* 和 *Y* 坐标值的方式确定直线的起点和终点。
- 参数模式：使用直线的长度和角度来创建直线。

2.5.3　圆弧

进入草图环境后，执行菜单栏中的【插入】|【曲线】|【圆弧】命令，或者直接单击【曲线】选项卡中的【圆弧】按钮，弹出【圆弧】对话框，如图 2-34 所示。

图 2-33　【直线】对话框

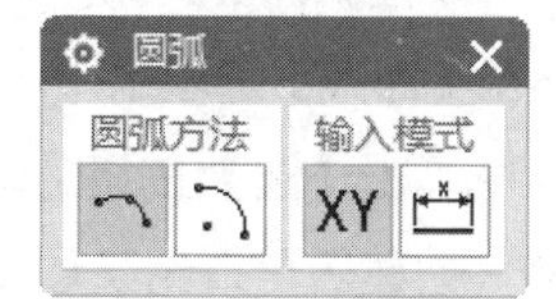

图 2-34　【圆弧】对话框

对话框中的各选项含义如下：

- 三点定圆弧：通过三点的方式来绘制圆弧。
- 圆心和端点定圆弧：通过圆心、起点和终点来创建圆弧。
- 坐标模式 XY：使用坐标值来定义圆弧的圆心或者端点坐标值。
- 参数模式：使用圆弧的半径和角度来定义圆弧。

2.5.4　圆

进入草图环境后，执行菜单栏中的【插入】|【曲线】|【圆】命令，或者直接单击【曲线】

选项卡中的【圆】按钮◯，弹出【圆】对话框，如图 2-35 所示。

对话框中的各选项含义如下：

- 圆心和直径定圆⊙：通过圆心和直径来创建圆。
- 三点定圆◯：通过指定三点来创建圆。
- 坐标模式XY：使用坐标的方式来定义圆的圆心坐标值。
- 参数模式：使用圆的直径值来定义圆的大小。

2.5.5 圆角

进入草图环境后，执行菜单栏中的【插入】|【曲线】|【圆角】命令，或者直接单击【曲线】选项卡中的【圆角】按钮，弹出【圆角】对话框，如图 2-36 所示。

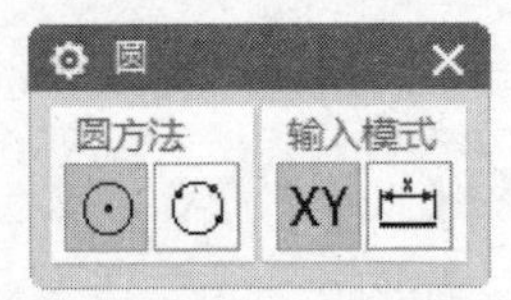

图 2-35 【圆】对话框

图 2-36 【圆角】对话框

对话框中的各选项含义如下：

- 修剪：在创建圆角的同时进行修剪圆角边。
- 取消修剪：在创建圆角的同时不进行任何修剪操作。
- 删除第三条曲线：创建三条曲线圆角时，将第三条曲线进行删除，采用圆角代替。
- 备选解：按此按钮进行切换互补的圆角结果。

上机实践——绘制直线和圆

本例要绘制的草图如图 2-37 所示。

① 绘制轮廓。在【曲线】选项卡中单击【直线】按钮，绘制竖直直线和水平线。在【曲线】选项卡中单击【圆】按钮◯，在直线端点绘制圆。在【曲线】选项卡中单击【圆角】按钮，创建圆角，结果如图 2-38 所示。

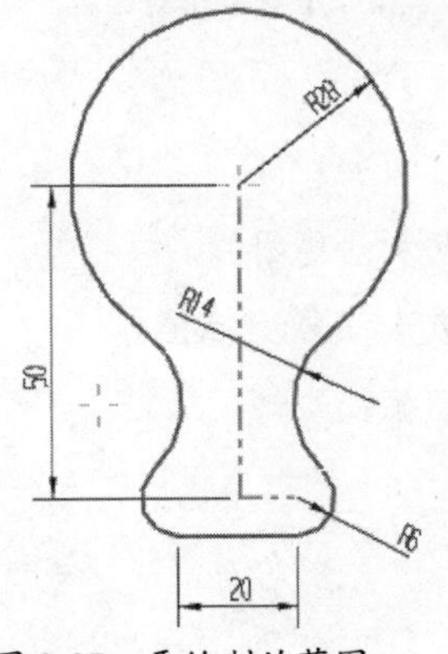

图 2-37 要绘制的草图

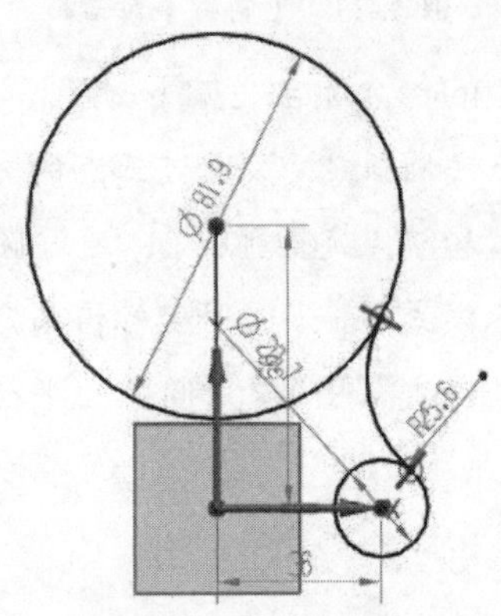

图 2-38 创建圆角

② 镜像曲线。在【曲线】选项卡中单击【镜像曲线】按钮，弹出【镜像曲线】对话框。选取要镜像的曲线，再选取中心线，单击【确定】按钮完成镜像，结果如图 2-39 所示。

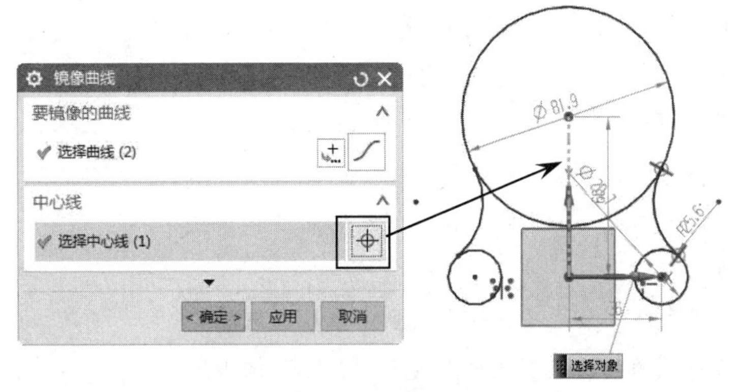

图 2-39 创建镜像曲线

③ 绘制水平切线。在【曲线】选项卡中单击【直线】按钮，靠近圆选取两个圆，拉出水平的切线，结果如图 2-40 所示。

④ 快速修剪。在【曲线】选项卡中单击【快速修剪】按钮，按住鼠标左键滑动到要修剪的线条或者直接单击选取要修剪的线条，即可将其删除，结果如图 2-41 所示。

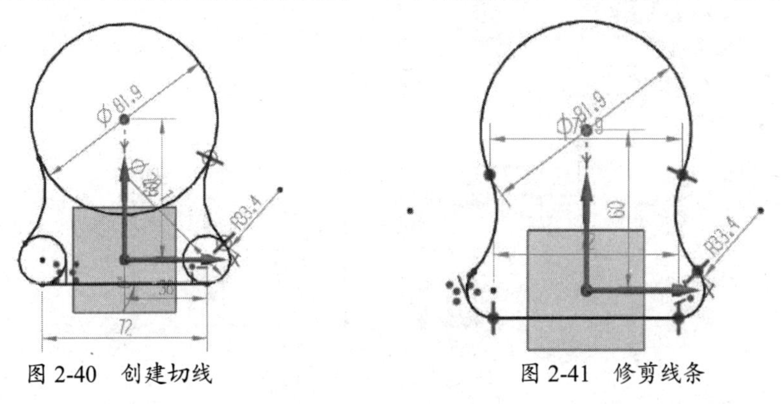

图 2-40 创建切线　　图 2-41 修剪线条

⑤ 标注尺寸。在【约束】组中单击【快速尺寸】按钮，弹出【快速尺寸】对话框。选取要标注的对象，拉出尺寸单击确定放置位置，并进行修改，标注结果如图 2-42 所示。

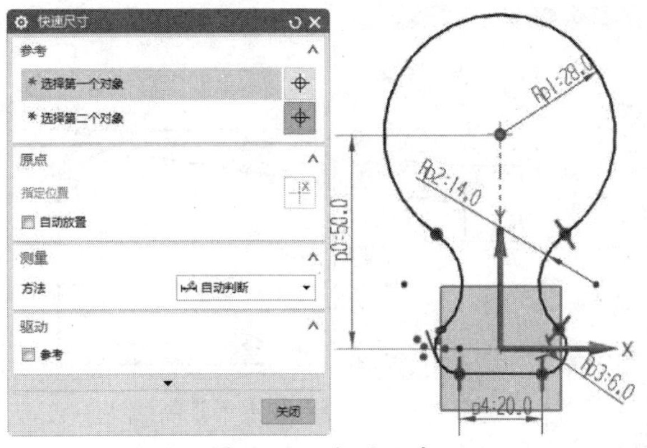

图 2-42 标注尺寸

2.5.6 倒斜角

进入草图环境后，执行菜单栏中的【插入】|【曲线】|【倒斜角】命令，或者直接单击【曲线】选项卡中的【倒斜角】按钮，弹出【倒斜角】对话框，如图 2-43 所示。

图 2-43 【倒斜角】对话框

对话框中的各选项含义如下：

- 要倒斜角的曲线：用于定义要倒斜角的曲线和曲线修剪方式。
  - ➢ 选择直线：激活【选择直线】命令后，选取要进行倒角的相交直线来创建斜角，也可按下鼠标左键画线（画过交叉的两直线）自动倒角。
  - ➢ 修剪输入曲线：勾选此复选框，即可在创建倒角的同时修剪倒角边。
- 偏置：有三种定义倒斜角的方式，分别是【对称】、【非对称】及【偏置和角度】。
  - ➢ 对称：对两条直线（要倒斜角的曲线）倒相同的斜角距离，如图 2-44 所示。

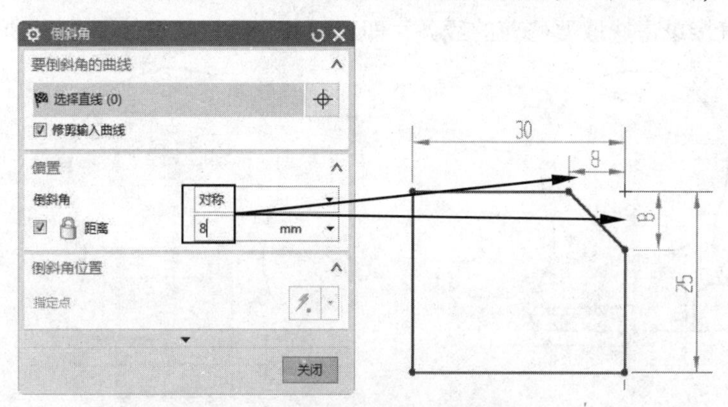

图 2-44 【对称】倒斜角

  - ➢ 非对称：以不同的距离对倒角边进行倒角，如图 2-45 所示。先选取的边为【距离 1】的参考边，后选取的边为【距离 2】的参考边。

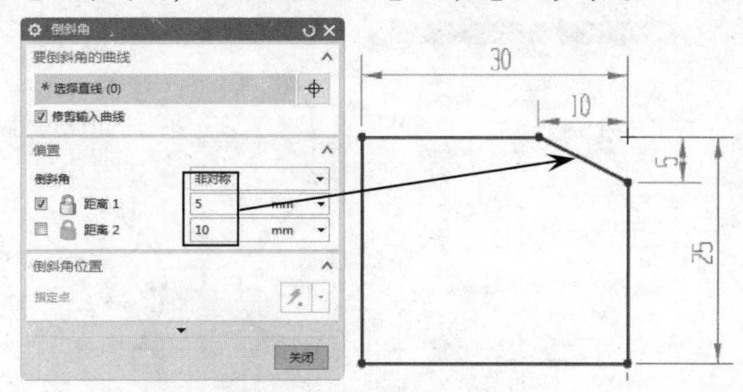

图 2-45 【非对称】倒斜角

  - ➢ 偏置和角度：以一条边为参考，自定义倒角的距离和夹角，如图 2-46 所示。

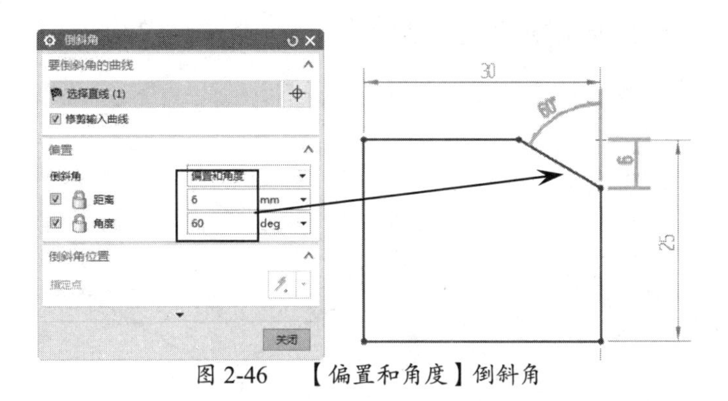

图 2-46　【偏置和角度】倒斜角

2.5.7　矩形

进入草图环境后，执行菜单栏中的【插入】|【曲线】|【矩形】命令，或者直接单击【曲线】选项卡中的【矩形】按钮，弹出【矩形】对话框，如图 2-47 所示。

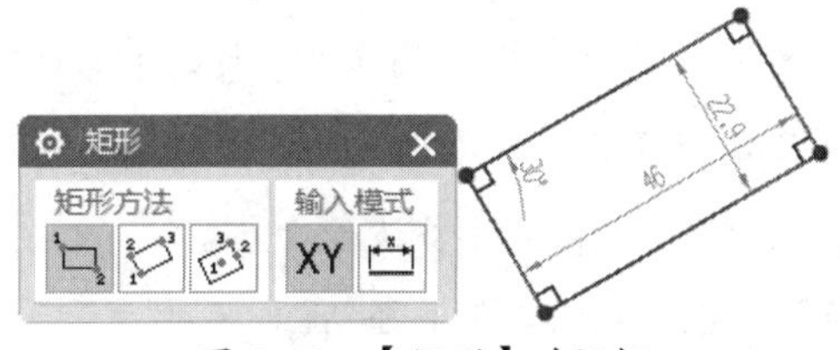

图 2-47　【矩形】对话框

对话框中的各选项含义如下：

- 按两点：通过矩形的两对角点创建矩形。两对角点即可决定矩形的宽度和高度。
- 按三点：通过矩形的三个对角点创建矩形。通过第一点和第二点决定矩形的高度和角度，第三点决定矩形的宽度。
- 从中心：通过矩形的中心点和边中点以及角点来创建矩形。当矩形的中心确定后，矩形的边中点决定矩形的角度，角点决定矩形的宽度。
- 坐标模式 XY：使用坐标的方式来定义矩形对角点坐标值。
- 参数模式：使用矩形的宽度和高度参数值来定义矩形的大小。

2.5.8　多边形

进入草图环境后，执行菜单栏中的【插入】|【曲线】|【多边形】命令，或者直接单击【曲线】选项卡中的【多边形】按钮，弹出【多边形】对话框，如图 2-48 所示。

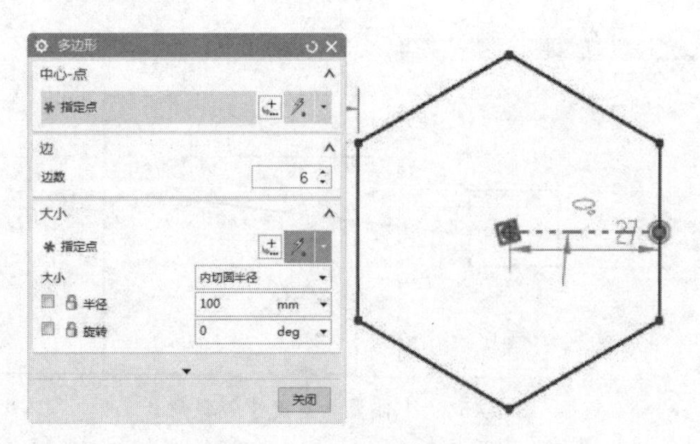

图 2-48 【多边形】对话框

对话框中的各选项含义如下：

- 中心点：指定矩形的中心点。
- 边：输入多边形的边数。
- 大小：指定多边形的外形尺寸类型，有内切圆半径、外接圆半径和边长。
  - 内切圆半径：采用以多边形中心为中心，内切于多边形的边的圆来定义多边形。
  - 外接圆半径：采用以多边形中心为中心，外接于多边形顶点的圆来定义多边形。
  - 边长：采用多边形边长来定义多边形大小。
- 半径：指定内切圆半径值或外接圆半径值。
- 旋转：指定旋转角度。

2.5.9 椭圆

进入草图环境后，执行菜单栏中的【插入】|【曲线】|【椭圆】命令，或者直接单击【曲线】选项卡中的【椭圆】按钮，弹出【椭圆】对话框，如图 2-49 所示。

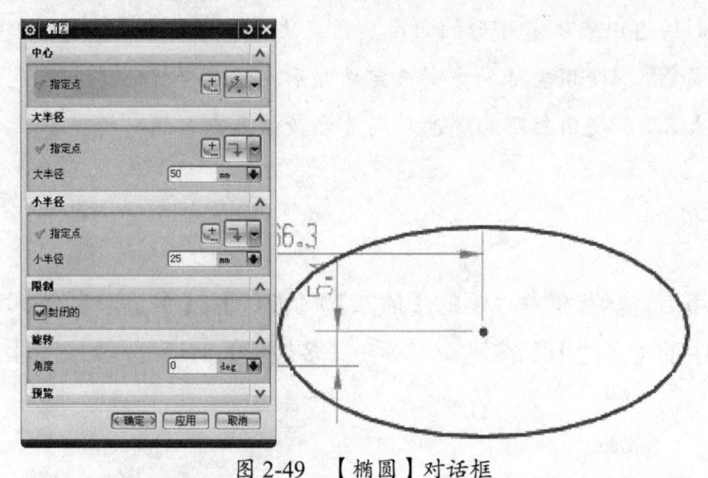

图 2-49 【椭圆】对话框

对话框中的各选项含义如下：

- 中心点：指定椭圆的中心。

- 大半径：指定椭圆的长半轴。
- 小半径：指定椭圆的短半轴。
- 封闭：勾选此复选框，将创建封闭的整椭圆。取消勾选，将创建极坐标椭圆。
- 旋转角度：输入长半轴相对于 *XC* 轴沿逆时针旋转的角度。

2.5.10 拟合样条

进入草图环境后，执行菜单栏中的【插入】|【曲线】|【拟合样条】命令，或者直接单击【曲线】选项卡中的【拟合曲线】按钮，弹出【拟合曲线】对话框，如图 2-50 所示。

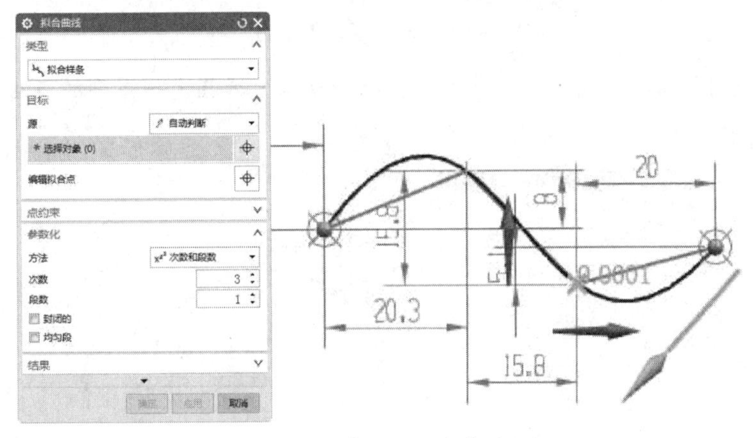

图 2-50 【拟合曲线】对话框

对话框中的各选项含义如下：

- 类型：指定拟合的类型，有拟合样条、拟合直线、拟合圆和拟合椭圆。
  - ➢ 拟合样条：对样条曲线或者一系列的点进行平滑拟合处理，生成光顺曲线，如图 2-51 所示。

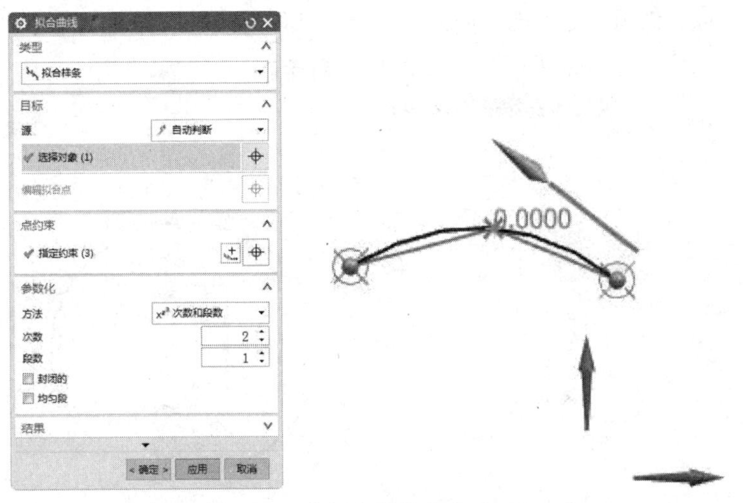

图 2-51 【拟合样条】类型

➢ 拟合直线：选取一连串的点、点集、点组以及点构造器等，将对多个点拟合成直线，如图 2-52 所示。

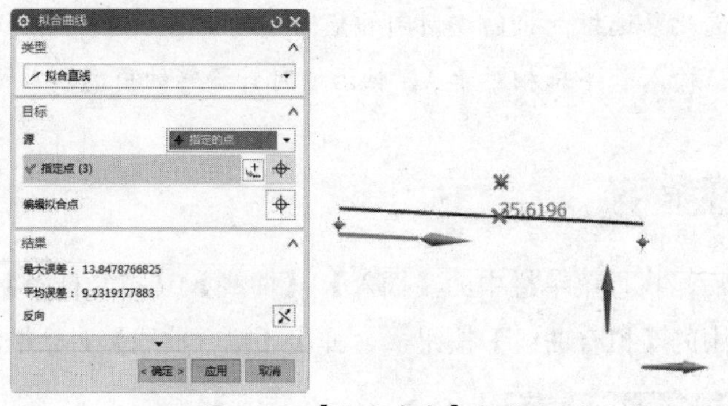

图 2-52 【拟合直线】类型

➢ 拟合圆：通过选取的点、点集、点组和点构造器指定一系列的点生成拟合的圆。点数不少于 3，如图 2-53 所示。

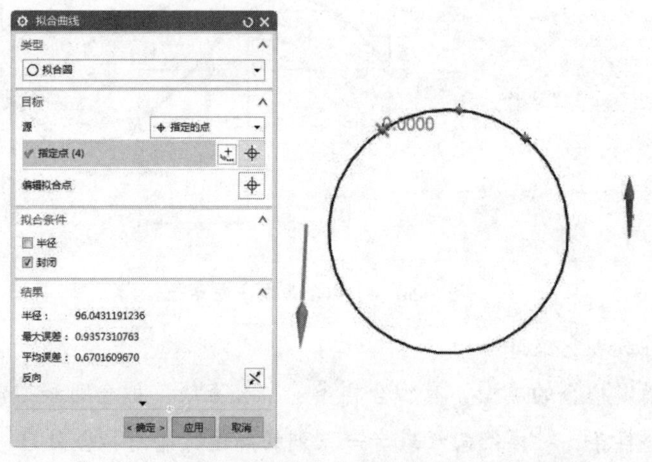

图 2-53 【拟合圆】类型

➢ 拟合椭圆：通过选取的点、点集、点组和点构造器指定一系列的点生成拟合的椭圆。点数不少于 3，如图 2-54 所示。

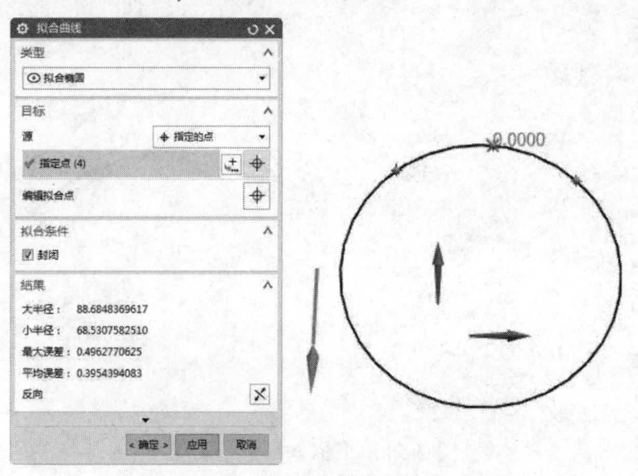

图 2-54 【拟合椭圆】类型

2.5.11 艺术样条

进入草图环境后，执行菜单栏中的【插入】|【曲线】|【艺术样条】命令，或者直接单击【曲线】选项卡中的【艺术样条】按钮，弹出【艺术样条】对话框，如图 2-55 所示。

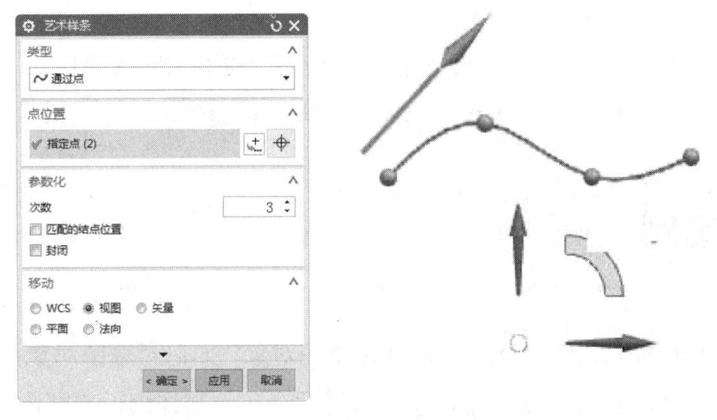

图 2-55 【艺术样条】对话框

对话框中的各选项含义如下：

- 类型：指定创建样条曲线的方式，包括通过点和根据极点两种方式。
  - ➢ 通过点：创建通过选取的点创建样条曲线。
  - ➢ 根据极点：创建通过选取控制点拟合生成样条曲线。
- 次数：指定样条曲线的阶次。
- 封闭：勾选此复选框，生成的曲线起点和终点重合，并且相切，构成封闭曲线。

技术要点：

使用【通过点】方式创建样条曲线时，定义的点数必须要大于【参数化】选项区中的【次数】（即曲线的阶次），否则无法创建通过点曲线。

2.5.12 二次曲线

进入草图环境后，执行菜单栏中的【插入】|【曲线】|【二次曲线】命令，或者直接单击【曲线】选项卡中的【二次曲线】按钮，弹出【二次曲线】对话框，如图 2-56 所示。

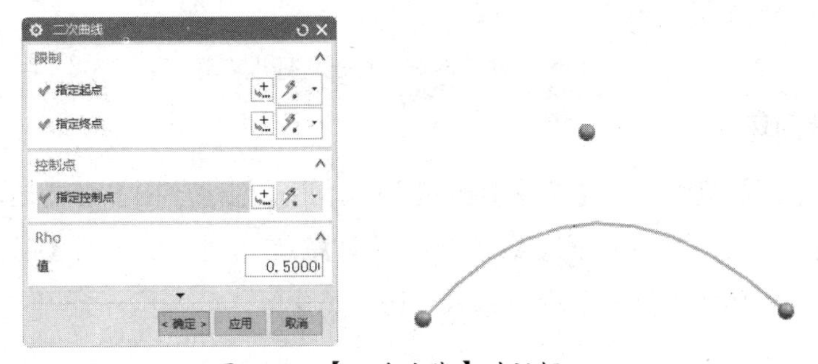

图 2-56 【二次曲线】对话框

对话框中的各选项含义如下：

- 指定起点：指定二次曲线的起点。
- 指定终点：指定二次曲线的终点。
- 控制点：指定二次曲线的控制点，此点是起点的切线和终点的切线相互延伸后相交的交点。
- Rho：表示曲线的锐度。Rho 值在 0~1 之间。当 0<Rho<0.5 时，二次曲线为椭圆；当 0.5<Rho<1 时，二次曲线为双曲线；当 Rho=0.5 时，二次曲线为抛物线。

2.6 综合案例

为了更好地说明如何创建草图、如何创建草图对象、如何对草图对象添加尺寸约束和几何约束以及如何进行相关的草图操作，接下来以几个实例来详细说明草图的绘制操作。

2.6.1 绘制金属垫片草图

本例绘制的是金属垫片草图，绘制完成的结果如图 2-57 所示。

绘制草图的思路是：首先确定整个草图的定位中心，接着根据由内向外、由主定位中心到次定位中心的绘制步骤逐步绘制草图曲线。草图的绘制需要经过三个基本过程来完成：进入草图环境、绘制草图、草图约束（尺寸标注）。

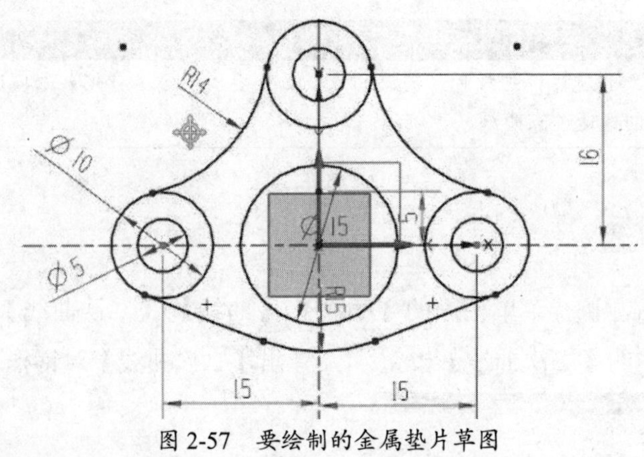

图 2-57 要绘制的金属垫片草图

1. 进入草图环境

① 在【直接草图】组中单击【草图】按钮，弹出【创建草图】对话框，如图 2-58 所示。

② 此时，程序默认的草图平面为【XC-YC 平面】，单击对话框中的【确定】按钮，再执行【在草图任务环境中打开】命令进入草图环境中。

2. 绘制草图

① 单击【曲线】选项卡中的【圆】按钮○，弹出【圆】对话框和坐标输入文本框，如图 2-59 所示。

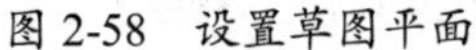
图 2-58 设置草图平面

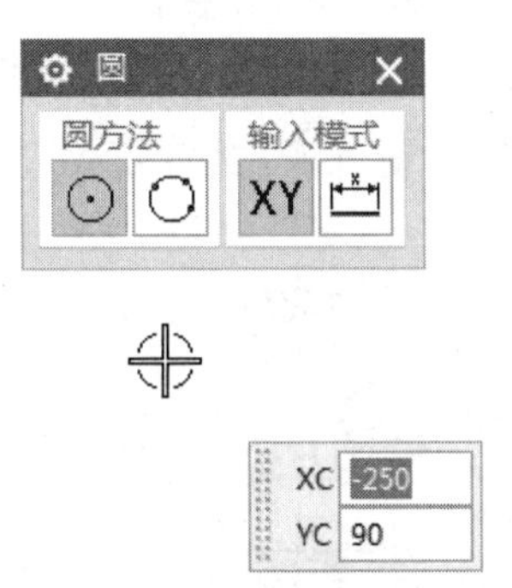

图 2-59 【圆】对话框和坐标输入文本框

② 保留【圆】对话框中的【圆方法】和【输入模式】选项设置，然后在坐标文本框中输入圆心坐标值 *XC*=0、*YC*=0，并按 Enter 键确认，在弹出的【直径】文本框中输入值 15，再按 Enter 键，完成基圆的创建，如图 2-60 所示。

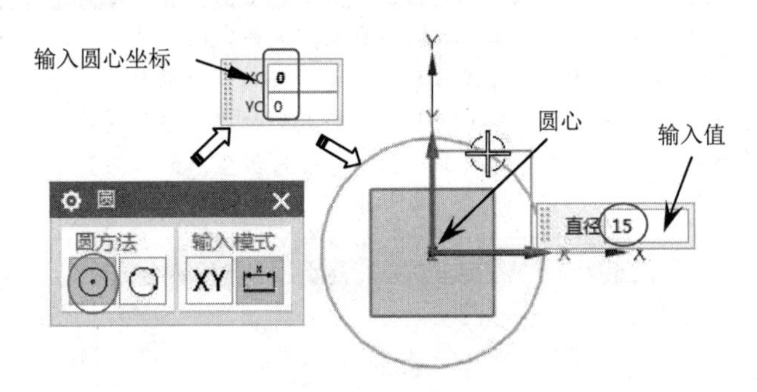

图 2-60 绘制基圆

③ 在【圆】命令没有关闭的情况下，将圆直径值由 15 更改为 5。接着在【圆】对话框中选择【坐标模式】，并在坐标文本框中输入圆坐标值 *XC*=15、*YC*=0，按 Enter 键，创建小圆，如图 2-61 所示。

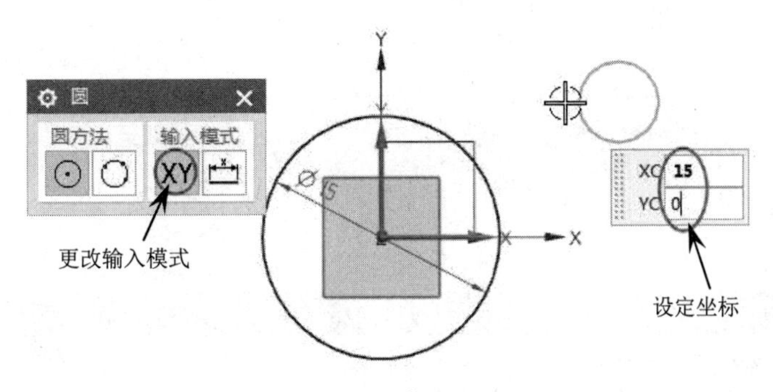

图 2-61 绘制小圆

技术要点：

在文本框中输入值时可以按 Tab 键切换文本框。

④ 保留对话框的设置不变，在坐标文本框中输入第二个小圆的圆心坐标值 *XC*=−15、*YC*=0，第三个小圆的圆心坐标值为 *XC*=0、*YC*=16，绘制的小圆如图 2-62 所示。

⑤ 在【圆】对话框中选择输入模式为【参数模式】，接着在【直径】文本框中输入值 10，并按 Enter 键确认。接着依次选择三个小圆的圆心来绘制小圆的同心圆，如图 2-63 所示。

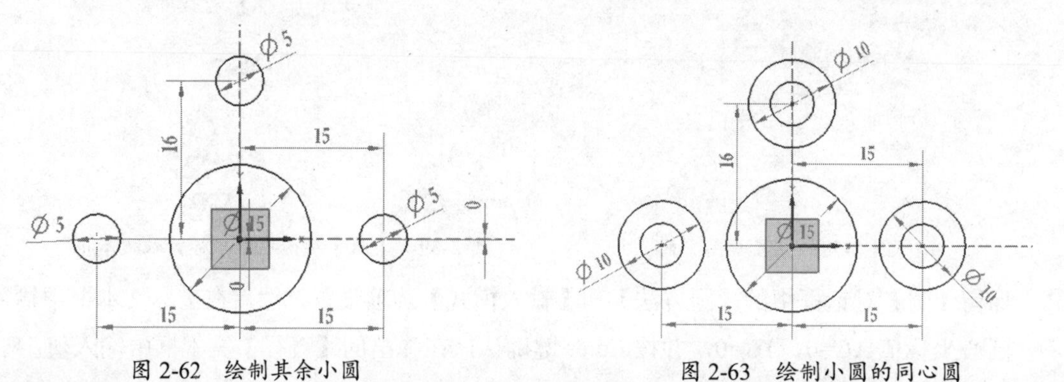

图 2-62　绘制其余小圆　　　　图 2-63　绘制小圆的同心圆

技术要点：

为了更清楚地显示尺寸，在某个尺寸上单击鼠标右键，在弹出的快捷菜单中选择【设置】选项，打开【设置】对话框，设置如图 2-64 所示的尺寸文字样式。如果要让所有的尺寸文字样式统一，可以在菜单栏中执行【编辑】|【设置】命令，打开【设置】对话框。展开对话框下方的【继承】选项区，选择【选定的对象】设置源，选择要继承的对象（就是对单个尺寸文字进行设置后的结果），即可完成所有尺寸文字样式的设置。

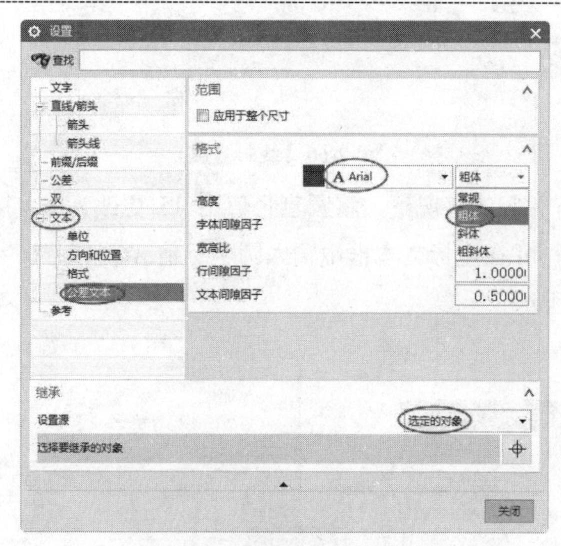

图 2-64　设置尺寸文字样式

技术要点：

除了在上述【设置】对话框中定义尺寸文本高度，还可以通过执行【任务】|【草图设置】命令，打开【草图设置】对话框，然后设置【文本高度】的值即可，如图 2-65 所示。

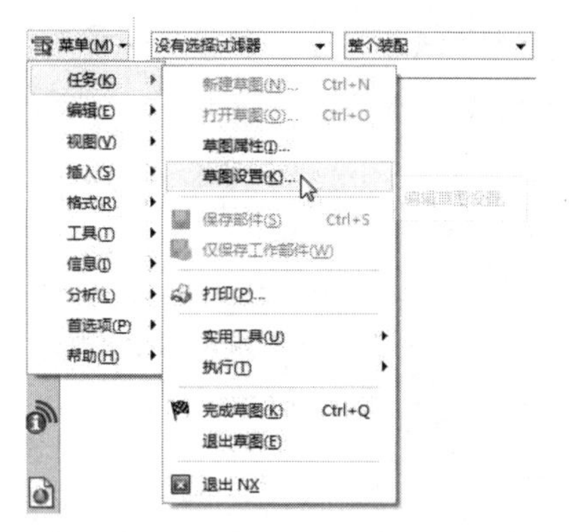

图 2-65　设置尺寸文本高度

⑥ 单击【曲线】选项卡中的【圆弧】按钮，弹出【圆弧】对话框。然后依次选择如图 2-66 所示的同心圆上的点来作为圆弧起点与终点，并在【半径】文本框中输入值 14，按 Enter 键确认后再单击创建圆弧。

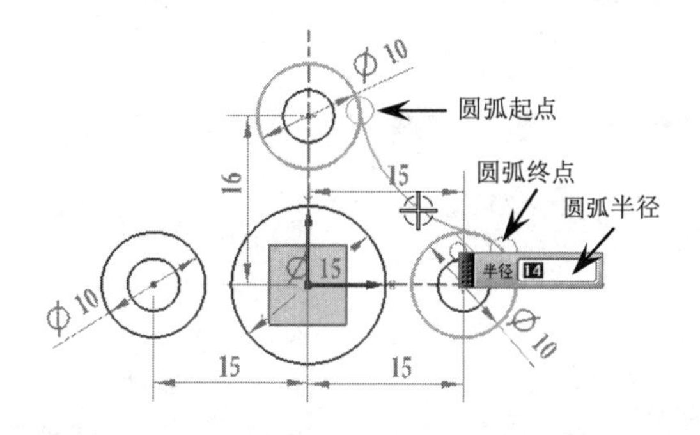

图 2-66　创建圆弧

⑦ 同理，按此方法在对称的另一侧创建相等半径的圆弧。

⑧ 在【圆弧】对话框中将【圆弧方法】设为【中心和端点定圆弧】，接着在圆心坐标文本框中输入值 *XC*=0、*YC*=5，并按 Enter 键确认。确定圆心后，在弹出的浮动文本框中输入半径值 15、扫掠角度值 100，并在图形区中选择如图 2-67 所示的位置作为圆弧的起点与终点。

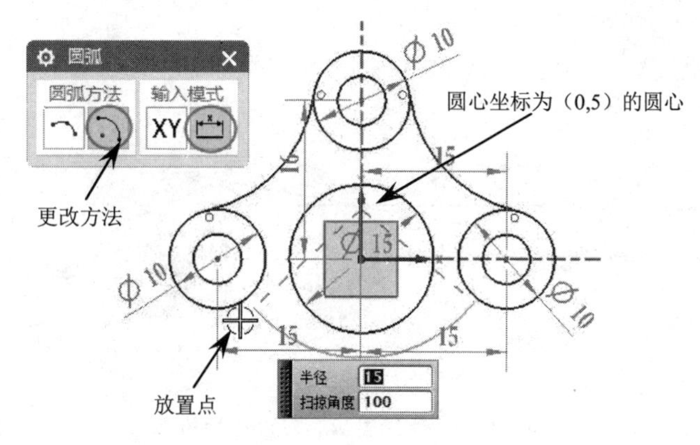

图 2-67　绘制圆弧

⑨ 单击【曲线】选项卡中的【直线】按钮，弹出【直线】对话框。保留对话框中默认的选项设置，然后绘制如图 2-68 所示的两条直线。

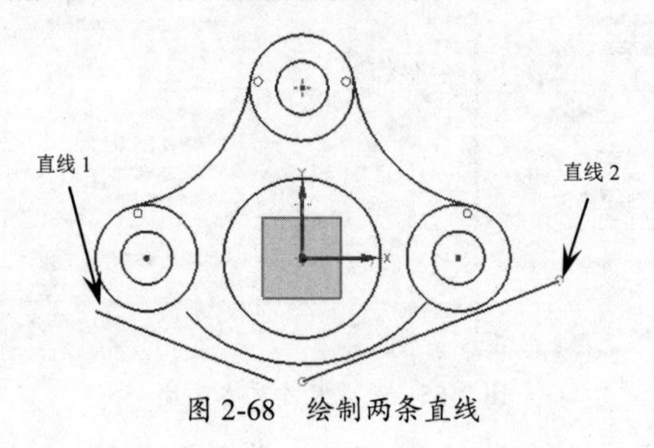

图 2-68　绘制两条直线

3. 草图约束

草图绘制完成后，需要对其进行几何约束和尺寸约束，首先进行几何约束。

① 单击【约束】组中的【几何约束】按钮，首先将所有圆和下方的圆弧完全固定，如图 2-69 所示。

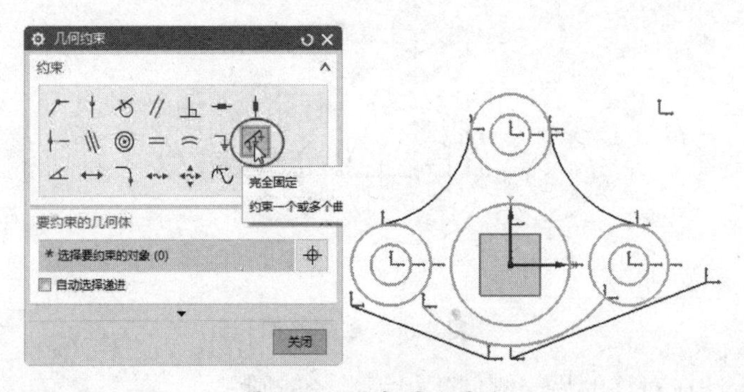

图 2-69　固定圆及圆弧

② 单击【几何约束】对话框中的【相切】按钮，设置圆弧与圆为相切约束，如图 2-70 所示。

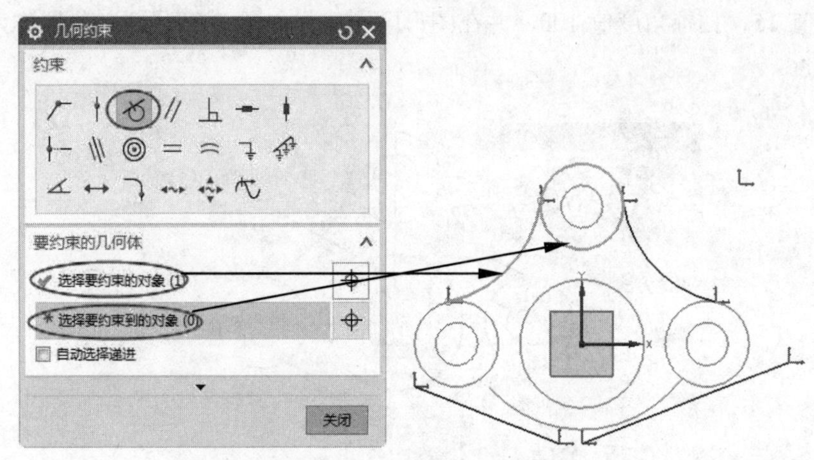

图 2-70　选择圆弧和圆以相切约束

技术要点：

在删除尺寸标注的情况下，如果不固定一些图形，那么在使用手动约束工具时，这些图形会产生位移。

③ 同理，依次选择其余的圆弧和圆，以及圆弧和直线进行相切约束，结果如图 2-71 所示。

④ 在【曲线】选项卡中单击【快速修剪】按钮，将草图中多余的曲线修剪掉，结果如图 2-72 所示。

⑤ 金属垫片草图绘制完成，保存结果。

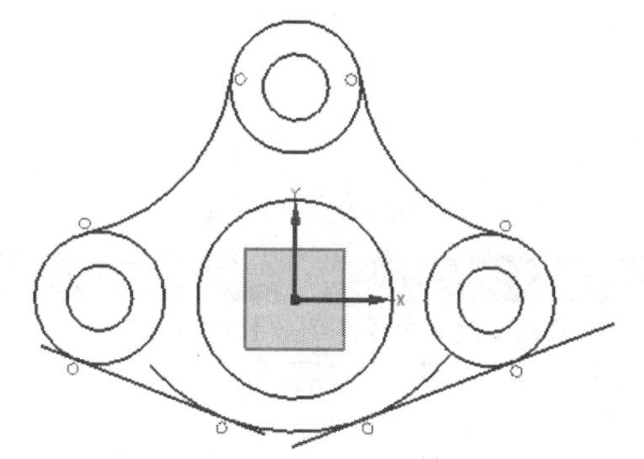

图 2-71 创建草图相切约束

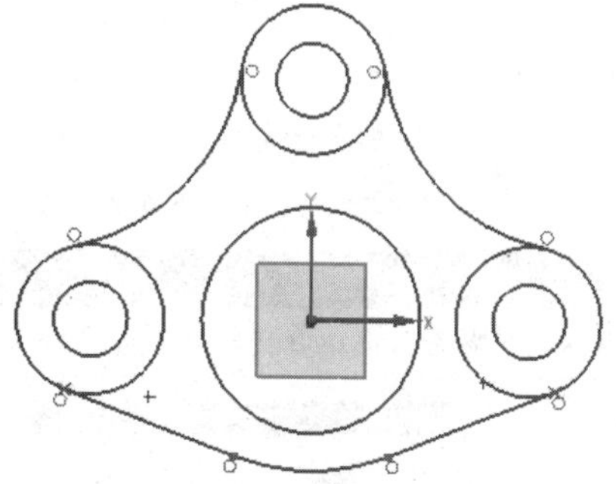

图 2-72 修剪多余曲线后的草图

2.6.2 绘制旋钮草图

本例将采用阵列、镜像等方法来绘制旋钮草图。要绘制的旋钮草图如图 2-73 所示。

① 新建名为“旋钮”的零件文件。

② 在【直接草图】组中单击【草图】按钮，以默认的草绘平面绘制草图，如图 2-74 所示。

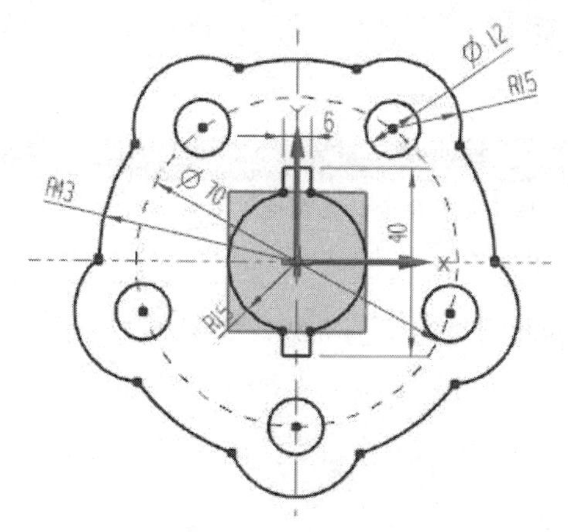

图 2-73 要绘制的旋钮草图

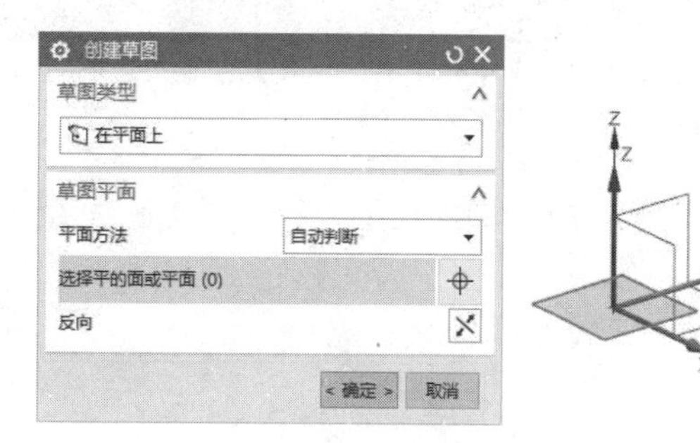

图 2-74 选择草绘平面

③ 将视图切换为俯视图。然后利用【直线】命令绘制如图 2-75 所示的相互垂直的两条直线。

④ 单击【转换至/自参考对象】按钮，将两条直线转换成参考直线（即中心线），如图 2-76 所示。

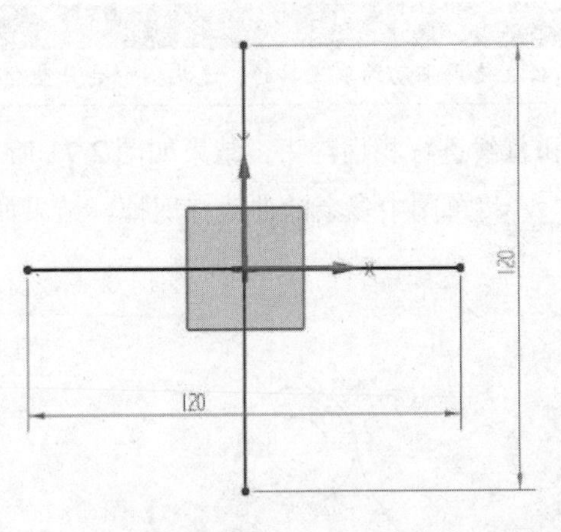

图 2-75 绘制两条直线

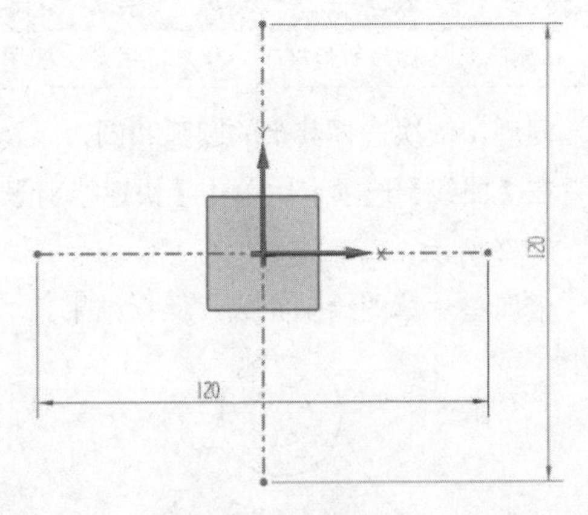

图 2-76 转换直线

技术要点：

还可以选择两条直线，在【编辑对象显示】对话框中将线型设置为【点画线】，如图 2-77 所示。

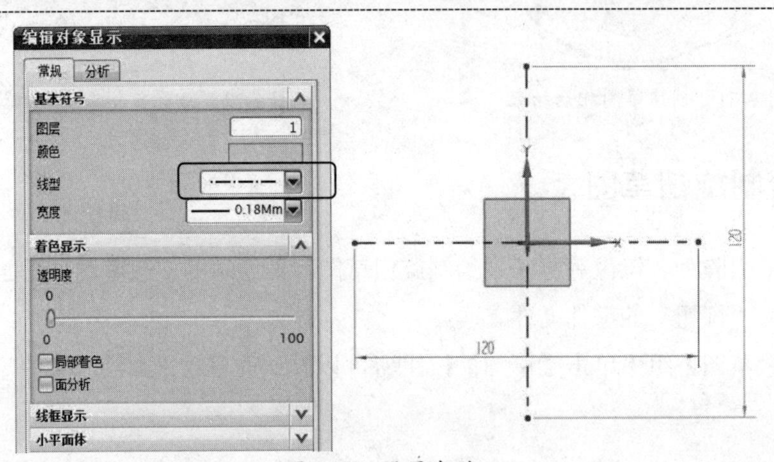

图 2-77 设置线型

⑤ 利用【圆】命令，绘制如图 2-78 所示的多个圆。

技术要点：

可以使用【圆】命令和【偏置曲线】命令来绘制同心圆。但【圆】命令的绘制速度要优于【偏置曲线】命令。

⑥ 将直径为 70 的圆的线型设置为【点画线】，因为此圆是定位基准线，如图 2-79 所示。

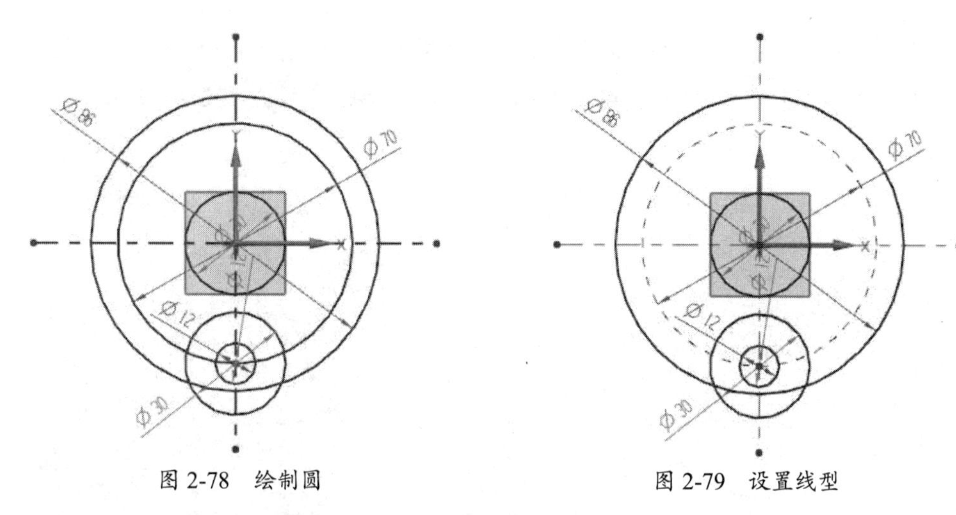

图 2-78 绘制圆　　　　　图 2-79 设置线型

⑦ 单击【阵列曲线】按钮，弹出【阵列曲线】对话框。然后将直径为 30、12 的两个同心圆进行圆形阵列，如图 2-80 所示。

⑧ 单击【确定】按钮完成阵列。

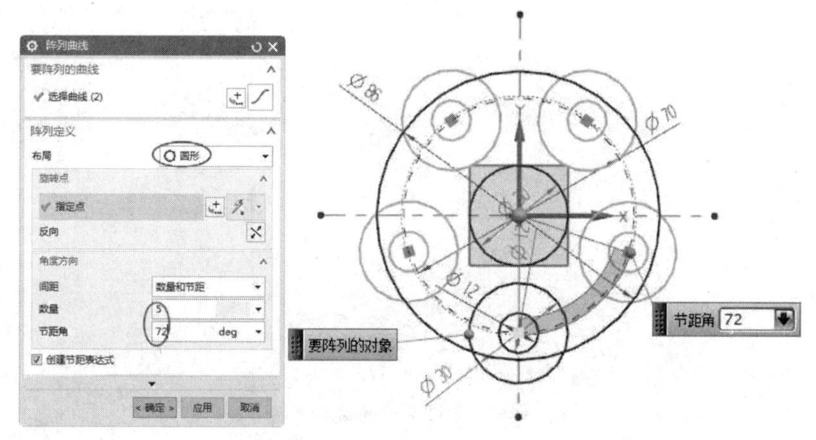

图 2-80 圆形阵列两个同心圆

⑨ 利用【快速修剪】命令，对绘制的图形进行处理，修剪结果如图 2-81 所示。

⑩ 单击【派生】按钮，绘制如图 2-82 所示的三条派生直线，参考为中心线。

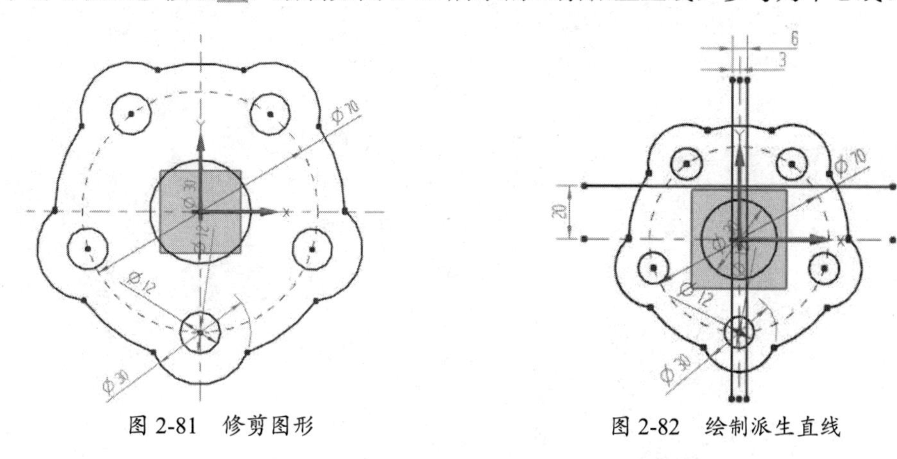

图 2-81 修剪图形　　　　　图 2-82 绘制派生直线

⑪ 利用【快速修剪】命令修剪三条派生直线，结果如图 2-83 所示。

⑫ 利用【镜像曲线】命令，将修剪的派生直线镜像至另一侧，如图 2-84 所示。

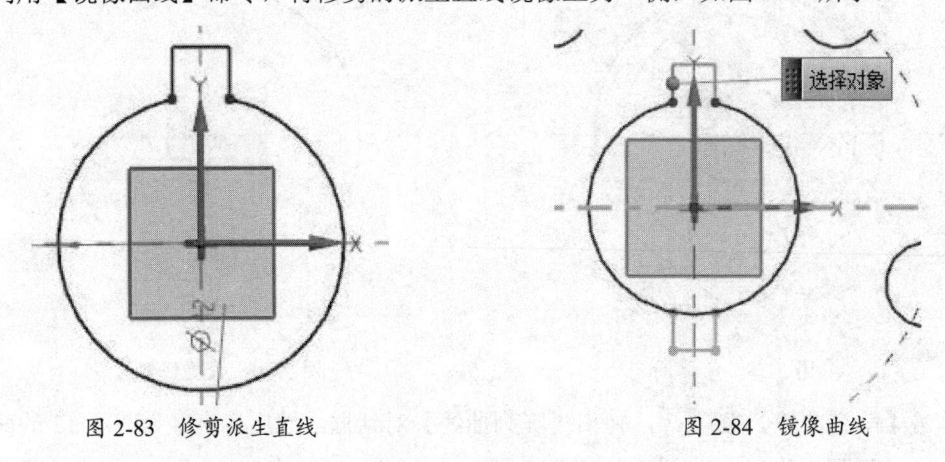

图 2-83 修剪派生直线　　图 2-84 镜像曲线

⑬ 再次修剪图形，得到最终的旋钮草图，如图 2-85 所示。

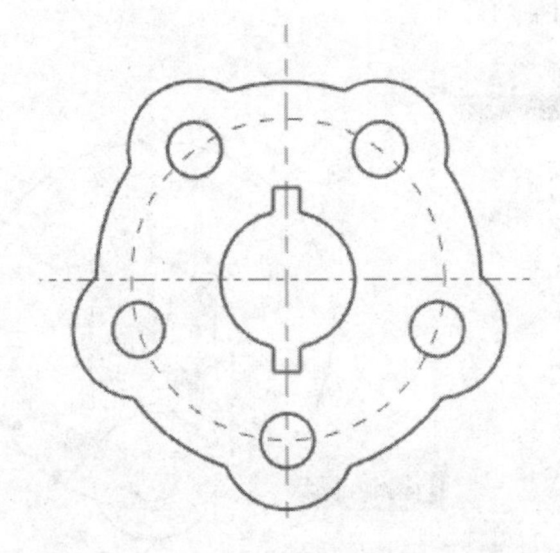

图 2-85 绘制完成的旋钮草图

CHAPTER 3

草图曲线的编辑

本章导读

在草图轮廓绘制完成后，草图并不是用户想要的结果，必须经过编辑和约束后才能得到所要的结果。

学习要点

- ☑ 修剪和延伸
- ☑ 复制曲线

3.1 修剪和延伸

修剪和延伸是完成草图的重要操作指令。当利用多指令绘制草图形状后，就需要对图形进行修剪，以达到理想结果。

3.1.1 快速修剪

【快速修剪】命令可以将曲线修剪至最近相交的物体上，此相交可以是实际相交的交点，也可以是虚拟相交的交点。在【曲线】选项卡中单击【快速修剪】按钮，弹出【快速修剪】对话框，如图 3-1 所示。

图 3-1 【快速修剪】对话框

对话框中的各选项含义如下：

- 边界曲线：用于作为修剪曲线的边界条件曲线。用户可以预先定义，也可以自动选取。
- 要修剪的曲线：选取需要修剪的曲线，可以依次单击选取，也可以按住鼠标中键滑动绘制曲线，与其相交的曲线都被自动修剪掉。

如图 3-2 所示为修剪曲线的示意图。

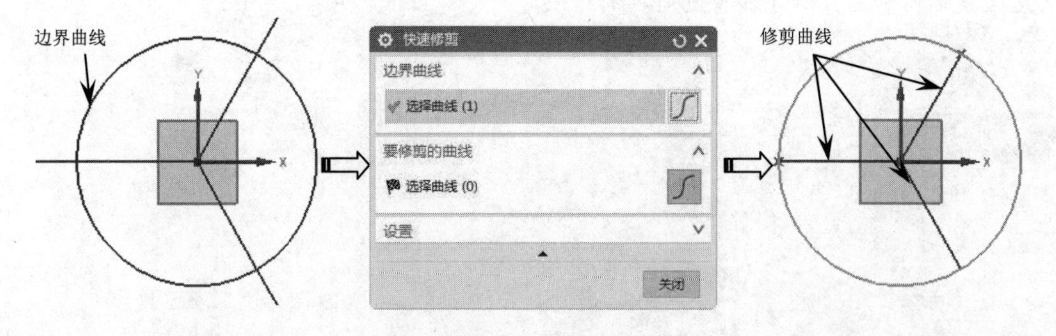

图 3-2 修剪曲线

技术要点：

删除曲线时，注意光标选取的位置。光标选择位置为删除部分。如果修剪没有交点的曲线，则该曲线会被删除。

3.1.2 快速延伸

【快速延伸】命令可以将曲线延伸至最近相交的物体上，此相交可以是实际相交的交点，也可以是虚拟相交的交点。在【曲线】选项卡中单击【快速延伸】按钮，弹出【快速延伸】

对话框，如图 3-3 所示。

技术要点：

快速延伸的操作和快速修剪操作相同，可以将对象向靠近鼠标单击的那一侧方向进行延伸，延伸到下一个最靠近的物体上的交点。可以依次单击选取延伸曲线，也可以按住鼠标滑动选取。

如图 3-4 所示为快速延伸的操作示意图。

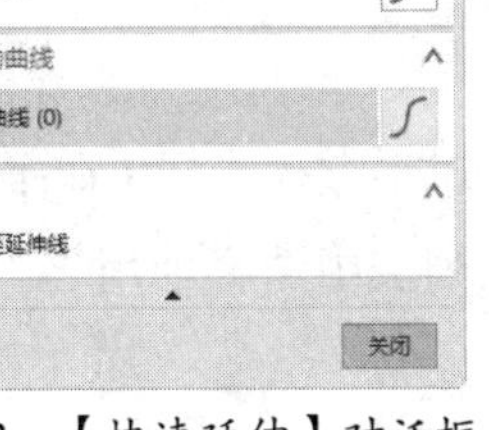

图 3-3　【快速延伸】对话框

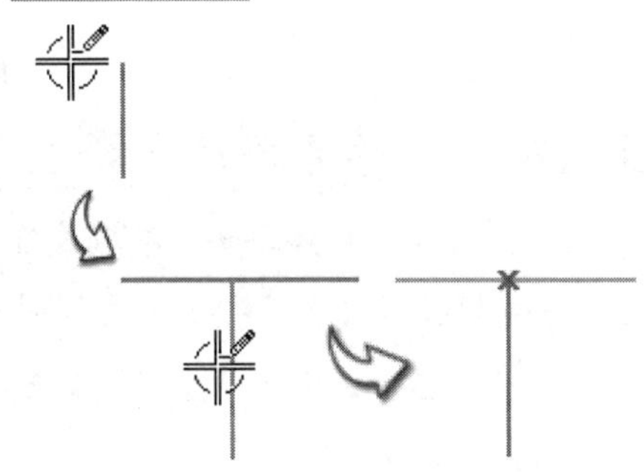

图 3-4　快速延伸曲线

3.1.3　制作拐角

使用此命令可通过将两条输入曲线延伸或修剪到一个公共交点来创建拐角。如果创建自动判断的约束选项处于打开状态，会在交点处创建一个重合约束。

在【曲线】选项卡中单击【制作拐角】按钮，打开【制作拐角】对话框，如图 3-5 所示。

如图 3-6 所示为制作拐角的操作过程。

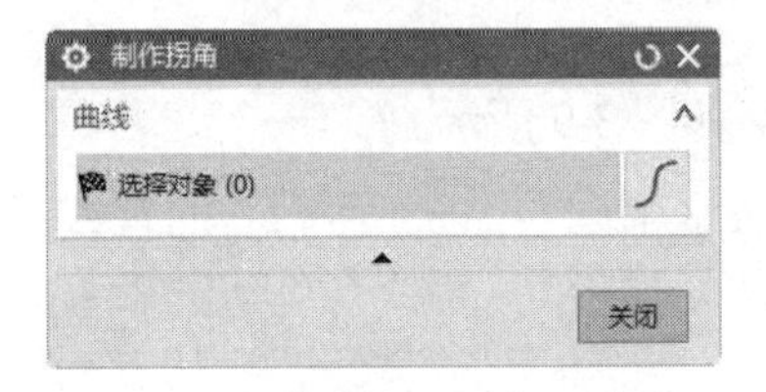

图 3-5　【制作拐角】对话框

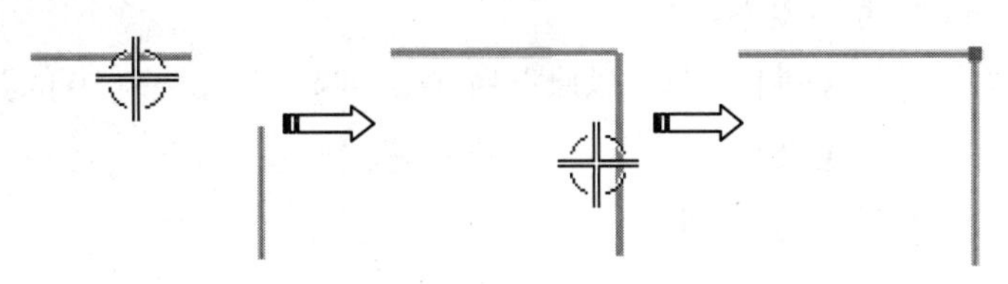

图 3-6　制作拐角

3.1.4　修剪配方曲线

使用【修剪配方曲线】命令可关联地修剪关联投影到草图或关联相交到草图的曲线。投影到草图或相交到草图的多条曲线称为配方链。

在以下示例中，蓝色曲线投影到草图中。红色圆弧是用作修剪的边界对象的草图曲线。配方链的修剪部分成为参考曲线，如图 3-7 所示。

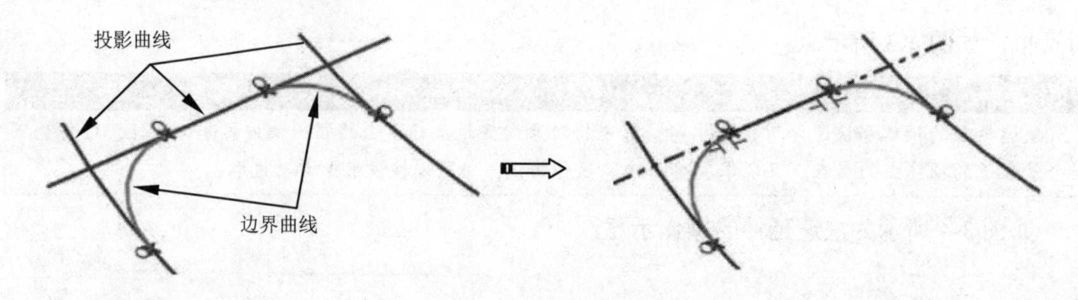

图 3-7 修剪配方曲线

上机实践——绘制叶片草图

① 新建名为“叶片草图”的模型文件。

② 在【直接草图】组中单击【草图】按钮，弹出【创建草图】对话框。选择【在平面上】草图类型，选用【创建平面】平面方法，在【指定平面】下拉列表中选择使用 *YC* 平面，如图 3-8 所示。

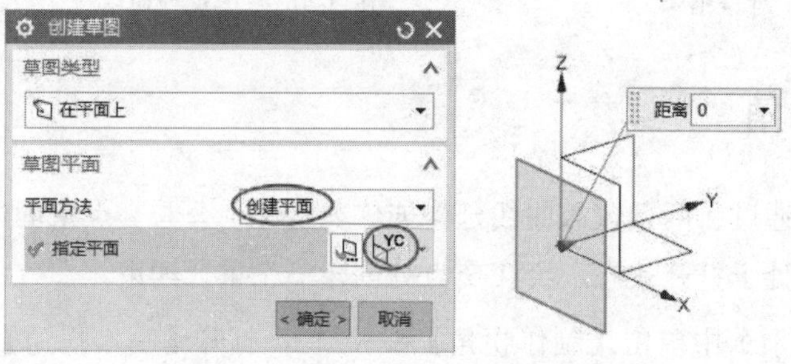

图 3-8 【创建草图】对话框及 *YC* 平面

③ 单击【确定】按钮后，进入到草图中，单击【在草图任务中打开】按钮，进入到草图任务环境中。

④ 使用【圆】工具，以原点为圆心绘制一个直径为 50 的圆，如图 3-9 所示。

⑤ 使用【直线】工具，然后同样捕捉原点为起点，绘制一条水平向右的长度为 50 的直线，如图 3-10 所示。

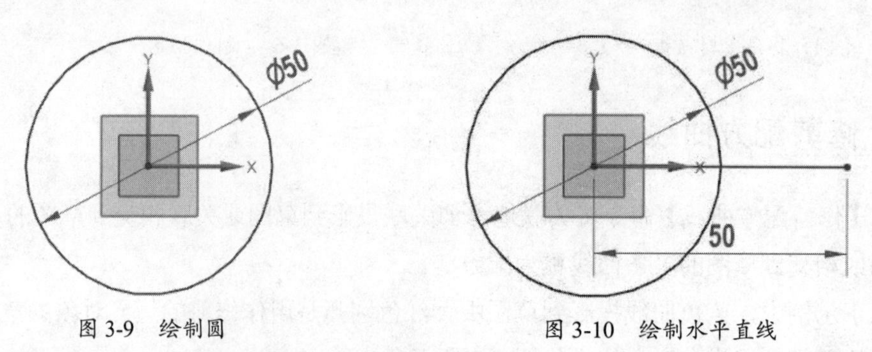

图 3-9 绘制圆　　图 3-10 绘制水平直线

⑥ 使用【圆弧】工具，以默认的三点定圆弧的方式，选取直线的两个端点作为圆弧的两个端点，然后输入圆弧的半径值 25。随后，在直线的上方单击来确定第三点，完成圆弧的绘制，如图 3-11 所示。

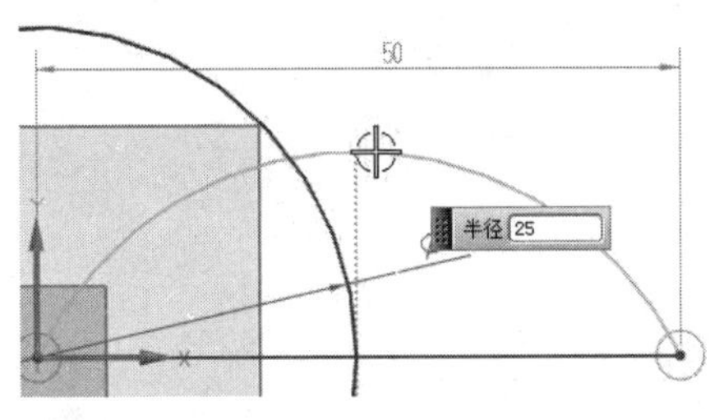

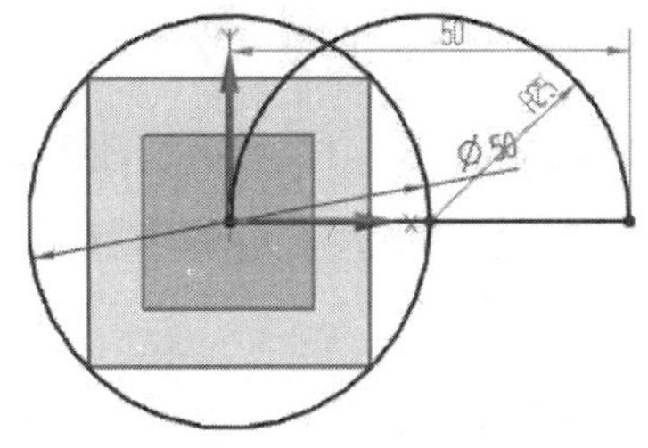

图 3-11　绘制圆弧

⑦ 使用【快速修剪】工具，对图形中要修剪的曲线进行修剪，如图 3-12 所示。

⑧ 在【曲线】选项卡中单击【阵列曲线】按钮，弹出【阵列曲线】对话框。设置【圆形】布局及其阵列参数，单击【确定】按钮完成阵列，如图 3-13 所示。

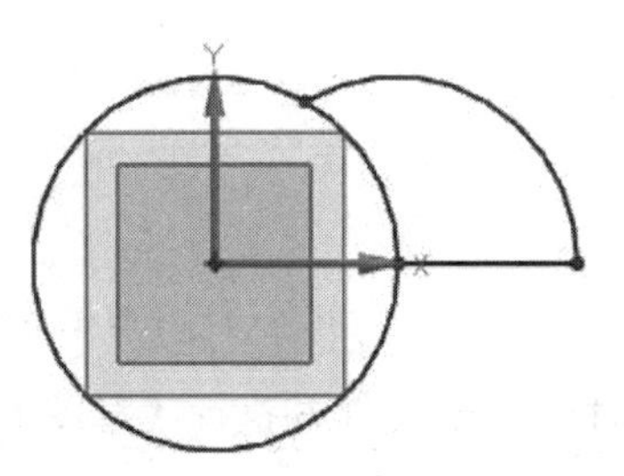

图 3-12　修剪曲线

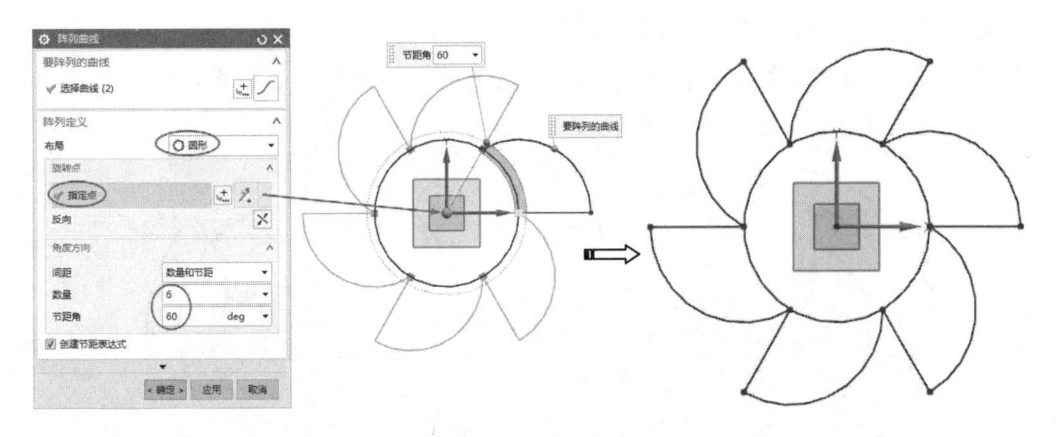

图 3-13　阵列曲线

⑨ 单击【完成草图】按钮，退出草图环境，完成草图的绘制。

3.2　复制曲线

在草图中也有复制曲线的指令，也就是基于源曲线而得到的新曲线。

3.2.1　镜像曲线

在草图环境中的菜单栏中执行【插入】|【曲线】|【镜像曲线】命令，或者直接单击【曲线】选项卡中的【镜像曲线】按钮，弹出【镜像曲线】对话框，如图 3-14 所示。

上机实践——镜像曲线

本例将绘制如图 3-15 所示的图形。

图 3-14 【镜像曲线】对话框

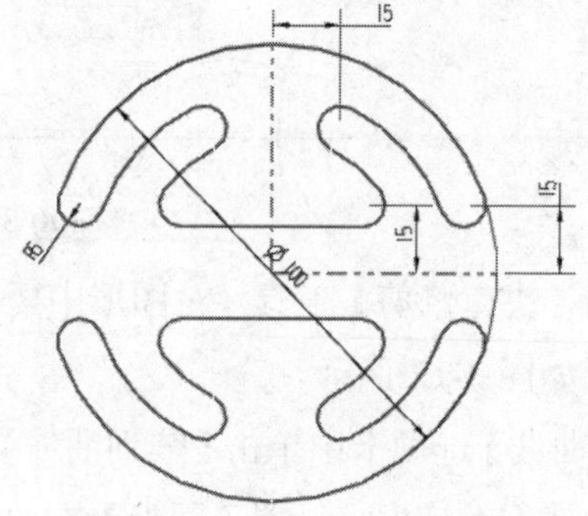

图 3-15 要绘制的图形

① 新建文件并执行【草图】命令，在默认平面上绘制草图。进入草图任务环境中。

② 绘制同心圆。在【曲线】选项卡中单击【圆】按钮，选取原点为圆心再单击一点或者输入值确定半径，绘制同心圆，如图 3-16 所示。

③ 绘制直线。在【曲线】选项卡中单击【直线】按钮，选取圆心和圆上象限点，绘制水平和竖直直线，结果如图 3-17 所示。

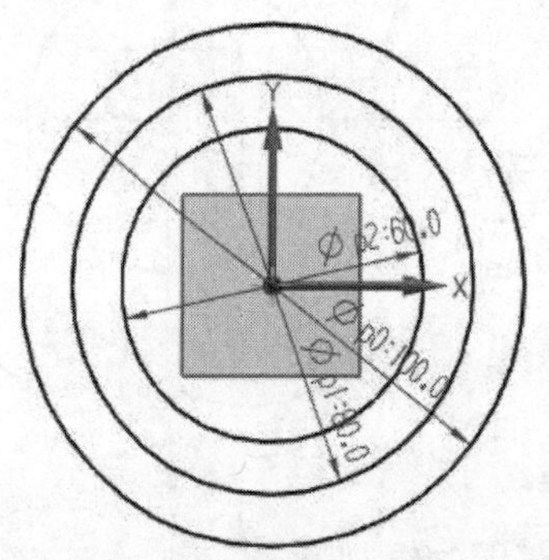

图 3-16 绘制同心圆

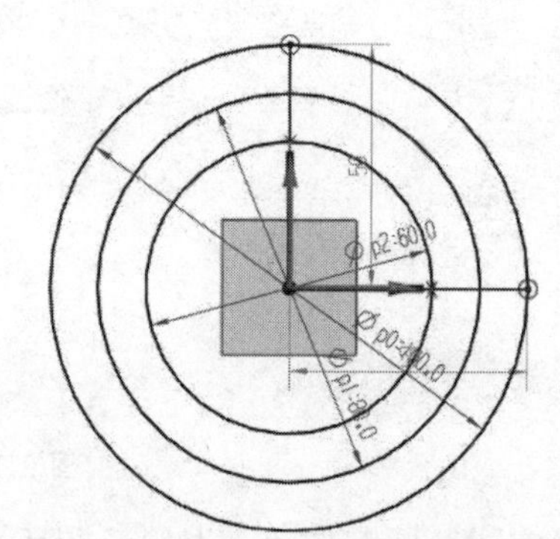

图 3-17 绘制直线

④ 快速修剪。在【曲线】选项卡中单击【快速修剪】按钮，按住鼠标左键滑动到要修剪的线条或者直接单击选取要修剪的线条，即可将其删除，结果如图 3-18 所示。

⑤ 绘制圆。在【曲线】选项卡中单击【圆】按钮，选取两圆之间的点为圆心再单击一点或者输入值确定半径，结果如图 3-19 所示。

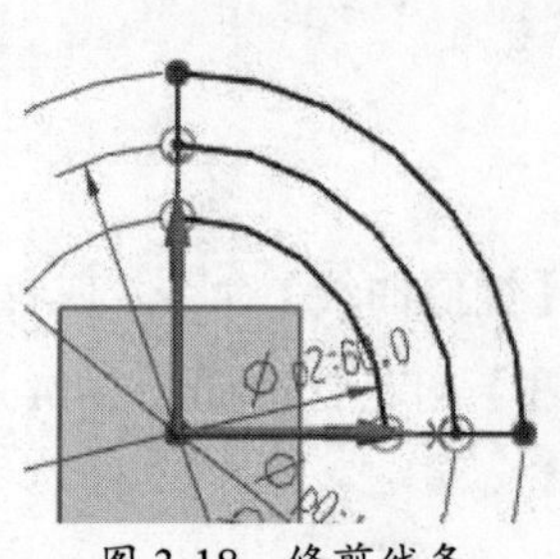

图 3-18 修剪线条

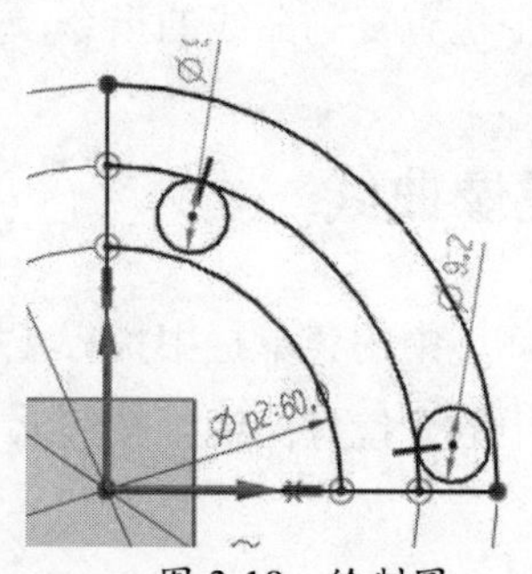

图 3-19 绘制圆

⑥ 约束对象。在【约束】组中单击【几何约束】按钮，弹出【几何约束】对话框。选取要约束的类型为【相切】，再选取约束的对象，单击【确定】按钮完成约束，结果如图 3-20 所示。

⑦ 标注尺寸。在【约束】组中单击【快速尺寸】按钮，弹出【快速尺寸】对话框。选取要标注的对象，拉出尺寸单击确定放置位置，并进行修改，标注结果如图 3-21 所示。

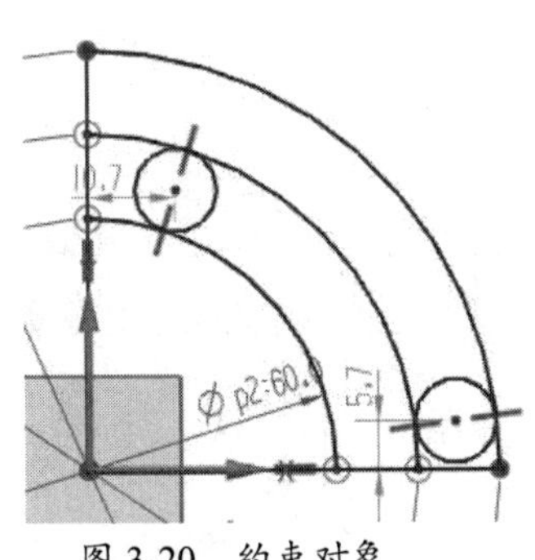

图 3-20 约束对象

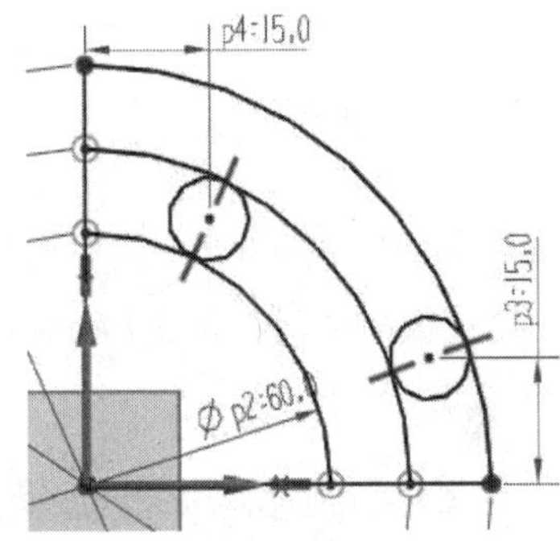

图 3-21 标注尺寸

⑧ 绘制直线并倒圆角。在【曲线】选项卡中单击【直线】按钮，绘制水平线。再在【曲线】选项卡中单击【圆角】按钮，创建圆角，结果如图 3-22 所示。

⑨ 修剪线条。在【曲线】选项卡中单击【快速修剪】按钮，按住鼠标左键滑动到要修剪的线条或者直接单击选取要修剪的线条，即可将其删除，结果如图 3-23 所示。

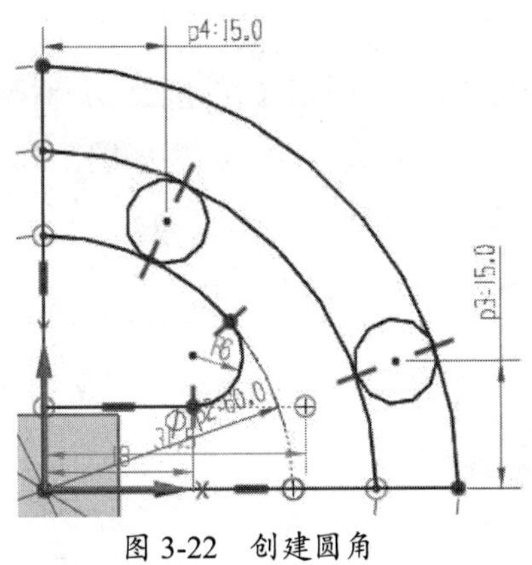

图 3-22 创建圆角

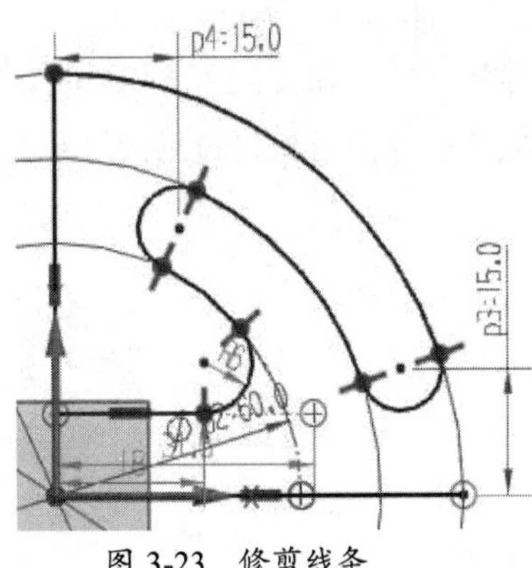

图 3-23 修剪线条

⑩ 约束圆角和圆相等。在【约束】组中单击【几何约束】按钮，弹出【几何约束】对话框。选取要约束的类型为【等半径】，再选取约束的对象，单击【确定】按钮完成约束，结果如图 3-24 所示。

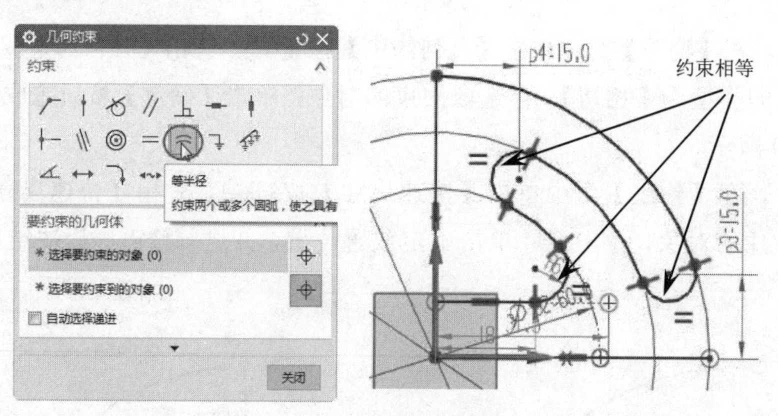

图 3-24　约束对象

⑪ 镜像曲线。在【曲线】选项卡中单击【镜像曲线】按钮，弹出【镜像曲线】对话框。选取要镜像的曲线，再选取中心线，单击【确定】按钮完成镜像，结果如图 3-25 所示。

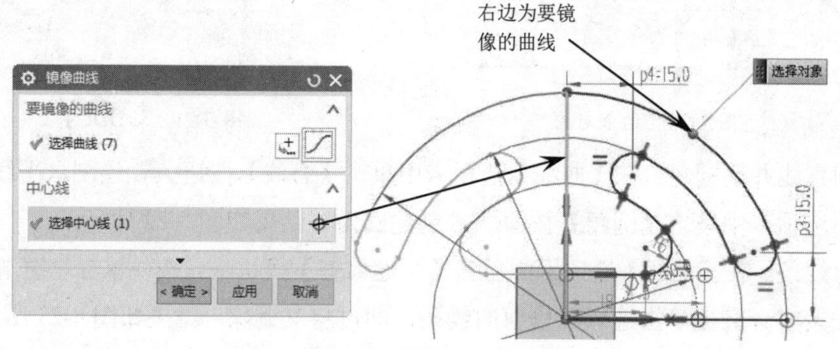

图 3-25　镜像曲线

⑫ 标注尺寸。在【约束】组中单击【快速尺寸】按钮，弹出【快速尺寸】对话框。选取要标注的对象，拉出尺寸单击确定放置位置，即可完成标注，结果如图 3-26 所示。

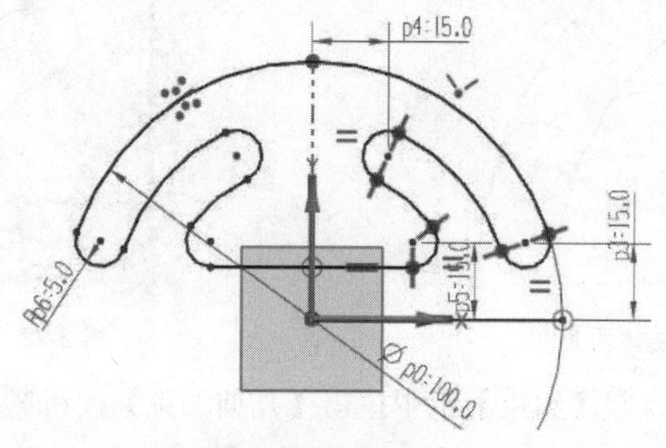

图 3-26　标注尺寸

⑬ 镜像曲线。在【曲线】选项卡中单击【镜像曲线】按钮，弹出【镜像曲线】对话框。选取要镜像的曲线，再选取中心线，单击【确定】按钮完成镜像，结果如图 3-27 所示。

技术要点:

对于对称的曲线，通常思路都是只绘制一半，此案例上下左右都对称，因此，只需要绘制 1/4 即可，然后执行两次【镜像曲线】命令即可完成。

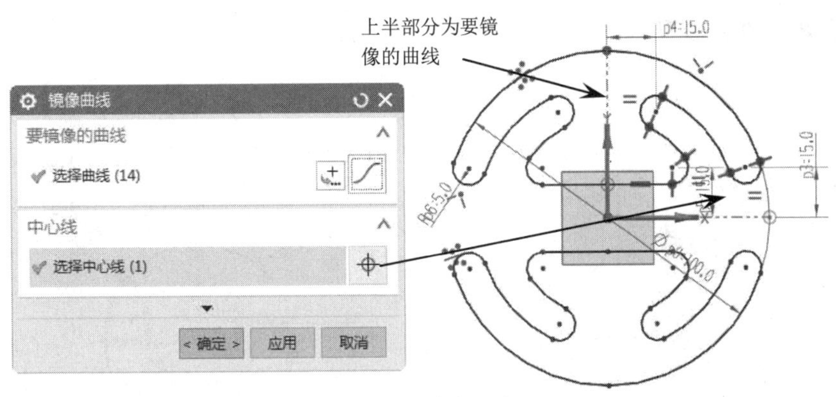

图 3-27　镜像曲线

3.2.2　偏置曲线

在草图环境中的菜单栏中执行【插入】|【曲线】|【偏置曲线】命令，或者直接单击【曲线】选项卡中的【偏置曲线】按钮，弹出【偏置曲线】对话框，如图 3-28 所示。

上机实践——偏置曲线

本例将绘制如图 3-29 所示的草图。

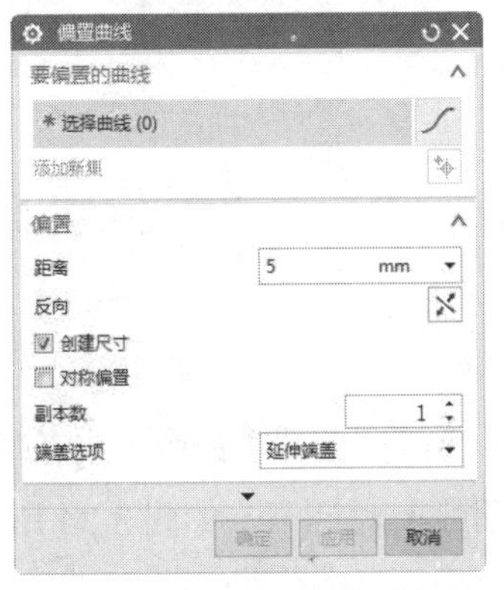

图 3-28　【偏置曲线】对话框

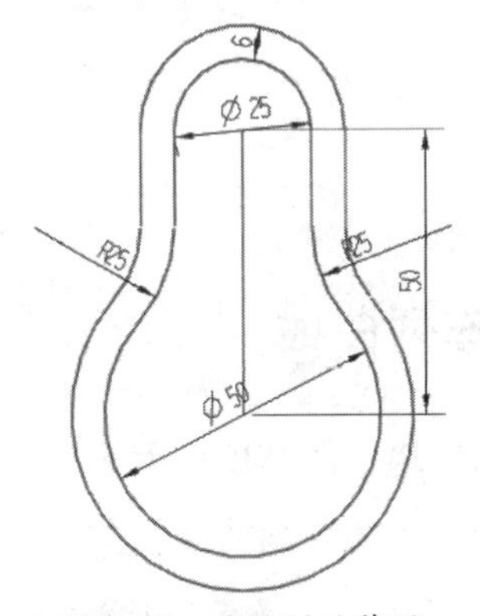

图 3-29　要绘制的草图

① 新建文件并执行【草图】命令，在默认平面上绘制草图。进入草图任务环境中。

② 绘制基本轮廓。在【曲线】选项卡中单击【直线】按钮，绘制竖直直线。再在【曲线】选项卡中单击【圆】按钮，绘制圆，结果如图 3-30 所示。

③ 倒圆角。在【曲线】选项卡中单击【圆角】按钮，选中要倒圆角的直线和圆弧，输入半径值 25，倒圆角结果如图 3-31 所示。

④ 修剪曲线。在【曲线】选项卡中单击【快速修剪】按钮，按住鼠标左键滑动到要修剪的线条或者直接单击选取要修剪的线条，即可将其删除，结果如图 3-32 所示。

⑤ 偏置曲线。在【曲线】选项卡中单击【偏置曲线】按钮，弹出【偏置曲线】对话框。选取要偏置的曲线，再指定偏置方向和偏置距离，单击【确定】按钮完成偏置曲线的创

建，结果如图 3-33 所示。

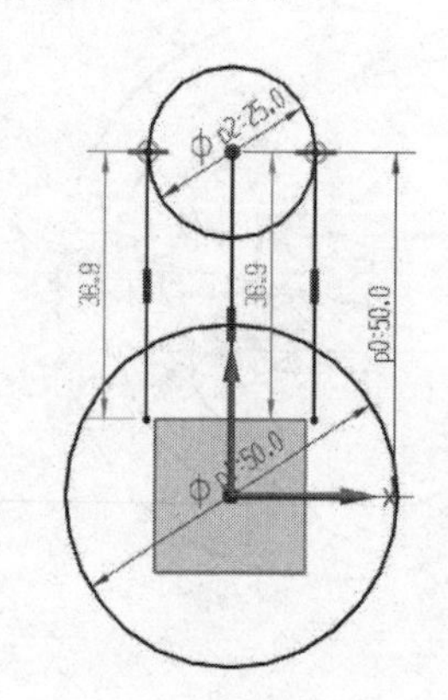

图 3-30　绘制基本轮廓

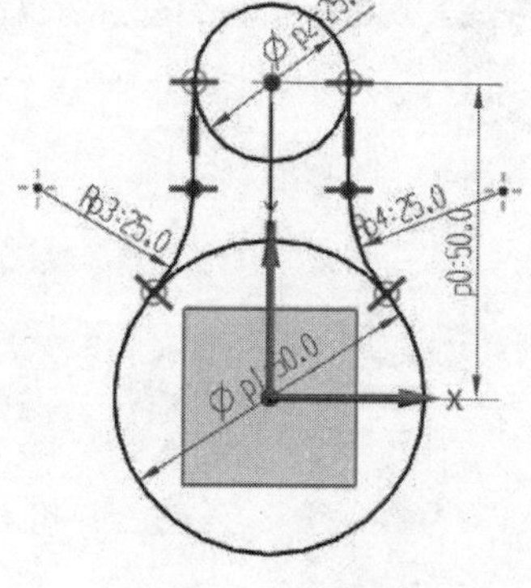

图 3-31　倒圆角

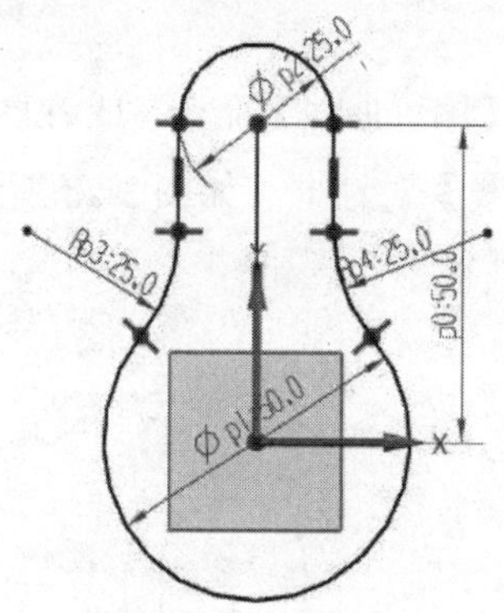

图 3-32　修剪线条

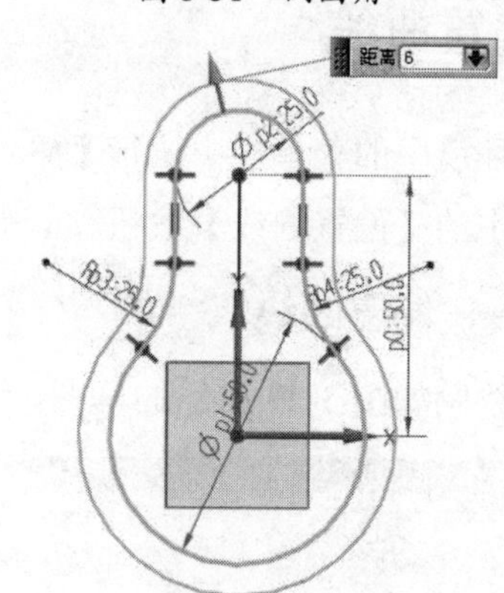

图 3-33　偏置曲线

3.2.3 阵列曲线

在草图环境中的菜单栏中执行【插入】|【曲线】|【阵列曲线】命令，或者直接单击【曲线】选项卡中的【阵列曲线】按钮，弹出【阵列曲线】对话框，如图 3-34 所示。

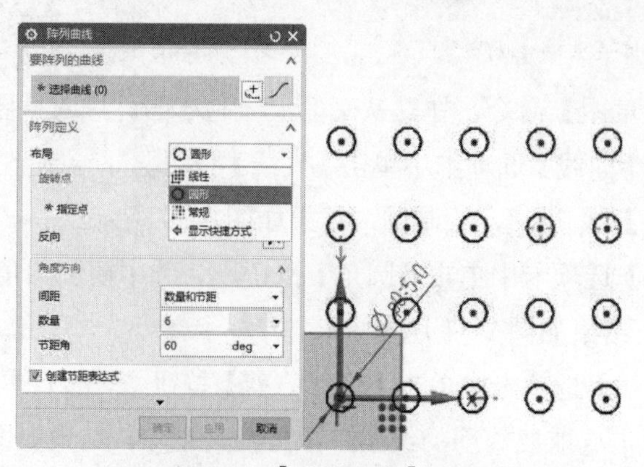

图 3-34　【阵列曲线】对话框

阵列方式有线性阵列（如图 3-35 所示）、圆形阵列（如图 3-36 所示）和常规阵列（如图 3-37 所示）。

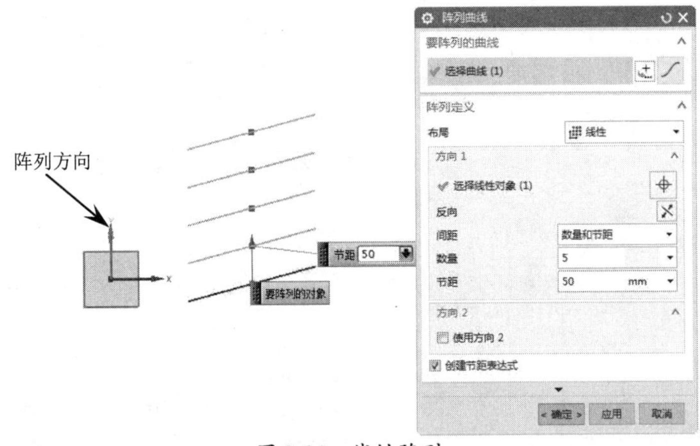

图 3-35　线性阵列

图 3-36　圆形阵列　　　　图 3-37　常规阵列

上机实践——阵列曲线

本例将绘制如图 3-38 所示的图形。

① 新建文件并执行【草图】命令，在默认平面上绘制草图。进入草图任务环境中。

② 绘制基本轮廓。在【曲线】选项卡中单击【直线】按钮，绘制竖直直线和水平直线。再在【曲线】选项卡中单击【圆】按钮，绘制过直线的圆，结果如图 3-39 所示。

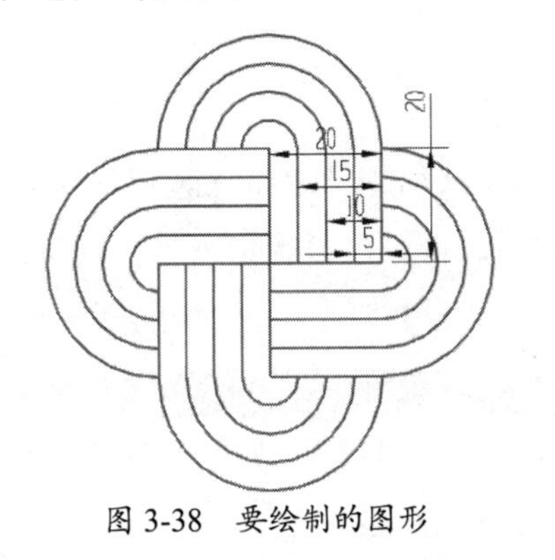

图 3-38　要绘制的图形

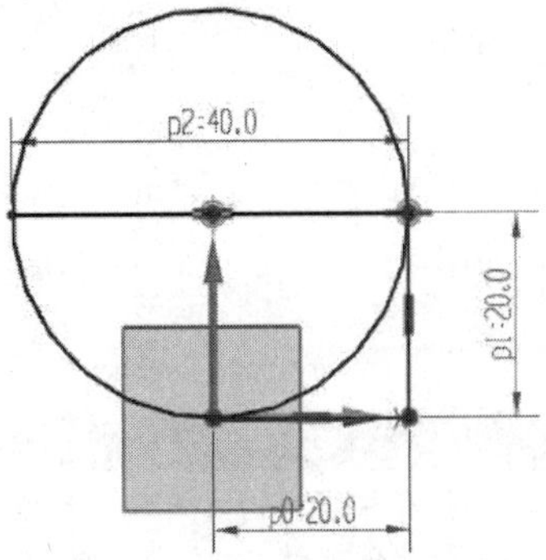

图 3-39　绘制基本轮廓

③ 修剪线条。在【曲线】选项卡中单击【快速修剪】按钮，按住鼠标左键滑动到要修剪的线条或者直接单击选取要修剪的线条，即可将其删除，结果如图 3-40 所示。

④ 约束点在线上。在【约束】组中单击【几何约束】按钮，弹出【几何约束】对话框。选取要约束的类型，再选取约束的对象，单击【确定】按钮完成约束，结果如图 3-41 所示。

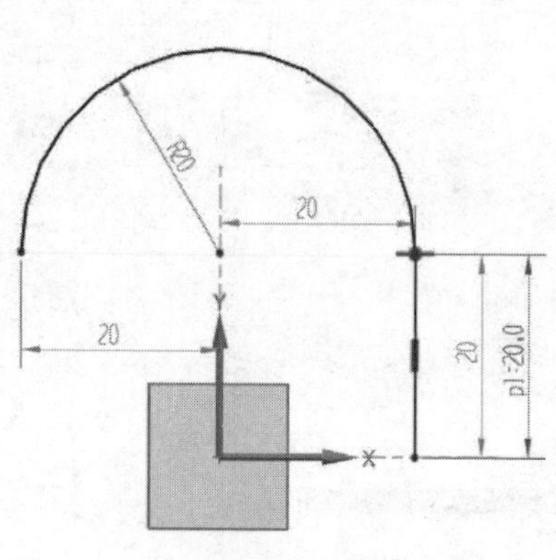

图 3-40 修剪线条

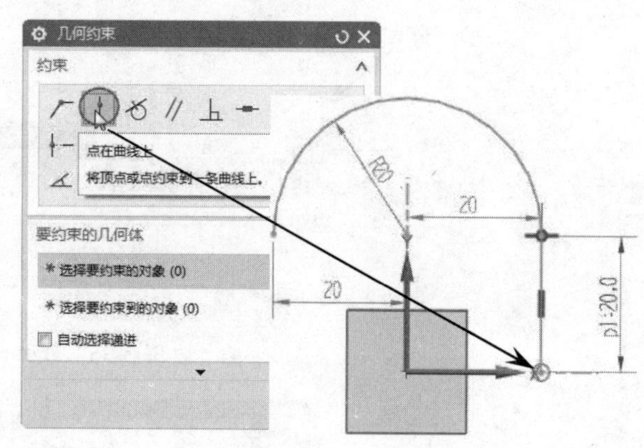

图 3-41 约束对象

⑤ 偏置曲线。在【曲线】选项卡中单击【偏置曲线】按钮，弹出【偏置曲线】对话框。选取要偏置的曲线，再指定偏置方向和偏置距离，单击【确定】按钮完成偏置曲线的创建，结果如图 3-42 所示。

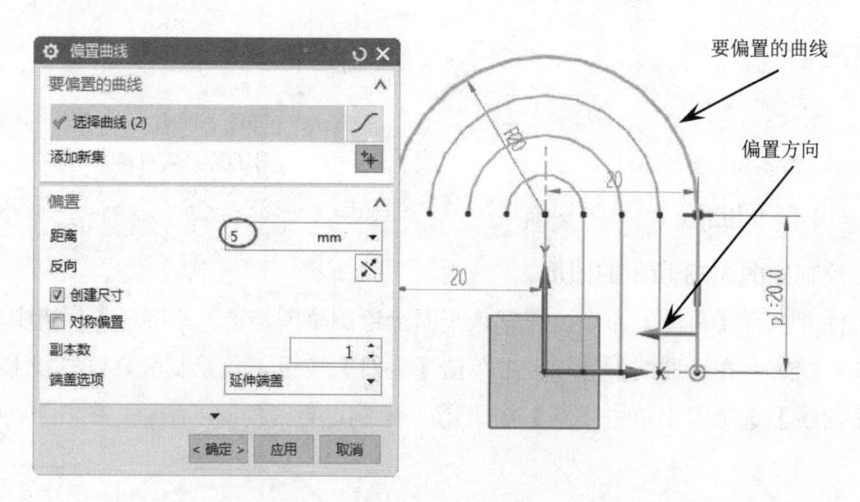

图 3-42 偏置曲线

⑥ 阵列曲线。在【曲线】选项卡中单击【阵列曲线】按钮，弹出【阵列曲线】对话框。选取阵列对象，将布局切换为圆形，指定阵列中心点，设置阵列参数，结果如图 3-43 所示。

技术要点：

对于图形中具有相同结构的曲线，如果挨个绘制，将会耗费大量的时间，因此通常是将具有相同结构的曲线部分抽取出来绘制完毕后，再进行阵列即可快速绘制整个图形。

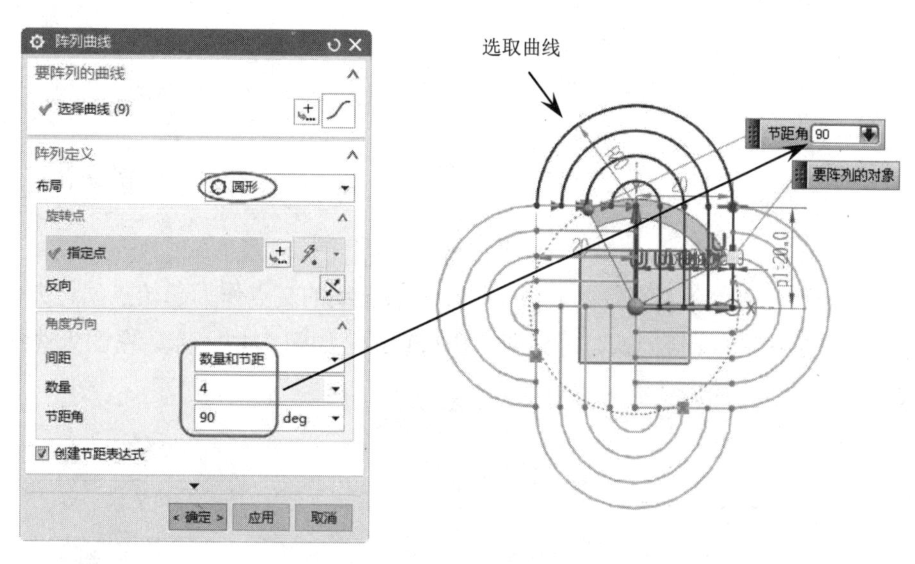

图 3-43　阵列曲线

3.2.4 派生直线

使用该命令可以根据选取的曲线为参考来生成新的直线。

在【曲线】选项卡中单击【派生直线】按钮，此时程序要求选取参考直线，根据选取直线的情况会出现不同的提示。

如果选取一条直线，那么将对该直线进行偏置，如图 3-44 所示。输入偏置值后按 Enter 键确认得到新的直线，再按鼠标中键结束命令。

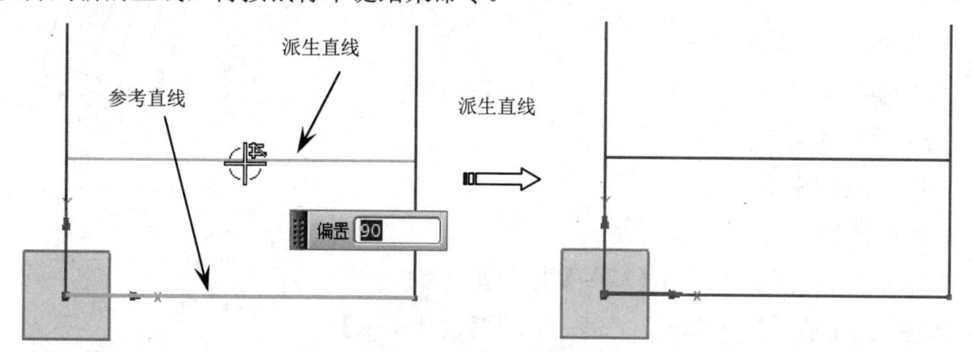

图 3-44　派生直线

技术要点：

默认情况下，程序会以新生成的派生直线作为参考线来生成多条偏置直线。如果靠光标来确定派生直线的位置，每个移动基点的距离为 5。

如果依次选取两条平行直线，将生成两条直线的中心线。输入直线长度后按 Enter 键确认，得到新直线，如图 3-45 所示。左图为选择的两条直线，右图为生成的中心线。

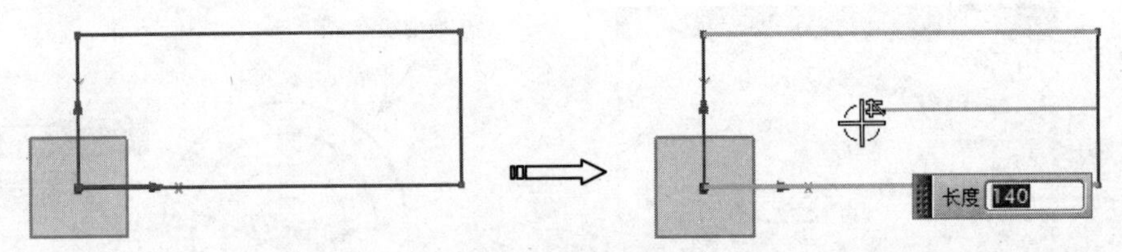

图 3-45 生成中心线

如果依次选取两条不平行的直线，将以两条直线的交点作为起始点创建夹角平分线。输入直线长度后按 Enter 键确认，得到新的构造直线，如图 3-46 所示。左图为选择的两条参考直线，右图为生成的派生夹角平分线。

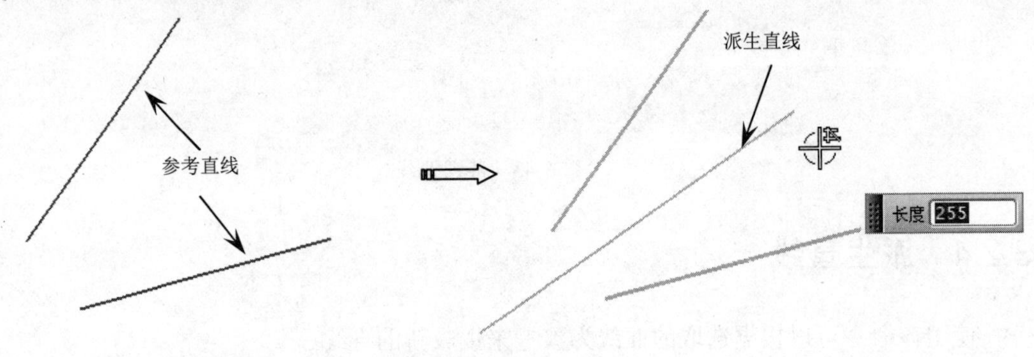

图 3-46 生成平分线

上机实践——利用派生直线绘制草图

通过对本实例（如图 3-47 所示）的学习，读者可掌握如下内容：

（1）基本图元的绘制；

（2）草图的修改；

（3）尺寸约束的创建；

（4）几何约束的应用。

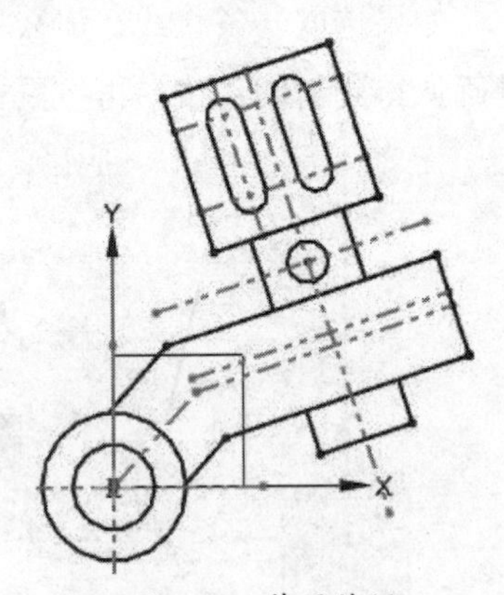

图 3-47 草图范例

① 新建模型文件。

② 单击【直接草图】组中的【草图】按钮或者执行菜单栏中的【插入】|【草图】命令，打开【创建草图】对话框。选择基准面 *XC-YC* 作为草绘平面，单击【确定】按钮，进入草图绘制环境。

③ 在【曲线】选项卡中单击【圆】按钮，按照如图 3-48 所示选择绘制圆的方式，以原点为圆心绘制两个圆，如图 3-49 所示。

④ 在【约束】组中单击【快速尺寸】按钮，对草图进行尺寸约束，两个圆的直径分别为 12 和 21，如图 3-50 所示。

⑤ 在【曲线】选项卡中单击【直线】按钮和【轮廓】按钮，绘制两条通过圆心的直线和一条折线，并对它们进行尺寸约束。然后选择直线及折线，单击【约束】组中的【转

换至/自参考对象】按钮，将其转化为参考曲线，如图 3-51 所示。

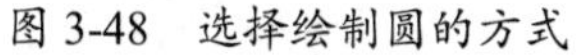

图 3-48 选择绘制圆的方式

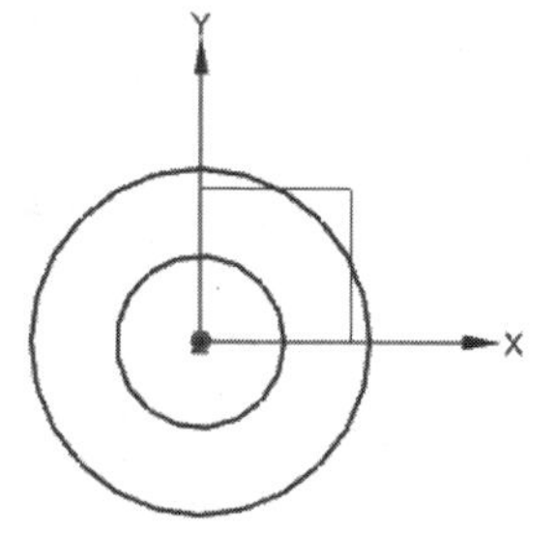

图 3-49 绘制圆

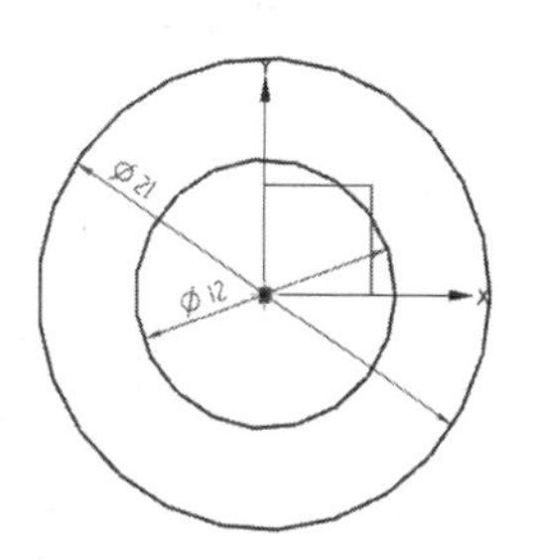

图 3-50 创建尺寸约束

⑥ 在【曲线】选项卡中单击【派生直线】按钮，分别在折线的两侧生成两条派生直线，偏置距离均为 7.5，如图 3-52 所示。

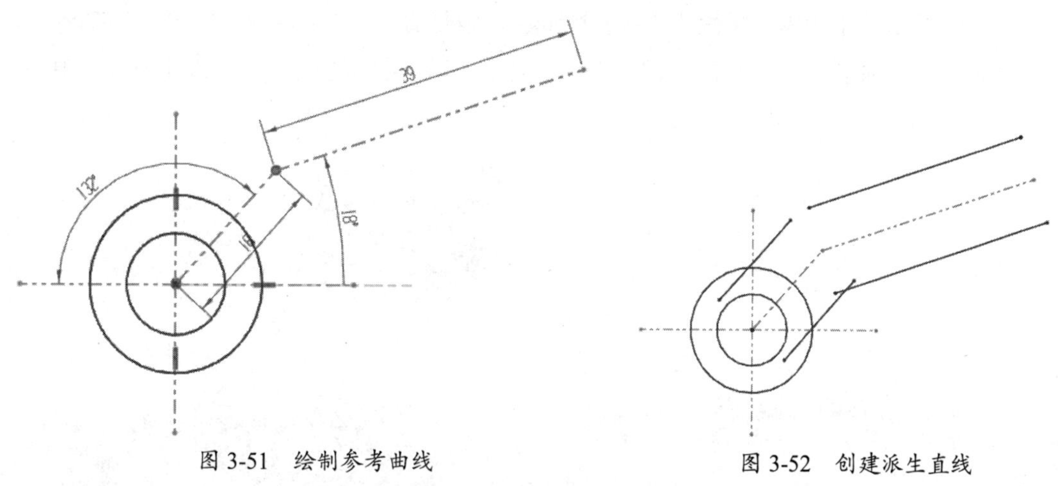

图 3-51 绘制参考曲线

图 3-52 创建派生直线

⑦ 在【曲线】选项卡中单击【快速延伸】按钮和【快速修剪】按钮，修改派生直线，其结果如图 3-53 所示。

⑧ 在【曲线】选项卡中单击【直线】按钮，绘制连接偏置直线两端点的直线，并利用垂直约束绘制与该直线距离为 18 的直线，单击【转换至/自参考对象】按钮，将其转化为竖直的参考曲线，如图 3-54 所示。

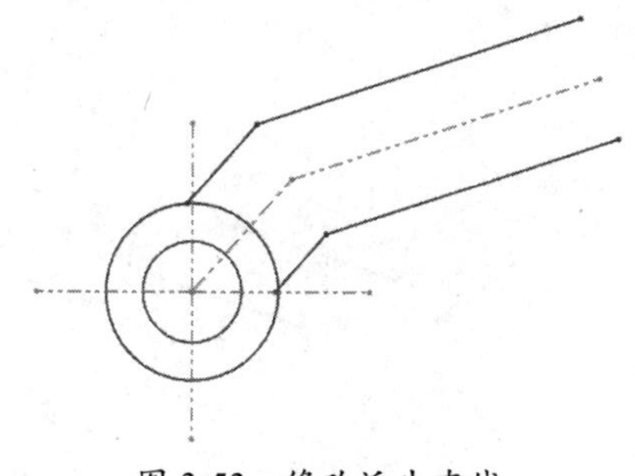

图 3-53 修改派生直线

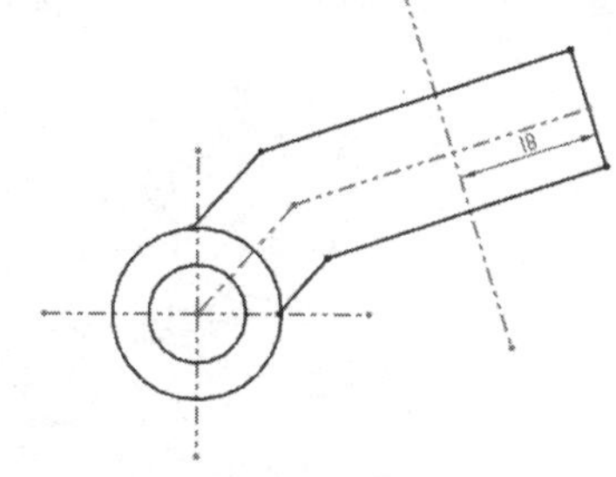

图 3-54 绘制直线和参考线

⑨ 创建如图 3-55 所示的派生直线，偏移距离为 2，然后将其变为自参考对象。

⑩ 在【曲线】选项卡中单击【矩形】按钮，按照如图 3-56 所示选择绘制矩形的方式，

以刚刚绘制的偏置直线和上一步骤绘制的竖直参考线的交点为中心，在文本框中输入数值，完成矩形的绘制。

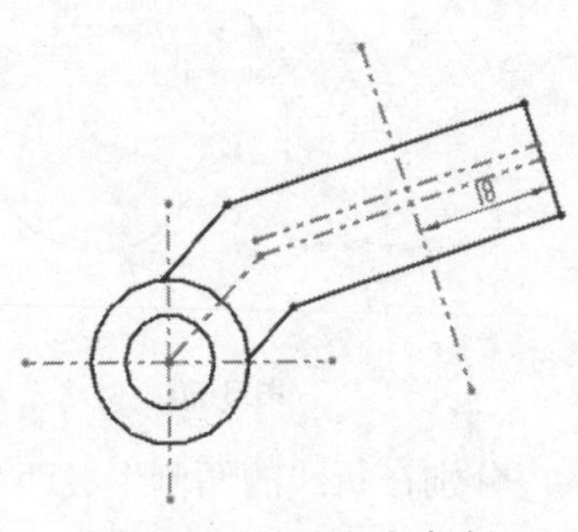

图 3-55 绘制派生直线

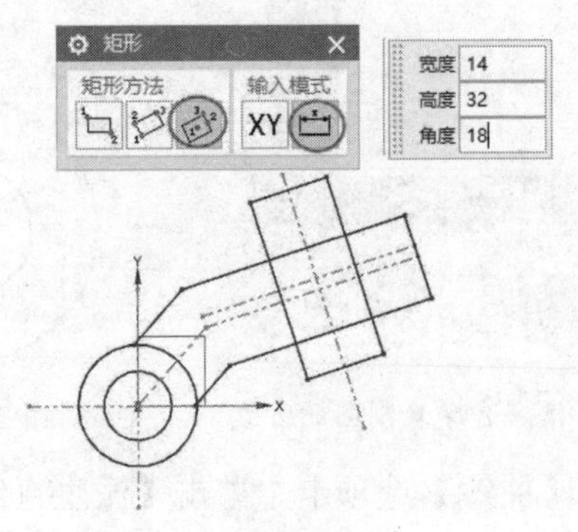

图 3-56 绘制矩形

⑪ 在【曲线】选项卡中单击【快速修剪】按钮，修剪图形，修剪后的结果如图 3-57 所示。

⑫ 在【曲线】选项卡中单击【矩形】按钮，以上一步骤绘制的矩形宽度边的中点为中心，绘制如图 3-58 所示的矩形。

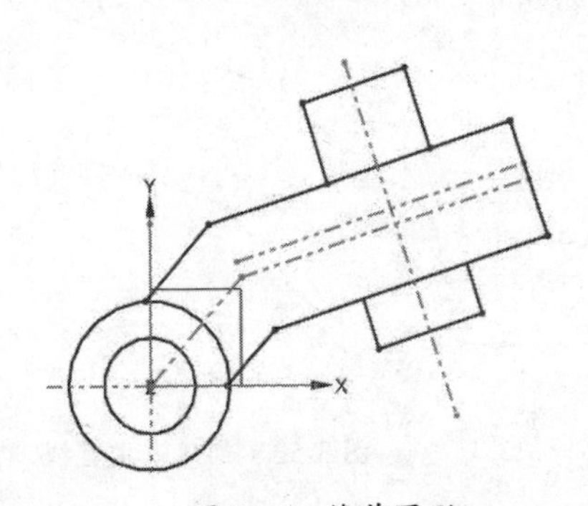

图 3-57 修剪图形

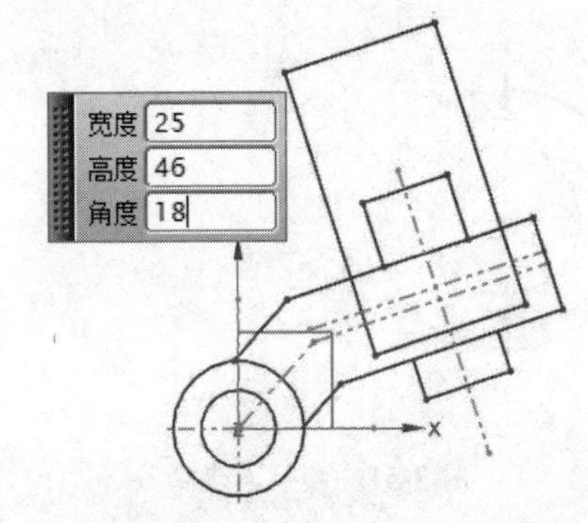

图 3-58 绘制矩形

⑬ 在【曲线】选项卡中单击【快速延伸】按钮和【快速修剪】按钮修改绘制的矩形，修改后的结果如图 3-59 所示。

⑭ 绘制圆孔。首先绘制参考线，与其下方直线的距离为 5，并将其转化为参考直线。然后在【曲线】选项卡中单击【圆】按钮◯，在弹出的【圆】对话框中选择【圆心和直径定圆】方法，绘制直径为 6 的圆，结果如图 3-60 所示。

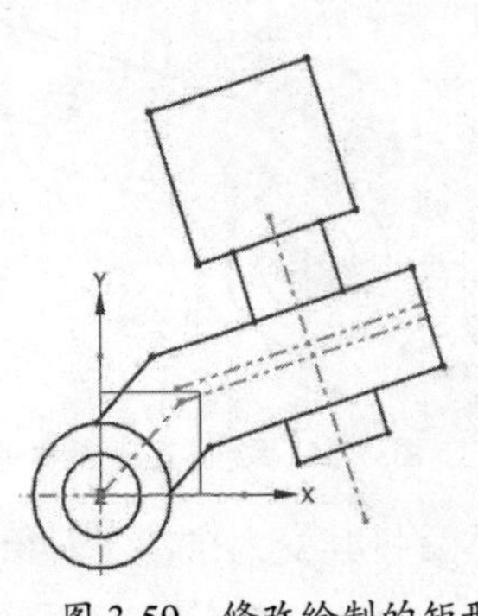

图 3-59 修改绘制的矩形

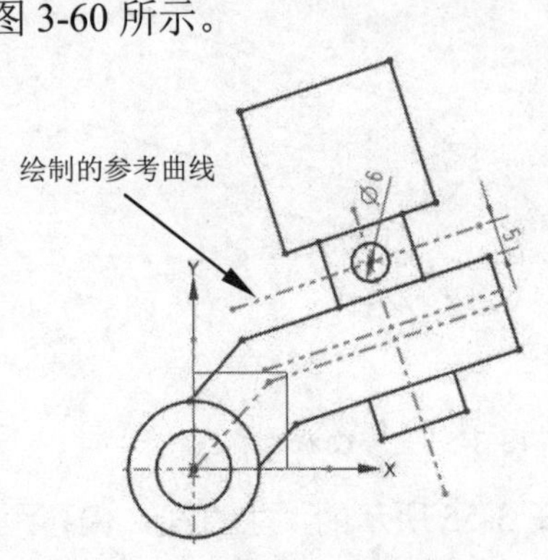

图 3-60 绘制圆孔

⑮ 绘制键槽位置的参考直线。首先延伸参考线，然后绘制三条派生直线，然后将它们转化成参考直线，其尺寸如图 3-61 所示。

⑯ 绘制键槽。在【曲线】选项卡中单击【圆】按钮◯，分别以三条派生直线的两个交点为圆心，绘制直径为 5 的圆。然后单击【直线】按钮，绘制两条两个圆外公切线，最后单击【快速修剪】按钮，去除多余的曲线，如图 3-62 所示。

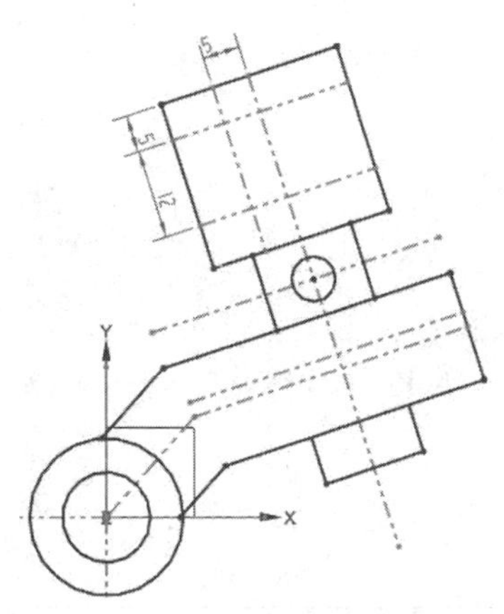

图 3-61　绘制三条参考直线

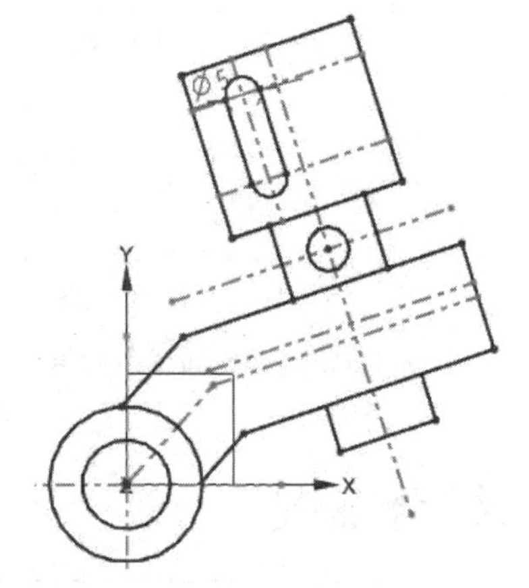

图 3-62　绘制键槽

⑰ 镜像键槽。在【曲线】选项卡中单击【镜像曲线】按钮，打开【镜像曲线】对话框。在绘图区选择如图 3-63 所示的参考线作为镜像中心线，然后选择键槽的所有曲线，单击对话框中的【确定】按钮，关闭对话框，生成镜像曲线。

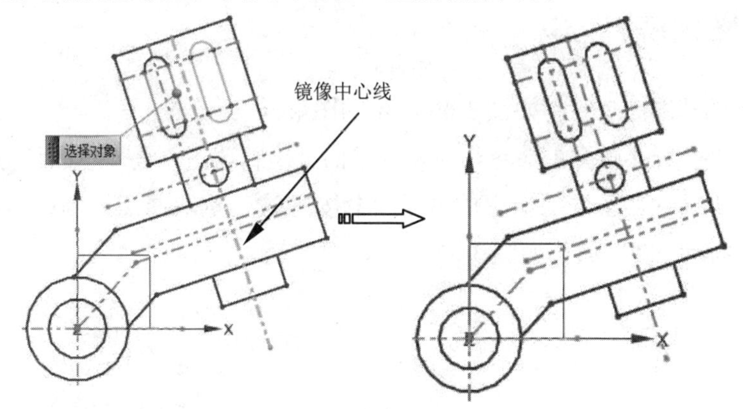

图 3-63　镜像曲线

⑱ 单击【完成草图】按钮，退出草绘环境。

3.2.5　添加现有曲线

在草图环境中的菜单栏中执行【插入】|【曲线】|【添加现有曲线】命令，或者直接单击【曲线】选项卡中的【现有曲线】按钮，弹出【添加曲线】对话框，如图 3-64 所示。

3.2.6 投影曲线

在草图环境中的菜单栏中执行【插入】|【曲线】|【投影曲线】命令，或者直接单击【曲线】选项卡中的【投影曲线】按钮，弹出【投影曲线】对话框，如图 3-65 所示。

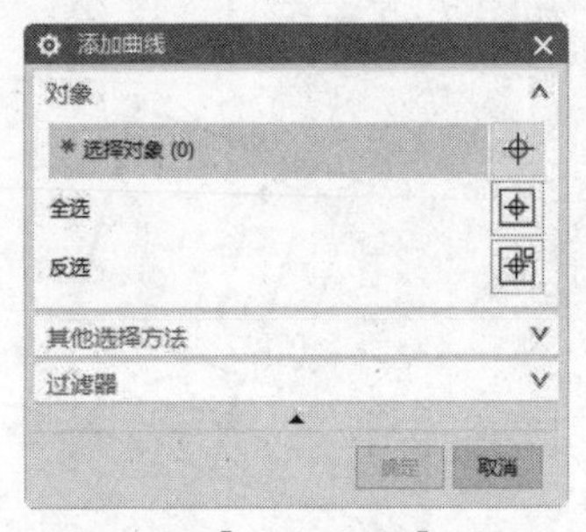

图 3-64 【添加曲线】对话框

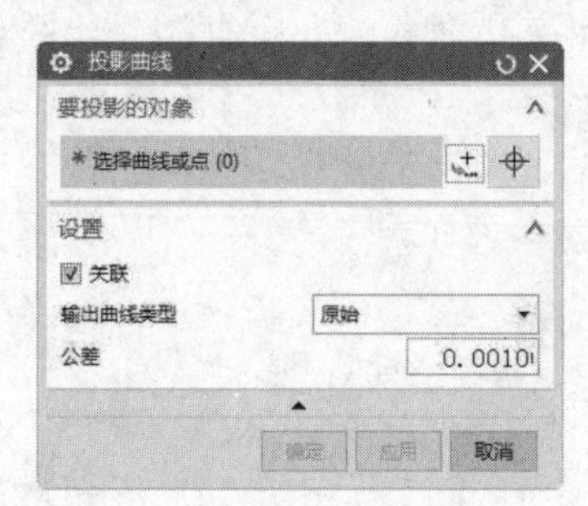

图 3-65 【投影曲线】对话框

3.3 综合案例

本节将通过一些具体的案例来讲解二维综合草图的绘制技巧，以及通常使用的绘制方法。

3.3.1 草图训练一

利用基本的草图命令绘制如图 3-66 所示的图形。

① 新建文件并执行【草图】命令，在默认平面上绘制草图。进入草图任务环境中。

② 绘制圆。在【曲线】选项卡中单击【圆】按钮，选取原点为圆心，依次绘制直径为 80 和 10 的两个圆，结果如图 3-67 所示。

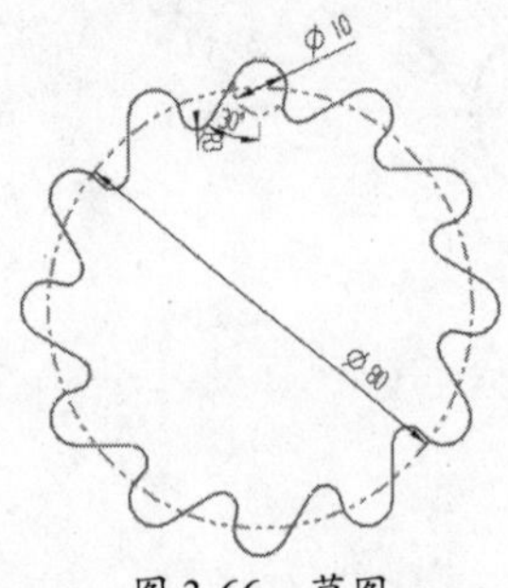

图 3-66 草图一

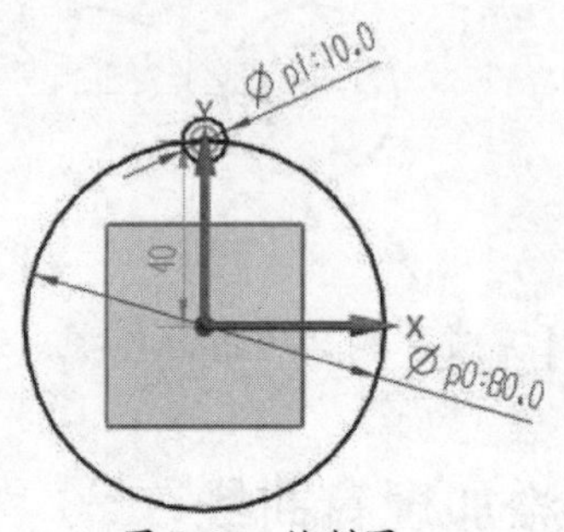

图 3-67 绘制圆

③ 阵列曲线。在【曲线】选项卡中单击【阵列曲线】按钮，弹出【阵列曲线】对话框。选取阵列对象，将布局切换为【圆形】，指定阵列中心点，设置阵列参数，结果如图 3-68 所示。

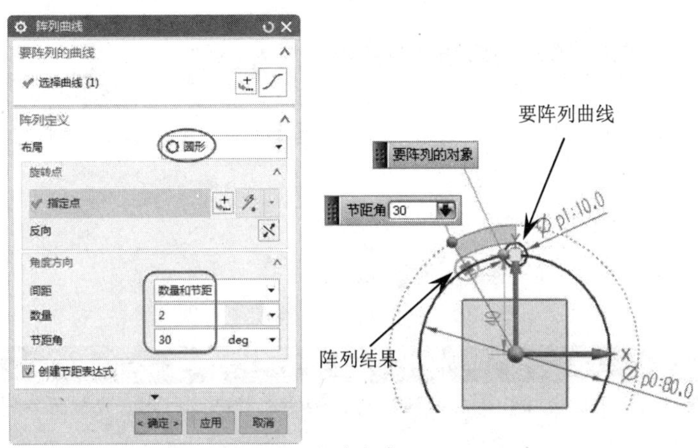

图 3-68 阵列曲线

④ 绘制切线。在【曲线】选项卡中单击【直线】按钮，靠近圆选取圆切点，拉出倾斜的切线，结果如图 3-69 所示。

⑤ 倒圆角。在【曲线】选项卡中单击【圆角】按钮，选中要倒圆角的直线和圆弧，输入半径值 3，倒圆角结果如图 3-70 所示。

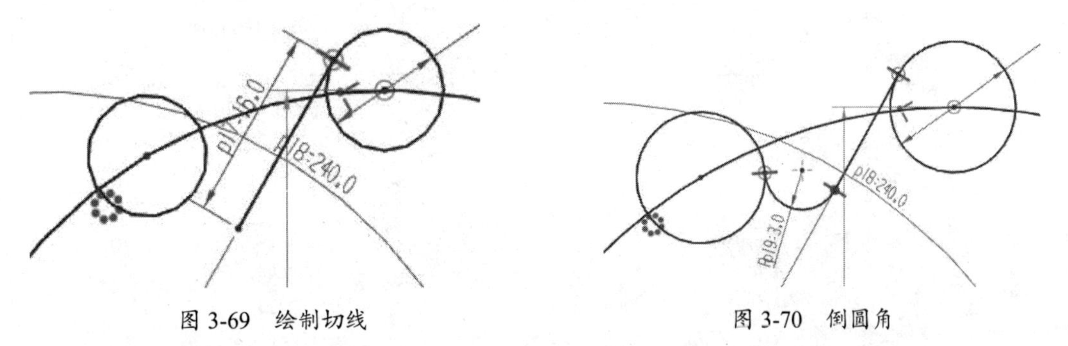

图 3-69 绘制切线　　图 3-70 倒圆角

⑥ 绘制竖直直线。在【曲线】选项卡中单击【直线】按钮，选取圆上象限点，绘制竖直直线，结果如图 3-71 所示。

⑦ 修剪线条。在【曲线】选项卡中单击【快速修剪】按钮，按住鼠标左键滑动到要修剪的线条或者直接单击选取要修剪的线条，即可将其删除，结果如图 3-72 所示。

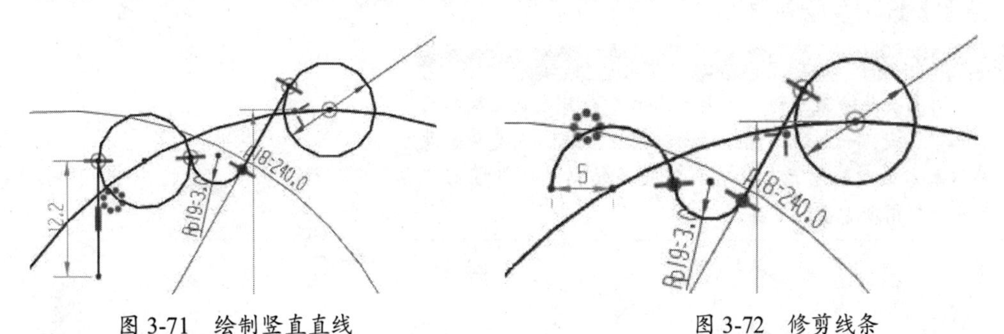

图 3-71 绘制竖直直线　　图 3-72 修剪线条

⑧ 转换成建构线。在【约束】组中单击【转换至/自参考对象】按钮，弹出【转换至/自参考对象】对话框。选取要转换的对象，单击【确定】按钮完成转换，结果如图 3-73 所示。

图 3-73　转换成建构线

技术要点：

此处如果删除圆，可能会破坏先前的阵列特征和约束特征。因此，此处可以将其转换为建构圆，使其不参与建模。

⑨ 阵列曲线。在【曲线】选项卡中单击【阵列曲线】按钮，弹出【阵列曲线】对话框。选取阵列对象，将布局切换为【圆形】，指定阵列中心点，设置阵列参数，结果如图 3-74 所示。

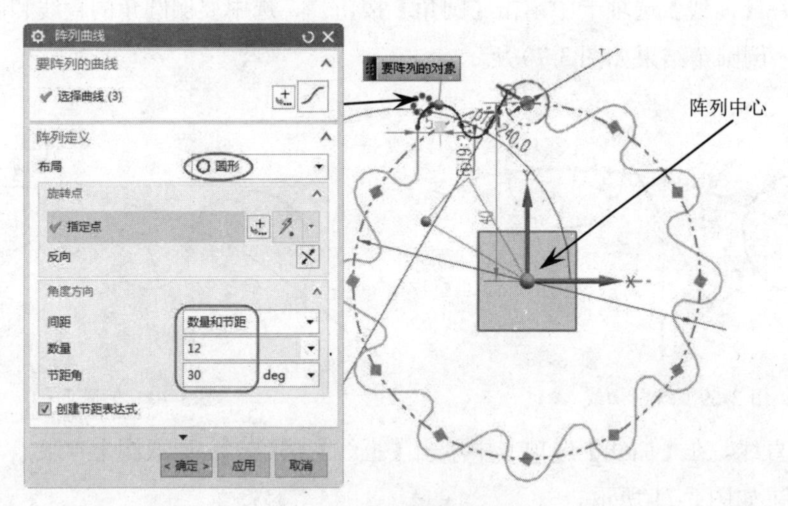

图 3-74　阵列曲线

⑩ 单击鼠标右键，在弹出的快捷菜单中选择【完成草图】选项，绘制结果如图 3-75 所示。

技术要点：

本案例主要是绘制旋转结构草图，此类草图是通过基本的形状沿中心点旋转一定的数量获得的。因此，绘制此类草图需要先抽取基本的旋转单元，然后再将此旋转单元进行圆形阵列，即可绘制出所需要的草图。

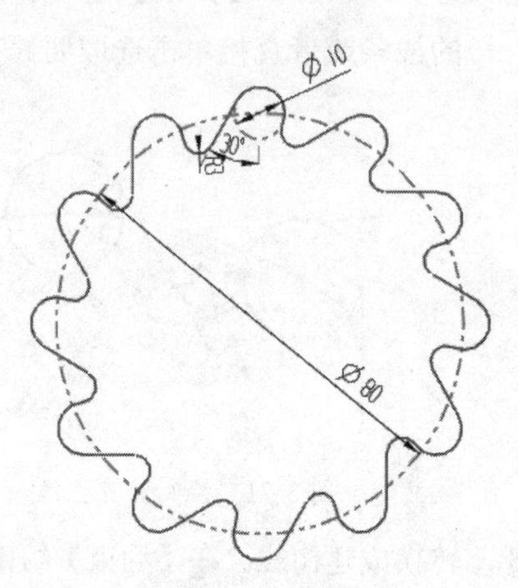

图 3-75　绘制结果

3.3.2 草图训练二

利用基本的草图命令绘制如图 3-76 所示的图形。

① 新建文件并执行【草图】命令，在默认平面上绘制草图。进入草图任务环境中。

② 绘制同心圆。在【曲线】选项卡中单击【圆】按钮，选取原点为圆心再输入值确定半径，绘制同心圆，结果如图 3-77 所示。

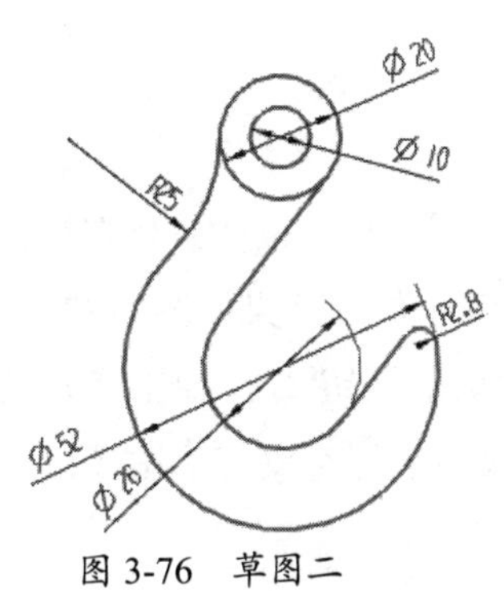

图 3-76 草图二

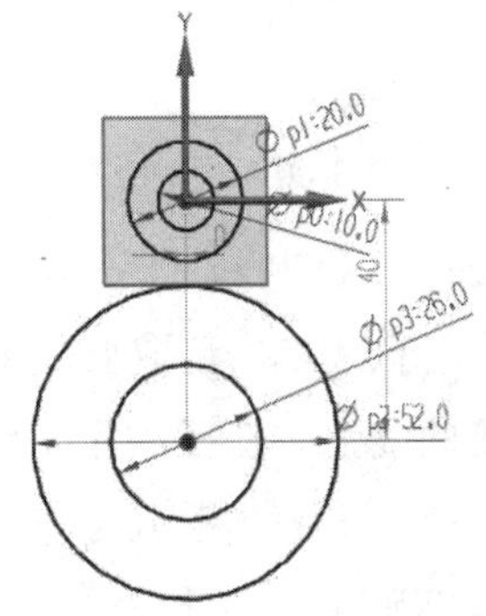

图 3-77 绘制同心圆

③ 绘制切线。在【曲线】选项卡中单击【直线】按钮，靠近圆选取圆切点，拉出倾斜的公切线，结果如图 3-78 所示。

④ 倒圆角。在【曲线】选项卡中单击【圆角】按钮，选中要倒圆角的直线和圆弧，输入半径值 25，倒圆角结果如图 3-79 所示。

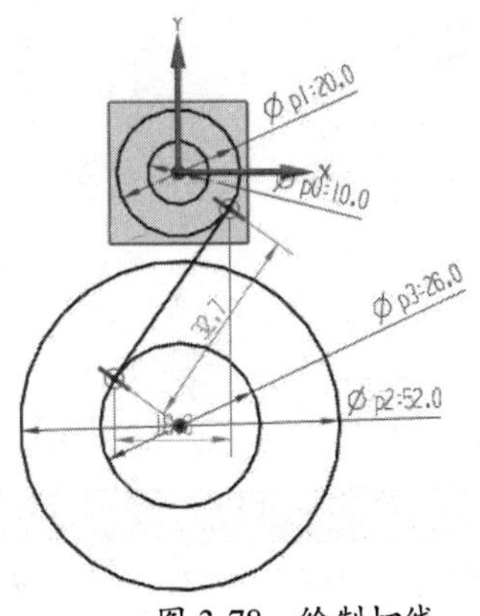

图 3-78 绘制切线

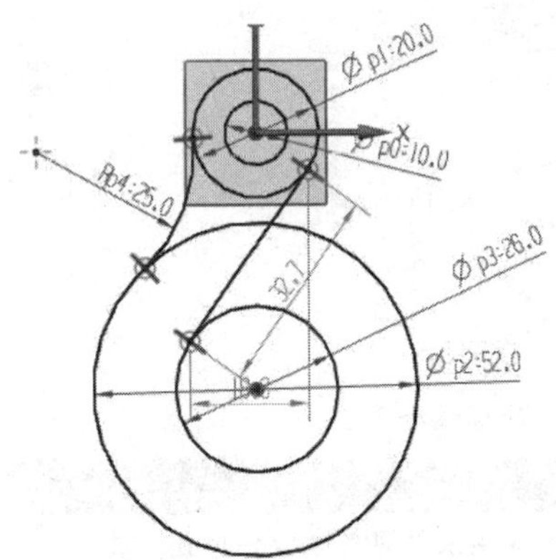

图 3-79 倒圆角

⑤ 绘制平行切线。在【曲线】选项卡中单击【直线】按钮，靠近圆选取圆切点，拉出切线并让其自动捕捉相平行的线，结果如图 3-80 所示。

⑥ 倒圆角。在【曲线】选项卡中单击【圆角】按钮，选中要倒圆角的直线和圆弧，输入半径值 2.8，倒圆角结果如图 3-81 所示。

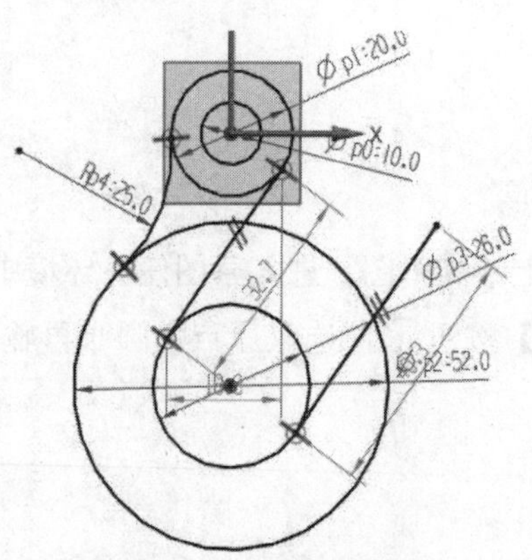

图 3-80　绘制平行切线

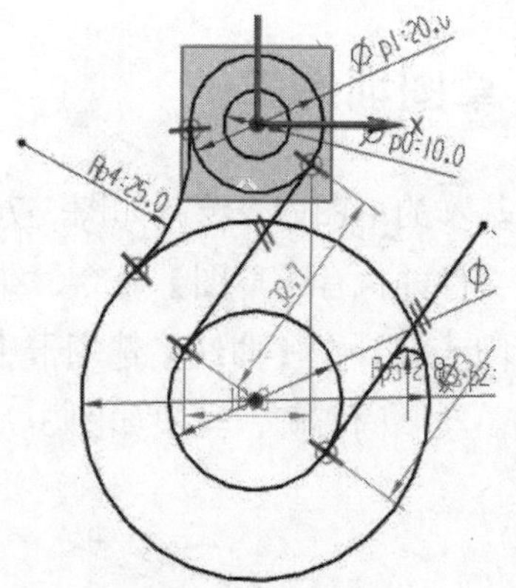

图 3-81　倒圆角

⑦ 修剪线条。在【曲线】选项卡中单击【快速修剪】按钮，按住鼠标左键滑动到要修剪的线条或者直接单击选取要修剪的线条，即可将其删除，结果如图 3-82 所示。

⑧ 约束点在曲线上。在【约束】组中单击【几何约束】按钮，弹出【几何约束】对话框。选取要约束的类型为【点在曲线上】，再选取约束的对象，单击【确定】按钮完成约束，结果如图 3-83 所示。

⑨ 在绘图区单击鼠标右键，在弹出的快捷菜单中【完成草图】选项，退出草图环境，绘制结果如图 3-84 所示。

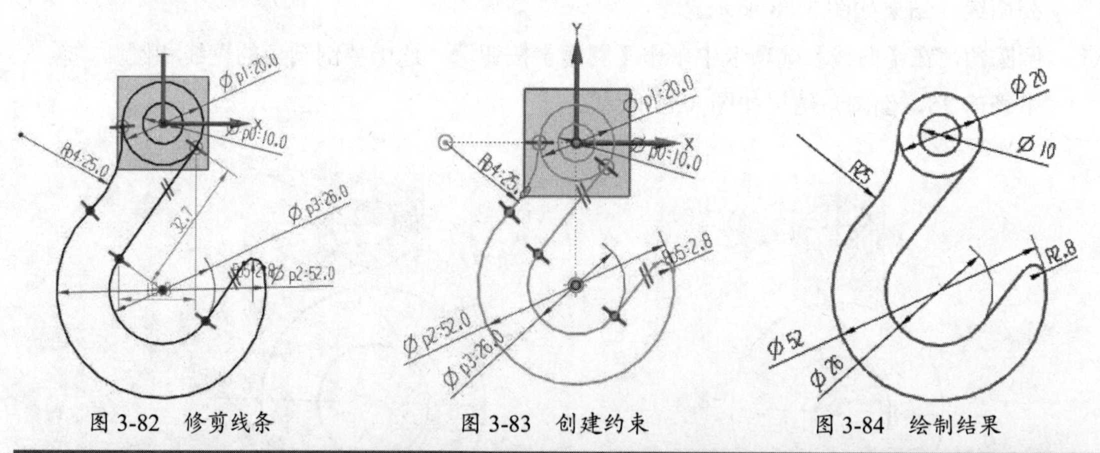

图 3-82　修剪线条　　图 3-83　创建约束　　图 3-84　绘制结果

技术要点：

本案例主要是用来练习约束操作。用户需要分析图形中的图素之间的几何约束关系，合理添加约束条件。约束条件并不是唯一的，可以通过不同的约束条件达到相同的效果。

3.3.3 草图训练三

利用基本的草图命令绘制如图 3-85 所示的图形。

① 新建文件并执行【草图】命令，在默认平面上绘制草图。进入草图任务环境中。

② 绘制圆和直线。在【曲线】选项卡中单击【直线】按钮，绘制竖直直线。再在【曲线】选项卡中单击【圆】按钮，在直线端点绘制圆，结果如图 3-86 所示。

③ 绘制并约束圆弧。在【曲线】选项卡中单击【圆弧】按钮，选取大概位置绘制圆弧。再在【约束】组中单击【几何约束】按钮，弹出【几何约束】对话框。选取要约束的类型为【相切】，再选取约束的对象，单击【确定】按钮完成约束，结果如图 3-87 所示。

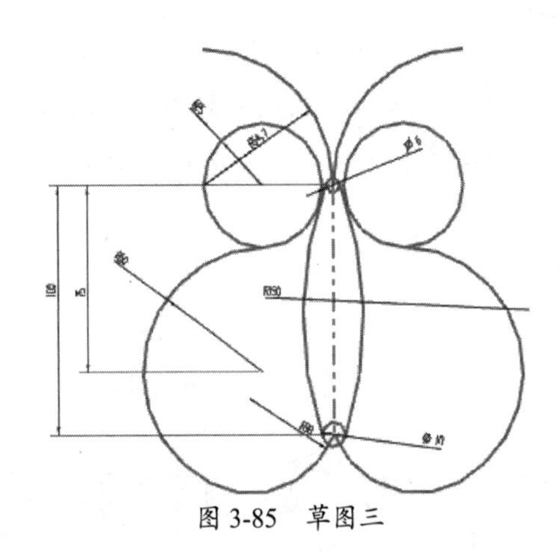
图 3-85　草图三

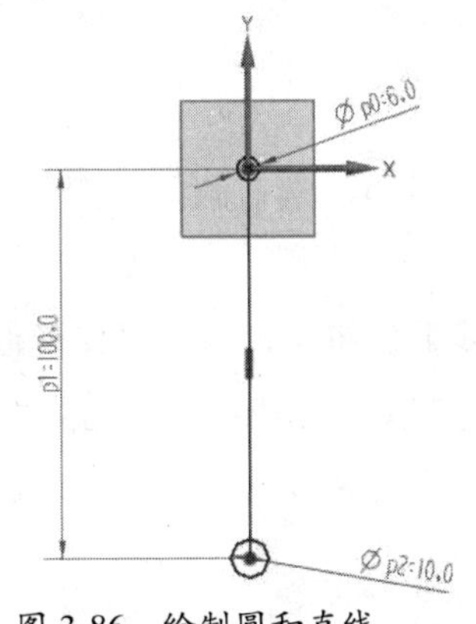

图 3-86　绘制圆和直线

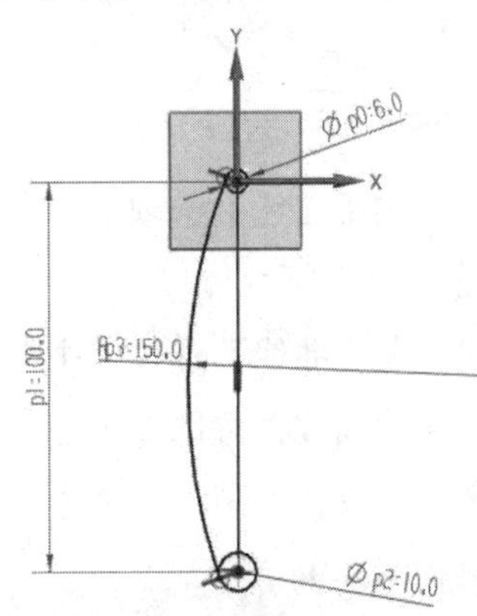

图 3-87　绘制并约束圆弧

④ 绘制圆。在【曲线】选项卡中单击【圆】按钮，选取任意点为圆心再靠近圆弧使其相切，结果如图 3-88 所示。

⑤ 修剪线条。在【曲线】选项卡中单击【快速修剪】按钮，按住鼠标左键滑动到要修剪的线条或者直接单击选取要修剪的线条，即可将其删除，结果如图 3-89 所示。

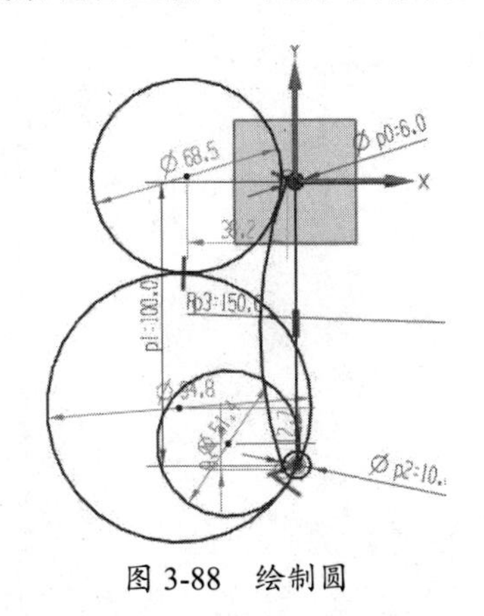

图 3-88　绘制圆

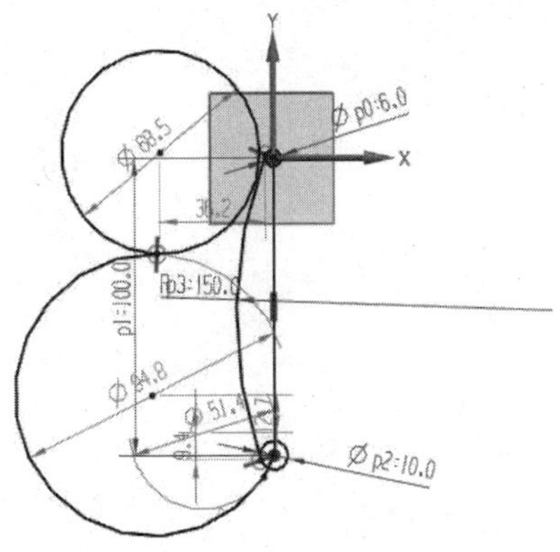

图 3-89　修剪线条

⑥ 标注尺寸。在【约束】组中单击【快速尺寸】按钮，弹出【快速尺寸】对话框。选

取要标注的对象，拉出尺寸单击确定放置位置，并进行修改，标注结果如图 3-90 所示。

⑦ 约束对象。在【约束】组中单击【几何约束】按钮，弹出【几何约束】对话框。选取要约束的类型为【相切】，再选取约束的对象，单击【确定】按钮完成约束，结果如图 3-91 所示。

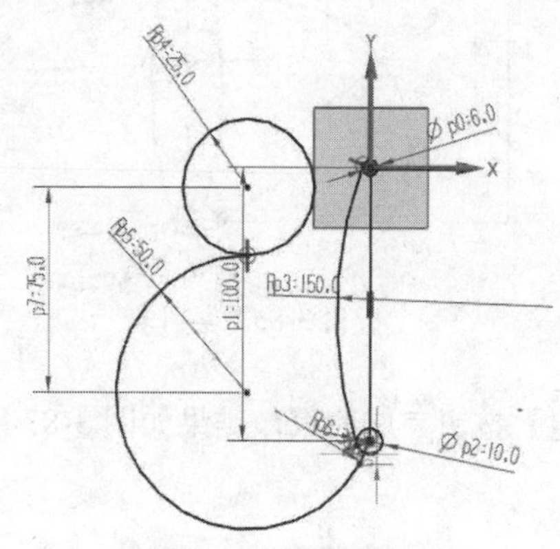

图 3-90 标注尺寸

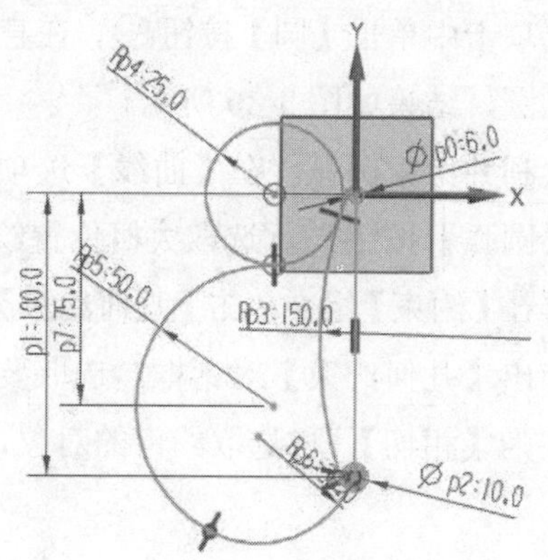

图 3-91 约束对象

⑧ 绘制圆弧。在【曲线】选项卡中单击【圆弧】按钮，选取圆的中点为圆心拉出圆弧，结果如图 3-92 所示。

⑨ 镜像曲线。在【曲线】选项卡中单击【镜像曲线】按钮，弹出【镜像曲线】对话框。选取要镜像的曲线，再选取中心线，单击【确定】按钮完成镜像，结果如图 3-93 所示。

⑩ 在绘图区单击鼠标右键，在弹出的快捷菜单中选择【完成草图】选项，退出草图环境，绘制结果如图 3-94 所示。

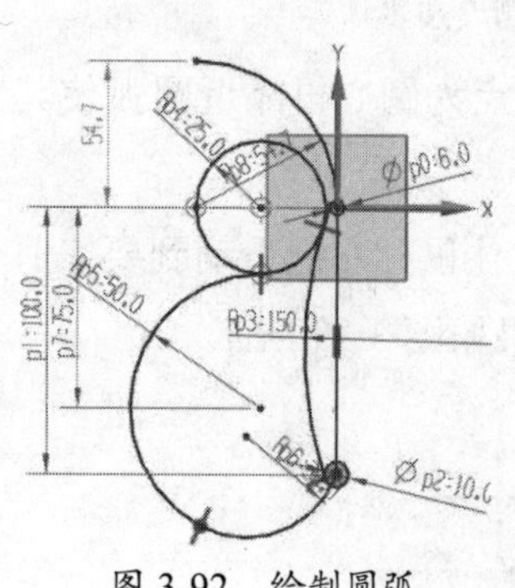

图 3-92 绘制圆弧

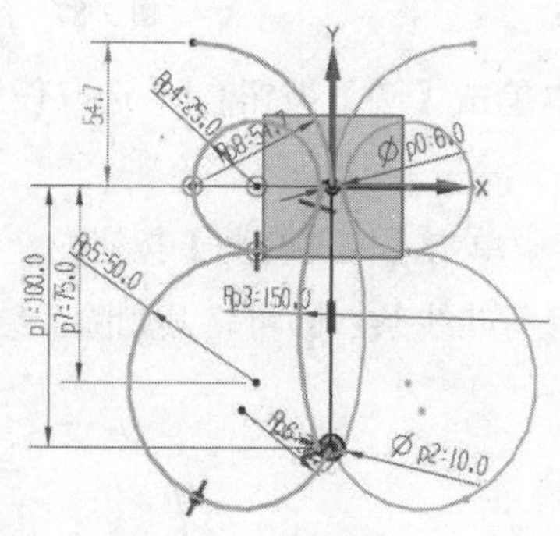

图 3-93 镜像曲线

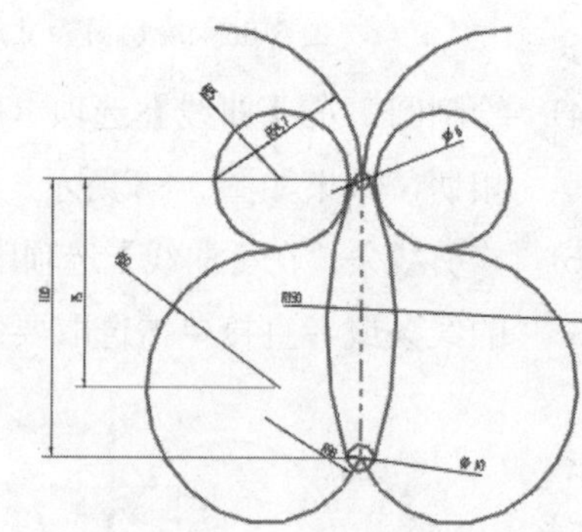
图 3-94 绘制结果

CHAPTER

添加草图约束

本章导读

用户在创建草图之初不必考虑草图曲线的精确位置和尺寸，为了提高工作效率，先绘制草图几何对象的大致形状，再通过草图约束来对其进行精确约束，以达到设计要求。草图约束是限制草图的形状和大小，包括几何约束（限制形状）和尺寸约束（限制大小）。本章主要讲解 UG NX 12 中的草图约束指令。

学习要点

☑ 尺寸约束

☑ 几何约束

☑ 定制草图环境

扫码看视频

4.1 尺寸约束

尺寸约束就是为草图标注尺寸，使草图满足设计者的要求并让草图固定。UG NX 12 中共有五种尺寸约束类型，如图 4-1 所示。

4.1.1 快速尺寸标注

【快速尺寸】包括所有尺寸标注类型。执行【快速尺寸】命令，弹出【快速尺寸】对话框，如图 4-2 所示。接下来对对话框中各标注方法进行介绍。

快速尺寸 D
线性尺寸
径向尺寸
角度尺寸
周长尺寸

图 4-1 五种尺寸约束类型

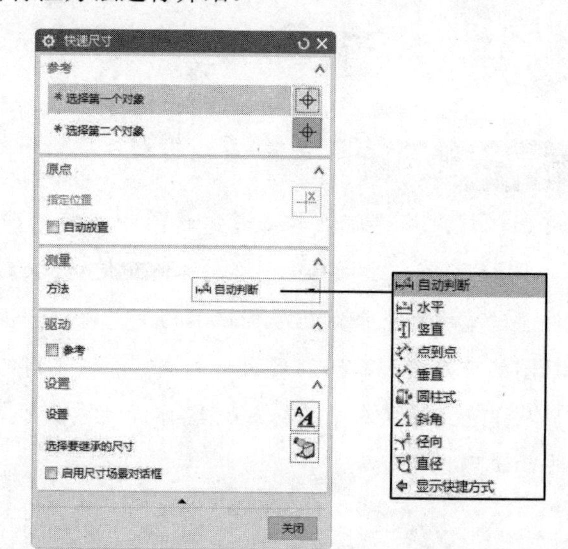

图 4-2 【快速尺寸】对话框

1. 自动判断

【自动判断】是指程序自动判断选择对象，以进行尺寸标注。这种类型的好处是标注灵活，由一个对象可标注出多个尺寸约束。但由于此类型几乎包含了所有的尺寸标注类型，所以针对性不强，有时也会产生不便。如图 4-3 所示，以此类型来选择相同对象进行尺寸约束，可有三种标注结果。

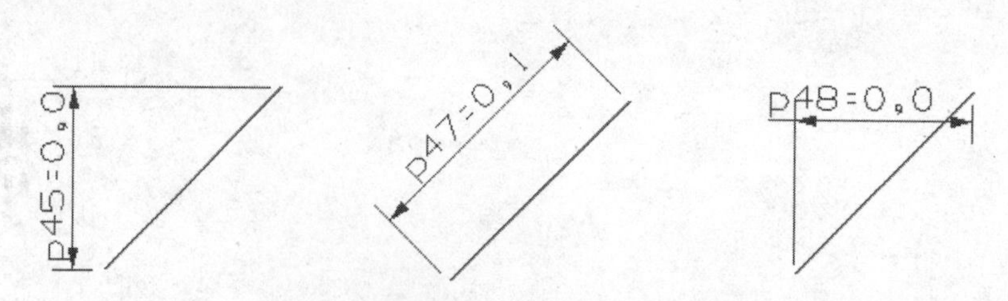

图 4-3 程序自动判断并标注的三种尺寸

2. 水平

【水平】类型即标注的尺寸总是与工作坐标系的 *XC* 轴平行。选择该类型时，程序对所选对象进行水平方向的尺寸约束。标注该类尺寸时，在图形区中选取同一对象或不同对象的两个控制点，程序会在两点之间生成水平尺寸。水平标注时尺寸约束限制的距离位于两端点之间，如图 4-4 所示。

3. 竖直

【竖直】类型即标注的尺寸总是与工作坐标系的 *YC* 轴平行。选择该类型时，程序对所选对象进行竖直方向的尺寸约束，如图 4-5 所示。

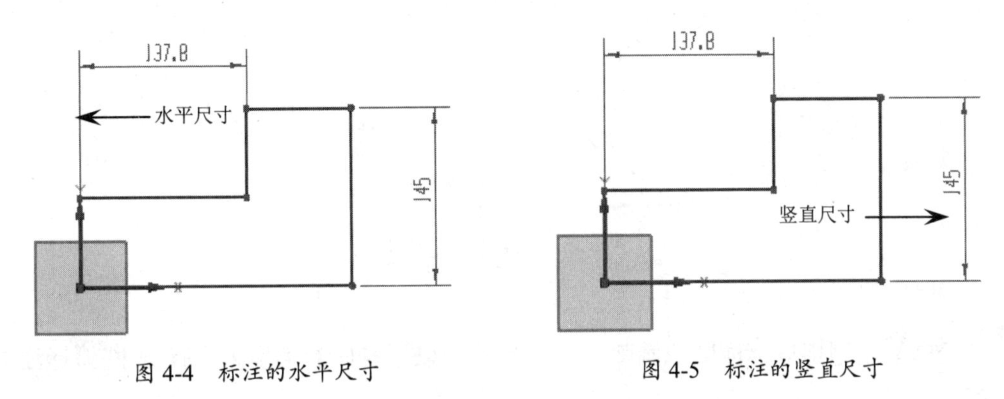

图 4-4　标注的水平尺寸　　　　图 4-5　标注的竖直尺寸

4. 点到点

【点到点】类型即标注的尺寸总是与所选对象平行。选择该类型时，程序对所选对象进行竖直方向的尺寸约束。以【点到点】类型来进行标注的尺寸如图 4-6 所示。

5. 垂直

【垂直】类型用于标注两个对象之间的长度距离，且尺寸总是与第一个对象垂直。以【垂直】类型来进行标注的尺寸如图 4-7 所示。

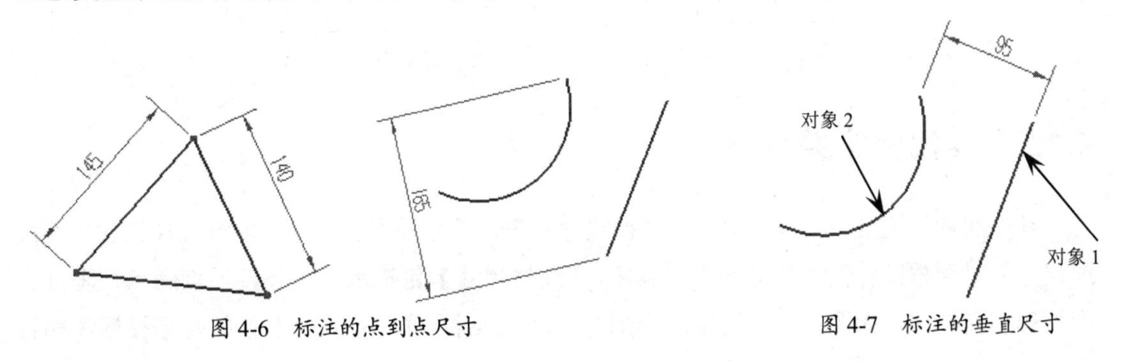

图 4-6　标注的点到点尺寸　　　　图 4-7　标注的垂直尺寸

6. 圆柱式

采用标注直径的方法去标注圆柱体（或轴零件）的剖面图形，如图 4-8 所示。

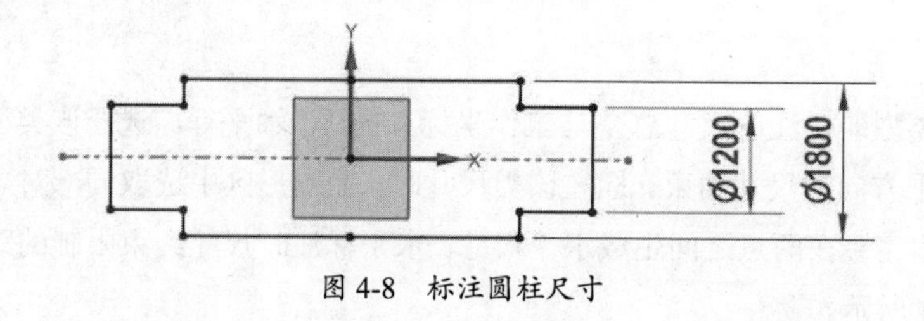

图 4-8　标注圆柱尺寸

7. 斜角

【斜角】类型就是用于两相交直线或直线延伸部分相交的夹角尺寸标注。以【斜角】类型来进行标注的尺寸如图 4-9 所示。

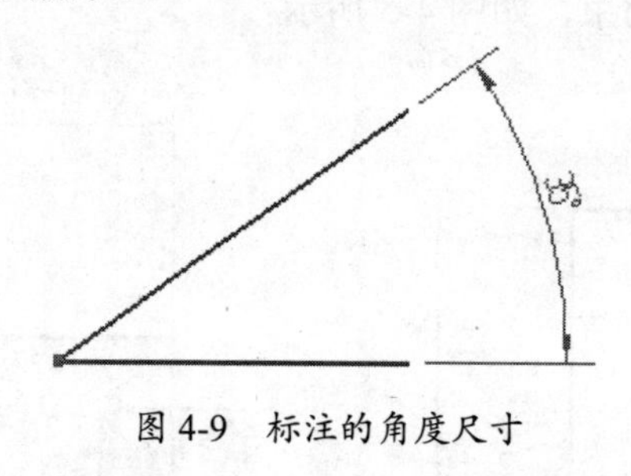

图 4-9　标注的角度尺寸

8. 径向

【径向】类型用以标注圆或圆弧的径向尺寸。以【径向】类型来进行圆/圆弧标注的尺寸如图 4-10 所示。

9. 直径

【直径】类型用以标注圆或圆弧的直径尺寸。以【直径】类型来进行圆/圆弧标注的尺寸如图 4-11 所示。

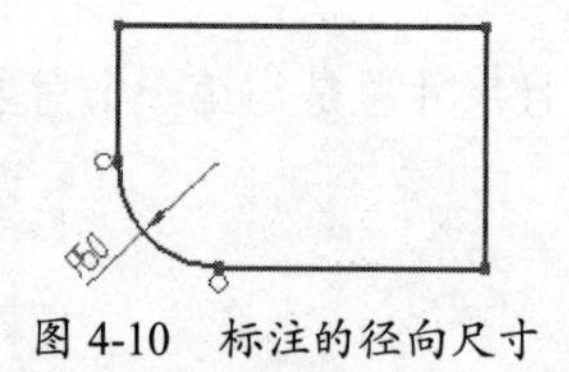

图 4-10　标注的径向尺寸

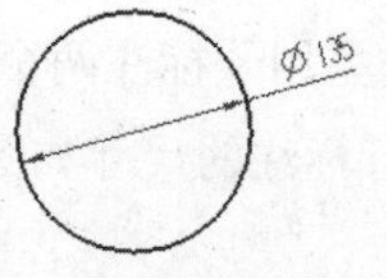

图 4-11　标注的直径尺寸

4.1.2　其他标注类型

其他四种标注类型（线性尺寸、半径尺寸、角度尺寸和周长尺寸）中有三种包含在【快速尺寸】对话框的标注方法列表中。其中，【线性尺寸】包括水平、竖直、点到点、垂直、圆柱形和孔标注，如图 4-12 所示的【线性尺寸】对话框。【半径尺寸】指的是半径标注和直径标注，如图 4-13 所示的【半径尺寸】对话框。【周长尺寸】指的是圆弧长、直线长度和样条曲线长度。

技术要点：

【半径尺寸】对话框中的【径向】方法就是半径标注。

图 4-12 【线性尺寸】对话框

图 4-13 【半径尺寸】对话框

上机实践——利用尺寸约束绘制扳手草图

以绘制扳手草图为例来说明在草图环境下使用尺寸约束绘制草图的方法。扳手草图如图4-14 所示。绘制扳手草图的步骤如下：

（1）绘制尺寸基准线（中心线）；（2）绘制已知线段；

（3）绘制中间线段；（4）绘制连接线段；

（5）尺寸约束。

1. 绘制尺寸基准线

① 单击【新建】按钮，创建一个命名为【扳手草图】的模型文件。

② 在【直接草图】组中单击【草图】按钮，并以默认的 *XC-YC* 基准平面作为草图平面，进入草图环境中。

③ 在【曲线】选项卡中单击【直线】按钮，绘制出如图 4-15 所示的尺寸基准线。

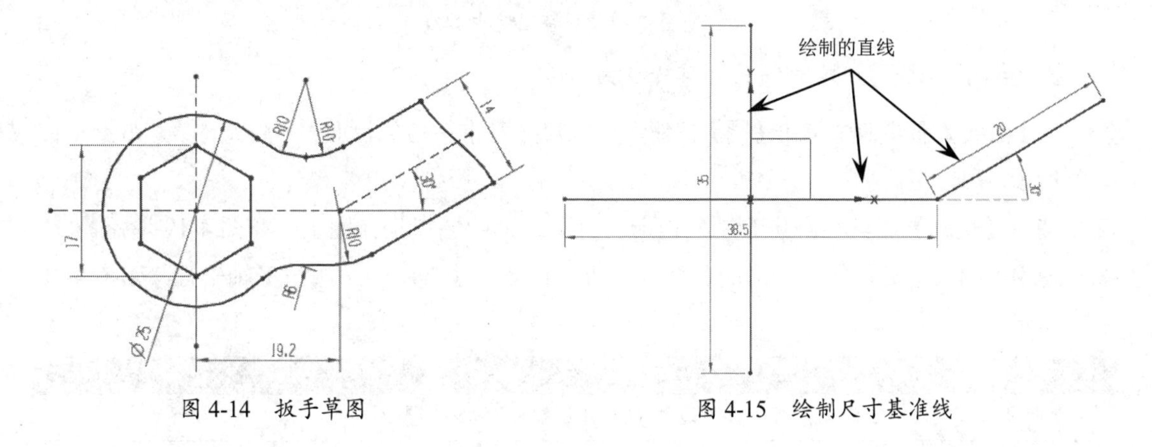

图 4-14 扳手草图　　图 4-15 绘制尺寸基准线

技术要点：

在草图模式中绘制直线时，可以输入直线端点的坐标数值来确定直线。也可以先任意绘制直线，然后使用尺寸约束或几何约束对直线进行尺寸、位置重定义。

④ 全选上一步骤绘制的三条中心线，然后在菜单栏中执行【编辑】|【对象显示】命令，弹出【编辑对象显示】对话框。在【常规】选项卡的【线型】下拉列表中选择（中心线）选项，在【宽度】下拉列表中选择 0.13 mm 选项，最后单击【确定】按钮，程序自动将粗实线转换成中心线，如图 4-16 所示。

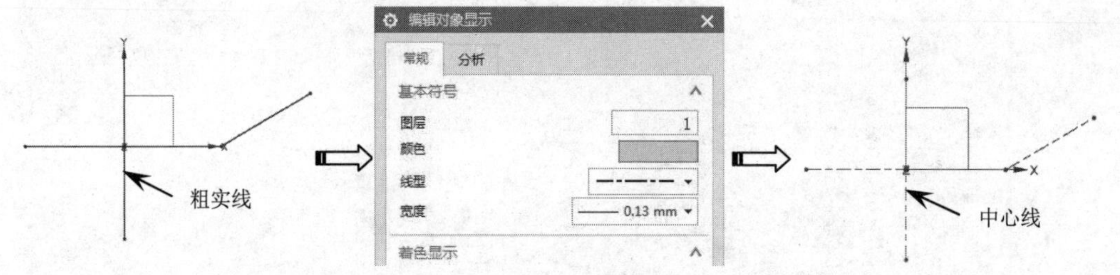

图 4-16　转换尺寸基准线

技术要点：

这种线型转换的结果与【转换至/自参考对象】转换后的结果是相同的。

⑤ 在【约束】组中单击【几何约束】按钮，然后选择三条中心线。在弹出的【几何约束】对话框中单击【完全固定】按钮，程序自动将中心线固定在所在位置，如图 4-17 所示。

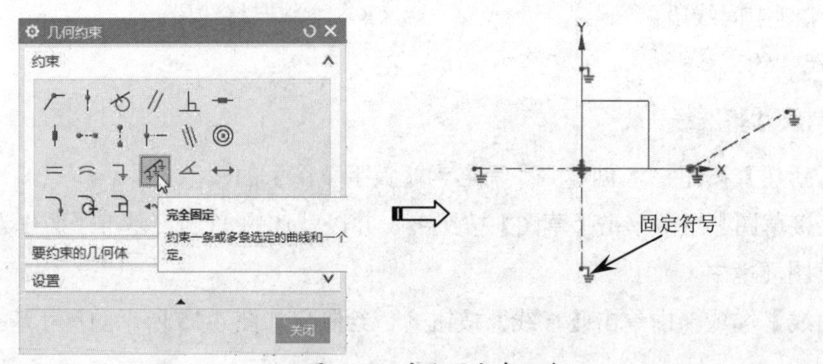

图 4-17　完全固定中心线

2. 绘制已知线段、中间线段和连接线段

① 在【曲线】选项卡中单击【圆】按钮，在尺寸基准中心绘制直径为 17 的圆，如图 4-18 所示。

② 使用【轮廓】工具在圆内绘制六边形，且六边形的端点均在圆上，如图 4-19 所示。

③ 使用【约束】工具使六边形的各边都相等，且至少让其中一条边与 *Y* 轴平行，如图 4-20 所示。

技术要点：

要准确地捕捉曲线上的点，可先在上边框条上单击【点在曲线上】按钮。

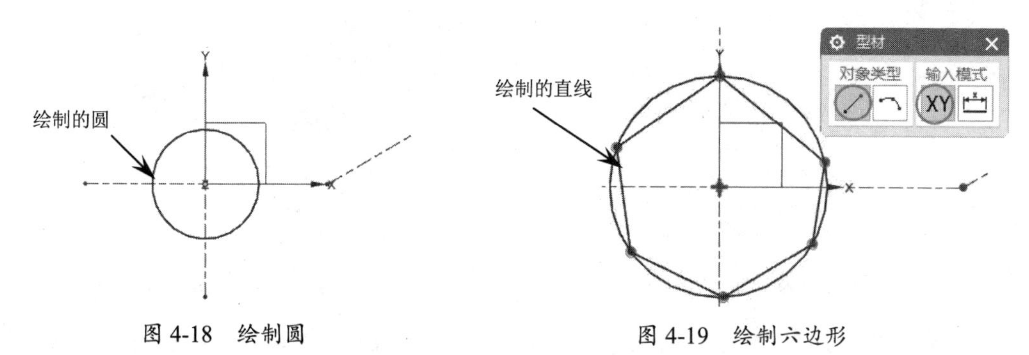

图 4-18　绘制圆　　　　图 4-19　绘制六边形

④　再使用【圆】工具，以基准中心为圆心，绘制直径为 25 的大圆，如图 4-21 所示。

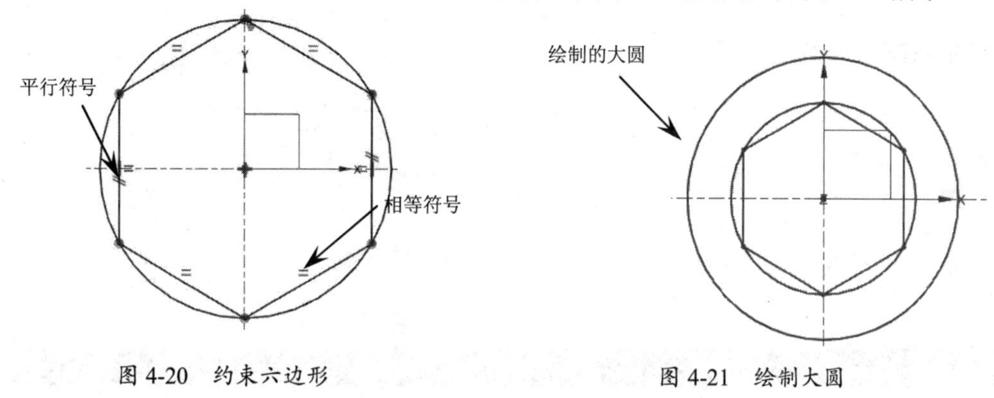

图 4-20　约束六边形　　　　图 4-21　绘制大圆

⑤　在【曲线】选项卡中单击【派生直线】按钮，选择尺寸基准线作为参考线，绘制距离为 7 的四条派生直线，四条直线中包括两条已知线段和两条中间线段，如图 4-22 所示。

⑥　在【曲线】选项卡中单击【圆角】按钮，弹出【圆角】对话框。在浮动文本框中输入半径值 10，然后在如图 4-23 所示的三个位置上绘制半径为 10 的圆角。

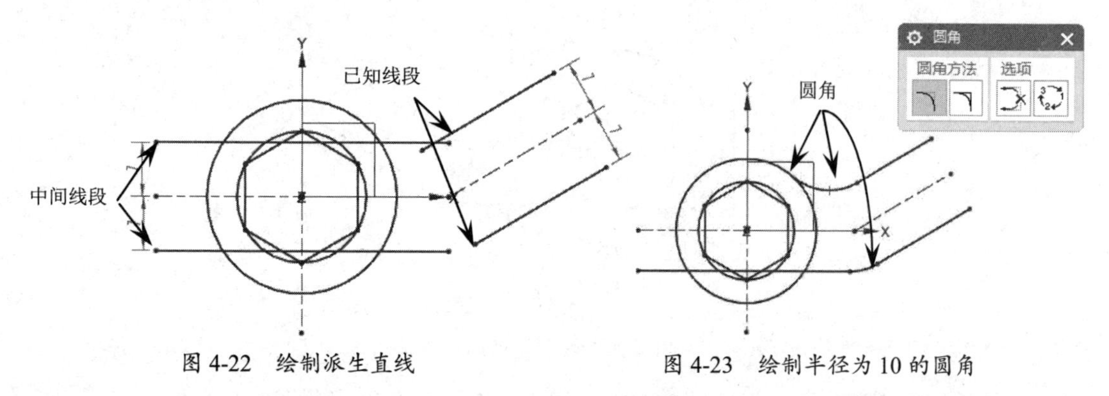

图 4-22　绘制派生直线　　　　图 4-23　绘制半径为 10 的圆角

⑦　将浮动文本框中的半径值更改为 6，在如图 4-24 所示的位置绘制半径为 6 的圆角。

⑧　在【曲线】选项卡中单击【艺术样条】按钮，弹出【艺术样条】对话框，在草图中绘制如图 4-25 所示的样条曲线。

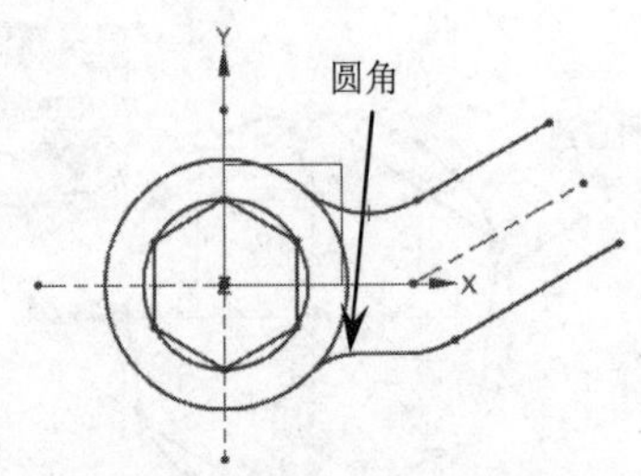

图 4-24 绘制半径为 6 的圆角

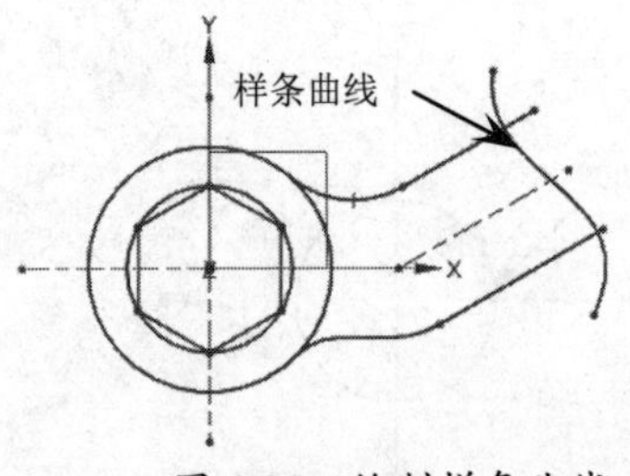

图 4-25 绘制样条曲线

⑨ 在【曲线】选项卡中单击【快速修剪】按钮，弹出【快速修剪】对话框。按信息提示选择图形中要修剪的曲线，结果如图 4-26 所示。

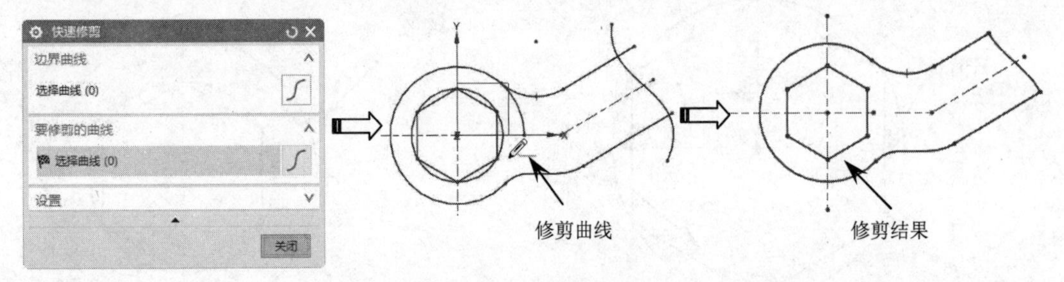

图 4-26 修剪多余曲线

技术要点：

使用【快速修剪】工具修剪曲线时，修剪边界内的曲线段是不被修剪的，这就需要按 Delete 键对其进行删除。

3. 尺寸约束

① 在【约束】组中单击【快速尺寸】按钮或者其他尺寸约束按钮，为绘制的草图曲线进行尺寸约束，完成结果如图 4-27 所示。

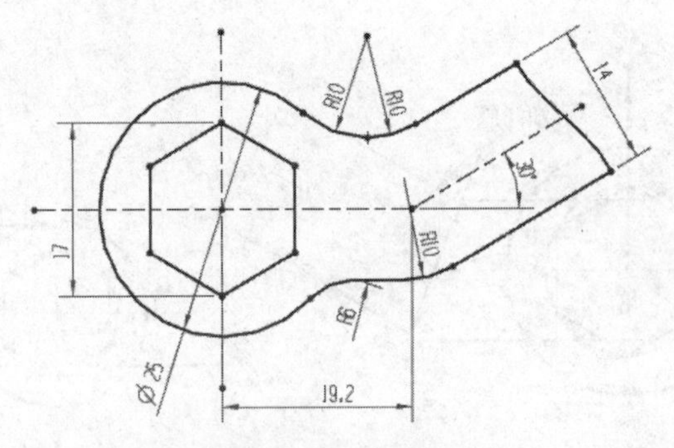

图 4-27 绘制完成的扳手草图

② 最后单击【完成草图】按钮，退出草图环境并结束草图绘制操作。

4.1.3 自动标注尺寸

自动标注尺寸可以快速地自动标注出所有尺寸。如果在绘图时已经产生了自动尺寸，就无须再使用此功能。

自动标注尺寸包括两个指令：自动标注尺寸和连续自动标注尺寸。

1. 自动标注尺寸

在【约束】组中单击【自动标注尺寸】按钮，弹出【自动标注尺寸】对话框，如图 4-28 所示。

通过此对话框，可以标注【自动标注尺寸规则】列表中列出的尺寸标注类型。

如图 4-29 所示为自动标注的尺寸，效果比较凌乱，需要手动调整。

图 4-28 【自动标注尺寸】对话框

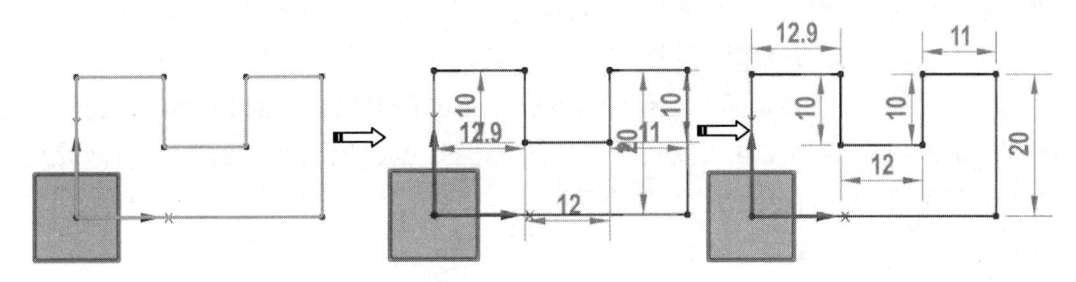

图 4-29 自动标注尺寸

2. 连续自动标注尺寸

【连续自动标注尺寸】命令可以在草图绘制过程中自动标注尺寸。可以通过在【约束】组中单击【连续自动标注尺寸】按钮，或者在草图任务环境下的菜单栏中执行【任务】|【草图设置】命令，打开【草图设置】对话框来使用或取消使用这个功能，如图 4-30 所示。

如图 4-31 所示为在绘制草图过程中连续自动标注尺寸的情形。

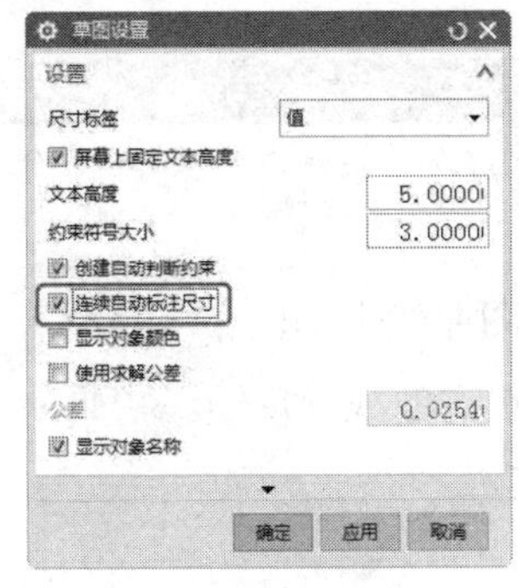

图 4-30 【草图设置】对话框

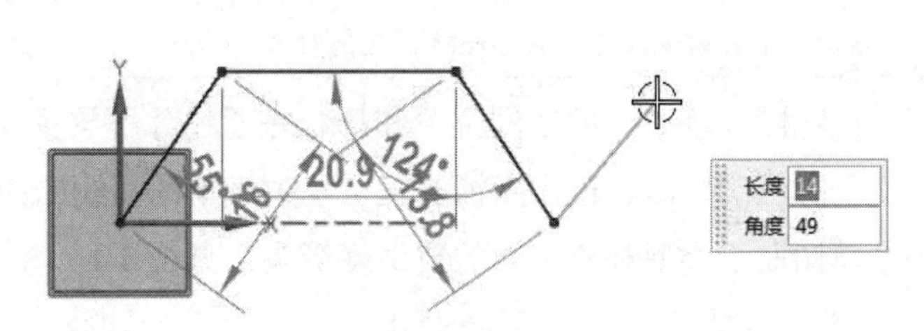

图 4-31 连续自动标注尺寸

4.2 几何约束

用户在绘制草图曲线时，若没有给绘制的几何对象做约束，也就是没有控制几何对象的自由度，那么绘制的几何对象是不稳定的，则会产生误差。

4.2.1 草图自由度箭头

自由度（DOF）箭头标记草图上可自由移动的点。草图自由度有三种类型：定位自由度（2 个）、转动自由度（3 个）和径向自由度（1 个）。

当将一个点约束为在给定方向上移动时，会移除自由度箭头。当所有这些箭头都消失时，草图即已完全约束。请注意，约束草图是可选的，仍可以用欠约束的草图定义特征。当设计需要更多控制时，可约束草图。同样，应用一个约束可以移除多个自由度箭头。

如图 4-32 所示，在图形区中绘制了草图图形，单击【约束】组中的【几何约束】按钮，直线的两端即刻显示四个自由度箭头，同时在信息栏上也会显示要约束的数目。也就是说需要对图形做 *YC* 和 *ZC* 自由度方向上的约束。

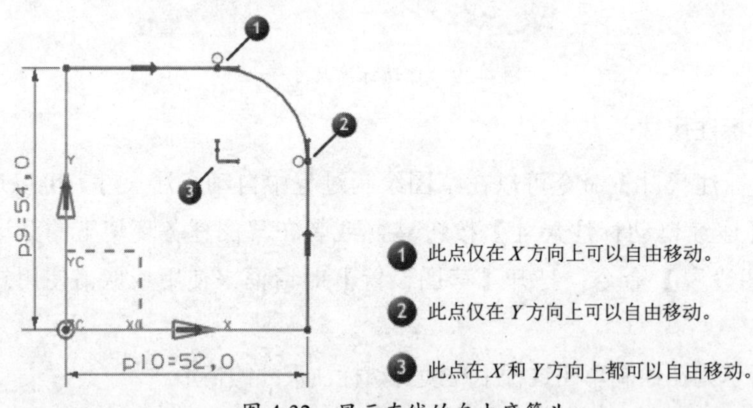

图 4-32　显示直线的自由度箭头

技术要点：

有时在信息栏上提示需要的约束数量很多，其实并非每个约束都要添加，这是因为控制了某个点或某条曲线的一个自由度，那么有可能就使几何对象之间产生了多个约束。

在草图环境中，曲线的位置和形状是通过分析放置在草图曲线上的约束（规则），采用数学的方法确定的。自由度箭头提供了关于草图曲线的约束状态的视觉反馈。初始创建时，每个草图曲线类型都有不同的自由度箭头，见表 4-1。

表 4-1 不同草图曲线类型的自由度箭头

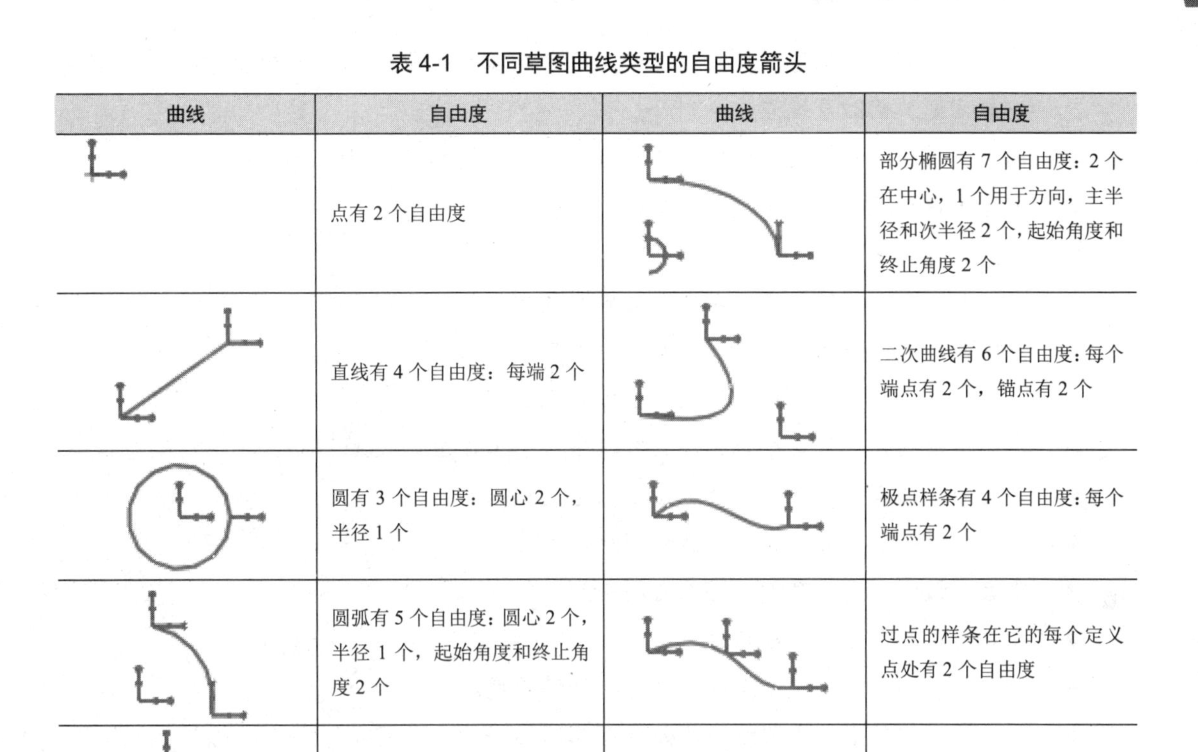

曲线	自由度	曲线	自由度
	点有 2 个自由度		部分椭圆有 7 个自由度：2 个在中心，1 个用于方向，主半径和次半径 2 个，起始角度和终止角度 2 个
	直线有 4 个自由度：每端 2 个		二次曲线有 6 个自由度：每个端点有 2 个，锚点有 2 个
	圆有 3 个自由度：圆心 2 个，半径 1 个		极点样条有 4 个自由度：每个端点有 2 个
	圆弧有 5 个自由度：圆心 2 个，半径 1 个，起始角度和终止角度 2 个		过点的样条在它的每个定义点处有 2 个自由度
	椭圆有 5 个自由度：2 个在中心，1 个用于方向，主半径和次半径 2 个		

4.2.2 约束类型

几何约束条件一般用于定位草图对象和确定草图对象之间的相互关系。在草图环境中，几何约束的类型多达 20 种，如图 4-33 所示。

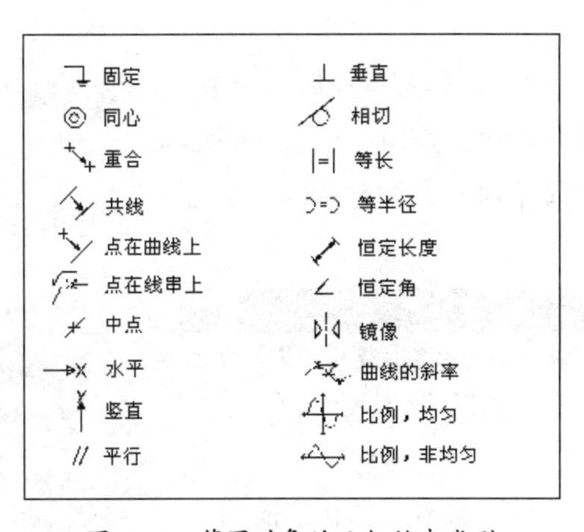

图 4-33 草图对象的几何约束类型

草图对象的约束类型含义如下：

- 固定：该约束是将草图对象固定在某个位置。不同几何对象有不同的固定方法，点一般固定其所在位置；线一般固定其角度或端点；圆和椭圆一般固定其圆心；圆弧一般固定其圆心或端点。

- 同心：该约束定义圆（圆弧）与圆（圆弧）之间具有相同的圆心。
- 重合：该约束定义点与点完全重合。
- 共线：该约束定义对象与对象共线。
- 点在曲线上：该约束定义点在选择的曲线上。
- 点在线串上：该约束定义点在抽取的线串上。
- 中点：该约束定义对象在直线的中心点上。
- 水平：该约束定义直线为水平直线（平行于工作坐标的 *XC* 轴）。
- 竖直：该约束定义直线始终呈竖直状态。
- 平行：该约束定义对象与对象之间平行。
- 垂直：该约束定义对象与对象之间垂直。
- 相切：该约束定义对象与对象之间相切。
- 等长：该约束定义对象与对象具有相等的长度。
- 等半径：该约束定义圆弧与圆弧具有相同的半径。
- 恒定长度：该约束定义选择的曲线长度为固定的。
- 恒定角：该约束定义选择的曲线角度为固定的。
- 镜像：该约束定义选择的对象之间为镜像关系。
- 曲线的斜率：该约束定义选择的对象之间为斜率连接。
- 比例，均匀：该约束定义选择的对象呈均匀分布。
- 比例，非均匀：该约束定义选择的对象呈非均匀分布。

几何约束一般分为手动约束和自动约束。

1. 手动约束

【手动约束】就是用户自行选择对象并加以约束。在【约束】组中单击【几何约束】按钮，然后在图形区中选择对象，此时弹出【几何约束】对话框，如图4-34所示。

图 4-34 【几何约束】对话框

技术要点：

【几何约束】对话框中所包含的约束条件是由约束对象来决定的，根据所选对象不同，对话框中也会显示不同的约束条件。

通过该对话框，根据设计要求来选择相应的约束类型，对话框中的各约束类型前面介绍过，这里不再重复叙述。采用手动约束对草图曲线进行约束的过程如图 4-35 所示。

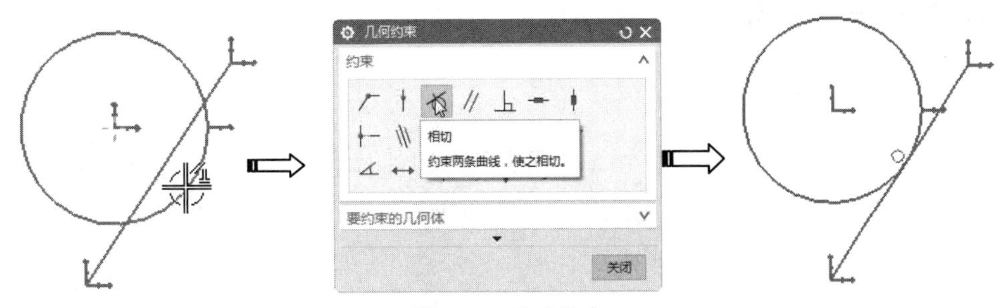

图 4-35　手动约束

2. 自动约束

【自动约束】就是将约束类型自动添加到草图对象中，或者在绘制草图过程中根据自动判断的约束进行画线。在【约束】组中单击【自动约束】按钮，弹出【自动约束】对话框，如图 4-36 所示。

该对话框的【要应用的约束】选项区中包含 11 种几何约束类型。当草图绘制完成后，选择草图中的曲线，再单击【确定】按钮，即可在选择的曲线上创建自动约束，如图 4-37 所示。

提示：

应用此方法来创建自动约束，约束对象至少为两个或两个以上。

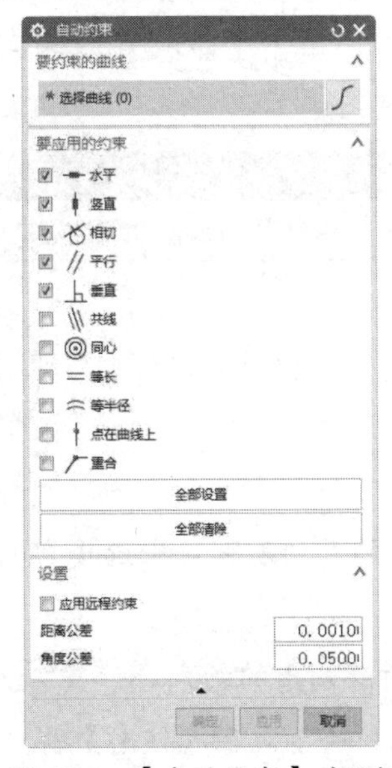

图 4-36　【自动约束】对话框

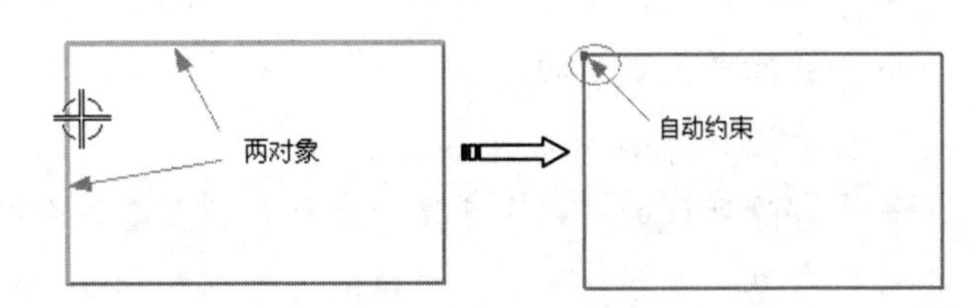

图 4-37　创建自动约束

当用户需要在画线时应及时显示约束条件以便于快速创建草图，在【约束】组中单击【自动判断约束和尺寸】按钮即可。但是要显示出什么样的约束条件，则由单击【自动判断约束和尺寸】按钮后弹出的【自动判断约束和尺寸】对话框来控制，如图 4-38 所示。

通过勾选对话框中的【约束类型】复选框，在绘制草图过程中创建自动判断的约束。如

图 4-39 所示为无约束及有约束的绘制过程。

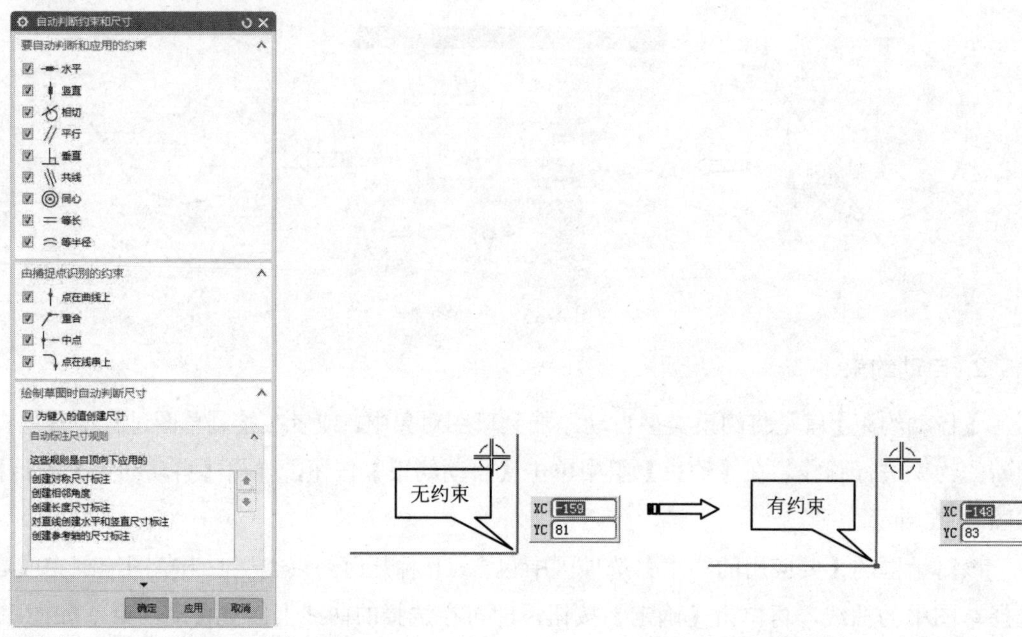

图 4-38 【自动判断约束和尺寸】对话框

图 4-39 绘制过程

4.2.3 显示/移除约束

此功能用来显示或删除绘图区域中的约束。在【约束】组中单击【显示/移除约束】按钮，弹出【显示/移除约束】对话框，如图 4-40 所示。

提示：

由于【显示/移除约束】命令在 UG NX 12 版本中是隐藏的，需要将此命令调出来。

对话框中的各选项含义如下：

- 列出以下对象约束：此选项控制在【显示约束】列表窗口中要列出哪些约束。
- 约束类型：过滤在列表框中显示的约束类型。
- 显示约束：允许控制列表窗口中的约束的显示。
- 移除高亮显示的：移除一个或多个约束。方法是：在约束列表窗口中选择它们，然后选择该选项。
- 移除所列的：移除【显示约束】列表窗口中显示的所有列出的约束。
- 信息：单击此按钮，将弹出【信息】窗口，如图 4-41 所示。在【信息】窗口中显示有关活动的草图的所有几何约束信息。如果要保存或打印出约束信息，该选项很有用。

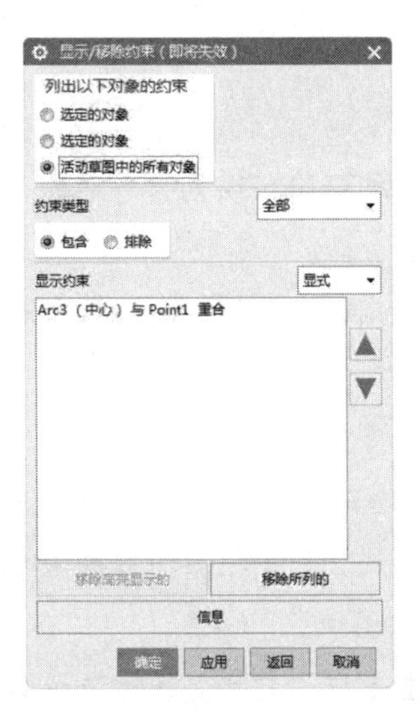

图 4-40 【显示/移除约束】对话框

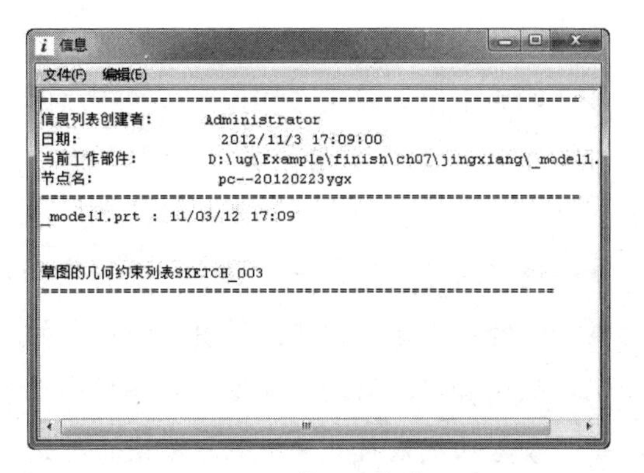

图 4-41 【信息】窗口

4.2.4 设为对称

【设为对称】是让两个对象（点或曲线）以中心线对称并相等。在【约束】组中单击【设为对称】按钮，弹出【设为对称】对话框，如图 4-42 所示。

图 4-42 【设为对称】对话框

技术要点：

在使用此功能来约束两个对象时，需要将中心线先固定，否则两个对象不会发生改变，仍然保持原样。

对话框中的各选项含义如下：

- 主对象：是指固定不变的第一对象。
- 次对象：是与第一对象相对称的对象。
- 对称中心线：即对称平分中心线。
- 设为参考：勾选此复选框，将使实线的中心线以虚线表示，使其不会成为草图组成要素之一。

对称约束的范例如图 4-43 所示。

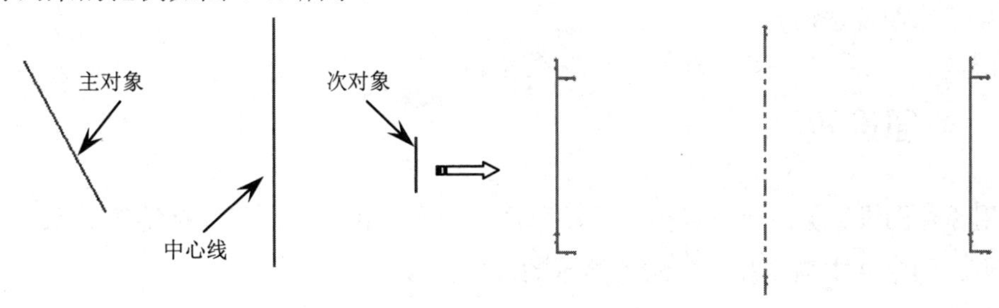

图 4-43 对称约束

4.2.5 转换至/自参考对象

此功能可以将草图曲线（但不是点）或草图尺寸由活动对象转换为参考对象，或由参考对象转换回活动对象。参考尺寸并不控制草图几何图形。

在【约束】组中单击【转换至/自参考对象】按钮，弹出【转换至/自参考对象】对话框，如图 4-44 所示。

对话框中的各选项含义如下：

- 选择对象：选择一个或多个要转换的对象。
- 选择投影曲线：转换草图曲线投影的所有输出曲线。如果投影曲线的数目增加，则采用相同的活动的或参考状态将新曲线添加到草图中。
- 参考曲线或尺寸：如果要转换的对象是曲线或者是标注尺寸，将转换成参考曲线或参考尺寸。
- 活动曲线或驱动尺寸：如果要转换的对象是参考曲线或参考尺寸，将会转换成实线曲线或实线尺寸。

一般情况下，用双点画线这种线型显示参考曲线，如图 4-45 所示。

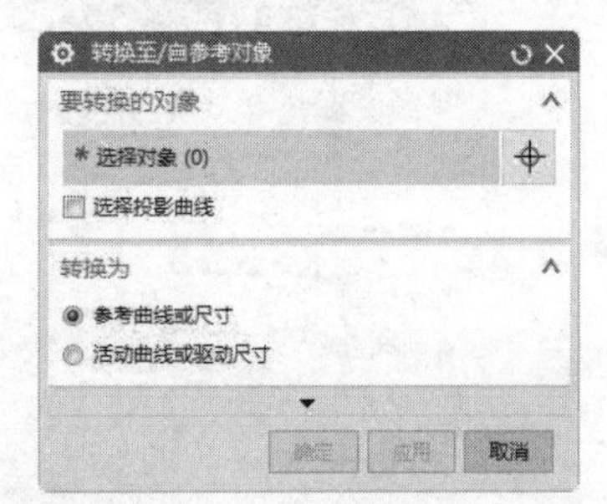

图 4-44 【转换至/自参考对象】对话框

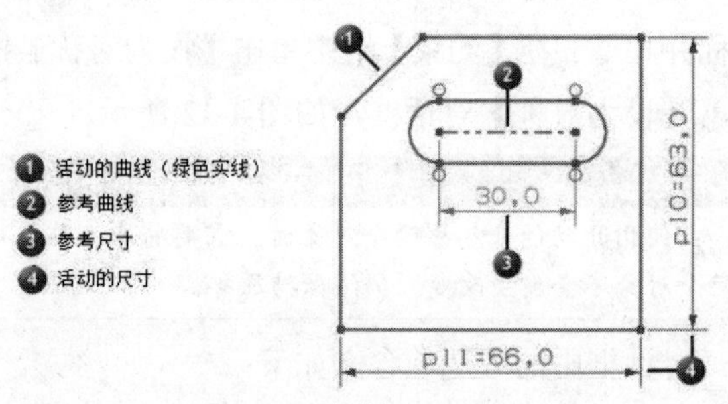

图 4-45 参考曲线

4.3 定制草图环境

用户在草图环境中绘制草图，可以按自己的操作习惯来更改草图环境设置，包括【草图设置】和【草图首选项】。

4.3.1 草图设置

使用【草图设置】命令可以控制活动草图的设置，包括草图尺寸标签的显示，以及自动判断约束、固定文本高度和对象颜色显示的设置。

在菜单栏中执行【任务】|【草图设置】命令，弹出【草图设置】对话框，如图 4-46 所示。

图 4-46 【草图设置】对话框

对话框中的各选项含义如下：

- 尺寸标签：控制草图尺寸中表达式的显示方法，包括【表达式】、【值】和【名称】，如图 4-47 所示。

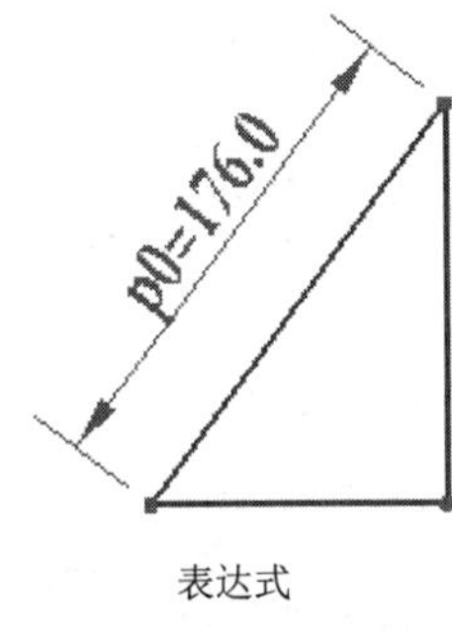

表达式

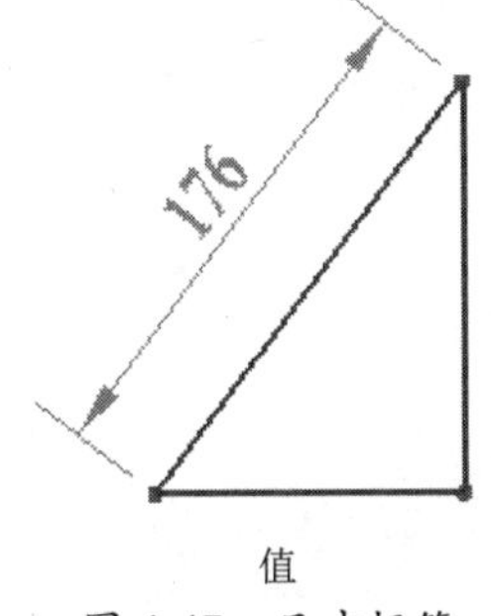

值

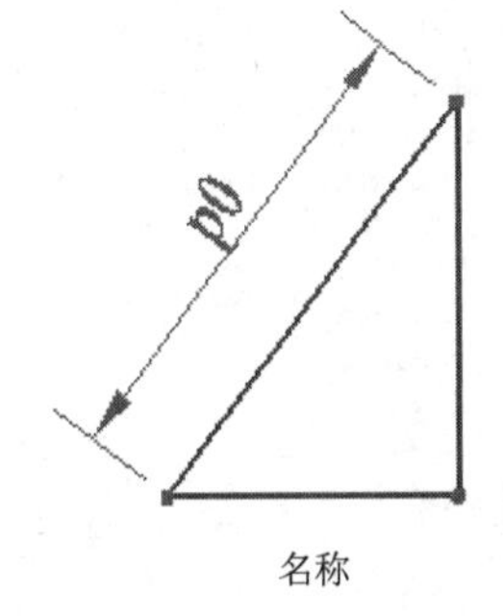

名称

图 4-47 尺寸标签

- 屏幕上固定文本高度：在缩放草图时会使尺寸文本维持恒定的大小。如果取消勾选该选项并进行缩放，则会使尺寸文本随草图几何图形进行缩放。
- 文本高度：尺寸上的文本高度值。

技术要点：

在图纸视图中创建的草图上看不到文本高度输入字段。创建尺寸时，草图会使用适当的制图首选项。要编辑尺寸样式，用鼠标右键单击尺寸并在弹出的快捷菜单中选择相应的样式。

- 创建自动判断约束：使用此命令可以在创建或编辑草图几何图形时，启用或禁用自动判断的约束。如果取消勾选该选项，【草图生成器】可以利用自动判断的约束，但是不会在文件中存储实际的约束，如图 4-48 所示。在曲线创建过程中，相切和水平约束是可用的（左图）。但是轮廓绘制完成时（右图），【草图生成器】会删除约束。

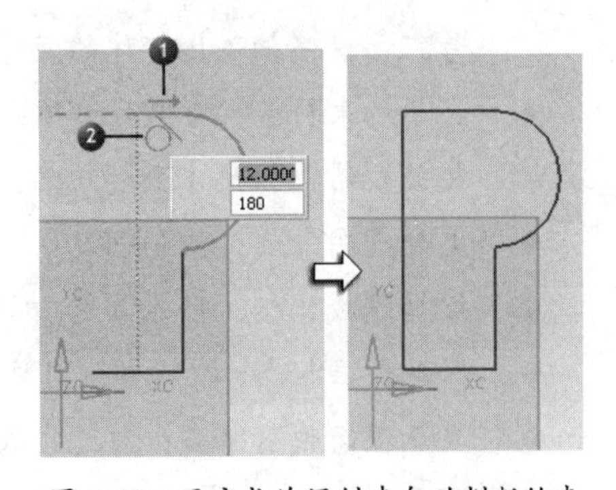

图 4-48 开启或关闭创建自动判断约束

- 连续自动标注尺寸：自动创建图形的标注约束。
- 显示对象颜色：使用对象显示颜色显示草图曲线和尺寸。

4.3.2 草图首选项——会话设置

在菜单栏中执行【首选项】|【草图】|【会话设置】命令，打开如图 4-49 所示的【草图首选项】对话框中的【会话设置】选项卡。

【会话设置】选项卡中的各选项含义如下：

- 捕捉角：这个选项可以指定垂直、水平、平行以及正交直线的默认捕捉角公差。例如，如果按端点、相对于水平或垂直参考指定的直线角度小于或等于捕捉角度值，则这条直线自动捕捉到垂直或水平位置，如图 4-50 所示。

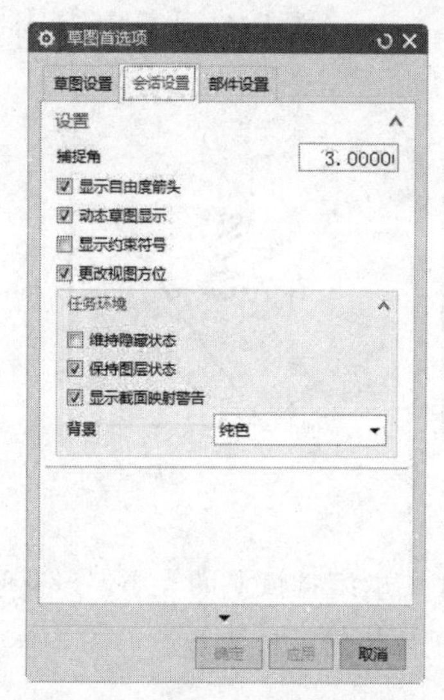

图 4-49 【会话设置】选项卡

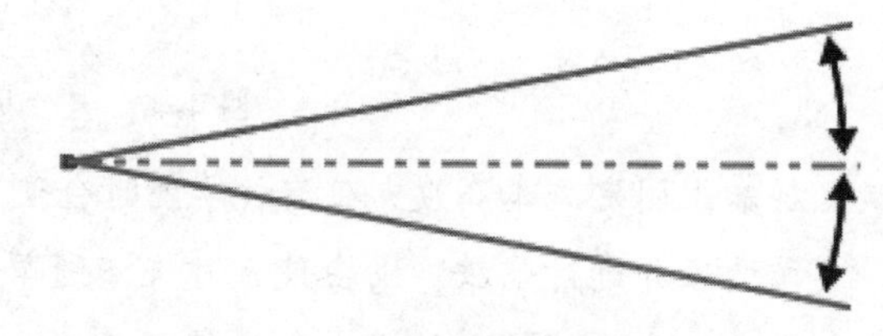

图 4-50 捕捉角

- 显示自由度箭头：这个选项控制箭头自由度的显示。默认为开启状态。当该选项处于关闭状态时，会隐藏这些箭头。
- 动态草图显示：当此选项为开启状态时，如果相关几何体很小，则不会显示约束符号。要忽略相关几何体的尺寸查看约束，可以关闭这个选项。
- 显示约束符号：勾选此选项，如果相关几何体很小，则不会显示约束符号。要忽略相关几何体的尺寸查看约束，可以取消勾选此选项。
- 更改视图方位：控制创建或停用草图时是否更改视图方位。
- 维持隐藏状态：将此首选项与隐藏命令一起使用，可控制草图对象的显示。
- 保存图层状态：控制当停用草图时，工作图层保持不变，还是返回到它的前一个值。
- 显示截面映射警告：勾选此选项，在进行截面映射时会显示警告信息。
- 背景：使用此选项可指定草图环境的背景色。

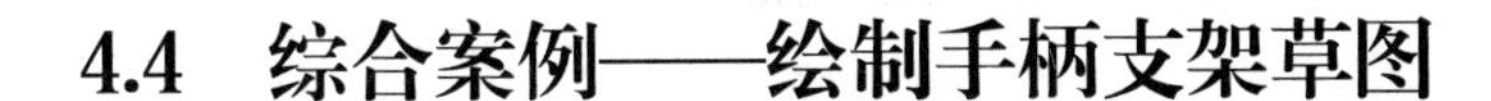

4.4　综合案例——绘制手柄支架草图

绘制手柄支架草图的步骤如下：

（1）先绘制出基准线和定位线，如图 4-51 所示。

（2）绘制已知线段。如标注尺寸的线段，如图 4-52 所示。

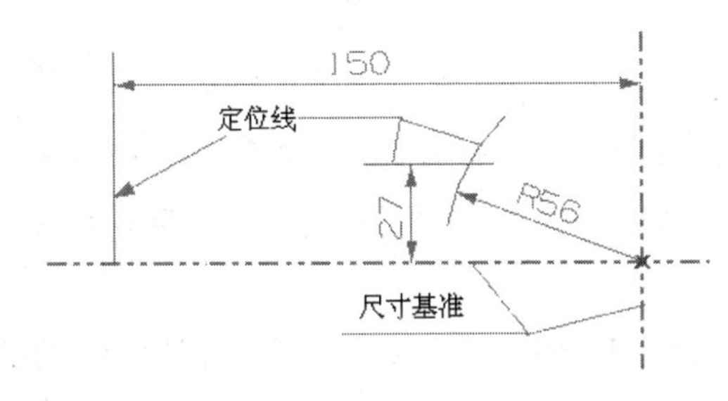

图 4-51　绘制基准线、定位线

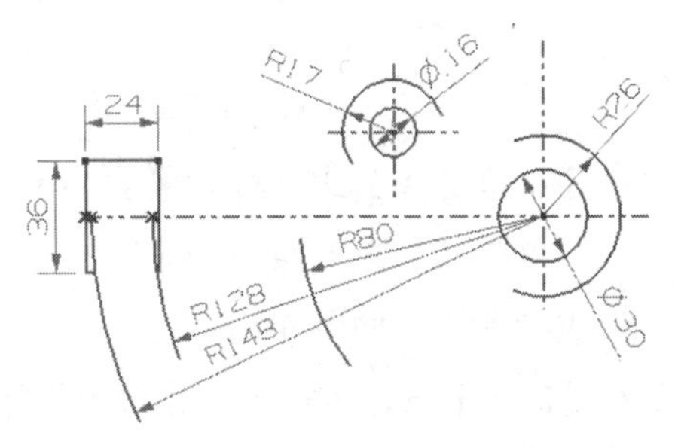

图 4-52　绘制已知线段

（3）绘制中间线段，如图 4-53 所示。

（4）绘制连接线段，如图 4-54 所示。

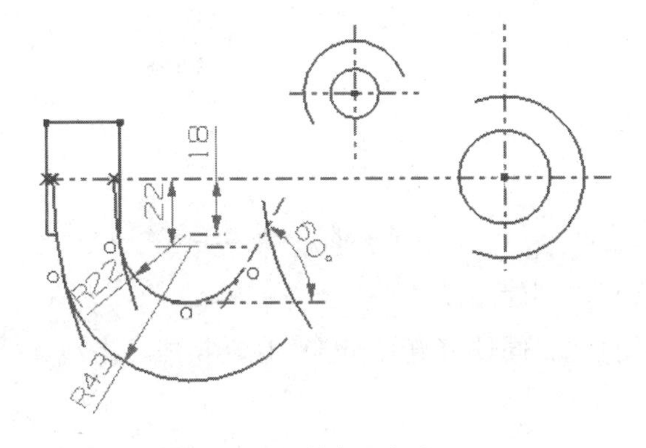

图 4-53　绘制中间线段

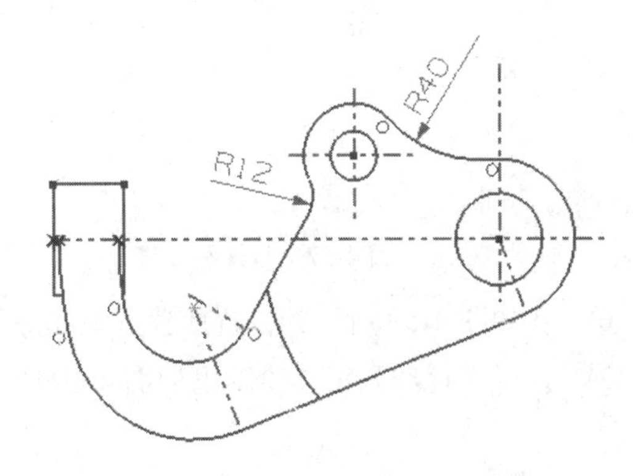

图 4-54　绘制连接线段

1. 绘制基准线和定位线

① 在【直接草图】组中单击【草图】按钮，弹出【创建草图】对话框，单击【确定】按钮，以默认的草图平面进行草图绘制。

② 使用【直接草图】组中的【直线】工具在绘图区中绘制两条直线，如图 4-55 所示。

③ 然后对两条直线进行【垂直】约束，如图 4-56 所示。

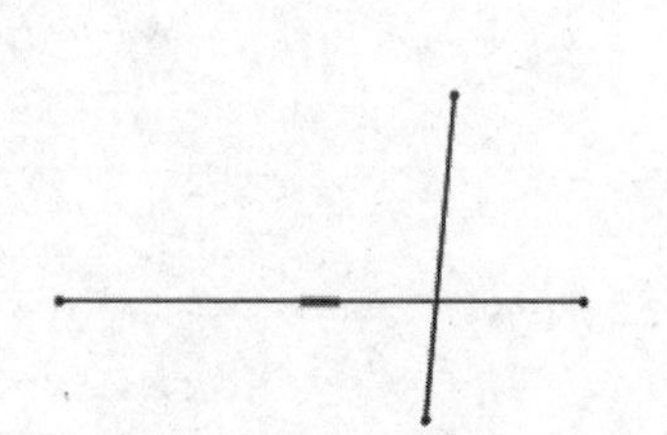

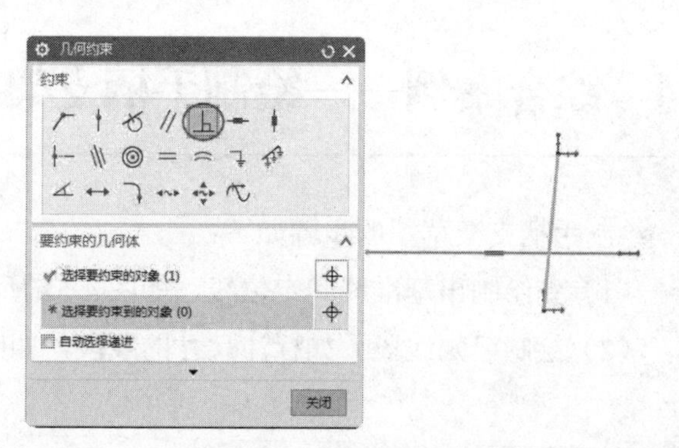

图 4-55　绘制两条直线　　　　图 4-56　垂直约束两条直线

④ 在【直接草图】组中执行【更多】|【在草图任务环境中打开】命令，转入草图任务环境。单击【约束】组中的【转换至/自参考对象】按钮，将两条直线作为转换对象转换成参考线，如图 4-57 所示。

⑤ 在【曲线】选项卡中单击【圆弧】按钮，弹出【圆弧】对话框。保留对话框中的【中心和端点定圆弧】的圆弧方法及坐标模式，然后选择两条直线的交点作为圆弧中心，并在浮动文本框中输入半径值 56、扫掠角度值 45，如图 4-58 所示。

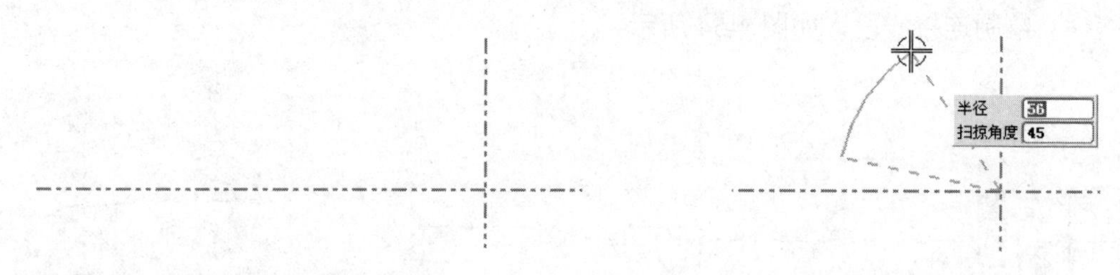

图 4-57　转换参考线　　　　图 4-58　设置圆弧参数

⑥ 在如图 4-59 所示的位置放置圆弧起点与终点，创建圆弧。

⑦ 使用【直线】工具绘制出如图 4-60 所示的直线。同理将直线和圆弧也转换成参考线。

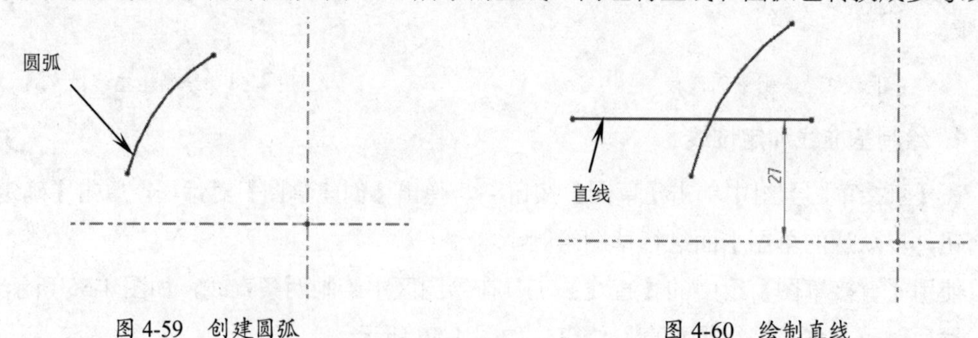

图 4-59　创建圆弧　　　　图 4-60　绘制直线

2. 绘制已知线段

① 使用【圆】工具绘制四个圆，如图 4-61 所示。

② 使用【直线】工具绘制四条直线（已尺寸标注），如图 4-62 所示。

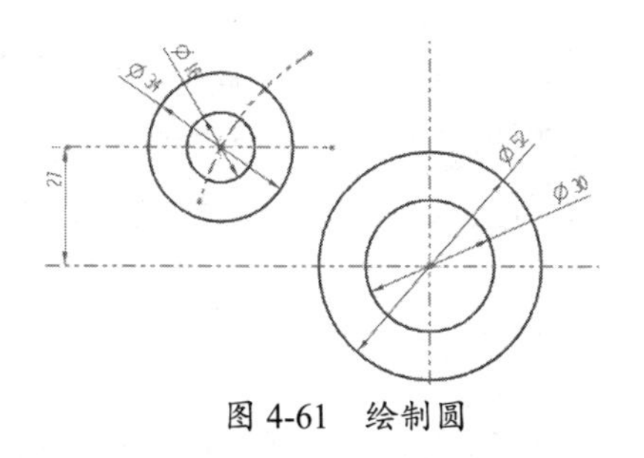

图 4-61　绘制圆

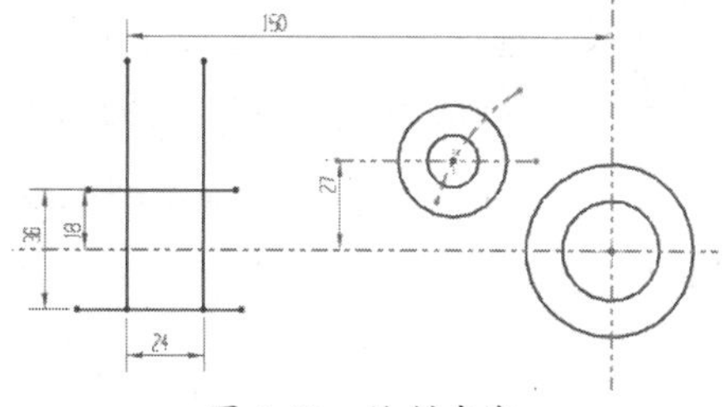

图 4-62　绘制直线

③ 再使用【直线】工具创建如图 4-63 所示的直线（已尺寸标注）作为定位线。

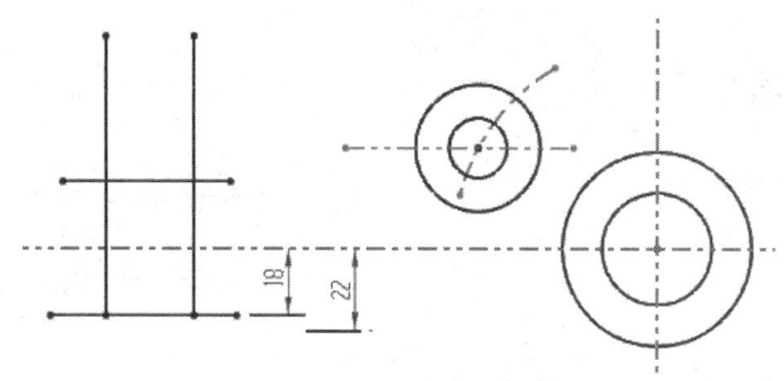

图 4-63　创建定位线

④ 在【曲线】选项卡中单击【圆弧】按钮，保留默认的圆弧方法和输入模式。选择尺寸基准中心作为圆弧中心，接着在浮动文本框中输入半径值 148、扫掠角度值 45，并选择水平尺寸基准线上的任意一点作为圆弧起点，以及在水平尺寸基准线下方任选一点作为圆弧终点，绘制出圆弧 1。同理，以相同的圆弧中心及起点、终点来绘制半径为 128、扫掠角度为 25 的圆弧 2，如图 4-64 所示。

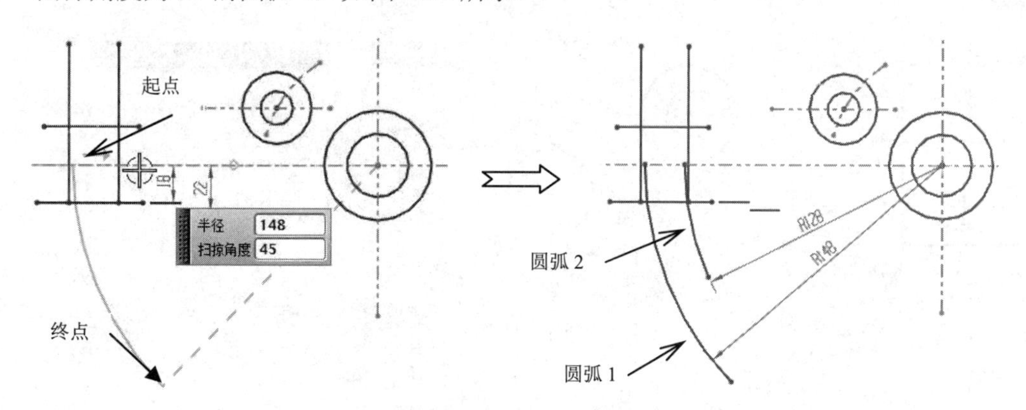

图 4-64　绘制圆弧 1 与圆弧 2

3. 绘制中间线段

① 为了便于后面曲线的绘制，将先前绘制的尺寸基准、定位线及曲线全部约束为【完全固定】。

技术要点：

将先前绘制的尺寸基准及曲线全部约束为【完全固定】，是为了避免后面绘制的曲线与先前的曲线进行约束时产生移动，否则将导致尺寸不精确。

② 在【曲线】选项卡中单击【圆弧】按钮，保留默认的圆弧方法和输入模式。在之前所绘制的定位线上选择一点作为圆弧中心，接着在浮动文本框中输入半径值 22、扫掠角度值 180，并选择如图 4-65 所示的任意点作为圆弧起点，以及任选一点作为圆弧终点，并绘制出圆弧 3。

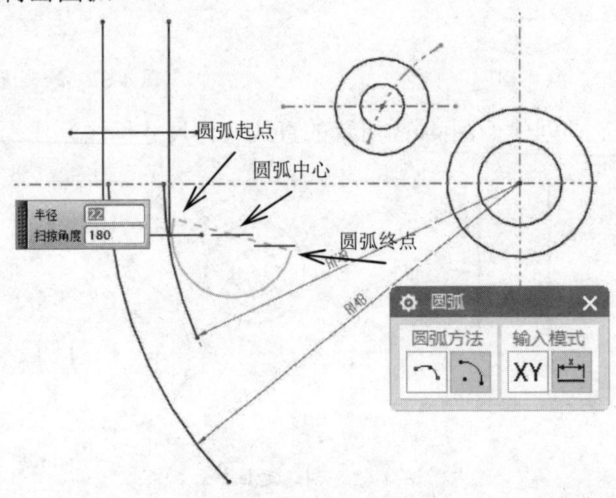

图 4-65 绘制圆弧 3

技术要点：

若定位线不够长，则圆弧中心将自动与该定位线的延伸线约束。

③ 在【约束】组中单击【几何约束】按钮，然后选择圆弧 3 和已知的圆弧 2，将其约束为【相切】，如图 4-66 所示。

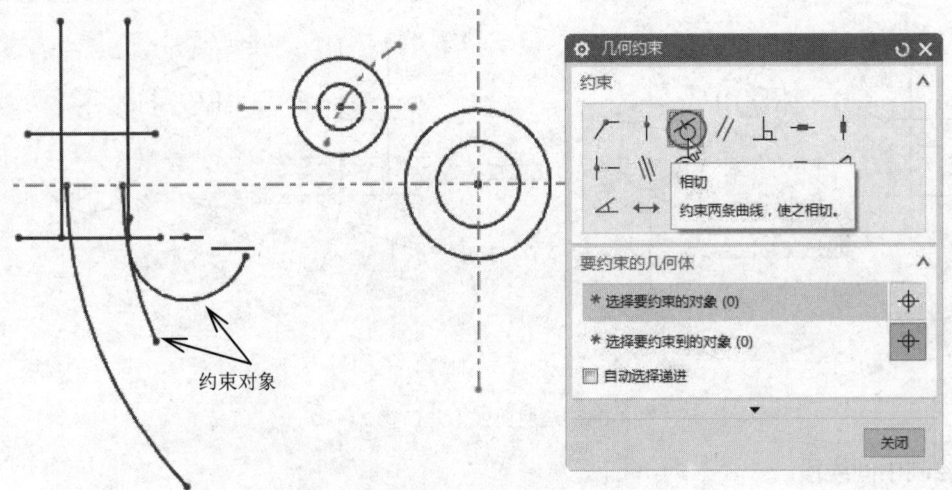

图 4-66 约束圆弧 3 与圆弧 2 为【相切】

④ 同理，以同样的操作方法绘制出半径为 43 的圆弧 4，且该圆弧中心点在另一定位线上，又与半径为 148 的已知圆弧相切，如图 4-67 所示。

⑤ 绘制一直线，使之与圆弧 1 相切，又与水平基准线平行，此直线作为定位线。使用【转换至/自参考对象】工具再将其转换成参考线，如图 4-68 所示。

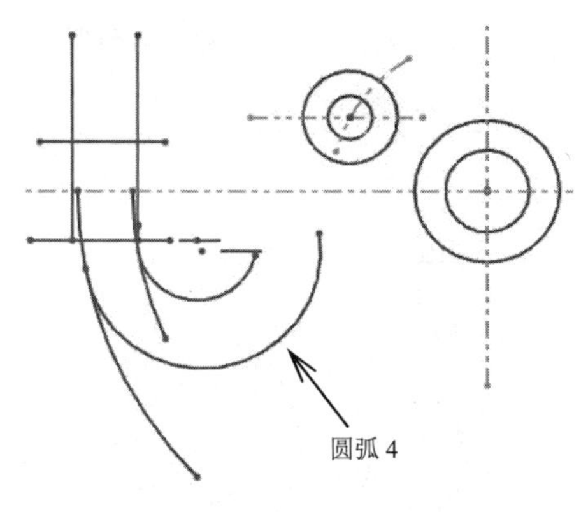

图 4-67 创建圆弧 4

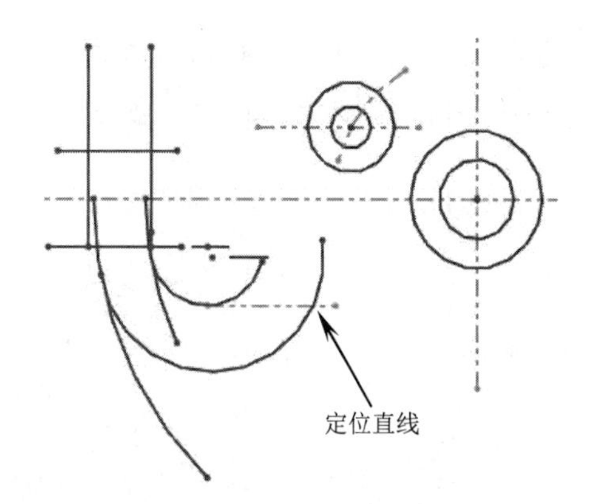

图 4-68 创建定位直线

⑥ 再绘制一条中间线段，使之与定位直线成 60° 角，并相切于圆弧 3，如图 4-69 所示。

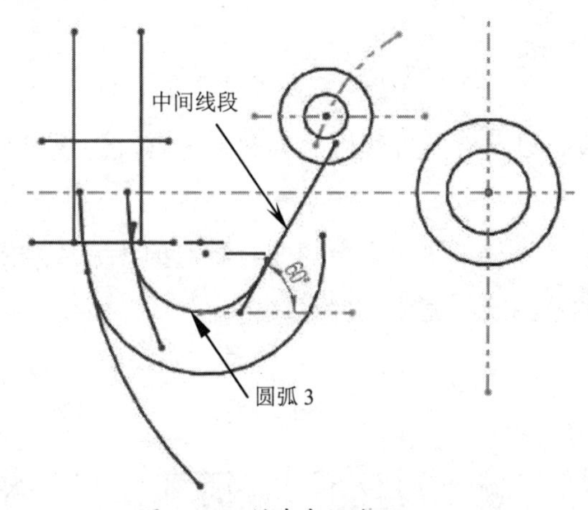

图 4-69 创建中间线段

4. 绘制连接线段

① 使用【直线】工具创建一条连接直线，使之与两圆弧都相切，如图 4-70 所示。

② 在【曲线】选项卡中单击【圆角】按钮，弹出【圆角】对话框。在浮动文本框中输入圆角半径值 40，然后选择两圆弧作为圆角创建对象，随后程序自动创建连接圆角，如图 4-71 所示。

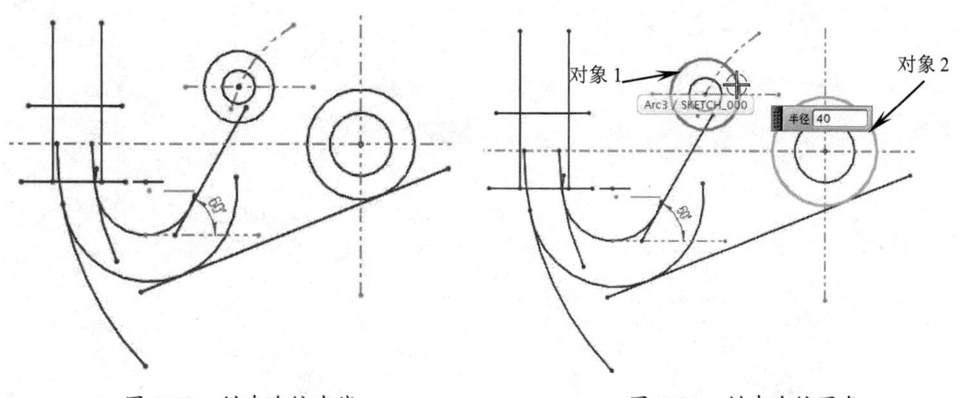

图 4-70 创建连接直线　　图 4-71 创建连接圆角

③ 将浮动文本框中的半径值修改为 12，然后选择中间直线和已知圆弧作为圆角对象，随后程序自动创建连接圆角，如图 4-72 所示。

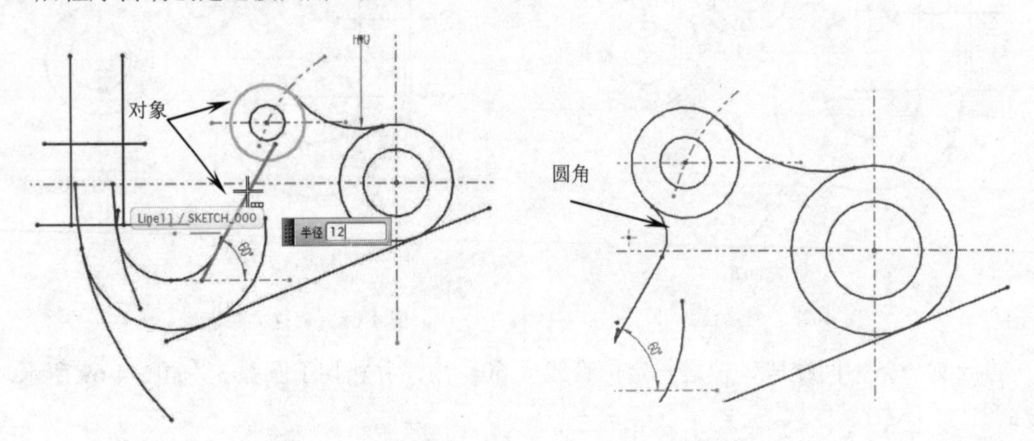

图 4-72　创建连接圆角

④ 使用【圆弧】工具，以尺寸基准线中心为圆弧中心，创建半径为 80、扫掠角度为 60 的圆弧，如图 4-73 所示。

⑤ 使用【快速修剪】工具将草图中多余的曲线修剪掉，完成结果如图 4-74 所示。

⑥ 至此，手柄支架的草图绘制完成，保存结果。

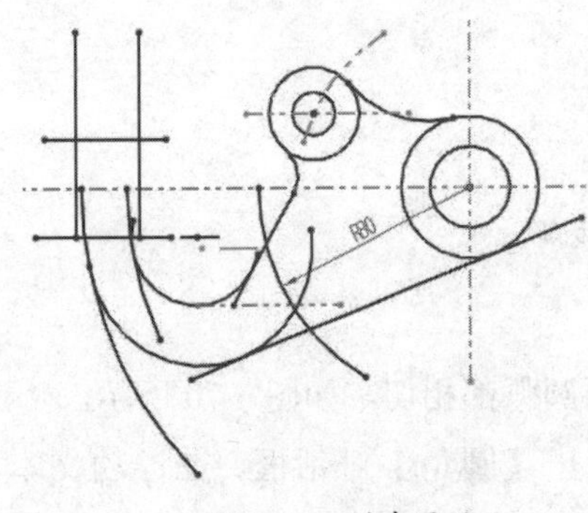

图 4-73　创建圆弧

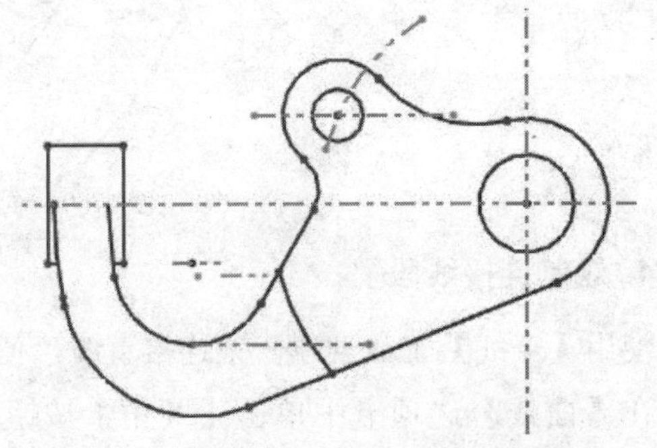

图 4-74　修剪多余曲线

CHAPTER 5

造型曲线的构建与编辑

本章导读

在工业造型设计过程中，造型曲线是创建曲面的基础，曲线创建得越平滑，曲率越均匀，则获得的曲面效果越好。此外使用不同类型的曲线作为参照，可创建各种样式的曲面效果，例如使用规则曲线创建规则曲面，而使用不规则曲线将获得不同的自由曲面效果。

本章将重点讲解造型曲线的构建、变换与编辑操作。

学习要点

☑ 造型曲线概述

☑ 构造曲线

☑ 编辑曲线

扫码看视频

5.1 造型曲线概述

曲线是构成实体、曲面的基础，尤其是曲面造型必需的过程。在 UG NX 12 中可以创建直线、圆弧、圆、样条等简单曲线，也可以创建矩形、多边形、文本、螺旋形等规律曲线，如图 5-1 所示。

图 5-1 曲线

5.1.1 曲线基础

曲线可看作是一个点在空间连续运动的轨迹。按点的运动轨迹是否在同一平面，曲线可分为平面曲线和空间曲线。按点的运动有无一定规律，曲线又可分为规则曲线和不规则曲线。

1. 曲线的投影性质

因为曲线是点的集合，将绘制曲线上的一系列点投影，并将各点的同面投影依次光滑连接，就可得到该曲线的投影，这是绘制曲线投影的一般方法。若能绘制出曲线上一些特殊点（如最高点、最低点、最左点、最右点、最前点及最后点等），则可更确切地表示曲线。

曲线的投影一般仍为曲线，如图 5-2 所示的曲线 *L*，当它向投影面进行投射时，形成一个投射柱面，该柱面与投影平面的交线必为一曲线，故曲线的投影仍为曲线；属于曲线的点，它的投影属于该曲线在同一投影面上的投影，如图 5-2 中的点 *D* 属于曲线 *L*，则它的投影 *d* 必属于曲线的投影 *l*；属于曲线某点的切线，它的投影与该曲线在同一投影面的投影仍相切于切点的投影。

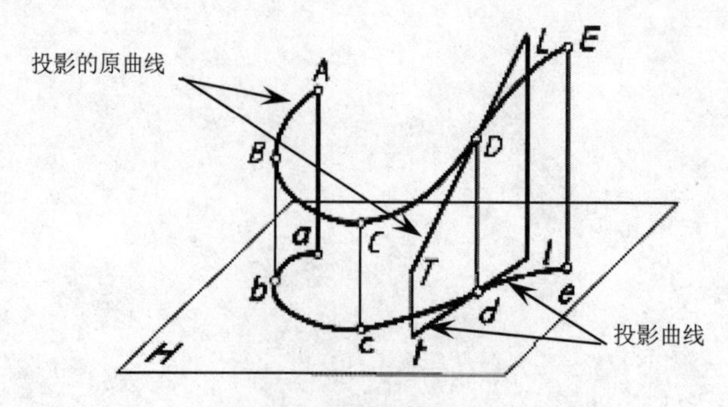

图 5-2 曲线投影到指定平面上

2. 曲线的阶次

由不同幂指数变量组成的表达式称为多项式。多项式中最大指数称为多项式的阶次。例如：$5x^3+6x^2-8x=10$（阶次为 3 阶），$5x^4+6x^2-8x=10$（阶次为 4 阶）。

曲线的阶次用于判断曲线的复杂程度，而不是精确程度。简单一点说，曲线的阶次越高，曲线就越复杂，计算量就越大。使用低阶曲线更加灵活，更加靠近它们的极点，使得后续操作（显示、加工、分析等）运行速度更快，便于与其他 CAD 系统进行数据交换，因为许多 CAD 系统只接受 3 次曲线。

使用高阶曲线常会带来如下弊端：灵活性差，可能引起不可预知的曲率波动，造成与其他 CAD 系统数据交换时的信息丢失，使得后续操作（显示、加工、分析等）运行速度变慢。一般来讲，最好使用低阶多项式，这就是为什么在 UG、Pro/E 等 CAD 软件中默认的阶次都为低阶的原因。

3. 规则曲线

规则曲线，顾名思义就是按照一定规则分布的曲线特征。规则曲线根据结构分布特点可分为平面和空间规则曲线。曲线上所有的点都属于同一平面，则该曲线称为平面曲线，常见的圆、椭圆、抛物线和双曲线等都属于平面曲线。凡是曲线上有任意 4 个连续的点不属于同一平面，则称该曲线为空间曲线。常见的规则空间曲线有圆柱螺旋线和圆锥螺旋线，如图 5-3 所示。

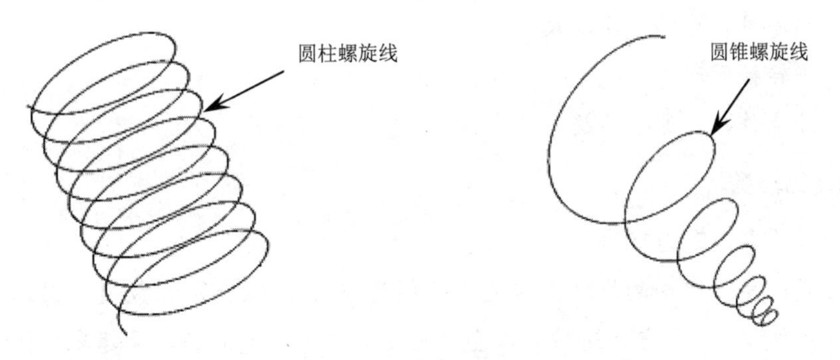

图 5-3　圆柱螺旋线和圆锥螺旋线

4. 不规则曲线

不规则曲线又称自由曲线，是指形状比较复杂、不能用二次方程准确描述的曲线。自由曲线广泛应用于汽车、飞机、轮船等计算机辅助设计中。涉及的问题有两个方面：其一是由已知的离散点确定曲线，大多利用样条曲线和草绘曲线获得，如图 5-4 所示为在曲面上绘制样条曲线。其二是对已知自由曲线利用交互方式予以修改，使其满足设计者的要求，即对样条曲线或草绘曲线进行编辑获得的自由曲线。

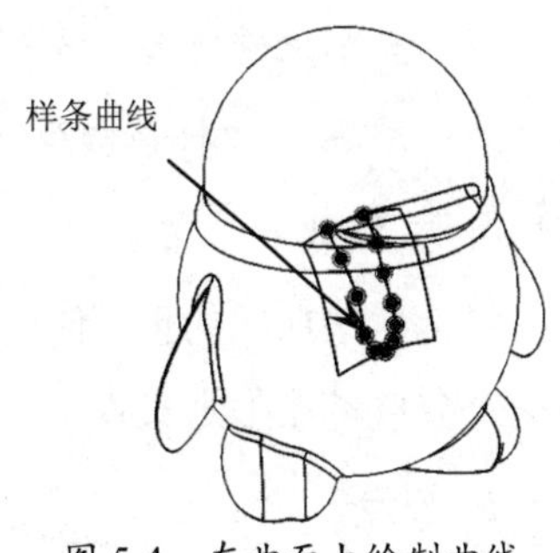

图 5-4　在曲面上绘制曲线

5.1.2 NURBS 样条曲线

UG 生成的样条为 NURBS 样条曲线（非均匀有理 B 样条曲线）。B 样条曲线拟合逼真，形状控制方便，是 CAD/CAM 领域描述曲线和曲面的标准。

1. 样条阶次

【样条阶次】是指定义样条曲线多项式公式的次数，UG 最高的样条阶次为 24 次，通常为 3 次样条。

曲线的阶次用于判断曲线的复杂程度，而不是精确程度。对于 1、2、3 次的曲线，可以判断曲线的顶点和曲率反向的数量。例如：

顶点数=阶次+1　　　　曲率反向点=阶次−2

低阶次曲线的优点如下：

- 更加灵活
- 更加靠近它们的极点
- 后续操作（加工和显示等）运行速度更快
- 便于数据传唤，因为许多系统只接受 3 次曲线

高阶次曲线的缺点：

- 灵活性差
- 可能引起不可预见的曲率波动
- 造成数据转换问题
- 导致后续操作执行速度减缓

2. 样条曲线的段数

可以采用单段或多段的方式来创建。

- 单段方式：单段样条的阶次由定义点的数量控制，阶次=顶点数−1，因此单段样条最多只能使用 25 个点。这种方式受到一定的限制。定义的数量越多，样条的阶次就越高，样条形状就会出现意外结果，所以一般不采用。
- 多段方式：多段样条的阶次由用户指定（≤24），样条定义点的数量没有限制，但至少比阶次多一点（如 5 次样条，至少需要 6 个定义点）。在汽车设计中，一般采用 3~5 次样条曲线。

3. 定义点

定义样条曲线的点，使用【根据极点】方法建立的样条是没有定义点的，某些编辑样条的命令会自动删除定义点。

4. 节点

在样条每段上的端点，主要是针对多段样条而言的，单段样条只有 2 个节点，即起

点和终点。

5.1.3 UG 曲线设计工具

几何体是通过【点→线→面→体】这样一个设计过程才形成的。因此，设计一个好的曲面，其基础是曲线构造精确，避免出现诸如曲线重叠、交叉、断点等缺陷，否则会造成后续设计的系列问题。

有时实体需要通过曲线的拉伸、旋转等操作去构造特征；有时用曲线创建曲面进行复杂实体造型；在特征建模过程中，曲线也常用作建模的辅助线（如定位线等）；另外，建立的曲线还可添加到草图中进行参数化设计。

UG NX 12 的基本曲线功能包括构建曲线和编辑曲线。在建模环境中，构建曲线与编辑曲线的【曲线】选项卡如图 5-5 所示。

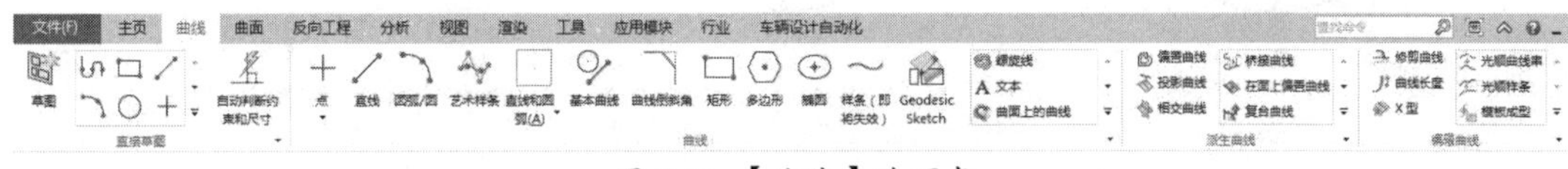

图 5-5 【曲线】选项卡

5.2 构造曲线

总的来说，NX 曲线工具分为三种曲线定义类型。如以数学形式定义的曲线，以根据几何体的计算而定义的曲线，以及过点、极点或用参数定义的曲线。下面将这几种曲线类型做简要介绍。

5.2.1 以数学形式定义的曲线

在【曲线】选项卡中，以数学形式定义的曲线构建工具包括【直线】、【圆弧/圆】、【直线和圆弧】组、【基本曲线】、【椭圆】、【抛物线】、【双曲线】和【一般二次曲线】等曲线构建工具。各曲线构建工具的含义及图解如下：

- 直线：【直线】工具就是构建直线段的工具，直线是空间内任意两点之间的连接线段，它有起点和终点。使用【直线】工具构建的直线如图 5-6a 所示。
- 圆弧/圆：【圆弧/圆】工具主要是创建指定平面或程序默认基准平面上的圆弧和圆特征曲线。使用【圆弧/圆】工具构建的圆弧如图 5-6b 所示。
- 椭圆、抛物线、双曲线：椭圆、抛物线和双曲线在数学方程中同为二次曲线。二次曲线是由截面截取圆锥所形成的截线，二次曲线的形状由截面与圆锥的角度而定，同时在平行于 *XC*、*YC* 平面的面上由设定的点来定位，如图 5-6c～图 5-6e

所示。

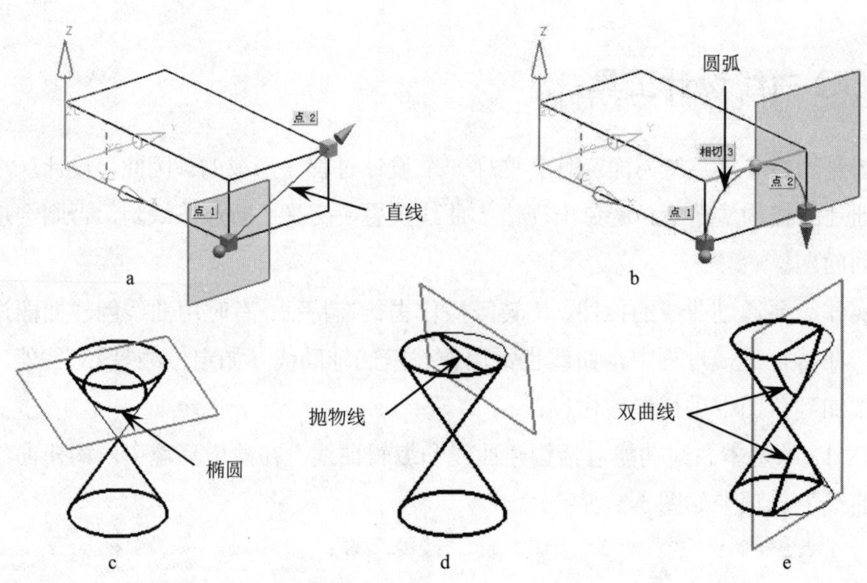

图 5-6　以数学形式定义的曲线

- 一般二次曲线：通过使用各种二次曲线方法或使用二次曲线方程来创建二次曲线的截面。【一般二次曲线】对话框如图 5-7 所示。
- 基本曲线：用来创建非关联的曲线（包括直线、圆弧和圆）并进行曲线编辑。【基本曲线】对话框如图 5-8 所示。

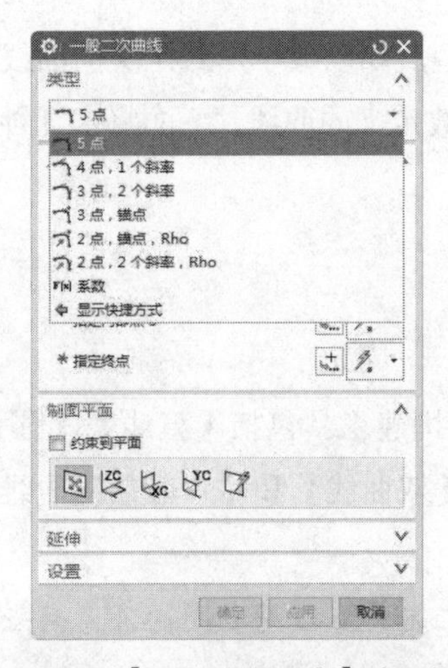

图 5-7　【一般二次曲线】对话框

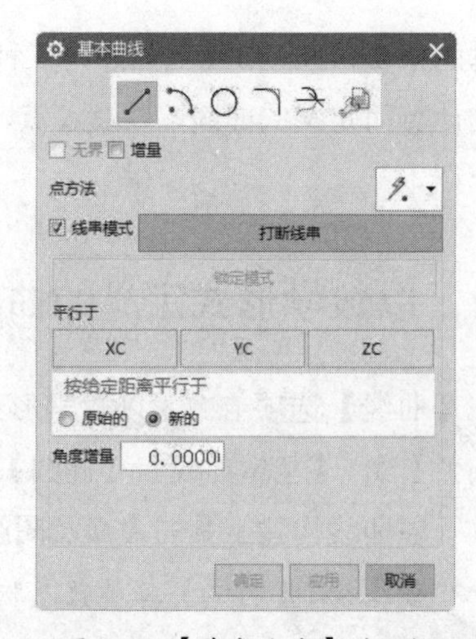

图 5-8　【基本曲线】对话框

提示：

在 UG NX 12 中【基本曲线】工具处于隐藏状态，需要在功能区右侧的【命令查找器】文本框中输入【基本曲线】字段进行查找，找到后才能使用该工具。

- 【直线和圆弧】组：提供了一些直线和圆弧创建工具，如图 5-9 所示。

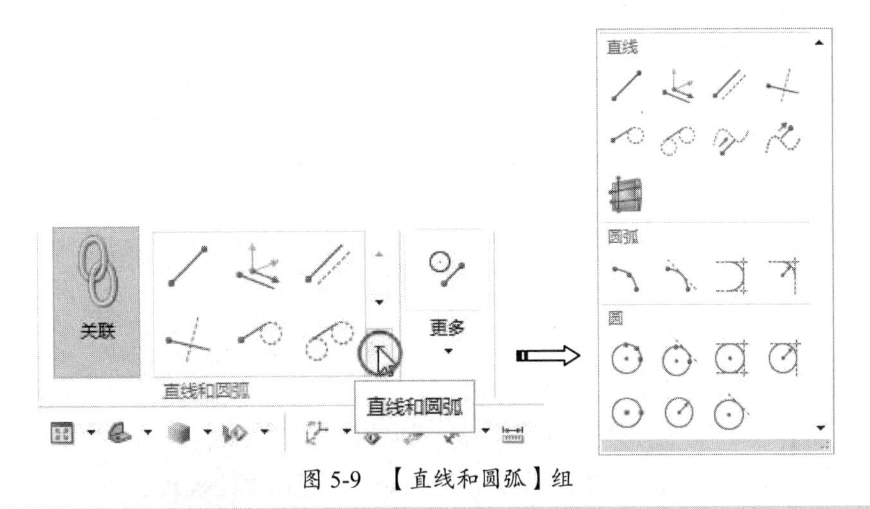

图 5-9 【直线和圆弧】组

上机实践——创建吊钩曲线

下面用一个吊钩造型实例来详解造型曲线的构建方法。吊钩曲线及造型结果如图 5-10 所示。

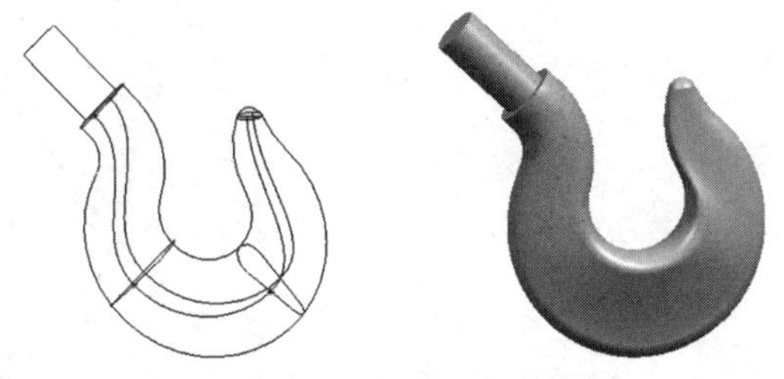

图 5-10 吊钩曲线造型

① 新建模型文件。

② 在【主页】选项卡的【直接草图】组中单击【草图】按钮，然后以默认的草图平面（*XC-YC* 基准平面）进入草绘模式中，如图 5-11 所示。

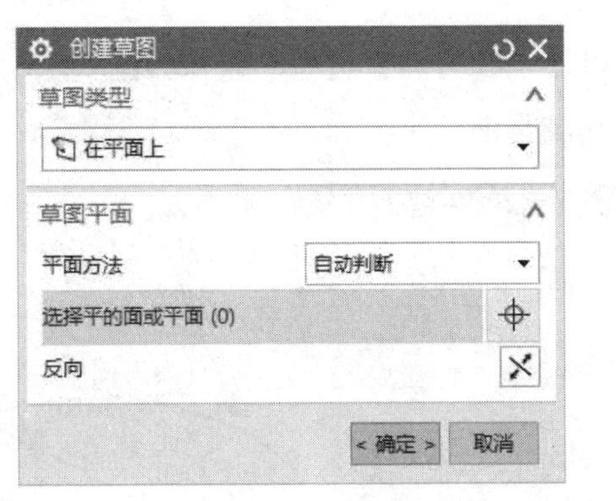

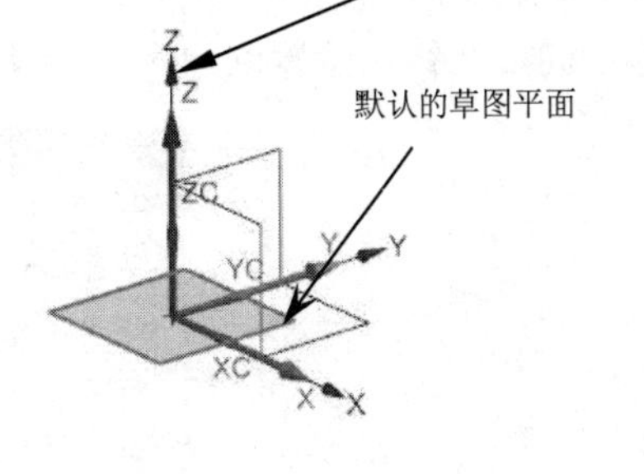

图 5-11 指定草图平面

③ 在草绘环境中，使用【直线】、【圆弧】、【圆】及【快速修剪】等草图曲线工具，绘制如图 5-12 所示的草图。

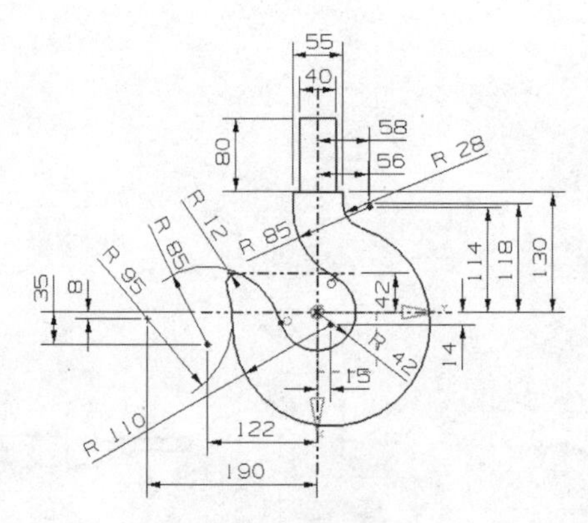

图 5-12　绘制轮廓图形

④ 草图绘制完成后，单击【完成草图】按钮，退出草绘模式。

⑤ 在【特征】组中单击【基准平面】按钮，以【曲线上】类型选择如图 5-13 所示的参照曲线（平面剖切曲线）和曲线上的方位，在柄部位置创建第一个新基准平面。

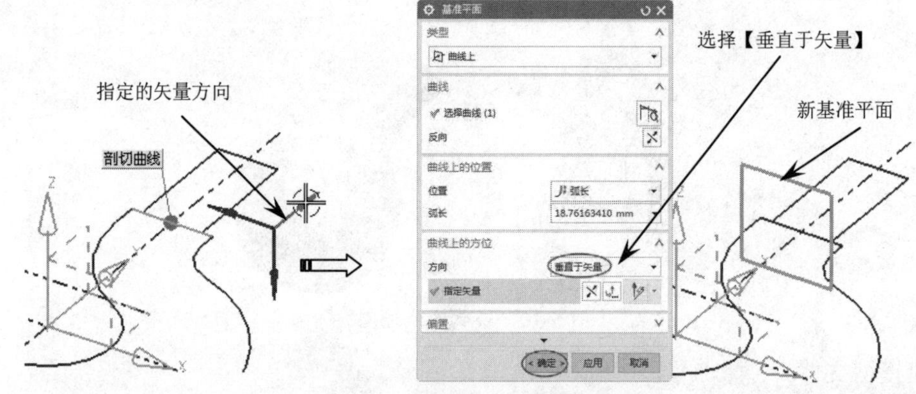

图 5-13　创建第一个新基准平面

⑥ 在【曲线】选项卡中单击【直线】按钮，在钩尖位置选择圆弧草图的起点与终点创建如图 5-14 所示的直线。

⑦ 利用【特征】组中的【基准平面】命令，以【点和方向】类型，选择如图 5-15 所示的通过点和法向，在钩尖位置创建第二个新基准平面。

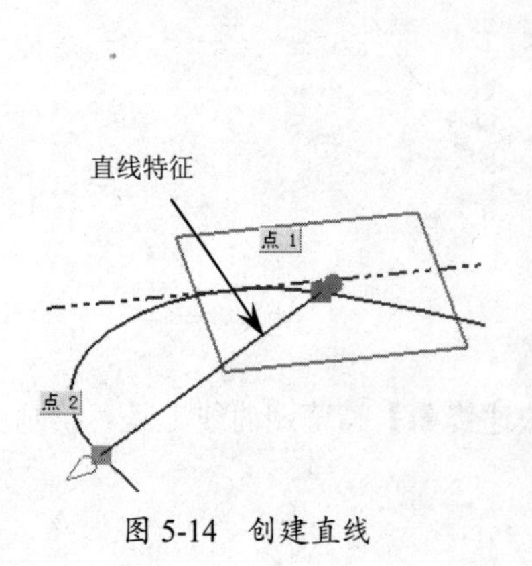

图 5-14　创建直线

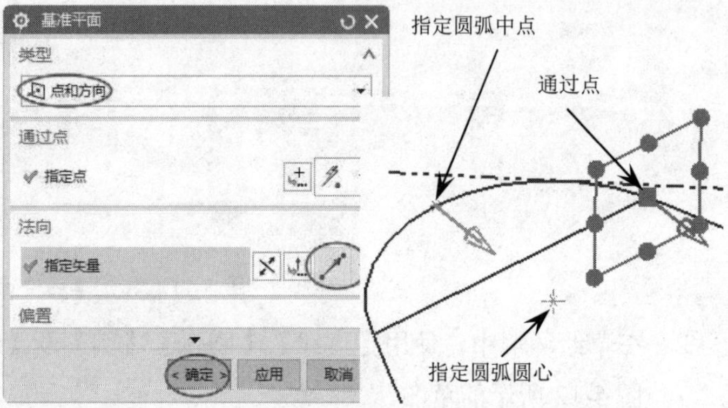

图 5-15　创建第二个新基准平面

⑧ 创建手柄部曲线。单击【圆弧/圆】按钮，弹出【圆弧/圆】对话框。然后按如图 5-16 所示的操作步骤，在第一个新基准平面上创建圆曲线。

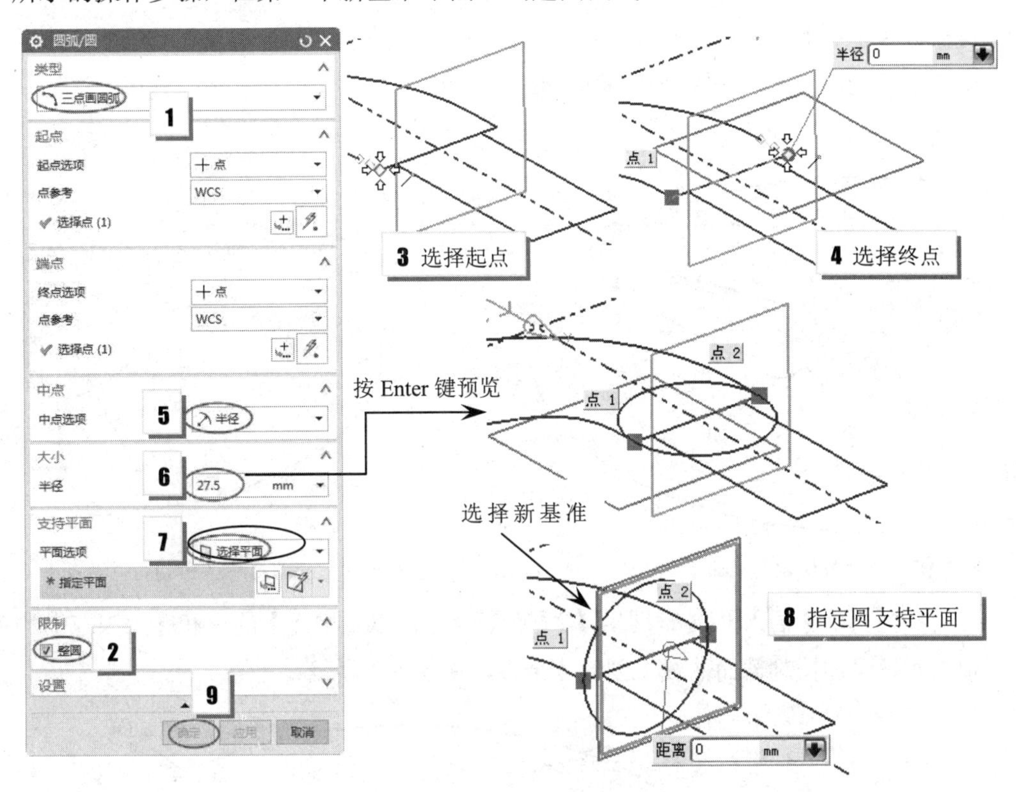

图 5-16 创建手柄部圆曲线

⑨ 同理，再以【从中心开始的圆弧/圆】类型来创建钩尖的圆曲线，如图 5-17 所示。

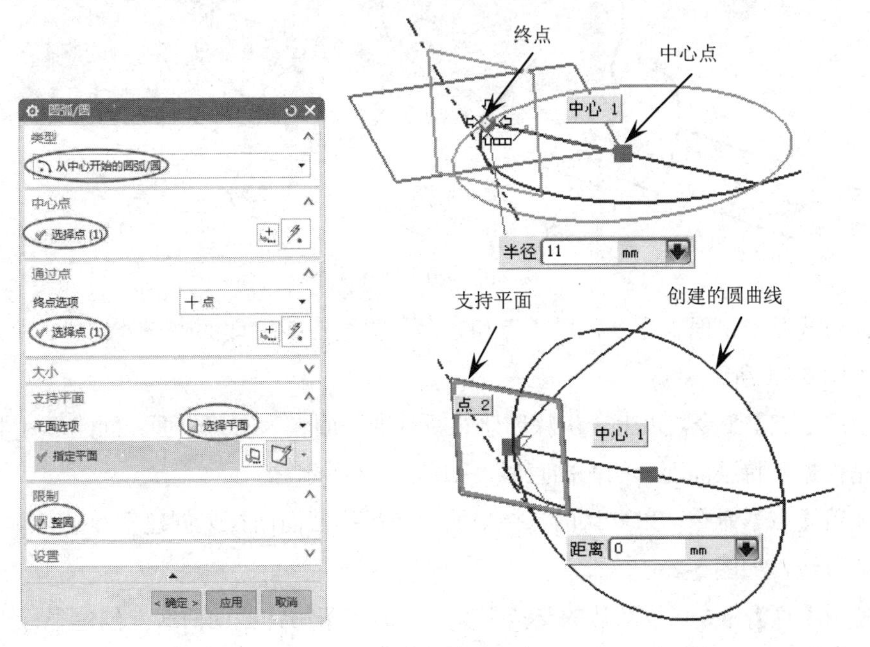

图 5-17 创建钩尖的圆曲线

⑩ 执行【直接草图】组中的【草图】命令，选择 *XC-ZC* 基准平面作为草图平面，然后在草绘模式中绘制如图 5-18 所示的吊钩控制截面曲线。

⑪ 再执行【草图】命令，选择 *YC-ZC* 基准平面作为草图平面，然后在草绘模式中绘制如图 5-19 所示的另一条吊钩控制截面曲线。

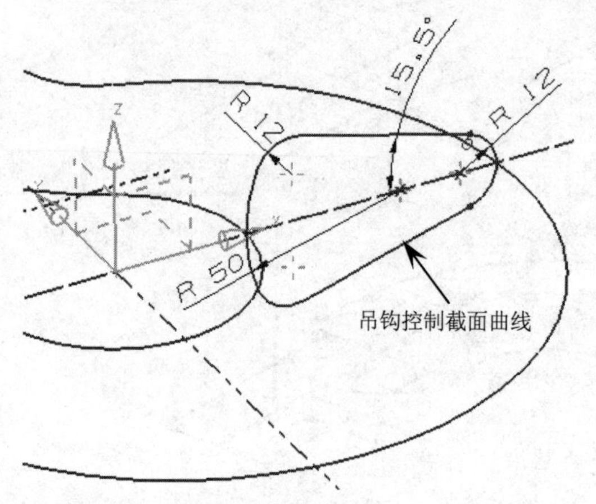

图 5-18 绘制吊钩控制截面曲线

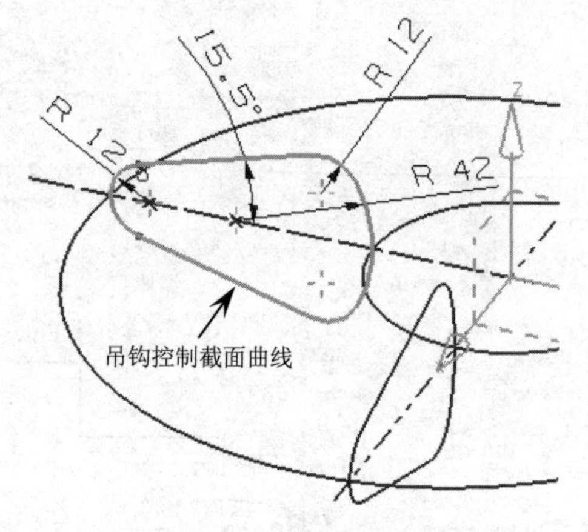

图 5-19 绘制另一条吊钩控制截面曲线

⑫ 在菜单栏执行【插入】|【基准/点】|【点】命令，以【中点】约束和【象限点】约束分别在 4 条吊钩控制截面曲线上创建 4 个点，如图 5-20 所示。

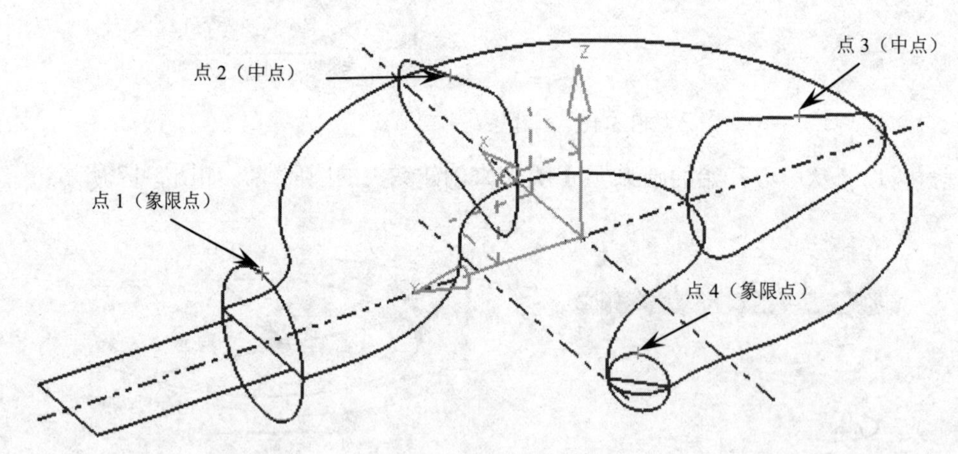

图 5-20 创建 4 个点

⑬ 使用【基准平面】命令，以【点和方向】类型在钩尖截面中点处创建一个新基准平面，如图 5-21 所示。

⑭ 使用【点】命令，以上一步骤创建的新基准平面作为支持平面，创建平行于 *X* 轴（该轴是根据支持平面而言的）的直线，如图 5-22 所示。

⑮ 使用【点】命令，以默认的支持平面，在吊钩截面曲线上创建平行于 *Z* 轴（支持平面）的直线，如图 5-23 所示。

⑯ 使用【点】命令，以默认的支持平面，在另一条吊钩截面曲线上创建平行于 *X* 轴（支持平面）的直线，如图 5-24 所示。

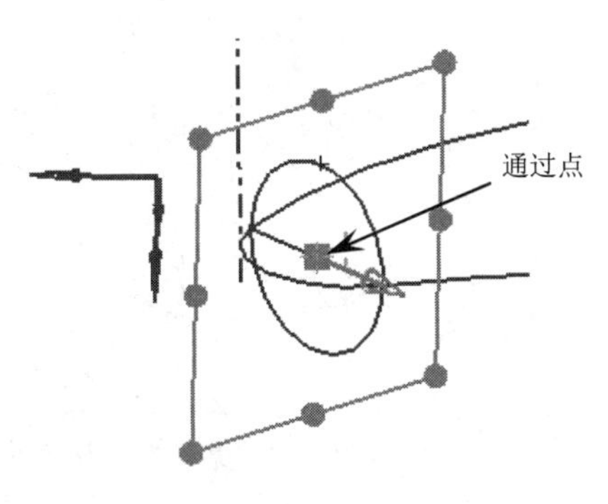

图 5-21 创建新基准平面

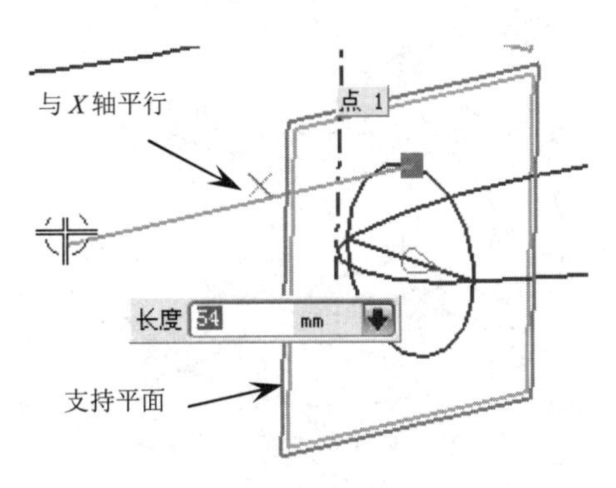

图 5-22 创建直线

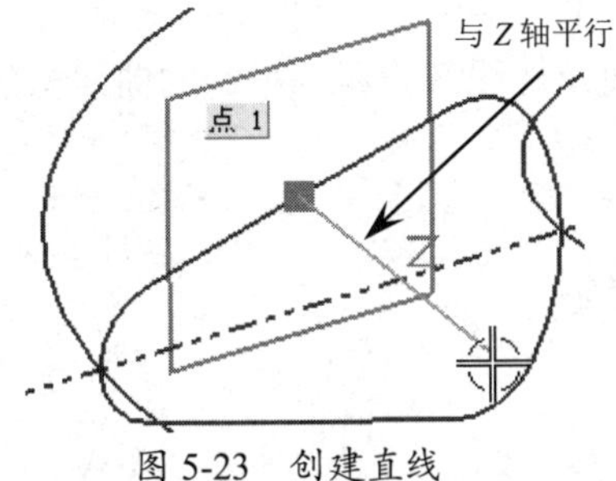

图 5-23 创建直线

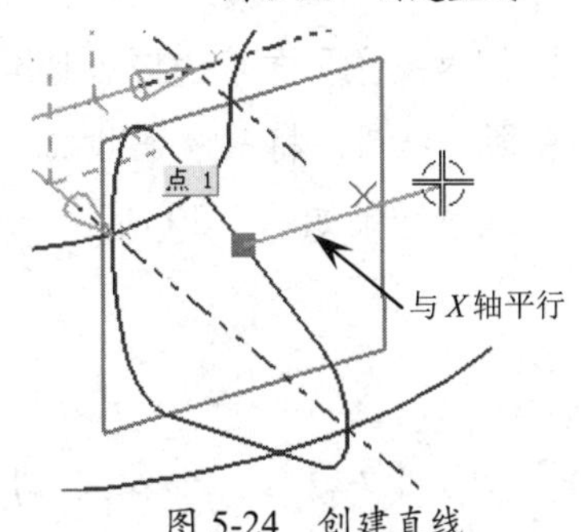

图 5-24 创建直线

⑰ 使用【点】命令，以默认的支持平面，在吊钩柄部圆曲线上创建平行于 X 轴（支持平面）的直线，如图 5-25 所示。

⑱ 在【曲线】选项卡的【派生曲线】组中单击【桥接曲线】按钮，弹出【桥接曲线】对话框。选择如图 5-26 所示的起始对象与终止对象，创建第一条桥接曲线。

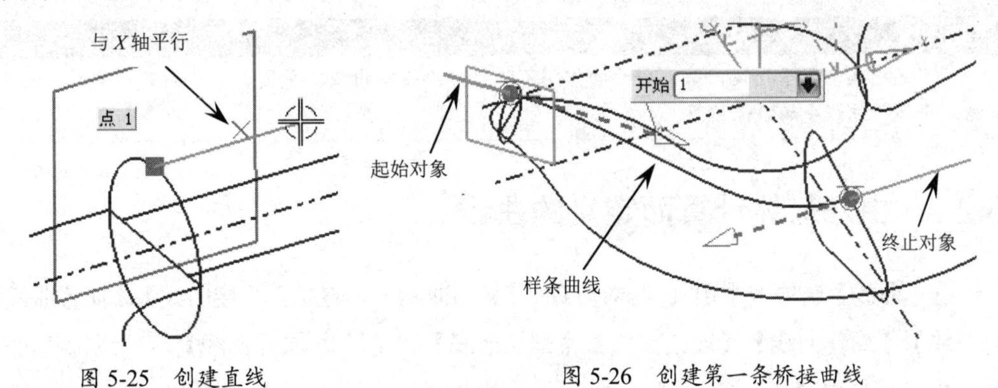

图 5-25 创建直线

图 5-26 创建第一条桥接曲线

⑲ 同理，再选择【桥接曲线】命令依次创建其余两条桥接曲线，创建的第二条桥接曲线如图 5-27 所示，第三条桥接曲线如图 5-28 所示。

技巧点拨：

在创建后两条桥接曲线过程中，起始对象或终止对象因桥接方向不同会产生不理想的曲线，这时在【桥接曲线】对话框中单击【反向】按钮，更改桥接方向即可。

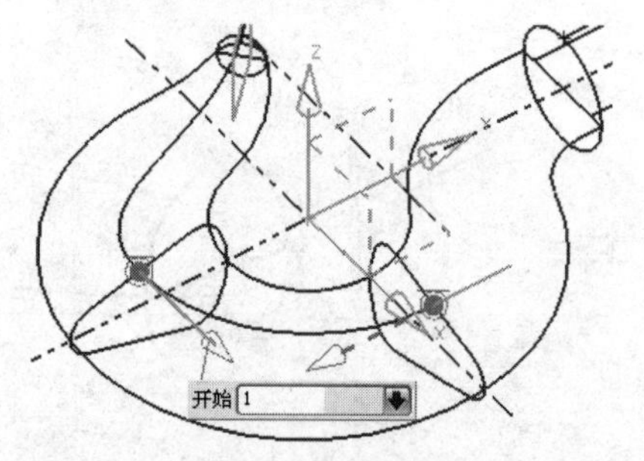

图 5-27 创建第二条桥接曲线

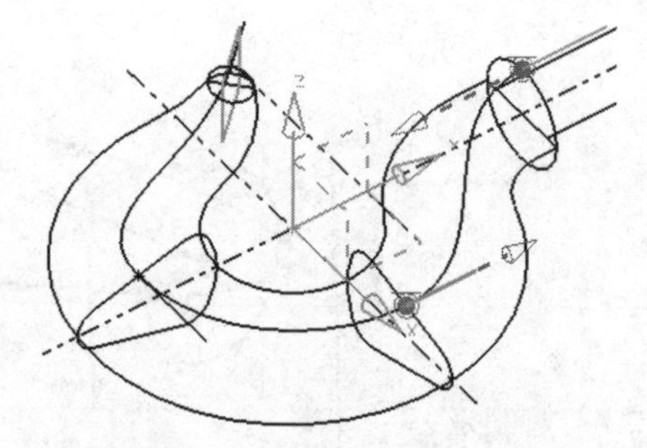

图 5-28 创建第三条桥接曲线

⑳ 选择【曲线】选项卡的【派生曲线】组中的【镜像曲线】命令，将三条桥接曲线以 *XC-YC* 基准平面作为镜像平面，镜像至基准平面另一侧，如图 5-29 所示。

㉑ 图形区中除实线外，将其余辅助线、基准平面及虚线等隐藏，吊钩的曲线构建操作也就完成了，最终结果如图 5-30 所示。

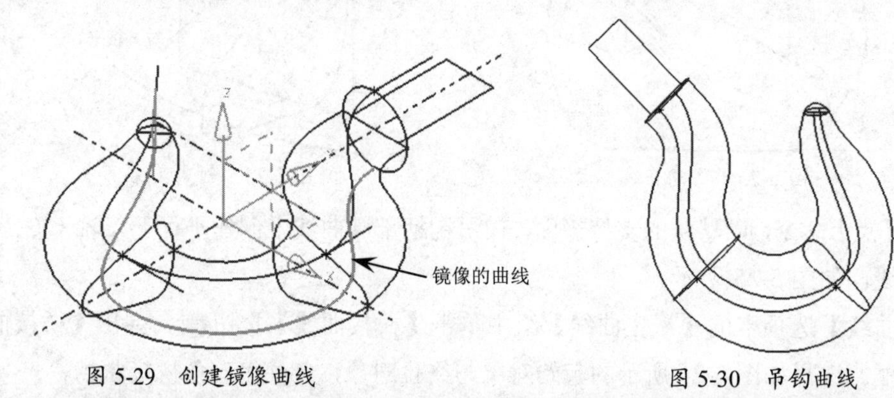

图 5-29 创建镜像曲线　　图 5-30 吊钩曲线

技巧点拨：

从本例中我们不难发现，基准平面的作用不仅仅作为绘制曲线、草图、形状的工作平面，还可以作为其他命令执行过程中的镜像参照。

5.2.2 由几何体计算而定义的曲线

在【曲线】选项卡中由几何体计算而定义的曲线工具包括【桥接曲线】、【偏置曲线】、【抽取曲线】、【简化曲线】、【连结曲线】、【剖切曲线】和【缠绕/展开曲线】等曲线构建工具。

- 桥接曲线：创建两条曲线之间的相切圆角曲线，如图 5-31a 所示。
- 偏置曲线：利用偏移距离、拔模、规律控制、3D 轴向等手段创建参照成型曲线的偏置曲线，如图 5-31b 所示。
- 抽取曲线：以体或面的边作为参照来创建的曲线特征，如图 5-31c 所示。
- 简化曲线：从曲线链创建一串最佳拟合的直线和圆弧，如图 5-31d 所示。
- 连结曲线：就是将多条曲线连接在一起以创建样条曲线，如图 5-31e 所示。
- 剖切曲线：通过平面与体、面或曲线相交来创建曲线或点，如图 5-31f 所示。
- 缠绕/展开曲线：就是将曲线从平面缠绕至圆锥或圆柱面，或者将曲线从圆锥或圆柱面展开至平面上。缠绕曲线与展开曲线是一个相反的操作过程，如图5-31g 所示。

- 投影曲线：用于将曲线、边或点沿某一方向投影到现有曲面、平面或参考平面上。但是如果投影曲线与面上的孔或面上的边缘相交，则投影曲线会被面上的孔和边缘所修剪。投影方向可以设置成某一角度、某一矢量方向、向某一点方向或沿面的法向。投影曲线如图 5-31h 所示。
- 镜像曲线：通过基准面或平的曲面来创建曲线，如图 5-31i 所示。
- 相交曲线：创建两个对象之间（曲面）的相交曲线，如图 5-31j 所示。

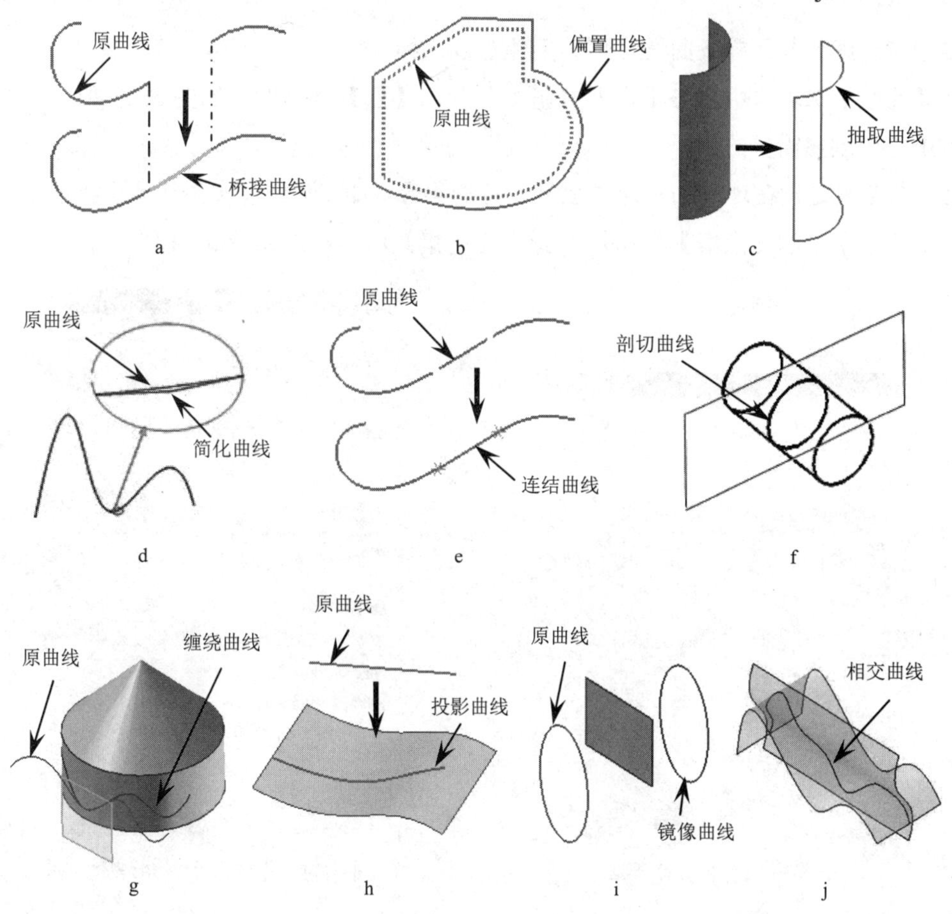

图 5-31　由几何体计算而定义的曲线

5.2.3　过点、极点或用参数定义的曲线

在【曲线】选项卡中过点、极点或用参数定义的构造曲线，包括样条曲线、规律曲线和螺旋线。

1. 样条曲线

样条曲线是使用诸如通过点或根据极点的方式来定义的。UG 向用户提供了 5 种样条曲线的定义方法：根据极点、通过点、拟合和垂直于平面。例如以【通过点】方式来构建样条曲线，结果如图 5-32 所示。

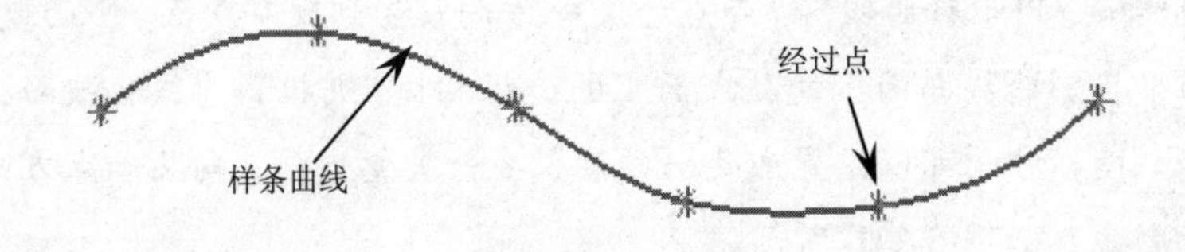

图 5-32 以【通过点】方式构建的样条曲线

2. 点或点集

要创建直线或其他样条曲线，可先创建点或点集。

在【曲线】选项卡中单击【点】按钮，弹出【点】对话框，如图 5-33 所示。通过此对话框用户可创建需要的点。

【点集】就是指在现有的几何体上创建点的集合，如在曲线、实体边或面上的点。单击【曲线】选项卡中的【点集】按钮，弹出【点集】对话框，如图 5-34 所示。

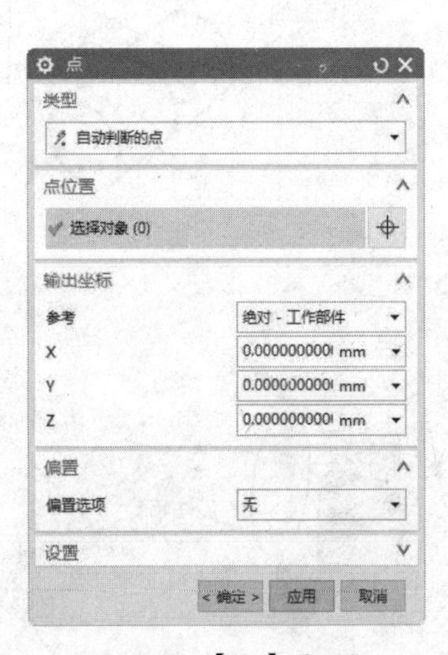

图 5-33 【点】对话框

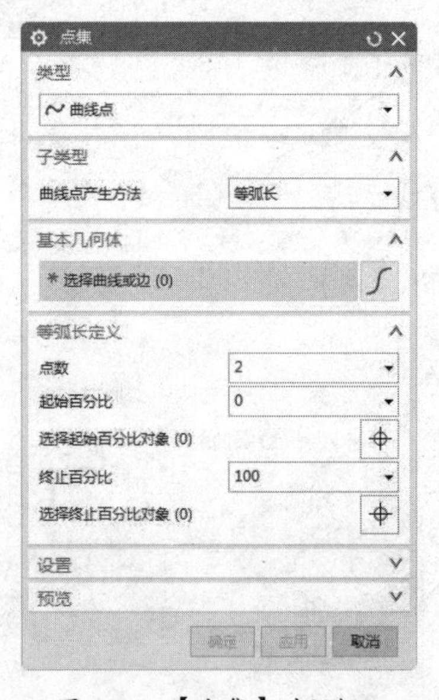

图 5-34 【点集】对话框

用户可利用【点集】对话框中提供的三种点集类型来创建点集合：曲线点、样条点和面的点。

- 曲线点：通过选择曲线或边，在其上创建点集，如图 5-35 所示。
- 样条点：绘制样条时，以样条的定义点、结点或极点来作为点集。也就是在绘制样条曲线的时候，一般会先输入一些点，通过这些点来绘制曲线。那么再用这种类型来创建点集的时候实际上就是把原来的点调出来，如图 5-36 所示。
- 面的点：这种类型就是选择一个曲面，在其上创建点集，如图 5-37 所示。

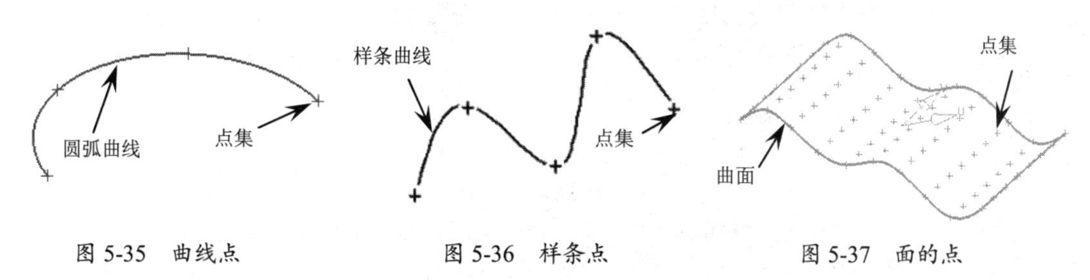

图 5-35　曲线点　　　图 5-36　样条点　　　图 5-37　面的点

3. 规律曲线

规律曲线是指通过使用规律函数（如常数、线性、三次和方程）来创建的样条曲线。规律样条是由 *X*、*Y* 和 *Z* 分量来定义的，必须为这三个分量中的每一个都指定规律。

在【曲线】选项卡中单击【规律曲线】按钮，弹出【规律曲线】对话框，如图 5-38 所示。通过此对话框用户可以定义 7 种规律曲线类型。

图 5-38　【规律曲线】对话框

上机实践——创建正弦线

本实例要求创建长 10、振幅为 5、3 个周期、相位角为 0 的正弦线。

① 新建模型文件。

② 选择模板为建模，自定义文件名称和文件夹。单击【确定】按钮，退出【新建】对话框，进入建模模块。

③ 执行菜单栏中的【工具】|【表达式】命令，弹出【表达式】对话框。

④ 在【名称】文本框中输入 t，在【公式】文本框中输入 1，单击【完成】按钮，创建 t=1 的变量值。同理，完成其余名称、公式的输入及变量值的创建，如图 5-39 所示。单击【确定】按钮，退出【表达式】对话框。

⑤ 执行菜单栏中的【插入】|【曲线】|【规律曲线】命令，弹出【规律曲线】对话框。

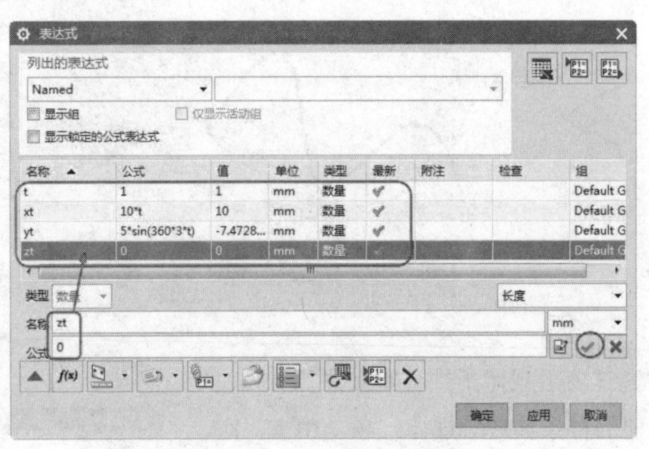

图 5-39 【表达式】对话框

⑥ 由于已经定义了规律函数表达式，所以只需选择【X 规律】、【Y 规律】和【Z 规律】的规律类型为【根据方程】即可，如图 5-40 所示。

⑦ 保留对话框中其余参数及选项的默认设置，单击【确定】按钮完成正弦线的绘制，如图 5-41 所示。

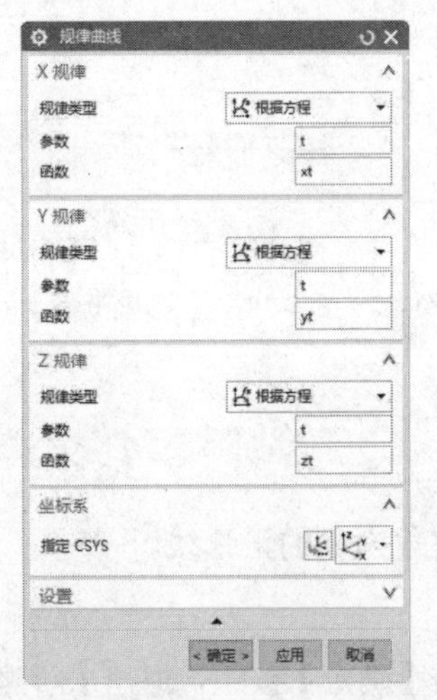

图 5-40 定义 X、Y、Z 规律类型

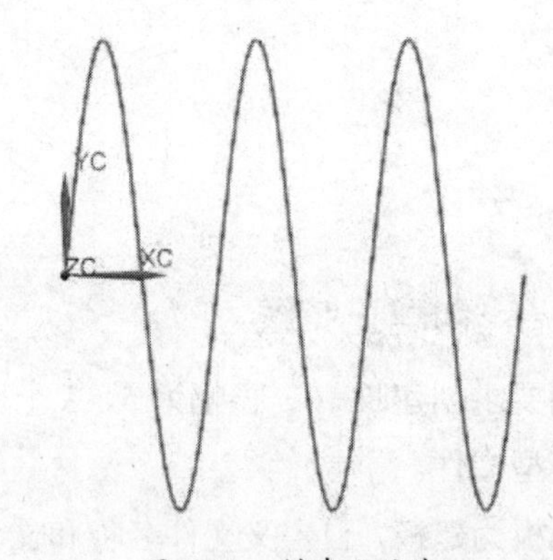

图 5-41 创建正弦线

上机实践——创建渐开线

本实例要求创建长半径从 0 逐圈增加 3、6 个周期的渐开线。

① 新建模型文件。

② 选择模板为建模，自定义文件名称和文件夹。单击【确定】按钮，退出【新建】对话框，进入建模模块。

③ 执行菜单栏中的【工具】|【表达式】命令，弹出【表达式】对话框。

④ 在【名称】文本框中输入 t，在【公式】文本框中输入 1，单击【完成】按钮✔，完成 t=1 公式。以此类推完成 xt= 3* sin (360*6*t)*t 和 yt= 3*cos(360*6*t)*t 公式，如图 5-42 所示。单击【确定】按钮，退出【表达式】对话框。

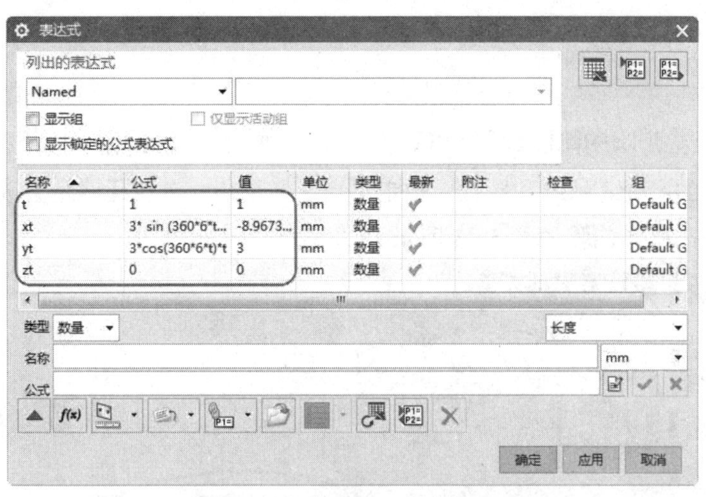

图 5-42　【表达式】对话框

技巧点拨：

360*3*t 代表 3 个周期，3*cos(360*6*t)*t 代表从 0 到 3 的振幅增加。

⑤ 执行菜单栏中的【插入】|【曲线】|【规律曲线】命令，弹出【规律曲线】对话框。

⑥ 由于已经定义了规律函数表达式，所以只需选择【X 规律】、【Y 规律】和【Z 规律】的规律类型为【根据方程】即可，如图 5-43 所示。

⑦ 保留对话框中其余参数及选项的默认设置，单击【确定】按钮完成渐开线的绘制，如图 5-44 所示。

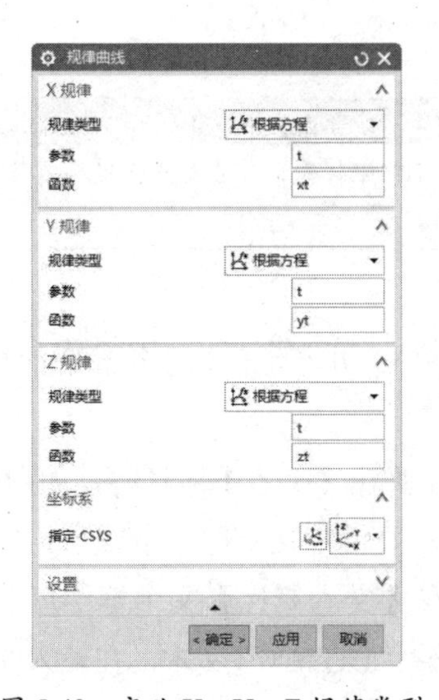

图 5-43　定义 X、Y、Z 规律类型

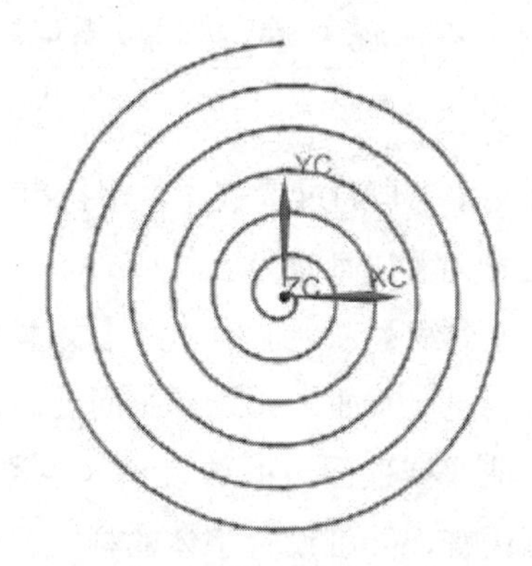

图 5-44　绘制渐开线

4. 螺旋线

螺旋线是指具有指定圈数、螺距、弧度、旋转方向和方位的曲线。

上机实践——创建螺旋线

① 新建模型文件。

② 在【曲线】选项卡中单击【螺旋线】按钮，弹出【螺旋线】对话框。

③ 输入螺旋线的半径、螺距和圈数。指定原点坐标系后，单击【确定】按钮，退出【螺旋线】对话框，操作步骤如图 5-45 所示。

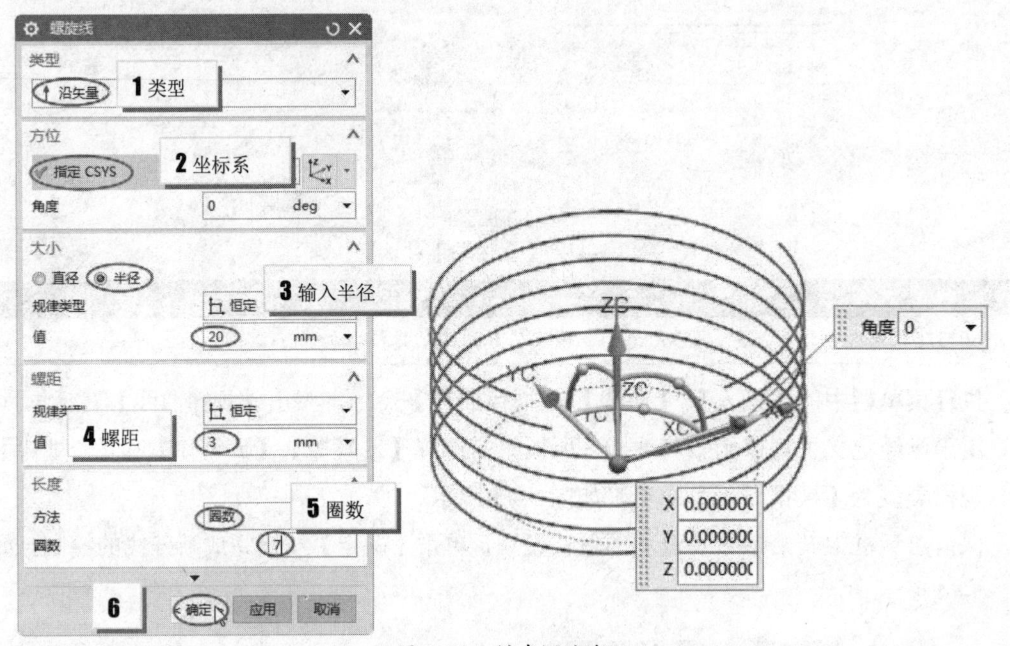

图 5-45 创建螺旋线

技巧点拨：

如果需要定义任意方位的螺旋线，可以事先设置好工作坐标系，或者单击【定义方位】按钮，进入【指定方位】对话框确定螺旋线的 Z 轴、起始点、原点绘制。

5. 文本

【文本】是通过读取文本字符串（指定的字体）并产生作为字符轮廓的线条和样条，并由此生成文字几何体特征。

在【曲线】选项卡中单击【文本】按钮A，弹出【文本】对话框，如图 5-46 所示。文本可以创建在平面、曲线或曲面上。创建文本需要指定文本起点，该点也用来确定字体在平面、曲线或曲面上的放置点（也称锚点）。在【文本属性】文本框中可以输入中文或其他多国语言，并可设置字体的样式。例如，创建“UG NX”文本，在输入文本、设置字体样式、指定锚点、设置文字尺寸后，单击【确定】按钮即可完成文本几何体的创建，如图 5-47 所示。

图 5-46 【文本】对话框

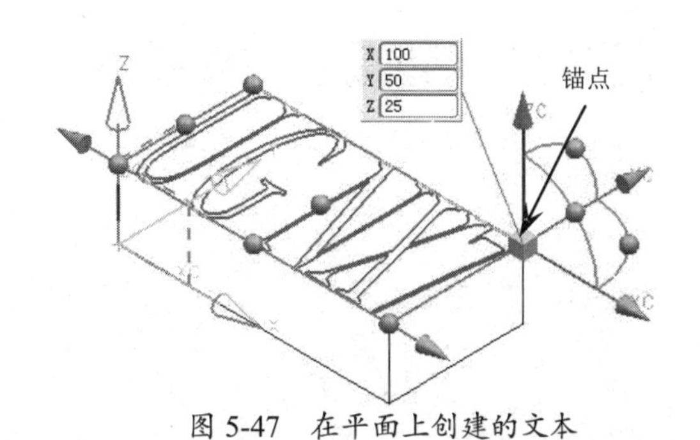

图 5-47 在平面上创建的文本

上机实践——在零件表面刻字

本实例要求在零件表面创建“样件 1”文本。字体为宋体，字高为 4，文本放置于零件中央，如图 5-48 所示。

图 5-48 零件样本

① 打开本例源文件“5-1.prt”。

② 在【曲线】选项卡中单击【直线】按钮，弹出【直线】对话框。

③ 确定直线起点，选择上边缘中点，确定直线终点，选择下边缘中点，操作步骤如图 5-49 所示。单击【确定】按钮，退出【直线】对话框。

技巧点拨：

创建直线的作用是找到零件的中心点。

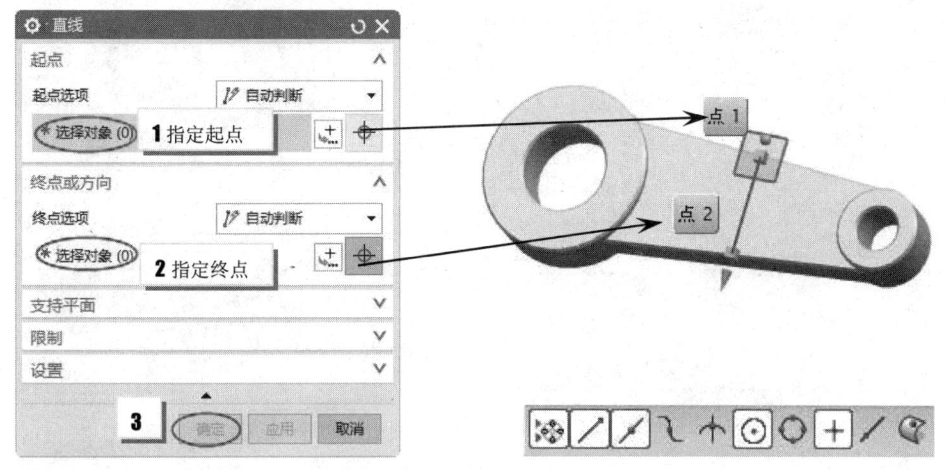

图 5-49 创建直线

④ 在菜单栏中执行【插入】|【曲线】|【文本】命令，弹出【文本】对话框。

⑤ 将光标移动到工作区，单击直线中点，定位文字位置。在【字体】下拉列表中选择【宋体】，并在【文本属性】文本框中输入【样件 1】文本。展开【尺寸】选项区，设置【高度】为 4、【W 比例】为 100，单击【确定】按钮，退出【文本】对话框，操作步骤如图 5-50 所示。

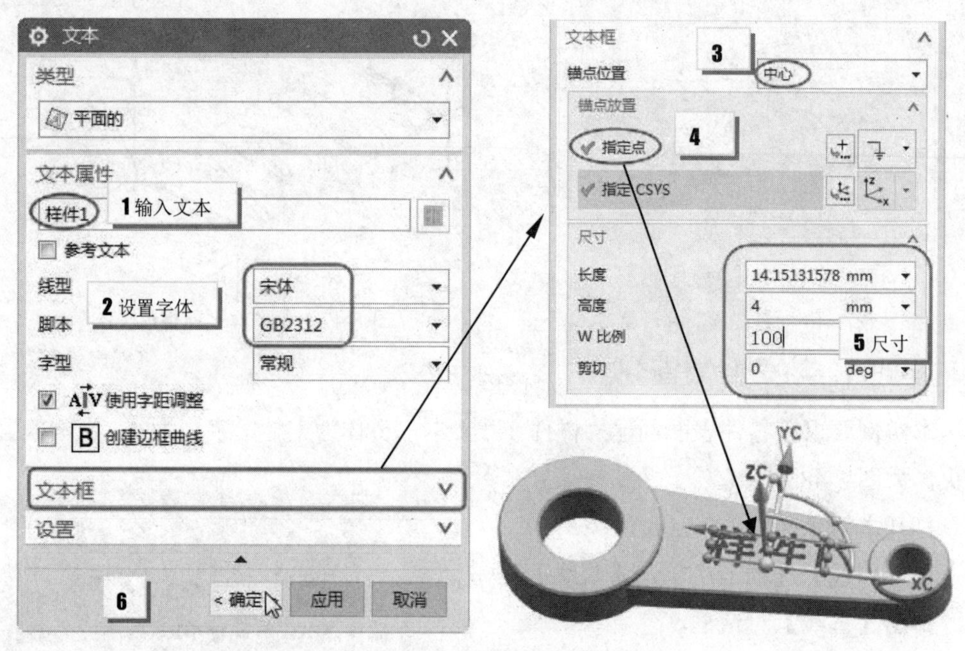

图 5-50 创建文本

⑥ 在【特征】组中单击【拉伸】按钮，弹出【拉伸】对话框。

⑦ 选择文本作为拉伸的对象。在【限制】选项区的【距离】文本框中输入 0.5，单击【确定】按钮，退出【拉伸】对话框，操作步骤如图 5-51 所示。

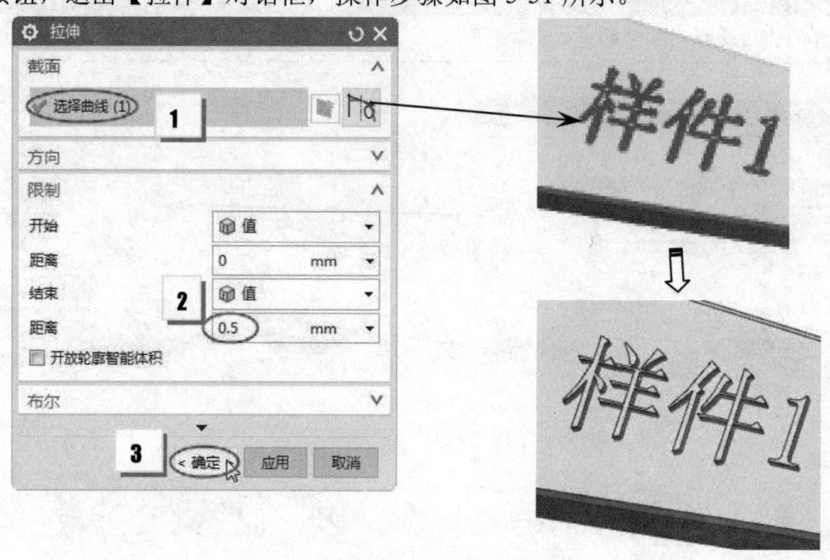

图 5-51 拉伸文本

5.3 编辑曲线

当用户构建基本曲线后，可使用UG 提供的曲线编辑工具对构建的曲线进行曲线参数编辑、修剪曲线、修剪拐角、分割曲线、编辑圆角、拉长曲线等操作。【编辑曲线】组如图 5-52 所示。

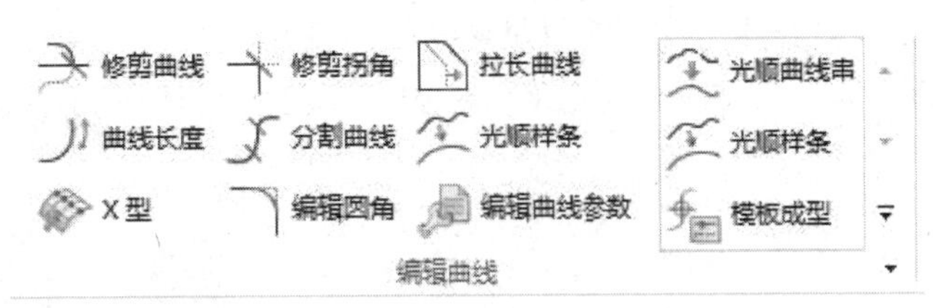

图 5-52 【编辑曲线】组

【编辑曲线】组中部分常用的工具含义介绍如下：

- 修剪曲线：以一个或多个边界对象来修剪曲线，如图 5-53a 所示。
- 修剪拐角：修剪两条曲线至它们的交点，并形成拐角，如图 5-53b 所示。
- 分割曲线：将一条曲线分割成多段，如图 5-53c 所示。
- 编辑圆角：编辑带有圆角的曲线，如图 5-53d 所示。
- 拉长曲线：在拉长或收缩选定的曲线的同时移动几何对象，如图 5-53e 所示。
- 曲线长度：编辑曲线的长度，如图 5-53f 所示。
- 光顺样条：编辑样条曲线的曲率，使其更加光顺。

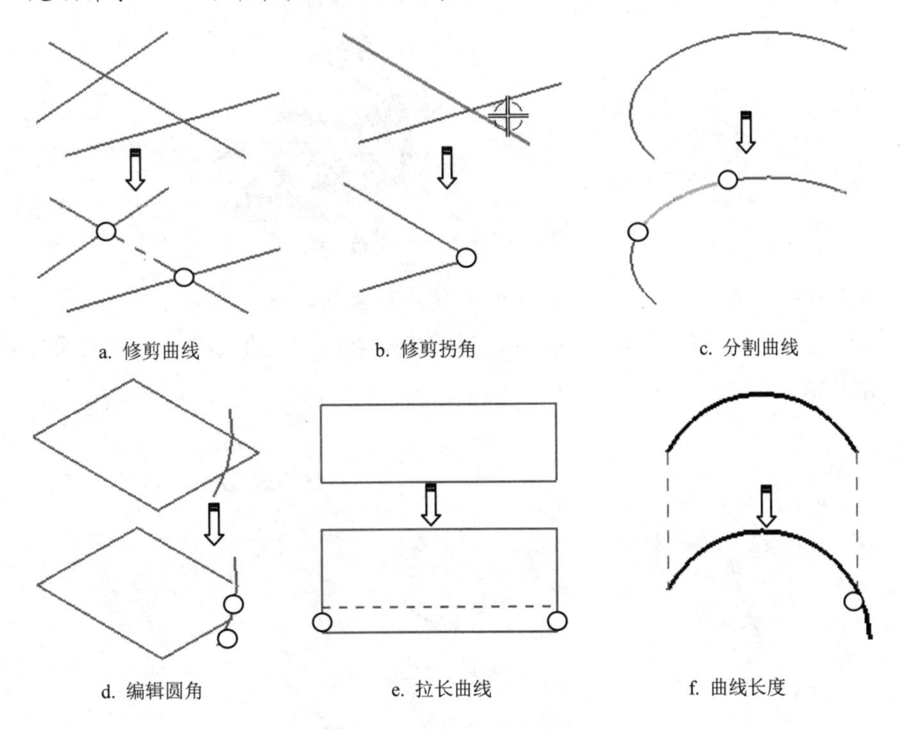

图 5-53 常用的几种曲线编辑工具

5.4 综合案例——足球造型

在本节中，将以足球造型的创建为例来讲解曲线的编辑与操作等命令，如图 5-54 所示。

图 5-54 足球

足球是由多个五边形和六边形围绕球面板拼合而成的，因此只需要创建一个五边形和一个六边形及其相交线即可。多边形可以通过【草图】命令来绘制。足球的设计思路如下：

- 创建五边形及相交线：在 *XY* 平面上使用草图创建一个五边形及交错 120°的两条直线，再使用【旋转】命令创建两片体。最后使用【相交曲线】命令创建两片体的相交线，如图 5-55 所示。

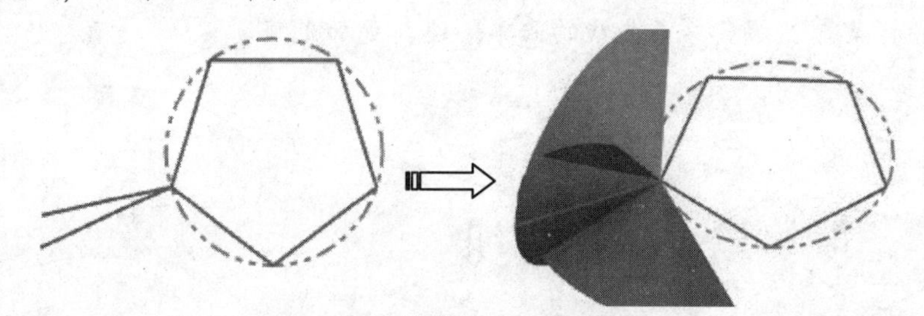

图 5-55 创建五边形及相交线

- 创建六边形与寻找球心：使用五边形及其相交线创建一个基准平面，再在平面上创建六边形。最后分别作出两个多边形的中心垂线，两垂线的交点就是足球球心，如图 5-56 所示。

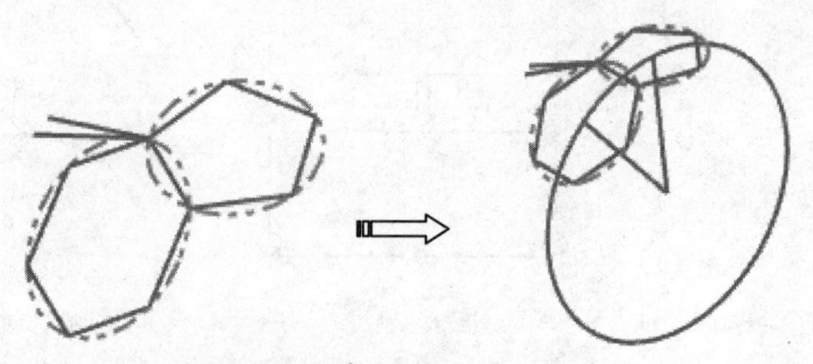

图 5-56 创建六边形与寻找球心

- 创建薄板：先使用【分割面】命令对球体进行分割，然后使用【加厚】命令使分割出来的面变成薄板，最后倒圆角和调整颜色，如图 5-57 所示。

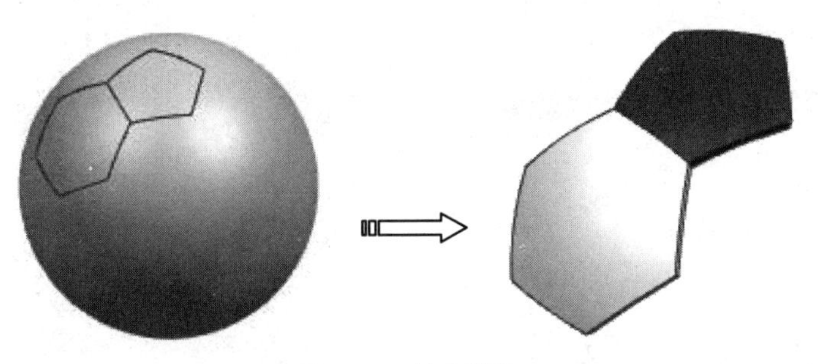

图 5-57　创建薄板

- 复制：使用【移动对象】或【镜像几何体】命令对薄板进行有规律的复制，如图 5-58 所示。

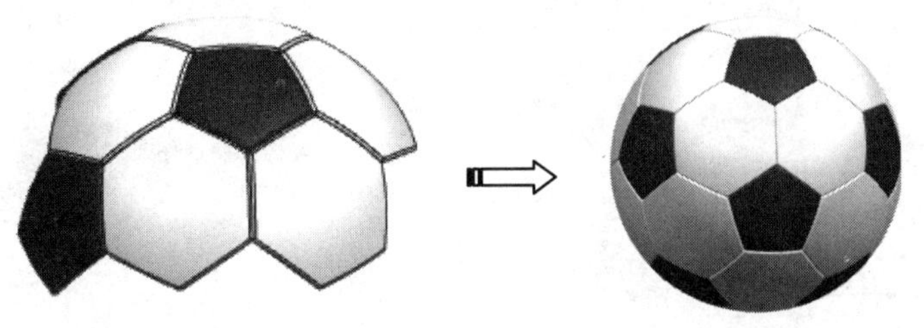

图 5-58　复制

1. 创建五边形及相交线

① 新建模型文件进入建模环境。

② 在【直接草图】组中单击【草图】按钮，弹出【创建草图】对话框。选择草图平面为 *XY* 平面，单击【确定】按钮，进入草图环境。

③ 在【曲线】选项卡中单击【圆】按钮，在坐标系原点创建一个直径为 50 的圆。单击【转换至/自参照对象】按钮，把圆转换为参照曲线。单击【直线】按钮，在图形区创建五条直线，并约束为正五边形，再创建两条和五边形保持 120° 夹角的直线。操作步骤如图 5-59 所示。

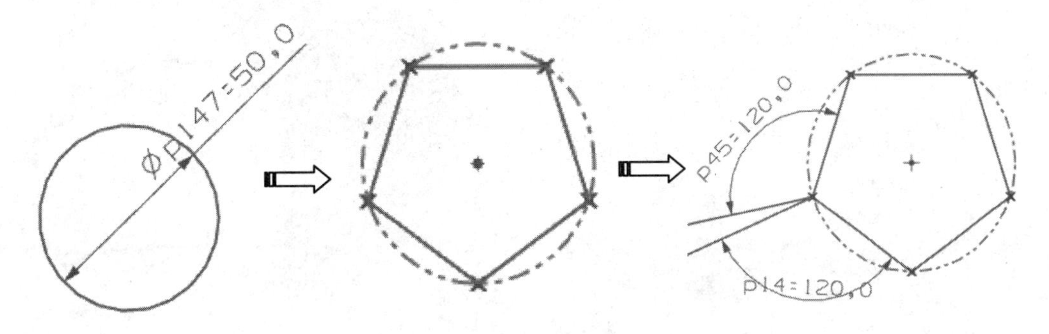

图 5-59　创建五边形

④ 单击【特征】组中的【旋转】按钮，弹出【旋转】对话框。选择左边直线作为旋转的对象，指定轴为五边形的左上边。在【限制】选项区中设置开始和结束角度值，操作步骤如图 5-60 所示。单击【确定】按钮，退出【旋转】对话框。按照相同的步骤创建

另一个旋转实体。

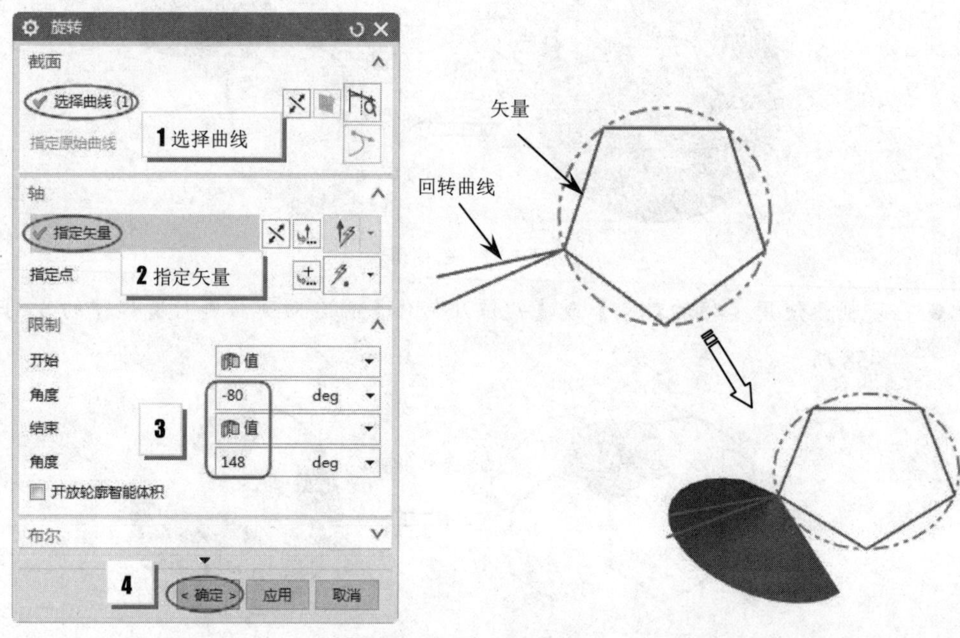

图 5-60　创建旋转实体

技巧点拨：

旋转的角度没有什么限制，只要最后两片体能相交即可。要创建旋转曲面，需要在【设置】选项区的【体类型】列表中选择【图纸页】选项。

⑤ 在菜单栏中执行【插入】|【派生曲线】|【相交】命令，弹出【相交曲线】对话框。

⑥ 选择第一个旋转实体，再选择第二个旋转实体。单击【确定】按钮，退出【相交曲线】对话框，操作步骤如图 5-61 所示。

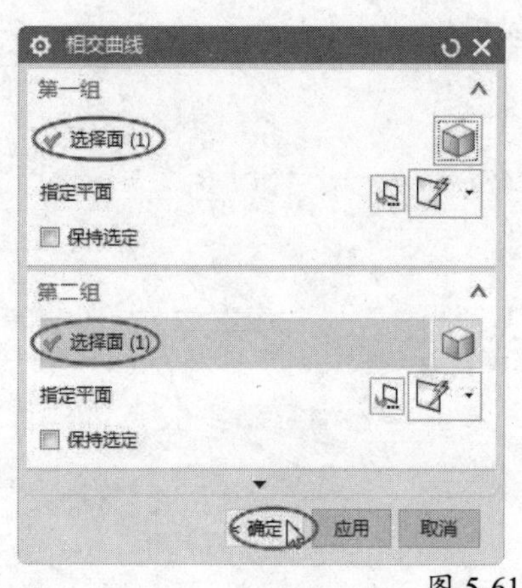

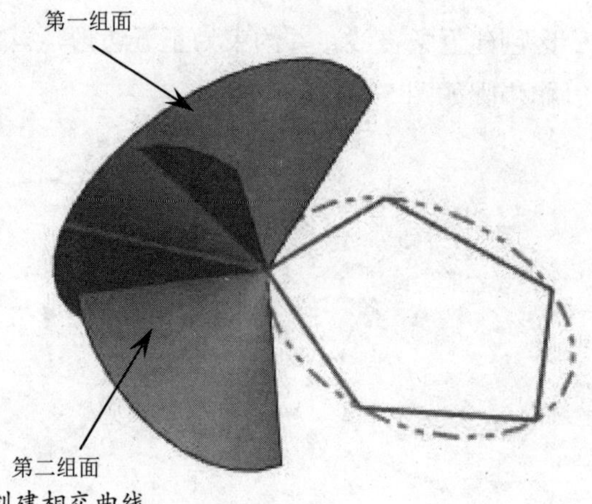

图 5-61　创建相交曲线

2. 创建六边形与寻找球心

① 在【特征】组中单击【基准平面】按钮，弹出【基准平面】对话框。

② 使用【两直线】类型进行选择，操作步骤如图 5-62 所示。单击【确定】按钮，退出【基

准平面】对话框。

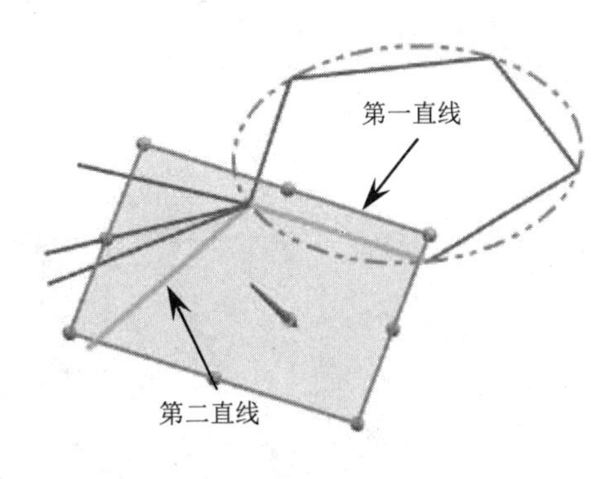

图 5-62 创建基准平面

③ 在【直接草图】组中单击【草图】按钮，弹出【创建草图】对话框。选择草图平面为刚才建立的平面，单击【确定】按钮，进入草图环境。

④ 在【曲线】选项卡中单击【圆】按钮，在基准坐标系原点创建一个直径为 50 的圆。单击【转换至/自参照对象】按钮，把圆转换为参照曲线。单击【直线】按钮，在图形区创建六条直线，并约束为正六边形，如图 5-63 所示。

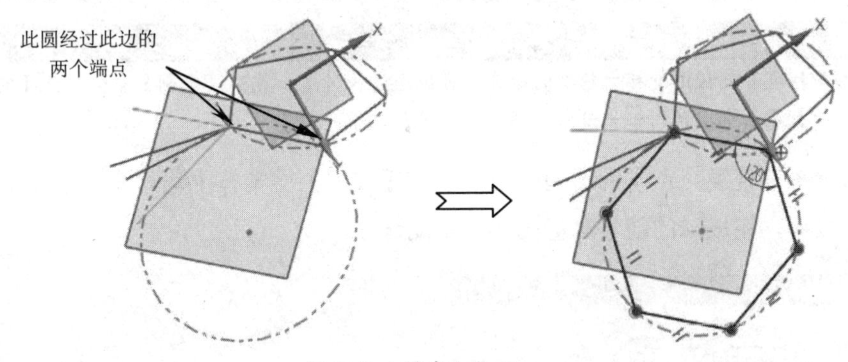

图 5-63 创建六边形

⑤ 在【特征】组中单击【基准平面】按钮，弹出【基准平面】对话框。使用【自动判断】类型，选择公共直线的中点，单击【确定】按钮，退出【基准平面】对话框，如图 5-64 所示。

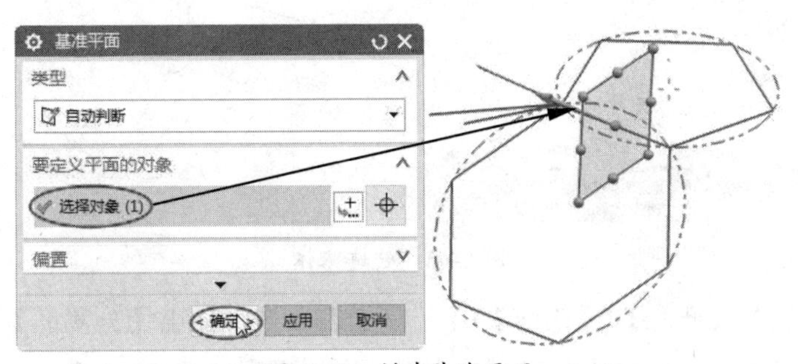

图 5-64 创建基准平面

⑥ 在【直接草图】组中单击【草图】按钮，弹出【创建草图】对话框。选择草图平面为刚才建立的平面。单击【直线】按钮，在图形区创建两条直线，经过多边形

中心且垂直于多边形。单击【快速修剪】按钮，修剪多余的曲线，结果如图 5-65 所示。

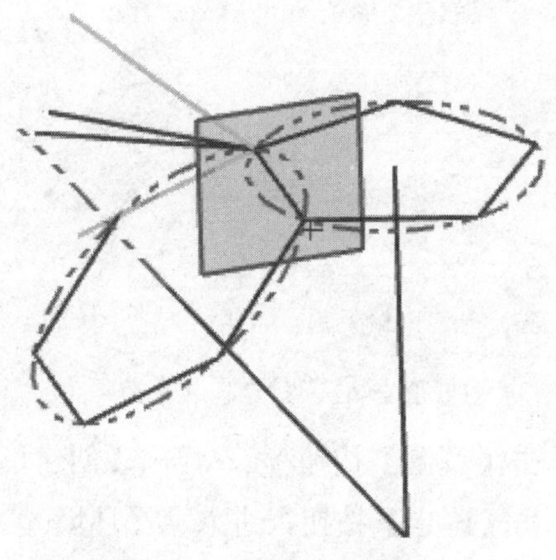

图 5-65 创建并修剪直线

3. 创建薄板

① 在菜单栏中执行【插入】|【设计特征】|【球】命令，弹出【球】对话框。

技巧点拨：

如果菜单栏或者面板中没有你想要的命令，可以通过执行【工具】|【定制】命令打开【定制】对话框，然后在【命令】选项卡中找到相关命令，然后将其拖移到菜单栏或面板中。

② 选择草图两直线交点作为球的中心点。在【尺寸】文本框中输入直径值 120，单击【确定】按钮，完成球的创建，如图 5-66 所示。

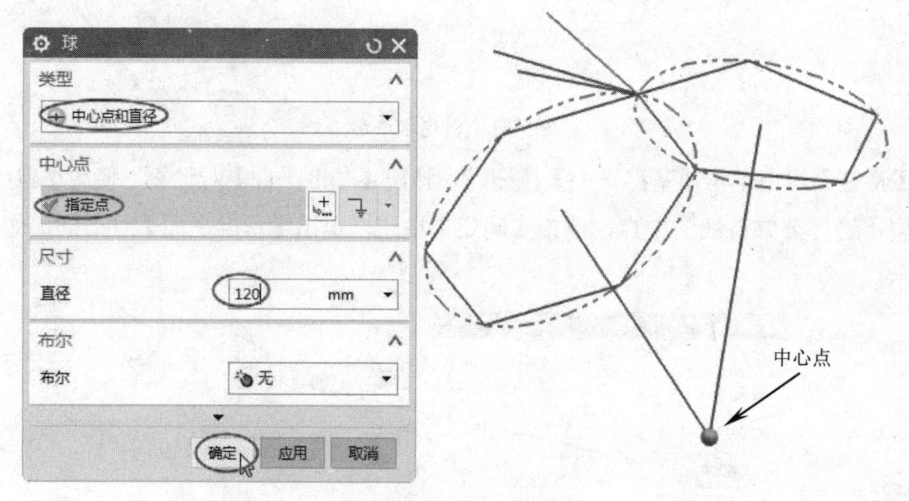

图 5-66 创建球体

③ 在菜单栏中执行【插入】|【修剪】|【分割面】命令，弹出【分割面】对话框。选择要分割的面为球体，分割对象为两个多边形，操作步骤如图 5-67 所示。单击【确定】按钮，完成分割面操作。

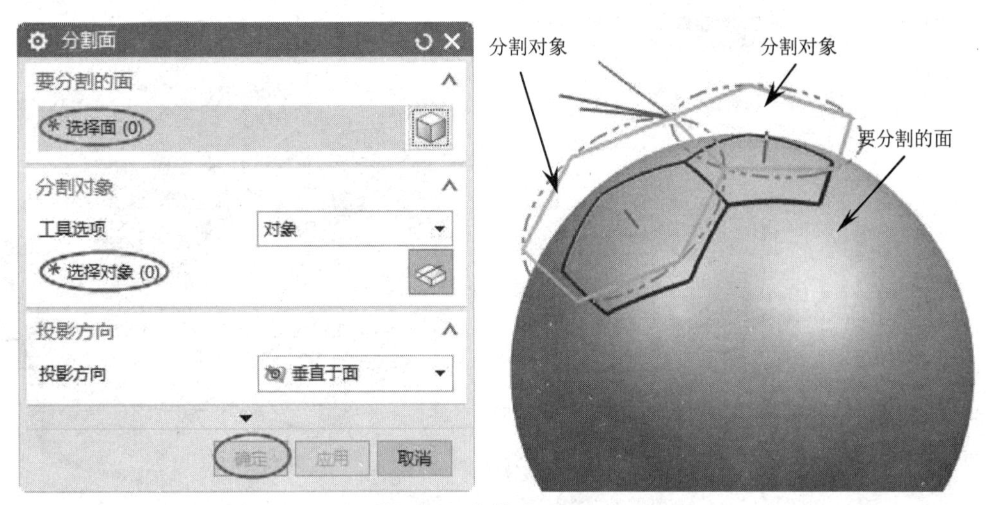

图 5-67 分割面

④ 在【特征】组的【更多】命令库中选择【加厚】命令，弹出【加厚】对话框。选择面为六边形，在【厚度】选项区的【偏置 1】文本框中输入 2.5，加厚的方向向上，单击【确定】按钮，完成加厚操作，如图 5-68 所示。

技巧点拨：

不能一次加厚两个多边形，否则会成为一个实体。选择面时将【面规则】设为【单个面】。

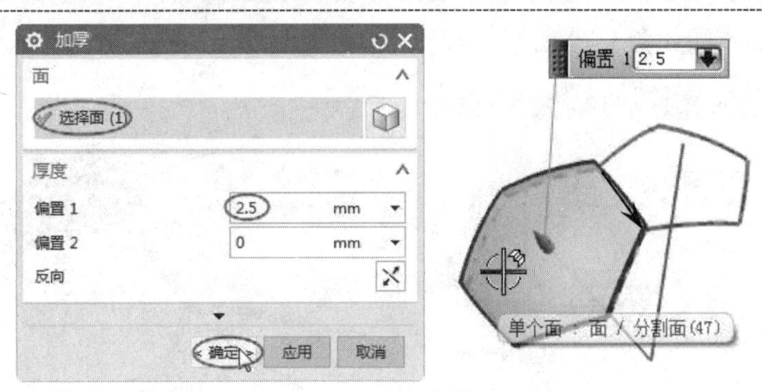

图 5-68 加厚

⑤ 按照相同的步骤完成五边形的加厚，最后进行倒圆角处理。

4. 复制

① 执行菜单栏中的【编辑】|【移动对象】命令，弹出【移动对象】对话框。

② 选择对象为六边形薄板，使用五边形的中心线进行旋转，指定角度为 72°，单击【复制原先的】单选按钮，非关联副本数为 4，单击【应用】按钮完成操作，操作步骤如图 5-69 所示。

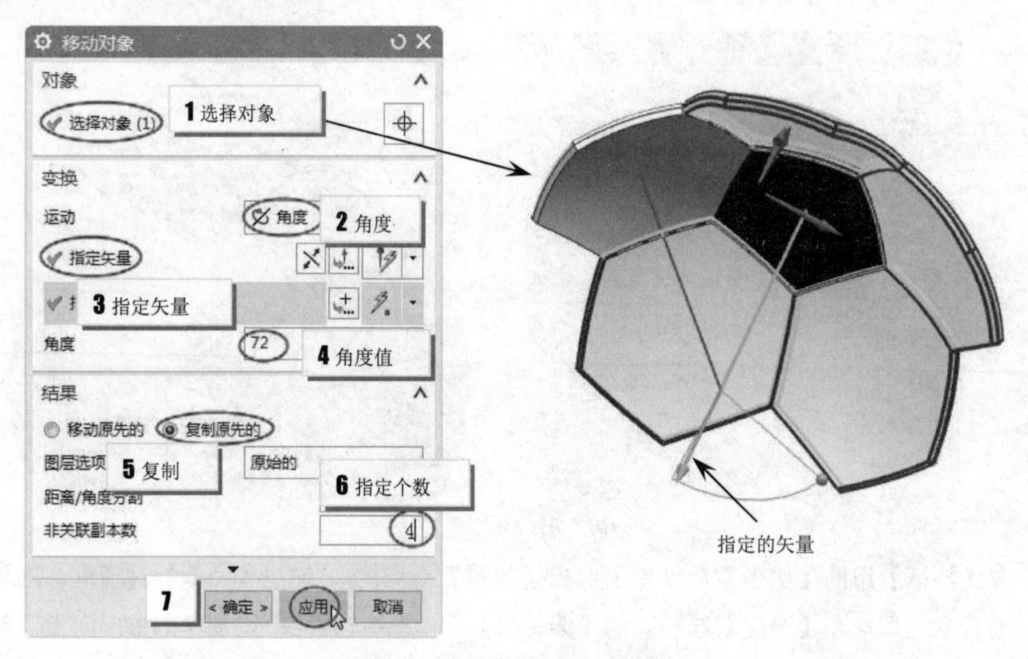

图 5-69　旋转复制六边形加厚特征

③ 同理，再选择五边形薄板为旋转复制的对象，使用六边形的中心线进行旋转，指定角度为 120°，单击【复制原先的】单选按钮，非关联副本数为 1，单击【应用】按钮完成操作，操作步骤如图 5-70 所示。

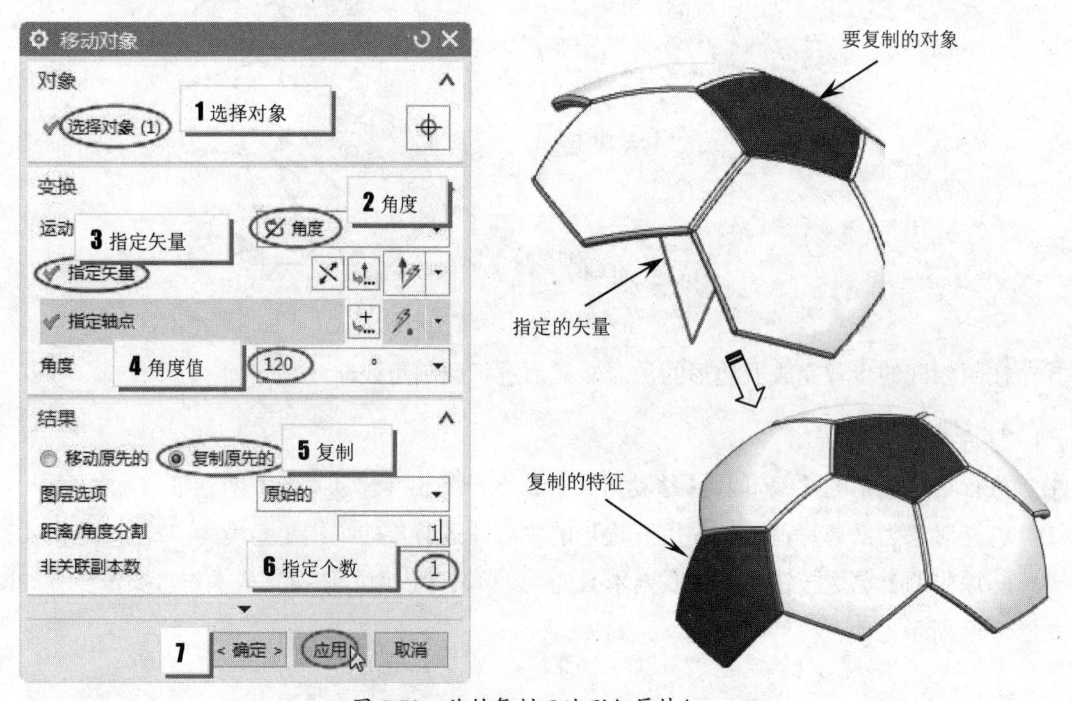

图 5-70　旋转复制五边形加厚特征

④ 选择对象为刚才创建的五边形薄板，使用最初的五边形的中心线进行旋转，指定角度为 72°，非关联副本数为 4，单击【应用】按钮，完成旋转复制，如图 5-71 所示。

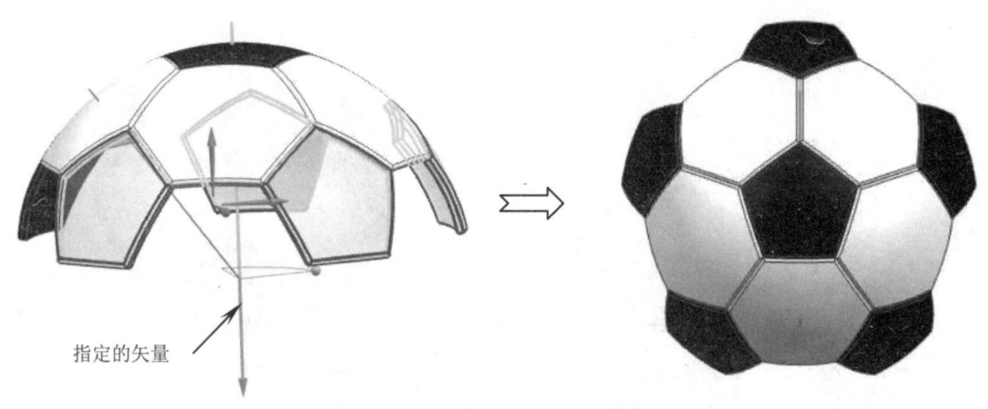

图 5-71 旋转复制五边形加厚特征

⑤ 同理，对六边形薄板进行旋转复制，旋转角度为 120°（如果选择的对象不同，可能会是-120°），非关联副本数为 1，结果如图 5-72 所示。

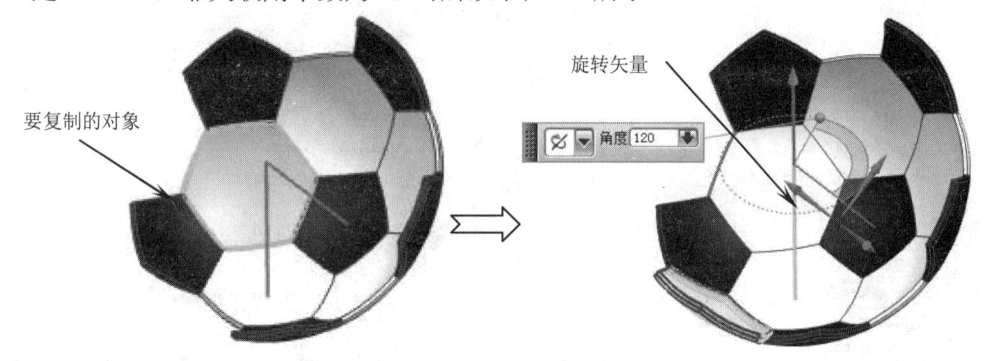

图 5-72 旋转复制六边形加厚特征

⑥ 再旋转复制上一步骤复制的六边形薄板，旋转角度为 72°，非关联副本数为 4，结果如图 5-73 所示。

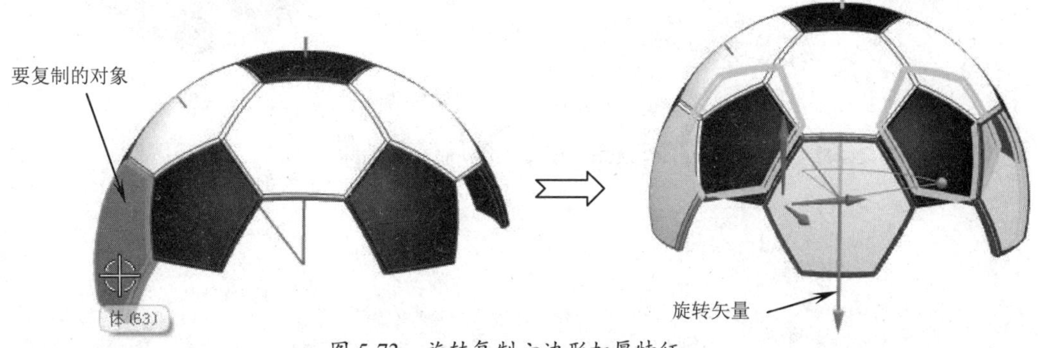

图 5-73 旋转复制六边形加厚特征

⑦ 使用【基准平面】工具，以【点和方向】类型创建如图 5-74 所示的基准平面。

⑧ 使用【特征】组的【更多】命令库中的【镜像几何体】工具，将所有的五边形和六边形加厚特征（薄板）镜像至基准平面的另一侧，结果如图 5-75 所示。

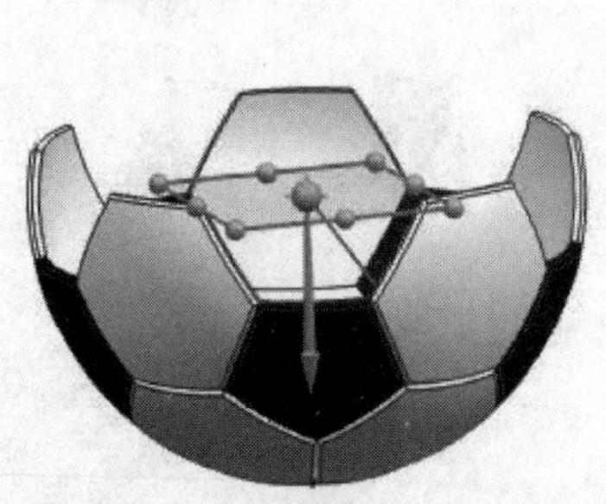

图 5-74 创建基准平面

图 5-75 创建镜像体

⑨ 很明显，镜像后的实体与源实体不吻合，需要再执行旋转移动操作。使用【移动对象】工具，将镜像的全部实体旋转 36°，结果如图 5-76 所示。

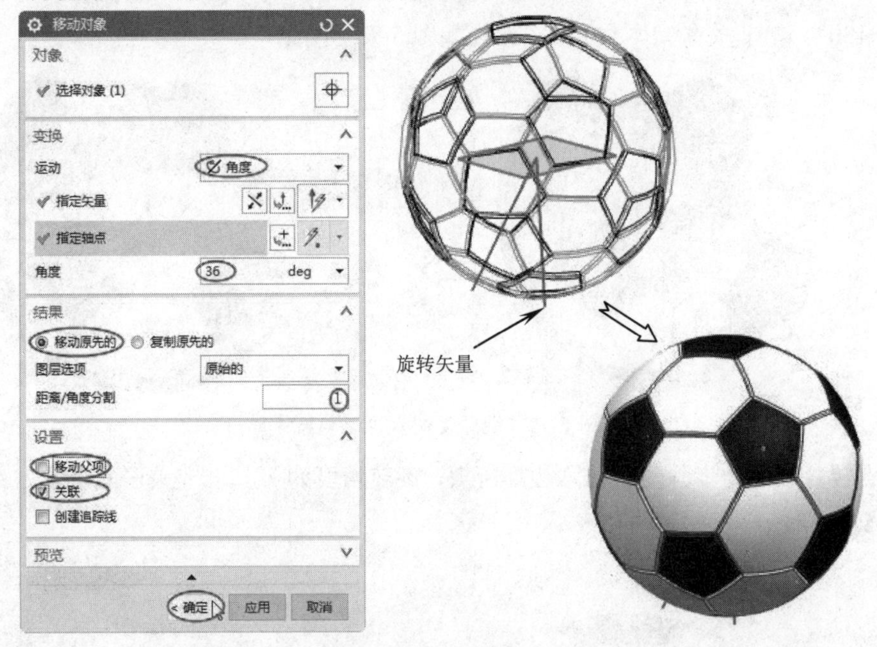

图 5-76 旋转镜像实体

至此，本练习的足球造型工作全部完成，最后保存结果。

CHAPTER 6

基础特征设计

本章导读

相对于单纯的实体建模和参数化建模,UG 采用的是混合建模方法。该方法是基于特征的实体建模方法，是在参数化建模方法基础上采用的所谓变量化技术设计建模方法。本章将讲解 UG 的混合建模方法。

学习要点

☑ 布尔运算
☑ 体素特征
☑ 基于草图截面的特征

扫码看视频

6.1 布尔运算

零件通常由一个整体的实体组成，而整体的实体又是由多个实体特征组成的，而由多个实体特征组合为零件的过程即是布尔运算过程。

布尔运算贯穿 UG 的整个实体建模，使用非常频繁，不仅在操作过程中单独使用，而且布尔运算命令还镶嵌在其他命令的对话框中，随其他命令的完成自动完成布尔运算操作。

6.1.1 布尔合并

布尔合并运算是一种将多个实体之间进行叠加的拓扑逻辑运算，运算后的结果是将所有的实体全部叠加在一起的效果。采用工具实体添加到目标实体中进行合并，最先选取的实体即为目标体，其后选取的实体即是工具体。目标体只能是一个，而工具体可以选取多个，数量不限，尤其要注意目标体的选取要合理。

布尔合并运算命令的操作方式有两种，一种是直接采用布尔运算命令的形式进行操作，另外一种是镶嵌在别的工具中进行操作。

可以执行菜单栏中的【插入】|【组合】|【合并】命令，或者在【主页】选项卡中单击【合并】按钮，弹出【合并】对话框。该对话框用来选取目标体和工具体，以及设置是否保留相关参数，如图 6-1 所示。

对话框中的各选项含义如下：

- 目标：选取合并运算的目标实体。此实体将作为母体，被工具体进行叠加合并。
- 工具：选取合并运算的工具实体。此实体是用来叠加到目标体中的工具，可以选取多个。
- 区域：设定要保留或者删除的区域。勾选【定义区域】复选框，可以分离区域，以及确定区域是否被移除还是保留。
- 保存目标：在进行布尔合并运算生成新的合并实体的同时将原始的目标体保留，此操作是非参数化的。
- 保存工具：在进行布尔合并运算生成新的合并实体的同时将原始的工具体保留，此操作是非参数化的。
- 公差：进行布尔运算采用的计算公差，此公差对比较小的特征有影响。
- 预览：对合并后的结果进行可视化预览，可以随时了解合并结果是否符合用户的意图。

镶嵌在其他工具中的通常是实体创建工具，在创建的同时可以选择是否使用布尔运算以及选取何种布尔运算。如图 6-2 所示为【圆柱】对话框中的布尔合并工具。

图 6-1 【合并】对话框

图 6-2 【圆柱】对话框

上机实践——布尔合并

本例要绘制如图 6-3 所示的图形。

① 绘制圆柱体。执行菜单栏中的【插入】|【设计特征】|【圆柱】命令，弹出【圆柱】对话框。指定原点为轴点，以及 Z 轴为矢量方向，输入圆柱直径值 100、高度值 6，单击【确定】按钮完成圆柱体的创建，结果如图 6-4 所示。

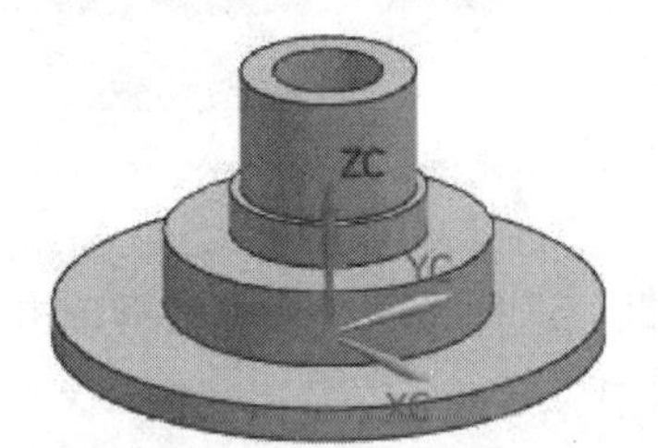

图 6-3 要绘制的图形

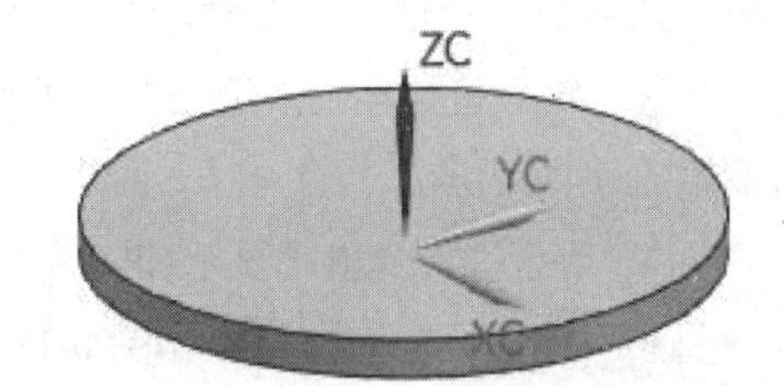

图 6-4 绘制圆柱体

② 绘制圆柱体。执行菜单栏中的【插入】|【设计特征】|【圆柱】命令，弹出【圆柱】对话框。指定原点为轴点，以及 Z 轴为矢量方向，输入圆柱直径值 60、高度值 20，单击【确定】按钮完成圆柱体的创建，结果如图 6-5 所示。

③ 绘制圆柱体。执行菜单栏中的【插入】|【设计特征】|【圆柱】命令，弹出【圆柱】对话框。指定原点为轴点，以及 Z 轴为矢量方向，输入圆柱直径值 36、高度值 28，单击【确定】按钮完成圆柱体的创建，结果如图 6-6 所示。

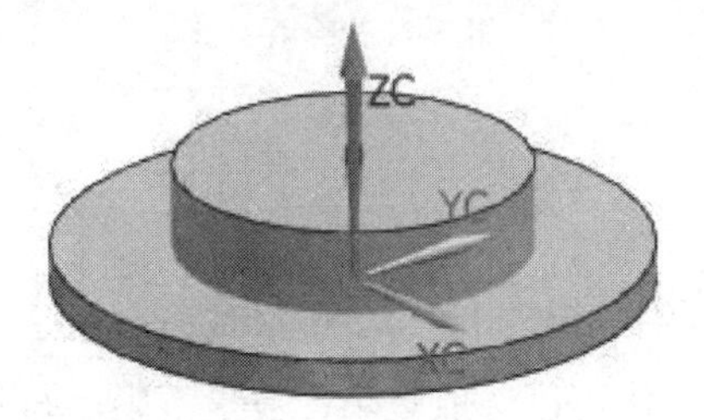

图 6-5 绘制圆柱体

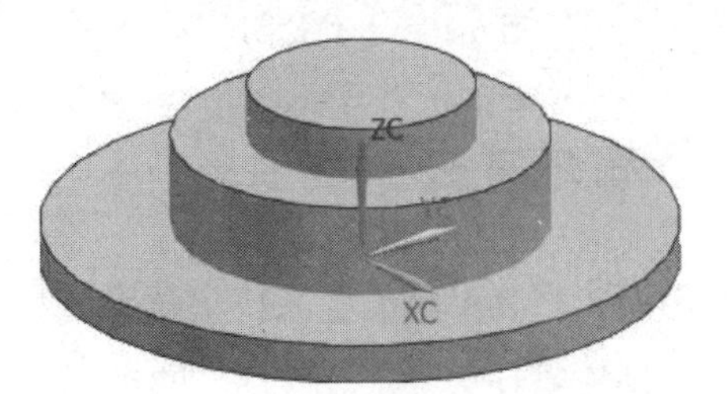

图 6-6 绘制圆柱体

④ 绘制圆柱体。执行菜单栏中的【插入】|【设计特征】|【圆柱】命令，弹出【圆柱】对话框。指定原点为轴点，以及 Z 轴为矢量方向，输入圆柱直径值 32、高度值 50，单击【确定】按钮完成圆柱体的创建，结果如图 6-7 所示。

⑤ 创建布尔合并。在【特征】组中单击【合并】按钮，弹出【合并】对话框。选取目标体和工具体，单击【确定】按钮完成合并，结果如图 6-8 所示。

图 6-7 绘制圆柱体

图 6-8 创建布尔合并

⑥ 绘制圆。在【曲线】选项卡中单击【基本曲线】按钮，弹出【基本曲线】对话框。选取类型为圆，选取原点为圆心，圆直径为 20，结果如图 6-9 所示。

⑦ 拉伸切割。在【特征】组中单击【拉伸】按钮，弹出【拉伸】对话框。选取刚才绘制的直线，指定矢量，输入拉伸参数，选择布尔求差运算，结果如图 6-10 所示。

图 6-9 绘制圆

⑧ 按 Ctrl+W 组合键，弹出【显示和隐藏】对话框，选择【曲线】类型再单击【隐藏】按钮将所有的曲线隐藏，结果如图 6-11 所示。

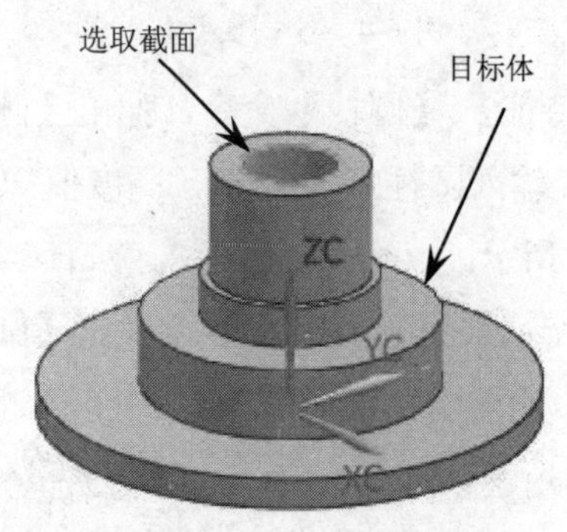

图 6-10 拉伸切割

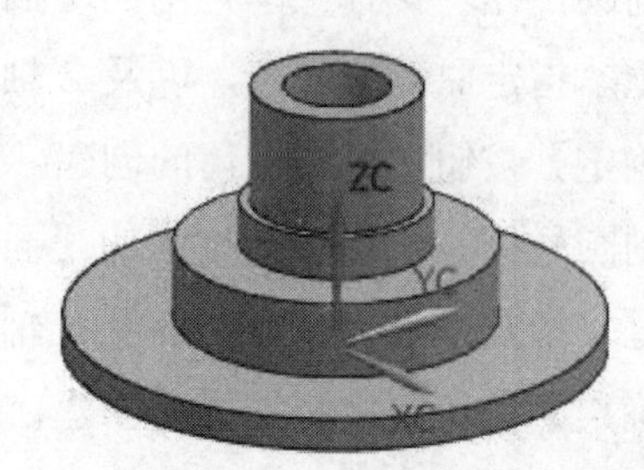

图 6-11 隐藏曲线

6.1.2 布尔减去

布尔减去运算是从一个实体中减出另一个实体的拓扑逻辑运算。布尔减去命令是利用工具体对目标体进行切割，目标体只能选取一个，工具体可以选取多个，数量不限。布尔减去命令的表现形式有两种，一种是直接进行布尔运算操作，另一种是镶嵌在其他实体操作组中，方便用户随时做布尔运算。

执行菜单栏中的【插入】|【组合】|【减去】命令，或者在【主页】选项卡中单击【减去】按钮，弹出【求差】对话框。该对话框主要用来选取减去的目标体和工具体，以及设置是否保留相关参数，如图 6-12 所示。对话框中的各选项含义如下：

- 目标：选取减去运算的目标实体，此实体将作为母体，被工具体修剪切割。
- 工具：选取减去运算的工具实体，此实体用来切割目标体，可以选取多个。
- 保存目标：在进行布尔减去运算生成新的减去实体的同时将原始的目标体保留。此操作是非参数化的。
- 保存工具：在进行布尔减去运算生成新的减去实体的同时将原始的工具体保留。此操作是非参数化的。
- 公差：进行布尔运算采用的计算公差，此公差对比较小的特征有影响。
- 预览：对减去后的结果进行可视化预览，可以随时了解减去结果是否符合用户的意图。

在实体创建操作的对话框中都镶嵌有布尔减去操作组，在【长方体】对话框的【布尔】下拉列表中选择相应选项，可以在创建长方体的同时对其进行布尔操作，如图 6-13 所示。

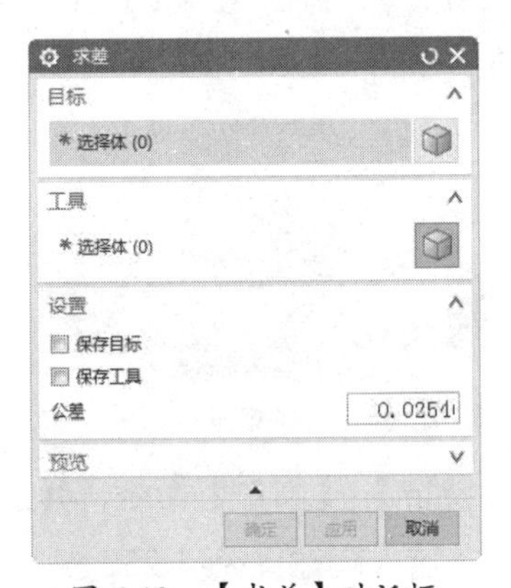

图 6-12 【求差】对话框

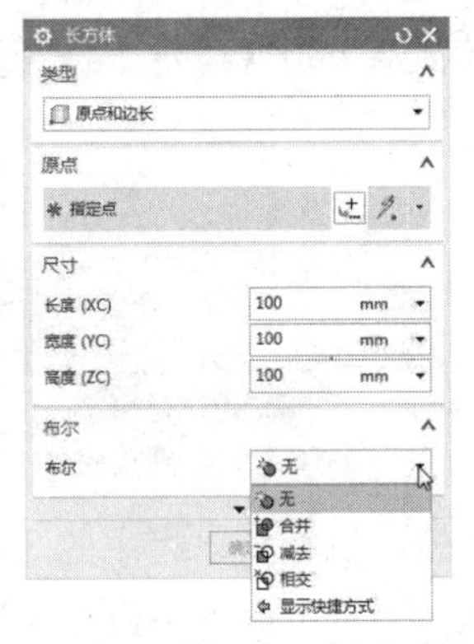

图 6-13 【长方体】对话框

技术要点：

在进行布尔减去运算时，当减去的工具体被目标体包容，并且存在临界状态时，布尔减去运算失效。系统会提示刀具和目标未形成全相交，如图 6-14 所示。因为小圆柱体在内部和大圆柱体相切，形成临界点，系统减去运算无法执行，出现报警。因此，在设计工作时，应尽可能地避免出现临界减去运算，可以进行其他的实体加厚操作将临界破坏，再进行减去运算。

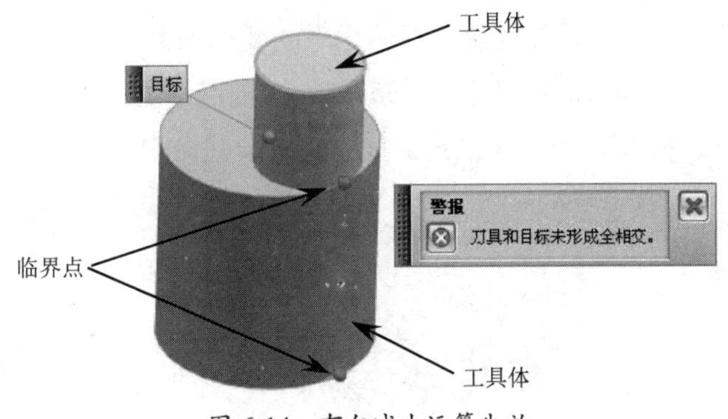

图 6-14 布尔减去运算失效

上机实践——布尔减去

本例要创建如图 6-15 所示的法兰轴套图形。

① 绘制圆柱体。执行菜单栏中的【插入】|【设计特征】|【圆柱】命令，弹出【圆柱】对话框。指定原点为圆柱体底面中心点，矢量 *ZC* 为圆柱体轴向，直径为 100，高度为 10，单击【确定】按钮完成圆柱体的绘制，如图 6-16 所示。

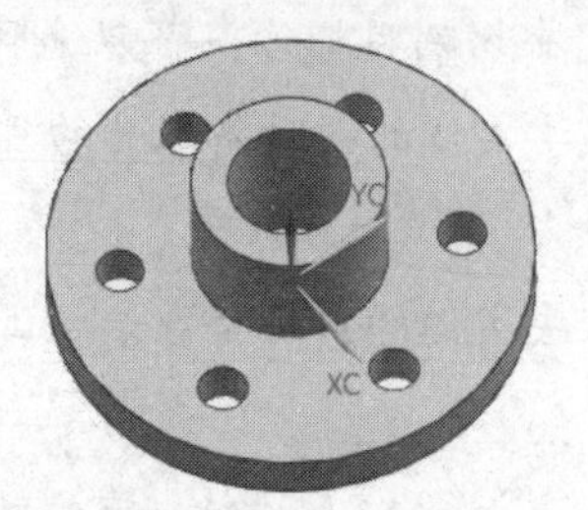

图 6-15　法兰轴套

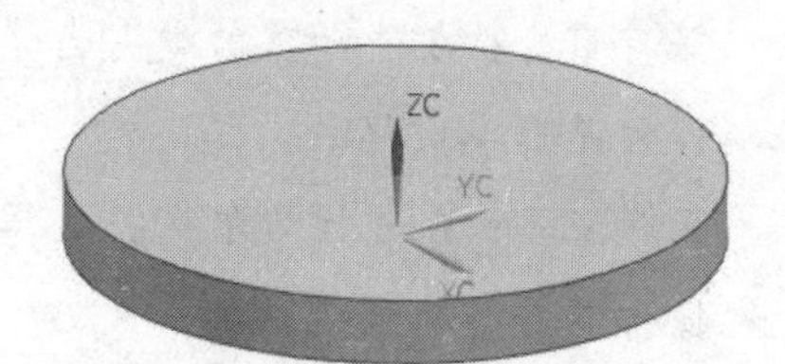

图 6-16　绘制圆柱体

② 绘制圆柱体。执行菜单栏中的【插入】|【设计特征】|【圆柱】命令，弹出【圆柱】对话框。指定原点为轴点，以及 *Z* 轴为矢量方向，输入圆柱直径值 40、高度值 35，单击【确定】按钮完成圆柱体的创建，结果如图 6-17 所示。

③ 创建布尔合并。在【特征】组中单击【合并】按钮，弹出【合并】对话框。选取目标体和工具体，单击【确定】按钮完成合并，结果如图 6-18 所示。

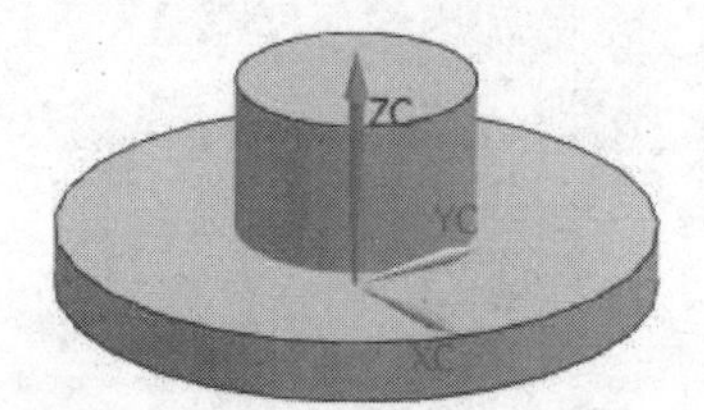

图 6-17　绘制圆柱体

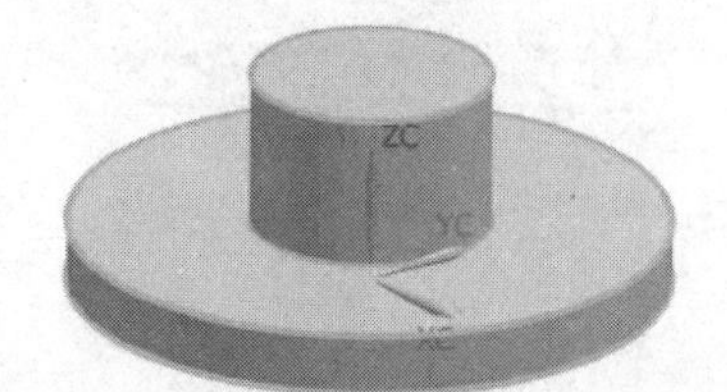

图 6-18　创建布尔合并

④ 绘制圆柱体。执行菜单栏中的【插入】|【设计特征】|【圆柱】命令，弹出【圆柱】对话框。指定原点为轴点，以及 *Z* 轴为矢量方向，输入圆柱直径值 25、高度值 40，单击【确定】按钮完成圆柱体的创建，结果如图 6-19 所示。

⑤ 绘制圆柱体。执行菜单栏中的【插入】|【设计特征】|【圆柱】命令，弹出【圆柱】对话框。指定定位点（35,0,0）为轴点，以及 *Z* 轴为矢量方向，输入圆柱直径值 10、高度值 15，单击【确定】按钮完成圆柱体的创建，结果如图 6-20 所示。

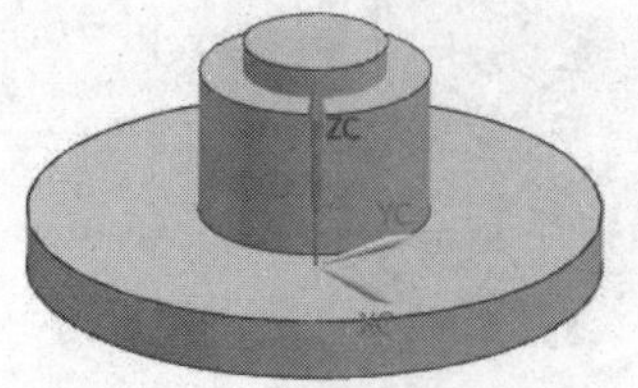

图 6-19　绘制圆柱体

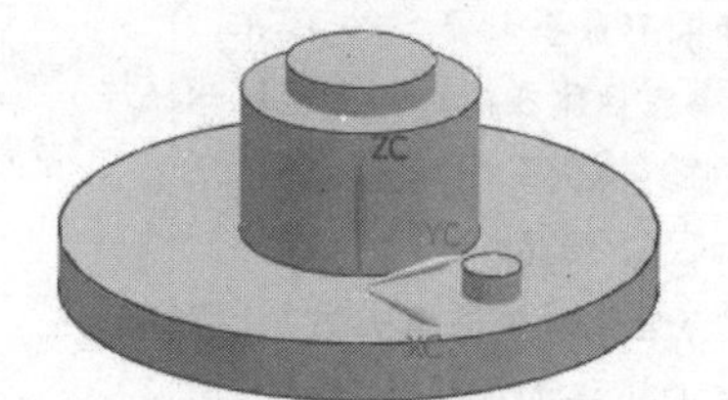

图 6-20　绘制圆柱体

⑥ 创建阵列特征。在【特征】组中单击【阵列特征】按钮，弹出【阵列特征】对话框。选取要阵列的对象，指定阵列布局为【圆形】，选取旋转轴矢量和轴点，设置阵列参数，

如图 6-21 所示。

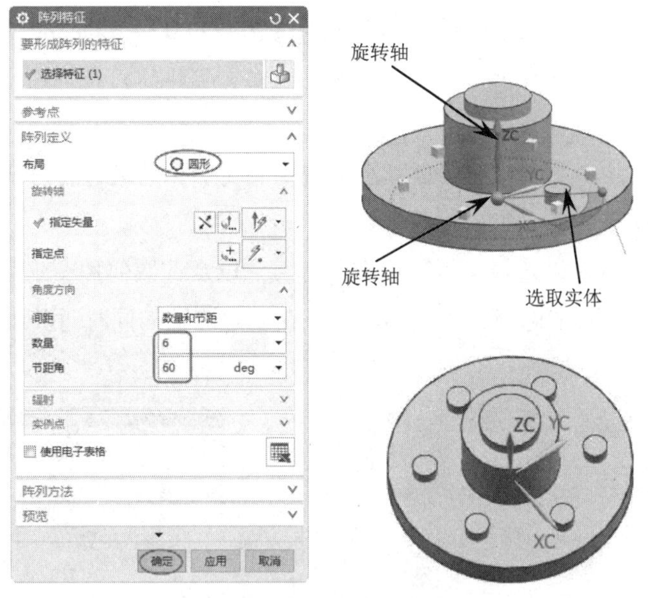

图 6-21　创建阵列特征

⑦　创建布尔减去。在【特征】组中单击【减去】按钮，弹出【求差】对话框。选取目标体和工具体，单击【确定】按钮完成减去运算，结果如图 6-22 所示。

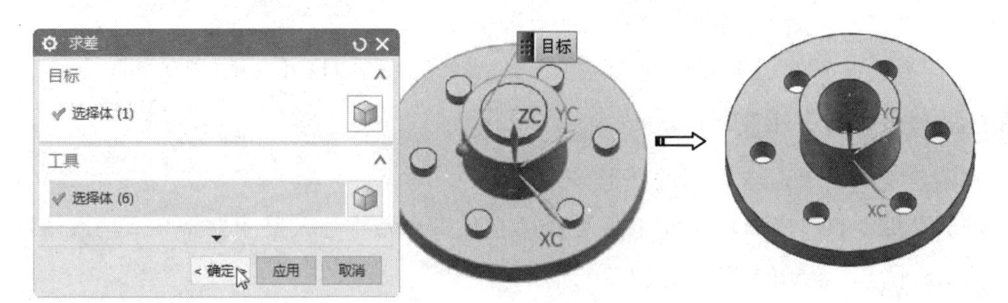

图 6-22　创建布尔减去

6.1.3　布尔相交

布尔相交运算是一种将多个实体之间进行求取公共部分的拓扑逻辑运算，运算后的结果是将所有的实体全部叠加在一起取其公共部分后的效果。利用工具体添加到目标体中进行相交，最先选取的实体即为目标体，其后选取的实体即为工具体。目标体只能有一个，而工具体可以是任意数量。

布尔相交运算命令的操作方式有两种，一种是直接采用布尔运算命令进行操作，另外一种是镶嵌在别的工具中进行操作。

可以执行菜单栏中的【插入】|【组合】|【相交】命令，或者在【主页】选项卡中单击【相交】按钮，弹出【相交】对话框。该对话框用来选取目标体和工具体，以及设置是否保留参数，如图 6-23 所示。对话框中的各选项含义如下：

- 目标：选取相交运算的目标实体。此实体将作为母体，被工具体进行叠加相交。
- 工具：选取相交运算的工具实体。此实体是用来和目标体相交的工具，可以选取多个。
- 保存目标：在进行布尔相交运算生成新的相交实体的同时将原始的目标体保留。此操作是非参数化的。
- 保存工具：在进行布尔相交运算生成新的相交实体的同时将原始的工具体保留。此操作是非参数化的。

在创建实体的同时可以选择是否使用布尔运算，以及选取何种布尔运算。在【圆柱】对话框的【布尔】下拉列表中选择相应选项，可以在创建圆柱的同时对其进行布尔操作，如图 6-24 所示。

图 6-23 【相交】对话框

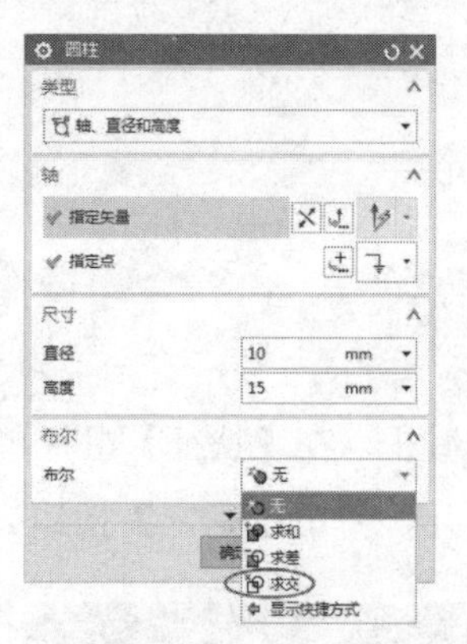

图 6-24 【圆柱】对话框

上机实践——布尔相交

本例要绘制如图 6-25 所示的图形。

① 绘制草图。执行菜单栏中的【插入】|【在任务环境中插入草图】命令，选取草图平面为 *ZY* 平面，绘制的草图如图 6-26 所示。

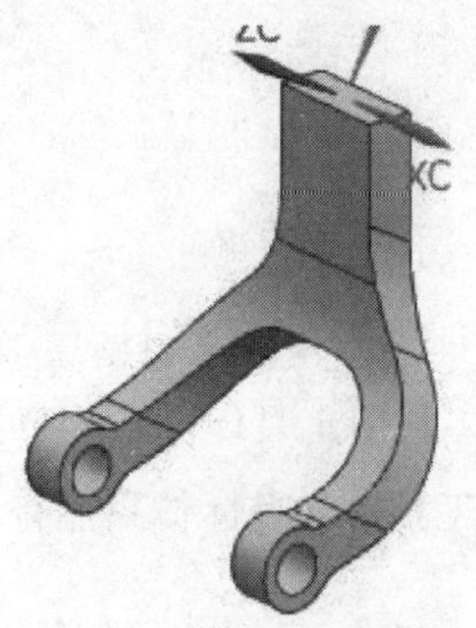

图 6-25 要绘制的图形

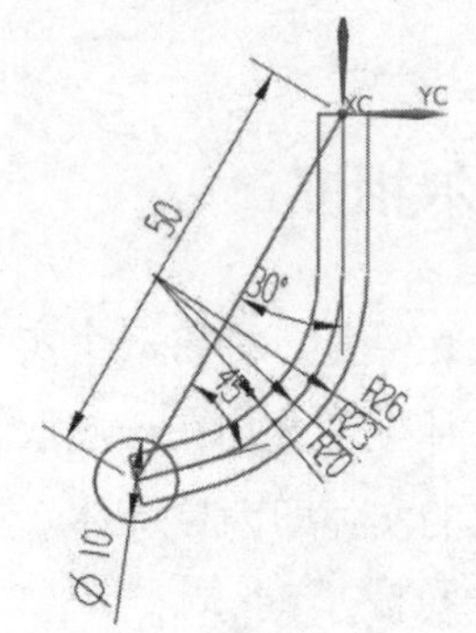

图 6-26 绘制草图

② 拉伸实体。在【特征】组中单击【拉伸】按钮，弹出【拉伸】对话框。选取刚才绘制的直线，指定矢量，输入拉伸参数，结果如图 6-27 所示。

③ 动态移动基准坐标系，选取 *Y* 轴后再单击直线。调整后的坐标系如图 6-28 所示。

④ 绘制草图。执行菜单栏中的【插入】|【在任务环境中插入草图】命令，选取草图平面

为 *XY* 平面，绘制的草图如图 6-29 所示。

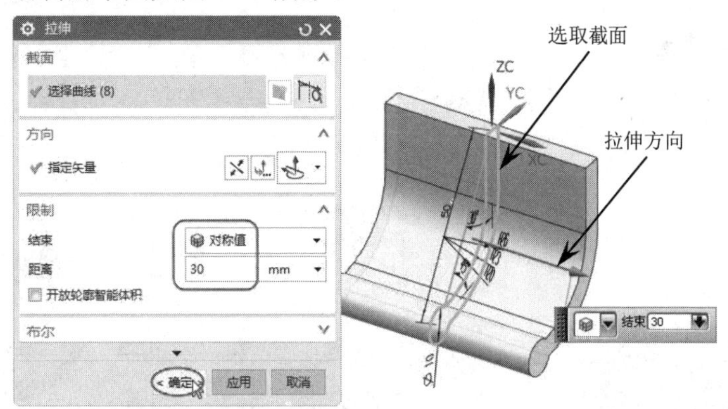

图 6-27　创建拉伸实体

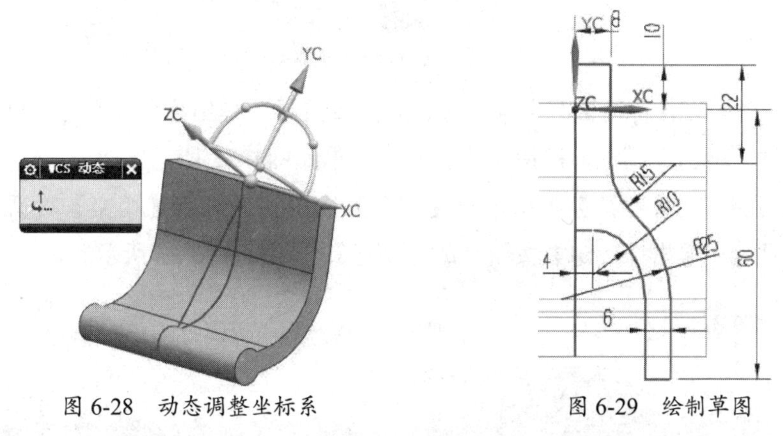

图 6-28　动态调整坐标系　　　　图 6-29　绘制草图

⑤ 拉伸实体。在【特征】组中单击【拉伸】按钮，弹出【拉伸】对话框。选取刚才绘制的直线，指定矢量，输入拉伸参数，结果如图 6-30 所示。

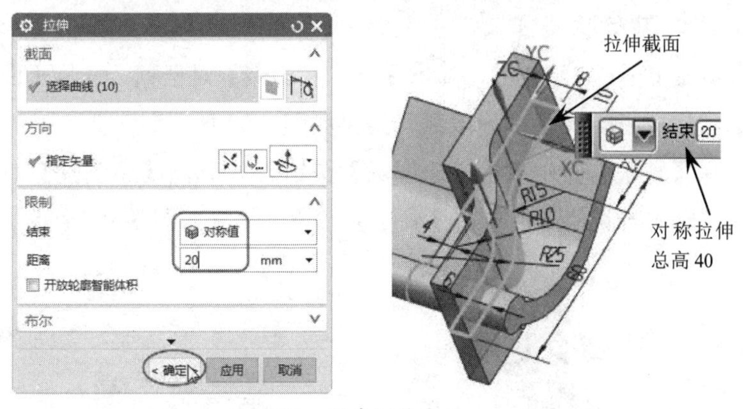

图 6-30　创建拉伸实体

⑥ 镜像拉伸实体。选取要变换的对象后，执行菜单栏中的【编辑】|【变换】命令，弹出【变换】对话框。选择【通过一平面镜像】选项弹出【平面】对话框，指定镜像平面为实体端面后返回【变换】对话框选择【复制】选项，随后自动完成对象的镜像。最后单击【取消】按钮结束镜像操作，如图 6-31 所示。

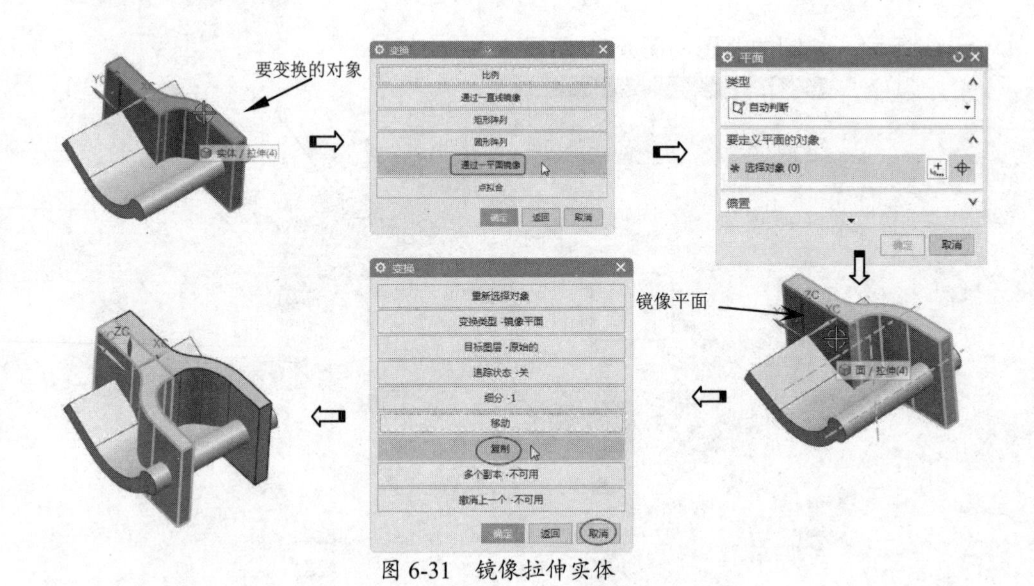

图 6-31 镜像拉伸实体

⑦ 创建布尔合并。在【特征】组中单击【合并】按钮，弹出【合并】对话框。选取目标体和工具体，单击【确定】按钮完成合并，结果如图 6-32 所示。

⑧ 创建布尔相交。在【特征】组中单击【相交】按钮，弹出【相交】对话框。选取目标体和工具体，单击【确定】按钮完成相交运算结果如图 6-33 所示。

图 6-32 创建布尔合并

图 6-33 创建布尔相交

⑨ 隐藏曲线。按 Ctrl+W 组合键，弹出【显示和隐藏】对话框，选择【曲线】类型再单击【隐藏】按钮将所有的曲线隐藏，结果如图 6-34 所示。

⑩ 倒圆角。在【特征】组中单击【边倒圆】按钮，弹出【边倒圆】对话框。选取要倒圆角的边，输入半径值 3 后单击【确定】按钮，结果如图 6-35 所示。

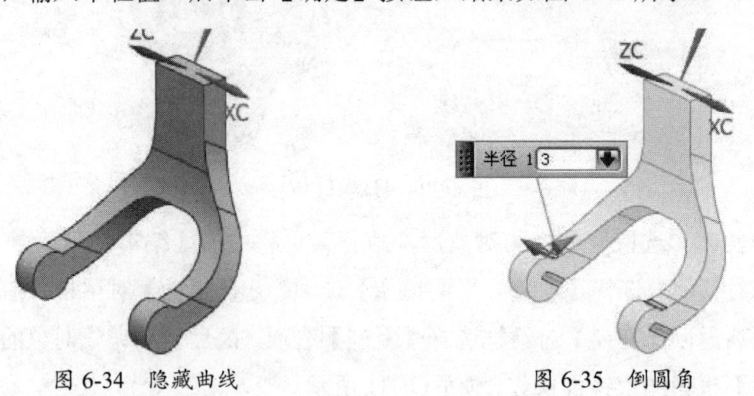

图 6-34 隐藏曲线

图 6-35 倒圆角

⑪ 创建孔。在【特征】组中单击【孔】按钮，弹出【孔】对话框。设置类型为【常规孔】，形状为【简单】，指定孔的位置和尺寸，结果如图 6-36 所示。

技术要点：

当布尔相交操作选取的工具体是多个时，单个相交和一起相交有时候是有差别的。因此，用户在操作之前先要进行充分的分析。

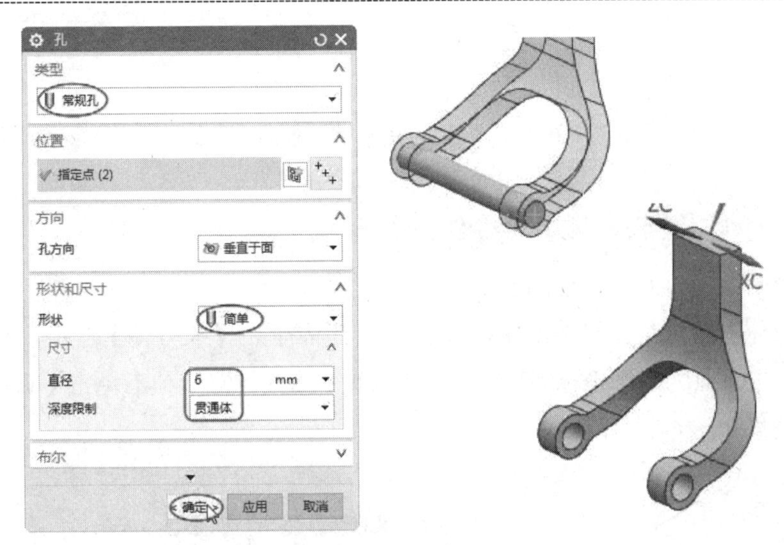

图 6-36 创建孔

6.2 体素特征

在进行实体建模时，有很多基础特征经常会用到，而且是基本的实体模型——体素特征，如长方体、圆柱体、圆锥体、球体等。这些模型是最初几何研究的对象，是最原始的基础实体。UG 将这些实体专门开发成工具，无须用户绘制截面，只需要给定定位点和确定外形的相关参数即可建模，大大提高建模的速度和效率。

6.2.1 长方体

执行菜单栏中的【插入】|【设计特征】|【长方体】命令，弹出【块】对话框。该对话框用来设置长方体的定位方式和长、宽、高等参数，如图 6-37 所示。

长方体的定位方式有三种，分别是【原点和边长】、【两点和高度】及【两个对角点】。

- 原点和边长：该方式需要指定底面中心和长方体的长、宽、高参数来创建块。
- 两点和高度：该方式需要指定底面上矩形的对角点和长方体的高度来创建块。
- 两个对角点：该方式只需要定义长方体的两个对角点即可。

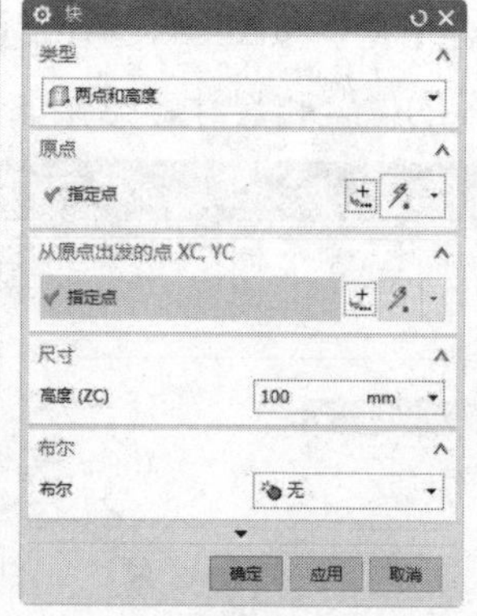

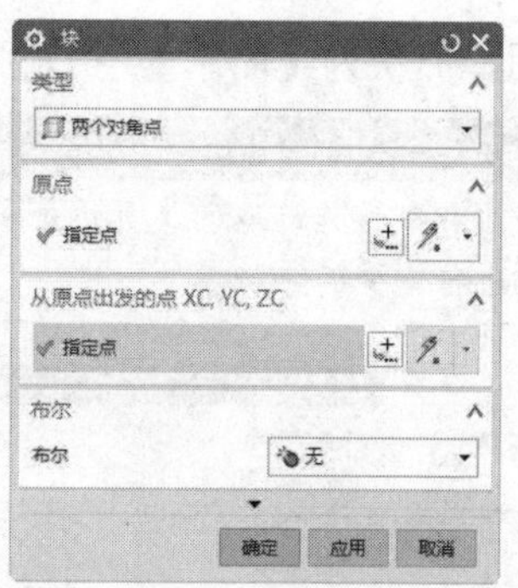

图 6-37 【块】对话框

上机实践——利用【长方体】命令绘制图形

本例要绘制如图 6-38 所示的图形。

① 绘制长方体。执行菜单栏中的【插入】|【设计特征】|【长方体】命令，弹出【块】对话框。指定原点为系统坐标系原点，输入长度、宽度、高度值后单击【确定】按钮完成创建，结果如图 6-39 所示。

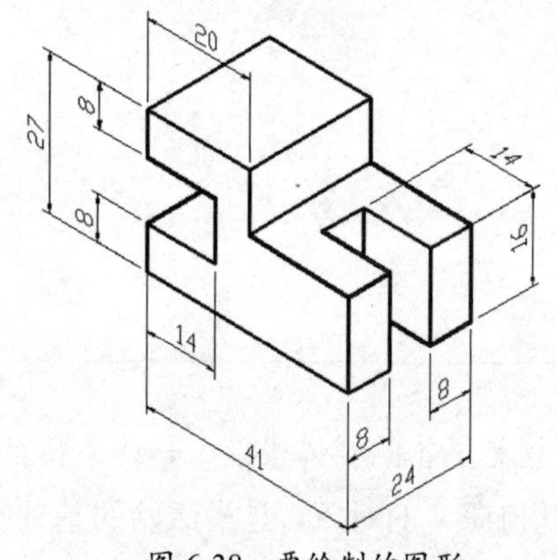

图 6-38 要绘制的图形

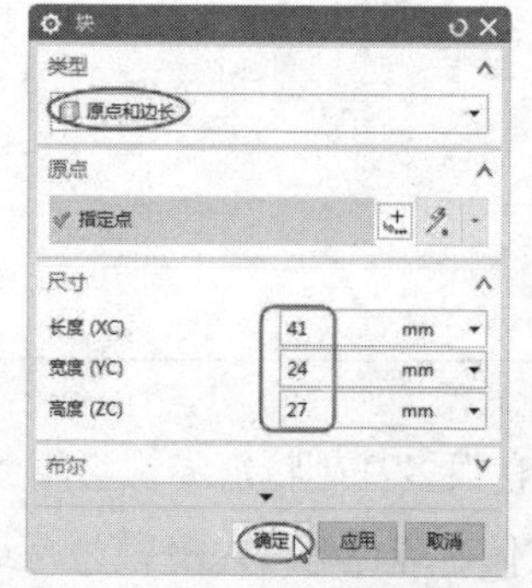

图 6-39 创建长方体

② 同理，再创建一个长方体。指定定位点为（0,0,8），长度为 14，宽度为 30，高度为 11，结果如图 6-40 所示。

③ 创建布尔减去。在【特征】组中单击【减去】按钮，弹出【求差】对话框。选取目标体和工具体，单击【确定】按钮完成减去运算，结果如图 6-41 所示。

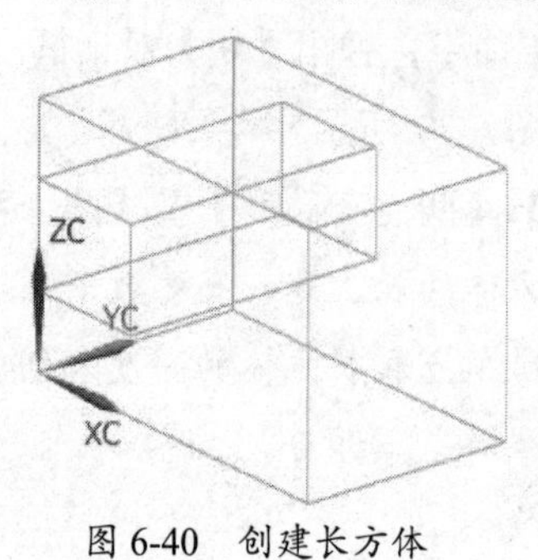

图 6-40 创建长方体

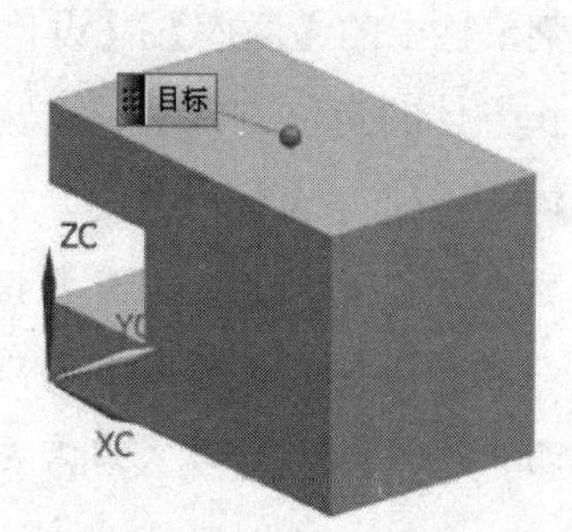

图 6-41 创建布尔减去

④ 绘制长方体。执行菜单栏中的【插入】|【设计特征】|【长方体】命令，弹出【块】对话框。指定定位点（20,0,16），输入长度值 21、宽度值 30、高度值 11，单击【确定】按钮完成创建，结果如图 6-42 所示。

⑤ 创建布尔减去。在【特征】组中单击【减去】按钮，弹出【求差】对话框。选取目标体和工具体，单击【确定】按钮完成减去运算，结果如图 6-43 所示。

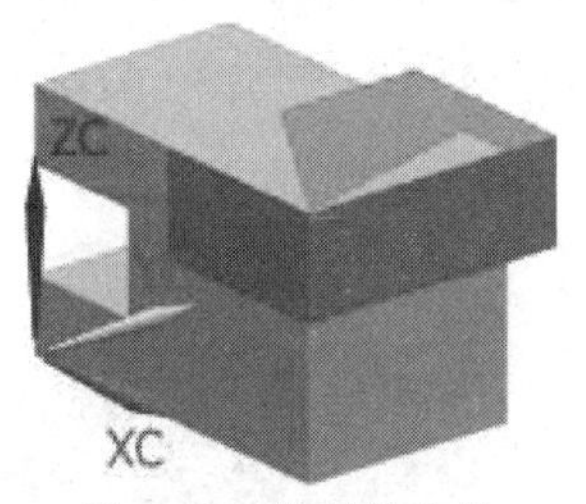

图 6-42 绘制长方体

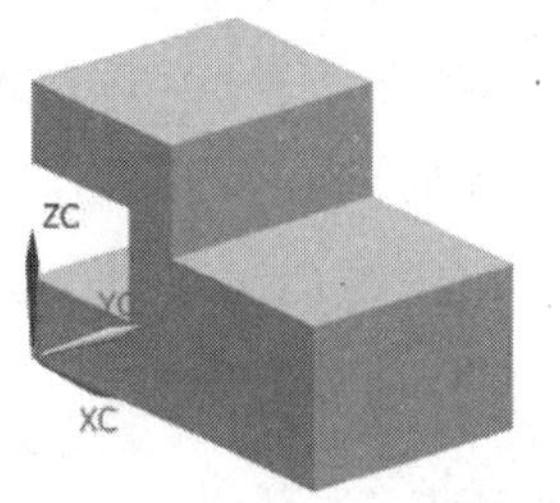

图 6-43 创建布尔减去

⑥ 绘制长方体。执行菜单栏中的【插入】|【设计特征】|【长方体】命令，弹出【块】对话框。指定定位点（27,8,0），输入长度值 14、宽度值 8、高度值 16，单击【确定】按钮完成创建，结果如图 6-44 所示。

⑦ 创建布尔减去。在【特征】组中单击【减去】按钮，弹出【求差】对话框。选取目标体和工具体，单击【确定】按钮完成减去运算，结果如图 6-45 所示。

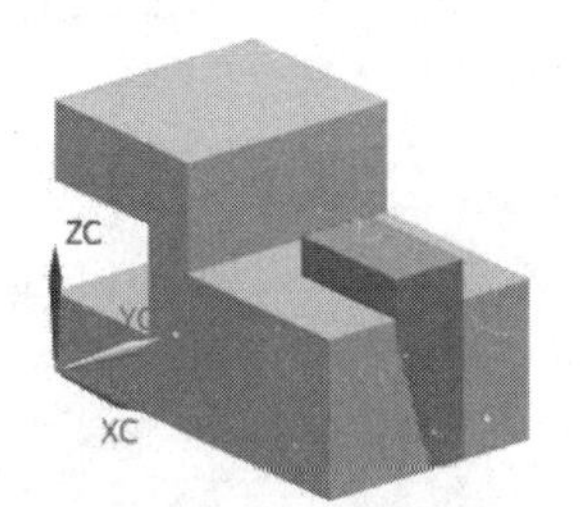

图 6-44 绘制长方体

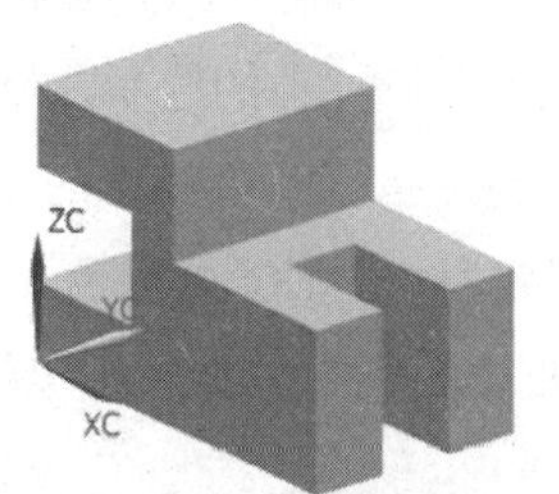

图 6-45 创建布尔减去

6.2.2 圆柱体

圆柱体是矩形绕其一条边旋转而成的实体，也可以看成是圆形拉伸成的实体。执行菜单栏中的【插入】|【设计特征】|【圆柱】命令，弹出【圆柱】对话框。该对话框用来设置圆柱体的定位方式和外形参数，如图 6-46 所示。

图 6-46 【圆柱】对话框

对话框中的各选项含义如下：

● 轴、直径和高度：通过指定圆柱底面中心和输入直径、高度值来定义圆柱体。

- 圆弧和高度：通过选取一段圆弧，将圆弧的直径值继承到圆柱中，并输入圆柱的高度，来创建圆柱，创建的圆柱和圆弧没有关联性，只是将圆弧的直径提供给圆柱。

上机实践——利用【圆柱】命令绘制抓料销

本例要绘制如图 6-47 所示的抓料销。

① 绘制圆柱体。执行菜单栏中的【插入】|【设计特征】|【圆柱】命令，弹出【圆柱】对话框。指定原点为轴点，以及 *X* 轴为矢量方向，输入圆柱直径值 9、高度值 4，单击【确定】按钮完成圆柱体的绘制，结果如图 6-48 所示。

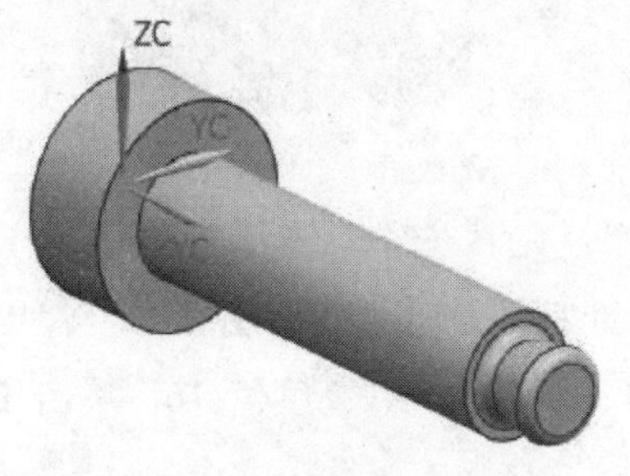

图 6-47　抓料销

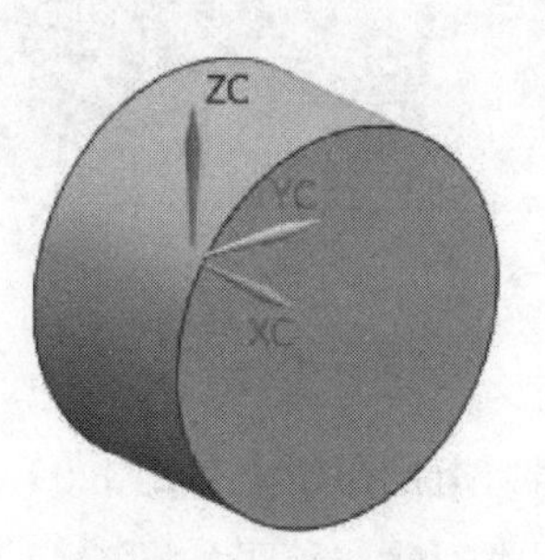

图 6-48　绘制圆柱体

② 绘制圆柱体。执行菜单栏中的【插入】|【设计特征】|【圆柱】命令，弹出【圆柱】对话框。指定原点为轴点，以及 *X* 轴为矢量方向，输入圆柱直径值 5、高度值 20，单击【确定】按钮完成圆柱体的绘制，结果如图 6-49 所示。

③ 绘制圆柱体。执行菜单栏中的【插入】|【设计特征】|【圆柱】命令，弹出【圆柱】对话框。指定原点为轴点，以及 *X* 轴为矢量方向，输入圆柱直径值 4、高度值 3，单击【确定】按钮完成圆柱体的绘制，结果如图 6-50 所示。

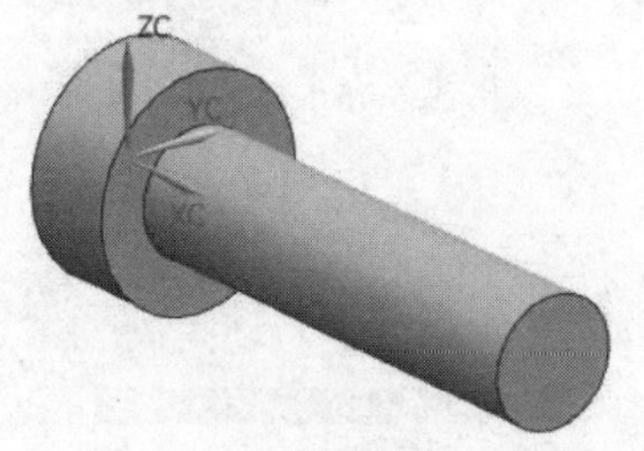

图 6-49　绘制圆柱体

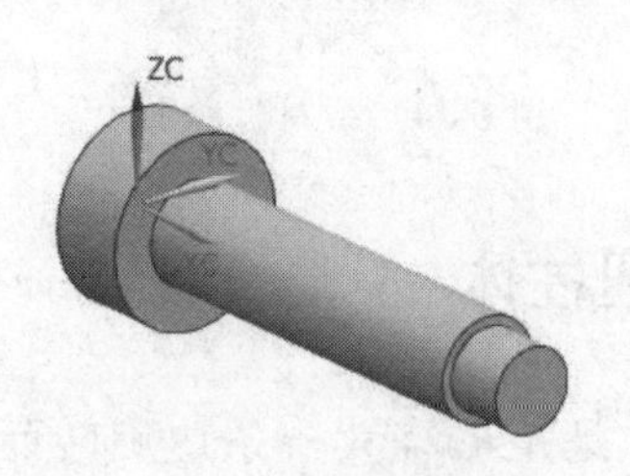

图 6-50　绘制圆柱体

④ 拔模。在【特征】组中单击【拔模】按钮，弹出【拔模】对话框。选取脱模方向和固定面后，再选取要拔模的面，并输入拔模的角度值，结果如图 6-51 所示。

⑤ 创建布尔合并。在【特征】组中单击【合并】按钮，弹出【合并】对话框。选取目标体和工具体，单击【确定】按钮完成合并，结果如图 6-52 所示。

⑥ 倒圆角。在【特征】组中单击【边倒圆】按钮，弹出【边倒圆】对话框。选取要倒圆角的边，输入半径值 0.5 后单击【确定】按钮，结果如图 6-53 所示。

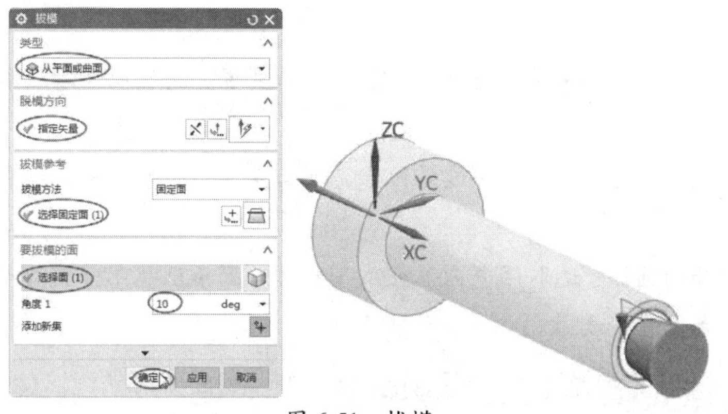

图 6-51 拔模

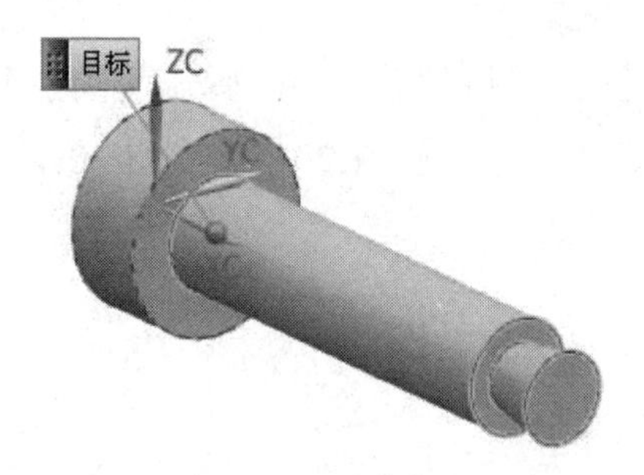

图 6-52 创建布尔合并

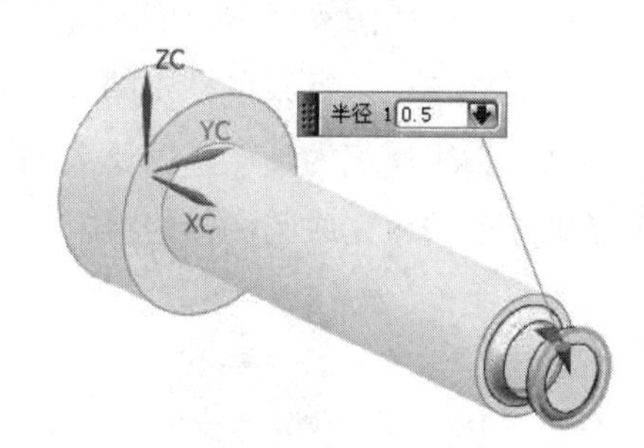

图 6-53 倒圆角

6.2.3 圆锥体

圆锥体是一条倾斜的母线绕竖直的轴线旋转一周形成的实体。可以在菜单栏中执行【插入】|【设计特征】|【圆锥】命令，弹出【圆锥】对话框。该对话框用来设置圆锥体的定位方式和外形参数，如图 6-54 所示。各类型含义如下：

图 6-54 【圆锥】对话框

- 直径和高度：通过定义定位点和底面直径、顶面直径以及高度值生成圆锥体。
- 直径和半角：通过定义定位点和底面直径、顶面直径以及母线和轴线的角度值来定义圆锥体。

- 底部直径，高度和半角：通过定位点、底面直径、高度以及母线和轴线的角度值定义圆锥体。
- 顶部直径，高度和半角：通过定位点、顶面直径、高度以及母线和轴线的角度值定义圆锥体。
- 两个共轴的圆弧：选取两个圆弧生成圆锥体。两条圆弧不一定要平行，圆心不一定要在一条竖直直线上。

上机实践——利用【圆锥】命令绘制图形

本例要绘制如图 6-55 所示的图形。

① 绘制圆柱体。执行菜单栏中的【插入】|【设计特征】|【圆柱】命令，弹出【圆柱】对话框。指定原点为轴点，以及 Z 轴为矢量方向，输入圆柱直径值 20、高度值 20，单击【确定】按钮完成圆柱体的绘制，结果如图 6-56 所示。

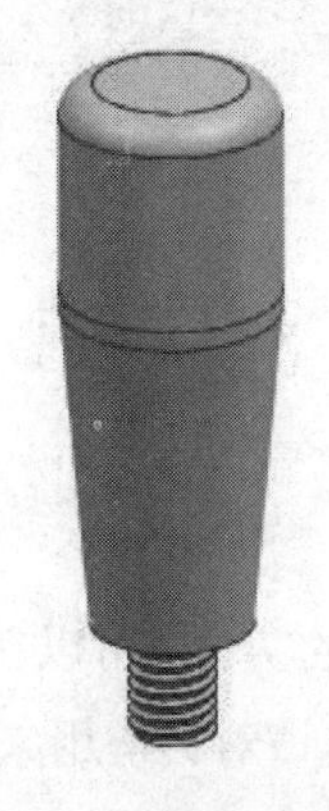

图 6-55 要绘制的图形

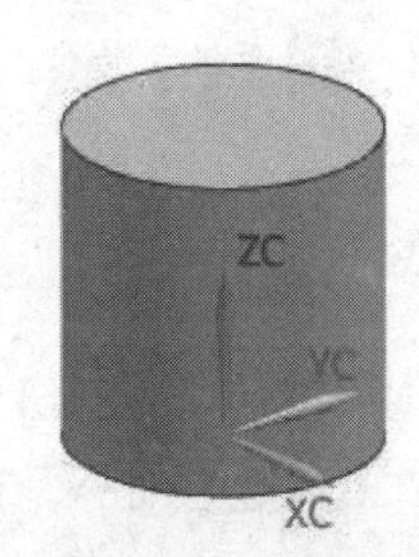

图 6-56 绘制圆柱体

② 绘制圆锥体。执行菜单栏中的【插入】|【设计特征】|【圆锥】命令，弹出【圆锥】对话框。指定原点为轴点，以及 Z 轴为矢量方向，输入底部直径值 20、高度值 30、半角值 5，单击【确定】按钮完成圆锥体的绘制，结果如图 6-57 所示。

③ 绘制圆柱体。执行菜单栏中的【插入】|【设计特征】|【圆柱】命令，弹出【圆柱】对话框。指定圆锥体端面圆心为轴点，以及 Z 轴为矢量方向，输入圆柱直径值 8、高度值 10，单击【确定】按钮完成圆柱体的绘制，结果如图 6-58 所示。

④ 创建布尔合并。在【特征】组中单击【合并】按钮，弹出【合并】对话框。选取目标体和工具体，单击【确定】按钮完成合并，结果如图 6-59 所示。

⑤ 绘制螺纹。执行菜单栏中的【插入】|【设计特征】|【螺纹】命令，弹出【螺纹】对话框。选择【详细】螺纹类型，选取螺纹放置面，设置螺纹参数，结果如图 6-60 所示。

⑥ 倒圆角。在【特征】组中单击【边倒圆】按钮，弹出【边倒圆】对话框。选取要倒圆角的边，输入半径值 3 和 20 后单击【确定】按钮，结果如图 6-61 所示。

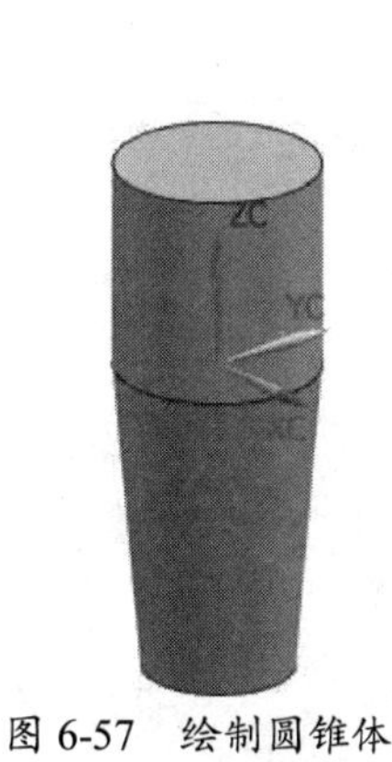

图 6-57　绘制圆锥体

图 6-58　绘制圆柱体

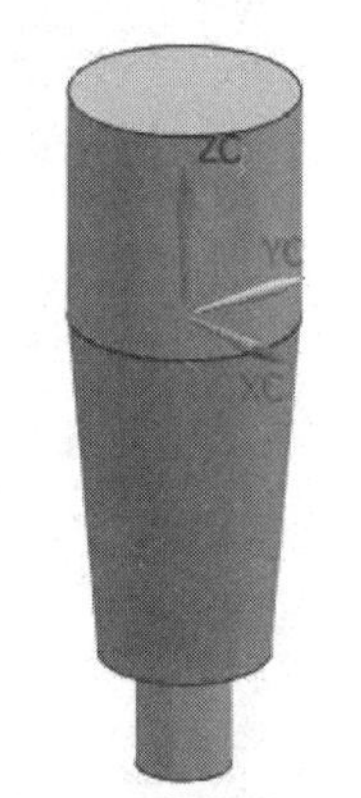

图 6-59　创建布尔合并

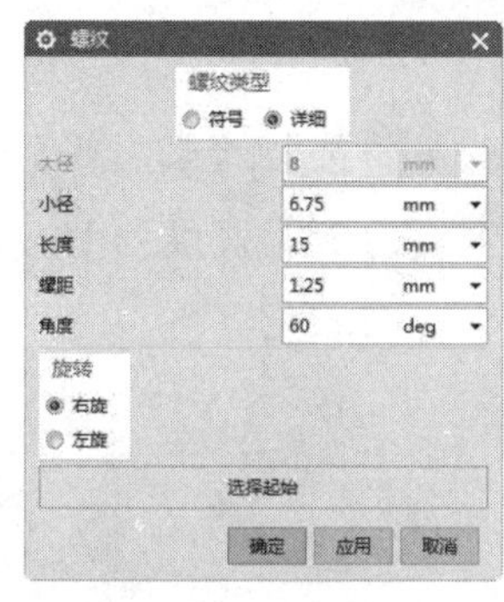

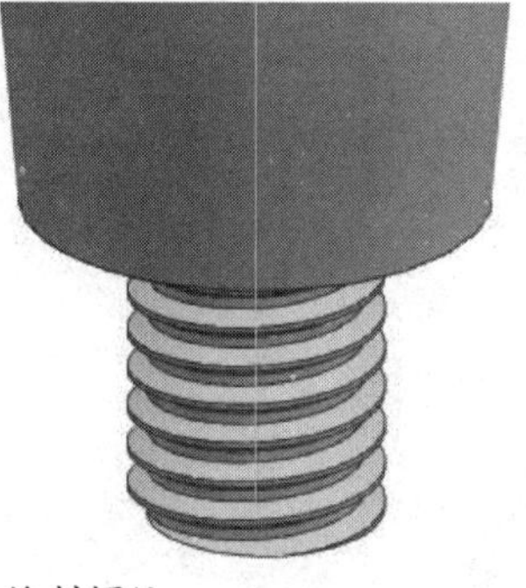

图 6-60　绘制螺纹

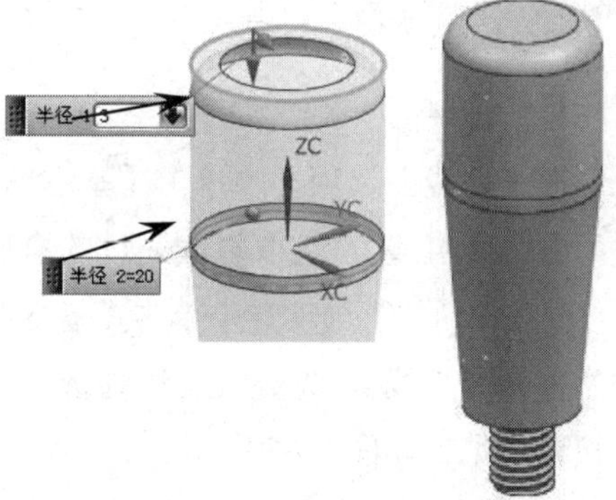

图 6-61　倒圆角

6.2.4　球体

球体是半圆母线绕其直径轴旋转一周形成的实体。可以在菜单栏中执行【插入】|【设计特征】|【球】命令，弹出【球】对话框。该对话框用来设置球体的定位方式和外形参数，如图 6-62 所示。各类型含义如下：

- 中心点和直径：通过球心和球直径来创建球体。
- 圆弧：通过选取圆弧来创建球体。球直径等于圆弧直径，球中心在圆弧圆心上。创建的球体并不与选取圆弧产生关联性。

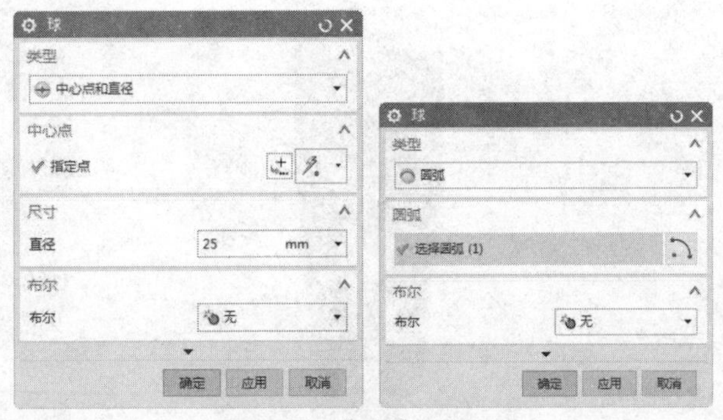

图 6-62 【球】对话框

上机实践——麻将造型

本例将绘制如图 6-63 所示的麻将。

① 绘制长方体。执行菜单栏中的【插入】|【设计特征】|【长方体】命令，弹出【块】对话框。指定定位点（0,0,-5），长度为 25，宽度为 35，高度为 16，单击【确定】按钮完成绘制，结果如图 6-64 所示。

图 6-63 麻将

图 6-64 绘制长方体

② 绘制直线。在【曲线】选项卡中单击【基本曲线】按钮，弹出【基本曲线】对话框。设置【类型】为【直线】，选取直线通过的点进行连接直线，结果如图 6-65 所示。

③ 绘制平行线。在【曲线】选项卡中单击【基本曲线】按钮，弹出【基本曲线】对话框，设置【类型】为【直线】，先靠近直线并选取直线后，再设置平行距离为 7 和-7，单击【确定】按钮，结果如图 6-66 所示。

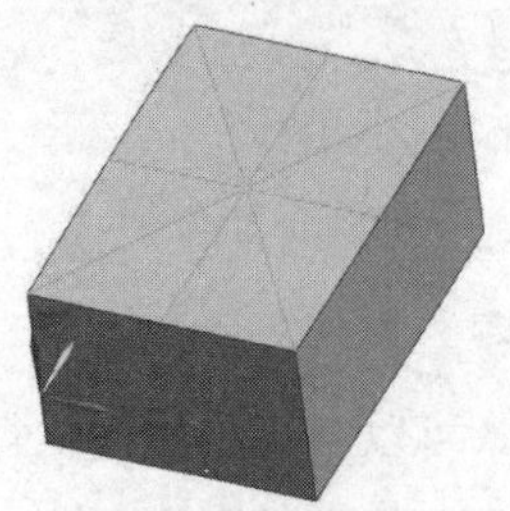

图 6-65 绘制直线

图 6-66 绘制平行线

④ 在【曲线】选项卡中单击【基本曲线】按钮，弹出【基本曲线】对话框。设置【类型】为【直线】，选取直线通过的点连接直线，结果如图 6-67 所示。

⑤ 执行菜单栏中的【插入】|【设计特征】|【球】命令，弹出【球】对话框。指定顶面中心为球心，输入球的直径值 5，单击【确定】按钮完成绘制，结果如图 6-68 所示。

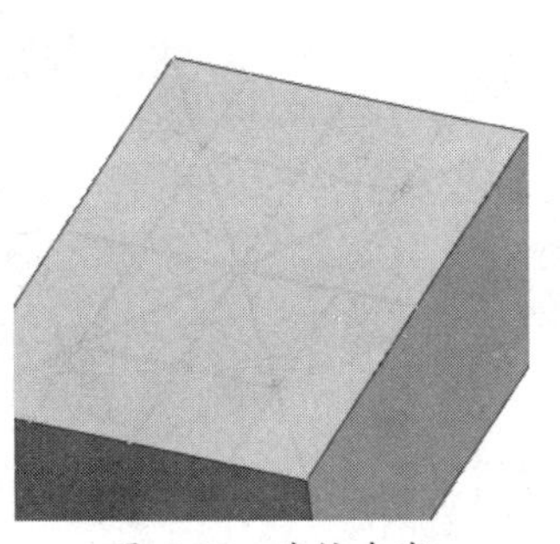

图 6-67 连接直线

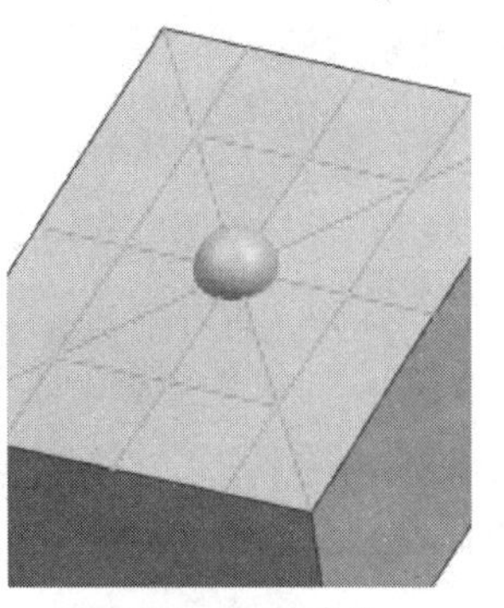

图 6-68 绘制球体

⑥ 在【特征】组中单击【阵列特征】按钮，弹出【阵列特征】对话框。选取要阵列的对象，指定阵列布局类型为【常规】，选取阵列基点，结果如图 6-69 所示。

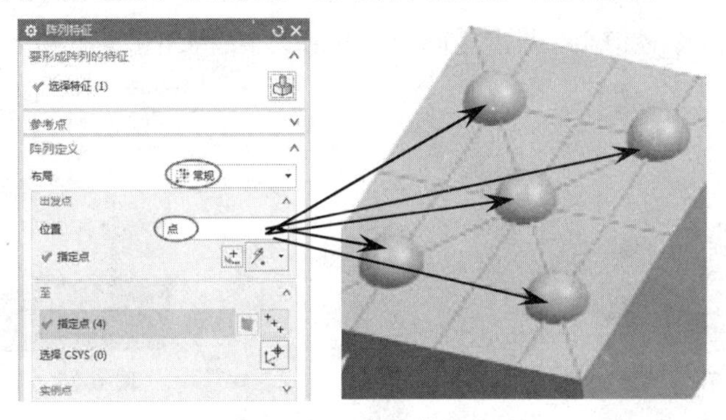

图 6-69 阵列特征

⑦ 创建布尔减去。在【特征】组中单击【减去】按钮，弹出【求差】对话框。选取目标体和工具体，单击【确定】按钮完成减去运算，结果如图 6-70 所示。

⑧ 倒圆角。在【特征】组中单击【边倒圆】按钮，弹出【边倒圆】对话框。选取要倒圆角的边，输入半径值 1，单击【确定】按钮，结果如图 6-71 所示。

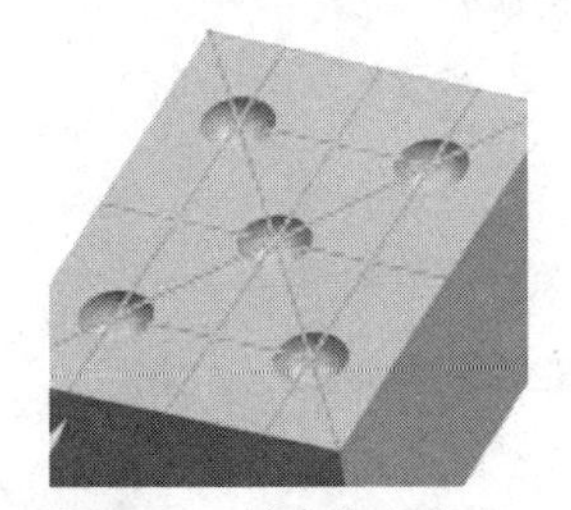

图 6-70 创建布尔减去

图 6-71 倒圆角

⑨ 分割面。在菜单栏中执行【插入】|【修剪】|【分割面】命令，弹出【分割面】对话框。选取要分割的面，再选取分割对象为 *XY* 平面，投影方向为【垂直于面】，单击【确定】按钮完成分割，结果如图 6-72 所示。

⑩ 着色面。按 Ctrl+J 组合键，选取要着色的面后单击【确定】按钮，弹出【编辑对象显示】对话框。将颜色修改为青色和洋红色，单击【确定】按钮，完成着色，结果如图 6-73 所示。

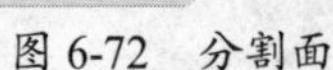

图 6-72　分割面

图 6-73　着色面

⑪ 隐藏曲线。按 Ctrl+W 组合键，弹出【显示和隐藏】对话框。选择【曲线】类型再单击【隐藏】按钮━将所有的曲线隐藏，结果如图 6-74 所示。

⑫ 倒圆角。在【特征】组中单击【边倒圆】按钮，弹出【边倒圆】对话框。选取要倒圆角的边，输入半径值 1，单击【确定】按钮，结果如图 6-75 所示。

图 6-74　隐藏曲线

图 6-75　倒圆角

6.3 基于草图截面的特征

通过草图创建特征，即先绘制创建实体特征所需要的草图特征，然后对草图执行一定的三维操作，如拉伸、旋转、扫掠等，生成用户需要的实体特征。

6.3.1 拉伸

拉伸是将草图截面或曲线截面沿一定的方向拉伸一定的线性距离形成的实体特征。在菜单栏中执行【插入】|【设计特征】|【拉伸】命令，或者在【特征】组中单击【拉伸】按钮，弹出【拉伸】对话框，如图 6-76 所示。

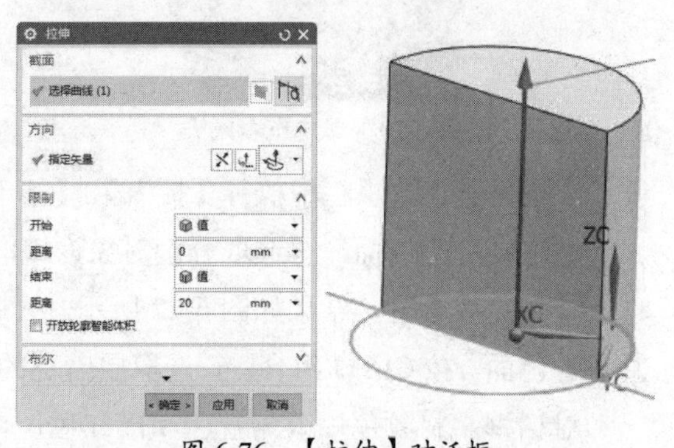

图 6-76　【拉伸】对话框

对话框中的各选项含义如下：

- 截面：选取用于拉伸实体的截面曲线或选择面进行临时绘制草图截面。

- 指定矢量：指定用于拉伸实体的成长方向，默认方向为截面的法向方向。
- 开始/结束：指定沿拉伸方向输入的起始位置值和结束位置值。
  - 值：手动输入拉伸的距离数值。
  - 对称值：此值可控制在截面两侧对称拉伸的深度。如图 6-77 所示为在草图截面的两侧进行对称拉伸的示意图。
  - 直至下一个：沿拉伸方向拉伸到下一个对象。如图 6-78 所示为在同一个平面上的两个截面在开始端拉伸直至下一个截面的不同效果。

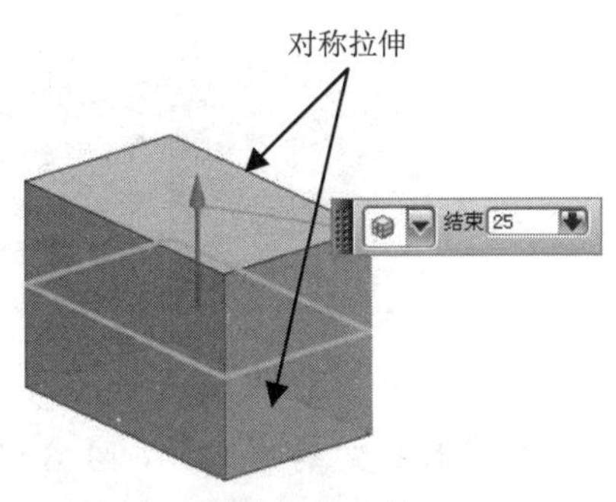

图 6-77 对称拉伸实体

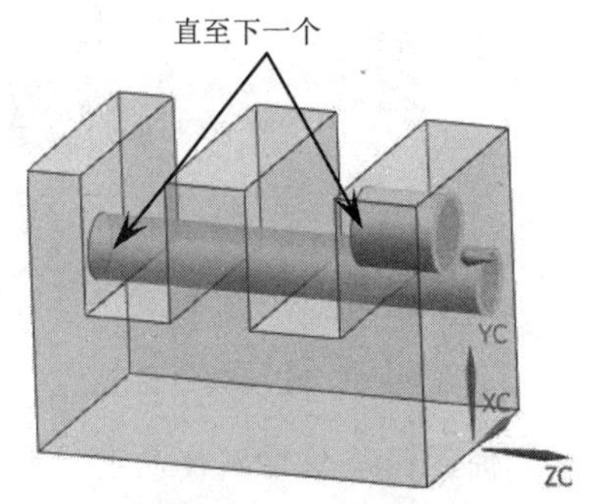

图 6-78 直至下一个

技术要点：

直至下一个拉伸深度的含义是拉伸体的整个截面必须要全部到达下一个对象面，如果只有一部分截面到达下一个对象面，则拉伸特征不会停止，继续往下拉伸，直到该截面整个完全出现在该面为止。

- 直至选定：拉伸到选定的表面、基准面或实体面。如图 6-79 所示为拉伸选取的截面直到选定的平面。

技术要点：

【直至选定】选项要求选取的面必须是拉伸体整个截面完全到达该面，如果拉伸体截面只有部分到达该面，则系统无法计算。

- 直至延伸部分：允许用户裁剪拉伸体至选定的表面。如图 6-80 所示为拉伸截面拉伸到选取的面终止。

技术要点：

采用【直至延伸部分】选项进行拉伸时，所有截面都会在选取的面处停止拉伸，不管拉伸截面是否完全到达该面，拉伸实体特征都会停止在该面。

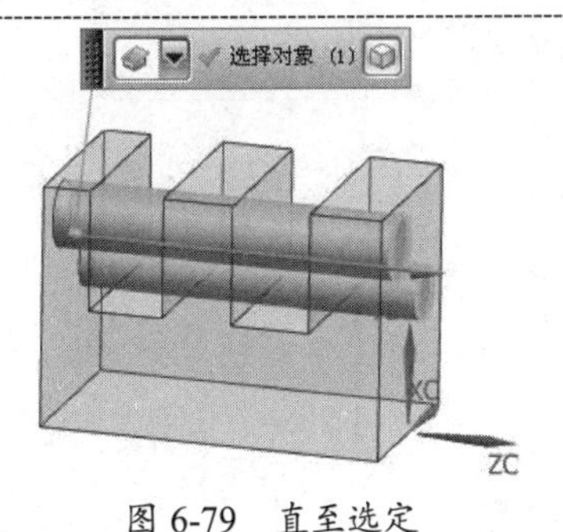

图 6-79 直至选定

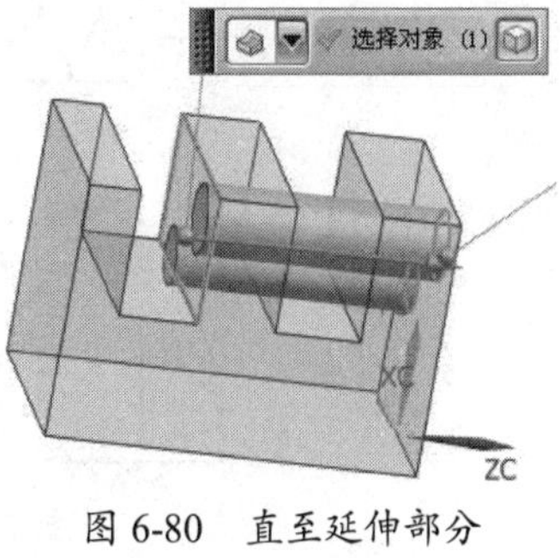

图 6-80 直至延伸部分

> ➢ 贯通：拉伸特征沿拉伸矢量方向完全通过所有的实体生成拉伸体，如图 6-81 所示。

- 布尔：指定生成的拉伸体和其他实体对象进行的布尔运算，可以选取无、求和、求差、求交以及自动判断等。
- 拔模：用于指定拉伸实体的同时对拉伸侧面进行拔模，如图 6-82 所示。可以输入负值来反向拔模。

图 6-81 贯通

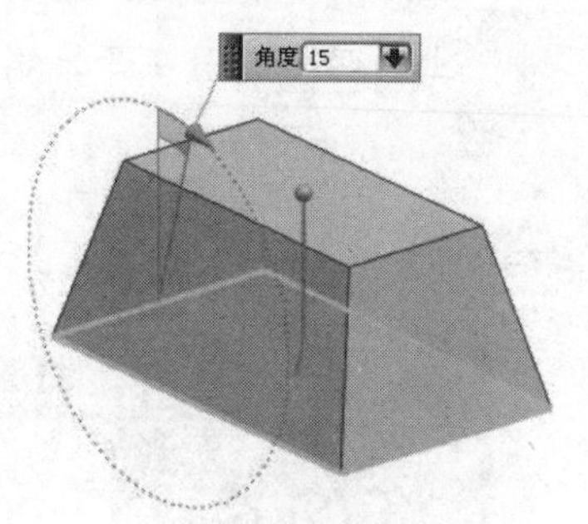

图 6-82 拔模拉伸

- 偏置：将拉伸实体向内、向外或同时向内外偏移一定的距离，如图 6-83 所示的双向偏置拉伸实体。

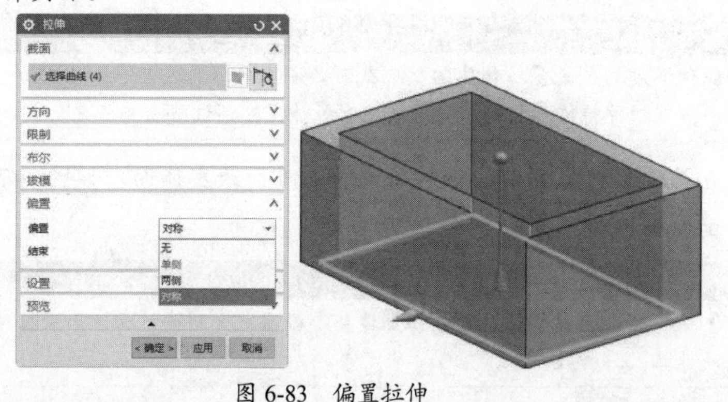

图 6-83 偏置拉伸

上机实践——利用【拉伸】命令绘制图形

本例要绘制如图 6-84 所示的图形。

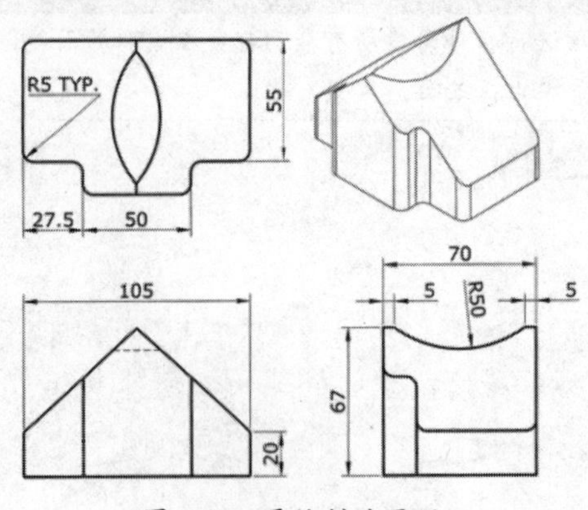

图 6-84 要绘制的图形

① 绘制矩形。单击【曲线】选项卡中的【矩形】按钮▭，选取原点为起点，绘制长 105 宽 55 的矩形，如图 6-85 所示。

② 绘制直线。在【曲线】选项卡中单击【基本曲线】按钮，弹出【基本曲线】对话框。设置【类型】为【直线】，直线长度为 50 和 15，结果如图 6-86 所示。

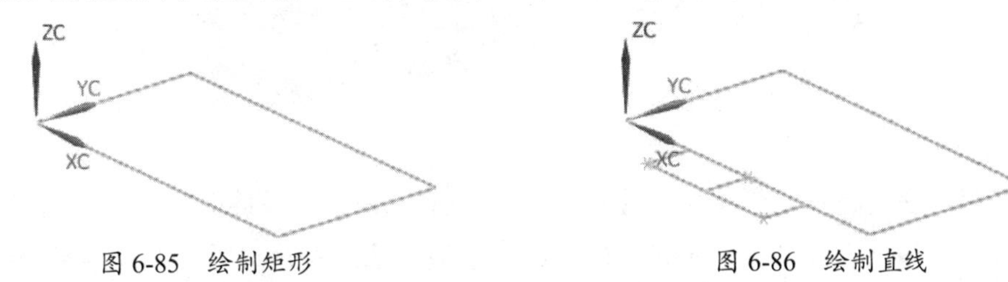

图 6-85 绘制矩形　　　　图 6-86 绘制直线

③ 创建拉伸实体。在【特征】组中单击【拉伸】按钮，弹出【拉伸】对话框。选取刚才绘制的直线，指定矢量，输入拉伸参数，结果如图 6-87 所示。

④ 绘制直线。在【曲线】选项卡中单击【直线】按钮╱，弹出【直线】对话框。选取直线起点并设置终点选项，输入距离值 20，单击【确定】按钮完成直线的绘制，结果如图 6-88 所示。

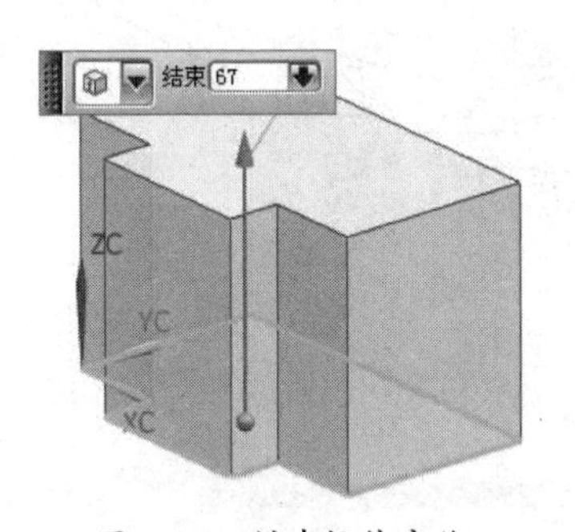

图 6-87 创建拉伸实体

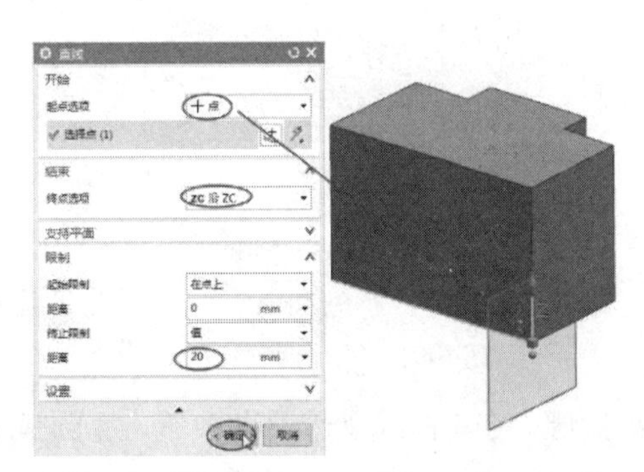

图 6-88 绘制直线

⑤ 镜像曲线。再利用【直线】工具╱，创建由直线端点到模型边中点的直线。在【曲线】选项卡的【派生曲线】组中单击【镜像曲线】按钮，弹出【镜像曲线】对话框。选取要镜像的曲线，再指定镜像平面为两平面的二等分平面，最后单击【确定】按钮完成镜像操作，结果如图 6-89 所示。

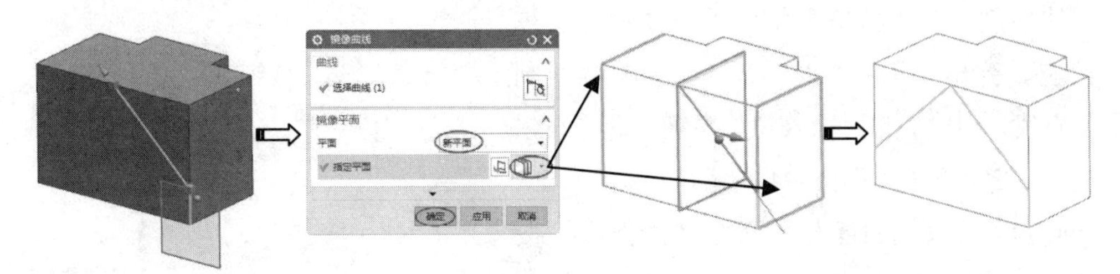

图 6-89 镜像曲线

⑥ 绘制封闭线。在【曲线】选项卡中单击【直线】按钮╱，弹出【直线】对话框。在模型中依次选取直线端点和模型顶点来绘制封闭的直线，结果如图 6-90 所示。

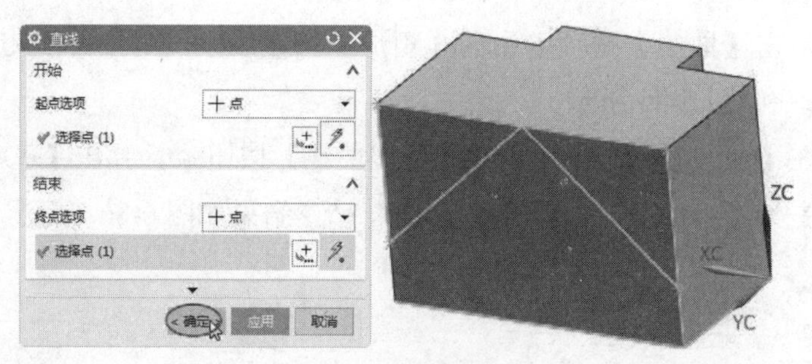

图 6-90　绘制封闭直线

⑦ 拉伸切割。在【特征】组中单击【拉伸】按钮，弹出【拉伸】对话框。选取刚才绘制的直线和镜像直线，指定矢量，输入拉伸参数，选择布尔求差运算，结果如图 6-91 所示。

⑧ 绘制平行线。在【曲线】选项卡中单击【基本曲线】按钮，弹出【基本曲线】对话框。设置【类型】为【直线】，先靠近直线并选取直线后，设置平行距离为 5，单击【确定】按钮，结果如图 6-92 所示。

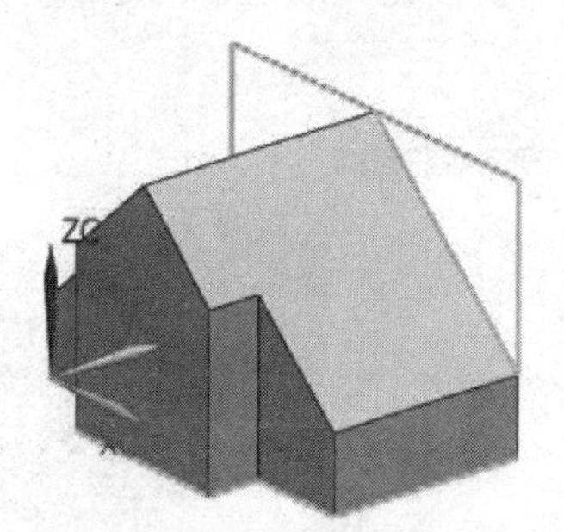

图 6-91　拉伸切割

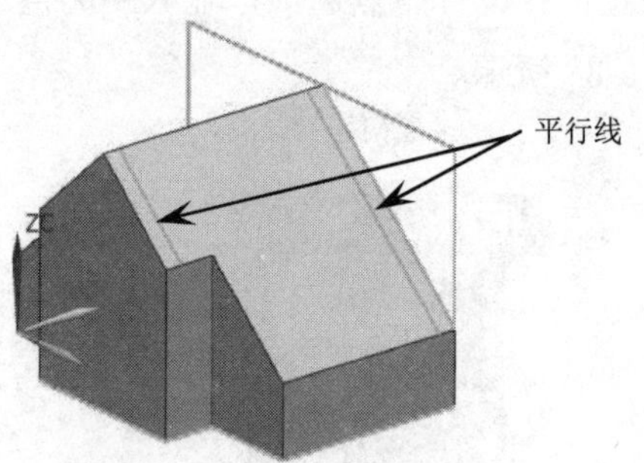

图 6-92　绘制平行线

⑨ 绘制圆。在【曲线】选项卡中单击【圆弧/圆】按钮，弹出【圆弧/圆】对话框。选择【三点画圆弧】类型，设置支持平面为 *XC* 平面，输入圆半径值 50，勾选【整圆】复选框，最后单击【确定】按钮完成圆的绘制，结果如图 6-93 所示。

⑩ 拉伸切割。在【特征】组中单击【拉伸】按钮，弹出【拉伸】对话框。选取刚才绘制的直线，指定矢量，输入拉伸参数，选择布尔求差运算，结果如图 6-94 所示。

⑪ 倒圆角。在【特征】组中单击【边倒圆】按钮，弹出【边倒圆】对话框。选取要倒圆角的边，输入半径值 10 后单击【确定】按钮，结果如图 6-95 所示。

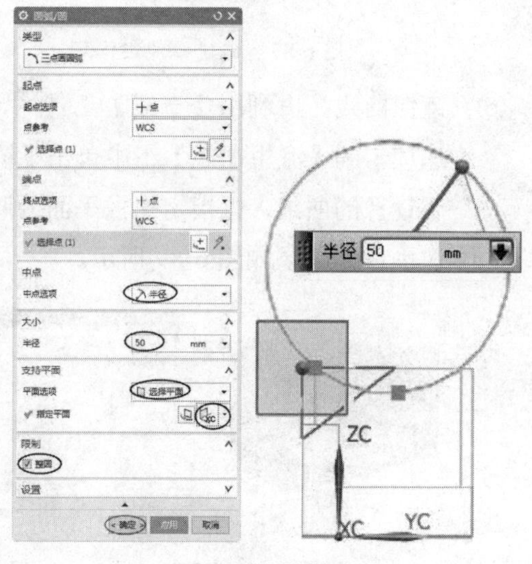

图 6-93　绘制圆

⑫ 隐藏曲线。按 Ctrl+W 组合键，弹出【显示和隐藏】对话框。选择【曲线】类型再单击【隐藏】按钮➖将所有的曲线隐藏，结果如图 6-96 所示。

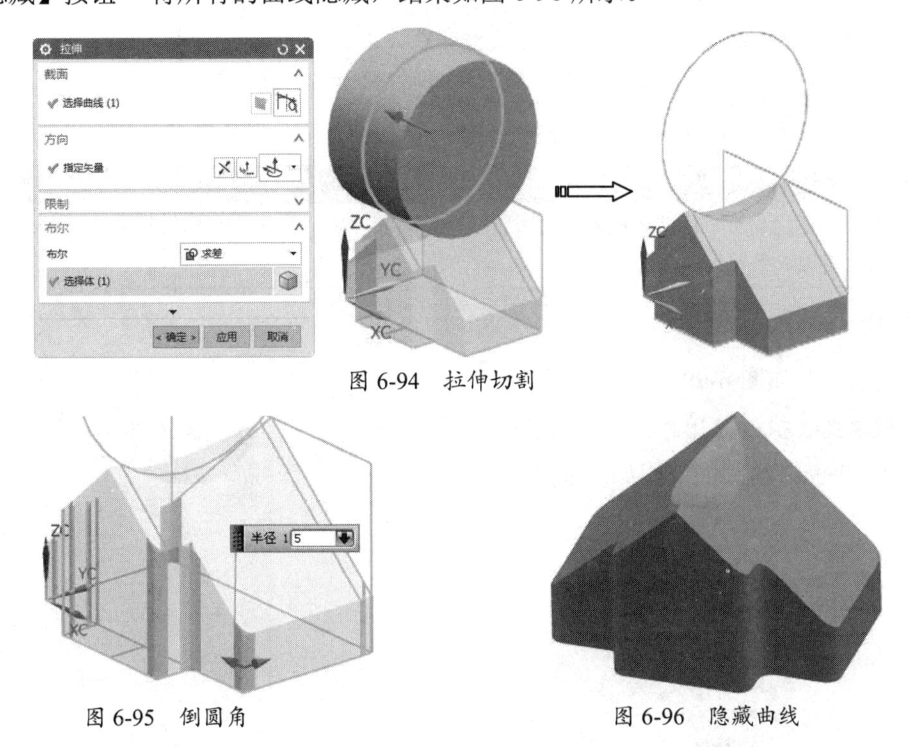

图 6-94 拉伸切割

图 6-95 倒圆角

图 6-96 隐藏曲线

6.3.2 旋转

将旋转实体截面通过绕指定的轴矢量以非零角度旋转成实体即是旋转体。在菜单栏中执行【插入】|【设计特征】|【旋转】命令，或者在工具栏中单击【旋转】按钮，弹出【旋转】对话框，如图 6-97 所示。

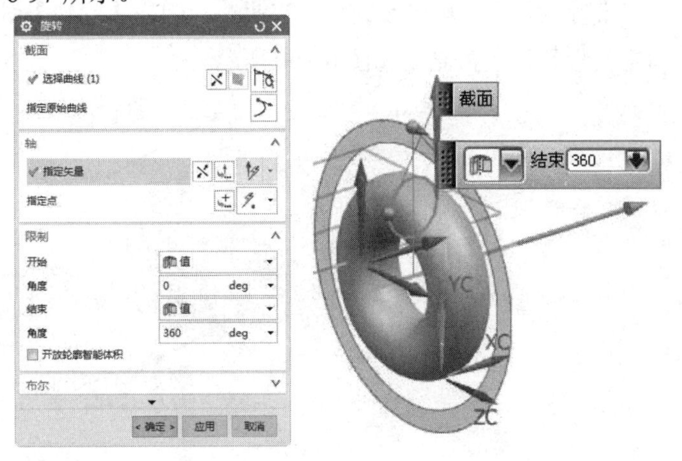

图 6-97 【旋转】对话框

对话框中的各选项含义如下：

- 选择曲线：选取旋转截面曲线或者选取平面进入草绘模式绘制旋转草图截面。

- 轴：选取直线作为旋转轴或者选取矢量轴作为方向并选取旋转轴点，由轴点和矢量构成旋转轴。
- 限制：指定开始和结束的角度定义方式。
- 布尔：指定创建的旋转体和其他实体进行的布尔运算类型。
- 偏置：指定在创建旋转体的同时向内或向外偏置一定的距离。

技术要点：

创建旋转实体时截面曲线或者截面草图必须在选取的轴一侧。如果旋转轴经过截面，则旋转的实体面将产生自交性，造成问题实体或无法产生实体。

上机实践——酒杯造型

本例要绘制如图 6-98 所示的图形。

① 绘制草图。执行菜单栏中的【插入】|【在任务环境中插入草图】命令，选取草图平面为 *XY* 平面，绘制的草图如图 6-99 所示。

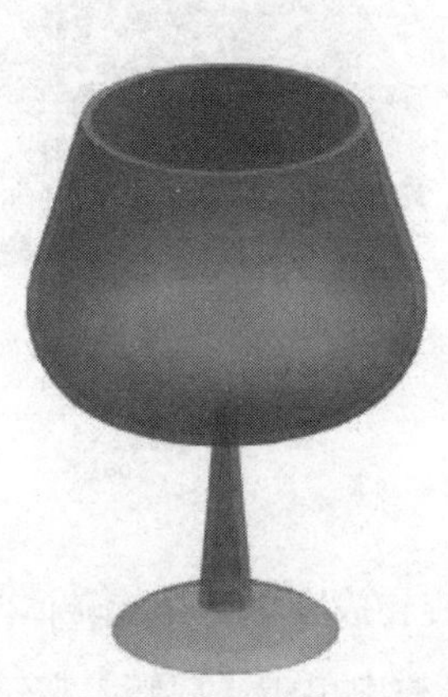

图 6-98　要绘制的图形

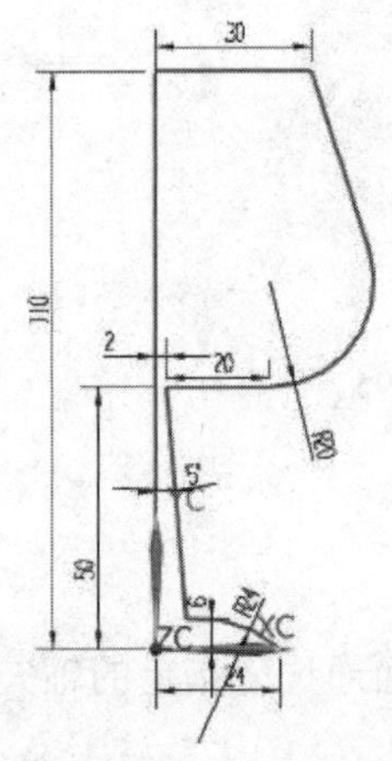

图 6-99　绘制草图

② 创建旋转体。在【特征】组中单击【旋转】按钮，弹出【旋转】对话框。选取刚才绘制的直线，指定矢量和轴点，结果如图 6-100 所示。

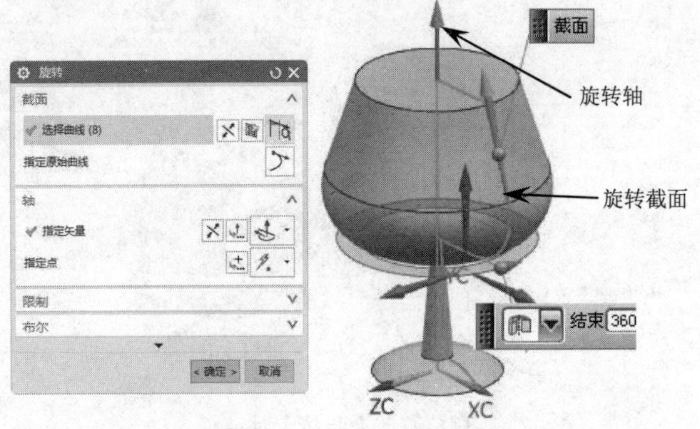

图 6-100　创建旋转体

③ 倒圆角。在【特征】组中单击【边倒圆】按钮，弹出【边倒圆】对话框。选取要倒

圆角的边，输入半径值 0.8，单击【添加新集】按钮再添加倒圆角的边并输入半径值 0.2，最后单击【确定】按钮，结果如图 6-101 所示。

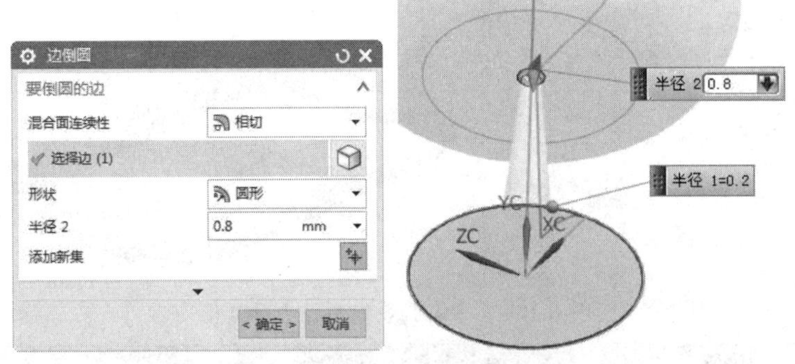

图 6-101　倒圆角

④　抽壳。在【特征】组中单击【抽壳】按钮，弹出【抽壳】对话框。选取要移除的面，再输入抽壳厚度值 2，结果如图 6-102 所示。

⑤　隐藏曲线。按 Ctrl+W 组合键，弹出【显示和隐藏】对话框。选择【曲线】类型再单击【隐藏】按钮将所有的曲线隐藏，结果如图 6-103 所示。

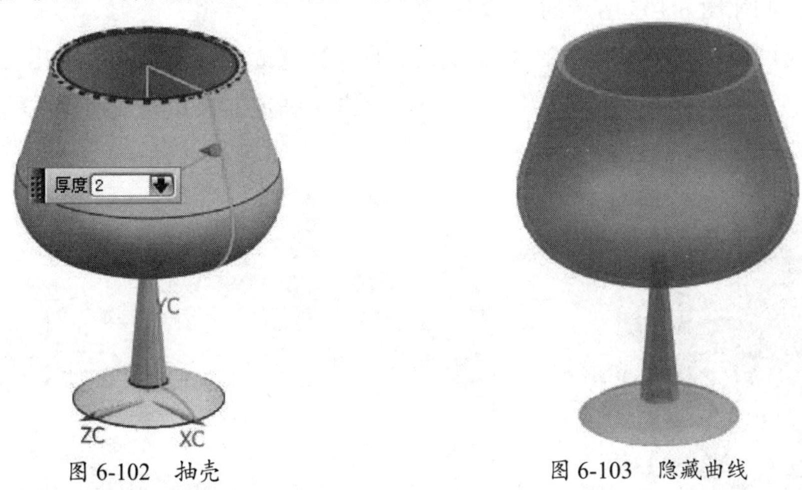

图 6-102　抽壳　　图 6-103　隐藏曲线

6.3.3　沿引导线扫掠

沿引导线扫掠即是将扫掠截面通过沿指定的轨迹引导线扫描形成实体。扫掠截面可以是曲线、边或曲线链。

在菜单栏中执行【插入】|【扫掠】|【沿引导线扫掠】命令，或者在工具栏中单击【沿引导线扫掠】按钮，弹出【沿引导线扫掠】对话框，如图 6-104 所示。

对话框中的各选项含义如下：

- 截面：选取截面曲线。
- 引导线：选取曲线或边以及曲线链等，引导线的所有曲线或边必须连续。
- 偏置：在扫掠实体的基础上向内或向外增加一定的厚度。

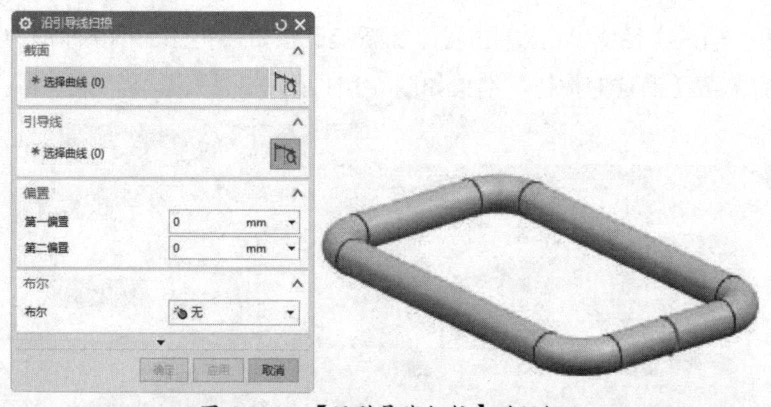

图 6-104 【沿引导线扫掠】对话框

技术要点：

如果截面对象有多个环，则引导线串必须由线和弧组成。如果沿着具有封闭的、尖锐的拐角的引导线扫掠，建议把截面线串放置到远离锐角的位置。截面必须在引导线上，否则产生的结果可能不是用户需要的。并且截面一般应该在引导线的起点上，特别是封闭轨迹引导线，所以选取引导线时应注意起点位置。

上机实践——沿引导线扫掠

本例要绘制如图 6-105 所示的图形。

① 绘制螺旋线。执行菜单栏中的【插入】|【曲线】|【螺旋线】命令，弹出【螺旋线】对话框。设置螺旋线的直径和螺距等参数，单击【确定】按钮完成螺旋线的绘制，如图 6-106 所示。

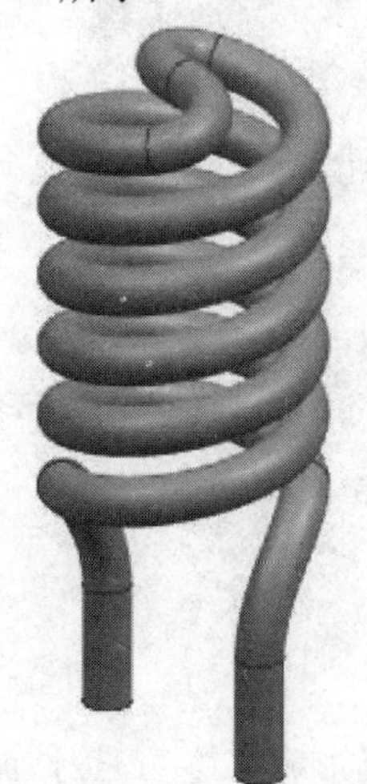

图 6-105 要绘制的图形

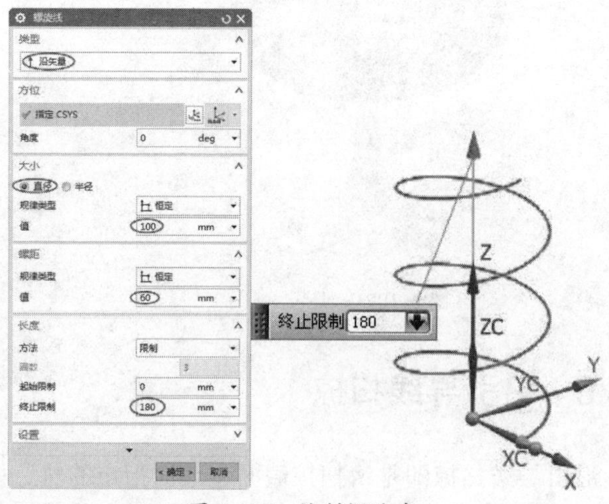

图 6-106 绘制螺旋线

② 旋转复制对象。选取上一步骤创建的螺旋线作为要移动的对象后，执行菜单栏中的【编辑】|【移动对象】命令，弹出【移动对象】对话框。在【运动】下拉列表中选择【角度】选项，指定旋转矢量为 *ZC* 轴、轴点为坐标系原点，输入旋转角度值 180，单击【复制原先的】单选按钮，最后单击【确定】按钮完成螺旋线的旋转复制，如图 6-107 所示。

③ 绘制直线。在【曲线】选项卡中单击【直线】按钮，弹出【直线】对话框。设置支持平面和直线参数，结果如图 6-108 所示。

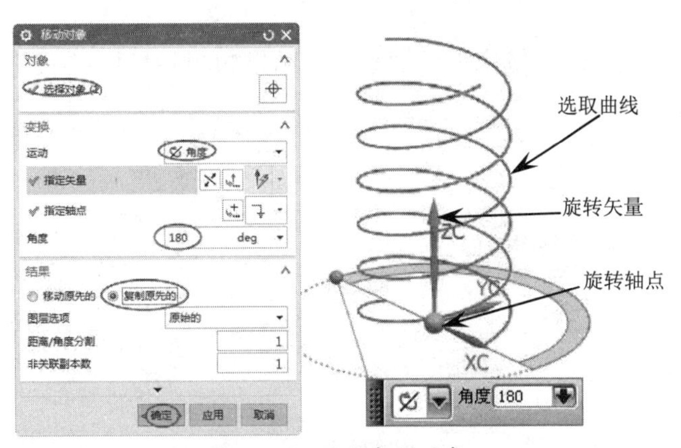

图 6-107 旋转复制对象

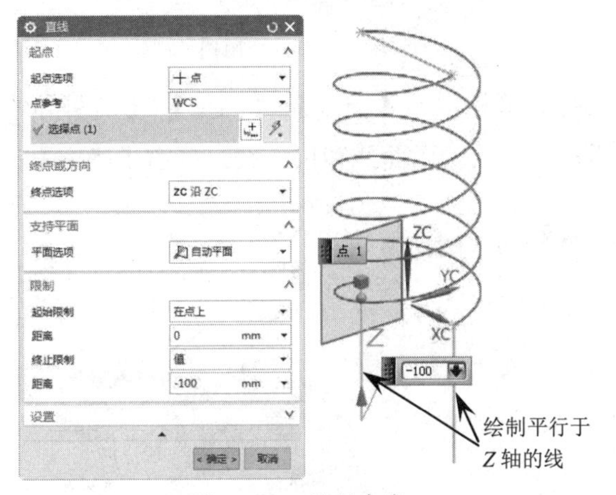

图 6-108 绘制直线

④ 桥接曲线。单击【曲线】选项卡中的【桥接曲线】按钮，选取刚绘制的直线和螺旋线，指定连接处 G1（相切）连续，结果如图 6-109 所示。

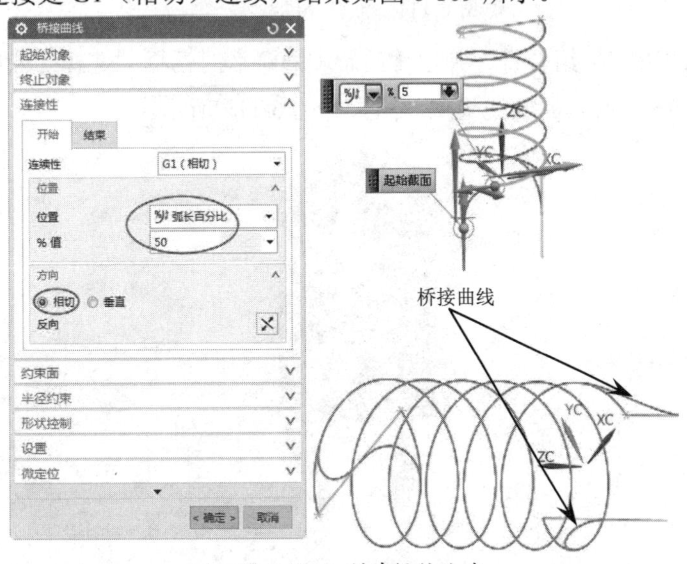

图 6-109 创建桥接曲线

⑤ 绘制圆。在【直接草图】组中单击【圆】按钮，到绘图区中选取直线端点为圆心，输

入圆直径值 20，按 Enter 键完成截面绘制，结果如图 6-111 所示。

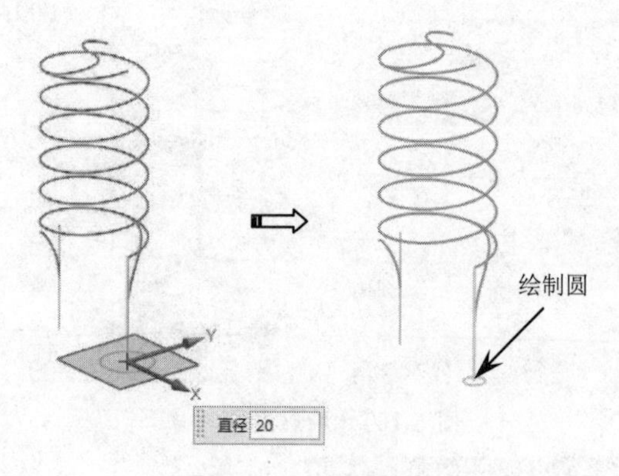

图 6-110　绘制圆

⑥ 沿引导线扫掠。执行菜单栏中的【插入】|【扫掠】|【沿引导线扫掠】命令，弹出【沿引导线扫掠】对话框。选取截面曲线和引导线，单击【确定】按钮完成扫掠，结果如图 6-111 所示。

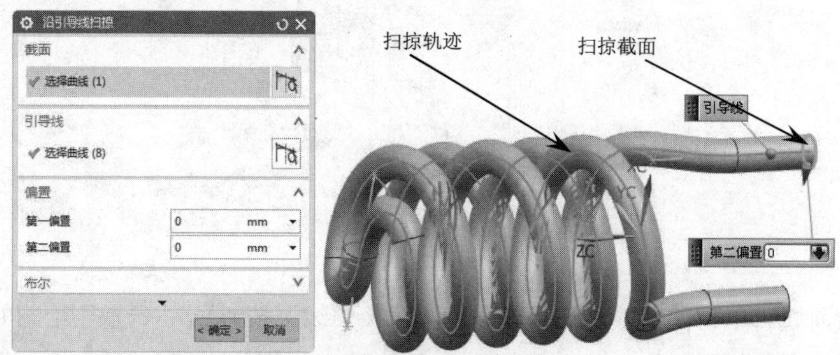

图 6-111　沿引导线扫掠

⑦ 隐藏曲线。按 Ctrl+W 组合键，弹出【显示和隐藏】对话框。选择【曲线】类型再单击【隐藏】按钮━将所有的曲线隐藏，结果如图 6-112 所示。

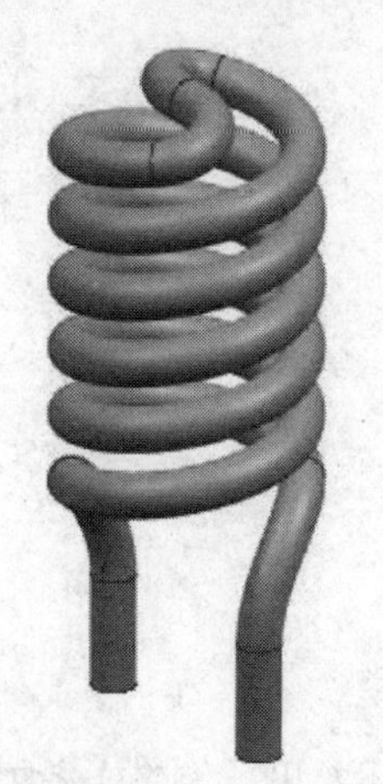

图 6-112　隐藏曲线

6.3.4 管道

通过沿一条或多条曲线构成的引导线串扫掠出简单的管道，引导线串要求相切连续。在菜单栏中执行【插入】|【扫掠】|【管道】命令，或者在工具栏中单击【管道】按钮，弹出【管道】对话框，如图 6-113 所示。

对话框中的各选项含义如下：

- 选择曲线：指定管道扫掠的路径中心线。可以选取多条曲线或边，并且曲线必须相切连续，不允许在引导线中间出现尖锐直角，或者引导线拐角圆角值小于管道外壁半径。
- 外径：输入管道最外层的直径值，外径值必须大于 0。
- 内径：输入管道内腔的直径值，可以为 0 或者大于 0。

图 6-113 【管道】对话框

- 输出单段：只具有一个或两个侧面，此曲面为 B 曲面。当管道内腔直径不为 0 时是两个侧面，当管道内径为 0 时则只有一个侧面，如图 6-114 所示。
- 输出多段：沿引导线扫掠出一系列的侧曲面，这些侧曲面可以是柱面或者环面，如图 6-115 所示。

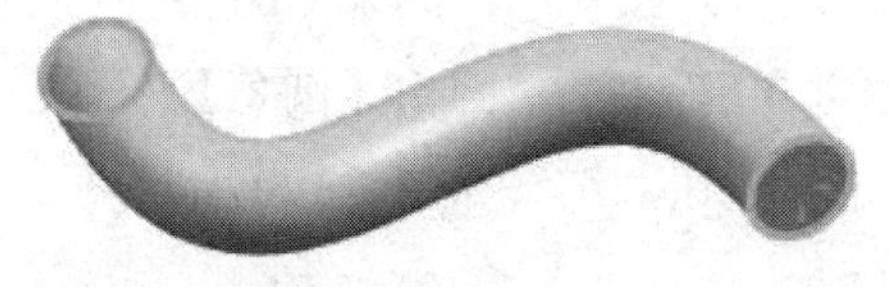

图 6-114 输出单段

图 6-115 输出多段

上机实践——绘制管道

本例要绘制如图 6-116 所示的图形。

① 绘制直线。在【曲线】选项卡中单击【直线】按钮，弹出【直线】对话框。设置支持平面，先绘制水平直线后，再绘制角度直线，结果如图 6-117 所示。

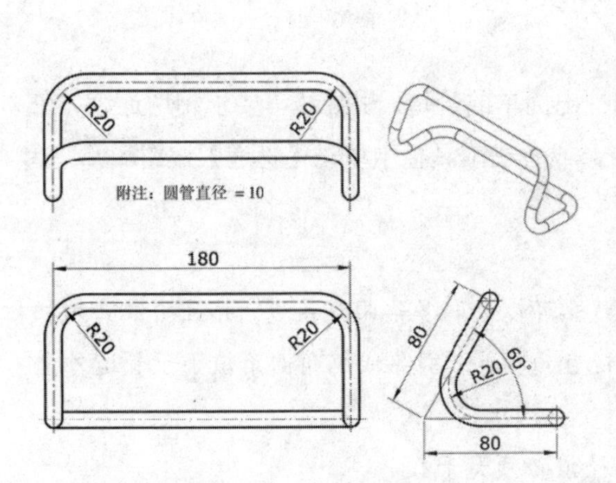

图 6-116 要绘制的图形

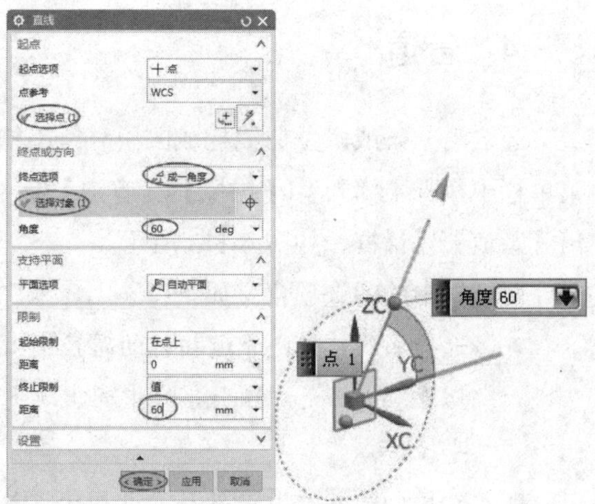

图 6-117 绘制直线

② 移动复制直线。选取直线作为要移动的对象，执行菜单栏中的【编辑】|【移动对象】命令，弹出【移动对象】对话框。在【运动】下拉列表中选择【距离】选项，再指定移动矢量为 *XC* 轴，输入距离值 180，单击【复制原先的】单选按钮，最后单击【确定】按钮完成直线的移动复制，如图 6-118 所示。

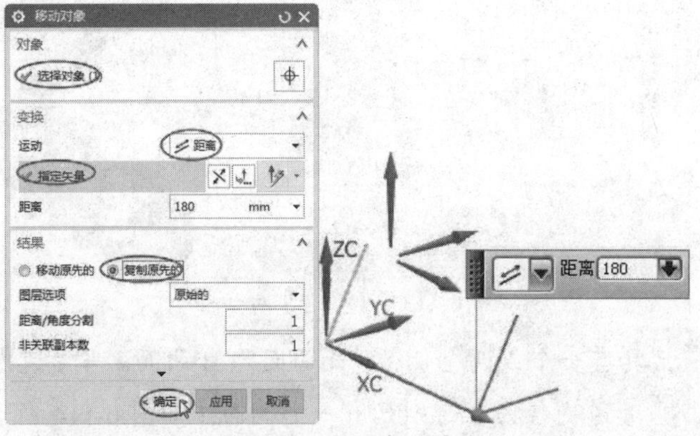

图 6-118 移动复制直线

③ 连接直线。在【曲线】选项卡中单击【基本曲线】按钮，弹出【基本曲线】对话框。设置【类型】为【直线】，选取直线通过的点进行连接直线，结果如图 6-119 所示。

④ 倒圆角。在【基本曲线】对话框中单击【圆角】按钮，弹出【圆角】对话框。选取要倒圆角的边，输入半径值 20 后单击【确定】按钮，结果如图 6-120 所示。

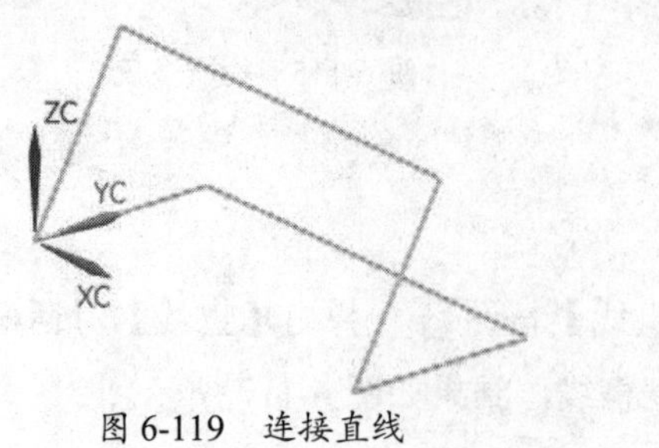

图 6-119 连接直线

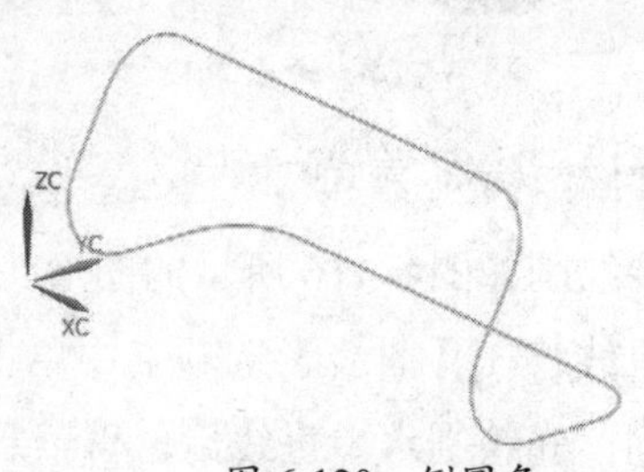

图 6-120 倒圆角

⑤ 创建管道。执行菜单栏中的【插入】|【扫掠】|【管道】命令，弹出【管道】对话框。选取管道轨迹，外径为10，内径为0，结果如图6-121所示。

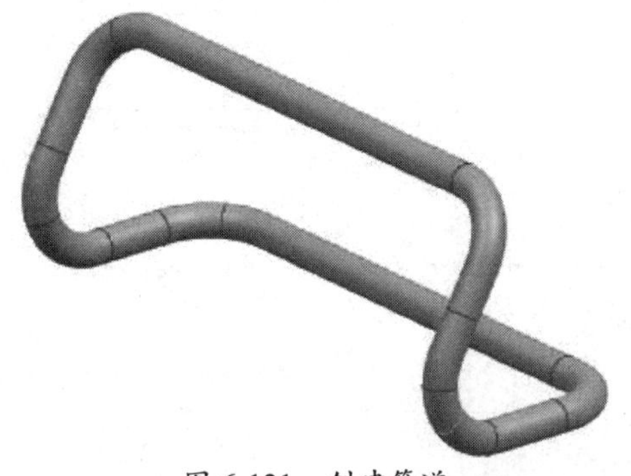

图 6-121 创建管道

6.4 综合案例——果冻杯造型

本例要绘制如图6-122所示的图形。

① 新建模型文件。

② 绘制圆。在【曲线】选项卡中单击【基本曲线】按钮，弹出【基本曲线】对话框。选取类型为圆，圆心为（0,10,0），半径为10，结果如图6-123所示。

图 6-122 果冻杯

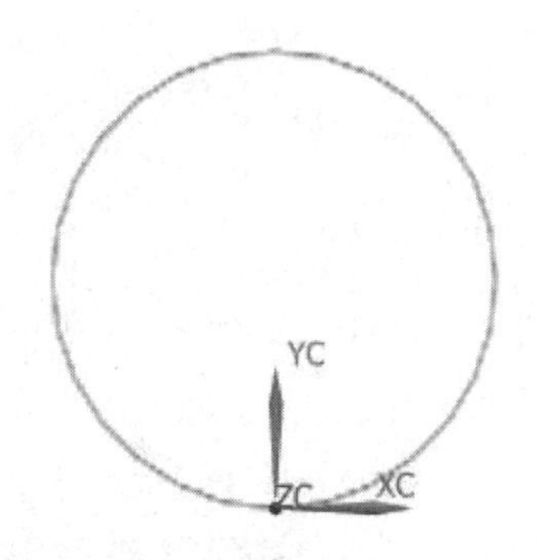

图 6-123 绘制圆

③ 旋转复制圆。选取圆作为要移动的对象，执行菜单栏中的【编辑】|【移动对象】命令，弹出【移动对象】对话框。在【运动】下拉列表中选择【角度】选项，指定旋转矢量为*ZC*轴、轴点为坐标系原点，输入旋转角度值360，单击【复制原先的】单选按钮，设置【距离/角度分割】为4、【非关联副本数】为3，最后单击【确定】按钮完成圆的旋转复制，如图6-124所示。

④ 创建拉伸实体。在【特征】组中单击【拉伸】按钮，弹出【拉伸】对话框。选取上一步骤创建的旋转复制曲线作为拉伸截面，指定*ZC*轴作为拉伸矢量，输入拉伸距离值40并设置拔模参数，最后单击【确定】按钮完成拉伸实体的创建，如图6-125所示。

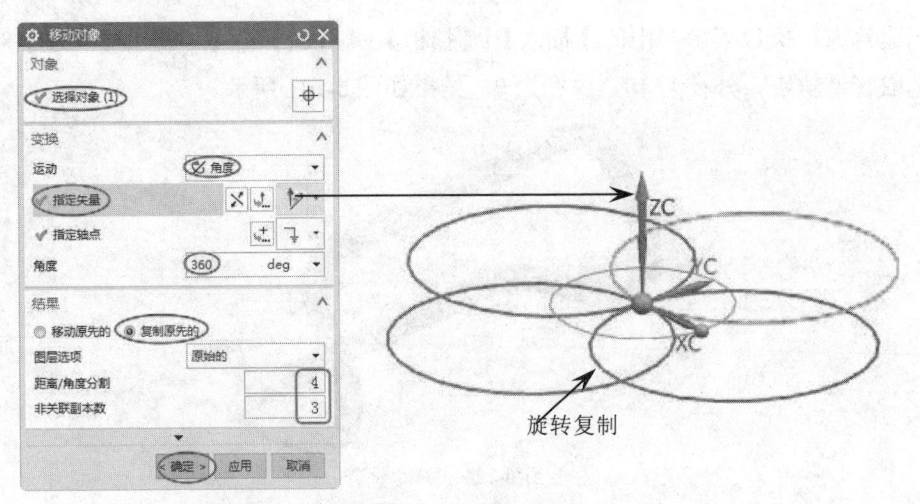

图 6-124 旋转复制圆

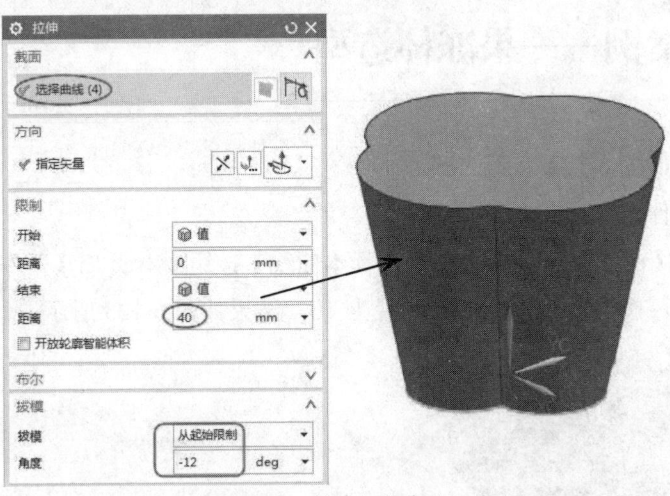

图 6-125 创建拉伸实体

⑤ 绘制圆柱体。执行菜单栏中的【插入】|【设计特征】|【圆柱】命令，弹出【圆柱】对话框。指定原点为轴点，以及 Z 轴为矢量方向。输入直径值和高度值，底面中心定位点为（0,0,40），单击【确定】按钮完成圆柱体的绘制，结果如图 6-126 所示。

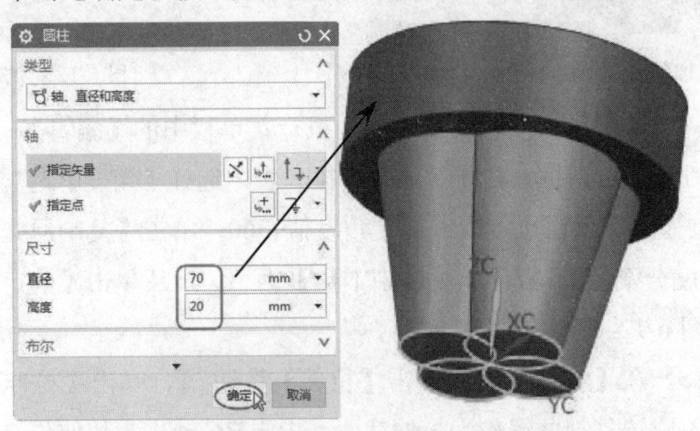

图 6-126 绘制圆柱体

⑥ 创建圆柱体的拔模。在【特征】组中单击【拔模】按钮，弹出【拔模】对话框。选取脱模方向为-*ZC* 轴，选择圆柱端面作为固定面，再选取圆柱面作为要拔模的面，输入拔模角度值 10，单击【确定】按钮完成圆柱体的拔模，如图 6-127 所示。

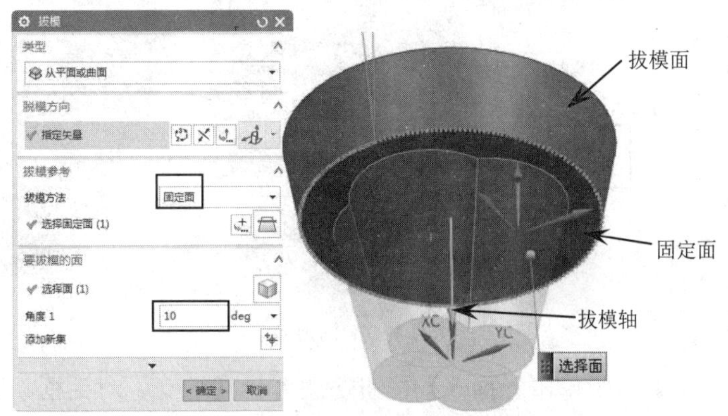

图 6-127 创建圆柱体的拔模

⑦ 创建布尔合并。在【特征】组中单击【合并】按钮，弹出【合并】对话框。选取目标体和工具体，单击【确定】按钮完成合并，结果如图 6-128 所示。

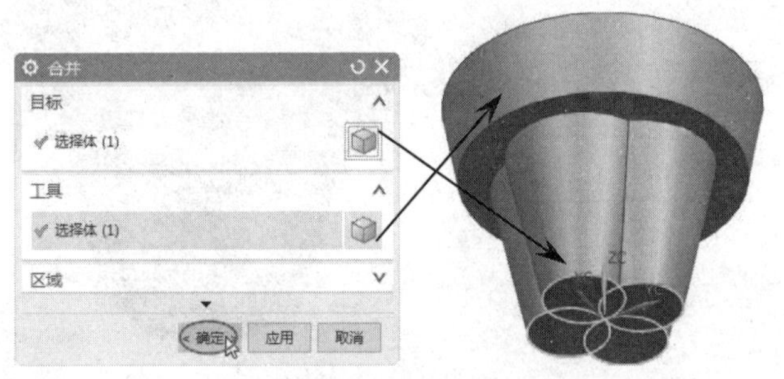

图 6-128 创建布尔合并

⑧ 绘制圆柱体。执行菜单栏中的【插入】|【设计特征】|【圆柱】命令，弹出【圆柱】对话框。指定坐标系原点为轴点以及选择 *Z* 轴为矢量方向。输入圆柱直径值 85、高度值 0.5，设置布尔【求和】运算最后单击【确定】按钮完成圆柱体的绘制，结果如图 6-129 所示。

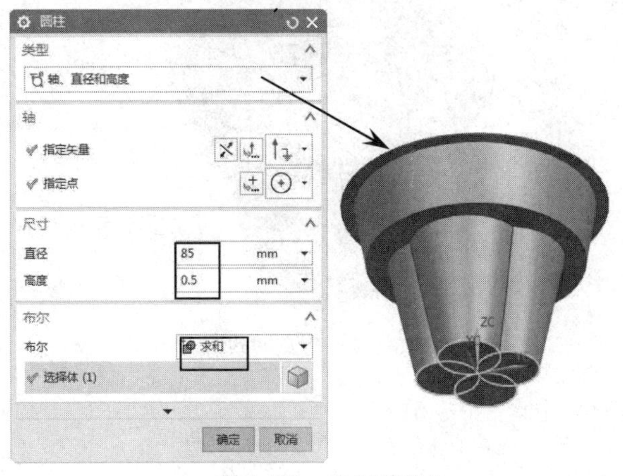

图 6-129 绘制圆柱体

⑨ 倒圆角。在【特征】组中单击【边倒圆】按钮，弹出【边倒圆】对话框。选取要倒圆角的边，输入半径值 5 后单击【确定】按钮，结果如图 6-130 所示。

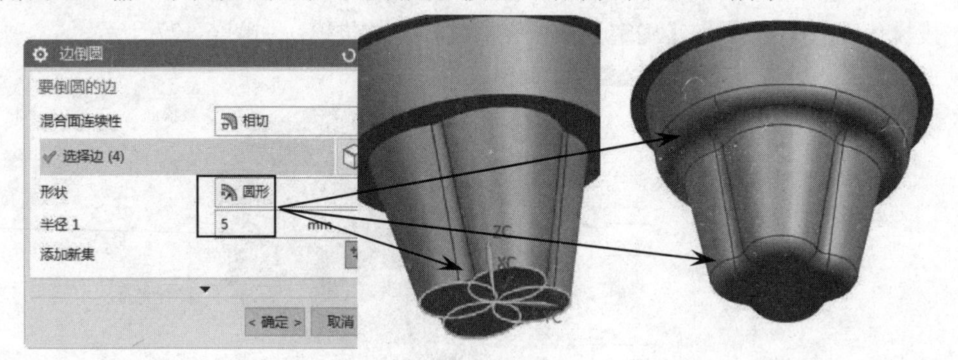

图 6-130 倒圆角

⑩ 抽壳。在【特征】组中单击【抽壳】按钮，弹出【抽壳】对话框。选取要移除的面，再输入抽壳厚度值 0.5，结果如图 6-131 所示。

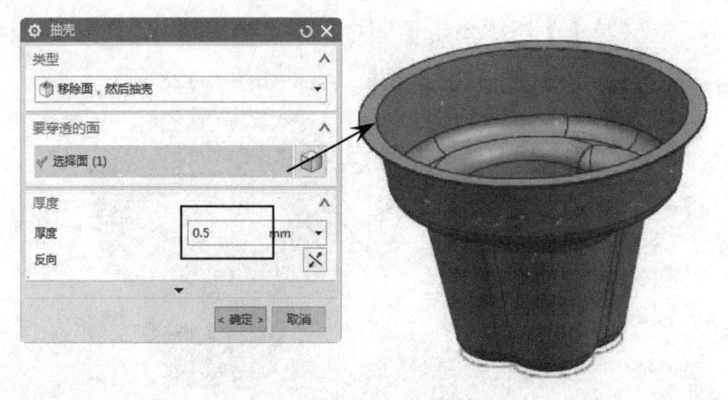

图 6-131 抽壳

⑪ 隐藏曲线。按 Ctrl+W 组合键，弹出【显示和隐藏】对话框。选择【曲线】类型再单击【隐藏】按钮将所有的曲线隐藏，结果如图 6-132 所示。

图 6-132 隐藏曲线

7

工程与成型特征设计

本章导读

本章主要讲解通过草图特征以及UG开发的设计特征来创建工程特征和成型特征。这些特征充分体现了参数化的功能，用户可以进行相关参数的编辑修改，非常方便。

学习要点

☑ 创建工程特征
☑ 创建成型特征

7.1 创建工程特征

工程特征是不能单独创建的特征，必须依附于基础实体。只有基础实体存在时，才可以创建。并且工程特征无须绘制草图，通过定义相关参数即可创建该特征。

7.1.1 边倒圆

边倒圆操作用于在实体边缘去除材料或添加材料，使实体上的尖锐边缘变成圆角过渡曲面。执行菜单栏中的【插入】|【细节特征】|【边倒圆】命令，或者单击【特征】组中的【边倒圆】按钮，弹出【边倒圆】对话框，如图 7-1 所示。

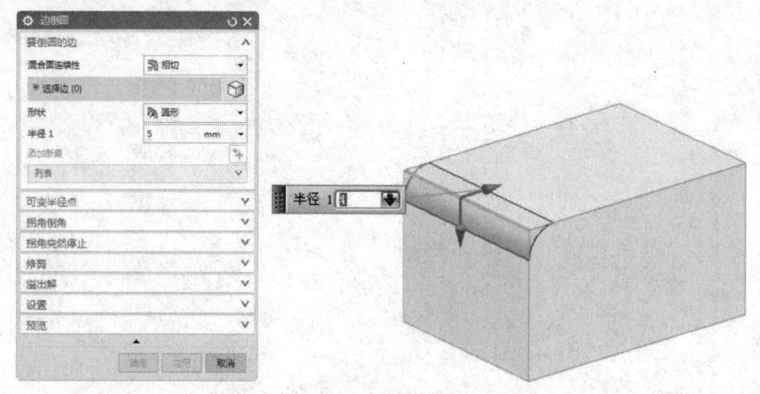

图 7-1 【边倒圆】对话框

对话框中的各选项含义如下：

- 混合面连续性：用于指定圆角面与相邻面之间的连续性，包括相切和曲率。
- 形状：用于指定圆角截面的形状类型，包括【圆形】和【二次曲线】。
  - ➢ 圆形：默认的倒圆角形式，也是正常的倒圆角形式，直接输入半径值即可。
  - ➢ 二次曲线：创建的圆角截面为二次曲线方式。通过定义边界边半径、中心半径或者 RHO 值组合来控制圆角截面形状。
- 可变半径点：在选定的边上指定多个点并输入不同的半径值，生成不同大小的可变圆角，如图 7-2 所示。

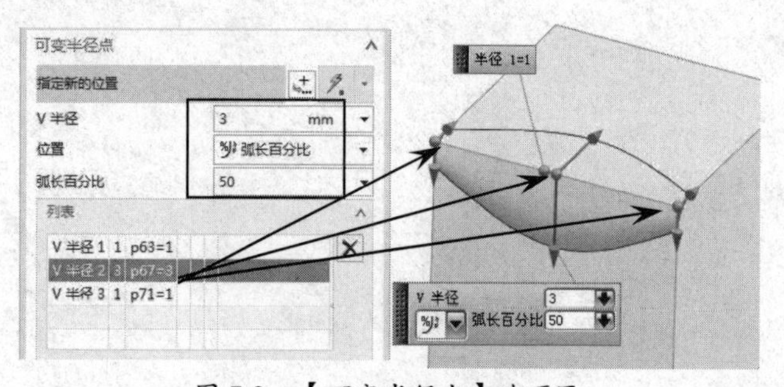

图 7-2 【可变半径点】选项区

- 拐角倒角：可以在拐角处生成一个拐角圆角，即球状圆角，如图 7-3 所示。

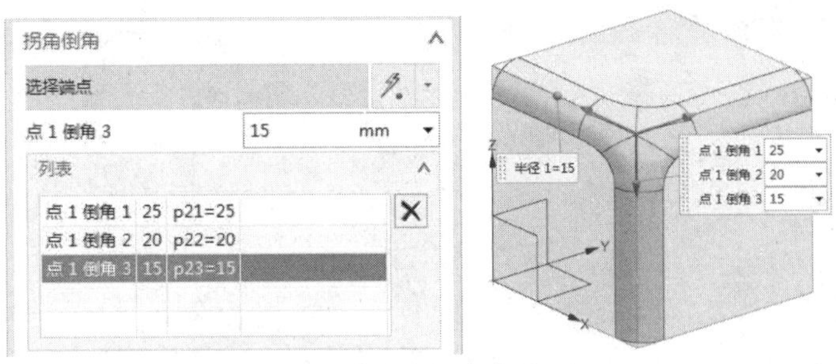

图 7-3　【拐角倒角】选项区

- 拐角突然停止：用于添加圆角终止的点来限制边上倒圆角的范围，如图 7-4 所示。

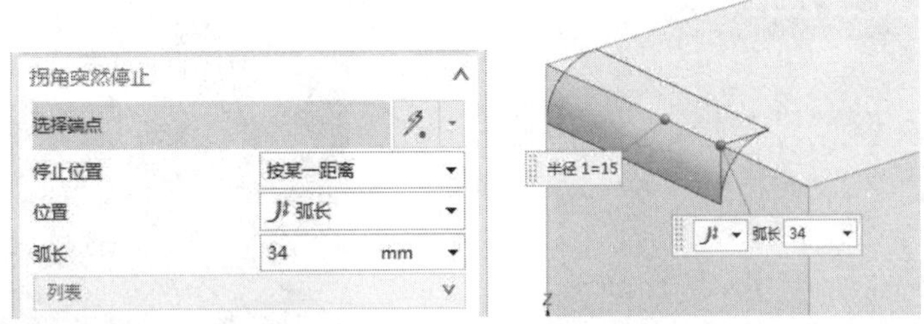

图 7-4　【拐角突然停止】选项区

上机实践——倒圆角

本例要绘制如图 7-5 所示的图形。

① 绘制长方体。执行菜单栏中的【插入】|【设计特征】|【长方体】命令，弹出【块】对话框。指定原点为系统坐标系原点，输入长度值 10、宽度值 10、高度值 10 后单击【确定】按钮完成绘制，结果如图 7-6 所示。

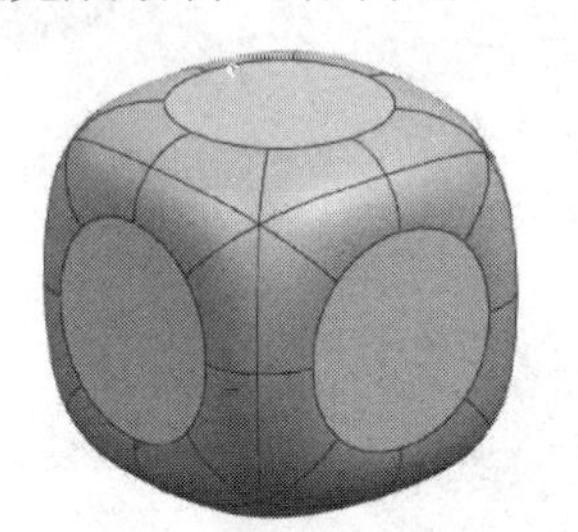

图 7-5　要绘制的图形

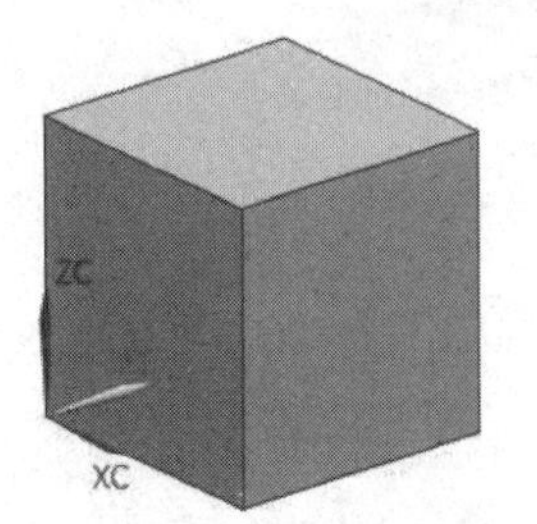

图 7-6　绘制长方体

② 倒圆角。在【特征】组中单击【边倒圆】按钮，弹出【边倒圆】对话框。选取要倒圆角的边并设置参数后单击【确定】按钮，结果如图 7-7 所示。

③ 创建偏置特征。在【同步建模】组中单击【偏置区域】按钮，弹出【偏置区域】对话框。选取如图 7-8 所示的多个面，创建往外偏置 5 的偏置特征。

④ 旋转复制对象。选取上一步骤创建的偏置特征作为要移动的对象，执行菜单栏中的【编辑】|【移动对象】命令，【移动对象】对话框。在【运动】下拉列表中选择【角度】选项，指定旋转矢量为 *ZC* 轴、轴点为偏置特征的角点，输入旋转角度值 360，单击【复制原先的】单选按钮，设置【距离/角度分割】为 4、【非关联副本数】为 3，最后单击

【确定】按钮完成对象的旋转复制，如图 7-9 所示。

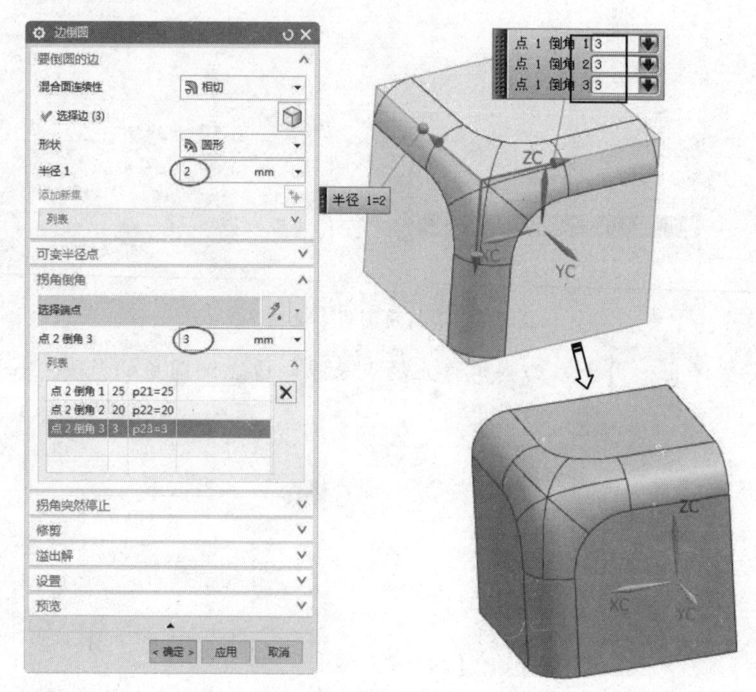

图 7-7　倒圆角

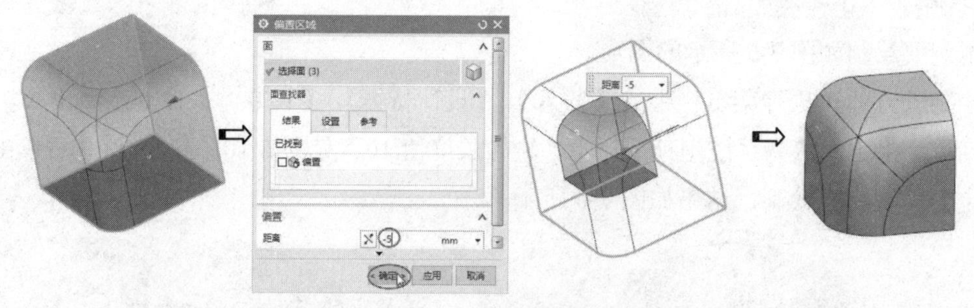

图 7-8　创建偏置特征

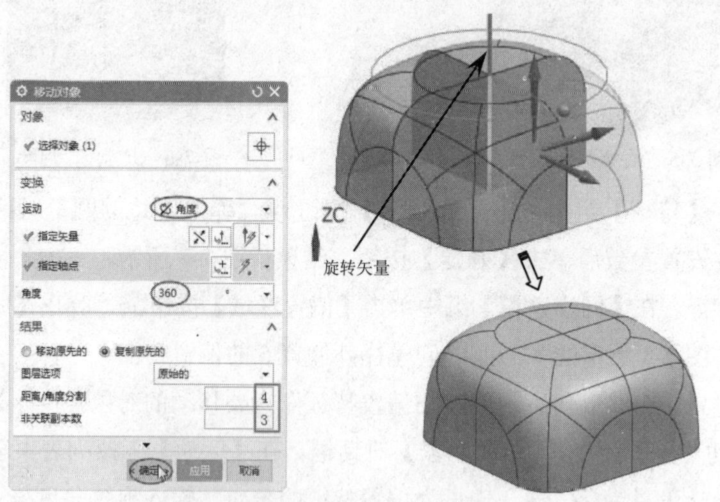

图 7-9　旋转复制对象

⑤ 创建镜像特征。框选旋转复制对象，在【特征】组的【更多】命令库中单击【镜像特征】按钮 镜像特征，弹出【镜像特征】对话框。激活【选择平面】选项，然后在绘图区中选取镜像平面，最后单击【确定】按钮完成镜像特征操作，结果如图 7-10 所示。

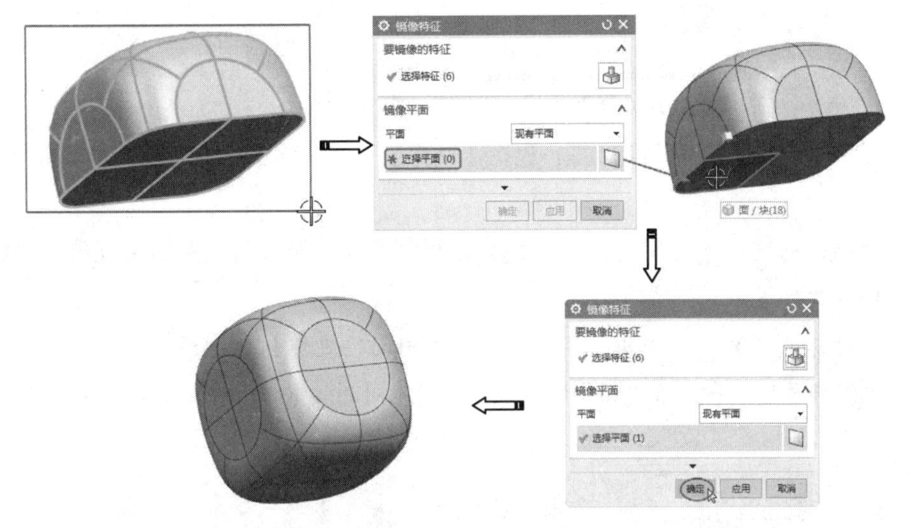

图 7-10　创建镜像特征

⑥ 创建布尔合并。在【特征】组中单击【合并】按钮，弹出【合并】对话框。选取目标体和工具体，单击【确定】按钮完成合并，结果如图 7-11 所示。

⑦ 着色。按 Ctrl+J 组合键，选取要着色的面后单击【确定】按钮，弹出【编辑对象显示】对话框。将颜色修改为青色，单击【确定】按钮，完成着色，结果如图 7-12 所示。

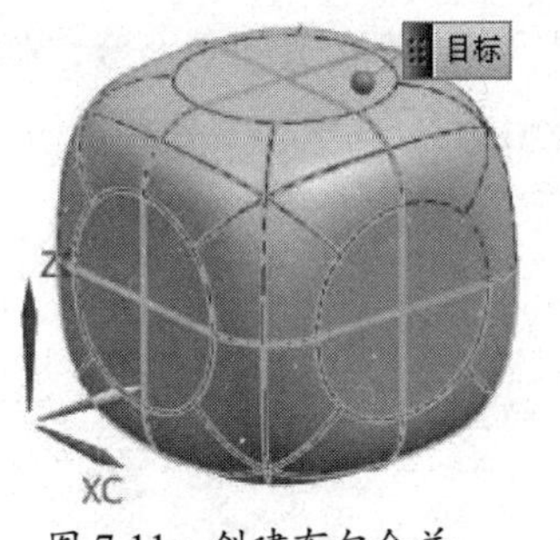

图 7-11　创建布尔合并

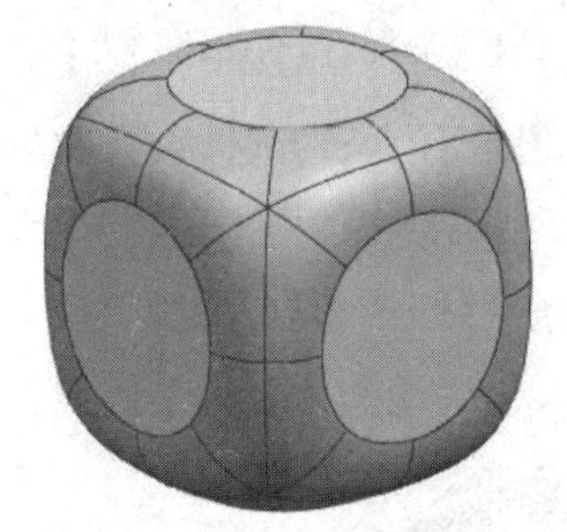

图 7-12　着色结果

7.1.2　倒斜角

倒斜角是在尖锐的实体边上通过偏置的方式形成斜角。倒斜角在五金件上非常常用，为避免应力和锐角伤人，通常都需要倒斜角。

执行菜单栏中的【插入】|【细节特征】|【倒斜角】命令，或者单击【特征】组中的【倒斜角】按钮，弹出【倒斜角】对话框，如图 7-13 所示。

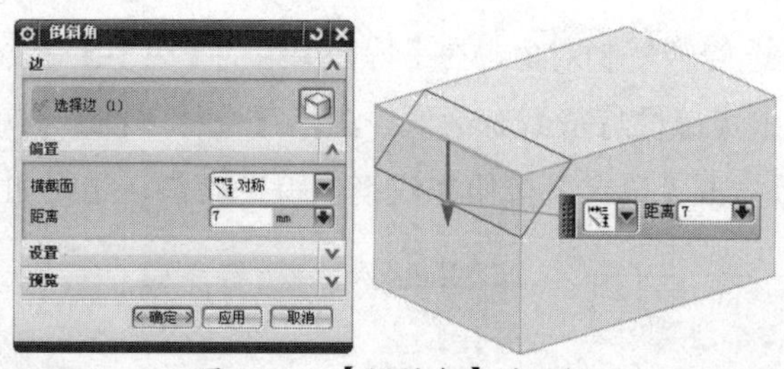

图 7-13 【倒斜角】对话框

其中提供了三种【横截面】类型，包括【对称】、【非对称】和【偏置和角度】，如图 7-14 所示。

- 对称：创建简单的倒斜角，与倒角边相邻的两个面采用相同的偏置值创建倒斜角，即对称偏置。
- 非对称：与倒角边相邻的两个面采用不同的偏置值创建倒斜角。
- 偏置和角度：与倒角边相邻的两个面采用不同的偏置值和一定的角度来创建倒斜角。

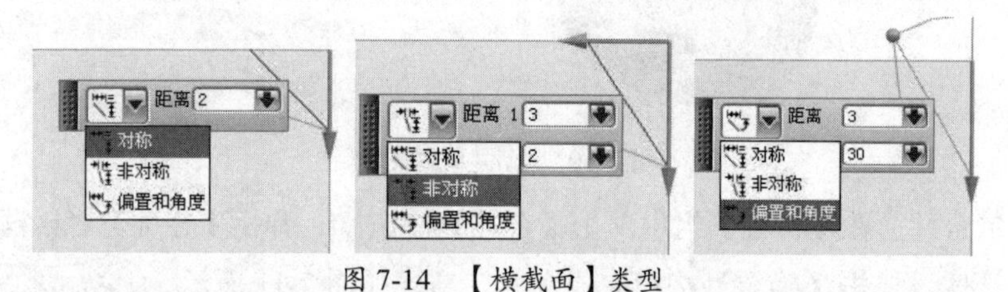

图 7-14 【横截面】类型

上机实践——倒斜角

本例要绘制如图 7-15 所示的图形。

① 创建长方体。在菜单栏中执行【插入】|【设计特征】|【长方体】命令，弹出【长方体】对话框。选取类型为实体，长度为 40，宽度为 20，高度为 40，选取原点为定位点，如图 7-16 所示。

② 创建三条直线。在【曲线】选项卡中单击【基本曲线】按钮，弹出【基本曲线】对话框。设置【类型】为【直线】，选取直线通过的点连接直线，结果如图 7-17 所示。

图 7-15 要绘制的图形

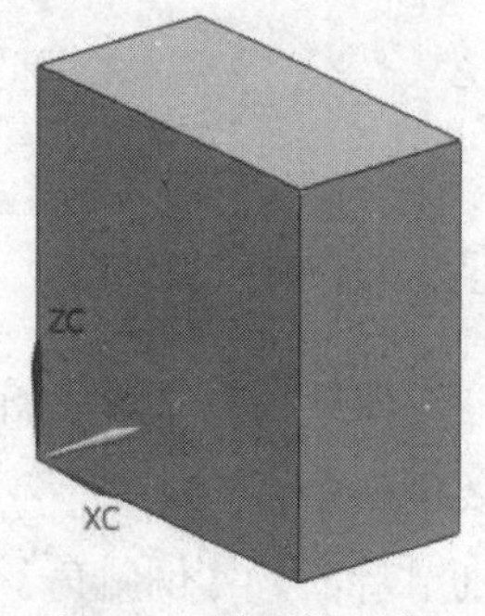

图 7-16 创建长方体

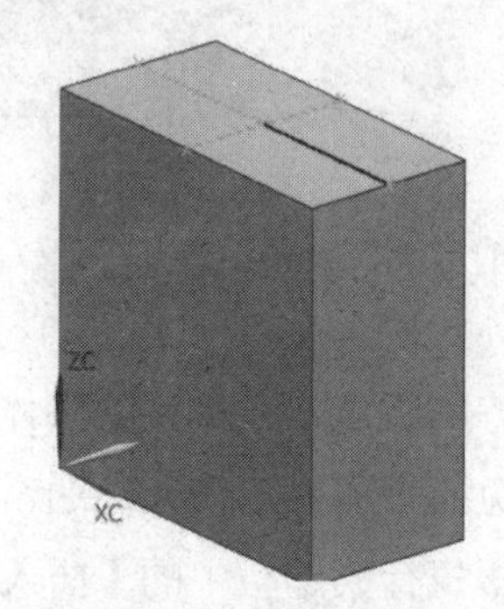

图 7-17 创建直线

③ 创建孔。在【特征】组中单击【孔】按钮，弹出【孔】对话框。设置类型为【常规孔】，形状为【沉头】，指定孔位置点和孔参数，结果如图 7-18 所示。

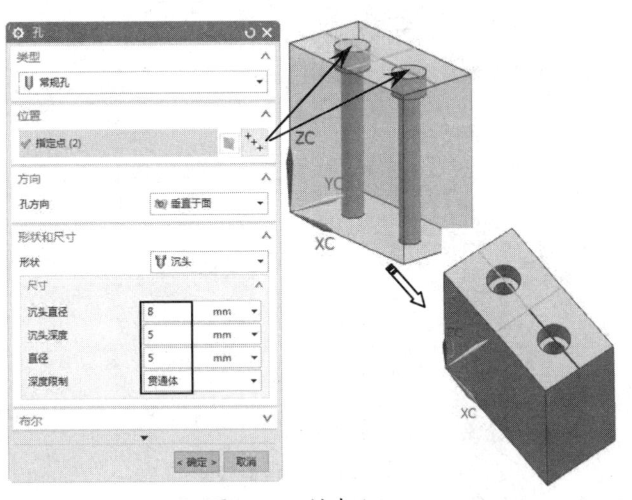

图 7-18 创建孔

④ 倒斜角。在【特征】组中单击【倒斜角】按钮，弹出【倒斜角】对话框。选取要倒角的边，设置距离和角度值后单击【确定】按钮，结果如图 7-19 所示。

⑤ 隐藏曲线。按 Ctrl+W 组合键，弹出【显示和隐藏】对话框。选择【曲线】类型再单击【隐藏】按钮将所有的曲线隐藏，结果如图 7-20 所示。

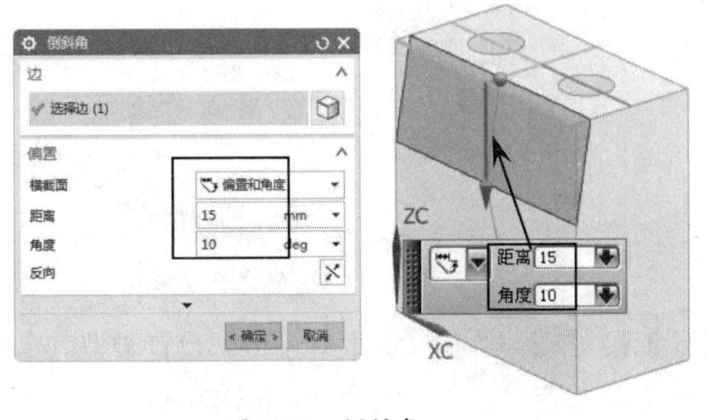

图 7-19 倒斜角

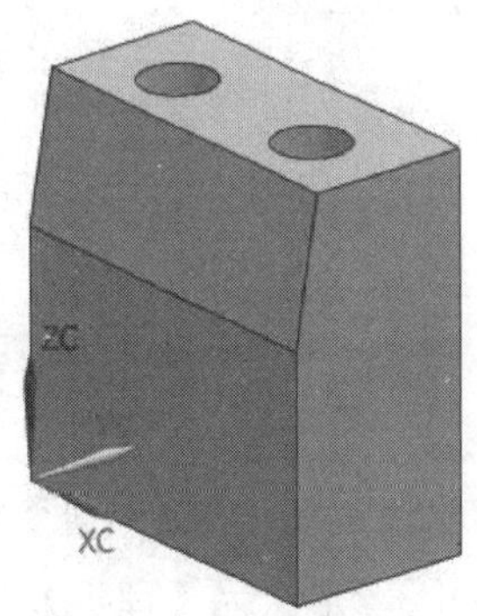

图 7-20 隐藏曲线

7.1.3 孔

孔是通过在实体面创建圆形切割特征或者异形切割特征。通常用来创建螺纹底孔、螺丝过孔、定位销孔、工艺孔等。

执行菜单栏中的【插入】|【设计特征】|【孔】命令，或者单击【特征】组中的【孔】按钮，弹出【孔】对话框，如图 7-21 所示。各种类型的孔含义如下：

- 常规孔：创建指定尺寸的简单孔、沉头孔、埋头孔或锥孔特征。需要指定草绘孔点以及孔形状和尺寸。
- 钻形孔：使用 ANSI 或者 ISO 标准创建简单的钻形孔特征。
- 螺钉间隙孔：创建简单的沉头、埋头通孔。
- 螺纹孔：创建带螺纹的孔。

- 孔系列：孔系列包括非平面上的孔、穿过多个实体的孔和作为单个特征的孔。

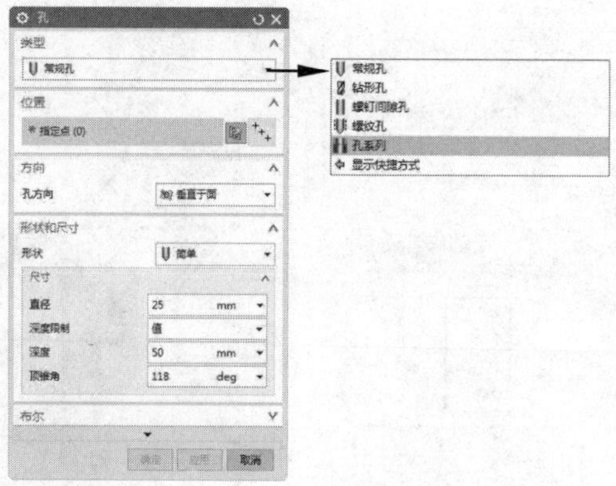

图 7-21 【孔】对话框

上机实践——隔热板造型

本例要绘制如图 7-22 所示的隔热板。

① 创建长方体。执行菜单栏中的【插入】|【设计特征】|【长方体】命令，弹出【块】对话框。指定原点为系统坐标系原点，输入长度值 100、宽度值 80、高度值 6，单击【确定】按钮完成创建，结果如图 7-23 所示。

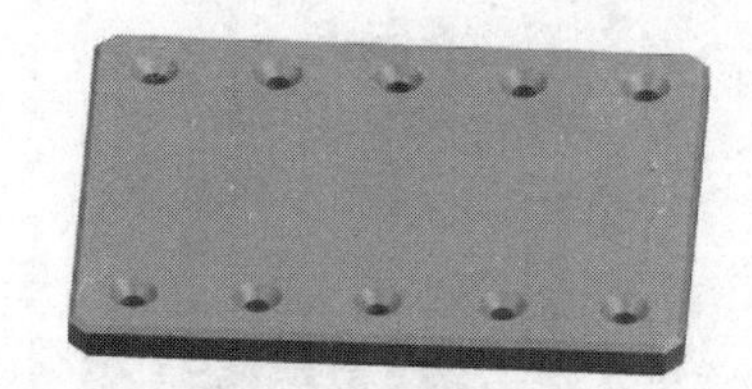

图 7-22 隔热板

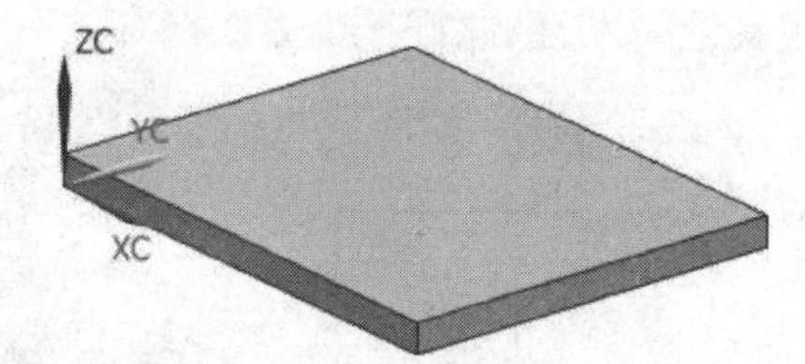

图 7-23 创建长方体

② 创建埋头孔。在【特征】组中单击【孔】按钮，弹出【孔】对话框。设置类型为【常规孔】，形状为【埋头】，指定孔位置点和孔参数，结果如图 7-24 所示。

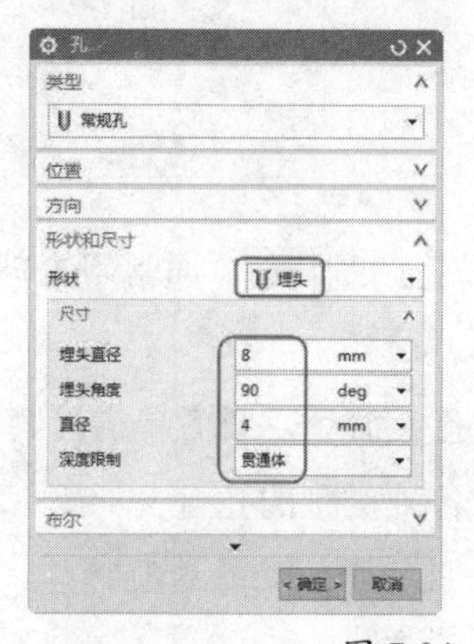

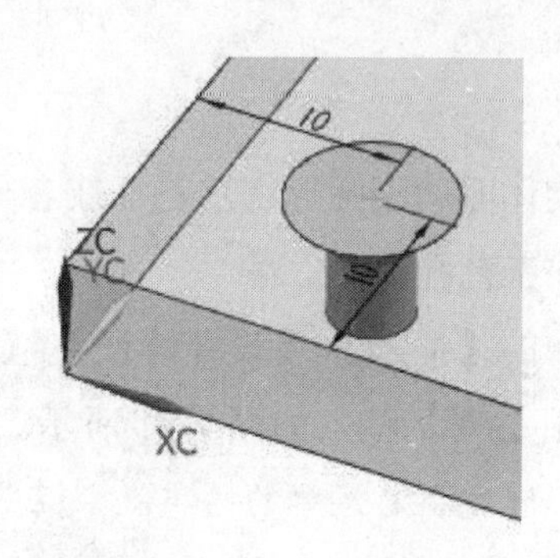

图 7-24 创建埋头孔

③ 线性阵列孔。在【特征】组中单击【阵列特征】按钮，弹出【阵列特征】对话框。选取要阵列的对象，指定阵列布局类型为【线性】，选取阵列方向轴矢量并设置阵列参数，如图 7-25 所示。

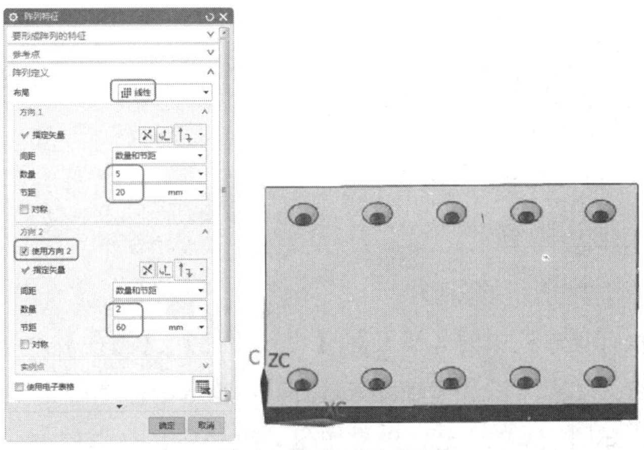

图 7-25 线性阵列孔

④ 倒斜角。在【特征】组中单击【倒斜角】按钮，弹出【倒斜角】对话框。选取要倒角的边，设置偏置距离，单击【确定】按钮，结果如图 7-26 所示。

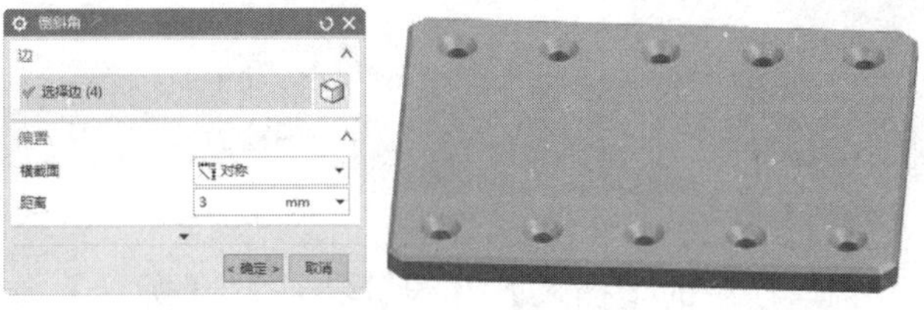

图 7-26 倒斜角

7.1.4 三角形加强筋

在两个相交面的交线上创建一个三角形筋板，来连接两个相交面，起到加强其强度的作用。

执行菜单栏中的【插入】|【设计特征】|【三角形加强筋】命令，或者单击【特征】组中的【三角形加强筋】按钮，弹出【三角形加强筋】对话框，如图 7-27 所示。

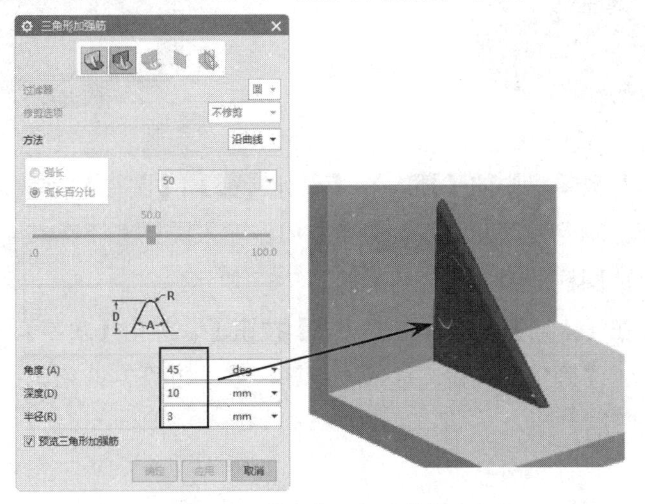

图 7-27 【三角形加强筋】对话框

对话框中的各选项含义如下：

- ：选取筋的第一组面。
- ：选取筋的第二组面。
- ：选取加强筋的放置位置面。

上机实践——三角形加强筋

本例要绘制如图 7-28 所示的图形。

① 创建圆柱体。执行菜单栏中的【插入】|【设计特征】|【圆柱】命令，弹出【圆柱】对话框。指定原点为轴点，以及 Z 轴为矢量方向，输入圆柱直径值 60、高度值 10，单击【确定】按钮完成圆柱体的创建，结果如图 7-29 所示。

图 7-28　要绘制的图形

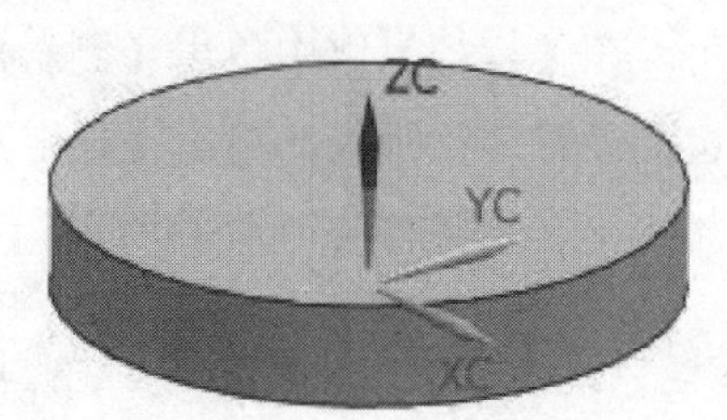

图 7-29　创建圆柱体

② 创建圆柱体。执行菜单栏中的【插入】|【设计特征】|【圆柱】命令，弹出【圆柱】对话框。指定原点为轴点，以及 Z 轴为矢量方向，输入圆柱直径值 30、高度值 30，单击【确定】按钮完成圆柱体的创建，结果如图 7-30 所示。

③ 创建布尔合并。在【特征】组中单击【合并】按钮，弹出【合并】对话框。选取目标体和工具体，单击【确定】按钮完成合并，结果如图 7-31 所示。

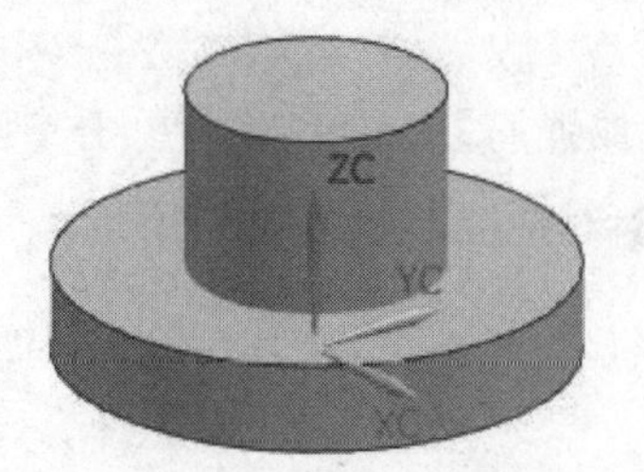

图 7-30　创建圆柱体

图 7-31　创建布尔合并

④ 创建圆柱体。执行菜单栏中的【插入】|【设计特征】|【圆柱】命令，弹出【圆柱】对话框。指定原点为轴点，以及 Z 轴为矢量方向，输入圆柱直径值 12、高度值 40，单击【确定】按钮完成圆柱体的创建，结果如图 7-32 所示。

⑤ 创建布尔减去。在【特征】组中单击【减去】按钮，弹出【求差】对话框。选取目标体和工具体，单击【确定】按钮完成减去运算，结果如图 7-33 所示。

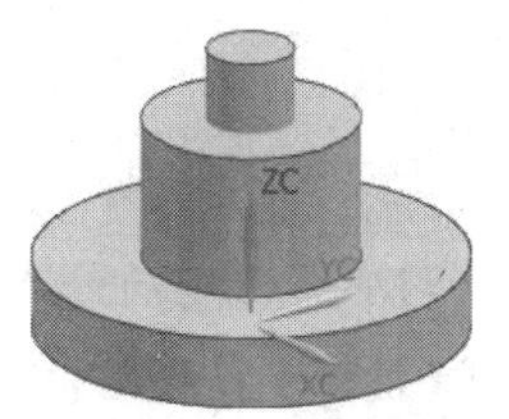

图 7-32　创建圆柱体

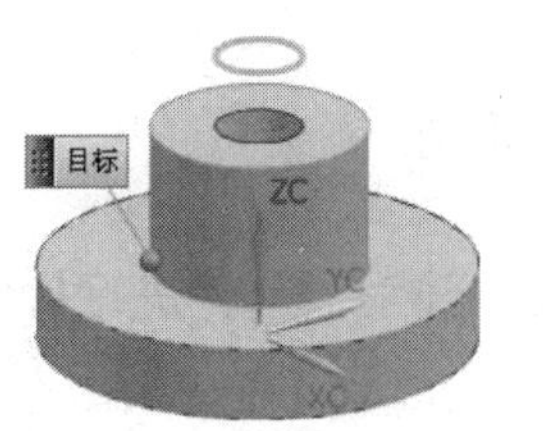

图 7-33　创建布尔减去

⑥　创建三角形加强筋。在【特征】组中单击【三角形加强筋】按钮，弹出【三角形加强筋】对话框。选取加强筋附着的第一组面和第二组面，再输入加强筋参数，结果如图 7-34 所示。

⑦　旋转复制对象。选取要移动的对象（加强筋），执行菜单栏中的【编辑】|【移动对象】命令，弹出【移动对象】对话框。在【运动】下拉列表中选择【角度】选项，指定旋转矢量为 *ZC* 轴，轴点为圆柱底面中心点，输入旋转角度值 360，单击【复制原先的】单选按钮，设置【距离/角度分割】为 4、【非关联副本数】为 3，单击【确定】按钮完成旋转复制，如图 7-35 所示。

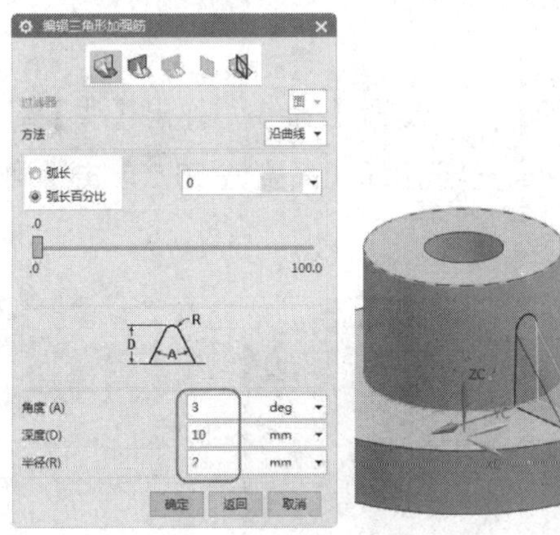

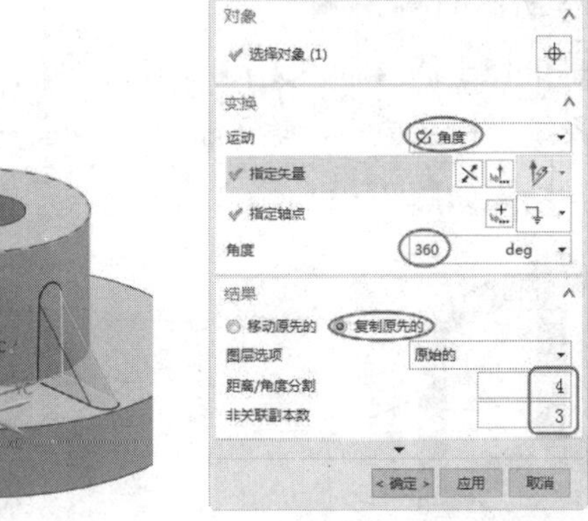

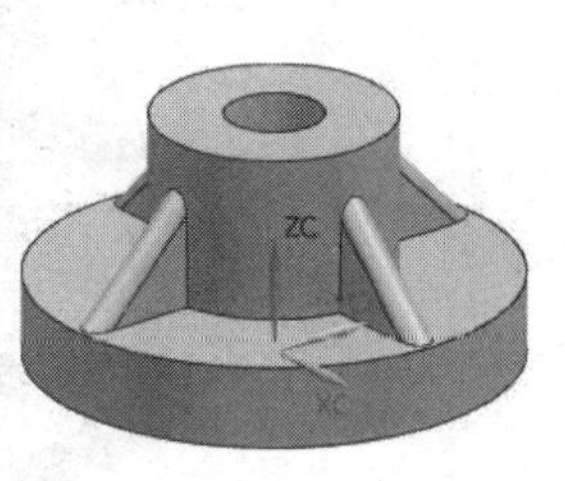

图 7-34　创建三角形加强筋　　图 7-35　创建旋转复制

⑧　创建布尔合并。在【特征】组中单击【合并】按钮，弹出【合并】对话框。选取目标体和工具体，单击【确定】按钮完成合并，结果如图 7-36 所示。

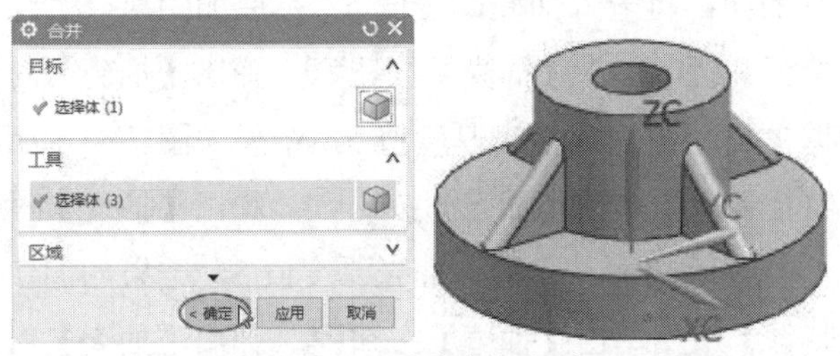

图 7-36　创建布尔合并

技术要点：

三角形加强筋是不能进行阵列的，因此，此处将整体进行沿角度旋转复制出副本，再进行合并，效果和圆形阵列是一样。

7.1.5 抽壳

抽壳是通过对塑料件进行掏空实体内部的操作来建立均匀薄壁件。执行菜单栏中的【插入】|【偏置/缩放】|【抽壳】命令，或者单击【特征】组中的【抽壳】按钮，弹出【抽壳】对话框，如图 7-37 所示。

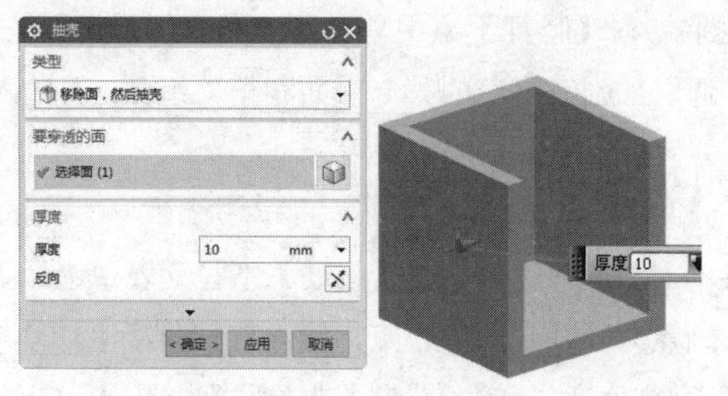

图 7-37 【抽壳】对话框

上机实践——抽壳

本例要绘制如图 7-38 所示的图形。

① 创建长方体。执行菜单栏中的【插入】|【设计特征】|【长方体】命令，弹出【块】对话框。指定原点为系统坐标系原点，输入长度值 50、宽度值 50、高度值 50，单击【确定】按钮完成创建，结果如图 7-39 所示。

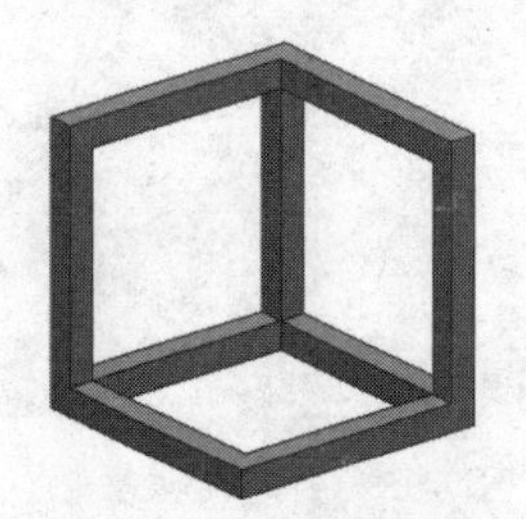

图 7-38 要绘制的图形

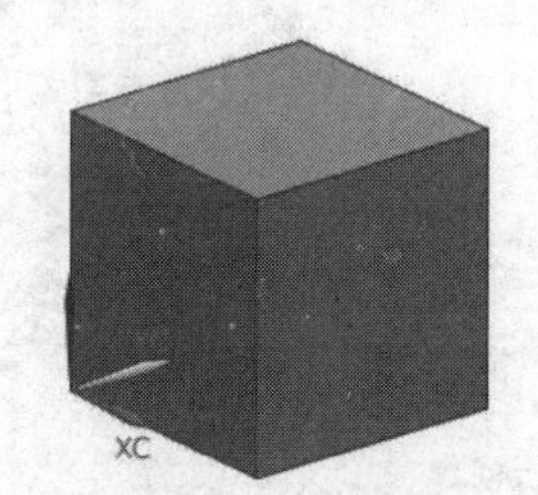

图 7-39 创建长方体

② 创建抽壳。在【特征】组中单击【抽壳】按钮，弹出【抽壳】对话框。选取顶面、左面和前面为要移除的面，再输入抽壳厚度值 5，结果如图 7-40 所示。

③ 创建抽壳。在【特征】组中单击【抽壳】按钮，弹出【抽壳】对话框。选取后面和其相对的面为要移除的面，再输入抽壳厚度值 5，结果如图 7-41 所示。

④ 创建抽壳。在【特征】组中单击【抽壳】按钮，弹出【抽壳】对话框。选取右面和其相对应的内侧面为要移除的面，再输入抽壳厚度值 5，结果如图 7-42 所示。

⑤ 创建抽壳。在【特征】组中单击【抽壳】按钮，弹出【抽壳】对话框。选取底面和其相对的内侧朝上的面为要移除的面，再输入抽壳厚度值 5，结果如图 7-43 所示。

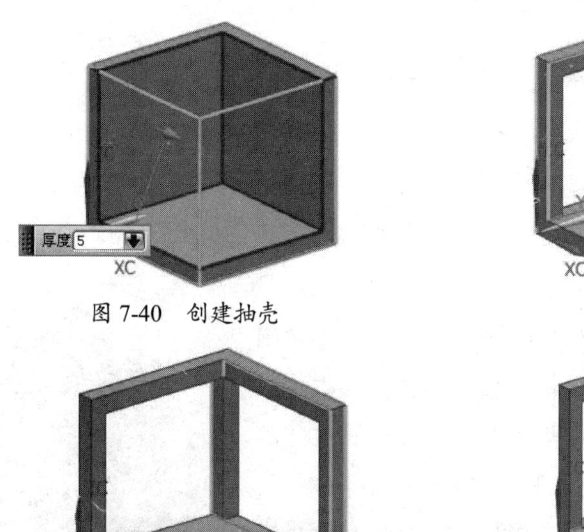

图 7-40 创建抽壳

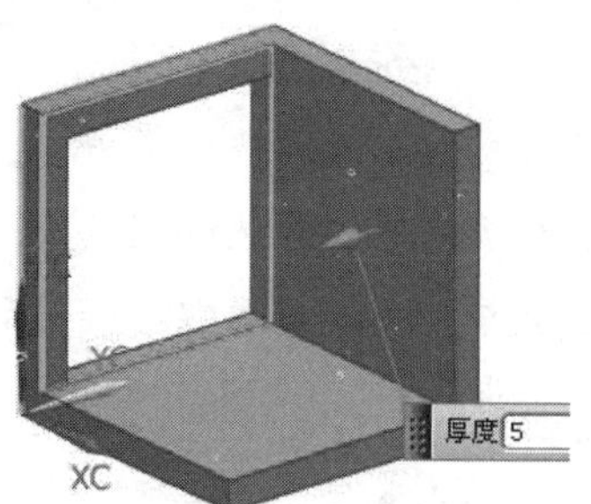

图 7-41 创建抽壳

图 7-42 创建抽壳

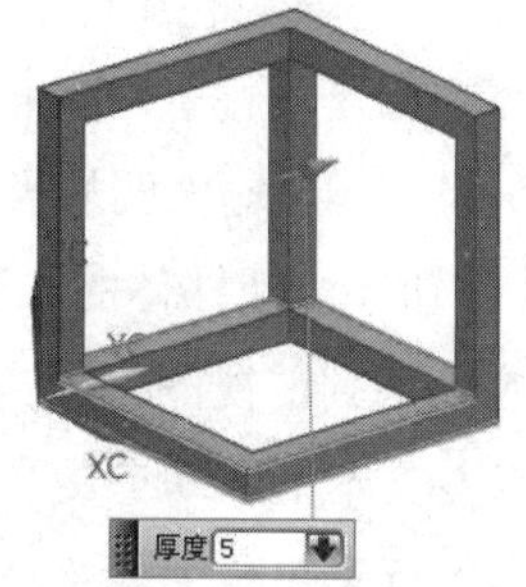

图 7-43 创建抽壳

技术要点：

本例多次对长方体进行抽壳操作，选取的面不一样，抽壳结果也不一样，用户需要理解移除面对抽壳特征的影响。

7.1.6 拔模

拔模主要是针对塑料件来说的。在塑料件脱模时，塑料很容易被模具拉伤，产生划痕或者撕裂痕。因此，通常塑料件需要设置模具脱模角，即是所谓的拔模。执行菜单栏中的【插入】|【细节特征】|【拔模】命令，或者单击【特征】组中的【拔模】按钮，弹出【拔模】对话框，如图 7-44 所示。

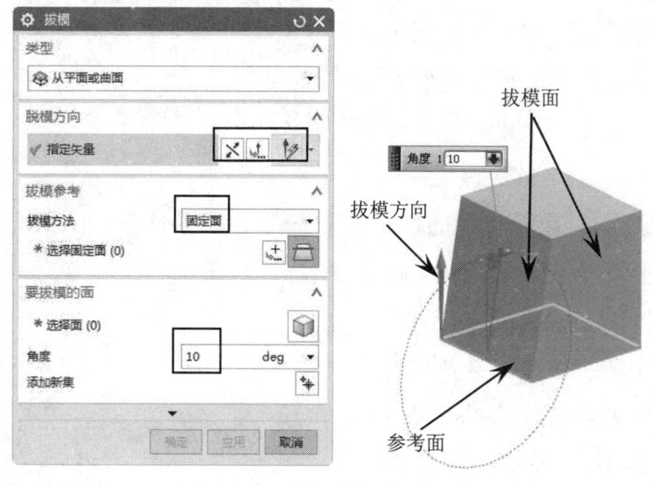

图 7-44 【拔模】对话框

对话框中的各选项含义如下：

- 脱模方向：选取拔膜的方向，此方向便于模具顺利脱模。
- 拔模参考：选取拔模固定面，即拔模面在此面处开始执行拔模。
- 要拔模的面：选取需要倾斜的面。

上机实践——拔模

本例要绘制如图 7-45 所示的图形。

图 7-45　要绘制的图形

① 绘制圆柱体。执行菜单栏中的【插入】|【设计特征】|【圆柱】命令，弹出【圆柱】对话框。指定原点为轴点，以及 Z 轴为矢量方向。输入圆柱直径值 50、高度值 80，单击【确定】按钮完成圆柱体的绘制，结果如图 7-46 所示。

② 动态调整坐标系到前视图。双击坐标系，弹出坐标系操控把手和参数文本框，动态旋转 WCS，如图 7-47 所示。

③ 绘制草图。执行菜单栏中的【插入】|【在任务环境中插入草图】命令，选取草图平面为 XY 平面，绘制的草图如图 7-48 所示。

图 7-46　绘制圆柱体

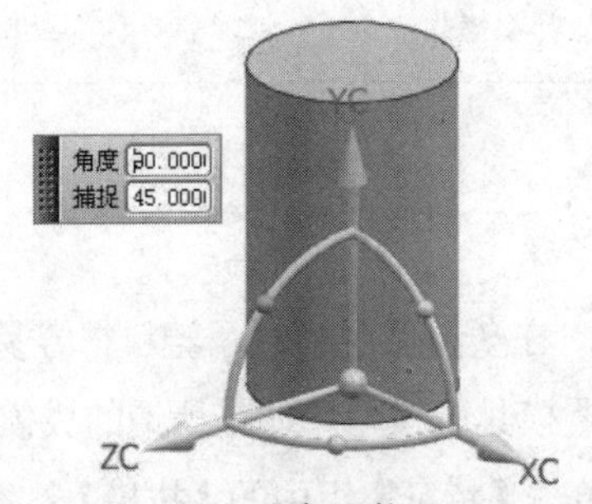

图 7-47　动态调整 WCS

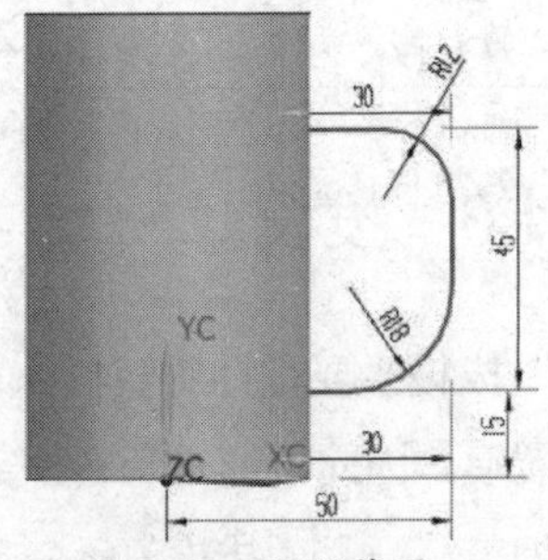

图 7-48　绘制草图

④ 绘制直线。在【曲线】选项卡中单击【直线】按钮，弹出【直线】对话框。设置支持平面绘制直线后再修改限制参数值，结果如图 7-49 所示。

⑤ 沿引导线扫掠。执行菜单栏中的【插入】|【扫掠】|【沿引导线扫掠】命令，弹出【沿引导线扫掠】对话框。选取截面曲线和引导线，设置偏置值，选择布尔求和运算，单击【确定】按钮完成扫掠，结果如图 7-50 所示。

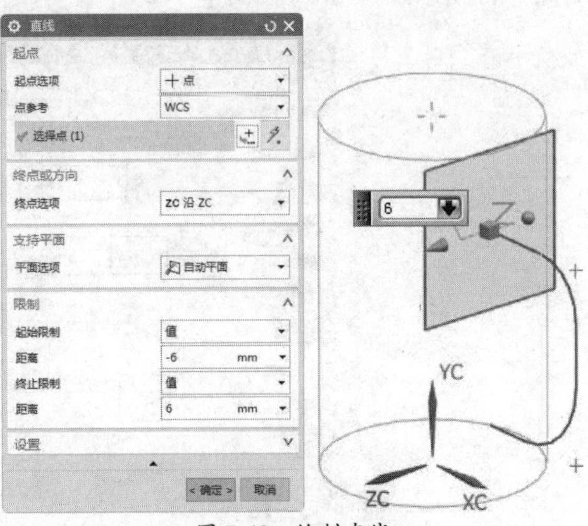

图 7-49　绘制直线

⑥　拔模。在【特征】组中单击【拔模】按钮，弹出【拔模】对话框。选取脱模方向和固定面后，再选取要拔模的面，并输入拔模的角度值，结果如图 7-51 所示。

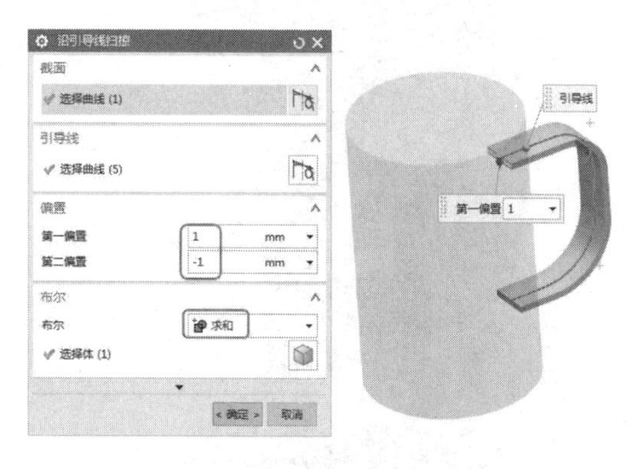

图 7-50　沿引导线扫掠

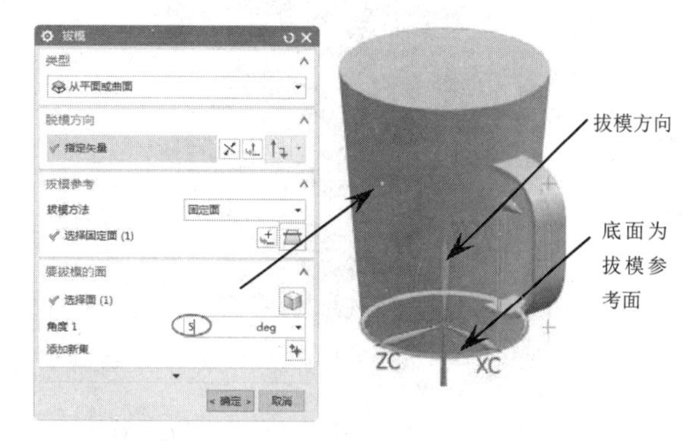

图 7-51　拔模

⑦　绘制草图。执行菜单栏中的【插入】|【在任务环境中插入草图】命令，选取草图平面为 *XY* 平面，绘制的草图如图 7-52 所示。

⑧　拉伸切割实体。在【特征】组中单击【拉伸】按钮，弹出【拉伸】对话框。选取刚才绘制的直线，指定矢量，输入拉伸参数，选择布尔减去运算，结果如图 7-53 所示。

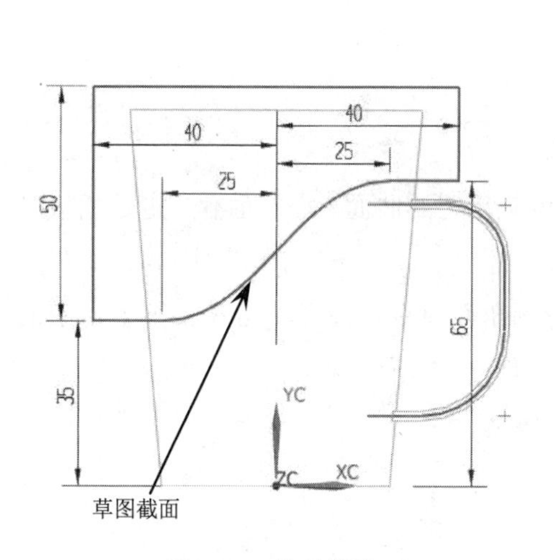

图 7-52　绘制草图

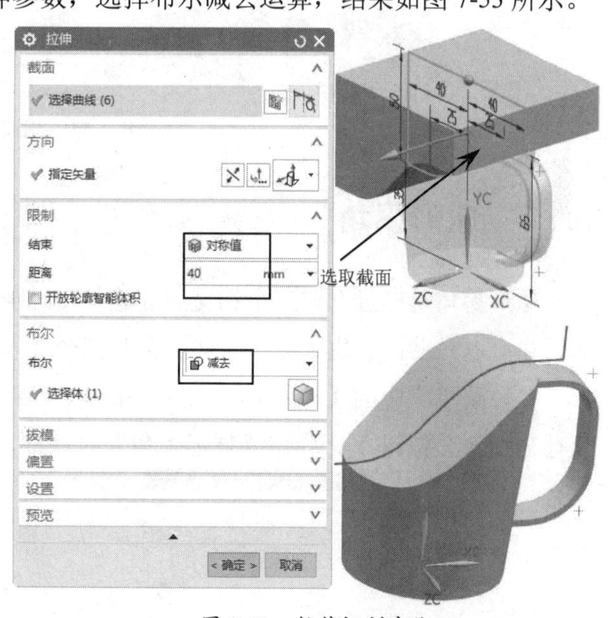

图 7-53　拉伸切割实体

⑨　抽壳。在【特征】组中单击【抽壳】按钮，弹出【抽壳】对话框。选取要移除的面，再输入抽壳厚度值，结果如图 7-54 所示。

⑩　隐藏曲线。按 Ctrl+W 组合键，弹出【显示和隐藏】对话框。选择【曲线】类型再单击【隐藏】按钮将所有的曲线隐藏，结果如图 7-55 所示。

⑪　倒圆角。在【特征】组中单击【边倒圆】按钮，弹出【边倒圆】对话框。选取要倒圆角的边，输入半径值 0.5，单击【确定】按钮，结果如图 7-56 所示。

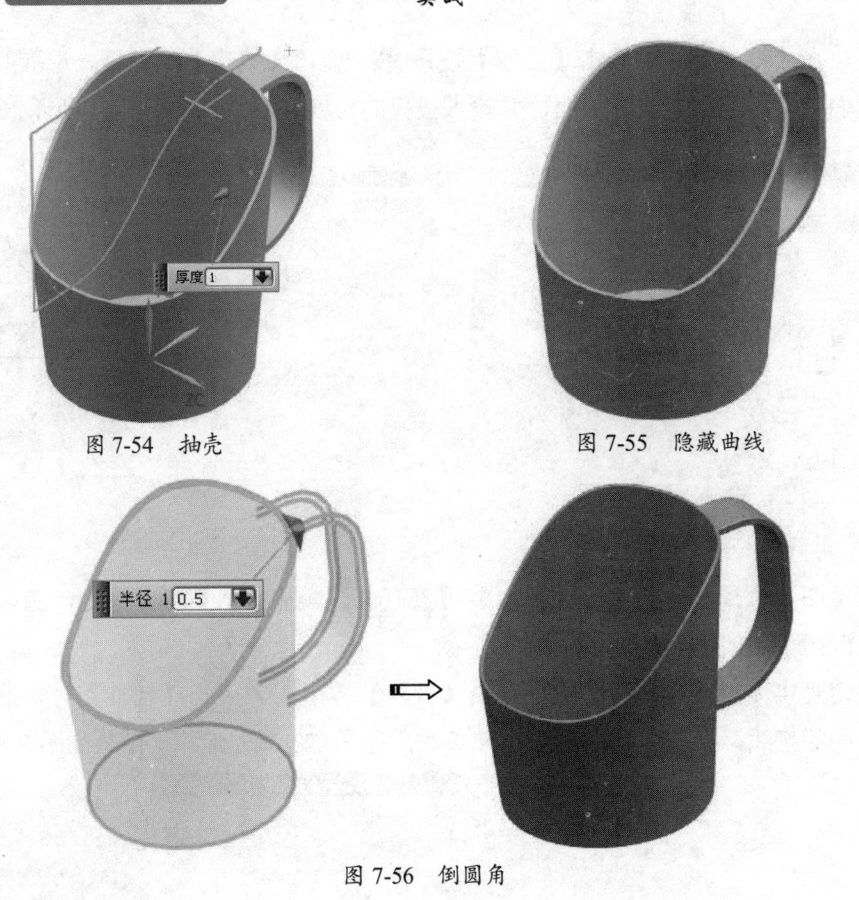

图 7-54 抽壳

图 7-55 隐藏曲线

图 7-56 倒圆角

7.1.7 球形拐角

球形拐角是通过选取三个相交面创建一个球形角落相切的曲面。三个面不一定是相接触的，也可以是曲面。生成的拐角曲面会和三个面相切。

执行菜单栏中的【插入】|【细节特征】|【球形拐角】命令，或者单击【特征】组中的【球形拐角】按钮，弹出【球形拐角】对话框，如图 7-57 所示。

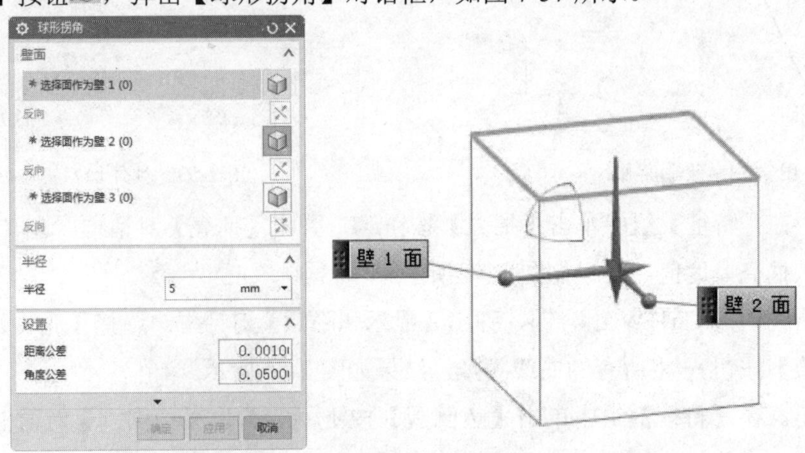

图 7-57 【球形拐角】对话框

7.2　创建成型特征

成型特征是 UG 专门开发的用于形状比较规则，通常具有相应的制造方法对其制造成型的实体特征。特征成型操作必须建立在已经存在的实体上，用给定的规则形状特征添加部分材料或者去除部分材料，从而得到一定的形状。

7.2.1　凸台

【凸台】命令用于在平面上产生凸起的特征。此特征主要是圆柱凸台或者圆锥形凸台。执行菜单栏中的【插入】|【设计特征】|【凸台】命令，或者单击【特征】组中的【凸台】按钮，弹出【凸台】对话框，如图 7-58 所示。

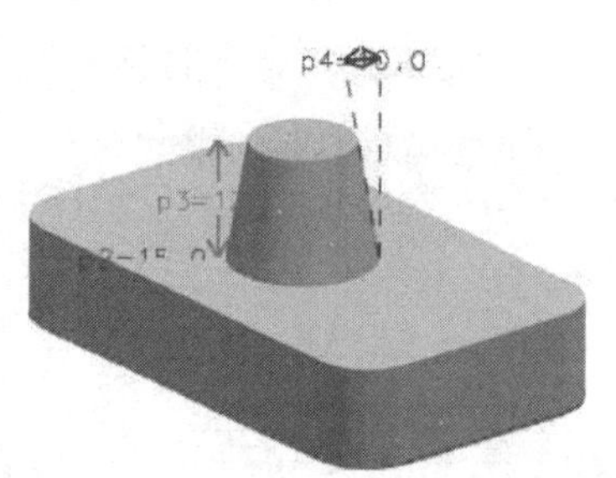

图 7-58　【凸台】对话框

对话框中的各选项含义如下：

- 放置面：用于指定凸台放置平面。
- 直径：输入凸台的直径值。
- 高度：输入凸台的高度值。
- 锥角：输入凸台的拔模角度。正值是向内拔模凸台的侧面；负值是向外拔模凸台的侧面；零值表示凸台的侧面不进行拔模，即竖直面。
- 反侧：只有选取基准面为放置平面时此选项才会激活，用于更改当前的凸台生长的方向。
- 定位：定义水平或垂直类型的定位尺寸选取水平或垂直参考。水平参考定义特征的坐标系的 X 轴，任一可投射到安放平面上的线性边缘、平表面、基准轴或基准面均可被用于定义水平参考。

上机实践——凸台

本例要绘制如图 7-59 所示的图形。

① 绘制圆。在【曲线】选项卡中单击【基本曲线】按钮，弹出【基本曲线】对话框。设

置类型为【圆】，选取原点为圆心，圆直径为 110，结果如图 7-60 所示。

② 绘制两条水平直线，平行距离为 90。在【曲线】选项卡单击【基本曲线】按钮，弹出【基本曲线】对话框。选取曲线类型为【直线】，两条水平直线起点的 X 轴坐标可以是任意值，Y 轴坐标为 45 或-45，两条水平直线的终点坐标为任意值，结果如图 7-61 所示。

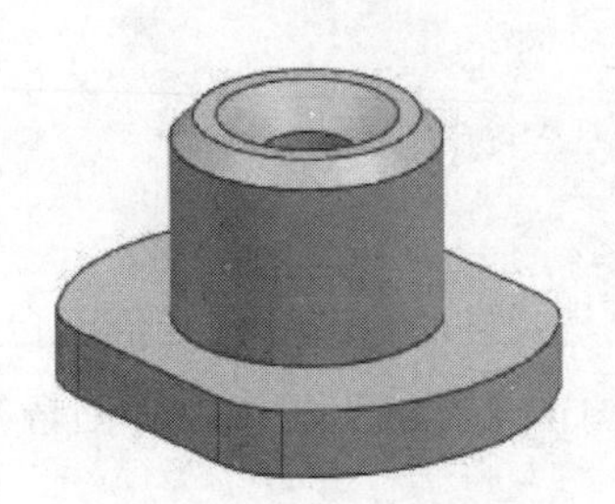

图 7-59 要绘制的图形

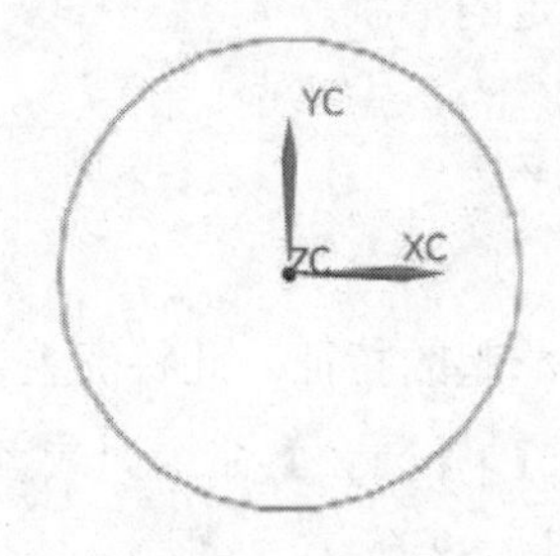

图 7-60 绘制圆

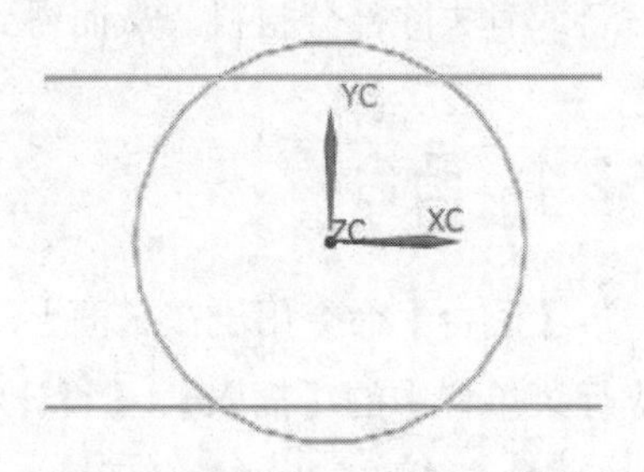

图 7-61 绘制直线

③ 拉伸实体。在【特征】组中单击【拉伸】按钮，弹出【拉伸】对话框。选取刚才绘制的直线，指定矢量，输入拉伸参数，结果如图 7-62 所示。

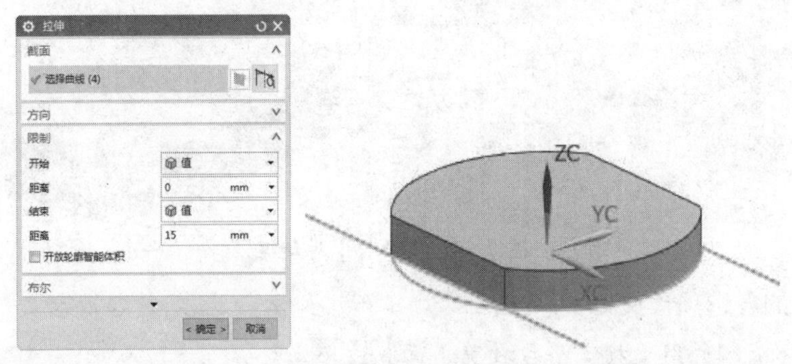

图 7-62 拉伸实体

④ 创建凸台。执行菜单栏中的【插入】|【设计特征】|【凸台】命令，弹出【凸台】对话框。设置凸台的参数和定位点，单击【确定】按钮完成创建，结果如图 7-63 所示。

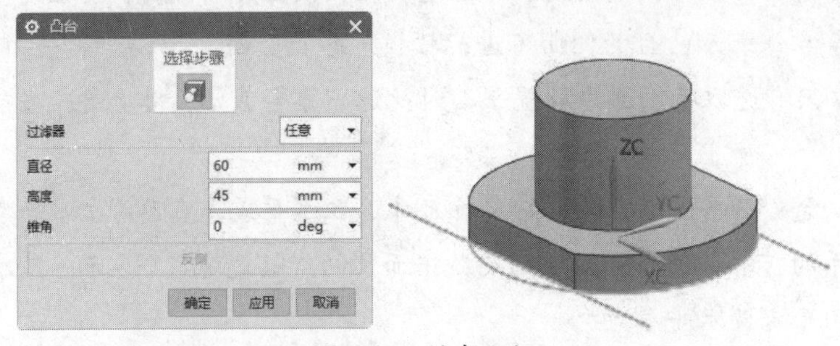

图 7-63 创建凸台

⑤ 创建圆柱体。执行菜单栏中的【插入】|【设计特征】|【圆柱】命令，弹出【圆柱】对话框。指定原点为轴点，以及 Z 轴为矢量方向，输入圆柱直径值 20、高度值 70，单击【确定】按钮完成圆柱体的创建，结果如图 7-64 所示。

⑥ 创建布尔减去。在【特征】组中单击【减去】按钮，弹出【求差】对话框。选取目标体和工具体，单击【确定】按钮完成减去运算，结果如图 7-65 所示。

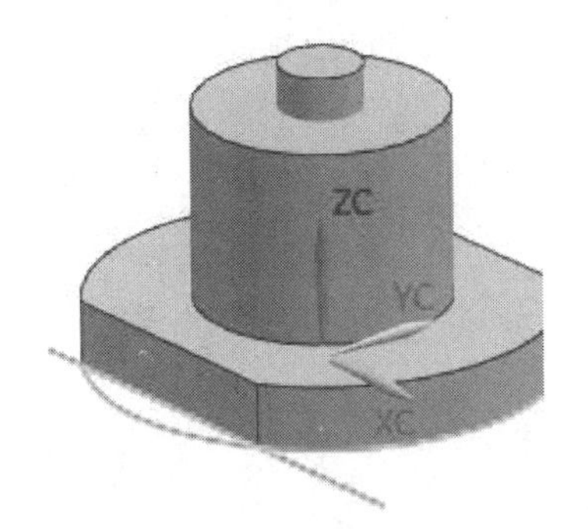

图 7-64　创建圆柱体

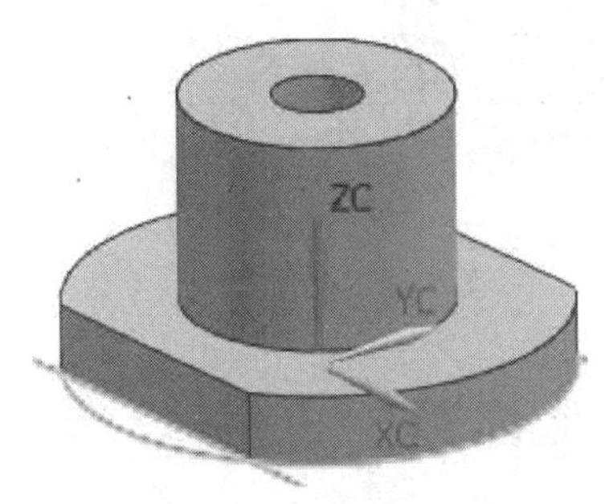

图 7-65　创建布尔减去

⑦ 倒斜角。在【特征】组中单击【倒斜角】按钮，弹出【倒斜角】对话框。选取要倒角的边，输入倒角距离值，单击【确定】按钮，结果如图 7-66 所示。

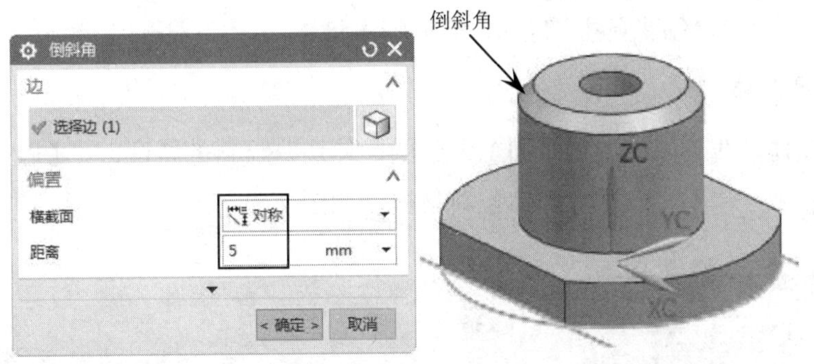

图 7-66　倒斜角

⑧ 倒斜角。在【特征】组中单击【倒斜角】按钮，弹出【倒斜角】对话框。选取要倒角的边，输入倒角距离值，单击【确定】按钮，结果如图 7-67 所示。

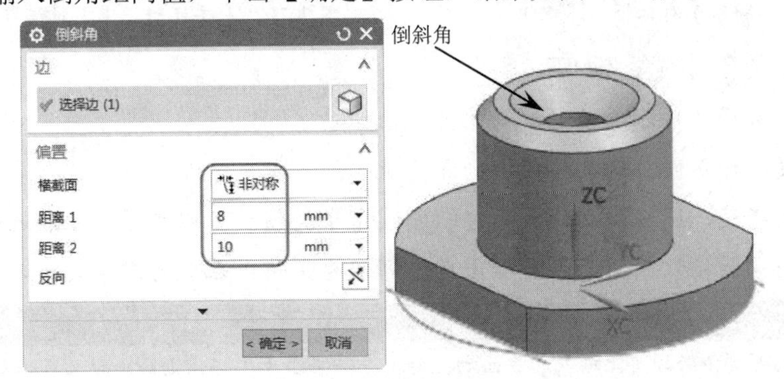

图 7-67　倒斜角

⑨ 倒圆角。在【特征】组中单击【边倒圆】按钮，弹出【边倒圆】对话框。选取要倒圆角的边，输入半径值 20，单击【确定】按钮，结果如图 7-68 所示。

⑩ 隐藏曲线。按 Ctrl+W 组合键，弹出【显示和隐藏】对话框。选择【曲线】类型再单击【隐藏】按钮将所有的曲线隐藏，结果如图 7-69 所示。

图 7-68 倒圆角

图 7-69 隐藏曲线

7.2.2 腔体

【腔体】命令用于在平面上创建具有一定规则形状的凹陷切割材料特征。在菜单栏中执行【插入】|【设计特征】|【腔体】命令，或者单击【特征】组中的【腔体】按钮，弹出【腔体】对话框，如图 7-70 所示。

【腔体】命令可以创建圆柱形腔体、矩形腔体和常规腔体，下面将分别进行讲解。

1. 圆柱形腔体

圆柱形腔体是在选取的放置平面上创建圆柱体切割材料的特征。在【腔体】对话框中选择【圆柱形】后，弹出【圆柱形腔体】对话框，如图 7-71 所示。

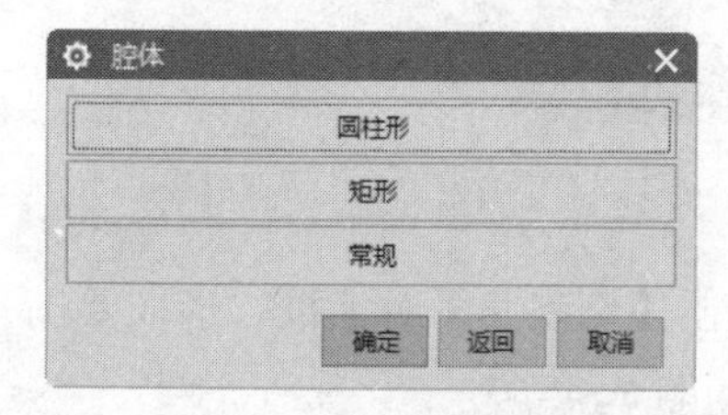

图 7-70 【腔体】对话框

图 7-71 【圆柱形腔体】对话框

对话框中的各选项含义如下：

- 腔体直径：输入圆柱形切割的直径值。
- 深度：输入圆柱切割体的切割深度值。
- 底面半径：圆柱切割的底面边的倒圆角半径值。可以设置为零，表示不倒圆角。
- 锥角：圆柱切割侧面的拔模角度。可以为正值或零，为零时表示不拔模。

技术要点：

此处定义的深度值必须要比输入的底面半径要大，如果小于半径值则会出现圆柱体腔体创建失败。锥角必须大于等于零。

2. 矩形腔体

矩形腔体是在选取的放置面上创建长方体切割材料的特征。在【腔体】对话框中选择【矩形】后，弹出【矩形腔体】对话框，如图 7-72 所示。

对话框中的各选项含义如下：

- 长度：输入平行于水平参考方向上的矩形槽的长度值。
- 宽度：输入垂直于水平参考方向上的矩形槽的宽度值。
- 深度：输入矩形槽的切割深度值。
- 拐角半径：输入矩形槽的四个拐角的倒圆角半径值。
- 底面半径：输入矩形槽的底面边界的倒圆角半径值。
- 锥角：输入矩形槽侧面的拔模角度，可为正值或零。

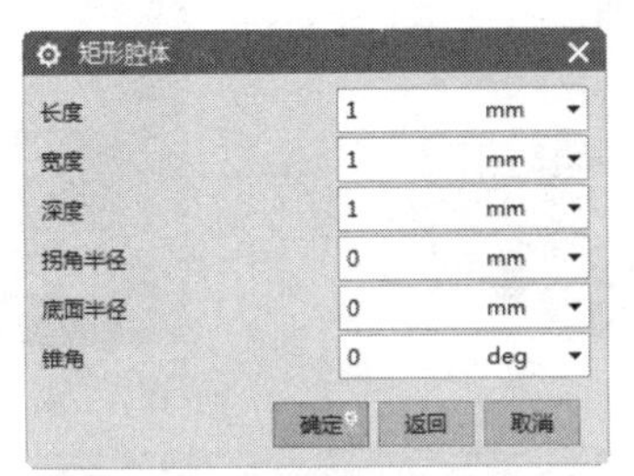

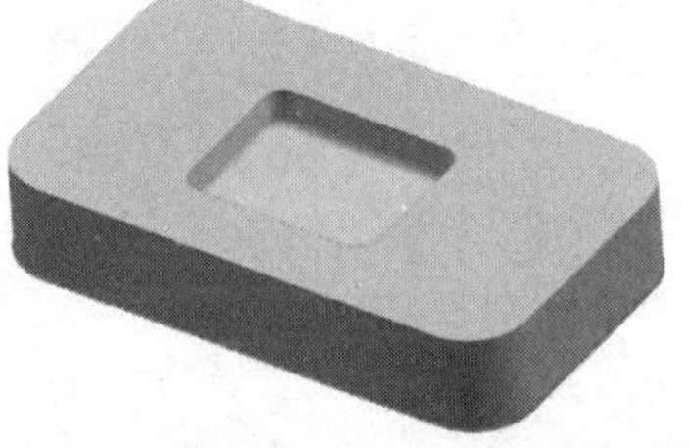

图 7-72　【矩形腔体】对话框

技术要点：

此处宽度必须大于两倍的拐角半径，否则矩形腔体创建失败。而深度值必须大于底面半径，否则底面边界倒圆角无法创建。而锥角必须大于或等于零，不能为负值，否则出现倒扣。

3. 常规腔体

常规腔体是创建一般性的切割材料实体特征，可以定义放置面上的轮廓形状、底面的轮廓形状，甚至是底面的曲面形状。在【腔体】对话框中选择【常规】选项后，弹出【常规腔体】对话框，该对话框用来设置放置面和轮廓线等参数，如图 7-73 所示。

对话框中的各选项含义如下：

- 放置面：用于选取常规腔体的放置定位平面。可以是单个面，也可以是多个面，当然也可以选取平面或基准平面，还可以选取曲面或者弧面，同样可以创建常规腔体。如图 7-74 所示即是选取弧面来创建的腔体。
- 放置面轮廓：用于选取在腔体放置顶面上的轮廓曲线。轮廓曲线不一定在放置面上，可以在其他面上，系统会自动投影到放置曲面上形成放置面轮廓。轮廓曲线必须是连续的，即不能断开。
- 底面：可以选取一个或者多个面来定义底面形状，也可以选取平面或基准平面，用于确定腔体的底部。选择底面的步骤是可选的。腔体的底面可以由放置面往下偏置一定的距离来定义。
- 底面轮廓曲线：用于选取腔体底面上的轮廓线。底面上的轮廓线必须是连续的，底面的轮廓曲线可以选取截面曲线，也可以从放置面的轮廓线投影到底面上来定义。

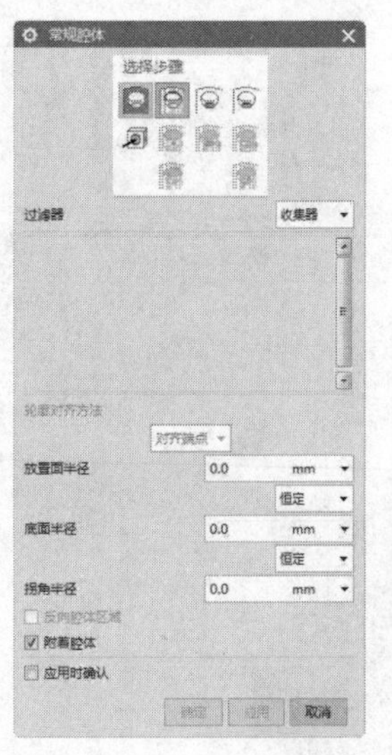

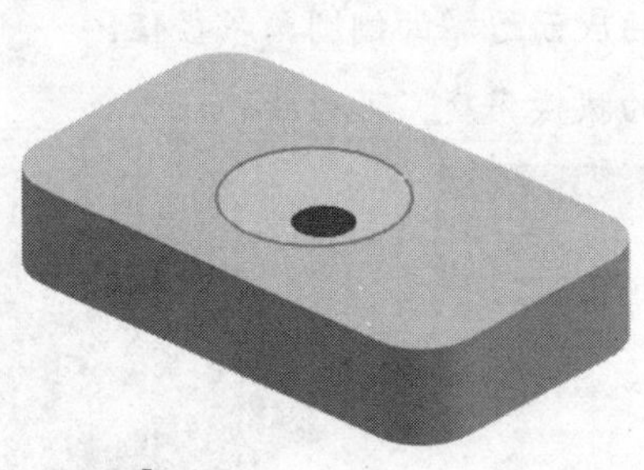

图 7-73 【常规腔体】对话框

图 7-74 放置面为弧面

上机实践——腔体

本例要绘制如图 7-75 所示的图形。

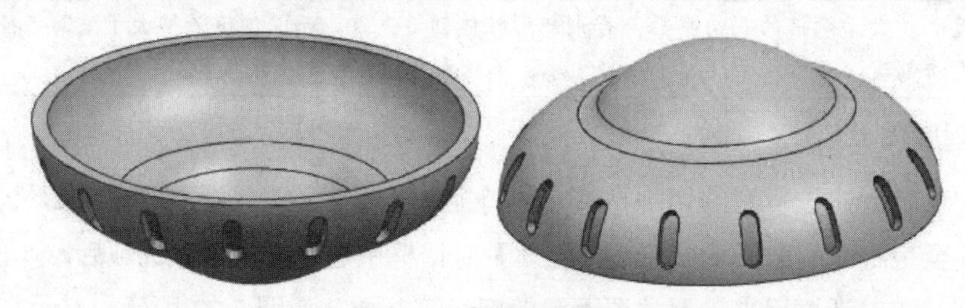

图 7-75 要绘制的图形

① 动态旋转 WCS。双击坐标系，弹出坐标系操控把手和参数文本框，动态旋转 WCS，如图 7-76 所示。

② 绘制草图。执行菜单栏中的【插入】|【在任务环境中插入草图】命令，选取草图平面为 *XY* 平面，绘制的草图如图 7-77 所示。

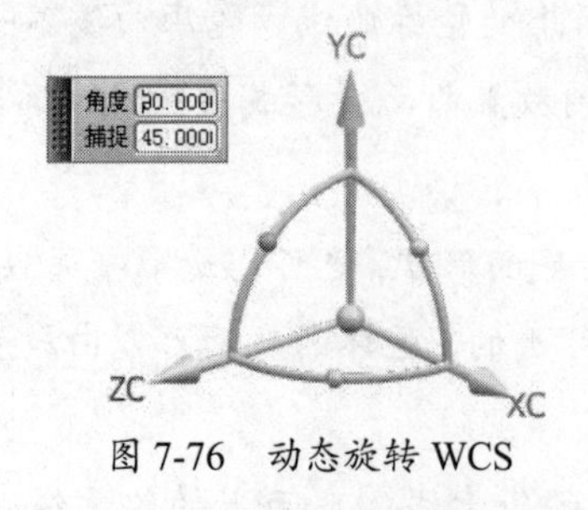

图 7-76 动态旋转 WCS

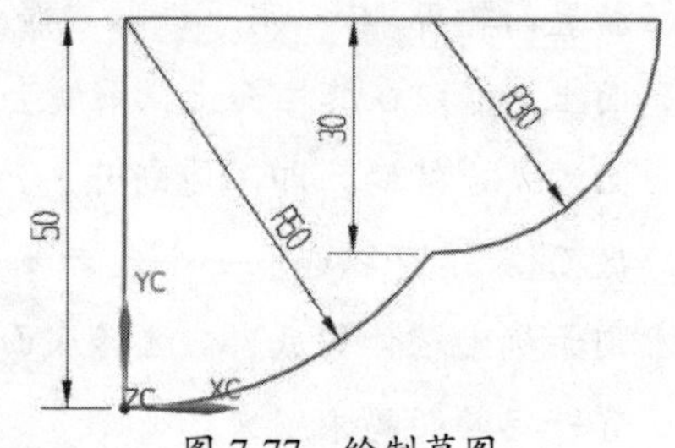

图 7-77 绘制草图

③ 创建旋转实体。在【特征】组中单击【旋转】按钮，弹出【旋转】对话框。选取刚才绘制的截面，指定矢量和轴点，结果如图 7-78 所示。

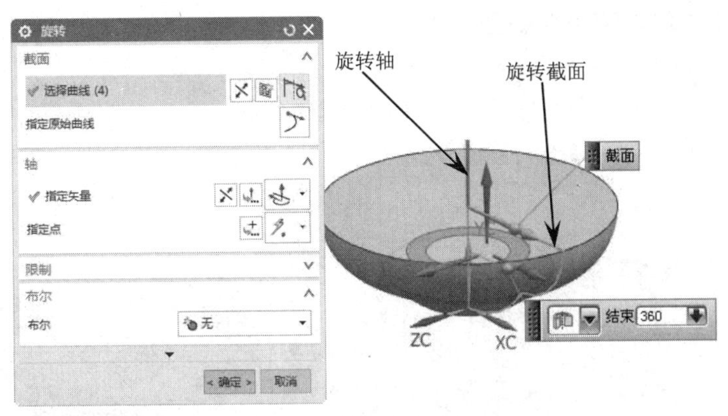

图 7-78 创建旋转实体

④ 倒圆角。在【特征】组中单击【边倒圆】按钮，弹出【边倒圆】对话框。选取要倒圆角的边，输入半径值 10 后单击【确定】按钮，结果如图 7-79 所示。

⑤ 抽壳。在【特征】组中单击【抽壳】按钮，弹出【抽壳】对话框。选取要移除的面，再输入抽壳厚度值 5，结果如图 7-80 所示。

⑥ 绘制草图。执行菜单栏中的【插入】|【在任务环境中插入草图】命令，选取草图平面为 *XY* 平面，绘制的草图如图 7-81 所示。

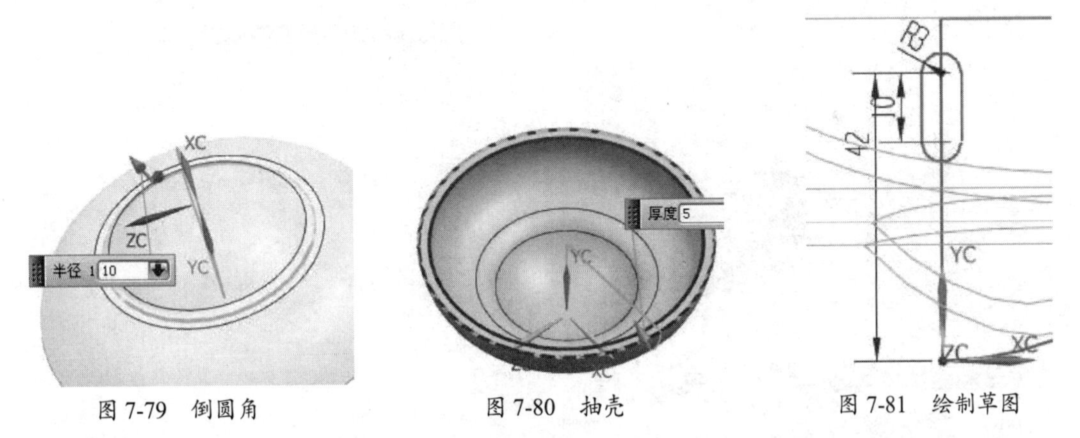

图 7-79 倒圆角　　图 7-80 抽壳　　图 7-81 绘制草图

⑦ 创建腔体。执行菜单栏中的【插入】|【设计特征】|【腔体】命令，弹出【腔体】对话框。设置腔体顶面、顶面轮廓线，以及底面和底面轮廓线等参数后，单击【确定】按钮完成创建，结果如图 7-82 所示。

⑧ 阵列特征。在【特征】组中单击【阵列特征】按钮，弹出【阵列特征】对话框。选取要阵列的对象，指定阵列布局类型为【圆形】，选取旋转轴矢量和轴点，设置阵列参数，如图 7-83 所示。

⑨ 隐藏曲线。按 Ctrl+W 组合键，弹出【显示和隐藏】对话框。选择【曲线】类型再单击【隐藏】按钮将所有的曲线隐藏，结果如图 7-84 所示。

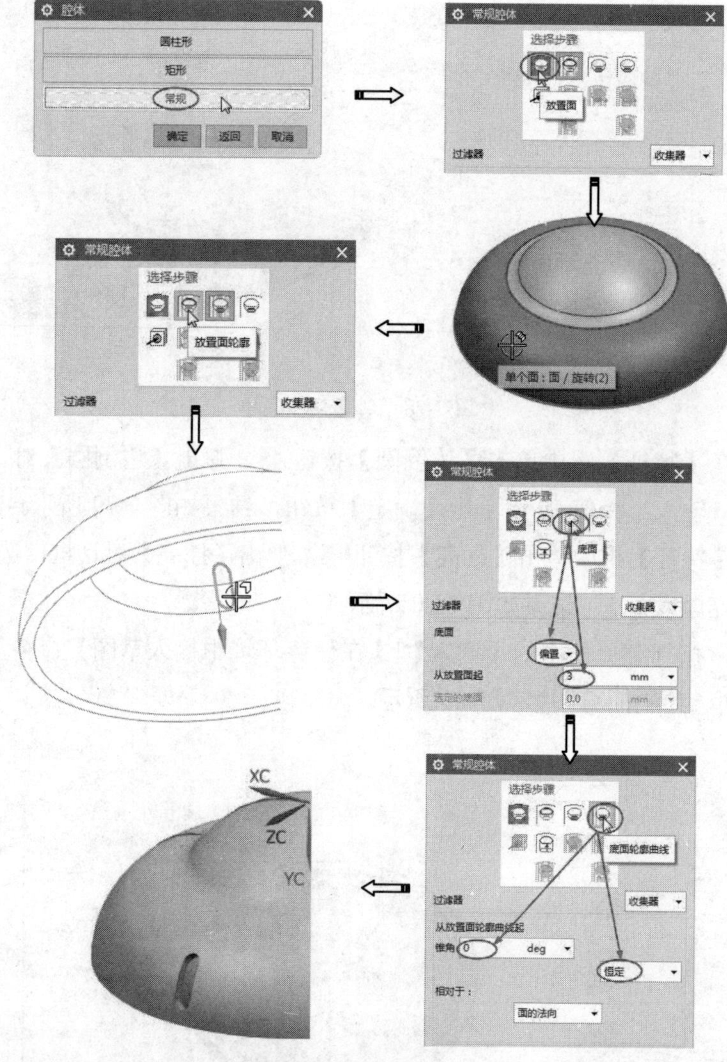

图 7-82 创建腔体

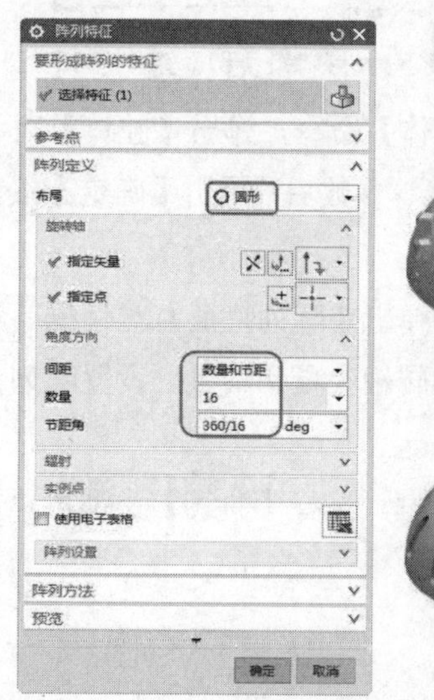

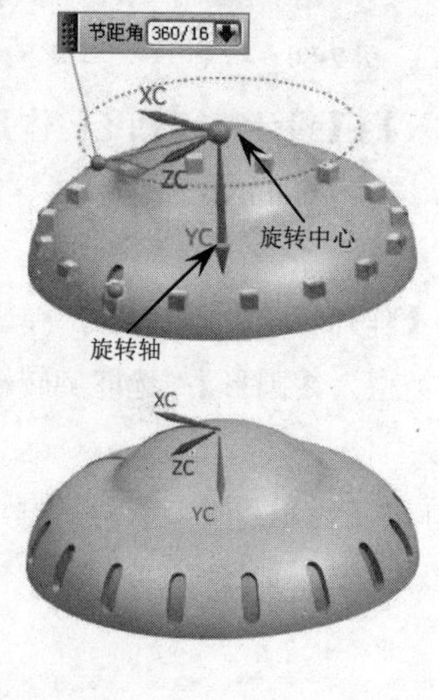

图 7-83 阵列特征

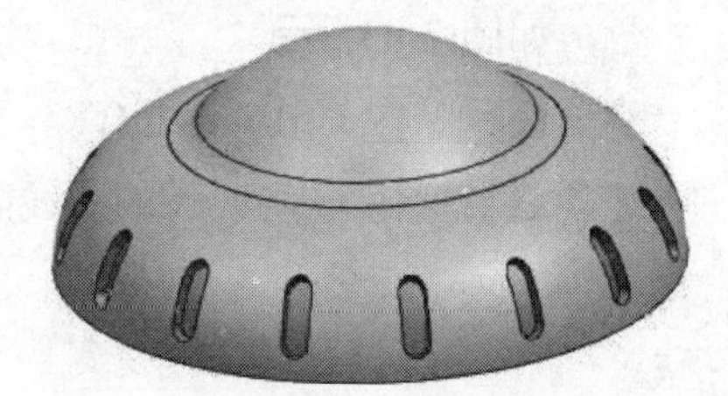

图 7-84 隐藏曲线

7.2.3 垫块

垫块是在选取的平面上创建矩形凸起的加材料实体特征，或者在一般曲面上创建自定义轮廓的常规凸起的加材料实体特征。

在菜单栏中执行【插入】|【设计特征】|【垫块】命令，或者在【特征】组中单击【垫块】按钮，弹出【垫块】对话框，如图 7-85 所示。

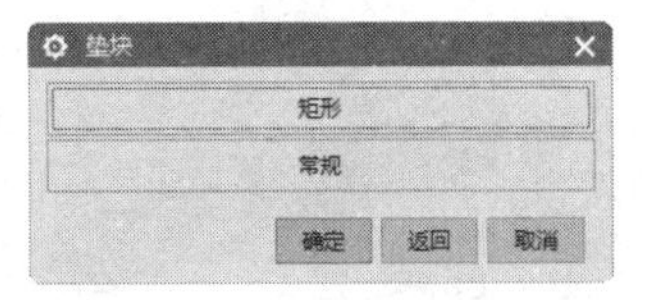

图 7-85 【垫块】对话框

1. 矩形垫块

在【垫块】对话框中选取【矩形】类型并单击【确定】按钮，接着在特征上选取垫块的放置面和用于尺寸定位的特征边，随后弹出【矩形垫块】对话框，如图 7-86 所示。

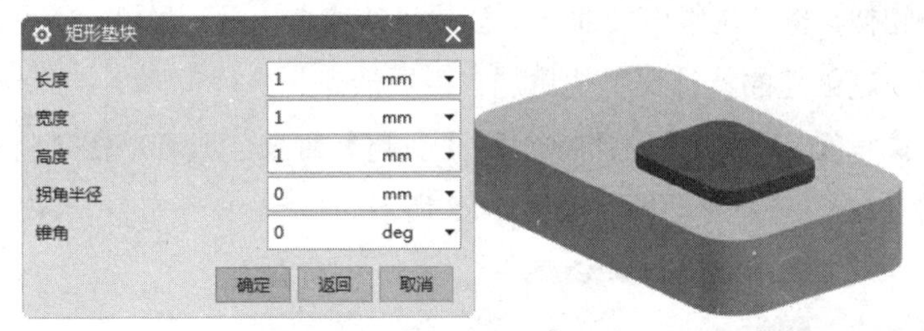

图 7-86 【矩形垫块】对话框

对话框中的各选项含义如下：

- 长度：输入矩形垫块的长度值。
- 宽度：输入矩形垫块的宽度值。
- 高度：输入矩形垫块的高度值。
- 拐角半径：输入垫块竖直边的圆角半径值。指定的半径值必须为正值或零。
- 锥角：输入矩形垫块的侧面拔模角度。

2. 常规垫块

常规垫块是创建一般性的加材料实体特征，可以定义放置面上的轮廓形状、底面的轮廓形状，甚至是底面的曲面形状。在【垫块】对话框中选择【常规】选项后，弹出【常规垫块】对话框。该对话框用来设置放置面和轮廓线等参数，如图 7-87 所示。

常规垫块的参数和常规腔体的参数完全相同，操作方式也一样，在此不再赘述。

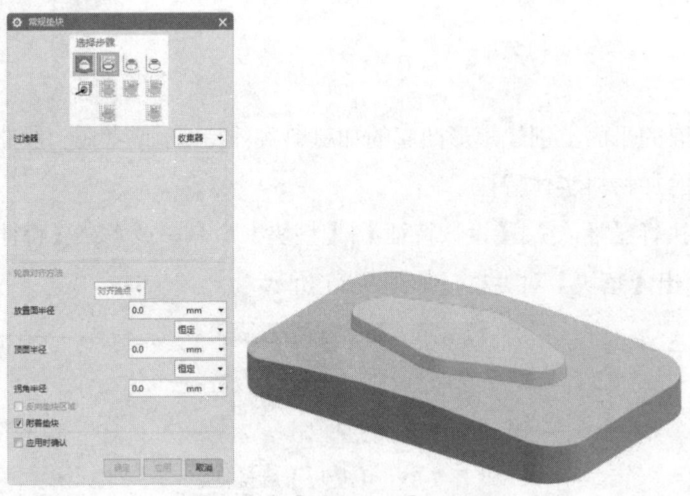

图 7-87 【常规垫块】对话框

7.2.4 凸起

凸起和垫块相似，也是在平面或曲面上创建平的或自由曲面的凸台，凸台形状和凸台顶面可以自定义。凸起创建的特征比垫块更加自由灵活。

在菜单栏中执行【插入】|【设计特征】|【凸起】命令，或者单击【特征】组中的【凸起】按钮，弹出【凸起】对话框，如图 7-88 所示。

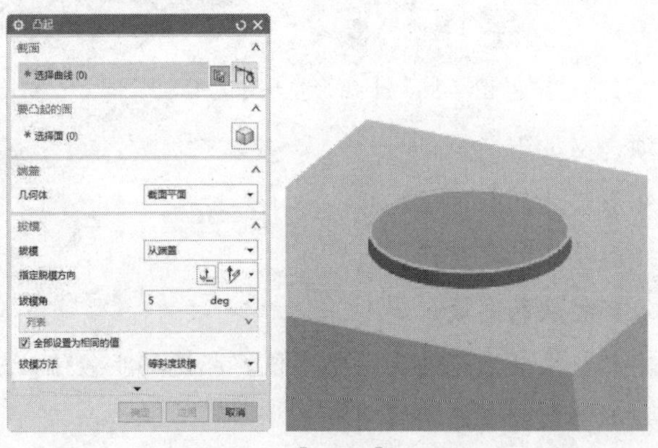

图 7-88 【凸起】对话框

上机实践——凸起

本例要绘制如图 7-89 所示的图形。

① 绘制矩形。单击【曲线】选项卡中的【矩形】按钮，输入矩形对角坐标点，绘制长 18、宽 18 的矩形，如图 7-90 所示。

② 拉伸实体。在【特征】组中单击【拉伸】按钮，弹出【拉伸】对话框。选取刚才绘制的直线，指定矢量，高度为 8，拔模角度为 15°，结果如图 7-91 所示。

③ 动态旋转 WCS。双击坐标系，弹出坐标系操控把手和参数文本框，动态旋转 WCS，如图 7-92 所示。

图 7-89　要绘制的图形

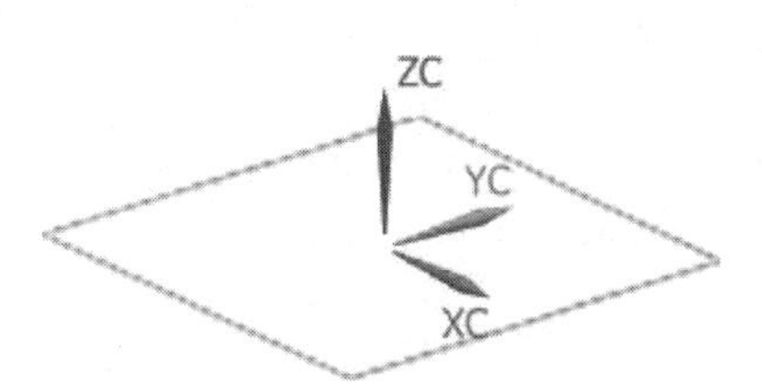

图 7-90　绘制矩形

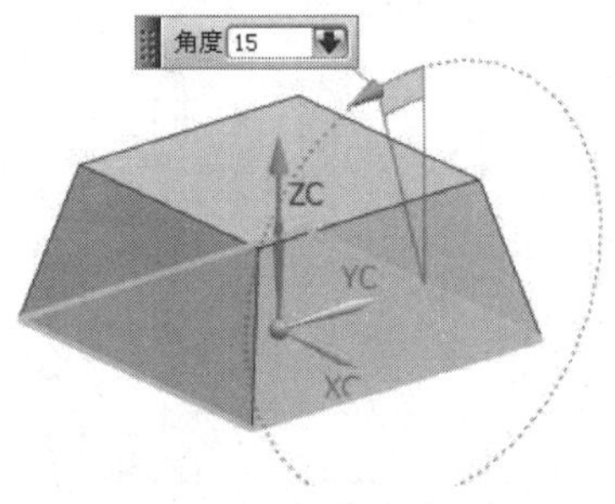

图 7-91　拉伸实体

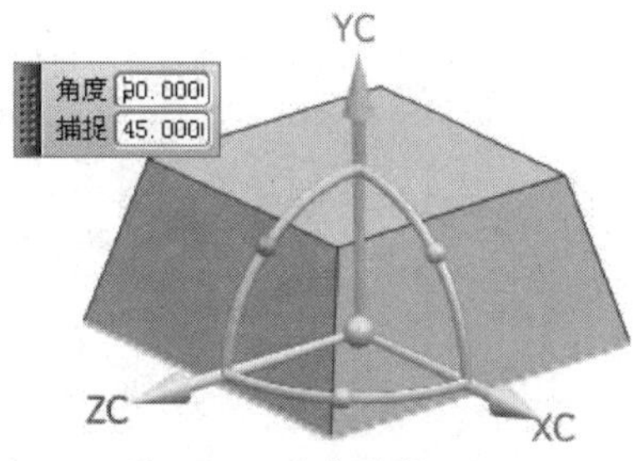

图 7-92　动态旋转 WCS

④ 绘制草图。执行菜单栏中的【插入】|【在任务环境中插入草图】命令，选取草图平面为 *XY* 平面，绘制的草图如图 7-93 所示。

⑤ 拉伸切割。在【特征】组中单击【拉伸】按钮，弹出【拉伸】对话框。选取刚才绘制的直线，指定矢量，输入拉伸参数，选择布尔求差运算，结果如图 7-94 所示。

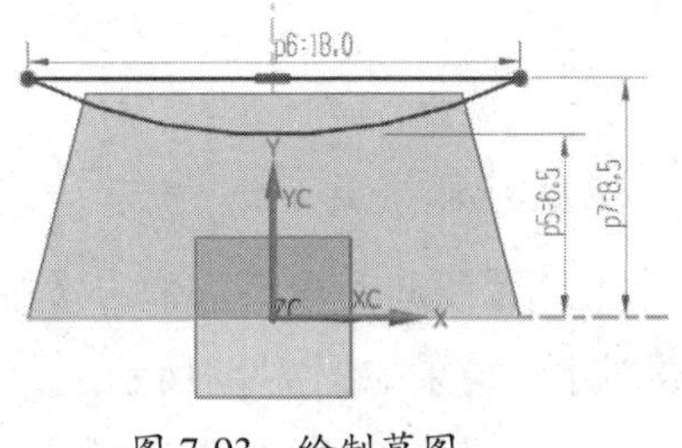

图 7-93　绘制草图

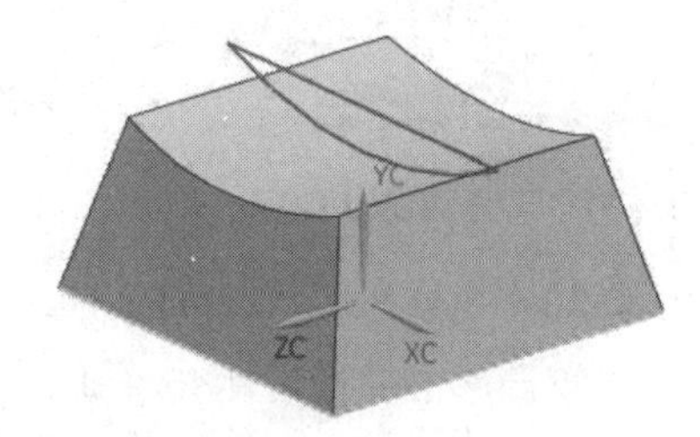

图 7-94　拉伸切割

⑥ 倒圆角。在【特征】组中单击【边倒圆】按钮，弹出【边倒圆】对话框。选取要倒圆角的边，输入半径值 2 后单击【确定】按钮，结果如图 7-95 所示。

⑦ 倒圆角。在【特征】组中单击【边倒圆】按钮，弹出【边倒圆】对话框。选取要倒圆角的边，输入半径值 1 后单击【确定】按钮，结果如图 7-96 所示。

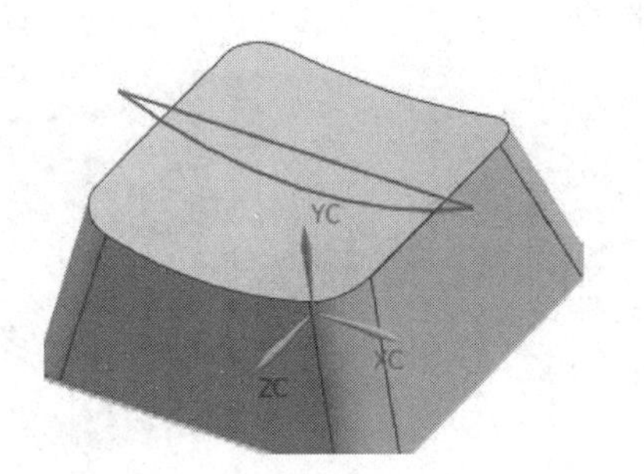

图 7-95　倒圆角

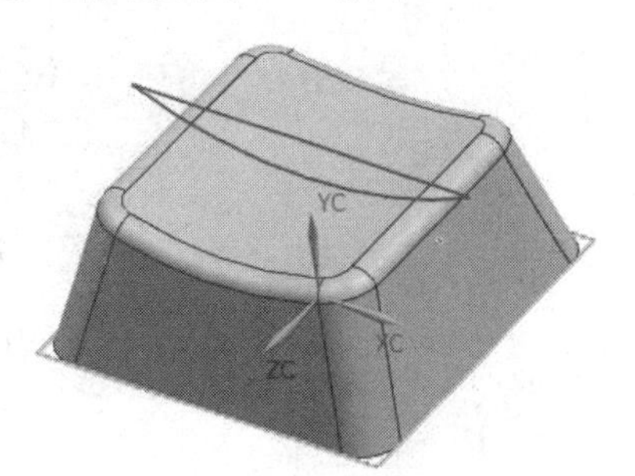

图 7-96　倒圆角

⑧ 动态调整 WCS。双击坐标系，弹出坐标系操控把手和参数输入框，动态旋转 WCS，如图 7-97 所示。

⑨ 创建文本。单击【曲线】选项卡中的【文本】按钮 A，弹出【文本】对话框。设置文本属性，指定锚点位置和尺寸参数，如图 7-98 所示。

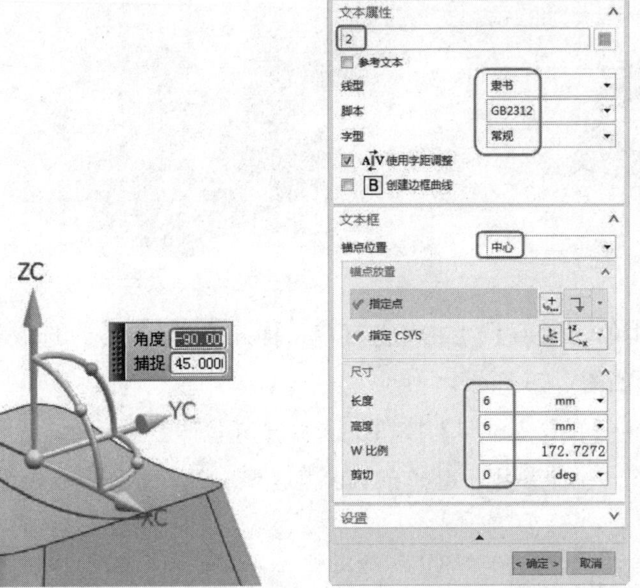

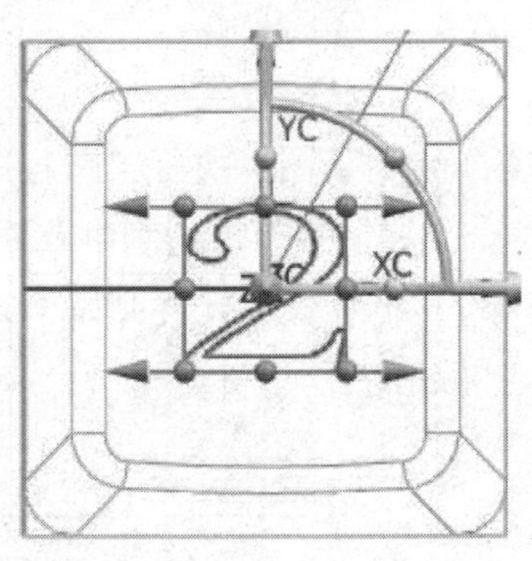

图 7-97　动态调整 WCS　　　　图 7-98　创建文本

⑩ 创建凸起。执行菜单栏中的【插入】|【设计特征】|【凸起】命令，弹出【凸起】对话框。设置凸起的参数，单击【确定】按钮完成创建，结果如图 7-99 所示。

⑪ 隐藏曲线和草图。按 Ctrl+W 组合键，弹出【显示和隐藏】对话框。选择【曲线】和【草图】类型再单击【隐藏】按钮 ━ 将所有的曲线和草图隐藏，结果如图 7-100 所示。

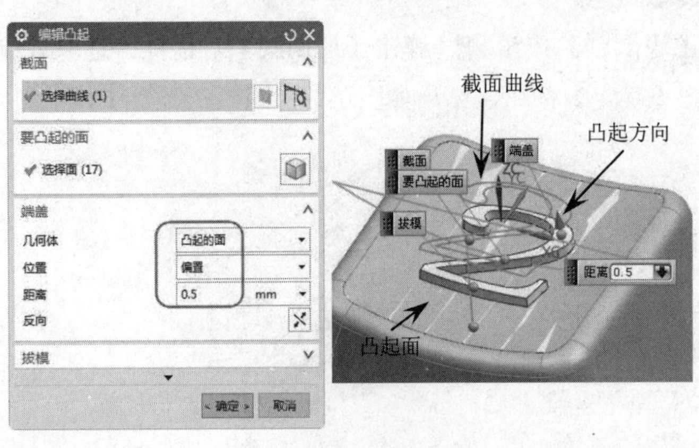

图 7-99　创建凸起

图 7-100　隐藏曲线和草图

7.2.5　键槽

键槽用来创建各种截面形状的键槽形切割实体特征。根据截面形状不同有矩形槽、球形端槽、U 形槽、T 形键槽和燕尾槽等形式。可以创建具有一定长度的键槽，也可以创建贯穿于选定的两个面的通槽，如图 7-101 所示。

在菜单栏中执行【插入】|【设计特征】|【键槽】命令，或者单击【特征】组中的【键槽】按钮，弹出【键槽】对话框，如图 7-102 所示。

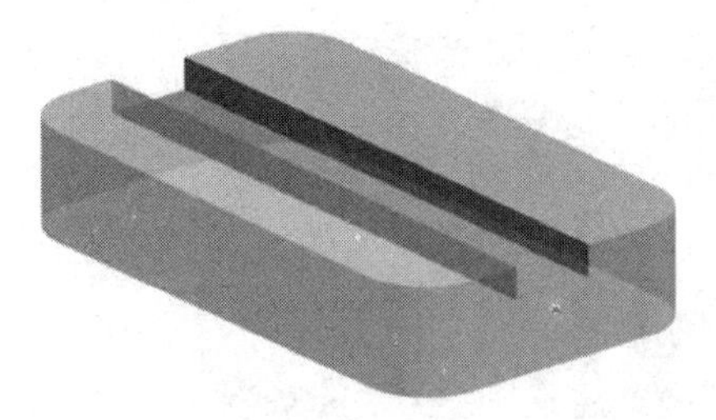

图 7-101　通槽

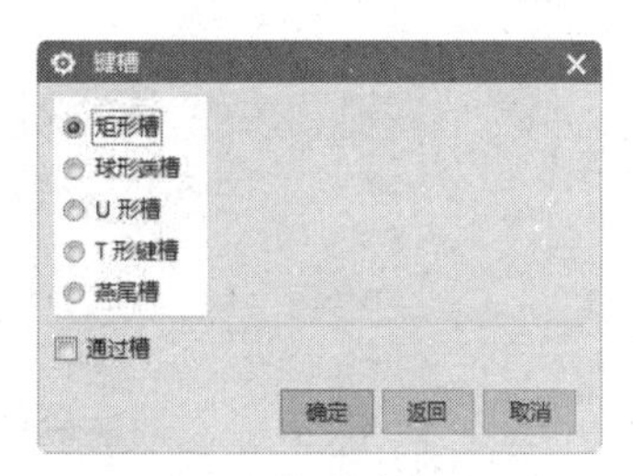

图 7-102　【键槽】对话框

1. 矩形槽

键槽的剖截面是矩形的。在【键槽】对话框中单击【矩形槽】选项，选取放置面和水平参考后，弹出【矩形键槽】对话框，如图 7-103 所示。

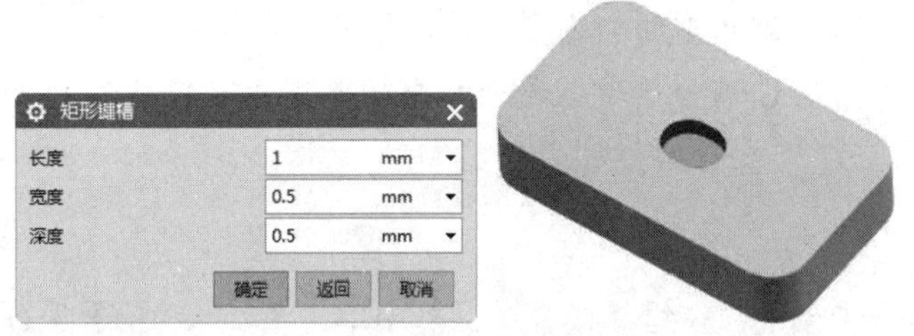

图 7-103　【矩形键槽】对话框

对话框中的各选项含义如下：

- 长度：输入矩形键槽中和水平参考平行方向上的长度值。
- 宽度：输入矩形键槽中和水平参考垂直方向上的宽度值。
- 深度：输入矩形键槽中的切割深度值。

2. 球形端槽

键槽的剖截面是半球形的。在【键槽】对话框中单击【球形端槽】选项，选取放置面和水平参考后，弹出【球形键槽】对话框，如图 7-104 所示。

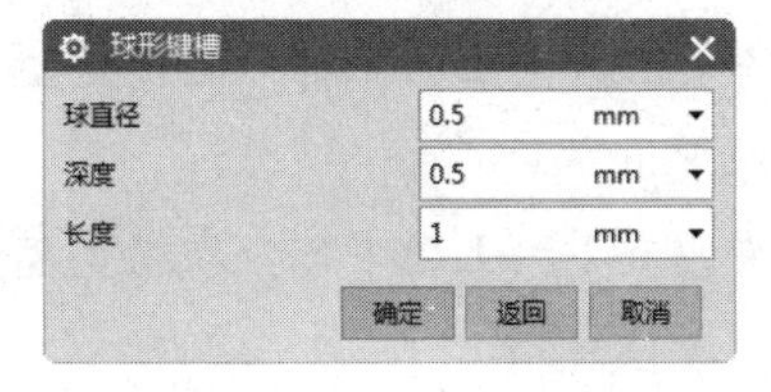

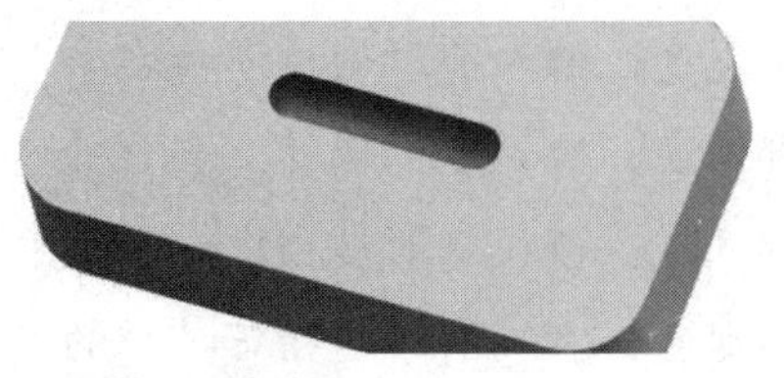

图 7-104　【球形键槽】对话框

对话框中的各选项含义如下：

- 球直径：输入键槽的底面边倒全圆角的直径值。
- 深度：指定键槽的深度值。深度值一定要比球半径大。
- 长度：输入键槽的水平方向上的长度值。

3. U 形槽

键槽的剖截面是 U 形的。在【键槽】对话框中单击【U 形槽】选项，选取放置面和水平参考后，弹出【U 形键槽】对话框，如图 7-105 所示。

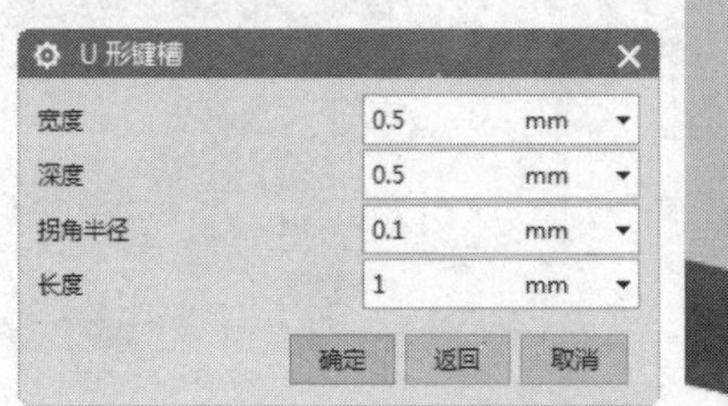

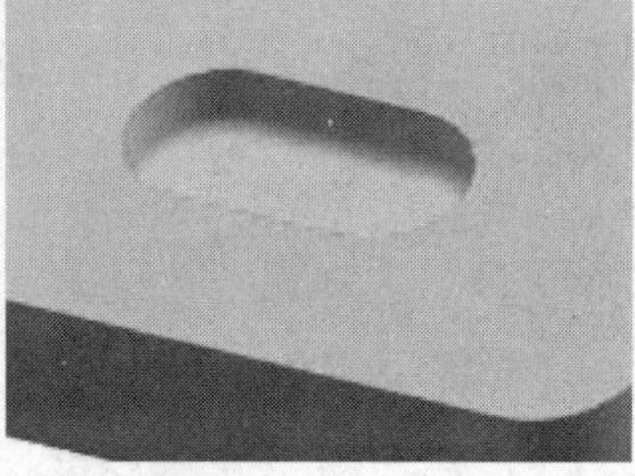

图 7-105 【U 形键槽】对话框

对话框中的各选项含义如下：

- 长度：输入 U 形键槽中和水平参考平行方向上的长度值。
- 宽度：输入 U 形键槽中和水平参考垂直方向上的宽度值。
- 深度：输入 U 形键槽中的切割深度值。
- 拐角半径：输入 U 形键槽中剖截面拐角的倒圆角半径值，此值不能大于宽度的一半。

4. T 形键槽

键槽的剖截面是 T 形的。在键【槽】对话框中单击【T 形键槽】选项，选取放置面和水平参考后，弹出【T 形键槽】对话框，如图 7-106 所示。

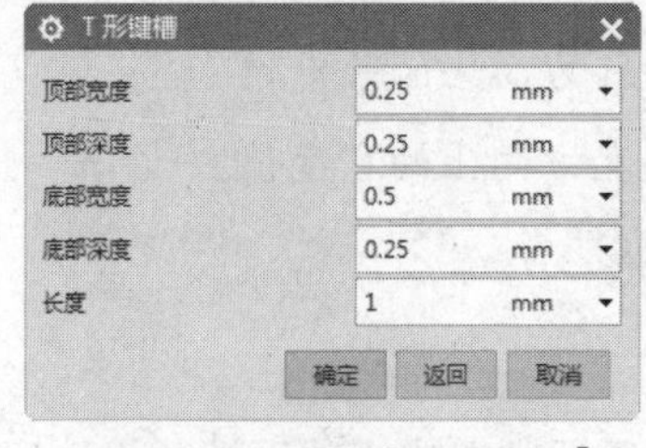

图 7-106 【T 形键槽】对话框

对话框中的各选项含义如下：

- 顶部宽度：输入 T 形键槽中和水平参考垂直方向上的上部分的槽宽度值。
- 顶部深度：输入 T 形键槽上部分的槽深度值。
- 底部宽度：输入 T 形键槽中和水平参考垂直方向上的下部分的槽宽度值。
- 底部深度：输入 T 形键槽下部分的槽深度值。

- 长度：输入T形键槽中和水平参考平行方向上的长度值。

技术要点：

T形键槽实际上是倒T形的，上小下大，通常用来做滑道。因此，顶部宽度应小于底部宽度。

5. 燕尾槽

键槽的剖截面是燕尾形的。在【键槽】对话框中单击【燕尾形槽】选项，选取放置面和水平参考后，弹出【燕尾槽】对话框，如图7-107所示。

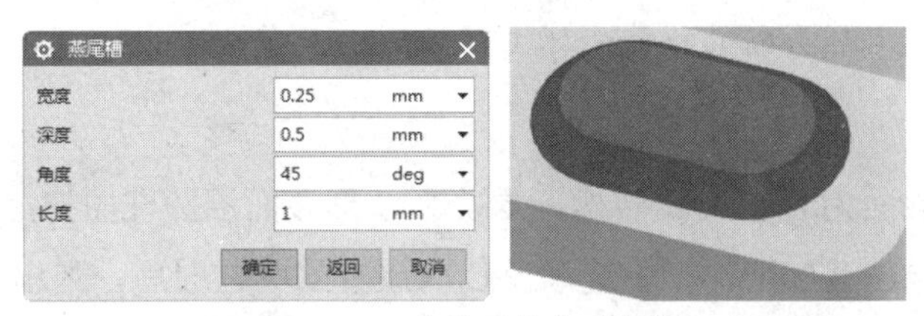

图7-107 【燕尾槽】对话框

对话框中的各选项含义如下：

- 宽度：输入燕尾形键槽顶部开口的宽度值。
- 深度：输入燕尾形键槽的槽深度值。
- 角度：输入燕尾形键槽的侧壁的拔模斜度。
- 长度：输入燕尾形键槽中和水平参考平行方向上的长度值。

7.2.6 槽

【槽】命令主要是在旋转体上创建类似于车槽效果的旋转槽。在菜单栏中执行【插入】|【设计特征】|【槽】命令，或者单击【特征】组中的【槽】按钮，弹出【槽】对话框，如图7-108所示。

1. 矩形槽

矩形槽是切槽的横截面为矩形的旋转槽。在【槽】对话框中单击【矩形】选项，选取放置的圆柱面后，弹出【矩形槽】对话框，如图7-109所示。

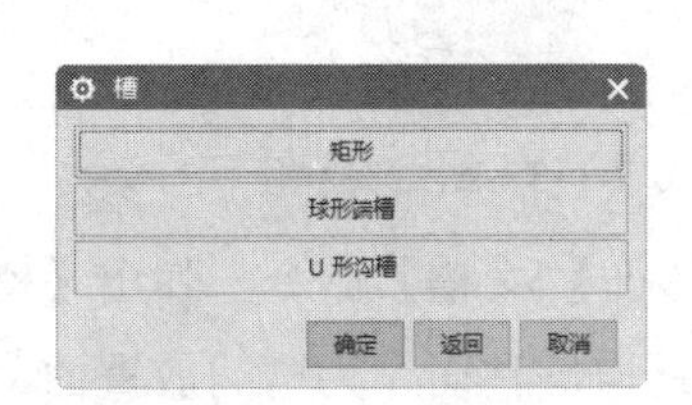

图7-108 【槽】对话框

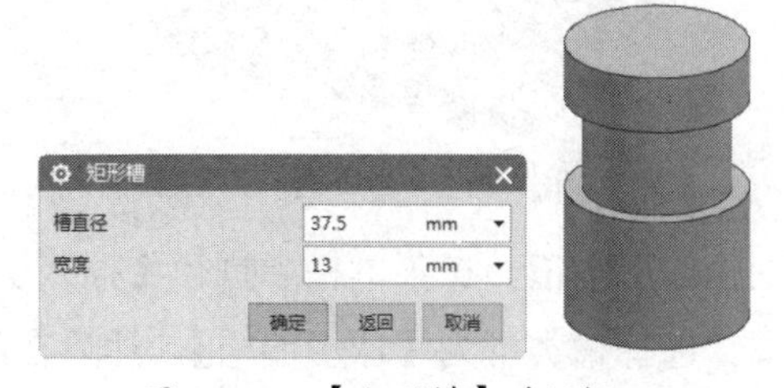

图7-109 【矩形槽】对话框

对话框中的各选项含义如下：

- 槽直径：当生成外部槽时，输入槽的内径；当生成内部槽时，输入槽的外径。
- 宽度：指定切槽的宽度值。

2. 球形端槽

球形端槽是横截面为半圆形的旋转槽，类似于球体沿圆柱面扫掠一圈切割后的结果。在【槽】对话框中单击【球形端槽】选项，选取放置的圆柱面后，弹出【球形端槽】对话框，如图 7-110 所示。

对话框中的各选项含义如下：

- 槽直径：当生成外部槽时，输入槽的内径值；当生成内部槽时，输入槽的外径值。
- 球直径：输入球形槽的横截面球直径值。

3. U 形沟槽

U 形沟槽是横截面为 U 形的旋转槽，类似于 U 形截面沿圆柱面扫掠一圈切割后的结果。在【槽】对话框中单击【U 形沟槽】选项，选取放置的圆柱面后，弹出【U 形槽】对话框，如图 7-111 所示。

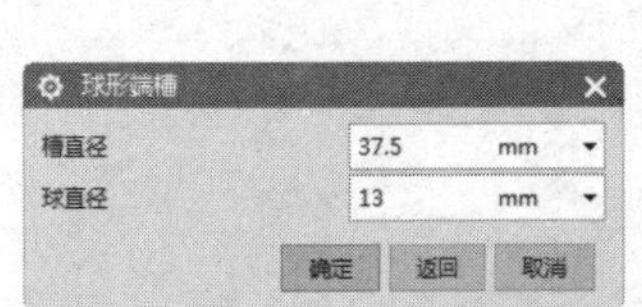

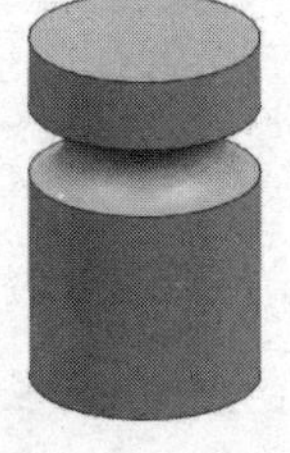

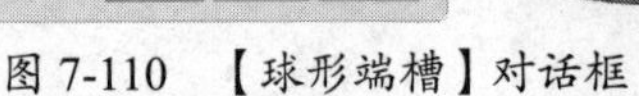

图 7-110 【球形端槽】对话框

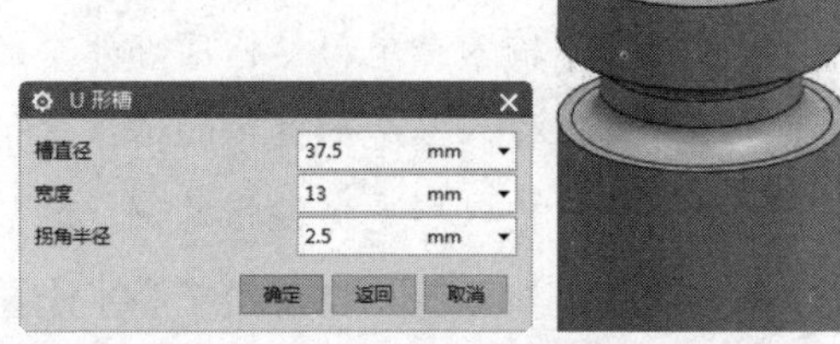

图 7-111 【U 形槽】对话框

上机实践——槽

本例要绘制如图 7-112 所示的图形。

① 创建圆柱体。执行菜单栏中的【插入】|【设计特征】|【圆柱】命令，弹出【圆柱】对话框。指定原点为轴点，以及 *Z* 轴为矢量方向，输入圆柱直径值 40、高度值 70，单击【确定】按钮完成圆柱体的创建，结果如图 7-113 所示。

图 7-112 要绘制的图形

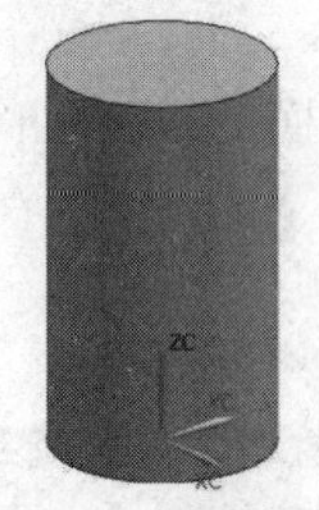

图 7-113 创建圆柱体

② 创建球形沟槽。在菜单栏中执行【插入】|【设计特征】|【槽】命令，弹出【槽】对话框。选择槽类型为【球形端槽】，然后在绘图区中选取圆柱面作为槽的放置面，在弹出的【球形端槽】对话框中设置槽参数并单击【确定】按钮。选取圆柱体的端面边缘和槽实体的边作为尺寸定位参考，在弹出的【创建表达式】对话框中输入定位距离值 25，最后单击【确定】按钮完成槽特征的创建，如图 7-114 所示。

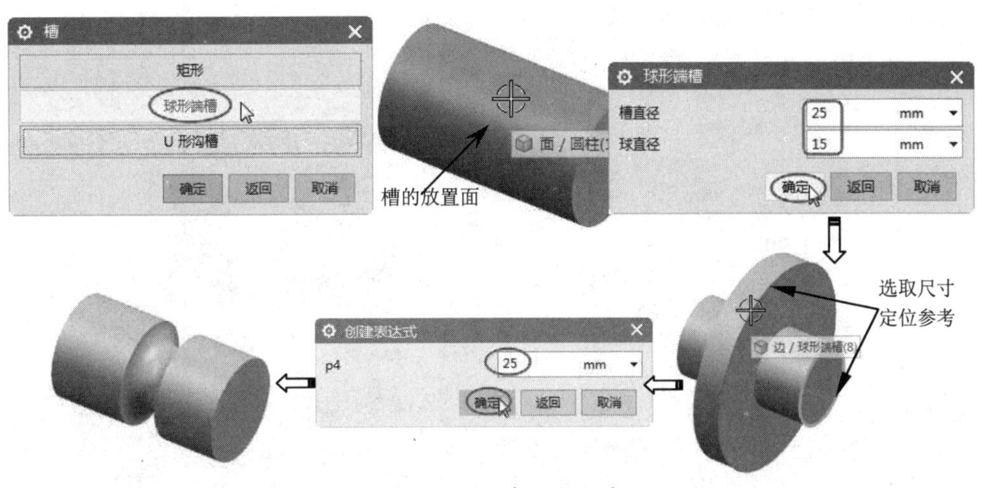

图 7-114 创建球形沟槽

③ 倒圆角。在【特征】组中单击【边倒圆】按钮，弹出【边倒圆】对话框。选取要倒圆角的边，输入半径值 15 后单击【确定】按钮，结果如图 7-115 所示。

④ 创建文本。单击【曲线】选项卡中的【文本】按钮**A**，弹出【文本】对话框。输入文本“图纸外发专用章”，选取文本放置曲线为顶面的轮廓线，设置字体类型、指定锚点位置和参数百分比，最后单击【确定】按钮完成文本的创建，如图 7-116 所示。

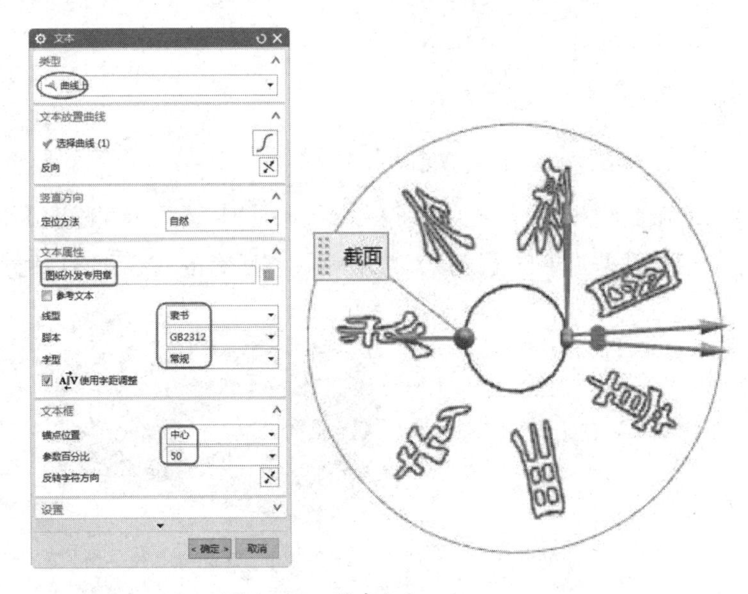

图 7-115 倒圆角

图 7-116 创建文本

⑤ 拉伸实体。在【特征】组中单击【拉伸】按钮，弹出【拉伸】对话框。选取刚才绘制的直线，指定矢量，输入拉伸参数，结果如图 7-117 所示。

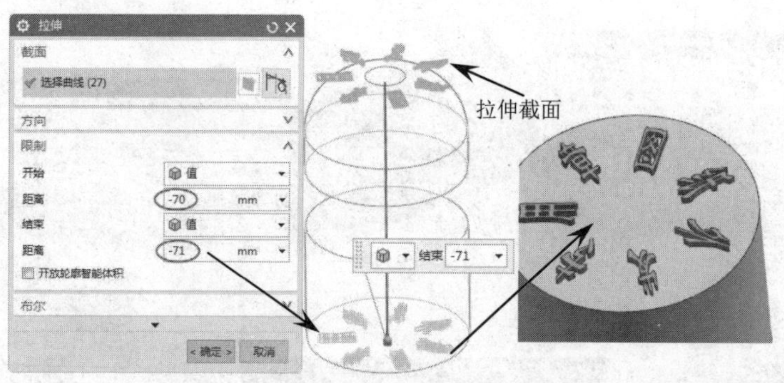

图 7-117　拉伸实体

⑥ 绘制草图。执行菜单栏中的【插入】|【在任务环境中插入草图】命令，选取草图平面为实体平面，绘制的草图如图 7-118 所示。

⑦ 拉伸实体。在【特征】组中单击【拉伸】按钮，弹出【拉伸】对话框。选取刚才绘制的草图，指定矢量，输入拉伸参数，结果如图 7-119 所示。

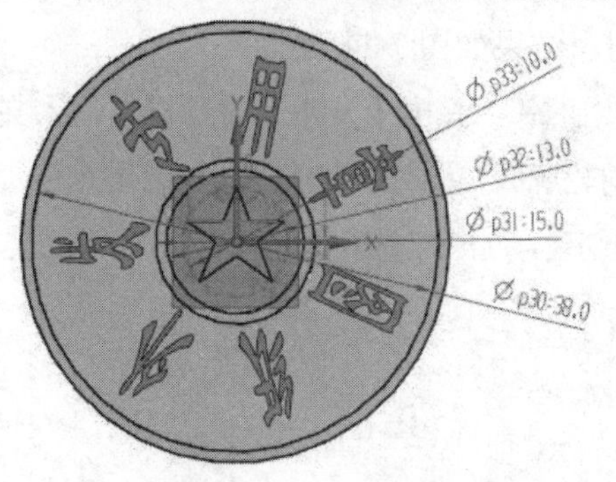

图 7-118　绘制草图

图 7-119　拉伸实体

⑧ 隐藏曲线和草图。按 Ctrl+W 组合键，弹出【显示和隐藏】对话框。选择【曲线】和【草图】类型再单击【隐藏】按钮，将所有的曲线和草图隐藏，结果如图 7-120 所示。

图 7-120　隐藏曲线和草图

7.2.7　螺纹

螺纹主要用于在圆柱面上创建螺牙特征，用于螺丝或螺母的配合旋紧，或者用于螺丝孔等特征。在实际生产中，螺纹应用非常普遍。

在菜单栏中执行【插入】|【设计特征】|【螺纹】命令，或者单击【特征】组中的【螺纹】按钮，弹出【螺纹】对话框，如图 7-121 所示。

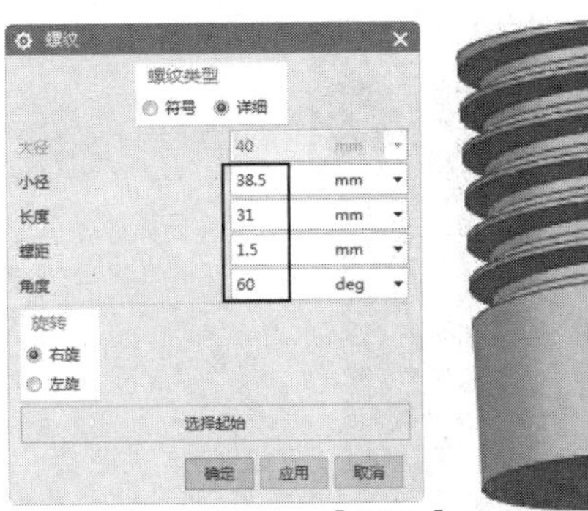

图 7-121　【螺纹】对话框

对话框中的各选项含义如下：

- 符号：该类型生产的是修饰螺纹，以虚线显示。
- 详细：该类型生产螺纹的详细形状细节，生产和更新时间长。
- 大径：螺纹的最大直径。
- 小径：螺纹的最小直径。
- 长度：从螺纹起始端到终止端的螺纹长度。
- 螺距：螺纹上相应点之间的轴向距离。
- 角度：两螺纹面之间的夹角。
- 选择起始：选取平面或基准面作为螺纹的开始基准。

上机实践——绘制螺纹

本例要绘制如图 7-122 所示的图形。

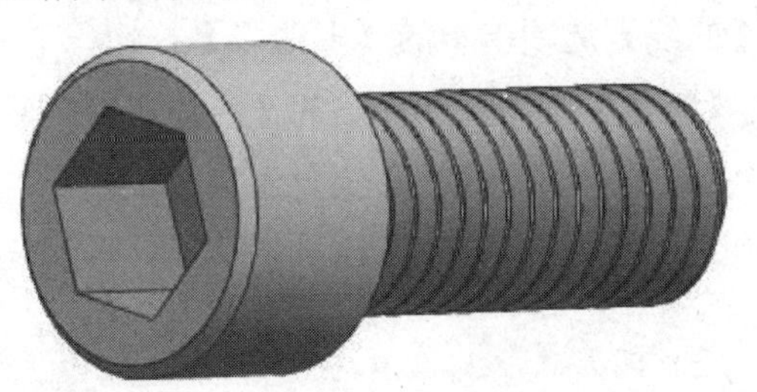

图 7-122　要绘制的图形

① 创建圆柱体。执行菜单栏中的【插入】|【设计特征】|【圆柱】命令，弹出【圆柱】对话框。指定原点为轴点，以及 *Z* 轴为矢量方向，输入圆柱直径值 12、高度值 8，单击【确定】按钮完成圆柱体的创建，结果如图 7-123 所示。

② 创建圆柱体。执行菜单栏中的【插入】|【设计特征】|【圆柱】命令，弹出【圆柱】对话框。指定原点为轴点，以及 *Z* 轴为矢量方向，输入圆柱直径值 8、高度值 20，选择布尔求和运算，单击【确定】按钮完成圆柱体的创建，结果如图 7-124 所示。

③ 倒斜角。在【特征】组中单击【倒斜角】按钮，弹出【倒斜角】对话框。选取要倒角的边，输入倒角距离值 0.5 后单击【确定】按钮，结果如图 7-125 所示。

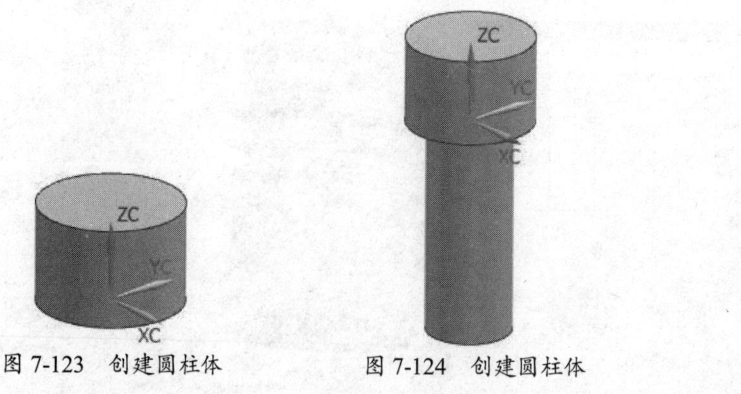

图 7-123 创建圆柱体　　图 7-124 创建圆柱体　　图 7-125 倒斜角

④ 创建螺纹。执行菜单栏中的【插入】|【设计特征】|【螺纹】命令，弹出【螺纹】对话框。选择【详细】螺纹类型，选取螺纹放置面，设置螺纹参数，结果如图 7-126 所示。

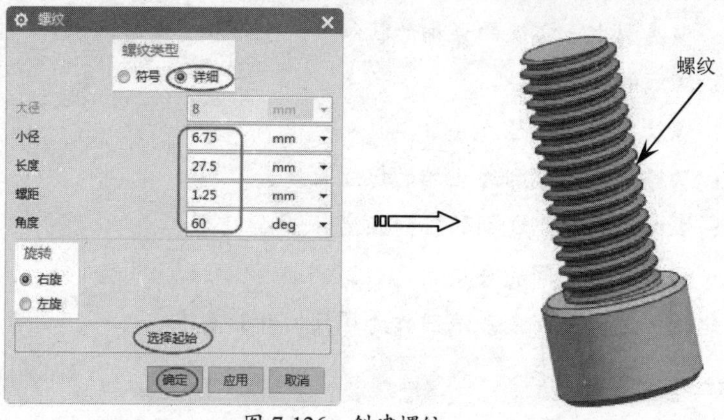

图 7-126 创建螺纹

⑤ 绘制六边形。单击【曲线】选项卡中的【多边形】按钮，弹出【多边形】对话框。输入边数值 6，单击【确定】按钮。在弹出的【多边形】对话框中选择【外接圆半径】选项，选取原点为中心，圆半径为 4，方位角为 0°，如图 7-127 所示。

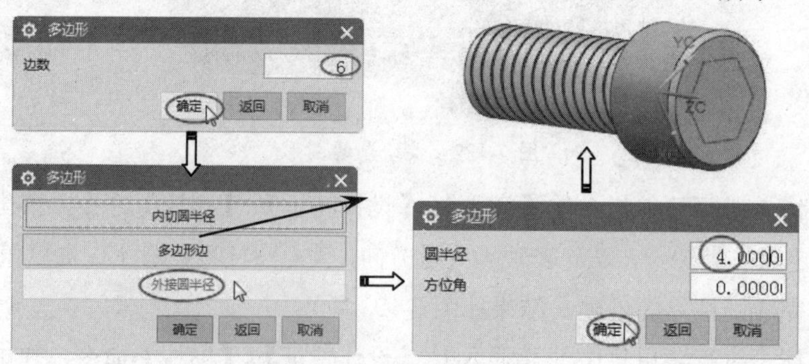

图 7-127 绘制六边形

⑥ 拉伸实体。在【特征】组中单击【拉伸】按钮，弹出【拉伸】对话框。选取刚才绘制的六边形，指定矢量，输入拉伸参数，选择布尔减去运算，结果如图 7-128 所示。

⑦ 隐藏曲线。按 Ctrl+W 组合键，弹出【显示和隐藏】对话框。选择【曲线】类型再单击【隐藏】按钮将所有的曲线隐藏，结果如图 7-129 所示。

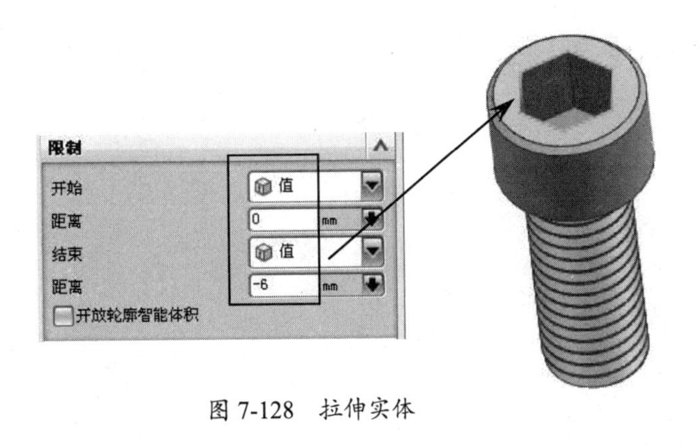

图 7-128 拉伸实体

图 7-129 隐藏曲线

7.2.8 面倒圆

使用【面倒圆】命令可在两组或三组面之间添加相切和曲率连续圆角面。圆角的横截面可以是圆形，也可以是二次曲线（对称或非对称）。在菜单栏中执行【插入】|【细节特征】|【面倒圆】命令，或者单击【特征】组中的【面倒圆】按钮，弹出【面倒圆】对话框，如图 7-130 所示。

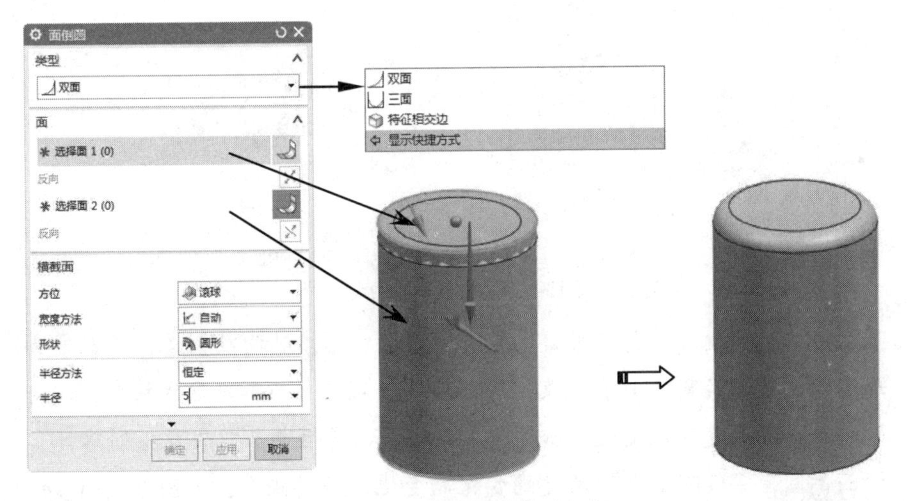

图 7-130 【面倒圆】对话框

【面倒圆】对话框中包含三种倒圆类型：

- 双面：在一个体或多个分开体的两个面之间创建倒圆，如图 7-131 所示。
- 三面：在两个面之间创建倒圆，并相切于一个体或多个分开体的中间面，如图 7-132 所示。

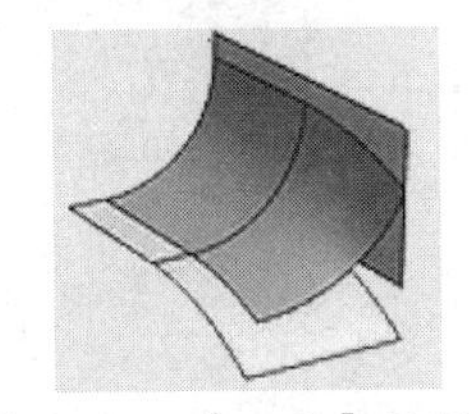

图 7-131 【双面】面倒圆

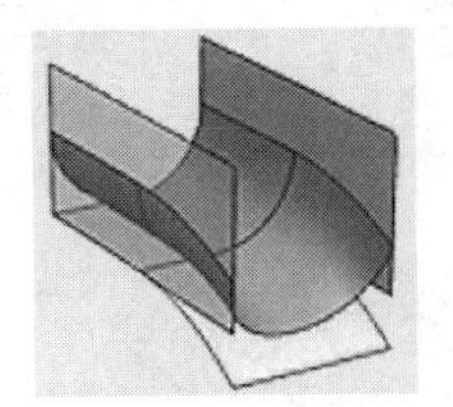

图 7-132 【三面】面倒圆

- 特征相交边：通过选择由特征创建的单个相交边，在两个面集之间创建倒圆，如图 7-133 所示。

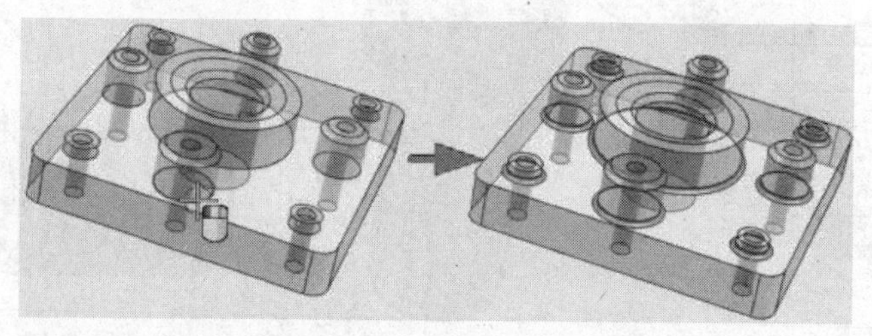

图 7-133 【特征相交边】面倒圆

【面倒圆】对话框中其他选项含义如下：

- 选择面 1：选取要倒圆的第一个特征面。
- 选择面 2：选取要倒圆的第二个特征面。
- 方位：指的是形成圆角的方式，包括【滚球】与【扫掠圆盘】。【滚球】方式是圆角曲面由一个横截面控制，该横截面的方向始终与输入面（面 1 和面 2）保持恒定相切，如图 7-134a 所示。【扫掠圆盘】方式是圆角曲面由一个脊线长度方向扫掠的横截面圆盘控制，如图 7-134b 所示。

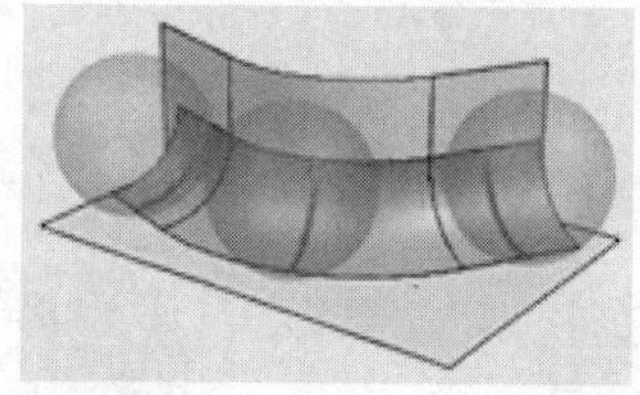

a. 滚球

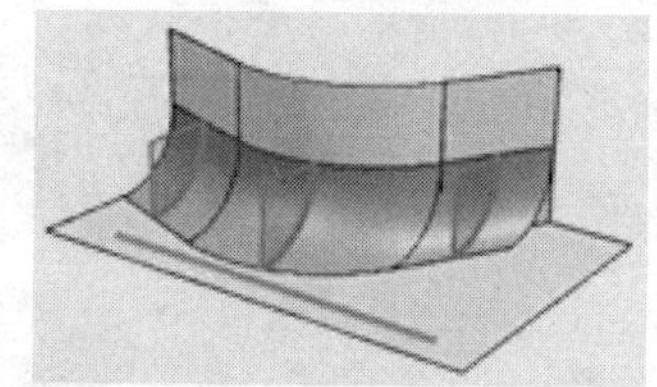

b. 扫掠圆盘

图 7-134 形成圆角的两种方式

- 宽度方法：宽度方法包括【自动】、【恒定】和【接触曲线】。【自动】方法是指创建一个面倒圆，其宽度由滚球或扫掠圆盘的接触点（而不是显式约束）确定，宽度随面之间角度的变化而变化，如图 7-135a 所示。【恒定】方法是指创建具有固定距离的面倒圆，半径随面之间角度的变化而变化以保持距离，如图 7-135b 所示。【接触曲线】方法是指创建一个约束到选定曲线的面倒圆，该曲线用作倒圆范围的保持线，每个定义面上有一条，如图 7-135c 所示。

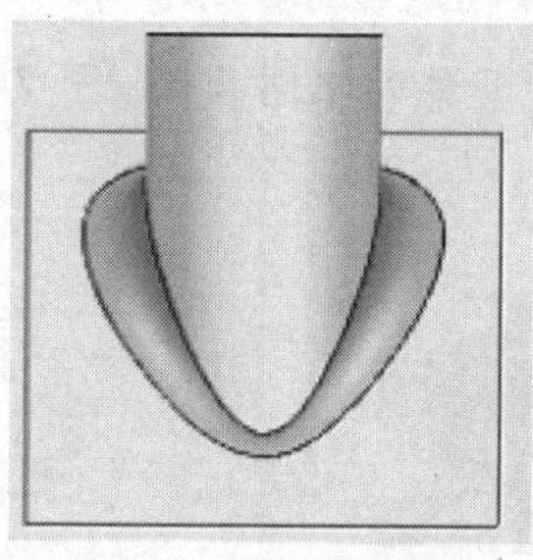

a. 自动

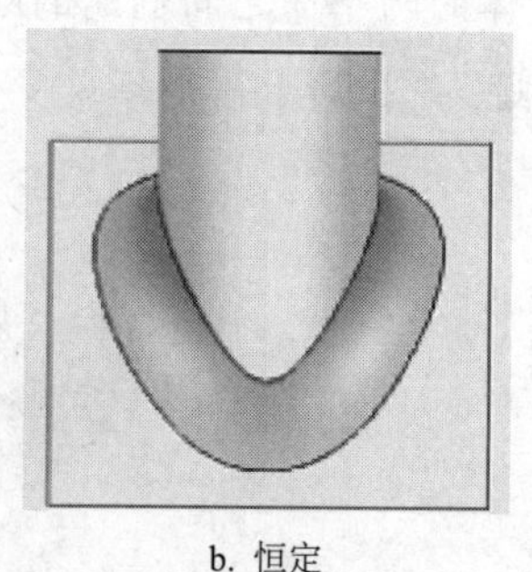

b. 恒定

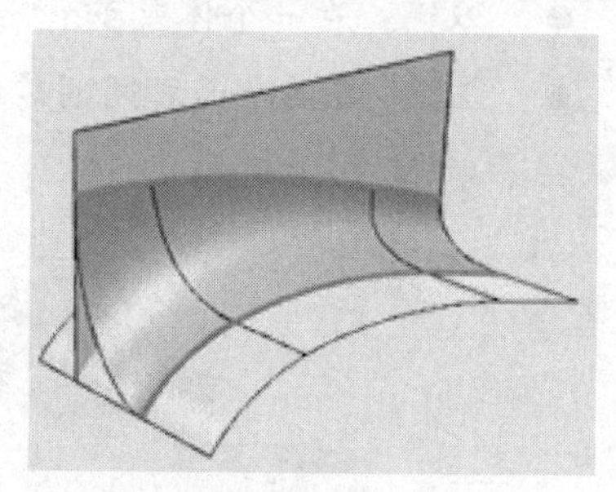

c. 接触曲线

图 7-135 三种宽度方法

- 形状：仅当面倒圆类型为【双面】时才可用。用于指定两个面倒圆的横截面的基础形状，包括【圆形】、【对称相切】、【非对称相切】、【对称曲率】和【非对称曲率】。
- 半径方法：用来计算倒圆角半径的方法，包括【恒定】、【可变】和【限制曲线】等，如图 7-136 所示。

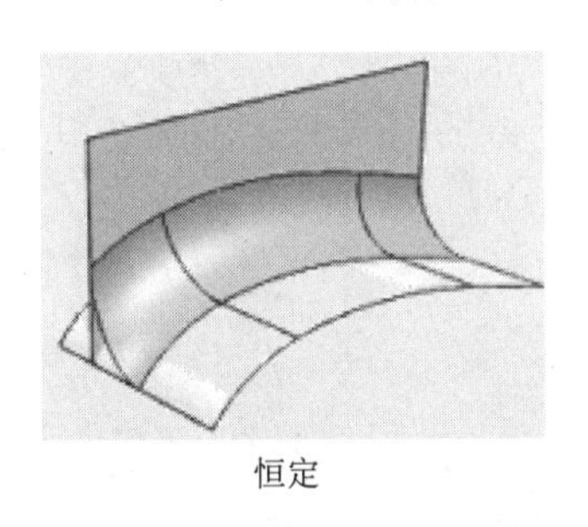
恒定

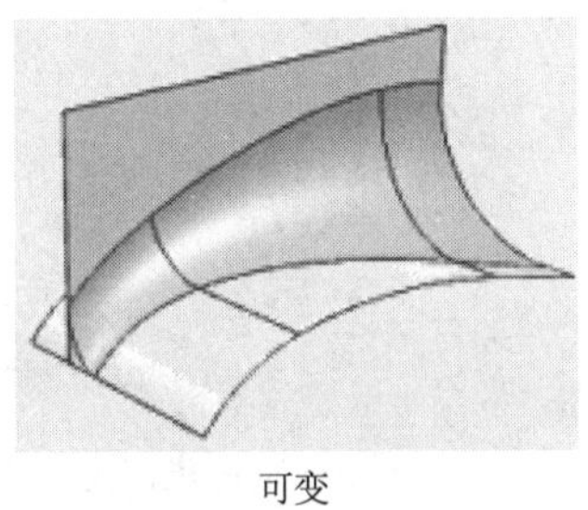
可变

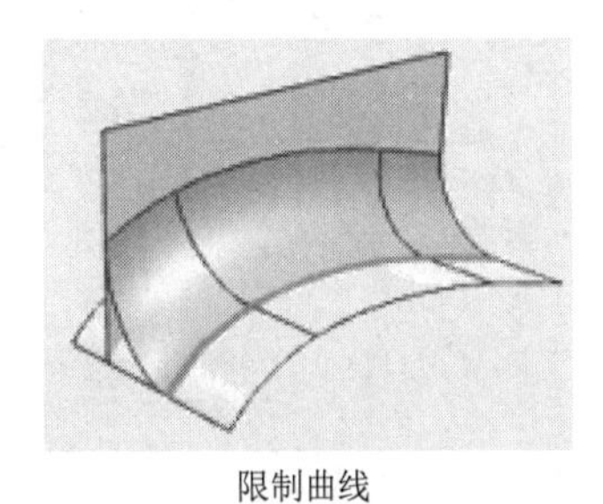
限制曲线

图 7-136　三种半径方法

上机实践——面倒圆

本例要绘制如图 7-137 所示的图形。

① 单击【曲线】选项卡中的【矩形】按钮，输入矩形对角坐标点，绘制长 50、宽 50 的矩形，如图 7-138 所示。

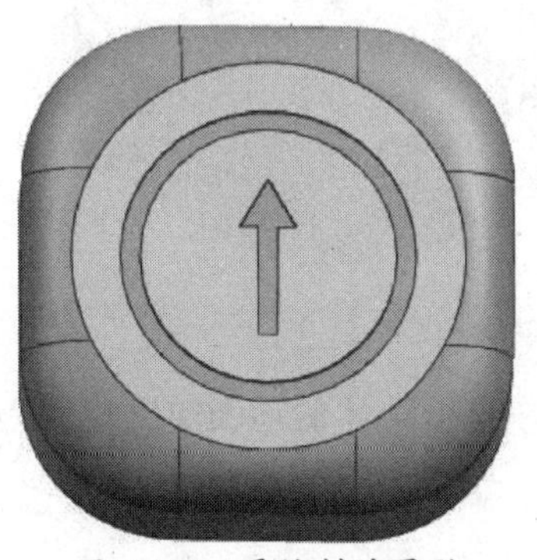
图 7-137　要绘制的图形

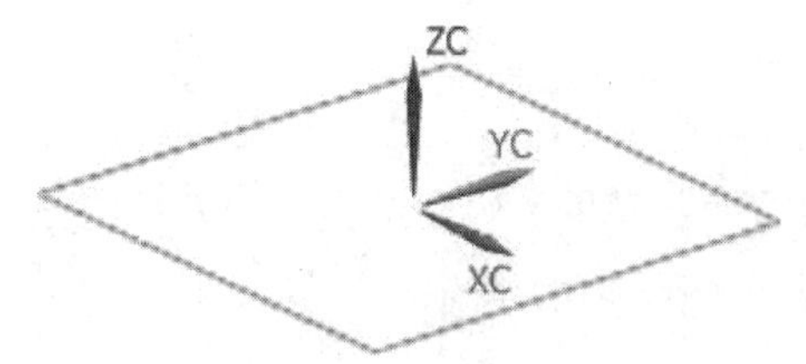

图 7-138　绘制矩形

② 在【曲线】选项卡的【派生曲线】组中单击【基本曲线】按钮，弹出【基本曲线】对话框。

③ 在【基本曲线】对话框中单击【圆角】按钮，弹出【曲线倒圆】对话框。单击【曲线圆角】按钮，输入半径值 16，再选取要倒圆角的两条曲线后在矩形内部任意位置单击，即可完成倒圆角，结果如图 7-139 所示。

④ 在【特征】组中单击【拉伸】按钮，弹出【拉伸】对话框。选取上一步骤绘制的曲线来创建拉伸实体特征，如图 7-140 所示。

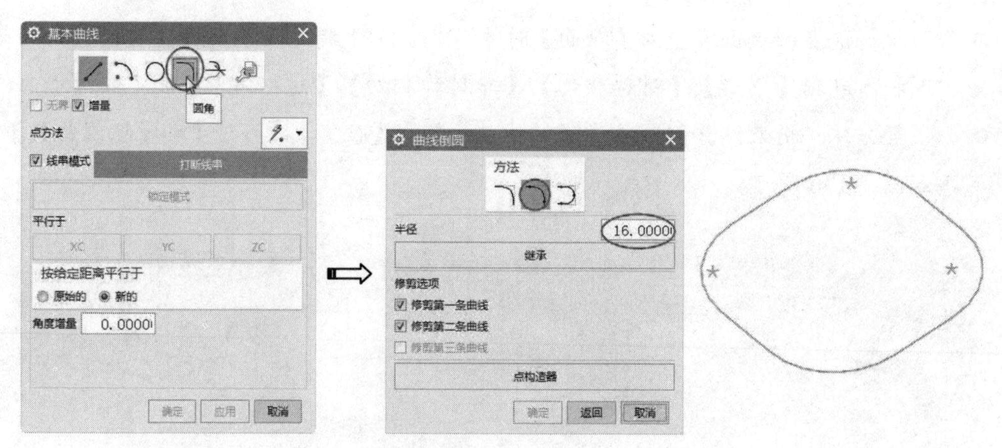

图 7-139 创建曲线圆角

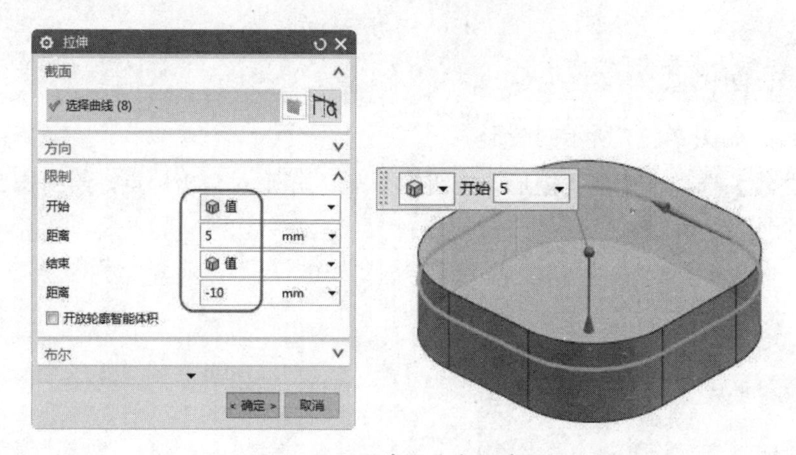

图 7-140 创建拉伸实体特征

⑤ 在【直接草图】组中单击【圆】按钮○，然后在拉伸实体的顶面绘制直径为 40 的圆，结果如图 7-141 所示。

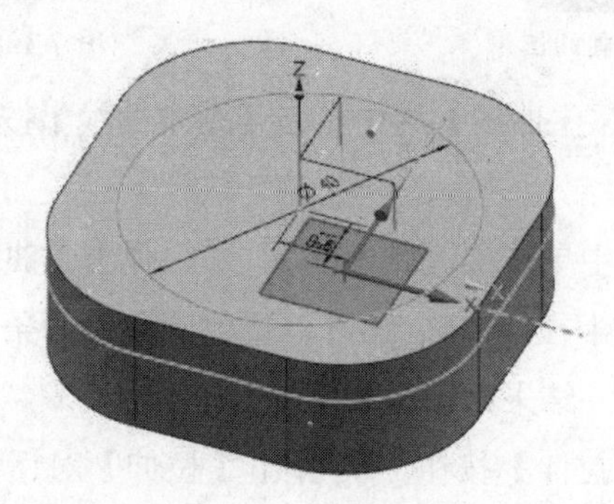

图 7-141 绘制圆

⑥ 在【特征】组中单击【面倒圆】按钮，弹出【面倒圆】对话框。选择【双面】类型，选取要倒圆角的面 1 与面 2，选择宽度方法类型为【接触曲线】，其余选项保持默认设置，最后单击【确定】按钮完成面圆角的创建，结果如图 7-142 所示。

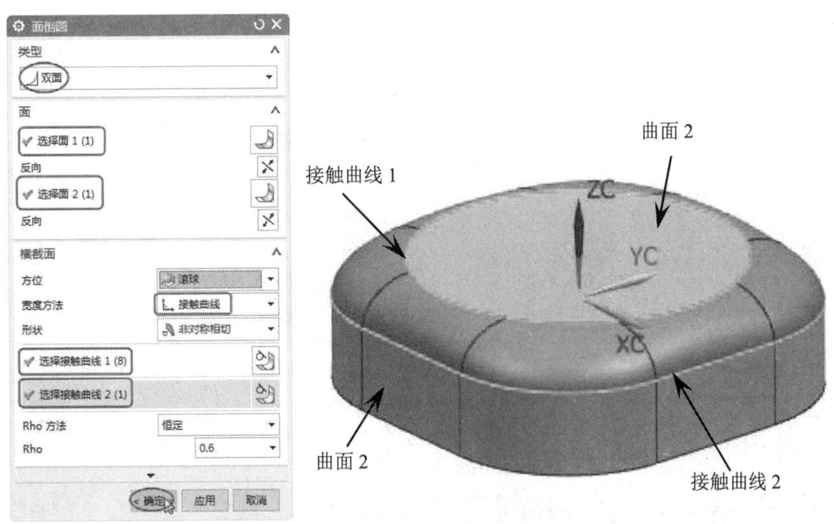

图 7-142 创建面圆角

⑦ 执行菜单栏中的【插入】|【在任务环境中插入草图】命令，选取草图平面为 *XY* 平面，在实体的上表面绘制草图，如图 7-143 所示。

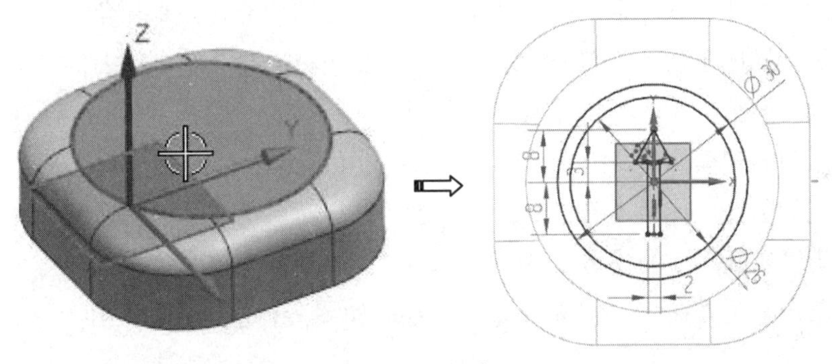

图 7-143 绘制草图

⑧ 在【特征】组中单击【拉伸】按钮，弹出【拉伸】对话框。选取上一步骤绘制的草图作为拉伸截面曲线，输入拉伸的限制参数，再设置布尔减去运算，最后单击【确定】按钮完成特征的创建，结果如图 7-144 所示。

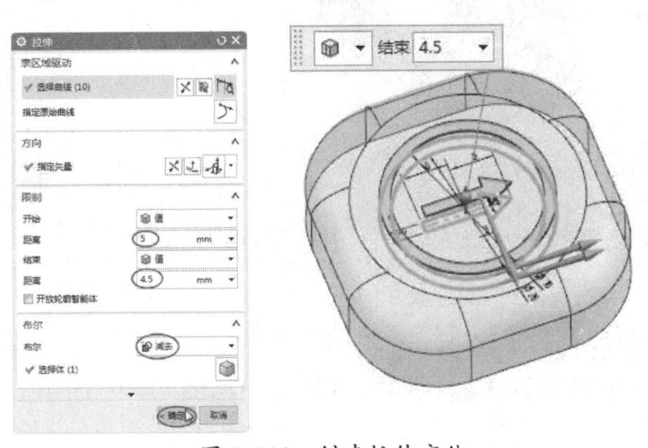

图 7-144 创建拉伸实体

⑨ 最终完成的建模结果如图 7-145 所示。

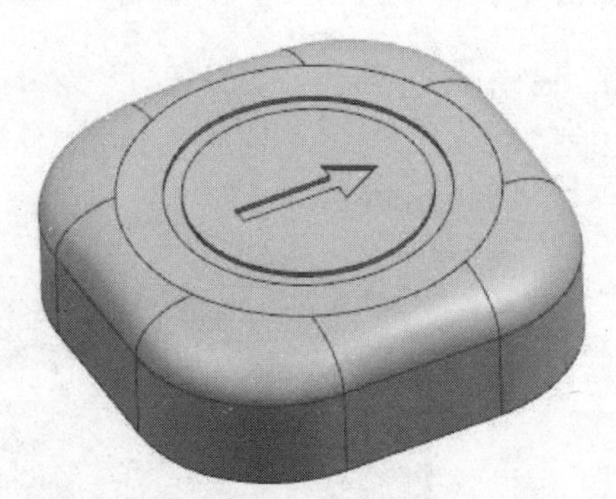

图 7-145 建模结果

7.3 综合案例——电动剃须刀造型

本例中的电动剃须刀是一个双刀头的造型设计，外观造型唯美，触感流畅，舒适贴面，其独特的储发器设计可以使用户的面部和颈部曲线自动调节刀头剃须角度。

为了更好地描述电动剃须刀外观造型设计，本例将主要介绍剃须刀的实体模型（外形）建模，而剃须刀的结构设计不再并入介绍之列。

电动剃须刀的建模操作，包括使用【拉伸】工具创建主体及按钮等局部特征，使用【孔】工具创建刀尾的圆孔，使用【键槽】工具创建凹槽等。电动剃须刀的造型如图 7-146 所示。

① 新建名为“剃须刀”的模型文件。

② 利用【草图】工具在 *YC-ZC* 基准平面上绘制如图 7-147 所示的草图。

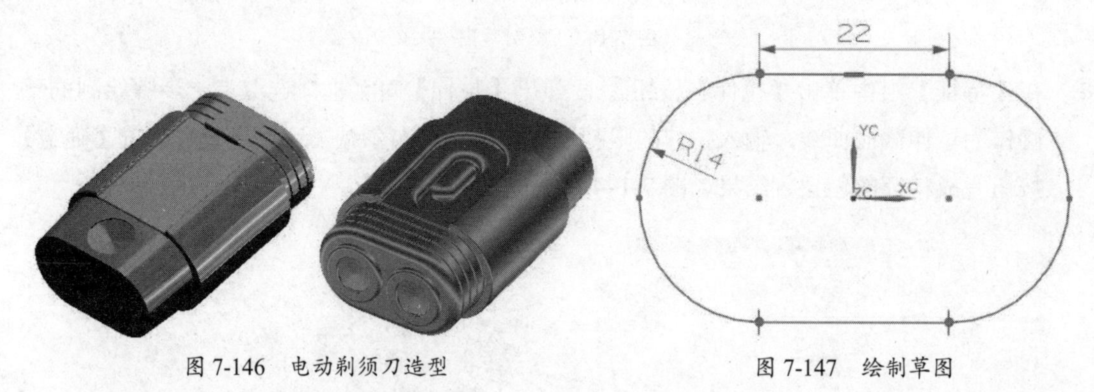

图 7-146 电动剃须刀造型　　图 7-147 绘制草图

③ 使用【拉伸】工具，选择如图 7-148 所示的截面，创建对称值为 45、向默认方向进行拉伸的实体特征。

④ 使用【拉伸】工具，选择与上一步骤拉伸实体特征相同的截面，创建对称值为 24、使用布尔求和运算且单侧偏置 3 的拉伸实体特征，如图 7-149 所示。

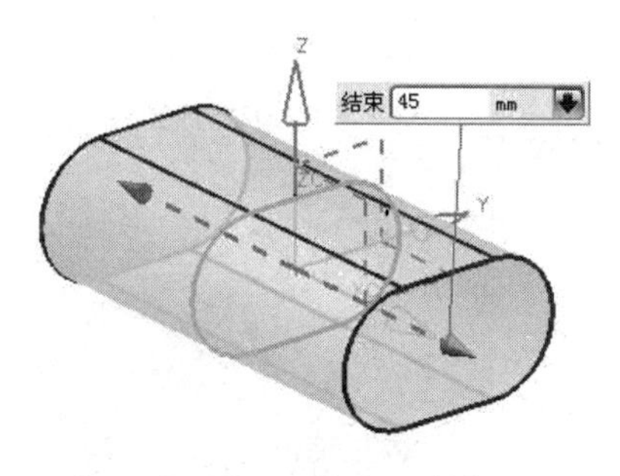

图 7-148　创建拉伸特征

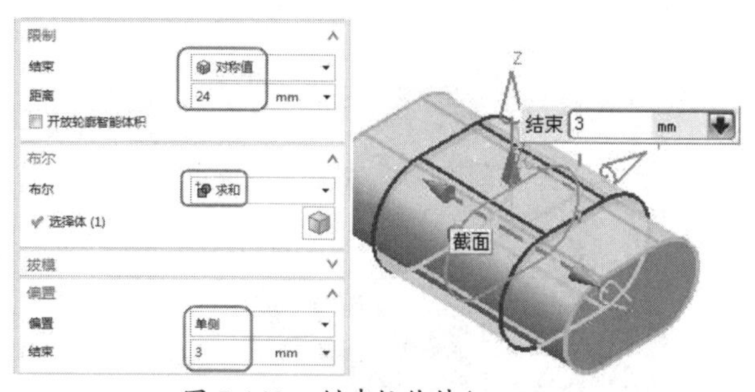

图 7-149　创建拉伸特征

⑤　使用【拉伸】工具，选择如图 7-150 所示的实体面作为草图平面，进入草绘模式绘制出拉伸截面草图。退出草绘模式后，通过【拉伸】对话框来设置拉伸方向为-*XC* 方向、拉伸距离为 2、布尔求差运算等参数，创建的拉伸特征如图 7-151 所示。

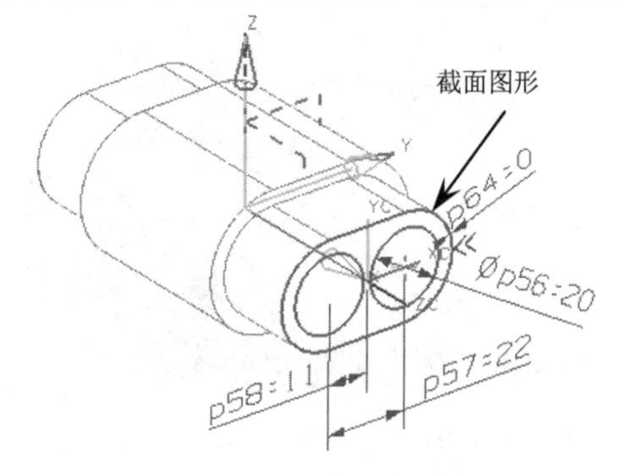

图 7-150　绘制拉伸截面

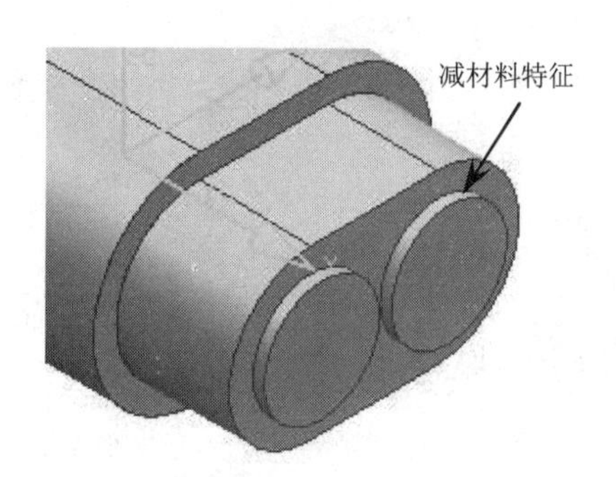

图 7-151　创建拉伸特征

⑥　使用【孔】工具，选择如图 7-152 所示的点作为孔中心点，创建直径为 12、深度为 1、顶锥角为 170 的简单孔特征。

⑦　同理，在对称的另一侧也创建同样尺寸的简单孔特征，如图 7-153 所示。

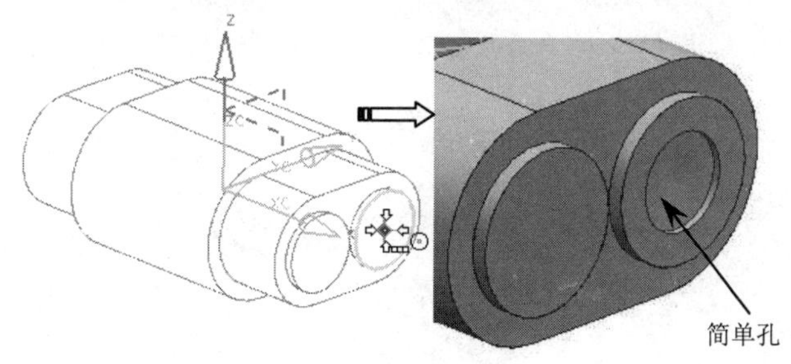

图 7-152　创建简单孔特征

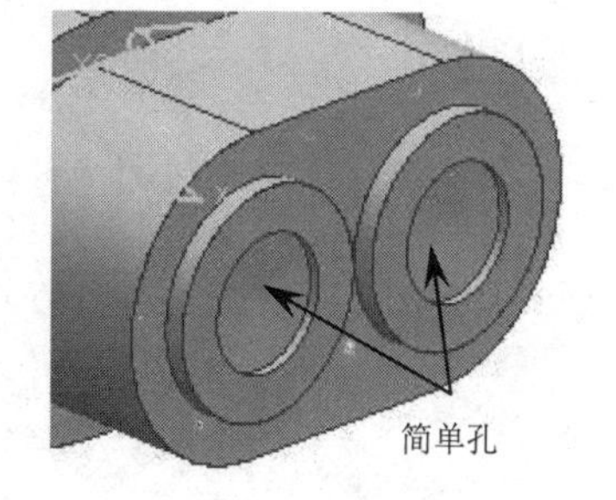

图 7-153　创建另一侧的简单孔特征

⑧　使用【拉伸】工具，以如图 7-154 所示的拉伸截面及参数设置，向-*ZC* 方向拉伸，并创建减材料拉伸特征。

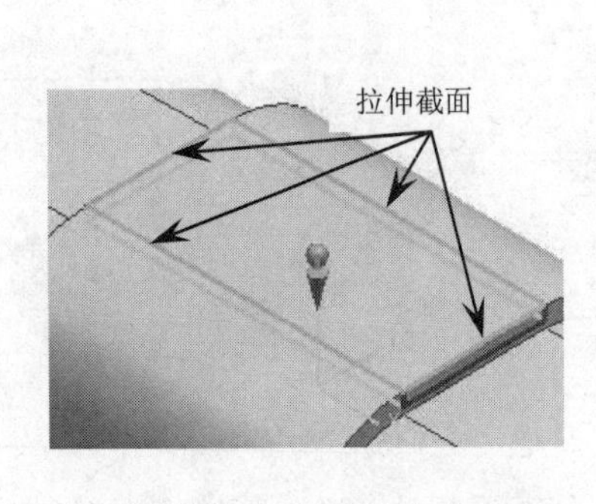

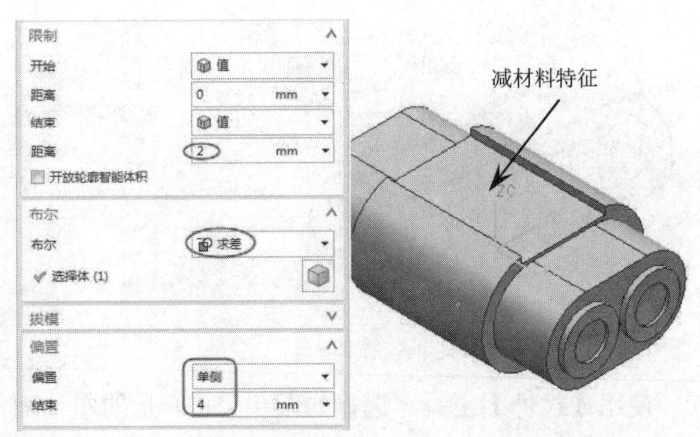

图 7-154　创建拉伸特征

⑨　使用【垫块】工具，在如图 7-155 所示的面上创建矩形垫块特征。

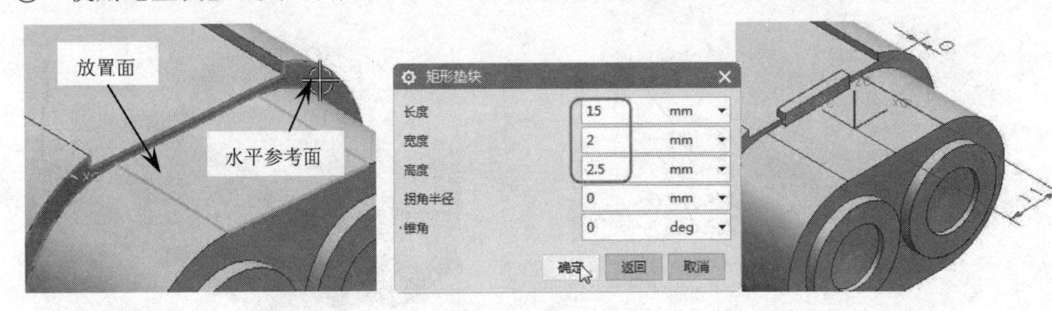

图 7-155　创建矩形垫块特征

⑩　使用【面中的偏置曲线】工具，选择如图 7-156 所示的实体边缘，创建偏置距离为 0.5 的曲线。

⑪　使用【管道】工具，选择偏置曲线作为管道路径，管道横截面外径为 1、内径为 0，并做布尔求差运算。创建的管道特征如图 7-157 所示。

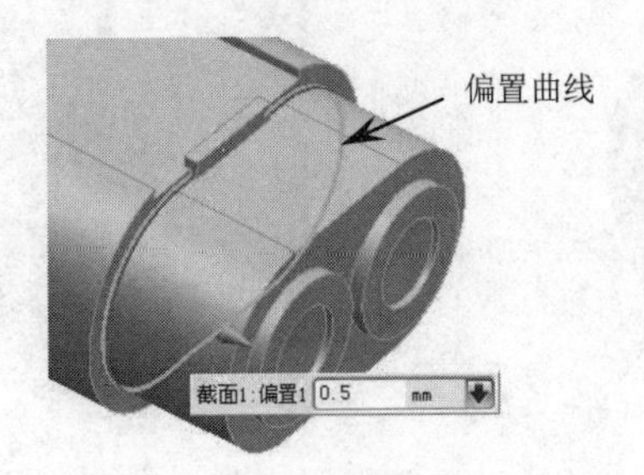

图 7-156　创建面中的偏置曲线

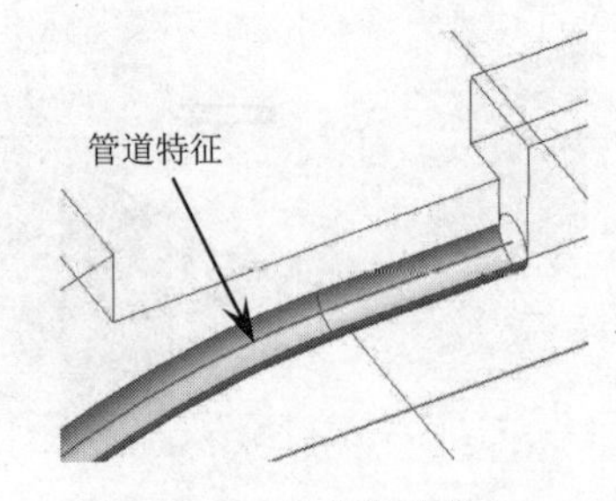

图 7-157　创建管道特征

⑫　使用【阵列特征】工具，选择管道特征进行矩形阵列，设置如图 7-158 所示的阵列参数后，创建管道的阵列特征。

⑬　使用【键槽】工具（该工具与【垫块】工具的使用方法完全相同），选择如图 7-159 所示的放置面、水平参考面，设置键槽参数，完成矩形键槽特征的创建。

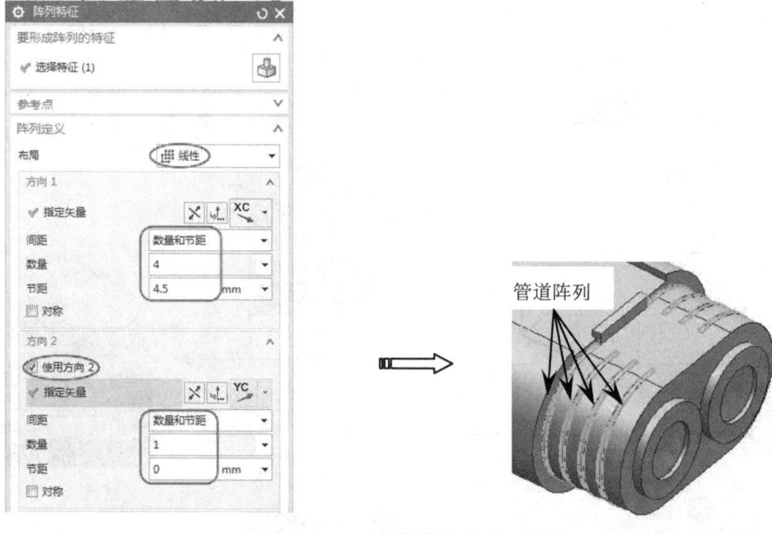

图 7-158　创建管道的阵列特征

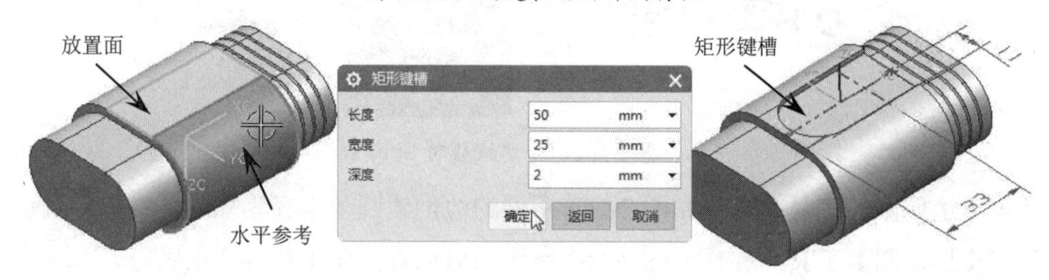

图 7-159　创建矩形键槽特征

⑭　再使用【键槽】工具，选择如图 7-160 所示的放置面、水平参考面，设置键槽参数，完成矩形键槽特征的创建。

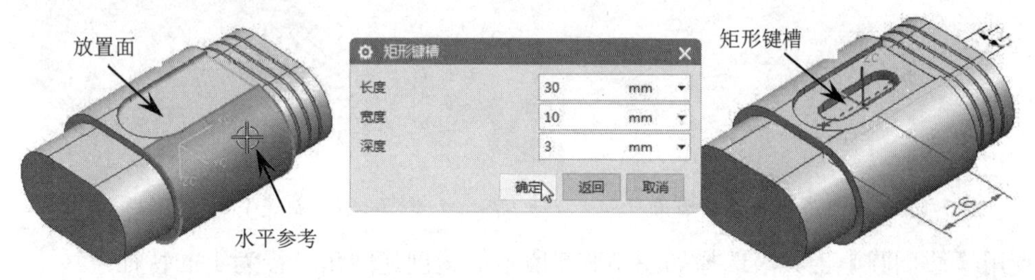

图 7-160　创建矩形键槽特征

⑮　使用【垫块】工具，选择如图 7-161 所示的放置面、水平参考面，设置键槽参数，创建矩形垫块特征。

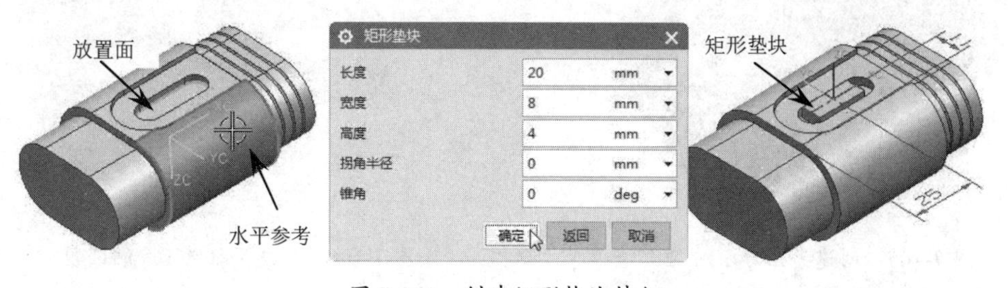

图 7-161　创建矩形垫块特征

⑯ 在【特征】组中单击【拔模】按钮，弹出【拔模】对话框，按照如图 7-162 所示的操作步骤创建拔模特征。

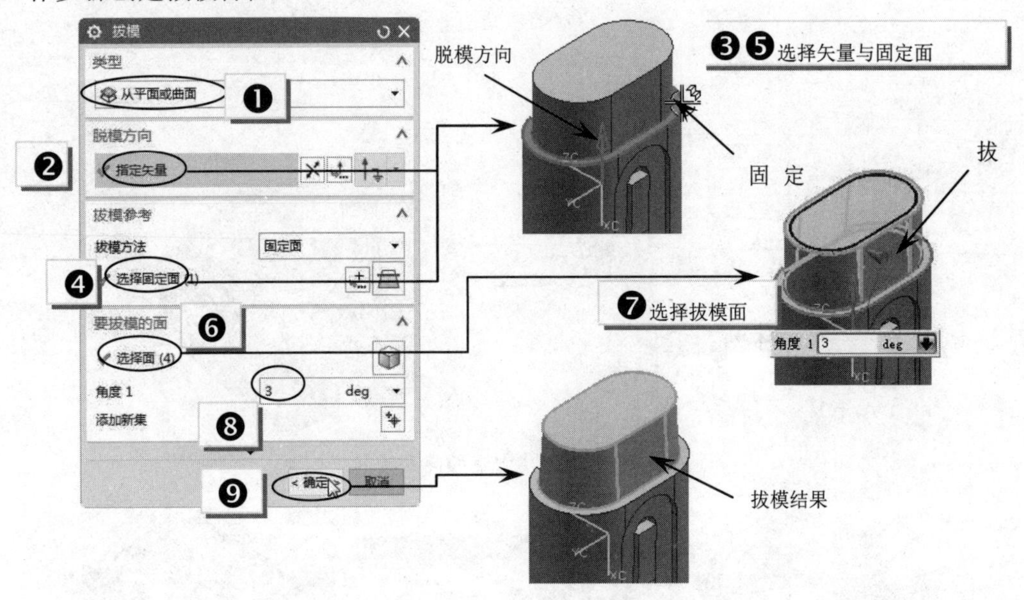

图 7-162 创建拔模特征

⑰ 使用【边倒圆】工具，选择如图 7-163 所示的边创建圆角半径为 4 的特征。

⑱ 使用【边倒圆】工具，选择如图 7-164 所示的边创建圆角半径为 3 的特征。

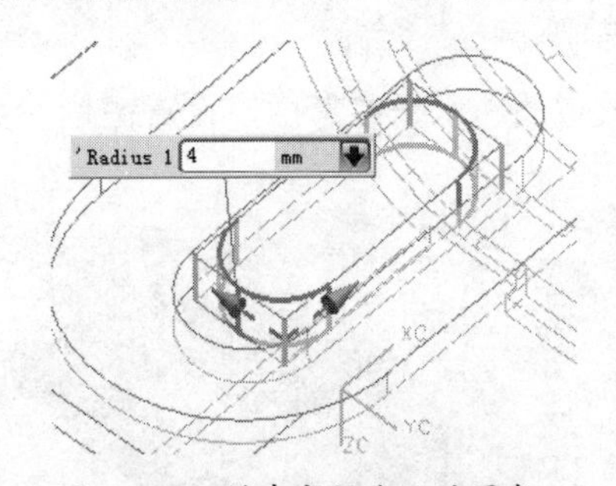

图 7-163 创建半径为 4 的圆角

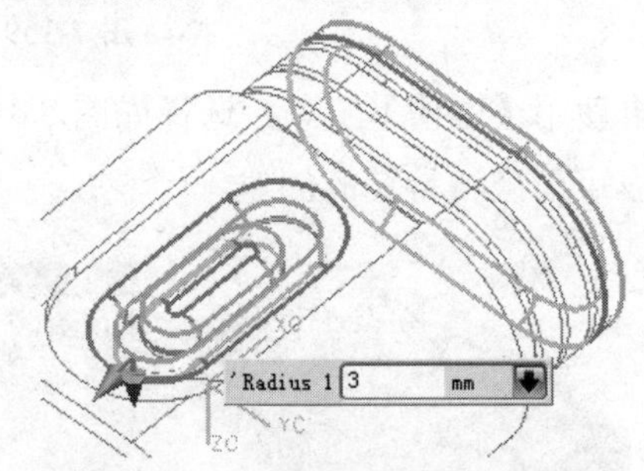

图 7-164 创建半径为 3 的圆角

⑲ 使用【边倒圆】工具，选择如图 7-165 所示的边创建圆角半径为 1 的特征。

⑳ 使用【边倒圆】工具，选择如图 7-166 所示的边创建圆角半径为 0.5 的特征。

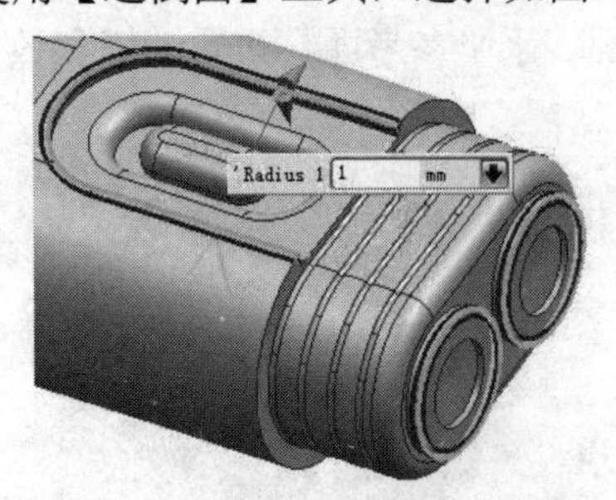

图 7-165 创建半径为 1 的圆角

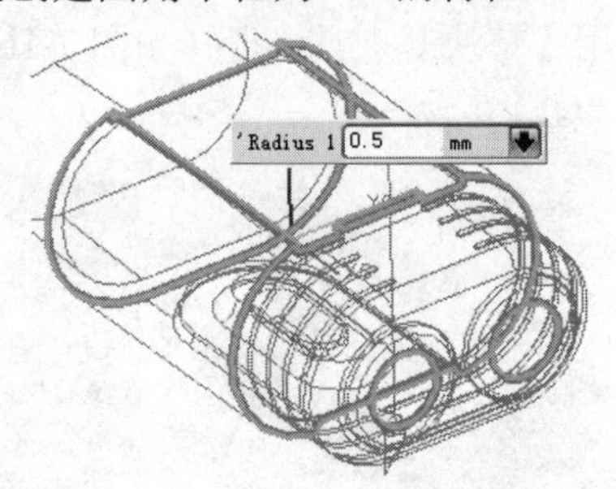

图 7-166 创建半径为 0.5 的圆角

㉑ 至此，电动剃须刀的实体建模工作全部结束。最后将结果数据保存。

CHAPTER

特征操作和编辑

本章导读

在设计过程中，仅仅采用基本的实体建模命令往往不够，还需要对特征进行相关的特征编辑操作才能达到要求。本章主要讲解特征的操作和编辑，以便进一步对实体进行操控。

学习要点

☑ 关联复制
☑ 修剪
☑ 编辑特征

扫码看视频

8.1 关联复制

关联复制主要是对实体特征进行参数化关联副本的创建，创建后的副本和原始特征完全关联，原实体特征的改变会及时反映在关联复制特征中。关联复制操作方式有多种，阵列特征、镜像特征和抽取几何特征等。

8.1.1 阵列特征

阵列特征是指将指定的一个或一组特征，按一定的规律进行复制，建立一个特征阵列。阵列中各成员保持相关性，如果其中某一成员被修改，阵列中的其他成员也会相应自动变化。【阵列特征】命令适用于创建参数相同且呈一定规律排列的特征命令。

在【特征】组中单击【阵列特征】按钮，弹出如图 8-1 所示的【阵列特征】对话框。

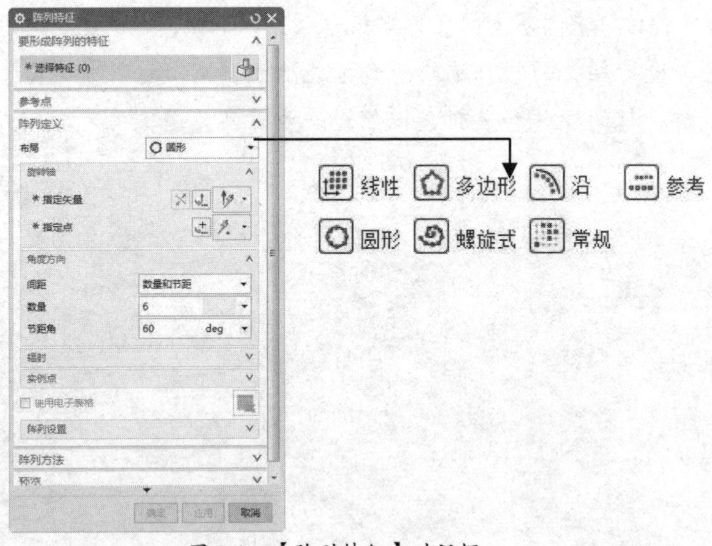

图 8-1 【阵列特征】对话框

阵列特征的阵列方式有七种，包括线性阵列、圆形阵列、多边形阵列、螺旋式阵列、沿阵列、常规阵列、参考阵列。

1. 线性阵列

对于线性布局，可以指定在一个或两个方向对称的阵列，还可以指定多个列或行交错排列，如图 8-2 所示。

如图8-3 所示为线性阵列的示意图。

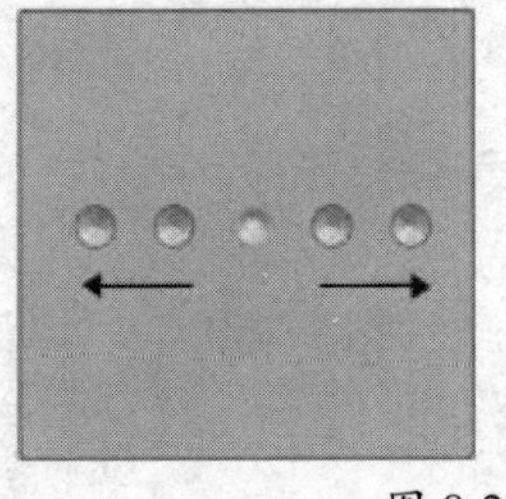

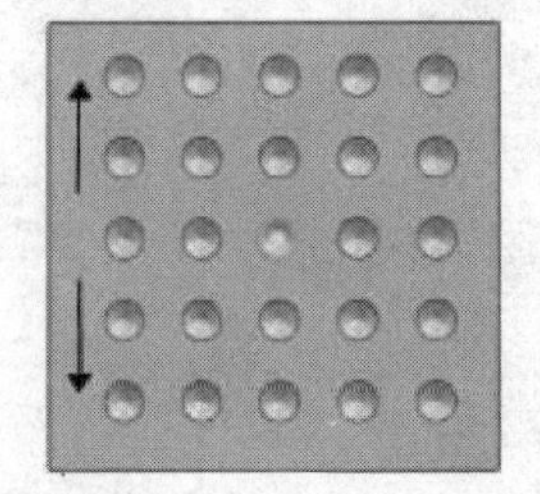

图 8-2 线性阵列

在【阵列方法】选项区中，包括【变化】和【简单】选项。【变化】选项可以创建以下所列的对象：

- 支持【复制-粘贴】操作的所有特征均受支持。
- 支持圆角和拔模等详细特征。
- 每个阵列实例均会被完整评估。
- 使用多个输入特征。
- 支持多体特征。
- 可以重用对输入特征的参考，并控制在每个实例位置评估来自输入特征的参考。
- 支持高级孔功能。
- 支持草图特征。

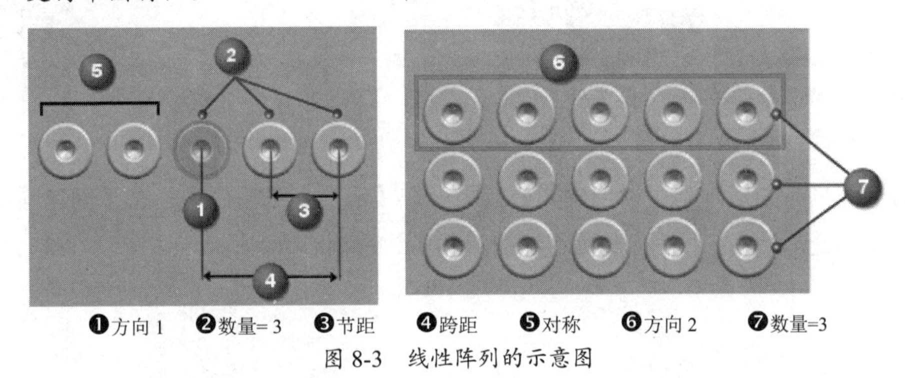

图 8-3　线性阵列的示意图

而【简单】选项仅创建以下所列的对象：

- 支持孔和拉伸特征等简单的设计特征。
- 每个输出阵列一个输入特征。
- 支持多体特征。

如图 8-4 所示为【变化】阵列方法与【简单】阵列方法的输出对比。

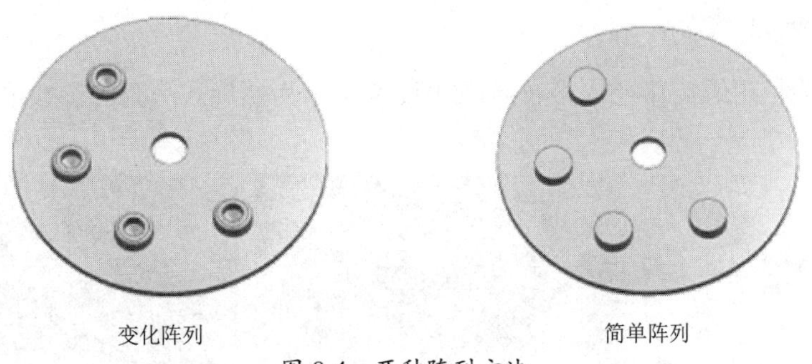

图 8-4　两种阵列方法

2. 圆形阵列

选定的主特征绕一个参考轴，以参考点为旋转中心，按指定的数量和旋转角度复制若干成员特征。圆形阵列可以控制阵列的方向。圆形阵列的参数选项及图解过程，如图 8-5 所示。

3. 多边形阵列

多边形阵列与圆形阵列类似，需要指定旋转轴和轴心。多边形阵列的参数选项及图解过程如图 8-6 所示。

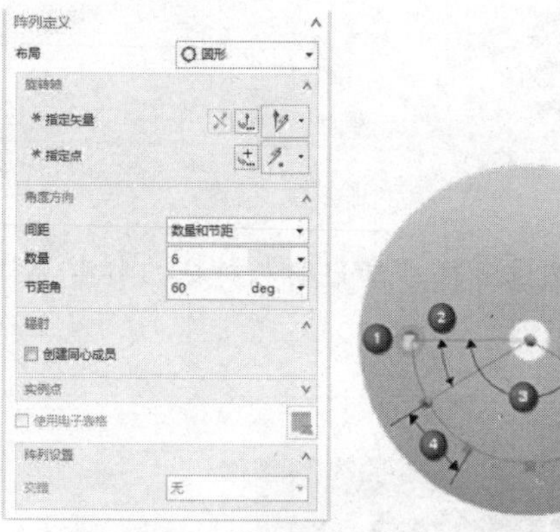

❶角度方向 ❷节距角 ❸跨角 ❹节距

图 8-5 圆形阵列

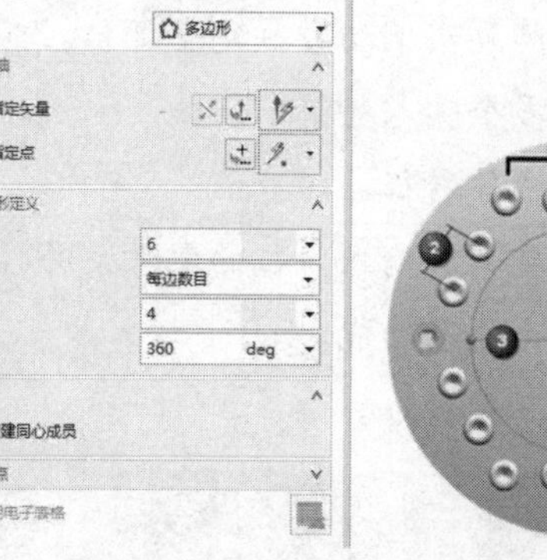

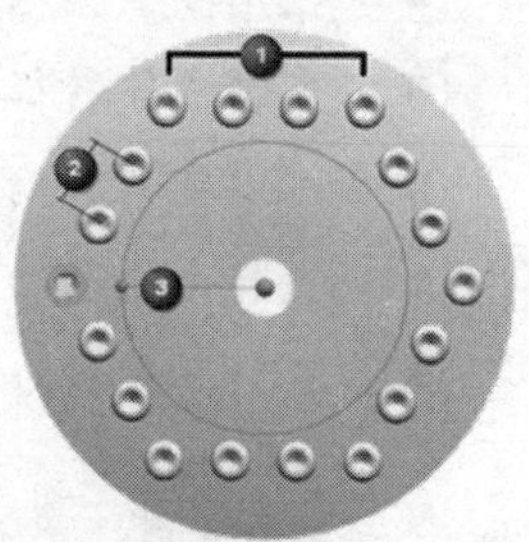

❶单边的数量=4 ❷螺距 ❸跨距

图 8-6 多边形阵列

多边形阵列与圆形阵列可以创建同心成员，在【辐射】选项区中勾选【创建同心成员】复选框，将创建如图 8-7 和图 8-8 所示的圆形和多边形同心阵列。

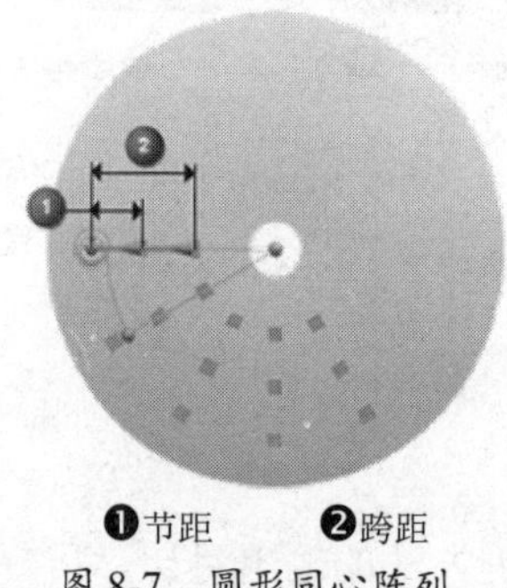

❶节距 ❷跨距

图 8-7 圆形同心阵列

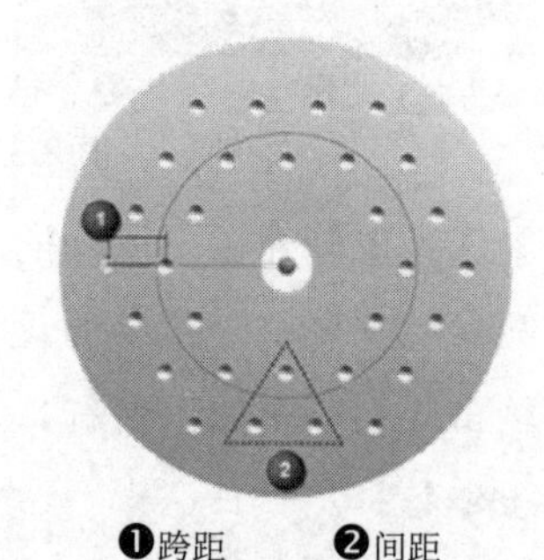

❶跨距 ❷间距

图 8-8 多边形同心阵列

4. 螺旋式阵列

螺旋式阵列使用螺旋路径定义布局。如图 8-9 所示为螺旋式阵列的参数选项及图解过程。

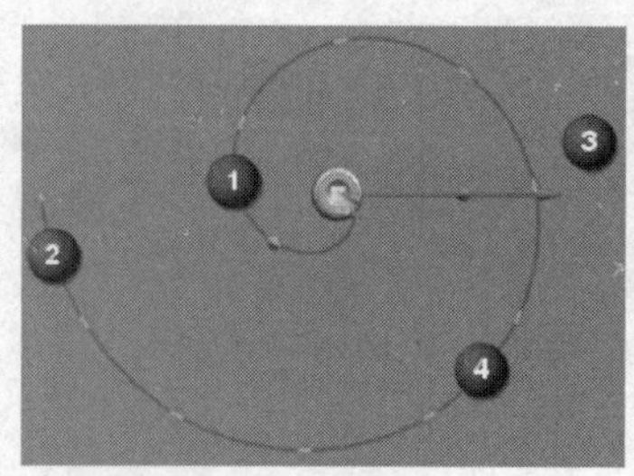

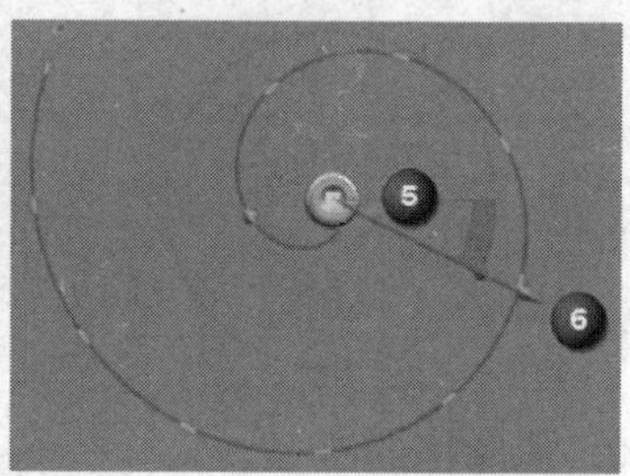

❶方向 ❷大小增量 ❸径向节距 ❹螺旋向节距 ❺参考矢量 ❻螺旋角度

图 8-9 螺旋式阵列的示意图

5. 沿阵列

沿阵列是定义一个跟随连续曲线链和（可选）第二条曲线链或矢量的布局。沿阵列的参数选项及图解过程如图 8-10 所示。

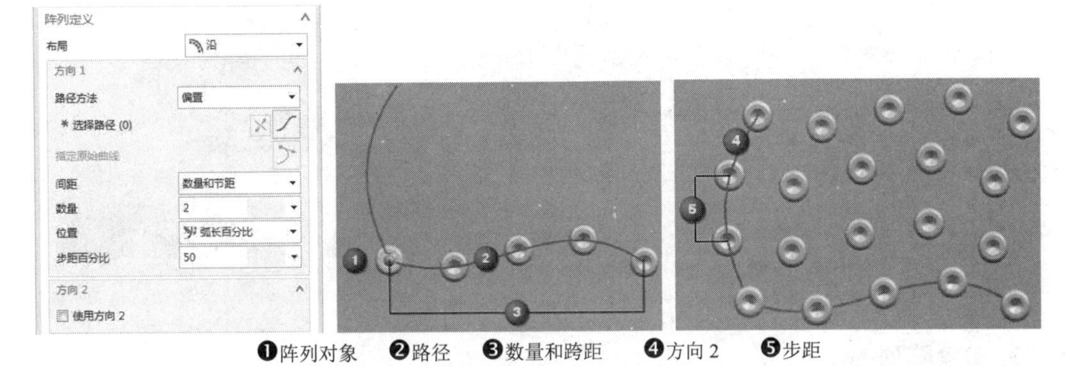

❶阵列对象　❷路径　❸数量和跨距　❹方向 2　❺步距

图 8-10　沿阵列的示意图

沿阵列的路径方法有三种：【偏置】、【刚性】和【平移】。

- 【偏置】路径方法：（默认）使用与路径最近的距离垂直于路径来投影输入特征的位置，然后沿该路径进行投影，如图 8-11 所示。
- 【刚性】路径方法：将输入特征的位置投影到路径的开始位置，然后沿路径进行投影。距离和角度维持在创建实例时的刚性状态，如图 8-12 所示。

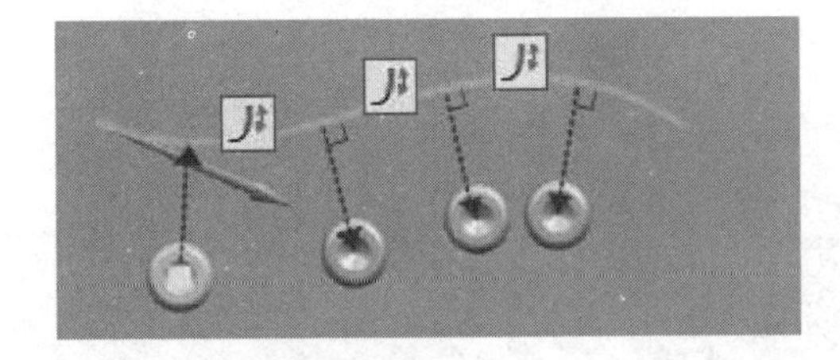

图 8-11　【偏置】路径方法

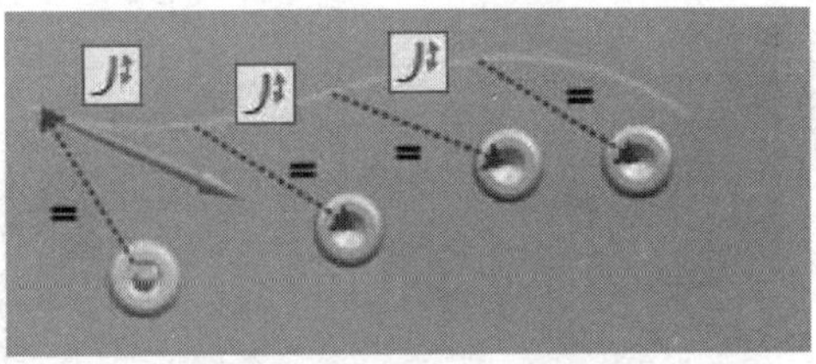

图 8-12　【刚性】路径方法

- 【平移】路径方法：在线性方向将路径移动到输入特征参考点，然后沿平移的路径计算间距，如图 8-13 所示。

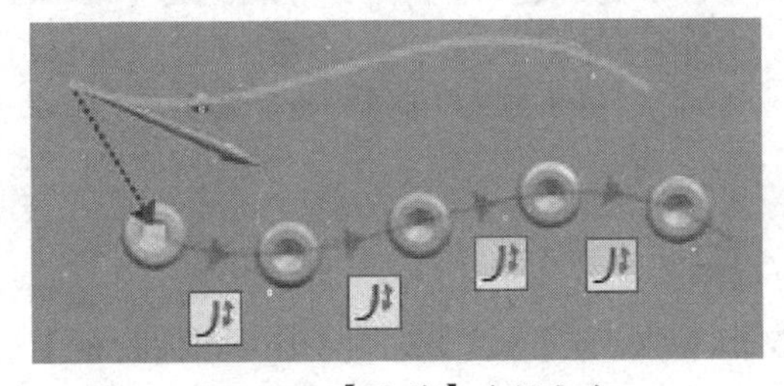

图 8-13　【平移】路径方法

6. 常规阵列

常规阵列是使用由一个或多个目标点或坐标系定义的位置来定义布局。如图 8-14 所示为常规阵列的参数选项及图解过程。

技术要点：

默认情况下，打开的对话框中显示的是常用的，也是默认的基本选项。如果想要查看更多的选项设置，请在对话框顶部单击【展开】按钮。

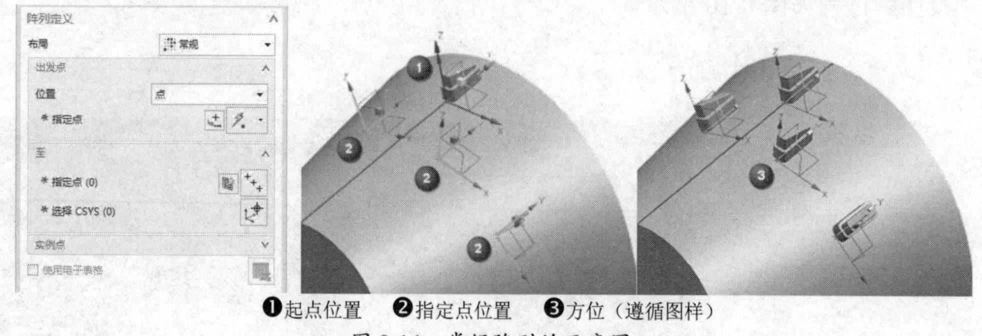

❶起点位置 ❷指定点位置 ❸方位（遵循图样）

图 8-14 常规阵列的示意图

7. 参考阵列

参考阵列是使用现有的阵列来定义新的阵列。如图 8-15 所示为参考阵列的参数选项及图解过程。

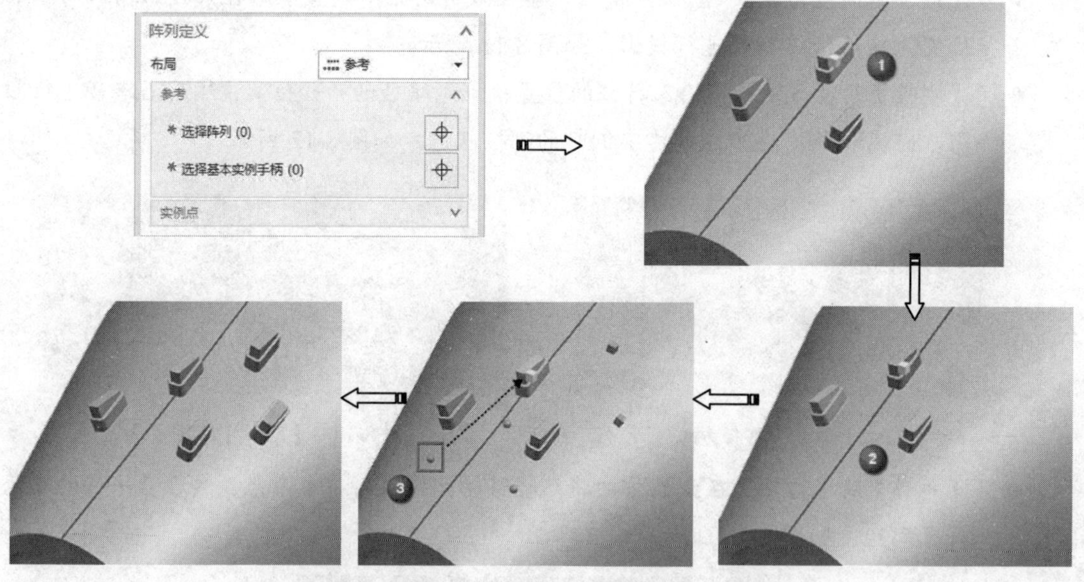

❶选择阵列对象 ❷选择阵列 ❸选择基本实例手柄

图 8-15 参考阵列的示意图

上机实践——创建变化的阵列

① 打开本例源文件“8-1.prt”。

② 在【特征】组中单击【阵列特征】按钮，弹出【阵列特征】对话框。选择小圆柱特征作为阵列对象。

③ 在【阵列定义】选项区中选择【圆形】布局，激活【指定矢量】命令，接着选择 Z 轴矢量，如图 8-16 所示。

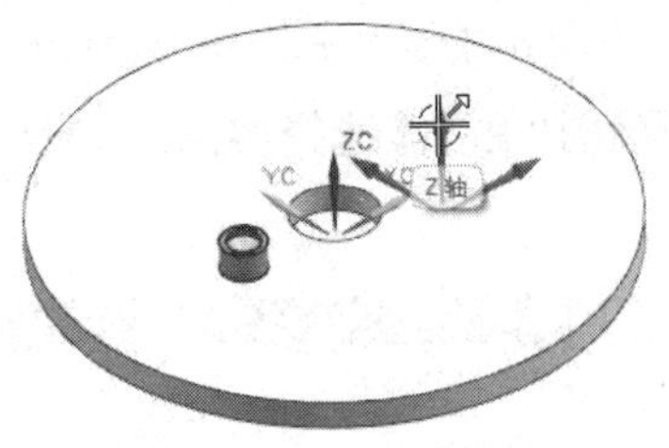

图 8-16　设置阵列定义参数

④　选择如图 8-17 所示的圆柱边，程序自动搜索其圆心作为旋转中心点。

⑤　在【角度方向】选项区中输入数量值 6 和节距角值 30，如图 8-18 所示。

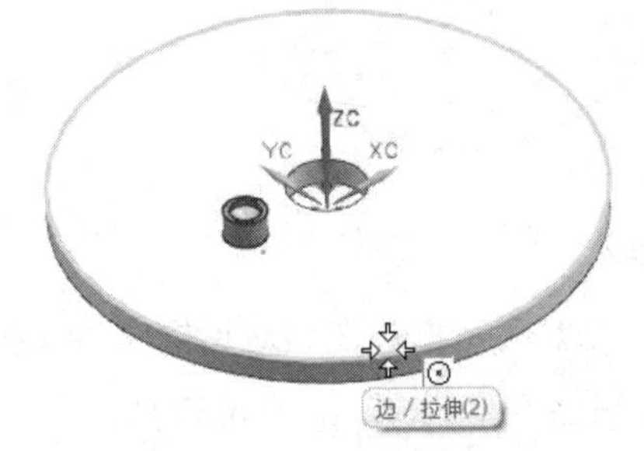

图 8-17　选择旋转中心点

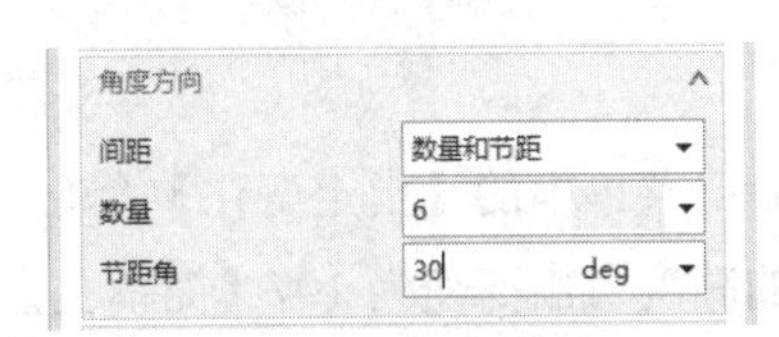

图 8-18　输入数量和节距角

⑥　勾选【创建同心成员】复选框，在【间距】下拉列表中选择【数量和节距】选项，并设置数量为 3、节距为 20，同时查看阵列预览，如图 8-19 所示。

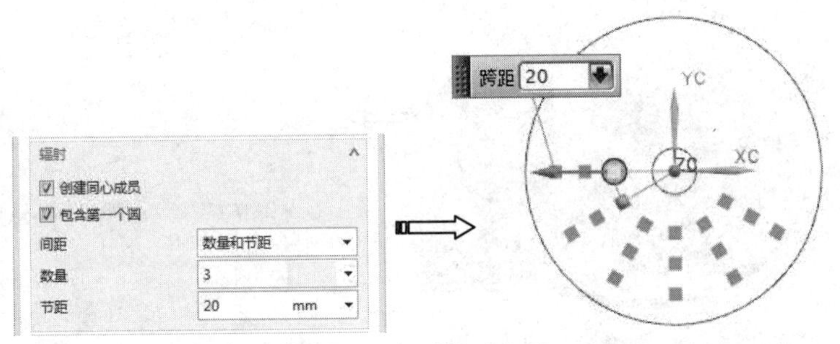

图 8-19　设置同心阵列参数

⑦　单击【确定】按钮完成特征的阵列，结果如图 8-20 所示。

⑧　在部件导航器中用鼠标右键单击【阵列（圆形）】项目，在弹出的快捷菜单中选择【可回滚编辑】命令，如图 8-21 所示，重新打开【阵列特征】对话框。

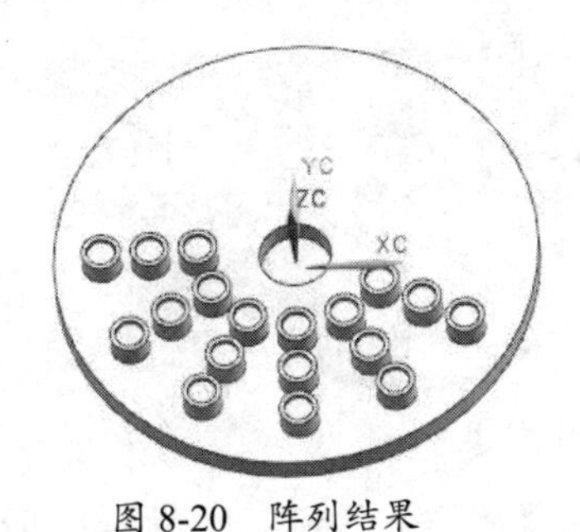

图 8-20　阵列结果

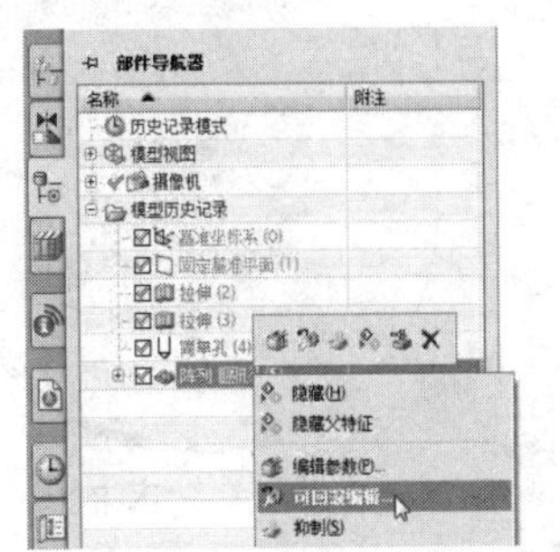

图 8-21　选择【可回滚编辑】命令

⑨ 在对话框底部单击【展开】按钮，展开全部选项。在【阵列定义】选项区的【实例点】选项组中激活【选择实例点】命令，然后选择阵列中要编辑的对象，如图 8-22 所示。

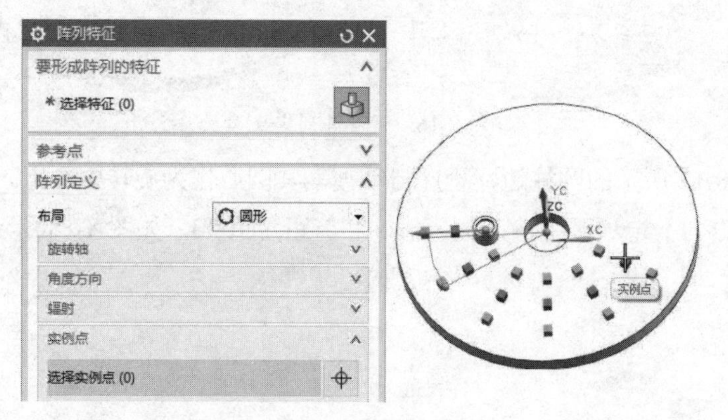

图 8-22 选择实例点

⑩ 执行右键菜单中的【指定变化】命令，弹出【变化】对话框。在该对话框中将【拉伸】特征的高度值由 5 变为 10，【简单孔】特征的直径由 6 变为 2，如图 8-23 所示。

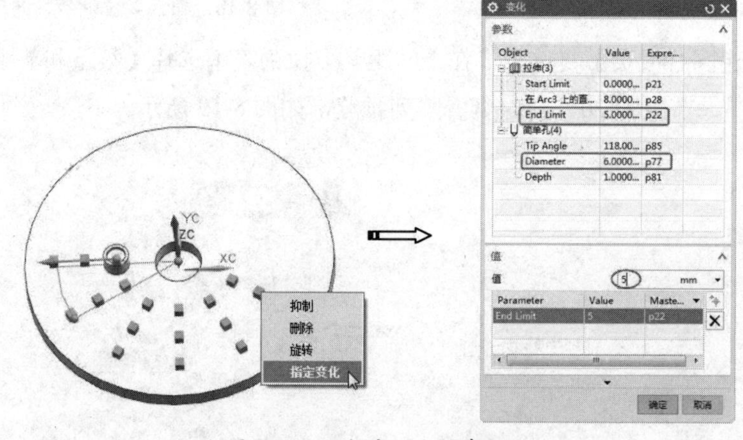

图 8-23 编辑实例点的参数

⑪ 单击【确定】按钮完成实例点的编辑。继续选择第一行的实例点作为编辑对象，然后执行右键菜单中的【旋转】命令，如图 8-24 所示。

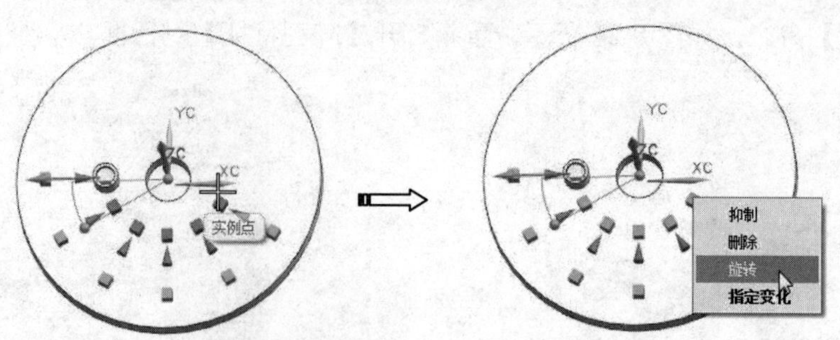

图 8-24 选择实例点并执行【旋转】命令

⑫ 弹出【旋转】对话框。输入旋转角度值 150，单击【确定】按钮，如图 8-25 所示。

⑬ 单击【阵列特征】对话框中的【确定】按钮，完成阵列特征的编辑，结果如图 8-26 所示。

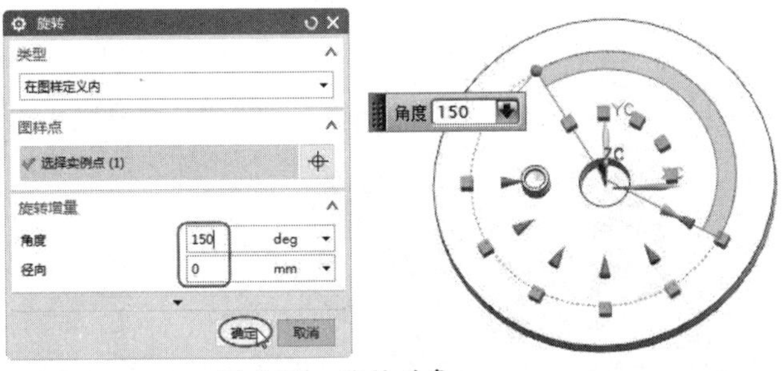

图 8-25 旋转对象

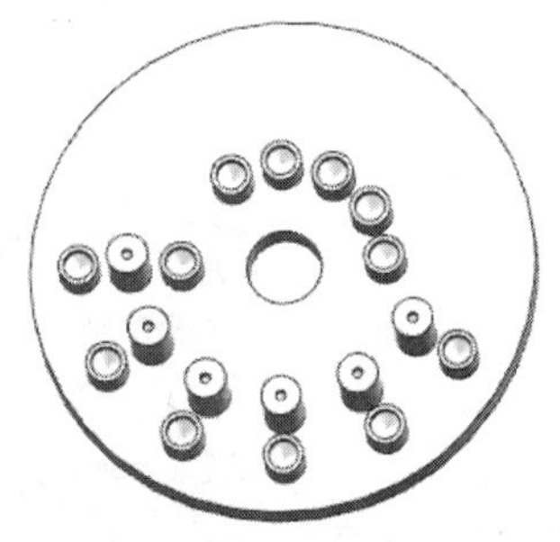
图 8-26 创建完成的阵列特征

上机实践——创建常规阵列

本例要绘制如图 8-27 所示的图形。

① 绘制圆柱体。执行菜单栏中的【插入】|【设计特征】|【圆柱】命令，弹出【圆柱】对话框。指定原点为轴点，以及 *Z* 轴为矢量方向，输入圆柱直径值 50、高度值 30，单击【确定】按钮完成圆柱体的绘制，结果如图 8-28 所示。

② 倒圆角。在【特征】组中单击【边倒圆】按钮，弹出【边倒圆】对话框。选取要倒圆角的边，输入半径值 12 后单击【确定】按钮，结果如图 8-29 所示。

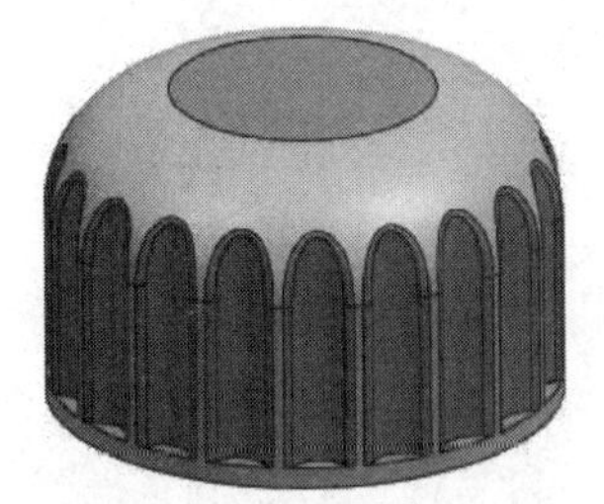
图 8-27 要绘制的图形

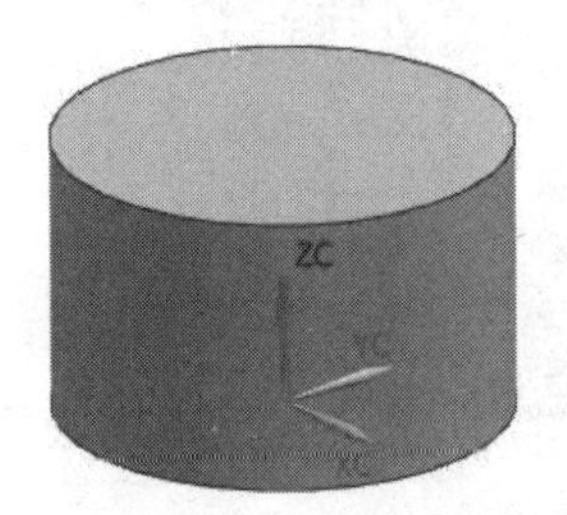

图 8-28 绘制圆柱体

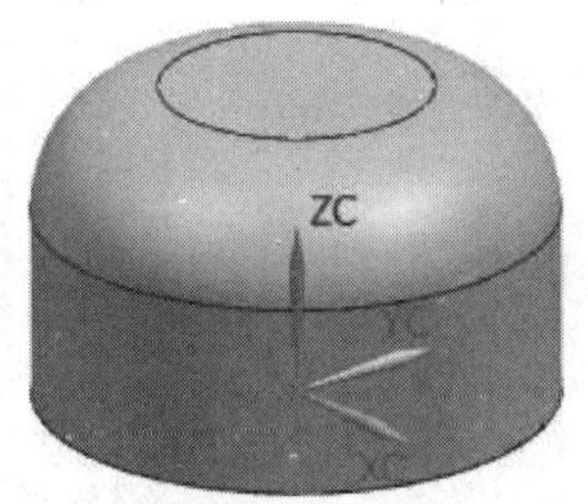

图 8-29 倒圆角

③ 抽壳。在【特征】组中单击【抽壳】按钮，弹出【抽壳】对话框。选取要移除的面，再输入抽壳厚度值 4，结果如图 8-30 所示。

④ 绘制圆。在【曲线】选项卡中单击【基本曲线】按钮，弹出【基本曲线】对话框。选取类型为【圆】，圆心坐标为（26,0,0），圆半径为 6，结果如图 8-31 所示。

图 8-30 创建抽壳

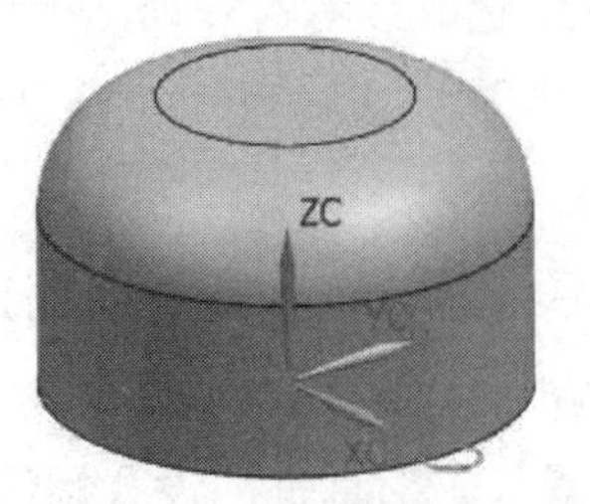

图 8-31 绘制圆

⑤ 拉伸切割实体。在【特征】组中单击【拉伸】按钮，弹出【拉伸】对话框。选取刚才绘制的圆，指定矢量，输入拉伸参数，结果如图 8-32 所示。

图 8-32 拉伸切割实体

⑥ 创建阵列特征。在【特征】组中单击【阵列特征】按钮，弹出【阵列特征】对话框。选取要阵列的对象，指定阵列布局类型为【圆形】，选取旋转轴矢量和轴点，设置阵列参数，如图 8-33 所示。

⑦ 倒圆角。在【特征】组中单击【边倒圆】按钮，弹出【边倒圆】对话框。选取要倒圆角的边，输入半径值 1 后单击【确定】按钮，结果如图 8-34 所示。

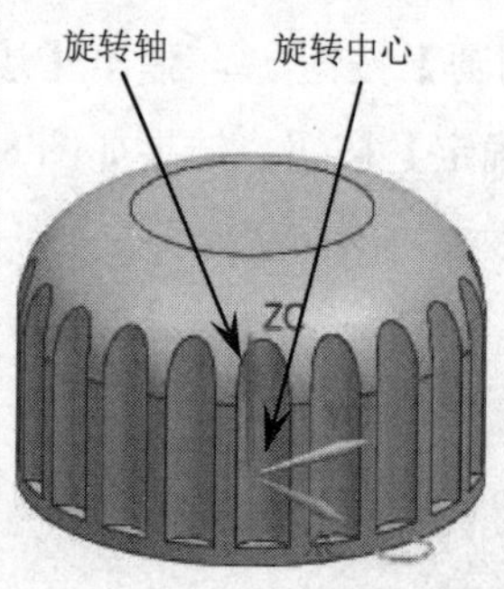

图 8-33 创建阵列特征

图 8-34 创建倒圆角

⑧ 创建参考阵列。在【特征】组中单击【阵列特征】按钮，弹出【阵列特征】对话框。选取要阵列的对象，指定阵列布局类型为【参考】，选取参考的阵列，单击【确定】按钮完成阵列，如图 8-35 所示。

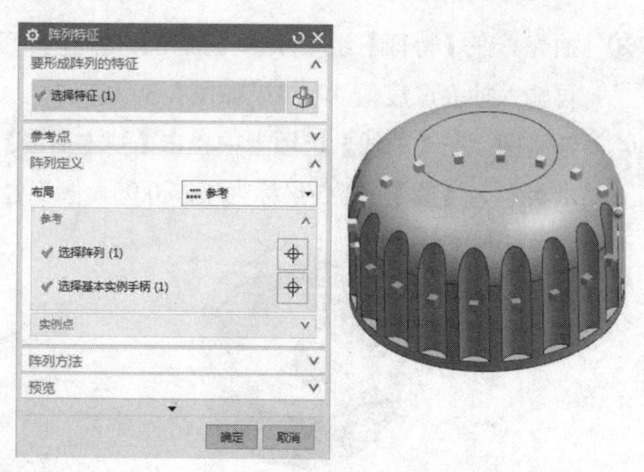

图 8-35 创建参考阵列

⑨ 创建螺纹。执行菜单栏中的【插入】|【设计特征】|【螺纹】命令，弹出【螺纹】对话框。设置螺纹类型为【详细】，螺纹放置面为抽壳的内圆柱面，设置螺纹参数，结果如图 8-36 所示。

⑩ 隐藏曲线。按 Ctrl+W 组合键，弹出【显示和隐藏】对话框。选择【曲线】类型再单击【隐藏】按钮━将所有的曲线隐藏，结果如图 8-37 所示。

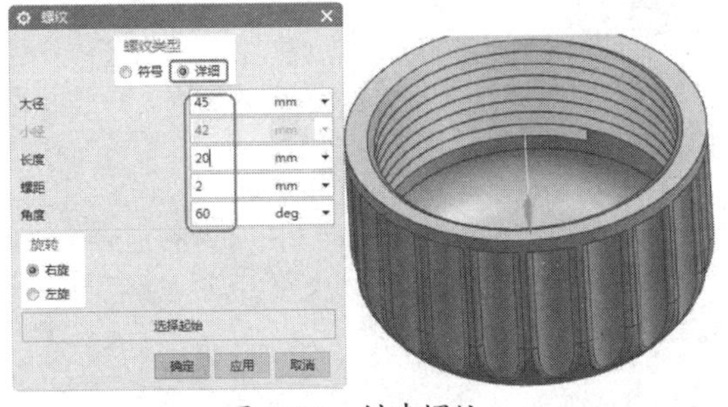

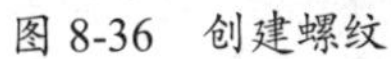
图 8-36 创建螺纹

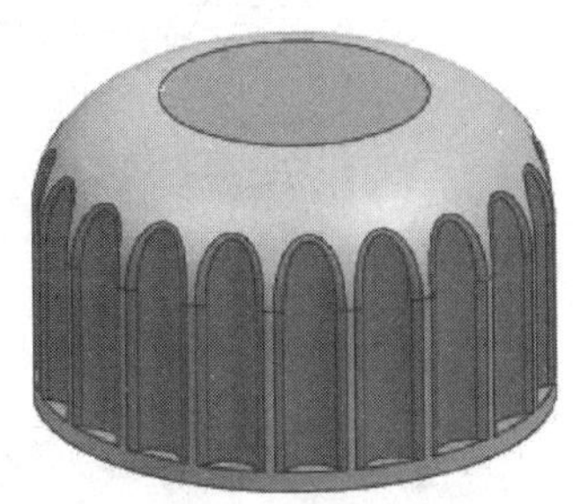
图 8-37 隐藏曲线

8.1.2 镜像特征

镜像特征是对选取的特征相对于平面或基准平面进行镜像，镜像后的副本与原特征完全关联。

执行菜单栏中的【插入】|【关联复制】|【镜像特征】命令，或者在【特征】组中单击【镜像特征】按钮，弹出【镜像特征】对话框，如图 8-38 所示。

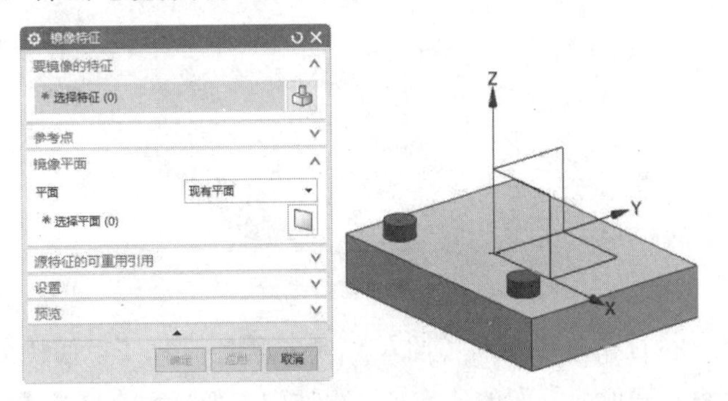

图 8-38 【镜像特征】对话框

上机实践——镜像特征

本例要绘制如图 8-39 所示的图形。

① 创建长方体。执行菜单栏中的【插入】|【设计特征】|【长方体】命令，弹出【块】对话框。指定定位点（-50,-50,0），输入长度值 100、宽度值 100、高度值 10，单击【确定】按钮完成创建，结果如图 8-40 所示。

图 8-39 要绘制的图形

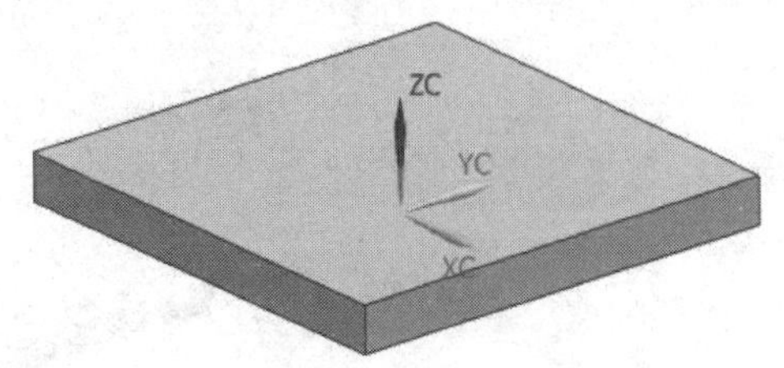

图 8-40 创建长方体

② 创建倒圆角。在【特征】组中单击【边倒圆】按钮，弹出【边倒圆】对话框。选取要倒圆角的边，输入半径值 12 后单击【确定】按钮，结果如图 8-41 所示。

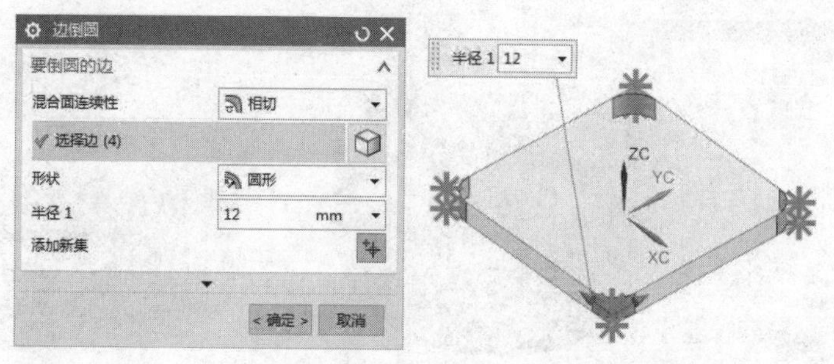

图 8-41 创建倒圆角

③ 创建孔。在【特征】组中单击【孔】按钮，弹出【孔】对话框。设置【类型】为【常规孔】、【形状】为【沉头】，指定孔位置点和尺寸参数，结果如图 8-42 所示。

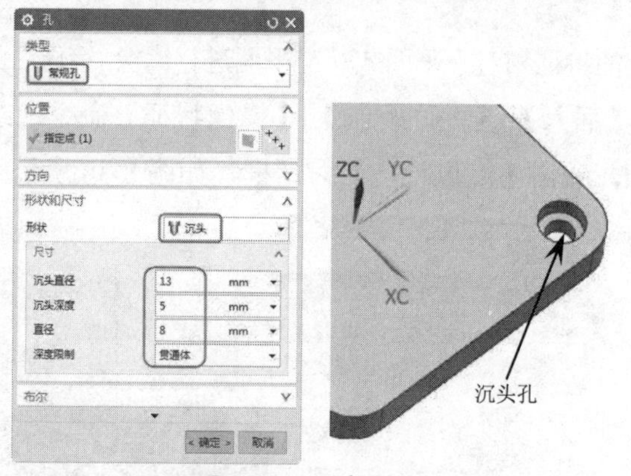

图 8-42 创建孔

④ 创建镜像孔。执行菜单栏中的【插入】|【关联复制】|【镜像特征】命令，弹出【镜像特征】对话框。选取要镜像的孔特征，再选取镜像平面，单击【确定】按钮，结果如图 8-43 所示。

⑤ 创建镜像孔。执行菜单栏中的【插入】|【关联复制】|【镜像特征】命令，弹出【镜像特征】对话框。选取刚才创建的孔和镜像孔，再选取镜像平面，单击【确定】按钮，结果如图 8-44 所示。

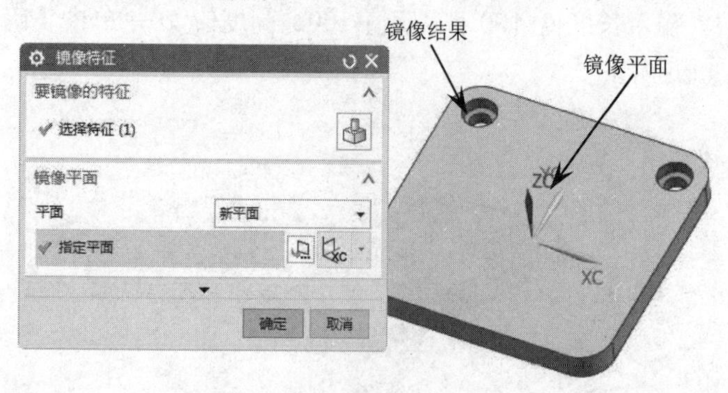

图 8-43 创建镜像孔（一）

图 8-44 创建镜像孔（二）

⑥ 创建圆柱体。执行菜单栏中的【插入】|【设计特征】|【圆柱】命令，弹出【圆柱】对话框。指定原点为轴点，以及 Z 轴为矢量方向，输入圆柱直径值 50、高度值 50，单击【确定】按钮完成圆柱体的创建，结果如图 8-45 所示。

⑦ 创建布尔合并。在【特征】组中单击【合并】按钮，弹出【合并】对话框。选取目标体和工具体，单击【确定】按钮完成合并，结果如图 8-46 所示。

图 8-45 创建圆柱体

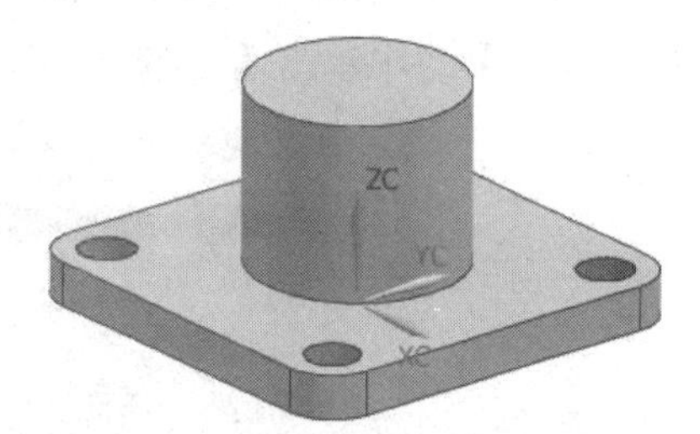

图 8-46 创建布尔合并

⑧ 创建沉头孔。在【特征】组中单击【孔】按钮，弹出【孔】对话框。设置【类型】为【常规孔】、【形状】为【沉头】，指定孔位置点和尺寸参数，结果如图 8-47 所示。

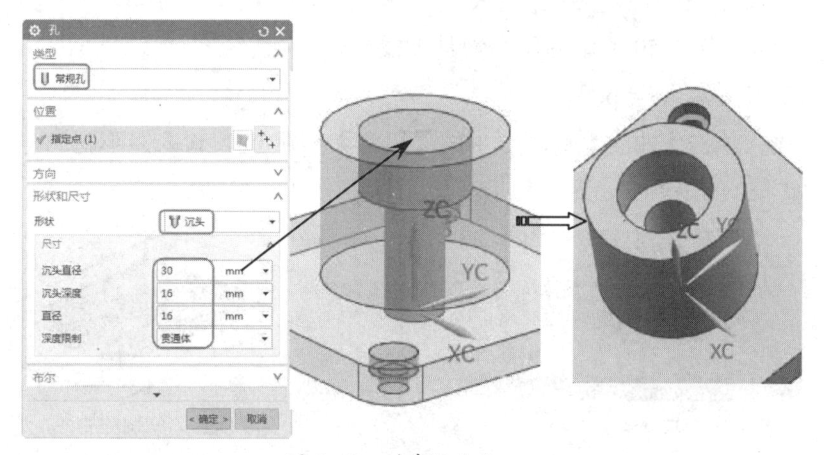

图 8-47 创建沉头孔

⑨ 创建倒斜角。在【特征】组中单击【倒斜角】按钮，弹出【倒斜角】对话框。选取要倒斜角的边，输入距离值 1 后单击【确定】按钮，结果如图 8-48 所示。

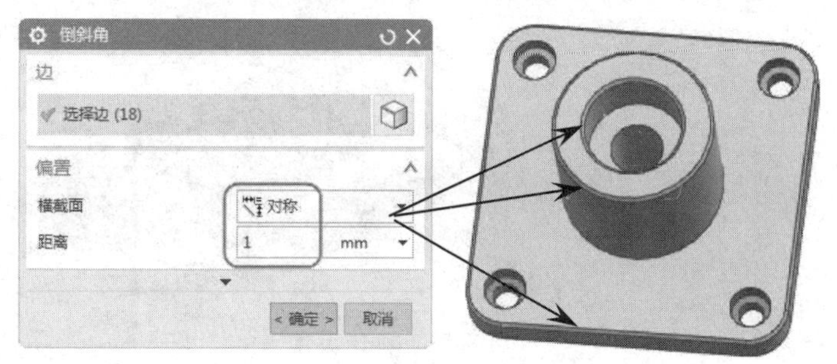

图 8-48 创建倒斜角

8.1.3 抽取几何特征

【抽取几何特征】命令可以用来从当前对象几何中抽取需要的点、曲线、面以及体特征。用来创建和选取的对象一样的抽取的副本特征。抽取后的副本特征可以设置为关联，也可以取消关联。

在菜单栏中执行【插入】|【关联复制】|【抽取几何特征】命令，或者在【曲面】选项卡的【曲面操作】组中单击【抽取几何特征】按钮，弹出【抽取几何特征】对话框，如图 8-49 所示。

图 8-49 【抽取几何特征】对话框

上机实践——抽取几何特征

本例要绘制如图 8-50 所示的压合治具下模。

① 打开本例源文件“8-4.prt”。

② 绘制矩形。单击【曲线】选项卡中的【矩形】按钮，输入矩形对角坐标点，绘制长 240、宽 160 的矩形，如图 8-51 所示。

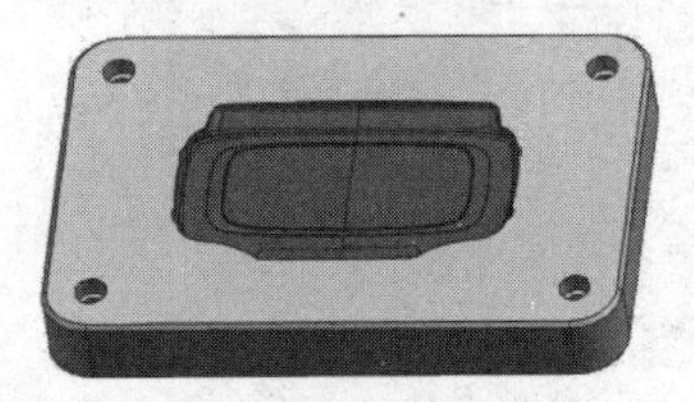
图 8-50 压合治具下模

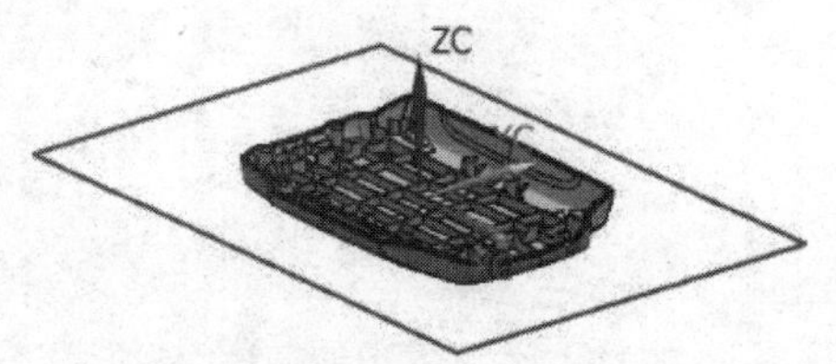

图 8-51 绘制矩形

③ 拉伸实体。在【特征】组中单击【拉伸】按钮，弹出【拉伸】对话框。选取刚才绘制的直线，指定矢量，输入拉伸参数，结果如图 8-52 所示。

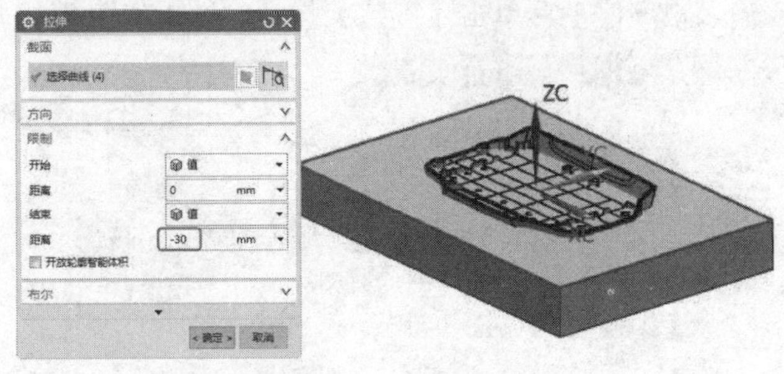

图 8-52 拉伸实体

④ 抽取几何特征。先将其他的实体暂时隐藏。执行菜单栏中的【插入】|【关联复制】|【抽取几何特征】命令，弹出【抽取几何特征】对话框。选取要抽取的面，单击【确定】按钮，结果如图 8-53 所示。

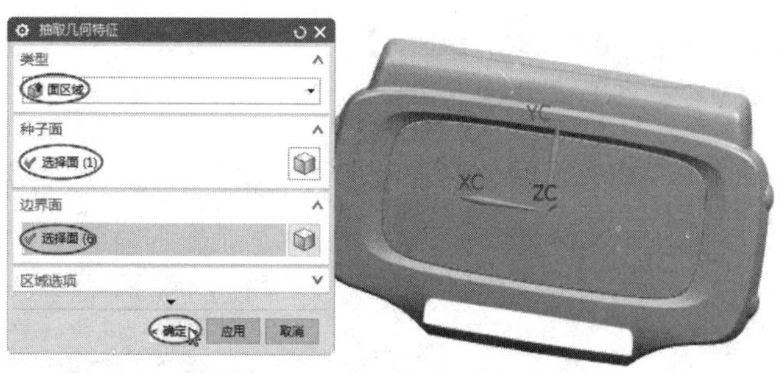

图 8-53　抽取几何特征

⑤ 修补开口。执行菜单栏中的【插入】|【曲面】|【修补开口】命令，弹出【修补开口】对话框。选取修补类型为【注塑模向导面补片】，接着选取要修补的面和要修补的开口，最后单击【确定】按钮完成修补，结果如图 8-54 所示。

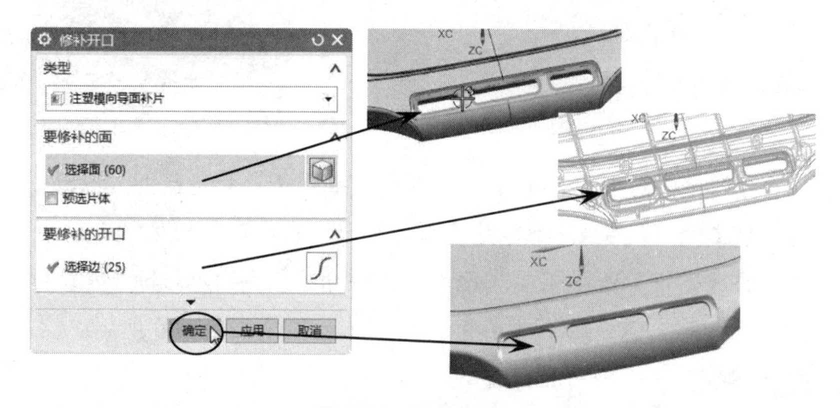

图 8-54　修补开口

⑥ 缝合片体。执行菜单栏中的【插入】|【组合】|【缝合】命令，弹出【缝合】对话框。选取目标片体后再选取工具片体，单击【确定】按钮即可将工具片体和目标片体缝合成整个片体，结果如图 8-55 所示。

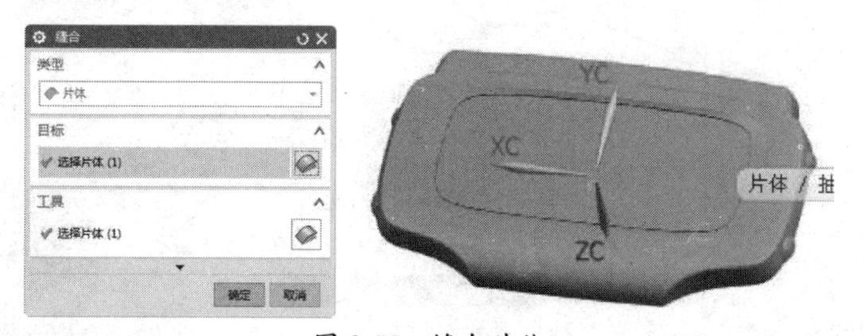

图 8-55　缝合片体

⑦ 修剪体。将隐藏的实体显示后，在【特征】组中单击【修剪体】按钮，弹出【修剪体】对话框。选取实体为目标体，再选取曲面为修剪工具，单击【确定】按钮完成修剪，结果如图 8-56 所示。

⑧ 隐藏片体。按 Ctrl+W 组合键，弹出【显示和隐藏】对话框。选择【片体】类型，再单击【隐藏】按钮━将所有的片体隐藏，结果如图 8-57 所示。

⑨ 倒圆角。在【特征】组中单击【边倒圆】按钮，弹出【边倒圆】对话框。选取要倒

圆角的边，输入半径值 20 后单击【确定】按钮，结果如图 8-58 所示。

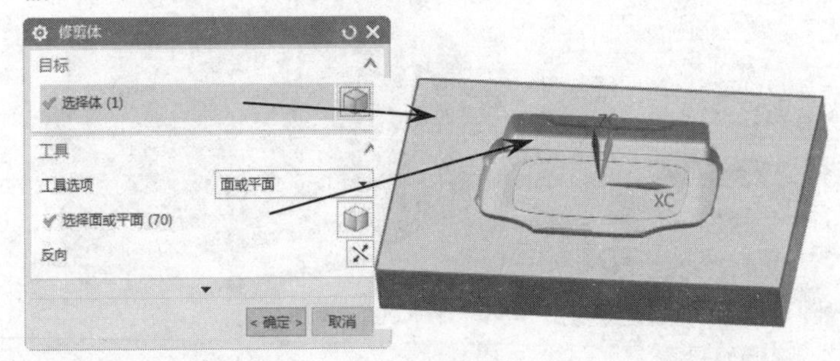

图 8-56 修剪体

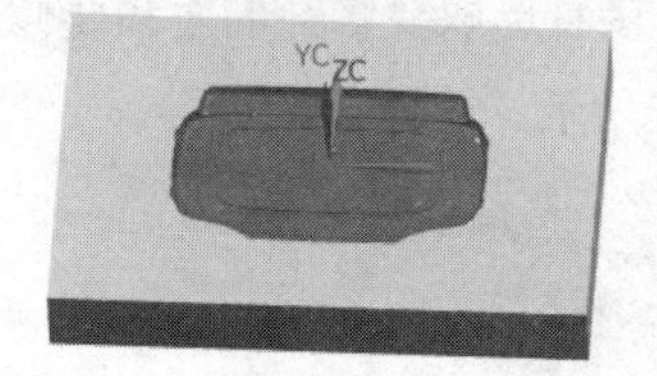

图 8-57 隐藏片体

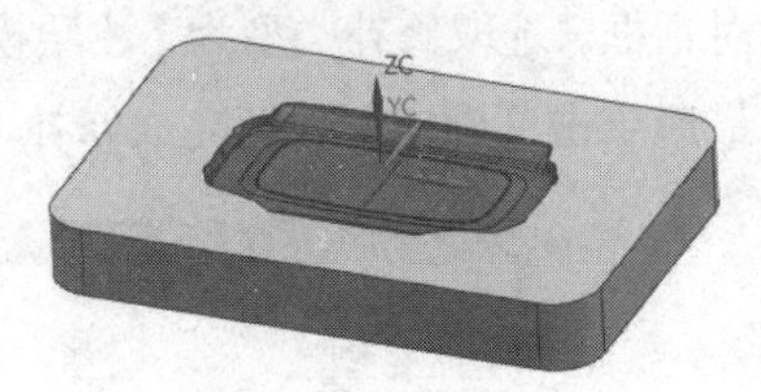

图 8-58 倒圆角

⑩ 创建孔。在【特征】组中单击【孔】按钮，弹出【孔】对话框。设置【类型】为【常规孔】、【形状】为【沉头】，指定孔位置点和尺寸参数，结果如图 8-59 所示。

⑪ 创建倒角。在【特征】组中单击【倒斜角】按钮，弹出【倒斜角】对话框。选取要倒角的边，输入距离值 2 后单击【确定】按钮，结果如图 8-60 所示。

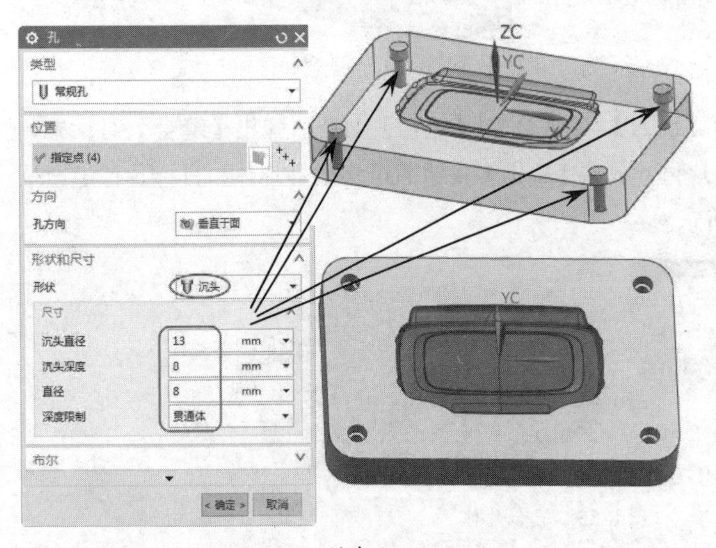

图 8-59 创建孔

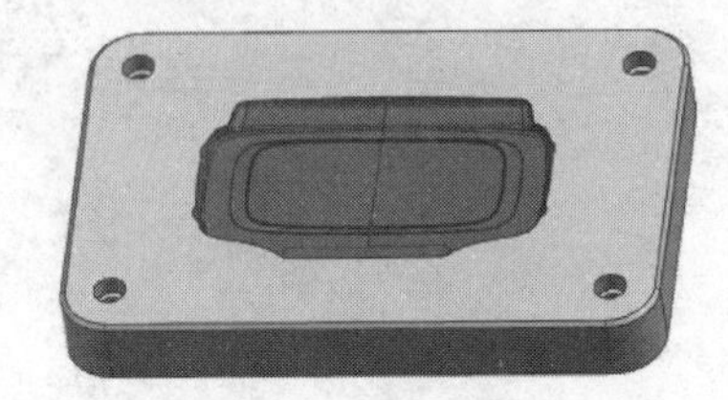

图 8-60 创建倒角

8.2 修剪

修剪是对实体特征或实体进行切割或分割操作，以及对实体面的分割操作，以获得需要的部分实体或实体面。

8.2.1 修剪体

修剪体是选取面、基准平面或其他的几何体来切割修剪一个或多个目标体。注意选择保留哪一侧。

执行菜单栏中的【插入】|【修剪】|【修剪体】命令，或者在【特征】组中单击【修剪体】按钮，弹出【修剪体】对话框，如图 8-61 所示。

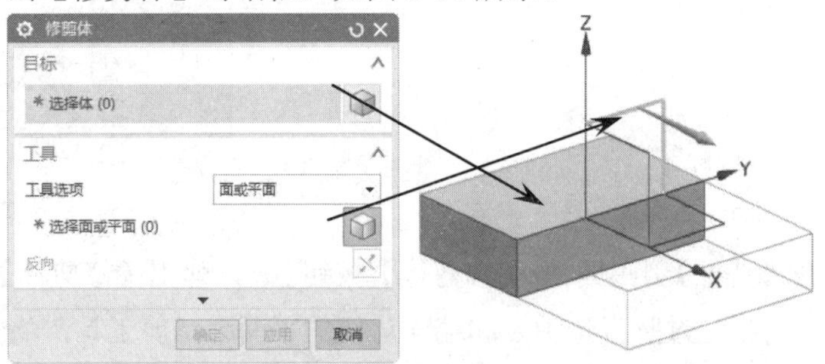

图 8-61 【修剪体】对话框

技术要点：

使用【修剪体】工具在实体表面或片体表面修剪实体时，修剪面必须完全通过实体，否则不能对实体进行修剪。

修剪体有以下要求：

- 必须至少选择一个目标体。
- 可以从同一个体中选择单个面或多个面，或者选择基准平面来修剪目标体。
- 可以定义新平面来修剪目标体。

上机实践——修剪体

本例要绘制如图 8-62 所示的图形。

① 新建模型文件。

② 绘制八边形。单击【曲线】选项卡中的【多边形】按钮，在弹出的【多边形】对话框中输入边数 8，单击【外接圆半径】选项，选取原点为中心，外接圆半径分别为 60 和 30，方位角分别为 0° 和 22.5° ，如图 8-63 所示。

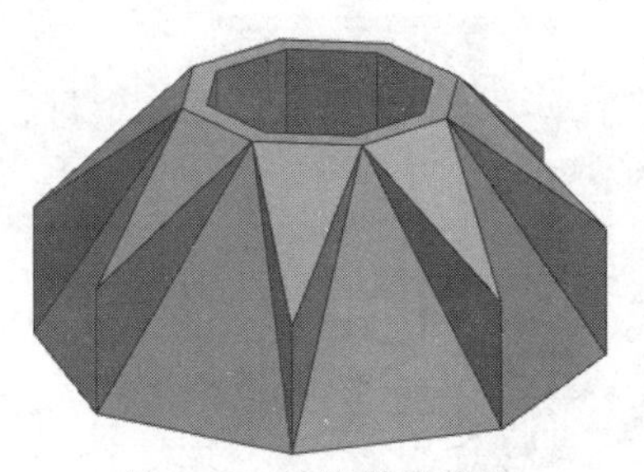

图 8-62 要绘制的图形

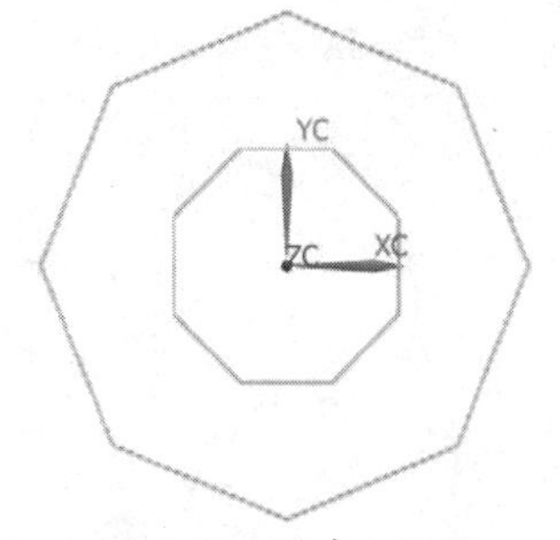

图 8-63 创建八边形

③ 连接直线。在【曲线】选项卡中单击【基本曲线】按钮，弹出【基本曲线】对话框。

设置类型为【直线】，选取直线通过的点来连接直线，结果如图 8-64 所示。

④ 拉伸实体。在【特征】组中单击【拉伸】按钮，弹出【拉伸】对话框。选取刚才绘制的直线，指定矢量，输入拉伸参数，结果如图 8-65 所示。

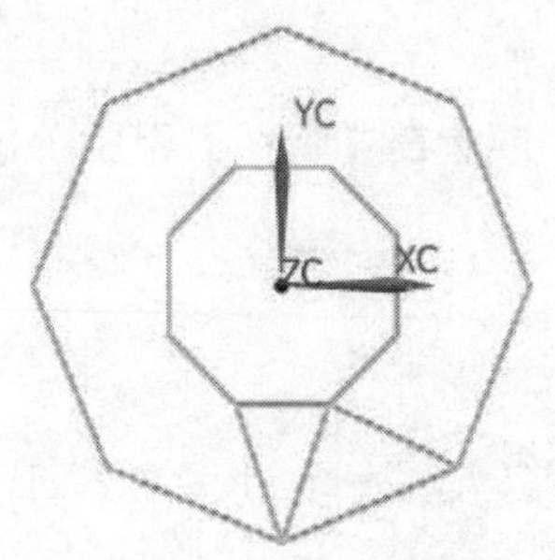

图 8-64 连接直线

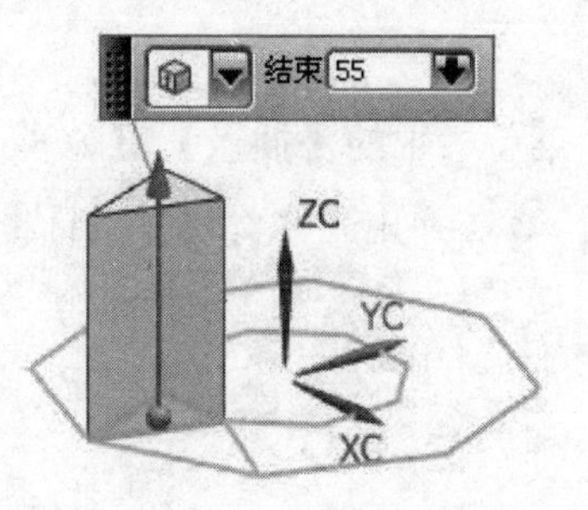

图 8-65 拉伸实体

⑤ 修剪实体。在【特征】组中单击【修剪体】按钮，弹出【修剪体】对话框。选取实体为目标体，再指定过竖直边中点和端面边线的平面为修剪工具，单击【确定】按钮完成修剪，结果如图 8-66 所示。

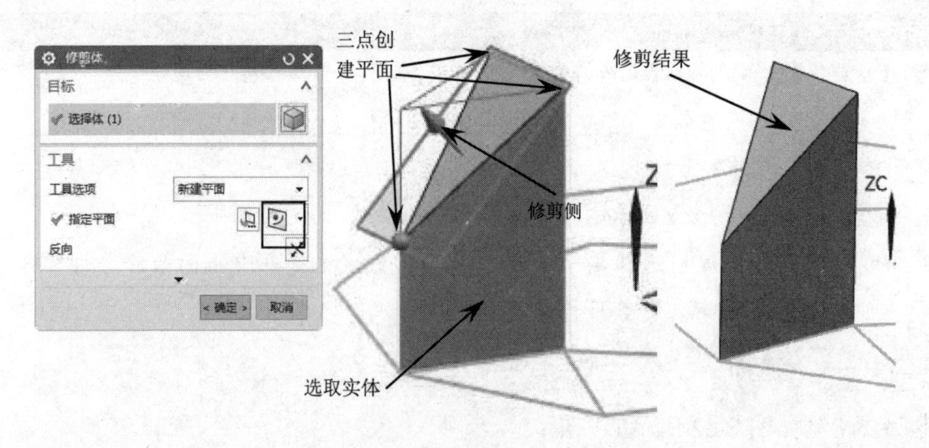

图 8-66 修剪实体

⑥ 拉伸实体。在【特征】组中单击【拉伸】按钮，弹出【拉伸】对话框。选取刚才绘制的直线，指定矢量，输入拉伸参数，结果如图 8-67 所示。

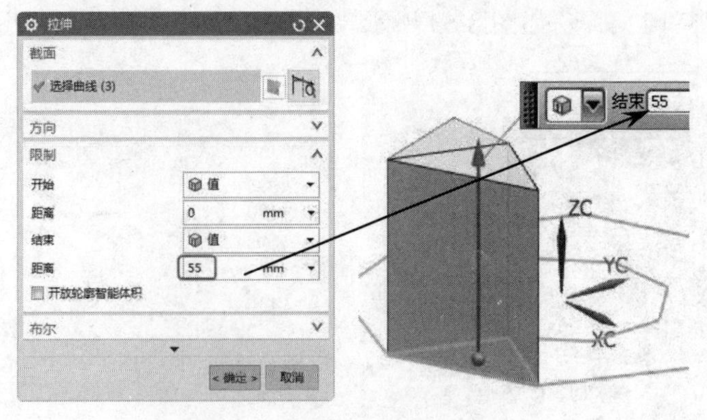

图 8-67 拉伸实体

⑦ 修剪体。在【特征】组中单击【修剪体】按钮，弹出【修剪体】对话框。选取实体为目标体，再指定过竖直边端点和底面边线的平面为修剪工具，单击【确定】按钮完成修剪，结果如图 8-68 所示。

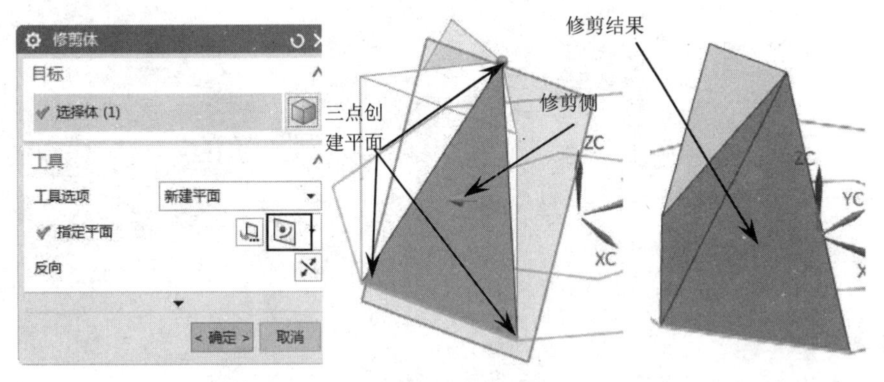

图 8-68　修剪体

⑧ 创建布尔合并。在【特征】组中单击【合并】按钮，弹出【合并】对话框。选取目标体和工具体，单击【确定】按钮完成布尔合并，结果如图 8-69 所示。

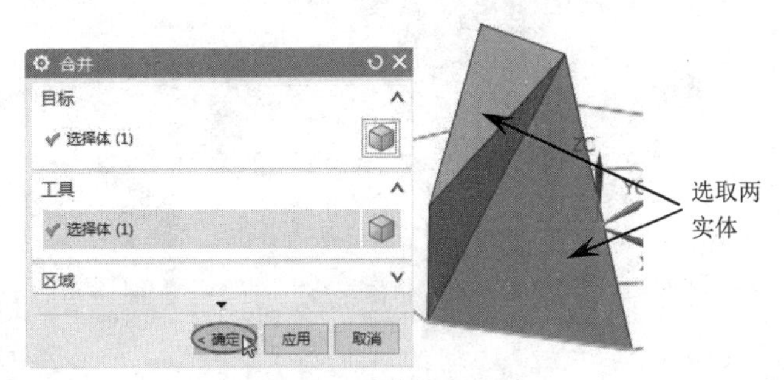

图 8-69　创建布尔合并

⑨ 阵列几何特征。执行菜单栏中的【插入】|【关联复制】|【阵列几何特征】命令，弹出【阵列几何特征】对话框。设置布局类型为【圆形】，选取要阵列的拉伸实体特征，指定矢量和轴点，设置旋转参数，单击【确定】按钮，结果如图 8-70 所示。

⑩ 创建布尔合并。在【特征】组中单击【合并】按钮，弹出【合并】对话框。选取目标体和工具体，单击【确定】按钮完成布尔合并，结果如图 8-71 所示。

⑪ 拉伸实体。在【特征】组中单击【拉伸】按钮，弹出【拉伸】对话框，选取小的八边形位拉伸曲线，指定矢量，输入拉伸参数，指定布尔类型为【求和】，结果如图 8-72 所示。

⑫ 隐藏曲线。按【Ctrl+W】组合键，弹出【显示和隐藏】对话框。选择【曲线】类型再单击【隐藏】按钮━将所有的曲线隐藏，结果如图 8-73 所示。

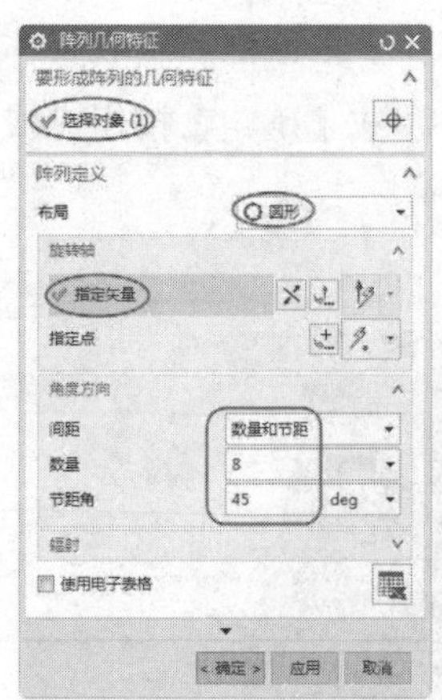

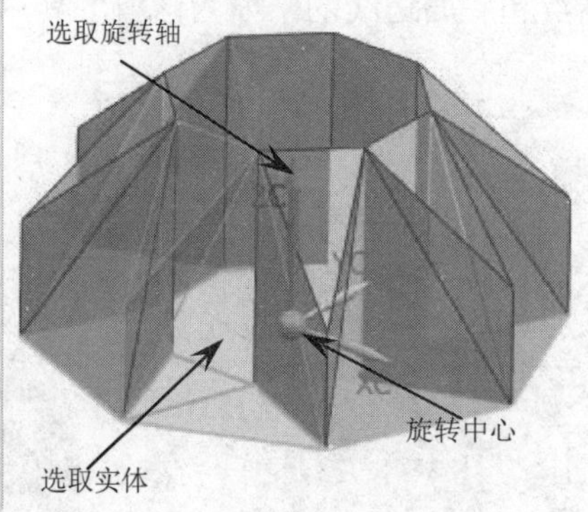

图 8-70　阵列几何特征

图 8-71　创建布尔合并

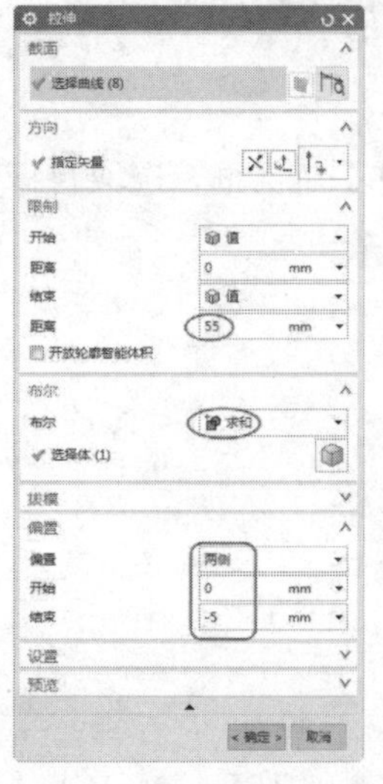

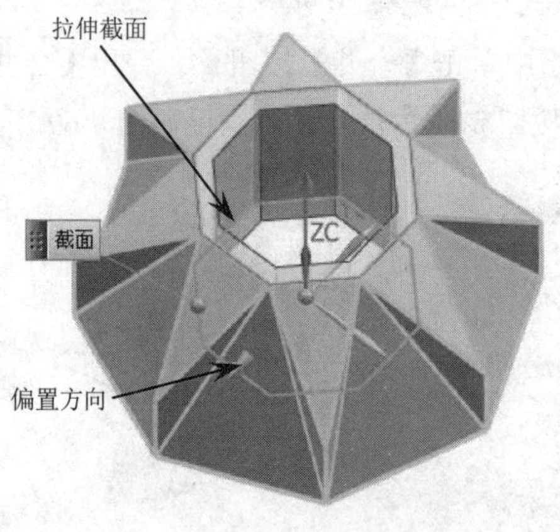

图 8-72　拉伸实体

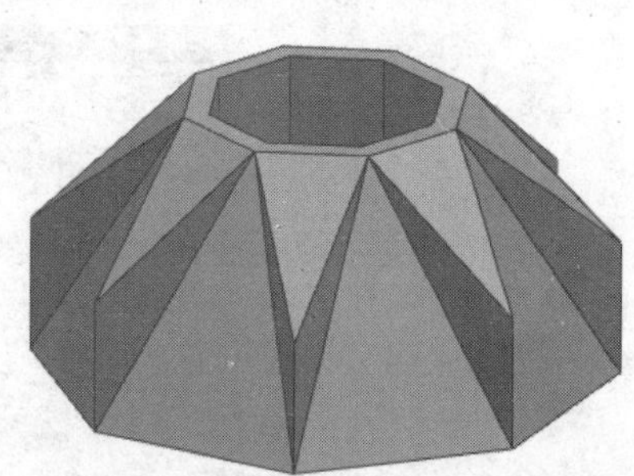

图 8-73　隐藏曲线

8.2.2　拆分体

拆分体是选取面、基准平面或其他的几何体来分割一个或多个目标体。分割后的结果是将原始的目标体根据选取的几何形状分割为两部分。

执行菜单栏中的【插入】|【修剪】|【拆分体】命令，或者在【特征】组中单击【拆分体】按钮，弹出【拆分体】对话框，如图 8-74 所示。

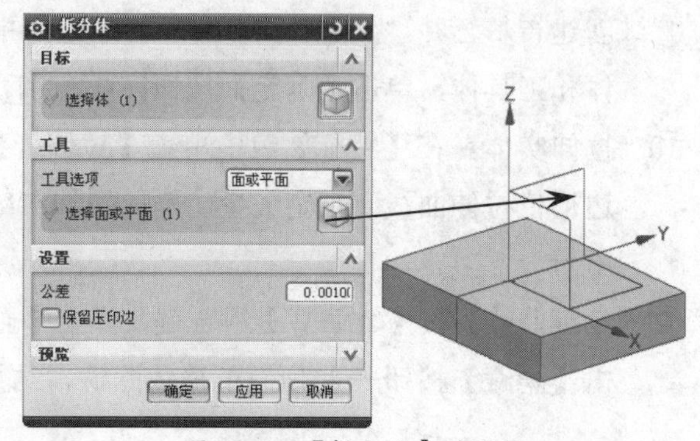

图 8-74　【拆分体】对话框

上机实践——排球造型

本例要绘制如图 8-75 所示的图形。

① 创建球体。执行菜单栏中的【插入】|【设计特征】|【球】命令，弹出【球】对话框。指定原点为球心，输入直径值 50 后单击【确定】按钮完成创建，结果如图 8-76 所示。

图 8-75 排球

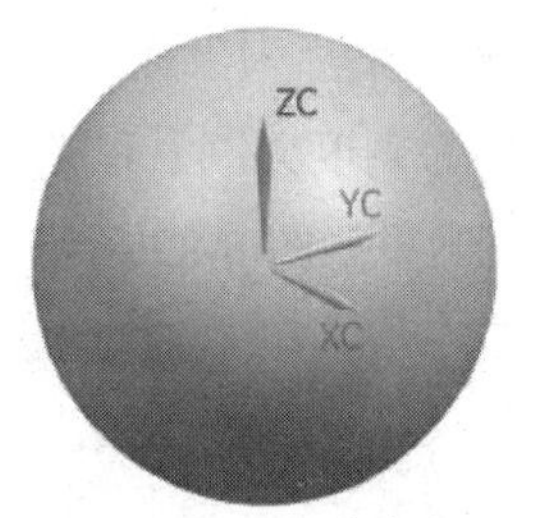

图 8-76 创建球体

② 修剪体。在【特征】组中单击【修剪体】按钮，弹出【修剪体】对话框。选取实体为目标体，再选取 *XY* 平面为修剪工具，单击【确定】按钮完成修剪，结果如图 8-77 所示。

③ 修剪体。在【特征】组中单击【修剪体】按钮，弹出【修剪体】对话框。选取实体为目标体，再选取 *ZY* 平面为修剪工具，单击【确定】按钮完成修剪，结果如图 8-78 所示。

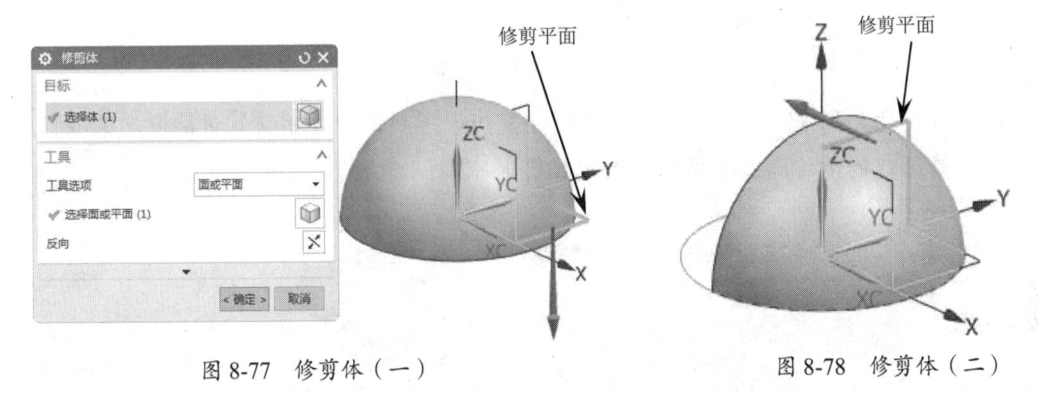

图 8-77 修剪体（一）　　图 8-78 修剪体（二）

④ 旋转变换对象。选取要移动的对象，执行菜单栏中的【编辑】|【移动对象】命令，弹出【移动对象】对话框。在【运动】下拉列表中选择【角度】选项，指定旋转矢量为 *YC* 轴、轴点为坐标系原点，输入旋转角度值 45，单击【移动原先的】单选按钮，设置【距离/角度分割】为 1，最后单击【确定】按钮完成旋转变换操作，结果如图 8-79 所示。

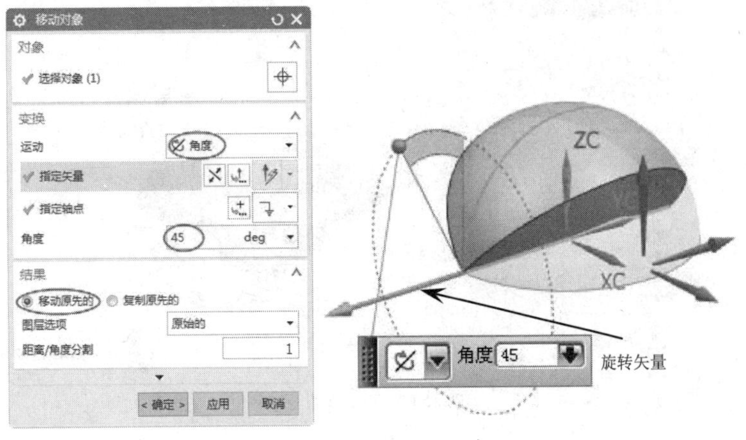

图 8-79 旋转变换对象

⑤ 旋转复制对象。选取要变换的对象，执行菜单栏中的【编辑】|【移动对象】命令，弹出【移动对象】对话框。在【运动】下拉列表中选择【角度】选项，指定旋转矢量为 *ZC* 轴、旋转轴点为坐标系原点，输入旋转角度值 90，单击【复制原先的】单选按钮，设置【距离/角度分割】和【非关联副本数】均为 1，最后单击【确定】按钮完成旋转复制操作，结果如图 8-80 所示。

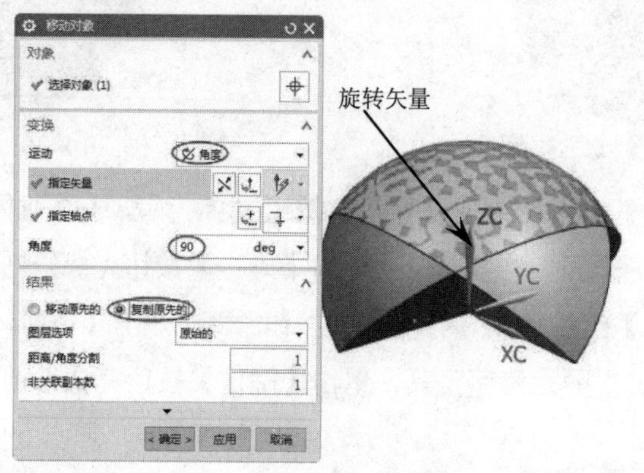

图 8-80 旋转复制对象

⑥ 创建布尔相交。在【特征】组中单击【相交】按钮，弹出【相交】对话框。选取目标体和工具体，单击【确定】按钮，结果如图 8-81 所示。

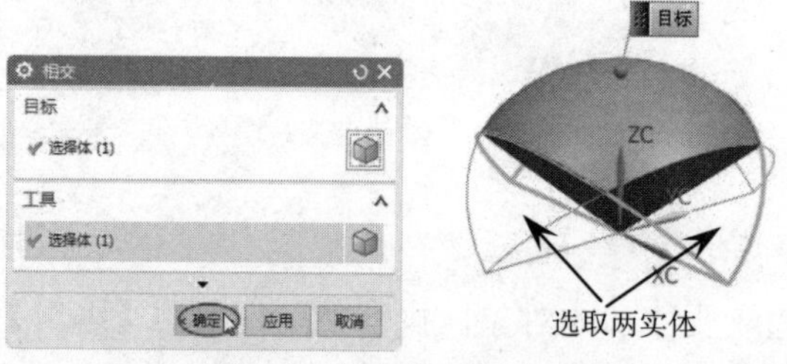

图 8-81 创建布尔相交

⑦ 创建直线。在【曲线】选项卡中单击【直线】按钮，弹出【直线】对话框。设置支持平面和直线参数，结果如图 8-82 所示。

图 8-82 创建直线

⑧ 创建基准平面。执行菜单栏中的【插入】|【基准/点】|【基准平面】命令，弹出【基准

平面】对话框。选取刚绘制的直线和实体面创建和实体面成 30° 角的基准平面，如图 8-83 所示。

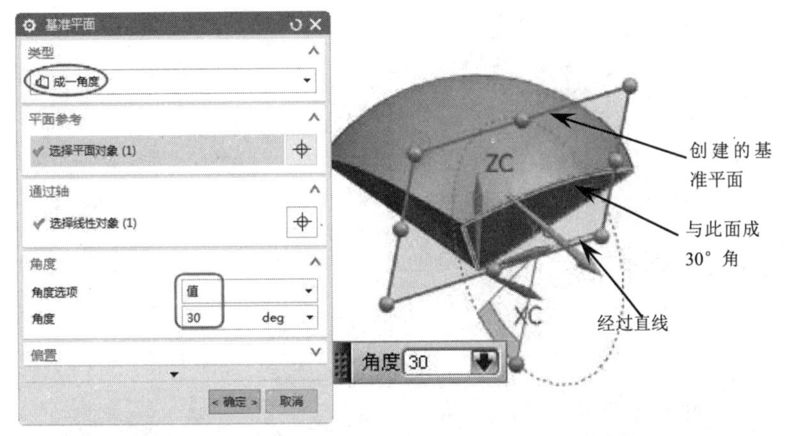

图 8-83　创建基准平面

⑨ 镜像基准平面。执行菜单栏中的【插入】|【关联复制】|【镜像特征】命令，弹出【镜像特征】对话框。选取要镜像的基准平面特征，再选取镜像平面为 *YZ* 平面，单击【确定】按钮完成镜像，结果如图 8-84 所示。

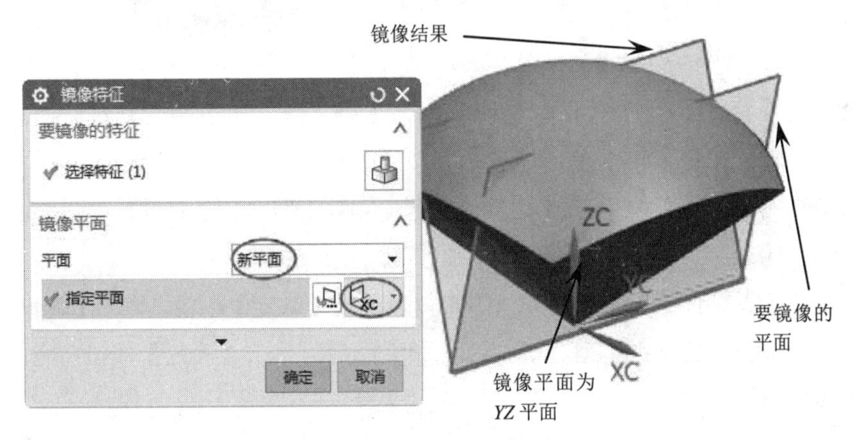

图 8-84　镜像基准平面

⑩ 拆分体。在【特征】组中单击【拆分体】按钮，弹出【拆分体】对话框。选取实体为目标体，再选取刚创建的平面为分割工具，单击【确定】按钮完成拆分，结果如图 8-85 所示。

⑪ 拆分体。在【特征】组中单击【拆分体】按钮，弹出【拆分体】对话框。选取实体为目标体，再选取另外一个刚创建的基准平面为分割工具，单击【确定】按钮完成拆分，结果如图 8-86 所示。

⑫ 抽壳。只保留要抽壳的实体，将其他的全部隐藏，再在【特征】组中单击【抽壳】按钮，弹出【抽壳】对话框。选取要移除的四周面，再输入抽壳厚度值 4，结果如图 8-87 所示。

⑬ 采用同样的操作，将其他的拆分体也进行抽壳，输入抽壳厚度值 4，结果如图 8-88 所示。

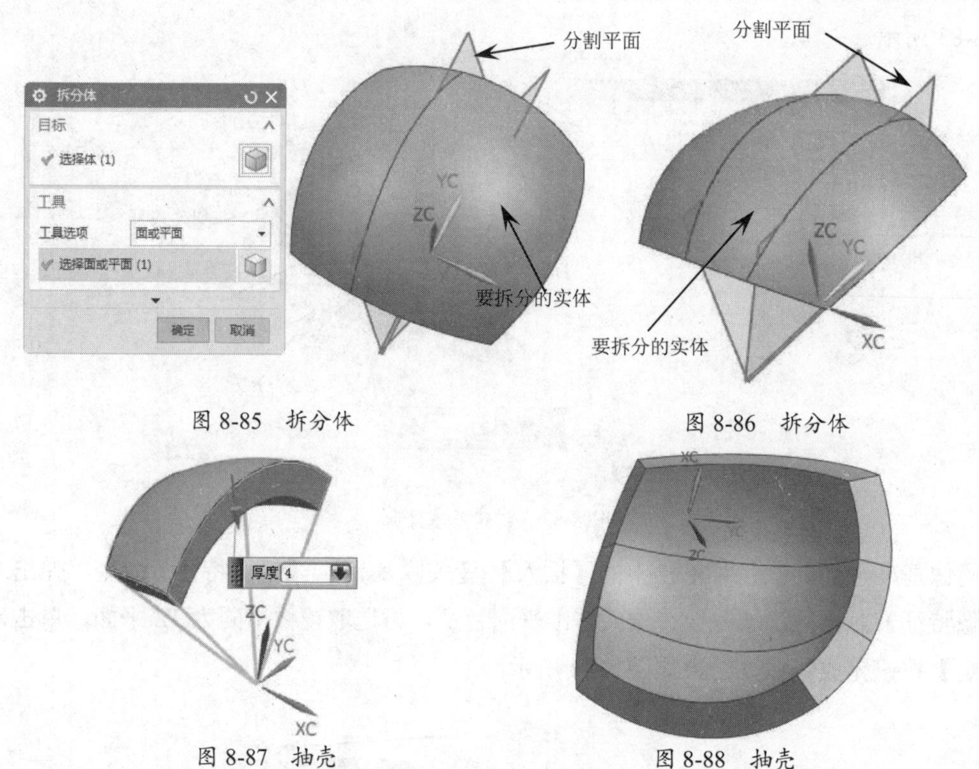

图 8-85　拆分体

图 8-86　拆分体

图 8-87　抽壳

图 8-88　抽壳

⑭ 倒圆角。在【特征】组中单击【边倒圆】按钮，弹出【边倒圆】对话框。选取要倒圆角的边，输入半径值 1 后单击【确定】按钮，结果如图 8-89 所示。

⑮ 倒圆角。在【特征】组中单击【边倒圆】按钮，弹出【边倒圆】对话框。选取要倒圆角的边，输入半径值 1 后单击【确定】按钮，结果如图 8-90 所示。

⑯ 着色。按 Ctrl+J 组合键，选取要着色的实体后单击【确定】按钮，弹出【编辑对象显示】对话框。依次将颜色修改为蓝色、洋红色和紫色后，单击【确定】按钮，完成着色，结果如图 8-91 所示。

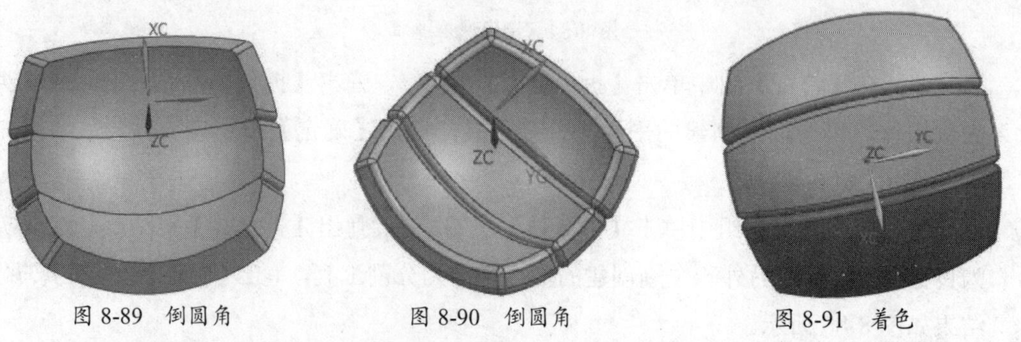

图 8-89　倒圆角　　图 8-90　倒圆角　　图 8-91　着色

⑰ 阵列几何特征。执行菜单栏中的【插入】|【关联复制】|【阵列几何特征】命令，弹出【阵列几何特征】对话框。设置布局为【圆形】，选取刚才着色的三个实体，再指定矢量和轴点，设置旋转参数，单击【确定】按钮完成阵列，结果如图 8-92 所示。

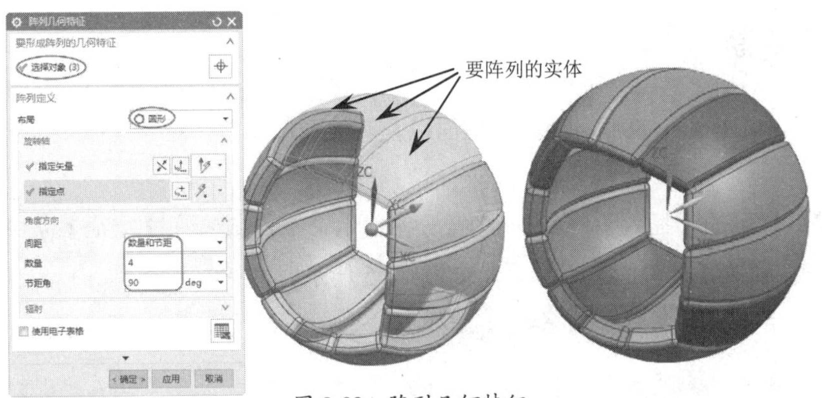

图 8-92　阵列几何特征

⑱　阵列几何特征。执行菜单栏中的【插入】|【关联复制】|【阵列几何特征】命令，弹出【阵列几何特征】对话框。设置布局为【圆形】，再选取上、下面共六个实体，指定矢量和轴点，设置角度方向参数，单击【确定】按钮完成阵列，结果如图 8-93 所示。

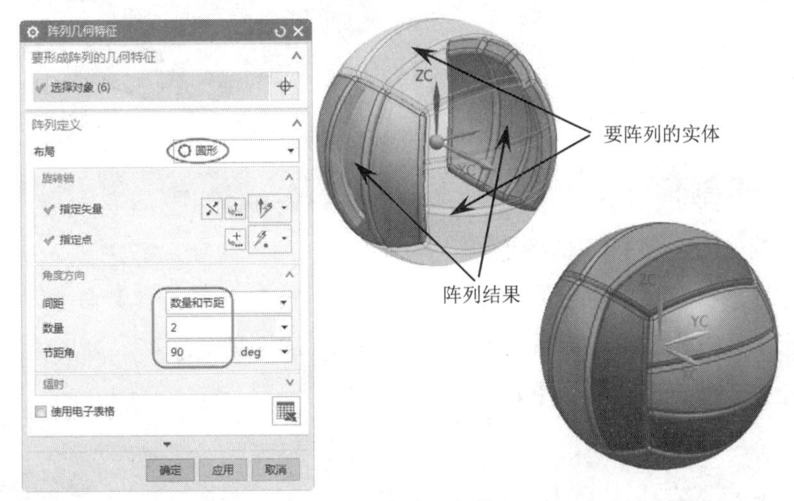

图 8-93　阵列几何特征

⑲　同理再利用【阵列几何特征】命令，选取上、下面共六个实体，指定矢量和轴点，设置圆形阵列参数，阵列结果如图 8-94 所示。

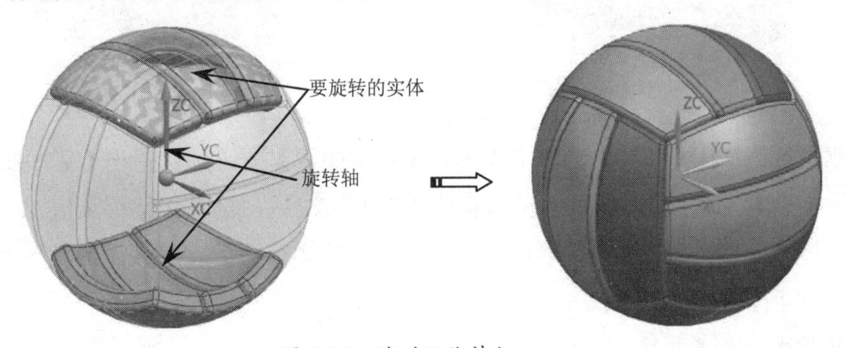

图 8-94　阵列几体特征

8.2.3 分割面

分割面是选取曲线、直线、面或基准面以及其他几何体等，对一个或多个实体表面进行分割操作。

执行菜单栏中的【插入】|【修剪】|【分割面】命令，或者在【特征】组中单击【分割面】按钮，弹出【分割面】对话框，如图 8-95 所示。

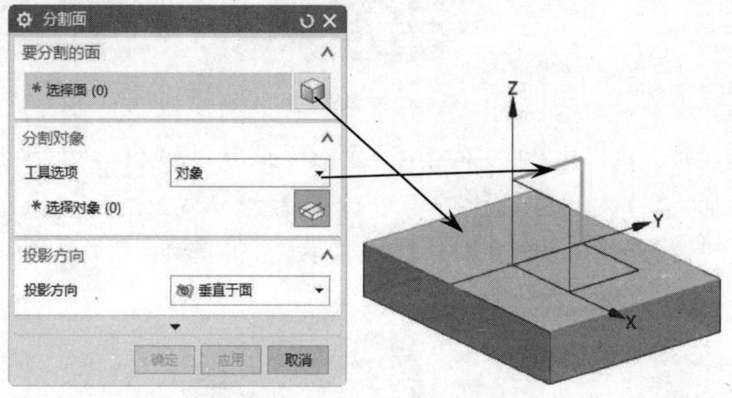

图 8-95 【分割面】对话框

上机实践——分割面

本例要绘制如图 8-96 所示的图形。

① 创建长方体。执行菜单栏中的【插入】|【设计特征】|【长方体】命令，弹出【块】对话框。指定原点为系统坐标系原点，输入长度值 28、宽度值 47、高度值 31，单击【确定】按钮完成创建，结果如图 8-97 所示。

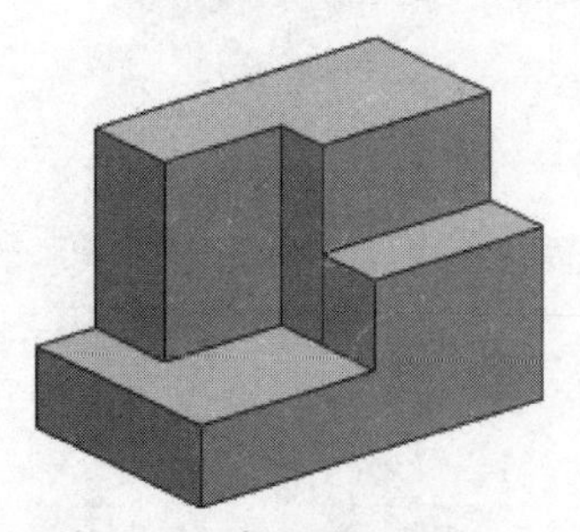

图 8-96 要绘制的图形

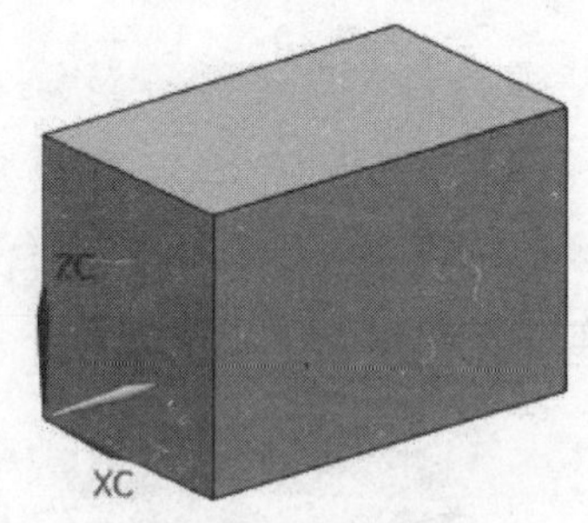

图 8-97 创建长方体

② 创建平行线。在【曲线】选项卡中单击【基本曲线】按钮，弹出【基本曲线】对话框。设置类型为【直线】，先靠近左边实体边选取边线后，输入平行距离值 12，再选取右边的实体边并输入距离值 9，然后选取靠近前面的实体边后再输入距离值 8 和 16，结果如图 8-98 所示。

③ 修剪曲线。在【曲线】选项卡中单击【基本曲线】按钮，弹出【基本曲线】对话框。单击对话框中的【修剪】按钮，弹出【修剪曲线】对话框。选取要修剪的曲线后，再选取修剪边界，结果如图 8-99 所示。

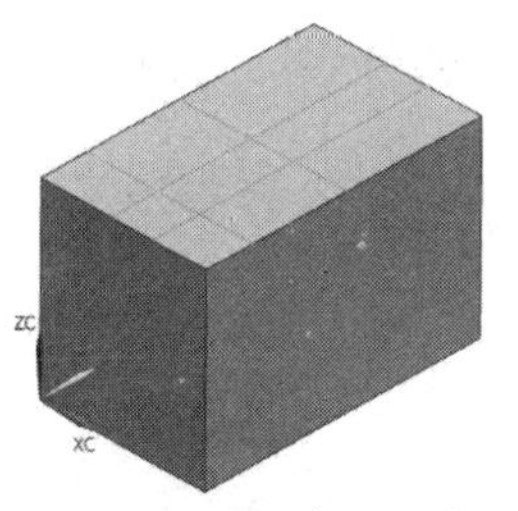

图 8-98　创建平行线

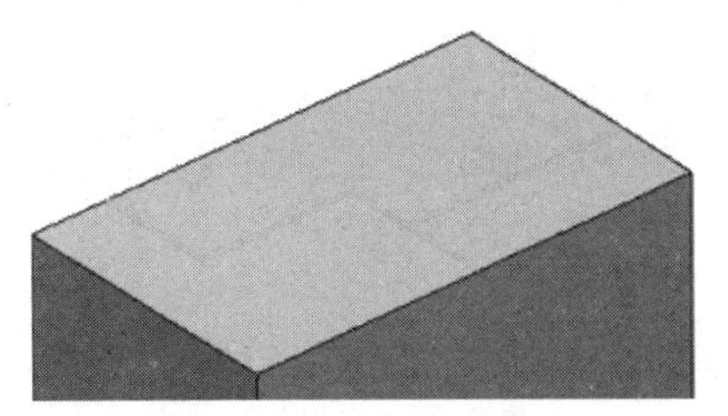
图 8-99　修剪曲线

④ 创建分割面。在【特征】组的【更多】命令库中单击【分割面】按钮，弹出【分割面】对话框。选取要分割的面，再选取分割对象为直线，设置投影方向为【垂直于直线】，单击【确定】按钮完成分割，结果如图 8-100 所示。

⑤ 创建分割面。在【特征】组的【更多】命令库中单击【分割面】按钮，弹出【分割面】对话框。选取要分割的面，再选取分割对象为剩下的直线，设置投影方向为【垂直于面】，单击【确定】按钮完成分割，结果如图 8-101 所示。

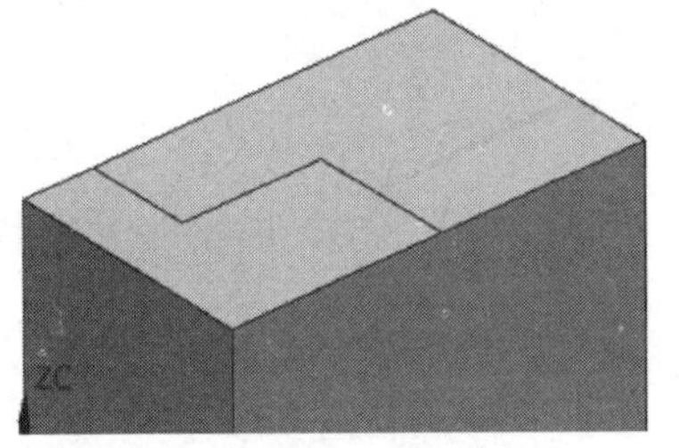

图 8-100　分割面

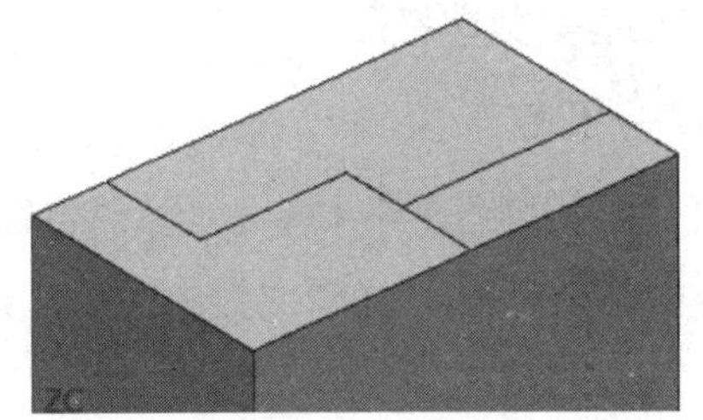

图 8-101　分割面

⑥ 创建偏置区域。在【同步建模】组中单击【偏置区域】按钮，弹出【偏置区域】对话框。选取模具滑块两侧的圆柱面，设置偏置距离，结果如图 8-102 所示。

⑦ 创建偏置区域。在【同步建模】组中单击【偏置区域】按钮，弹出【偏置区域】对话框，选取模具滑块两侧的圆柱面，设置偏置距离，结果如图 8-103 所示。

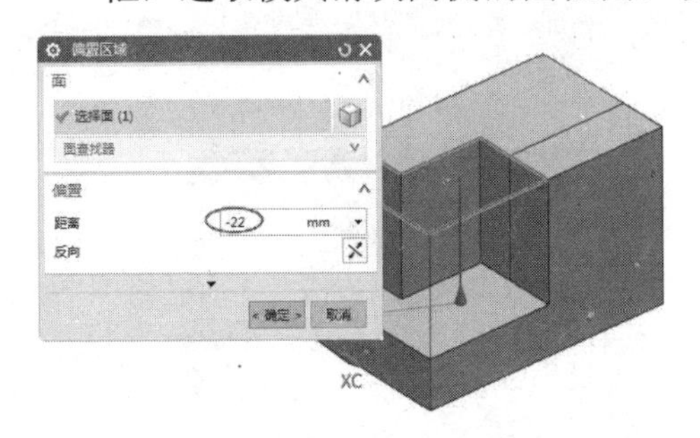

图 8-102　创建偏置区域

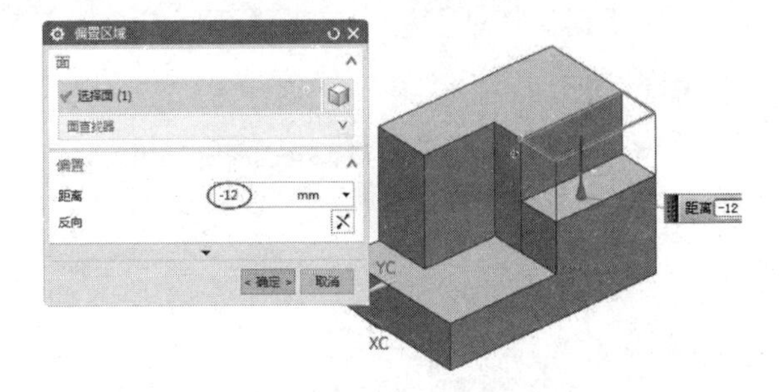

图 8-103　创建偏置区域

8.3　编辑特征

编辑特征是对当前面通过实体造型特征进行各种编辑或修改。编辑特征的命令主要包含在【主页】选项卡的【编辑特征】组中，如图 8-104 所示。

图 8-104 【编辑特征】组

下面仅介绍常用的编辑命令。

8.3.1 编辑特征参数

编辑特征参数是指通过重新定义创建特征的参数来编辑特征，生成修改后的新特征。通过编辑特征参数可以随时对实体特征进行更新，而不用重新创建实体，可以大大提高工作效率和建模准确性。

该命令的功能是编辑创建特征的基本参数，如坐标系、长度、角度等。用户可以编辑几乎所有的有参数的特征。

1. 方式 1

在【编辑特征】组中单击【编辑特征参数】按钮，弹出如图 8-105 所示的【编辑参数】对话框，其中列出了当前文件中的所有可编辑参数的特征。

2. 方式 2

在模型中直接单击选中相应特征，在【编辑特征】组中单击【编辑特征参数】按钮，此时将显示该特征的参数。如果选取的是多个特征，再使用此命令，则会将这些特征的全部参数列出，选择所需要编辑的特征参数即可。

3. 方式 3

在【编辑特征】组中单击【可回滚编辑】按钮，打开【可回滚编辑】对话框，如图 8-106 所示。

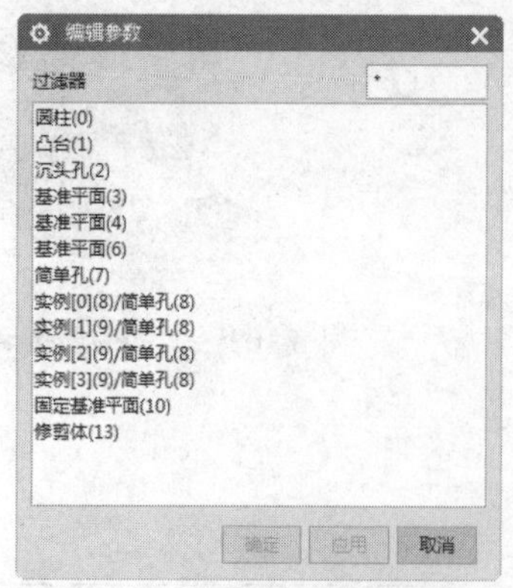

图 8-105 【编辑参数】对话框

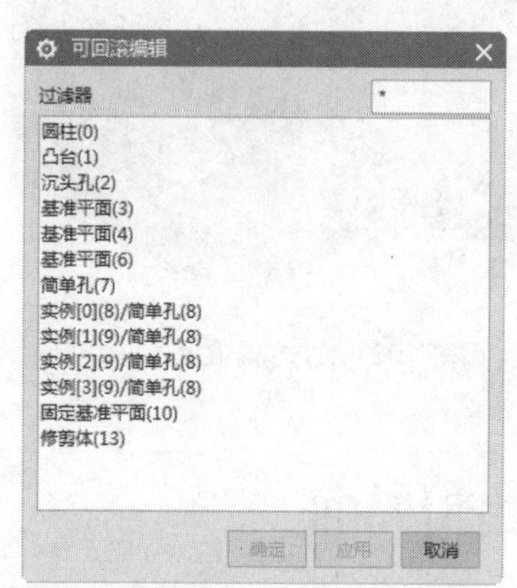

图 8-106 【可回滚编辑】对话框

上机实践——编辑零件特征参数

① 打开本例源文件“8-8.prt”，如图 8-107 所示。

② 在【编辑特征】组中单击【编辑特征参数】按钮，打开【编辑参数】对话框。

③ 在【过滤器】列表中选择【圆柱】，然后单击【确定】按钮，弹出【圆柱】对话框，如图 8-108 所示。

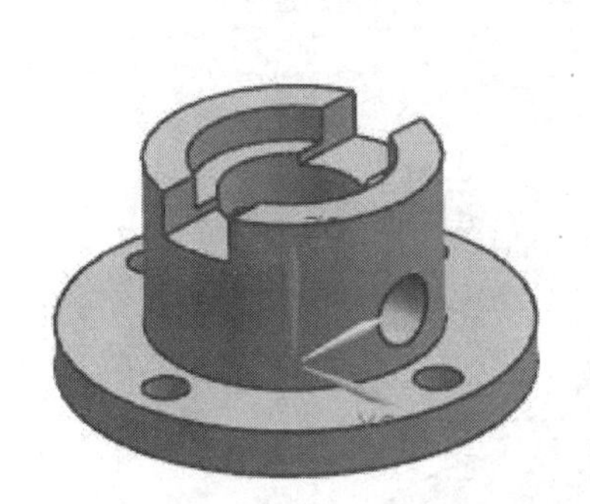

图 8-107　打开的模型

图 8-108　选择要编辑的参数

④ 在【圆柱】对话框中修改直径和高度值，再单击【确定】按钮完成编辑，如图 8-109 所示。

⑤ 参数编辑完成后，返回至【编辑参数】对话框中，单击【应用】按钮，选取的特征将按照新的尺寸参数自动更新，依附于其上的其他特征保持不变，如图 8-110 所示。

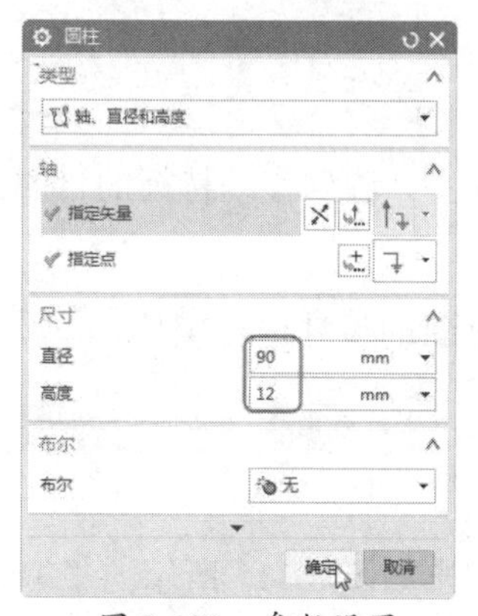

图 8-109　参数设置

图 8-110　完成编辑

⑥ 在【编辑参数】对话框的【过滤器】列表中选择【凸台】，然后单击【确定】按钮，弹出如图 8-111 所示的【编辑参数】对话框。

⑦ 选择【特征对话框】选项，打开【编辑参数】对话框。然后重新设置新的参数（这里仅设置锥角），如图 8-112 所示。

⑧ 随后连续单击不同对话框中的【确定】按钮，完成编辑操作，最终结果如图 8-113 所示。

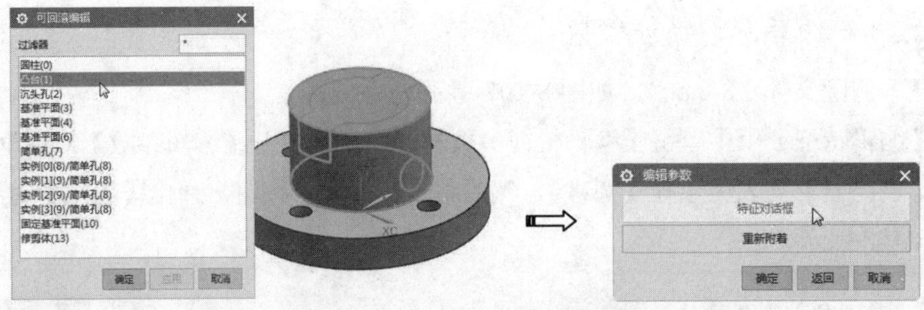

图 8-111 【编辑参数】对话框

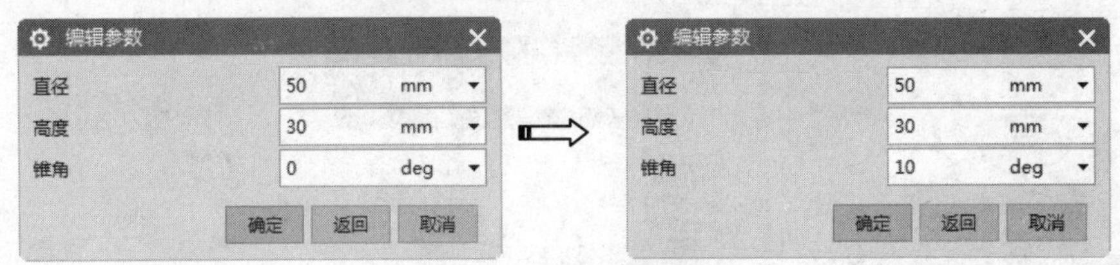

图 8-112 设置锥角参数

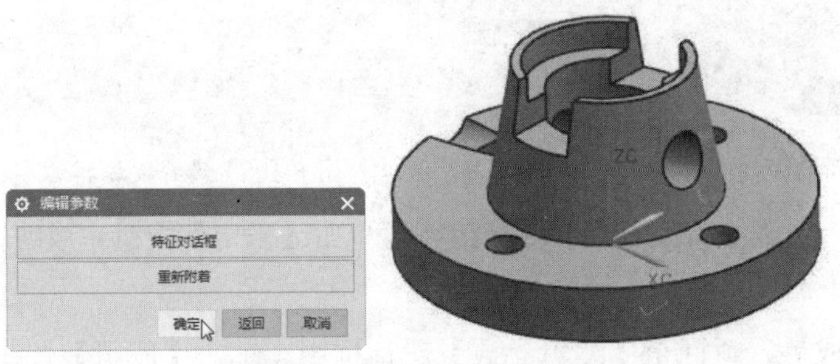

图 8-113 完成参数编辑的结果

8.3.2 编辑定位尺寸

编辑定位尺寸是指通过改变定位尺寸来生成新的模型，达到移动特征的目的。也可以重新创建定位尺寸，还可以删除定位尺寸。

该命令用于对特征的定位位置进行编辑，特征根据新的尺寸进行定位。

上机实践——编辑定位尺寸

① 打开本例源文件“8-9.prt”，如图 8-114 所示。

② 在【编辑特征】组中单击【编辑位置】按钮，弹出如图 8-115 所示的【编辑位置】对话框。

图 8-114 打开的模型

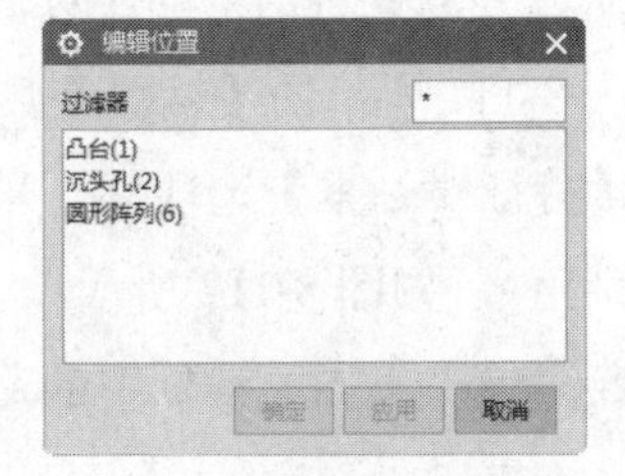

图 8-115 【编辑位置】对话框

③　在【编辑位置】过滤器列表中选取要编辑的【圆形阵列】特征后单击【确定】按钮，随后弹出如图 8-116 所示的【编辑位置】对话框。

④　选择【编辑尺寸值】选项，然后选择如图 8-117 所示的【P30=40】线性尺寸。

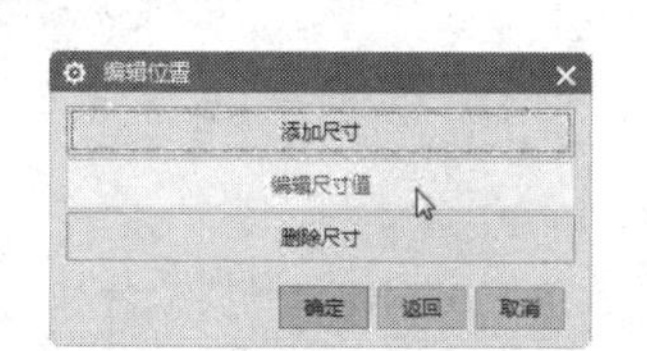

图 8-116　【编辑位置】对话框

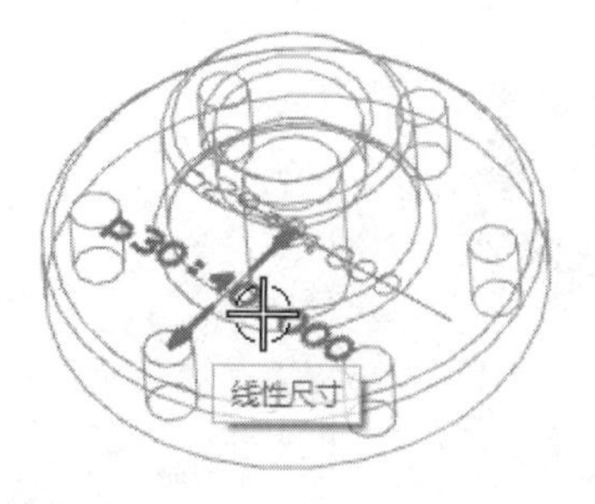

图 8-117　选择要编辑的线性尺寸

⑤　在随后打开的【编辑表达式】对话框中设置新的参数，然后连续单击多个对话框中的【确定】按钮，完成编辑操作，结果如图 8-118 所示。

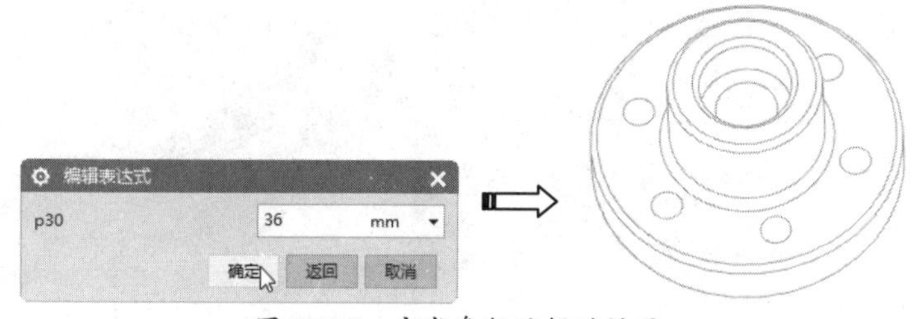

图 8-118　完成参数编辑的结果

8.4　综合案例

用户在 UG 特征建模过程中，时常遇到一些问题。例如看见一个产品，不知道从何处开始建模；模型中特征与特征之间的父子关系也混淆不清；一个特征到底使用什么样的工具命令来完成等。

下面我们用两个实例来演示高级特征、特征操作工具在建模过程中的应用技巧，以及模型的建模方法。

8.4.1　减速器上箱体设计

减速器是原动机和工作机之间的独立的闭式传动装置，用来降低转速和增大转矩，以满足工作需要；在某些场合也用来增速，称为增速器。减速器的主要部件包括传动零件、箱体和附件，也就是齿轮、轴承的组合及箱体、各种附件。本例主要介绍减速器上箱体的建模过程，减速器的上箱体模型如图 8-119 所示。

①　打开本例源文件“TOP-quxian.prt”。

② 在【特征】组中单击【拉伸】按钮，弹出【拉伸】对话框。然后按如图 8-120 所示的操作步骤创建拉伸实体特征。

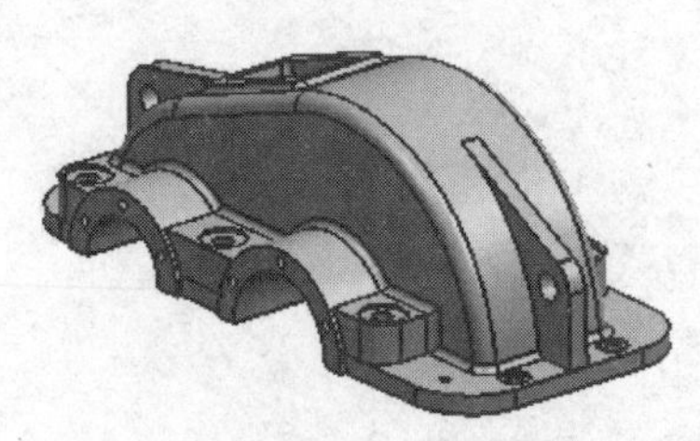

图 8-119 减速器的上箱体模型

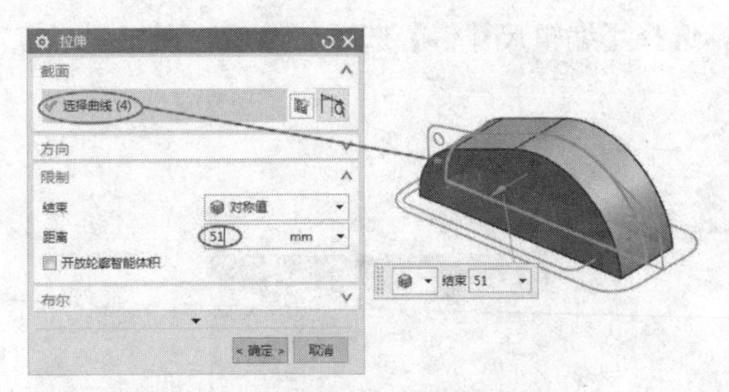

图 8-120 创建拉伸实体特征

③ 在【特征】组中单击【抽壳】按钮，弹出【抽壳】对话框。然后按如图 8-121 所示完成实体的抽壳。

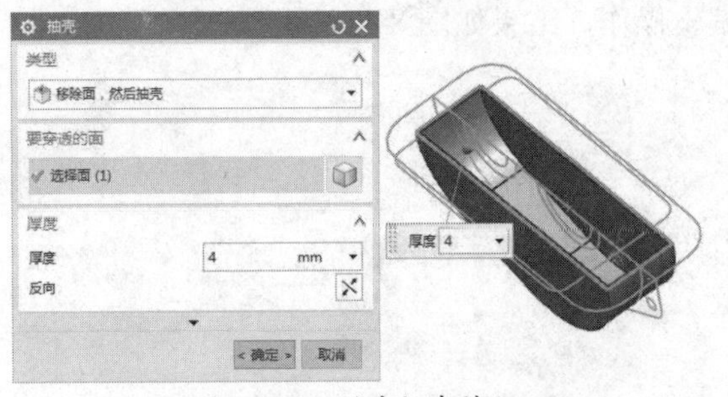

图 8-121 创建抽壳特征

④ 使用【拉伸】工具，选择如图 8-122 所示的截面创建对称值为 6.5 的带孔拉伸实体特征。

⑤ 使用【拉伸】工具，选择如图 8-123 所示的截面创建向+*ZC* 轴拉伸 12 的底部拉伸实体特征。

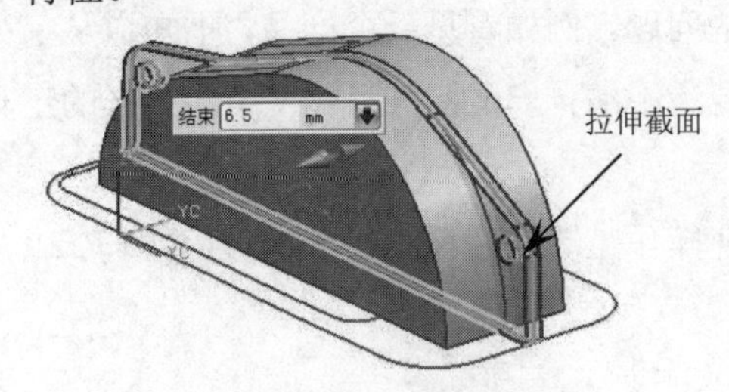

图 8-122 创建带孔拉伸实体特征

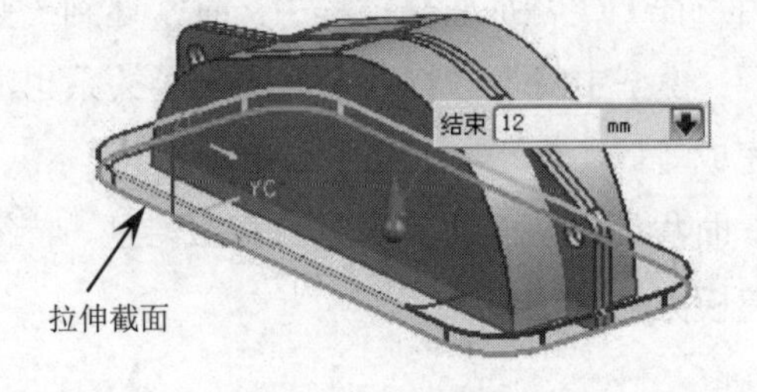

图 8-123 创建底部拉伸实体特征

⑥ 使用【拉伸】工具，选择如图 8-124 所示的截面创建向+*ZC* 轴拉伸 25 的实体特征。

⑦ 使用【拉伸】工具，选择如图 8-125 所示的截面以默认拉伸方向创建对称值为 98 的圆环拉伸实体特征。

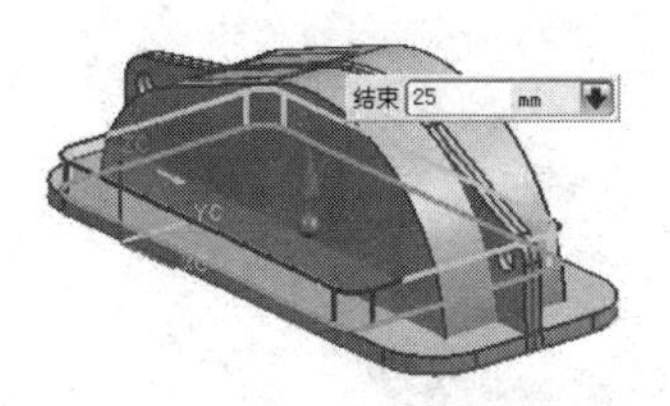

图 8-124 创建拉伸实体特征

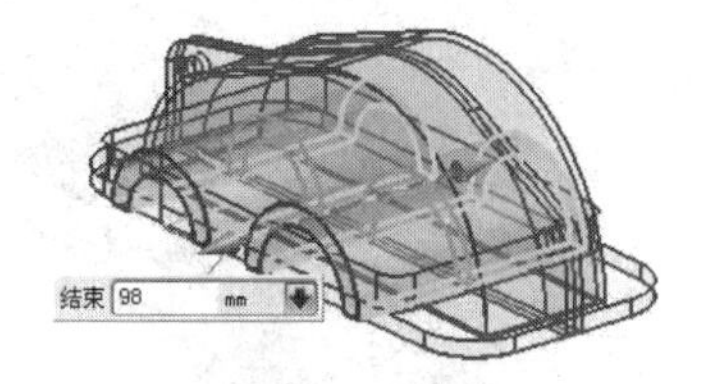

图 8-125 创建圆环拉伸实体特征

⑧ 使用【合并】工具，将步骤 5 与步骤 6 所创建的两个实体特征合并。

⑨ 在【特征】组中单击【拆分体】按钮，然后按如图 8-126 所示的操作步骤将合并的实体特征拆分。拆分后，将小的实体特征隐藏。

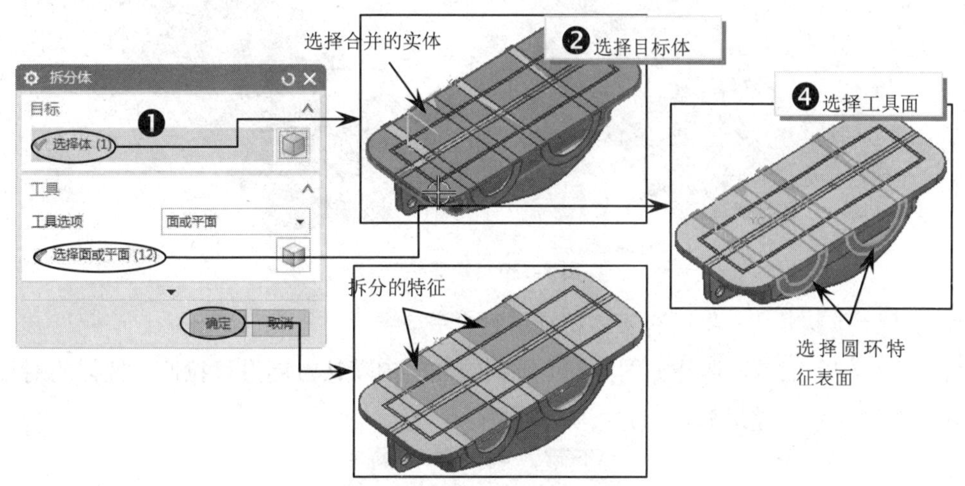

图 8-126 拆分合并的实体特征

⑩ 在【特征】组中单击【修剪体】按钮，然后按如图 8-127 所示的操作步骤将步骤 4 创建的实体进行修剪。

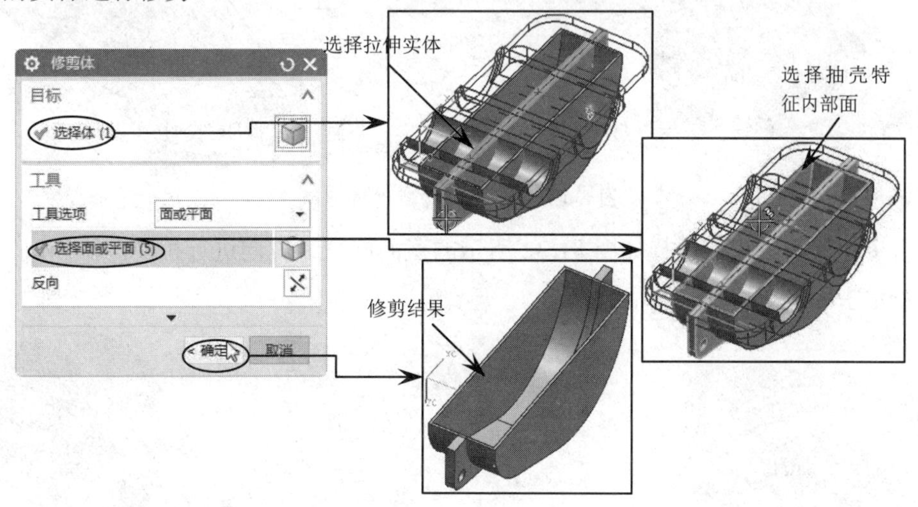

图 8-127 修剪实体

⑪ 使用【修剪体】工具，选择如图 8-128 所示的目标体和工具面进行修剪。

⑫ 使用【修剪体】工具，选择如图 8-129 所示的目标体和工具面进行修剪。

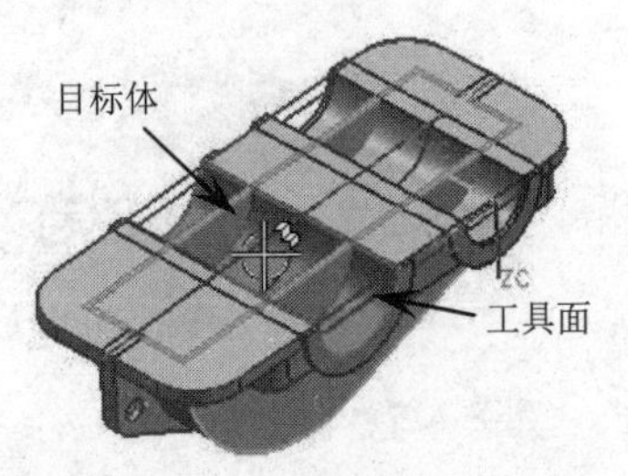

图 8-128 修剪抽壳实体

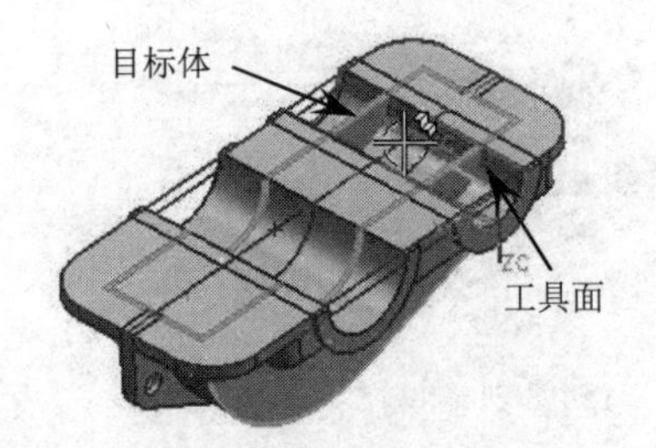

图 8-129 修剪抽壳实体

⑬ 使用【修剪体】工具，选择如图 8-130 所示的目标体和工具面进行修剪。

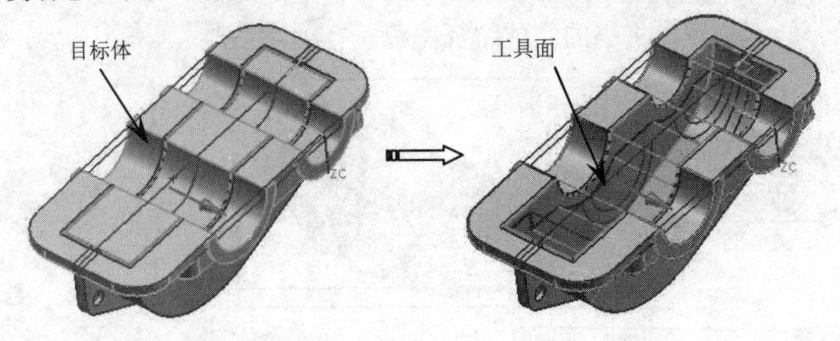

图 8-130 修剪实体

⑭ 使用【合并】工具，将所有实体特征进行合并。

⑮ 使用【拉伸】工具，选择如图 8-131 所示的截面向默认方向进行拉伸，拉伸的对称值为 10，并做布尔求差运算。

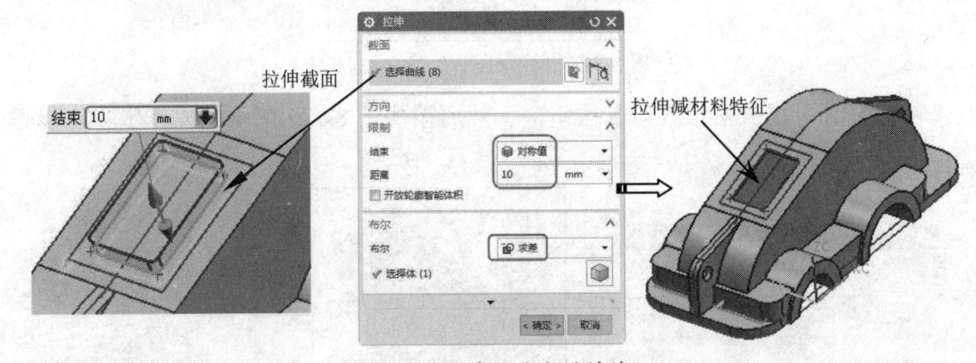

图 8-131 创建拉伸减材料特征

⑯ 使用【拉伸】工具，选择如图 8-132 所示的截面向默认方向进行拉伸，拉伸值为 5，并做布尔求和运算。

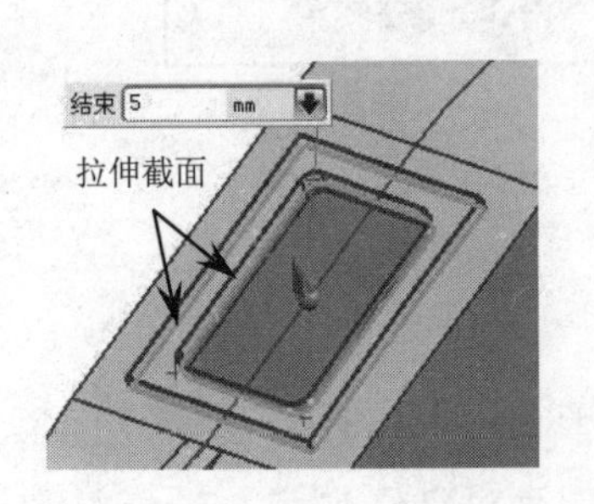

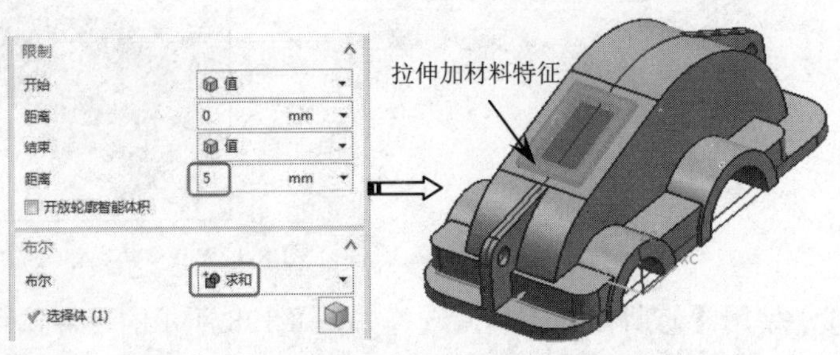

图 8-132 创建拉伸加材料特征

⑰ 在【特征】组中单击【孔】按钮，弹出【孔】对话框。然后按如图 8-133 所示指定草绘点的草图平面。

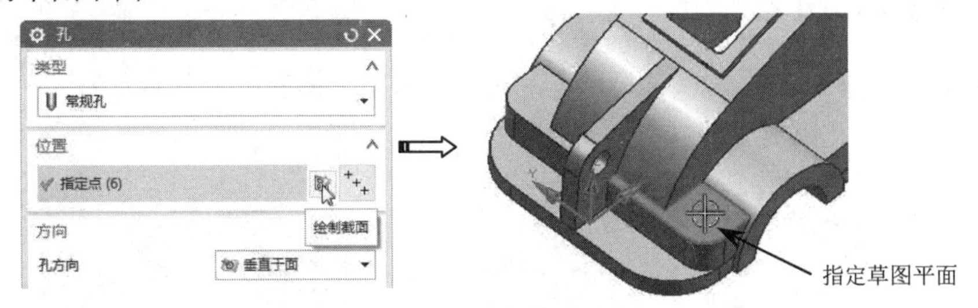

图 8-133　指定草图平面

⑱ 进入草图模式后，绘制如图 8-134 所示的点草图。

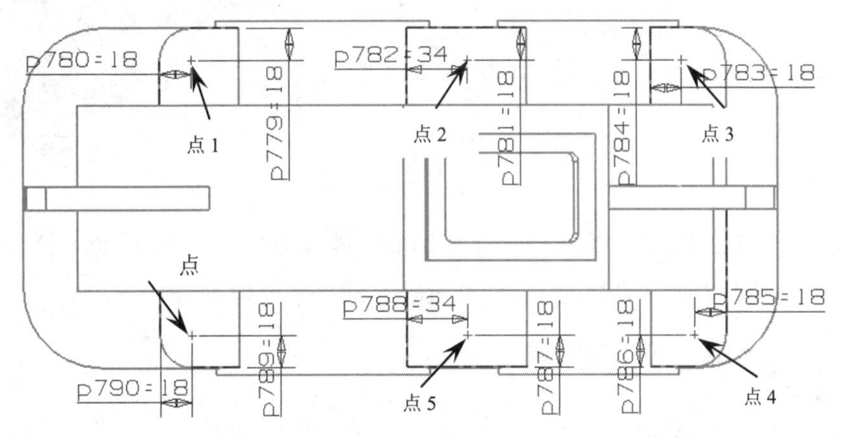

图 8-134　绘制点草图

⑲ 绘制点草图后退出草绘模式，然后在【孔】对话框中按如图 8-135 所示的操作步骤完成沉头孔的创建。

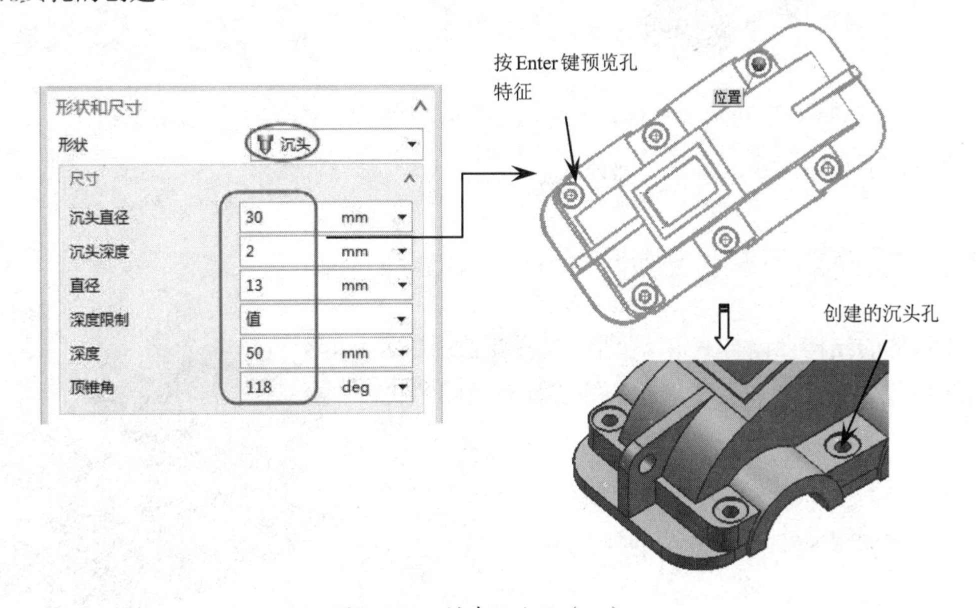

图 8-135　创建沉头孔（一）

技术要点：

在创建孔位置点时，除了通过【孔】对话框进入草绘模式，还可以使用【草图】工具先绘制点草图，然后再使用【孔】工具创建孔。

⑳ 同理，再使用【孔】工具，在如图 8-136 所示的面上创建沉头孔直径为 30、深度为 2、孔直径为 13、孔深度为 50 的四个沉头孔。

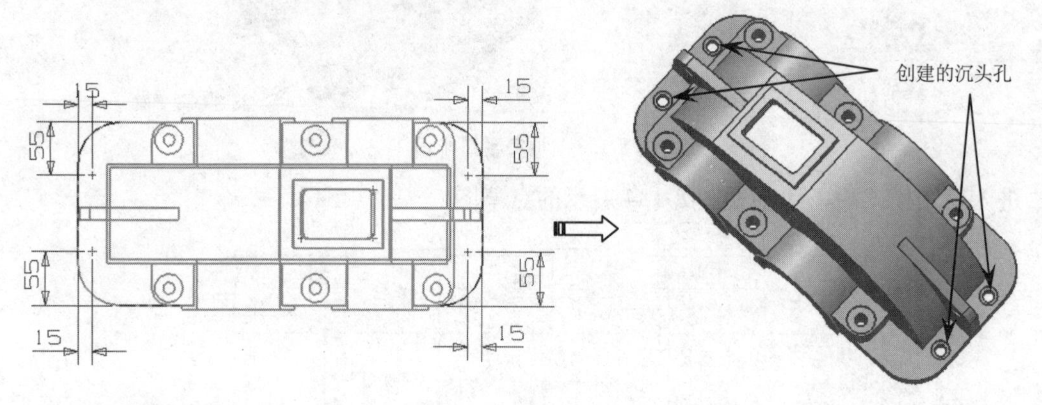

图 8-136　创建沉头孔

㉑ 使用【边倒圆】工具，选择如图 8-137 所示的边进行倒圆角处理，圆角半径为 10。同理，再选择如图 8-138 所示的边进行倒圆角处理，圆角半径为 5。

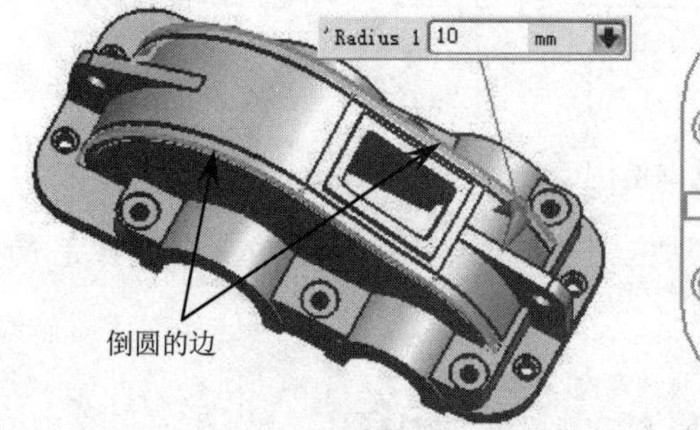

图 8-137　创建半径为 10 的圆角

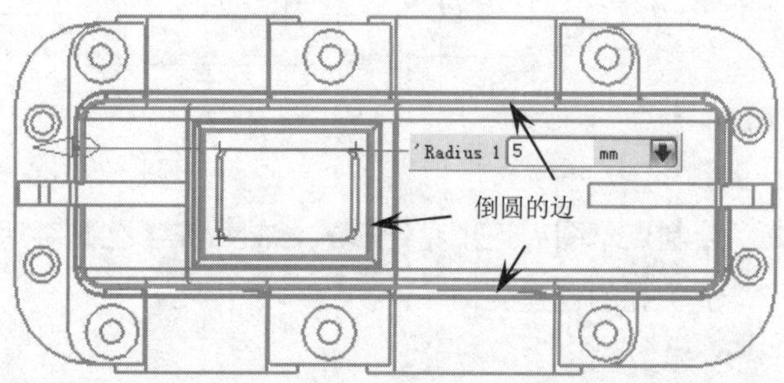

图 8-138　创建半径为 5 的圆角

至此，上箱体的建模工作全部完成。

8.4.2 减速器下箱体设计

下箱体的结构设计与上箱体类似，同样要使用【拉伸】、【修剪体】、【求和】、【求差】等工具来共同完成设计。

减速器的下箱体模型如图 8-139 所示。

① 打开本例源文件“DOWN-quxian.prt”。

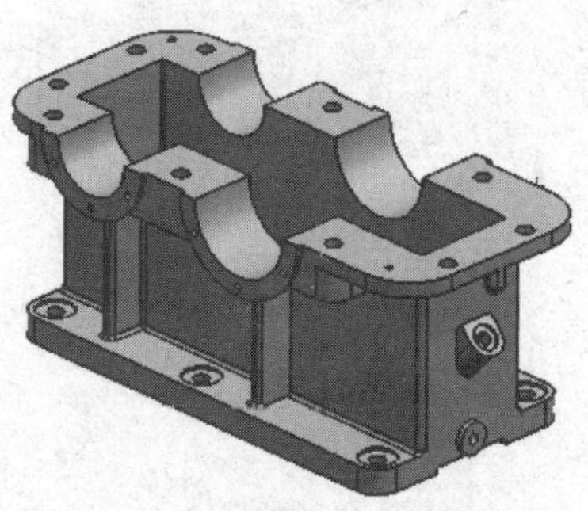

图 8-139　减速器的下箱体模型

② 使用【拉伸】工具，选择如图 8-140 所示的截面向+*ZC* 方向进行拉伸，拉伸值为 170，使截面向两侧偏置，偏置值为 8。

技术要点：

在此处使用【偏置】，相当于创建厚度为偏置值的壳体，而且还省略了操作步骤。

③ 使用【拉伸】工具，选择如图 8-141 所示的截面向+*ZC* 方向进行拉伸，拉伸值为 37。

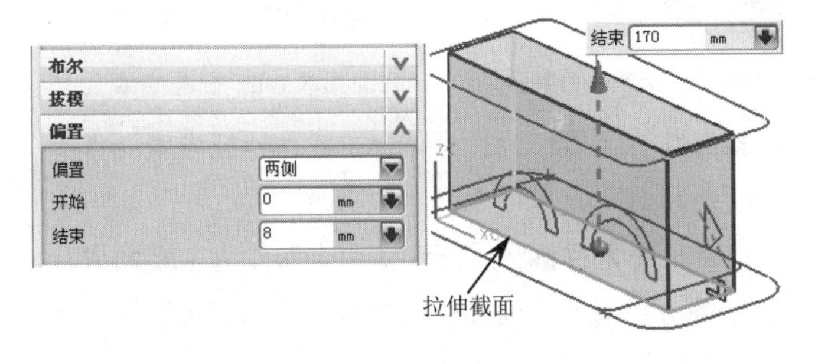

图 8-140 创建主体拉伸特征

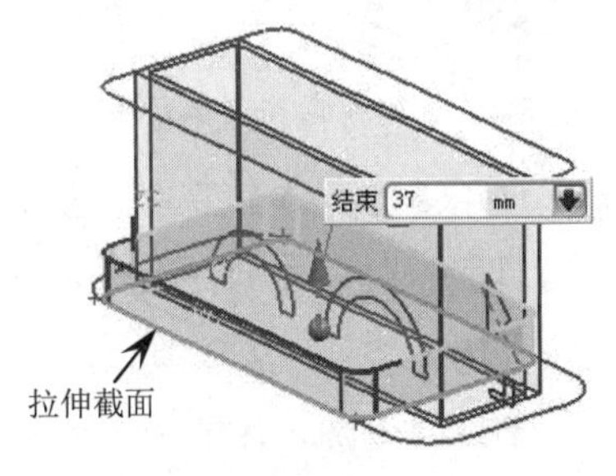

图 8-141 创建台阶拉伸特征

④ 使用【拉伸】工具，选择如图 8-142 所示的截面向+*ZC* 方向进行拉伸，拉伸值为 12。

⑤ 使用【拉伸】工具，选择如图 8-143 所示的截面向−*ZC* 方向进行拉伸，拉伸值为 20。

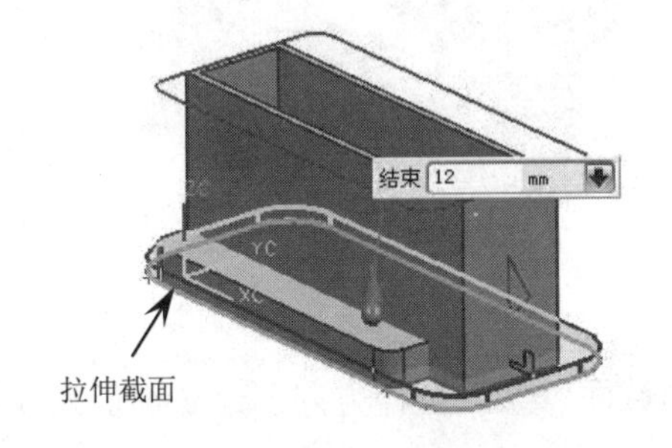

图 8-142 创建翻边拉伸特征

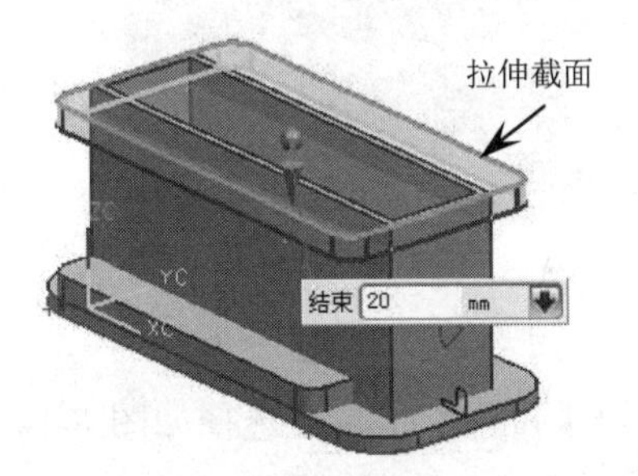

图 8-143 创建底座拉伸特征

⑥ 使用【拉伸】工具，选择如图 8-144 所示的截面以默认拉伸方向创建对称值为 98 的圆环实体特征。

⑦ 使用【合并】工具，将步骤 5 与步骤 6 所创建的两个实体特征合并。

⑧ 使用【拆分体】工具，以合并的实体作为目标体、两个圆环实体面作为工具面，将合并的实体特征进行拆分。拆分后，将小的实体特征隐藏，如图 8-145 所示。

技术要点：

由于【修剪体】工具规定目标体与工具体只能存在一个共面，而图 8-145 中目标体与工具体有两个共面，因此不能使用该工具来修剪合并实体。

⑨ 再使用【合并】工具，将拆分后的几个实体进行合并，如图 8-146 所示。

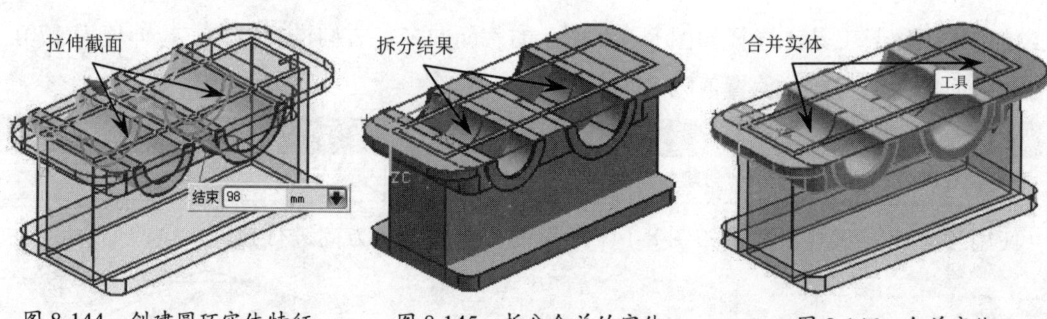

图 8-144　创建圆环实体特征　　图 8-145　拆分合并的实体　　图 8-146　合并实体

⑩ 使用【修剪体】工具，选择以上步骤合并的实体作为目标体、主实体特征内表面作为工具面，进行修剪，其结果如图 8-147 所示。

⑪ 使用【修剪体】工具，选择以主实体特征作为目标体、圆环体内表面作为工具面进行修剪。由于圆环体的内表面被分割成四部分，因此需要连续执行四次【修剪体】操作才能全部修剪完成，其最终结果如图 8-148 所示。

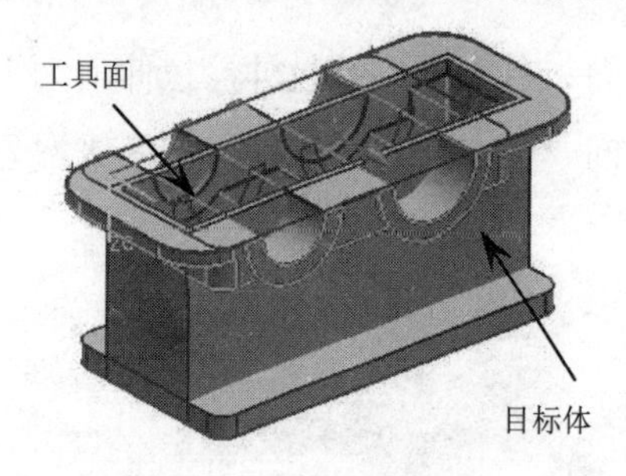

图 8-147　修剪合并实体特征

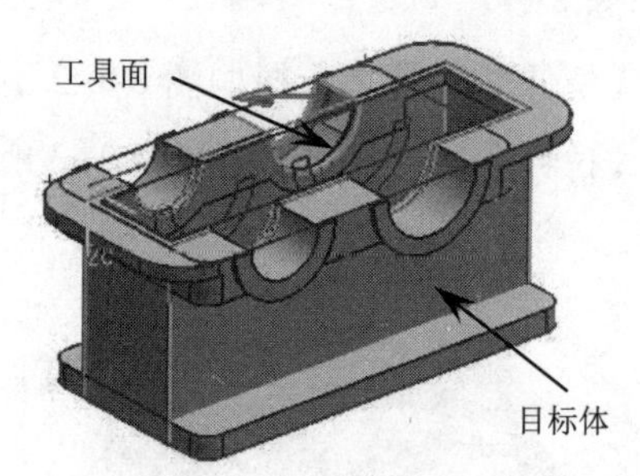

图 8-148　修剪主实体特征

⑫ 使用【拉伸】工具，选择如图 8-149 所示的截面以默认拉伸方向创建对称值为 15 的实体特征。

⑬ 使用【拉伸】工具，选择如图 8-150 所示的截面以默认拉伸方向创建对称值为 8 的实体特征。

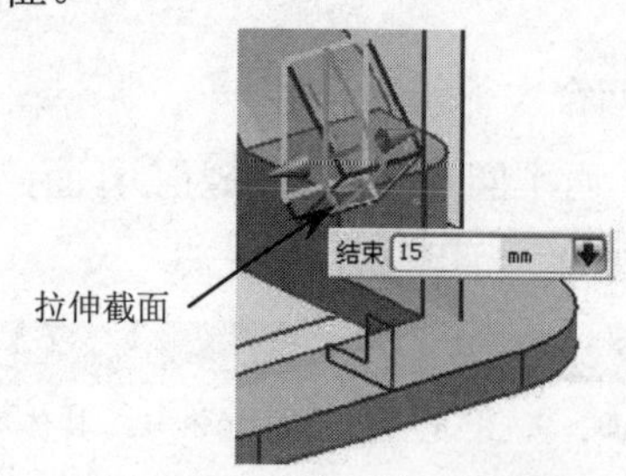

图 8-149　创建拉伸实体特征

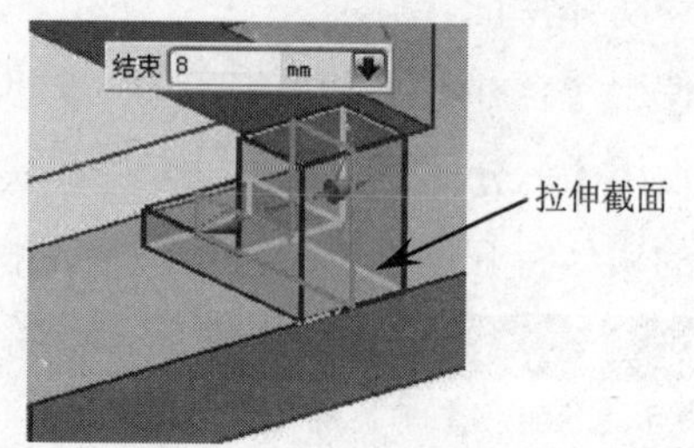

图 8-150　创建拉伸实体特征

⑭ 使用【基准平面】工具，选择如图 8-151 所示的实体面作为平面参考，并创建平移距离为-184 的新基准平面。

⑮ 使用【镜像体】工具，选择步骤 13 创建的拉伸实体，以新建的基准平面为镜像平面，创建镜像体，如图 8-152 所示。

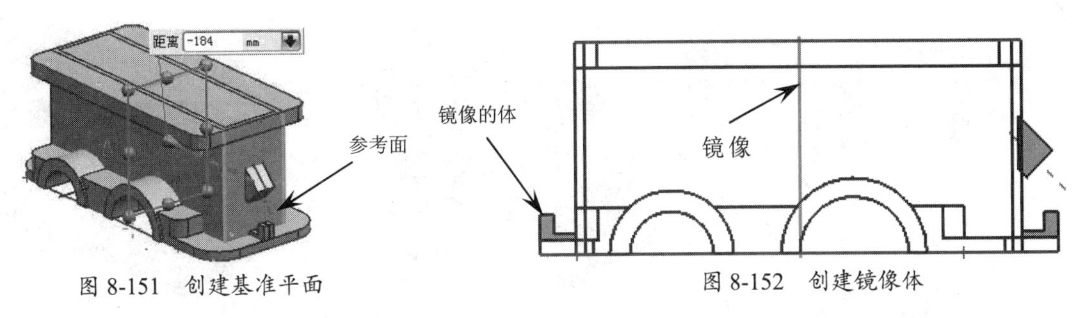

图 8-151 创建基准平面　　　　图 8-152 创建镜像体

⑯ 使用【合并】工具，将所有的已合并与非合并的实体特征进行合并，生成一整体。

⑰ 利用【拉伸】工具，在底面绘制草图并创建减材料拉伸特征，如图 8-153 所示。

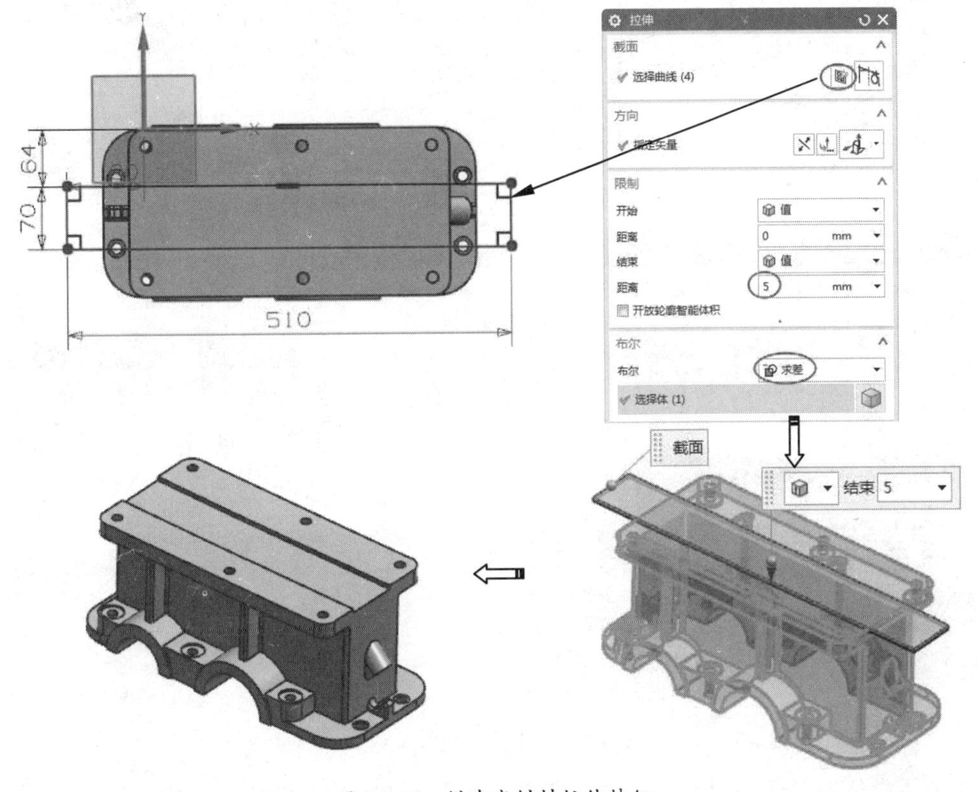

图 8-153 创建减材料拉伸特征

⑱ 在【特征】组中单击【垫块】按钮，弹出【垫块】对话框。然后按如图 8-154 所示的操作步骤，设置垫块特征的尺寸与放置位置参数。

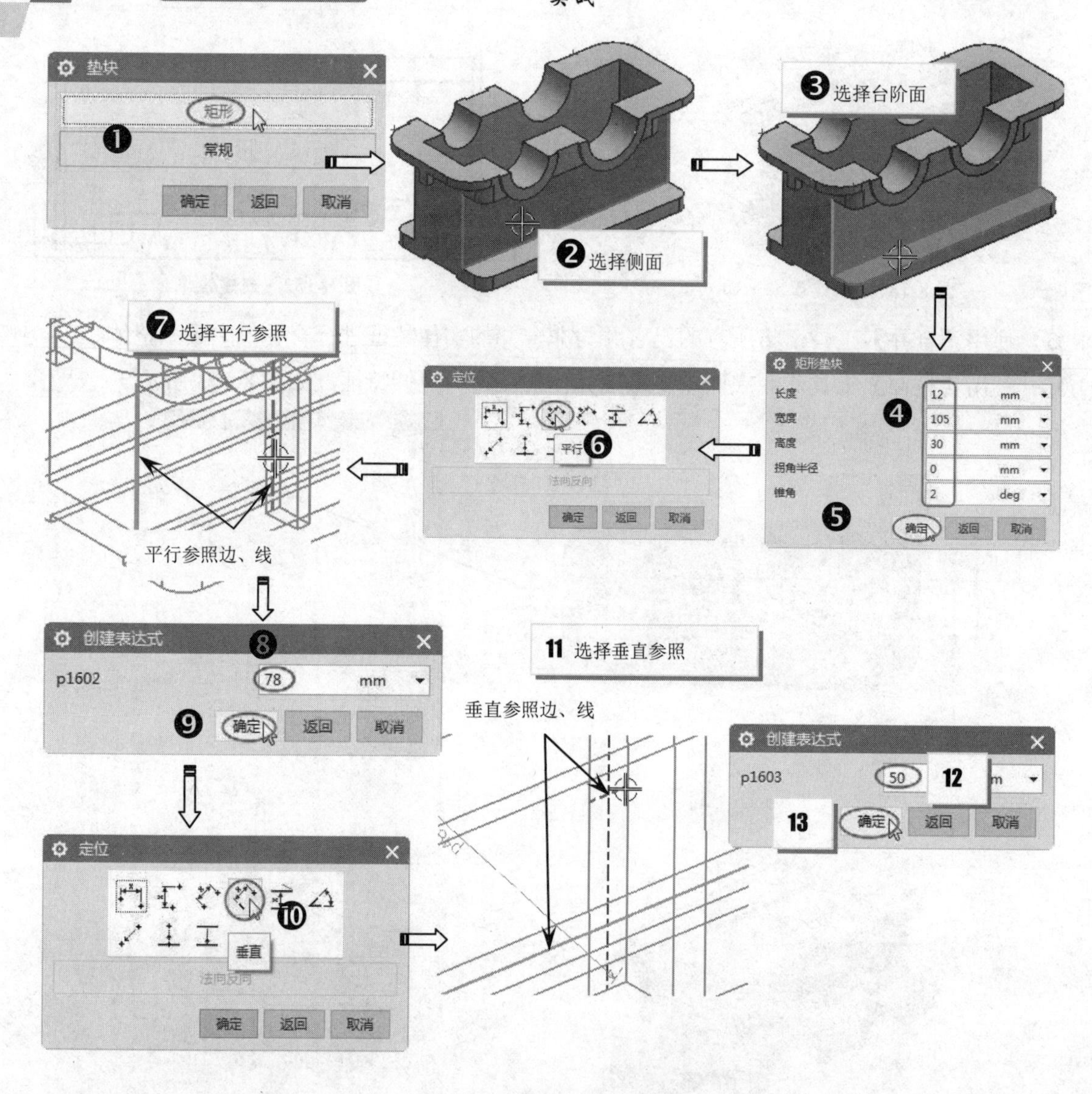

图 8-154　设置垫块特征参数

⑲　单击【定位】对话框中的【确定】按钮，完成垫块特征的创建，如图 8-155 所示。

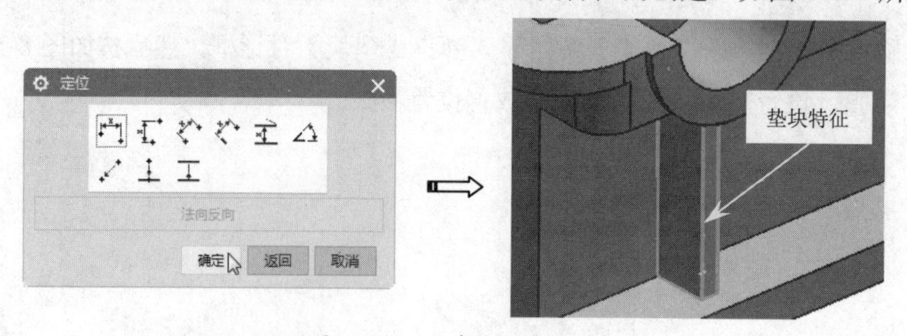

图 8-155　创建垫块特征

⑳　在【特征】组中单击【阵列特征】按钮，弹出【阵列特征】对话框。然后按如图 8-156 所示的操作步骤，完成垫块特征的矩形阵列。

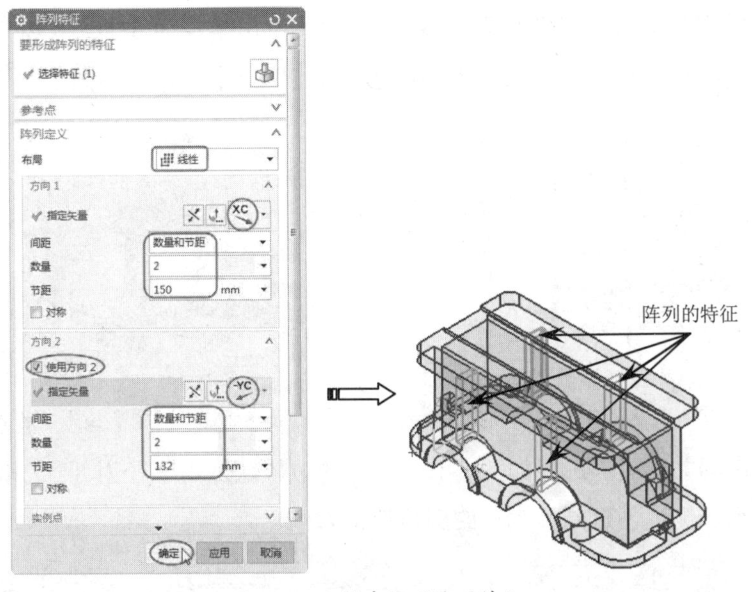

图 8-156 创建矩形阵列特征

技术要点：

使用【实例特征】工具创建阵列特征，仅能阵列单个特征（包括实体或曲面），而不能阵列曲线或多个特征（一个实体操作中创建的多个特征）。

㉑ 使用【孔】工具，在下箱体底部创建沉头孔直径为 30、深度为 2、孔直径为 13、孔深度为 30 的六个沉头孔，如图 8-157 所示。

㉒ 使用【孔】工具，在下箱体上部台阶上创建沉头孔直径为 30、深度为 2、孔直径为 13、孔深度为 50 的六个沉头孔，如图 8-158 所示。

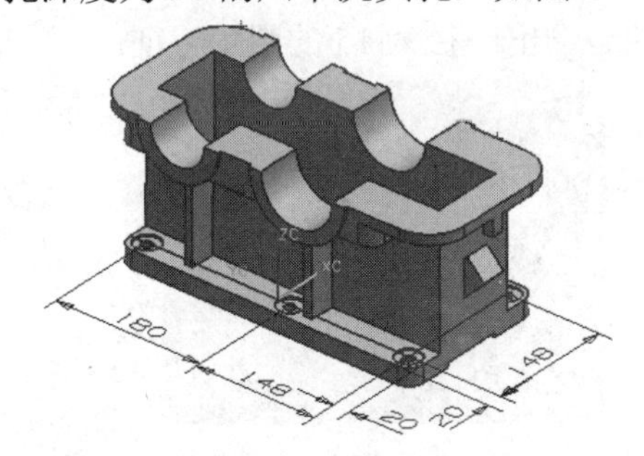

图 8-157 在下箱体底部创建六个沉头孔

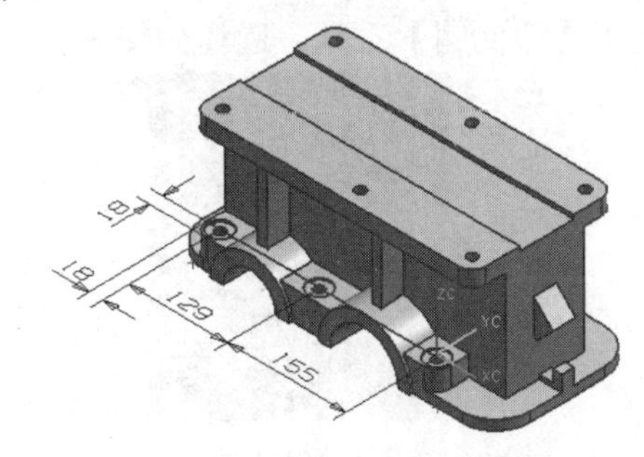

图 8-158 在下箱体上部台阶上创建六个沉头孔

㉓ 使用【孔】工具，在下箱体上部台阶上创建沉头孔直径为 20、深度为 2、孔直径为 13、孔深度为 50 的四个沉头孔，如图 8-159 所示。

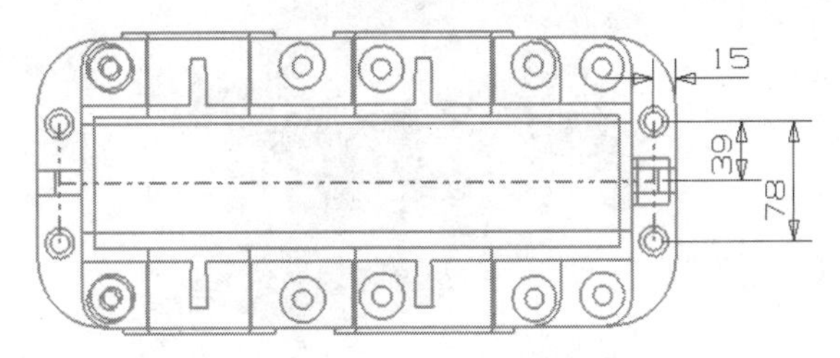

图 8-159 在下箱体上部台阶上创建四个沉头孔

㉔ 使用【边倒圆】工具，选择如图 8-160 所示的边倒出半径为 5 的圆角特征。

㉕ 使用【边倒圆】工具，选择如图 8-161 所示的边倒出半径为 3 的圆角特征。

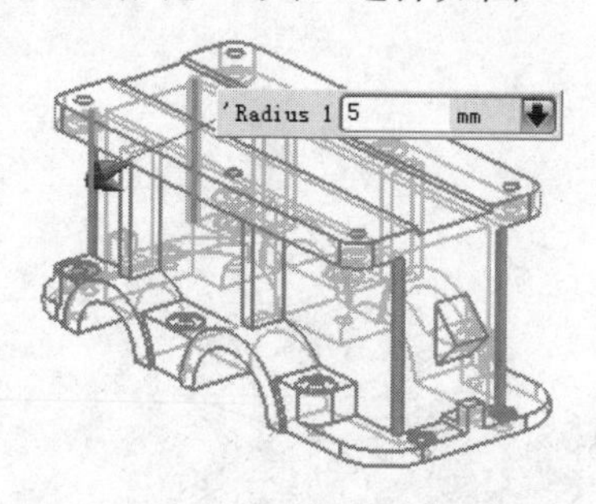

图 8-160 创建半径为 5 的圆角

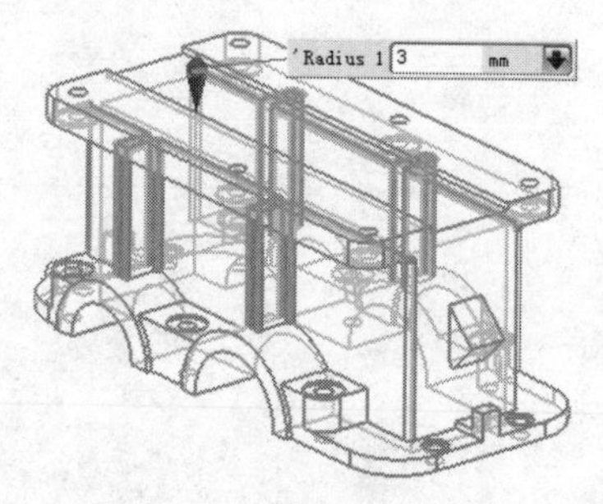

图 8-161 创建半径为 3 的圆角

㉖ 使用【边倒圆】工具，选择如图 8-162 所示的边依次倒出半径为 8、3 和 5 的圆角特征（同时在另一侧也创建同样大小的圆角特征）。

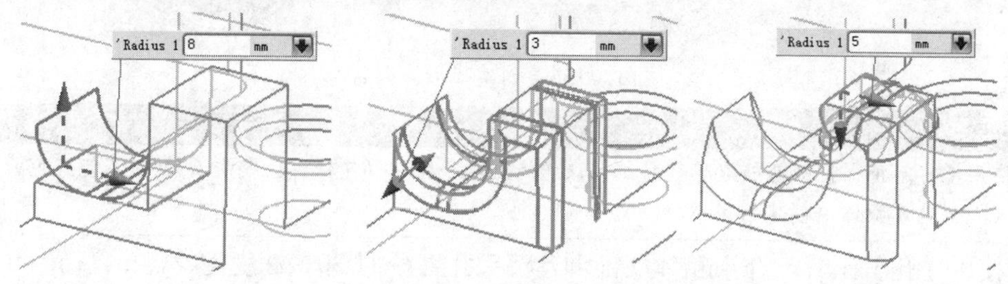

图 8-162 创建半径分别为 8、3 和 5 的圆角特征

㉗ 使用【孔】工具，在如图 8-163 所示的特征面上创建沉头孔直径为 20、深度为 2、孔直径为 10、孔深度为 60 的沉头孔。

㉘ 使用【边倒圆】工具，选择如图 8-164 所示的边倒出半径为 15 的圆角特征。

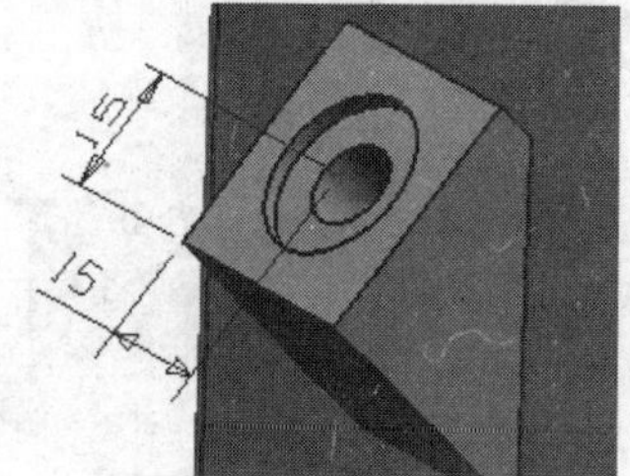

图 8-163 创建沉头孔

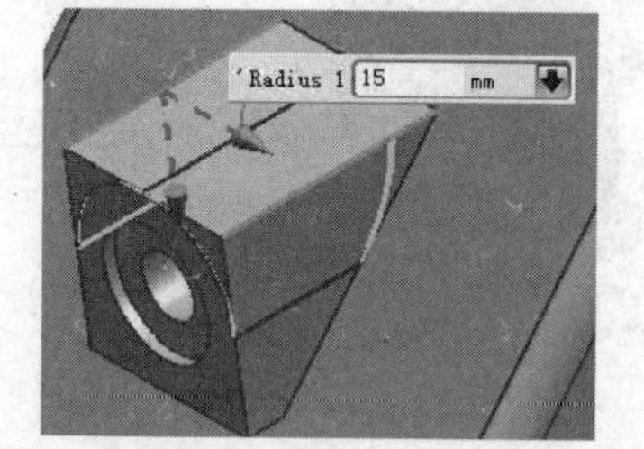

图 8-164 创建半径为 15 的圆角特征

㉙ 至此，减速器的下箱体全部创建完成，结果如图 8-165 所示。

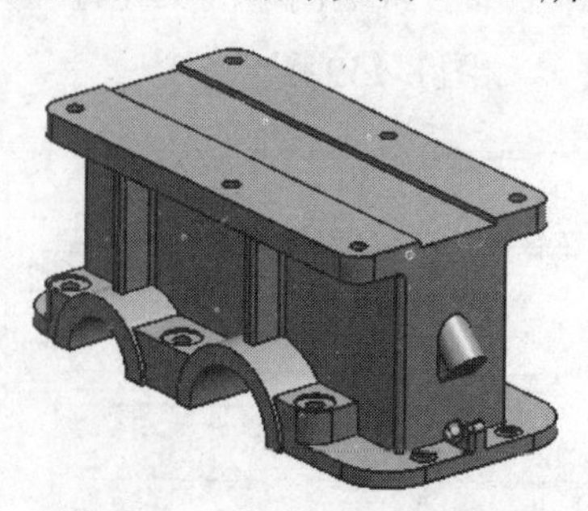

图 8-165 减速器下箱体模型

CHAPTER 9

基础曲面设计

本章导读

在处理较为复杂的产品造型时，一般的实体建模功能不能满足设计的需要，这就要求我们使用曲面的造型功能。曲面造型功能可以完成形状复杂、怪异、无规律变化的外观设计。

本章将详解 UG NX 12 的曲面建模的基本命令，包括以点数据来构建的曲面（常用于逆向工程）、网格曲面、常规曲面等。

学习要点

- ☑ 曲面概念及术语
- ☑ 点曲面设计
- ☑ 曲面网格划分
- ☑ 其他常规曲面设计

扫码看视频

9.1 曲面概念及术语

UG NX 12 提供了多种创建曲面的方法，可以根据点创建曲面，如通过点、从极点和从点云等，可以通过曲线创建曲面，如直纹、通过曲线组和通过曲线网格等，还可以通过扫描的方式得到曲面，也可以通过曲面操作得到曲面，如延伸曲面、桥接曲面和裁剪曲面等。这些方法都非常快捷方便，直接单击【曲面】选项卡中的相应按钮即可进入相应的对话框。大多数方法都具有参数化设计的特点，便于及时根据设计要求修改曲面。

利用UG自由曲面设计功能进行造型设计，需要先了解一些相关的曲面基本概念与术语，包括全息片体、行与列、曲面阶次、曲面公差、补片、截面曲线及引导曲线等。

- 全息片体：在 UG 中，大多数命令所构造的曲面都是参数化的特征，这些曲面特征被称为全息片体（片体）。全息片体为全关联、参数化的曲面。这类曲面的共同特点是都由曲线生成，曲面与曲线具有关联性。当构造曲面的曲线被编辑修改后，曲面会随之自动更新。
- 行与列：在 3D 软件中包括点做的曲线、控制点曲线和 B 样条曲线等，曲面就是由这些曲线构成的。我们可以把曲面看成布，布上面有很多经纬线，实际上曲面中也有经纬线。构成曲面的这些经纬线则称为行和列。行定义了片体 *U* 方向，而列是大致垂直于片体行的纵向曲线方向（*V* 方向）。如图 9-1 所示，6 个点定义了曲面的第一行。

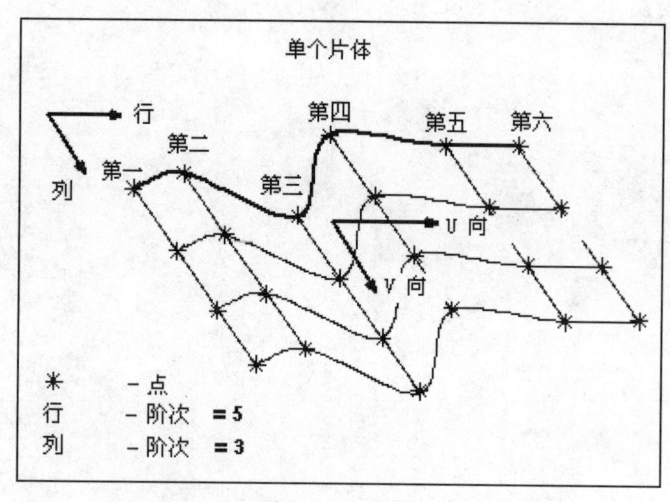

图 9-1 行与列

- 曲面阶次：阶次是一个数学概念，表示定义曲面的三次多项式方程的最高次数。在 UG 中使用相同的概念定义片体，每个片体均含有 *U*、*V* 两个方向的阶次。UG 中建立片体的阶次必须介于 2～24 之间。阶次过高会导致系统运算速度变慢，同时容

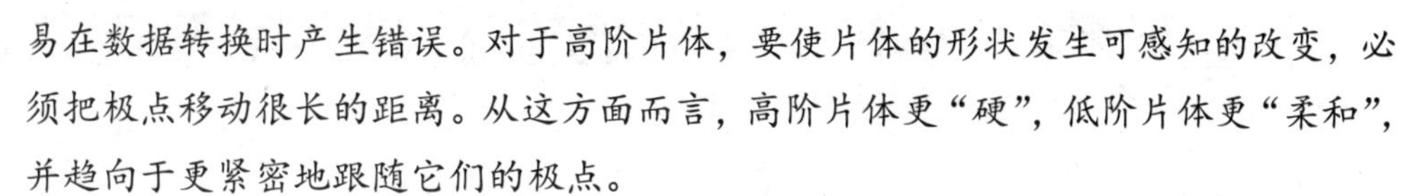

易在数据转换时产生错误。对于高阶片体，要使片体的形状发生可感知的改变，必须把极点移动很长的距离。从这方面而言，高阶片体更“硬”，低阶片体更“柔和”，并趋向于更紧密地跟随它们的极点。

- 曲面公差：某些自由曲面特征在建立时使用近似方法，因此需要使用公差来限制。曲面的公差一般有两种：距离公差和角度公差。距离公差是指建立的近似片体与理论上精度片体所允许的误差；角度公差是指建立的近似片体的面法向与理论上的精确片体的面法向角度所允许的误差。
- 补片：补片指的是构成曲面的片体。在 UG 中主要有两种补片类型，一种是单一补片构成曲面，另一种则是多个片体组合成曲面。当创建片体时，最好将用于定义片体的补片数降到最小。限制补片数可以改善下游软件功能运行速度并可产生一个更光滑的片体。
- 截面曲线：截面曲线是指控制曲面 *U* 方向的方位和尺寸变化的曲线组。可以是多条或者是单条曲线。其不必光顺，而且每条截面线内的曲线数量可以不同，一般不超过 150 条。
- 引导曲线：引导曲线用于控制曲线的 *V* 方向的方位和尺寸。可以是样条曲线、实体边缘和面的边缘，可以是单条曲线，也可以是多条曲线。其最多可选择 3 条，并且需要 G1 连续。

9.2 点曲面设计

在 UG NX 12 中，由点创建曲面是指利用导入的点数据创建曲线、曲面的过程。基于点来构建曲面的方法包括通过点构建曲面、从极点构建曲面和从点云构建曲面。

采用以上几种方法创建的曲面与点数据之间不存在关联性，是非参数化的。即当创建曲面后，曲面不会产生关联性变化。另外，由于其创建的曲面光顺性比较差，一般在曲面建模中，此类方法很少使用。但是基于点的曲面构建方法主要用来处理逆向点云数据，也就是产品逆向设计方法的一种。

9.2.1 通过点

【通过点】方法就是通过矩形阵列点来创建曲面。该工具也是利用通过定义曲面的控制点来创建曲面，控制点对曲面的控制是以组合为链的方式来实现的，链的数量决定了曲面的圆滑程度。

在【曲面】组的【更多】命令库中单击【通过点】按钮，弹出【通过点】对话框，如图 9-2 所示。通过该对话框可以选择补片类型（单个或多个），并设置多片体的阶次。

技巧点拨：

如果没有此命令，请通过【定制】对话框调出。

在确定补片类型后，单击该对话框中的【确定】按钮，则弹出【过点】对话框。此对话框中包括 4 种确定曲线链（曲面第一行）的方法，如图 9-3 所示。

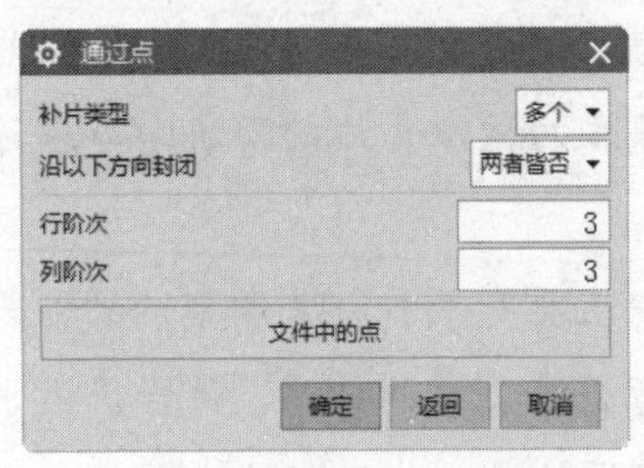

图 9-2 【通过点】对话框

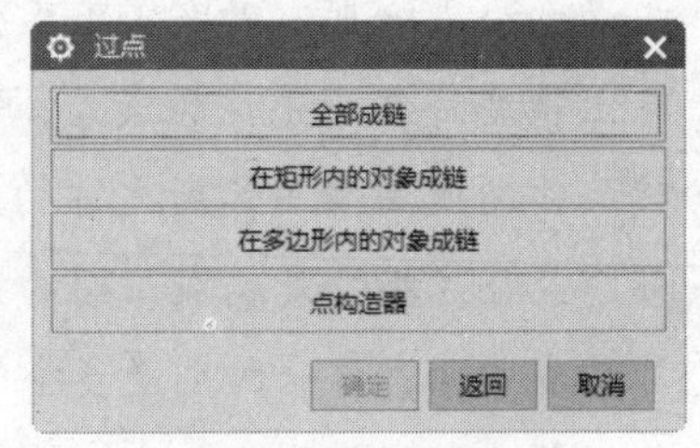

图 9-3 【过点】对话框

【通过点】对话框中的各选项含义如下：

- 补片类型：包括【单个】和【多个】选项，如图 9-4 所示。

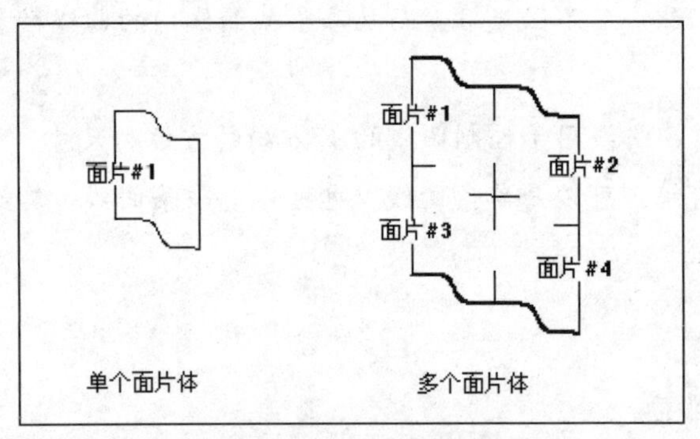

图 9-4 补片的两种类型

技巧点拨：

对于【单个】补片类型，最小的行数或每行的点数是 2（最小阶次为 1），并且最大的行数或每行的点数是 25（最高阶次为 24+1）。

- 沿以下方向封闭：沿着点数据阵列的方向来创建曲面，它有行方向和列方向。
- 行阶次：点阵的行阶次。
- 列阶次：点阵的列阶次。
- 文件中的点：单击此按钮，即可从文件中获得用户自创建的点数据。

上机实践——利用【通过点】工具生成曲面

① 打开本例源文件“9-1.prt”，如图 9-5 所示。

② 执行菜单栏中的【插入】|【曲面】|【通过点】命令，弹出【通过点】对话框，如图 9-6 所示。

③ 单击【确定】按钮，弹出【过点】对话框。选择【在矩形内的对象成链】选项，弹出【指定点】对话框。

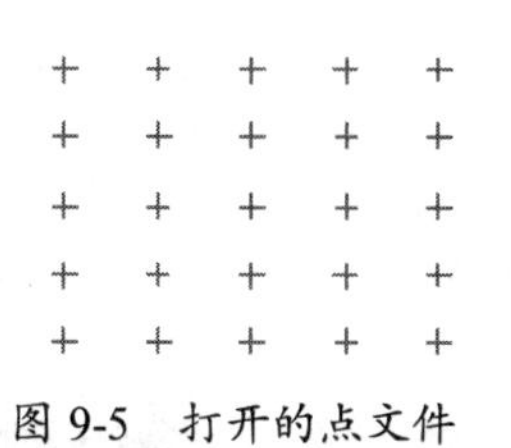

图 9-5 打开的点文件

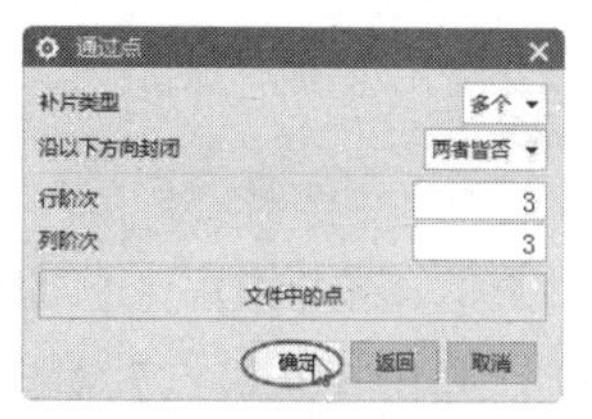

图 9-6 【通过点】对话框

④ 移动光标到绘图区，单击第一行左上角，移动光标到第一行右下角单击，形成一个矩形，再根据提示选择第一点和最后一点，按如图 9-7 所示的操作步骤执行。

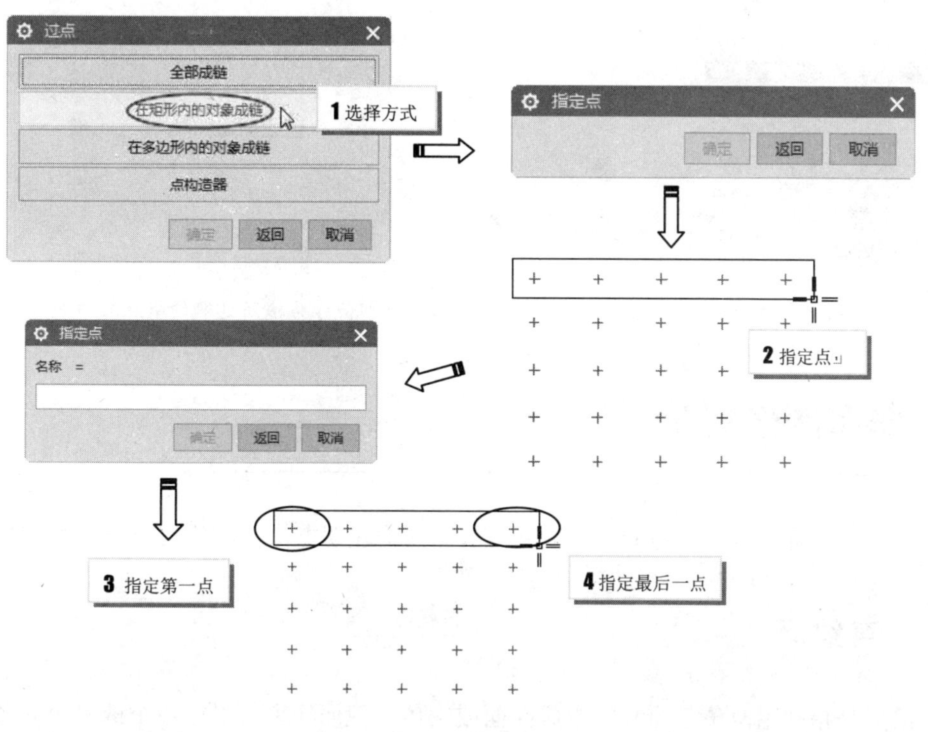

图 9-7 指定点

技巧点拨：

由于使用【在矩形内的对象成链】模式，为了方便选择点需要把视图方位调整到正确位置（俯视图）。

⑤ 参照步骤 4 选取剩下的三行点。弹出【过点】对话框，如图 9-8 所示。

⑥ 单击【指定另一行】按钮，参照步骤 5 选取剩下的一行点。

⑦ 单击【所有指定的点】按钮，退出【过点】对话框。通过点曲面创建完成，如图 9-9 所示。

图 9-8 【过点】对话框

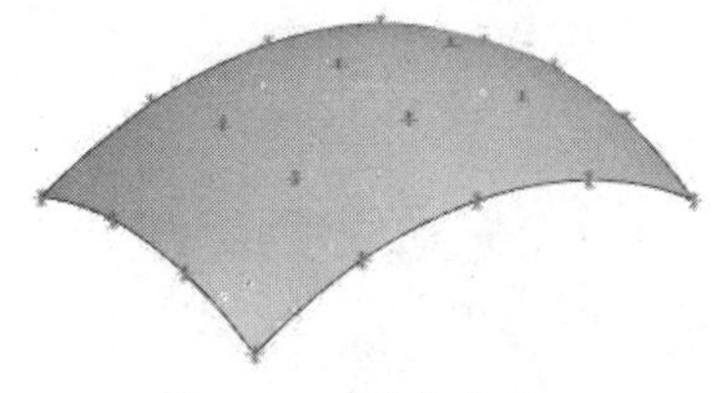

图 9-9 通过点曲面

9.2.2 从极点

【从极点】方法就是用定义曲面极点的矩形阵列点来创建曲面。在【曲面】组中单击【从极点】按钮，弹出【从极点】对话框，如图 9-10 所示。

技巧点拨：

与【通过点】方法所不同的是，【从极点】方法需要用户选取极点来定义曲面的行，且极点数必须满足曲面阶次，即 3 阶的曲面必须有 4 个点或 4 个点以上，如图 9-11 所示。

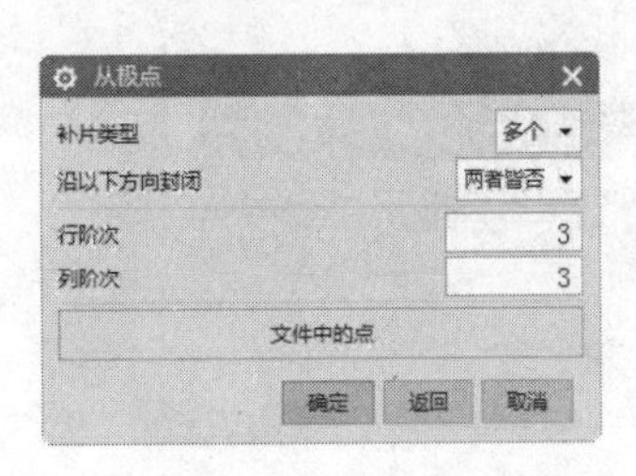

图 9-10 【从极点】对话框

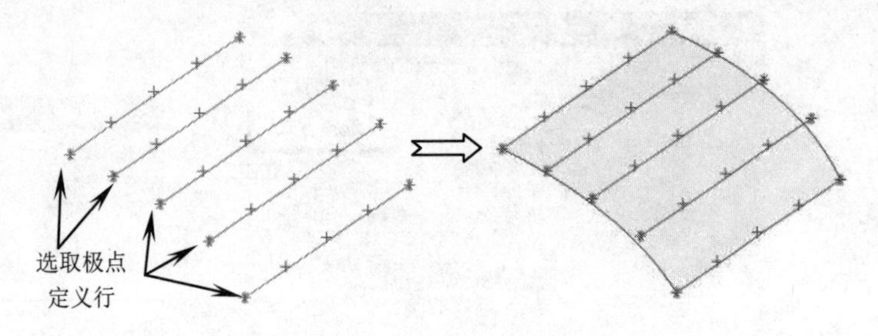

图 9-11 以【从极点】方法所选取的极点与曲面

9.3 曲面网格划分

下面介绍的几个命令，是 UG 中最基本的曲面构建功能，在产品设计应用得较多。

9.3.1 直纹面

直纹面是指利用两条截面线串生成曲面或实体。截面线串可以由单个或多个对象组成，每个对象可以是曲线、实体边界或实体表面等几何体。

在【曲面】组中单击【直纹】按钮，弹出【直纹】对话框，如图 9-12 所示。

通过【直纹】对话框用户需选择两条截面线串以创建特征，其所选取的对象可为多重或单一曲线、片体边界、实体表面。若为多重线段，则程序会根据所选取的起始弧及起始弧的位置来定义向量方向，并会按所选取的顺序产生片体。若所选取的截面曲线为开放曲线，则生成曲面；若截面曲线均为闭合曲线，则会生成实体，如图 9-13 所示。

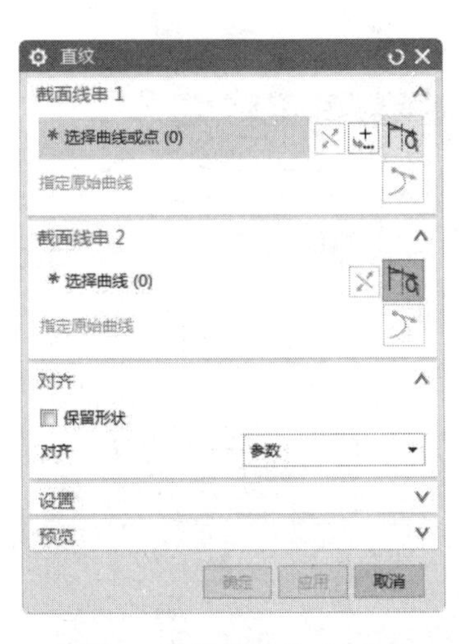

图 9-12 【直纹】对话框

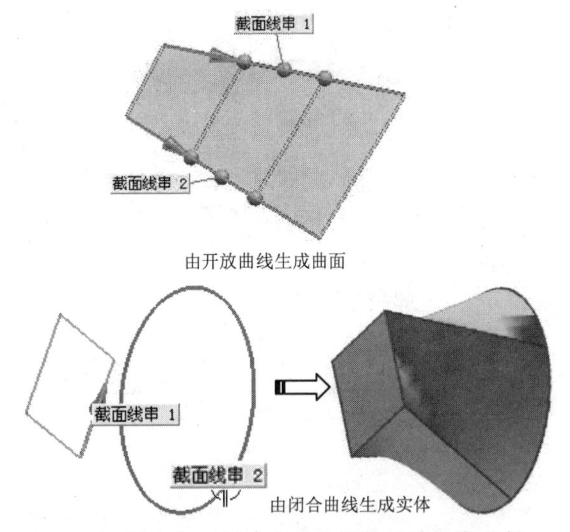

图 9-13 创建直纹曲面的两种曲线形式

上机实践——创建直纹面

本实例要设计钻石造型，如图 9-14 所示。钻石由三部分组成，上多面体、拉伸面和下多面体。需要使用两次【直纹】命令和一次【拉伸】命令才能完成，具体的操作步骤如下：

① 执行菜单栏中的【插入】|【曲线】|【多边形】命令，弹出【多边形】对话框。

② 输入多边形的边数值 8，单击【确定】按钮，如图 9-15 所示。

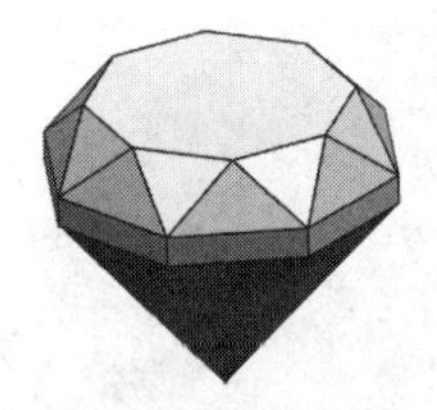

图 9-14 钻石

图 9-15 【多边形】对话框

③ 弹出【多边形】创建方式对话框，单击【外接圆半径】按钮，弹出【多边形】对话框。创建第一个八边形，如图 9-16 所示。

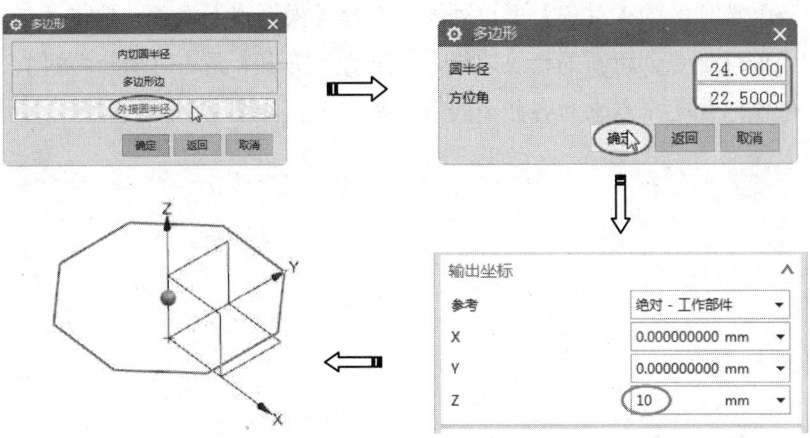

图 9-16 创建第一个八边形

④ 创建第二个八边形，如图 9-17 所示。

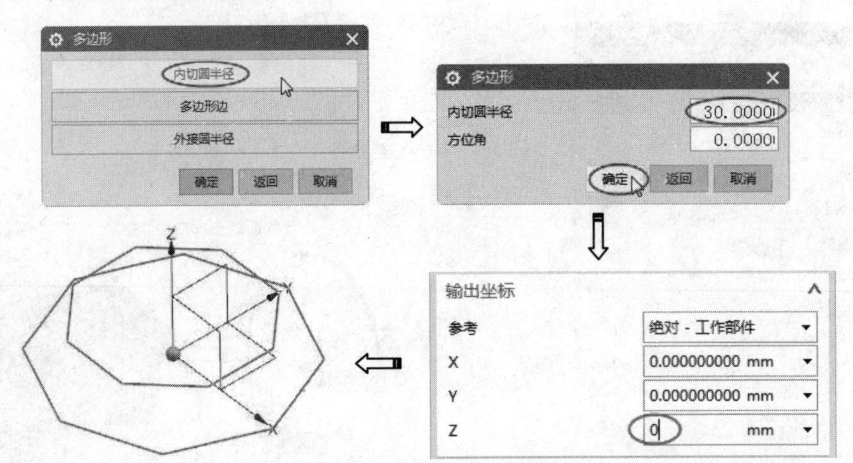

图 9-17 创建第二个八边形

⑤ 在【曲线】组中单击【直纹】按钮，弹出【直纹】对话框。移动光标到绘图区，选择截面线串 1，操作过程如图 9-18 所示。在【截面线串 2】选项区中单击【选择曲线】按钮，或者按下鼠标中键，选择截面线串 2。

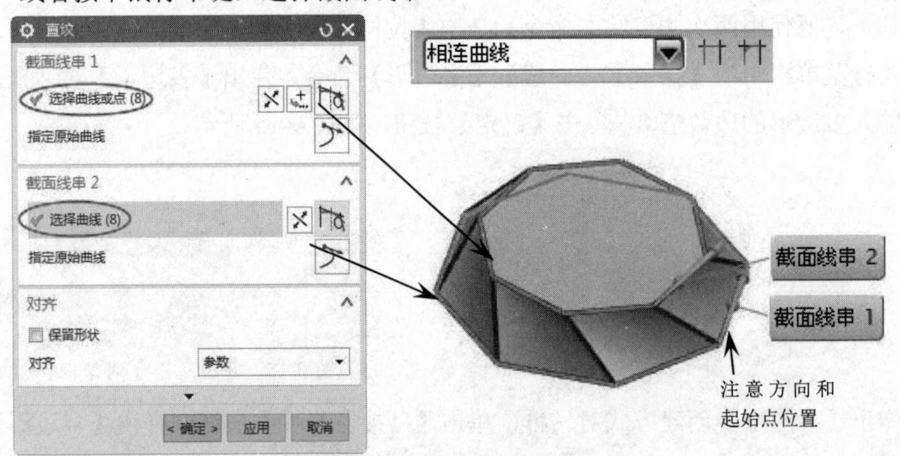

图 9-18 选择截面线串

⑥ 在【对齐】选项区的【对齐】下拉列表中选择【根据点】选项，单击【指定点】按钮，在直线中间增加点创建新的直纹边缘，并拖动点使一个面均匀划分为两个三角形面。同理，再依次增加七个点来对齐截面线串，操作过程如图 9-19 所示。

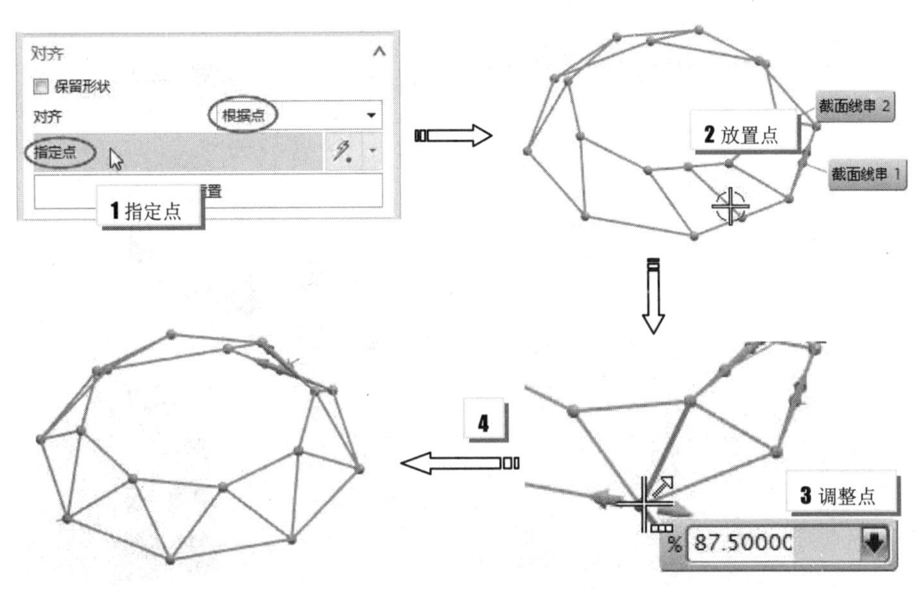

图 9-19　调整点

⑦ 单击【确定】按钮，完成直纹特征的创建并退出【直纹】对话框。

⑧ 在【特征】组中单击【拉伸】按钮，弹出【拉伸】对话框。选取直纹特征大端面的八条边作为拉伸特征的截面曲线，在【距离】文本框中输入拉伸距离值 6，单击【确定】按钮，完成拉伸特征的创建，如图 9-20 所示。

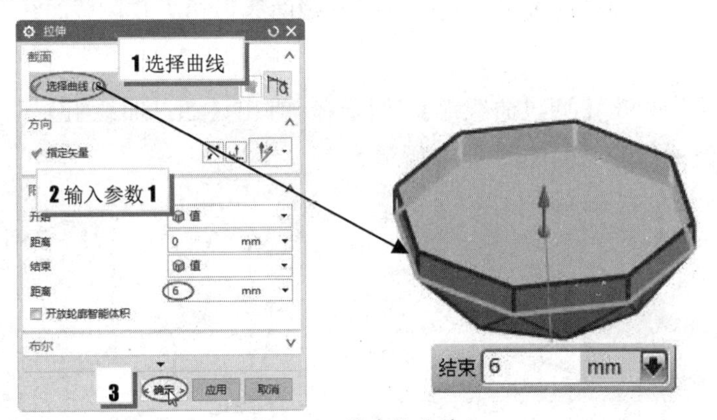

图 9-20　创建拉伸特征

⑨ 执行菜单栏中的【插入】|【基准/点】|【点】命令，弹出【点】对话框，在坐标（0,0,-50）处创建一点。

⑩ 在【曲面】组中单击【直纹】按钮，弹出【直纹】对话框。移动光标到绘图区，选择截面线串 1 为点，选择截面线串 2 为底部面边缘，单击【确定】按钮，退出【直纹】对话框。操作过程如图 9-21 所示。

⑪ 在【特征】组中单击【合并】按钮，弹出【合并】对话框。单击任意实体为目标，单击工具【选择体】按钮，选择其他实体为工具，单击【确定】按钮，退出【合并】对话框。

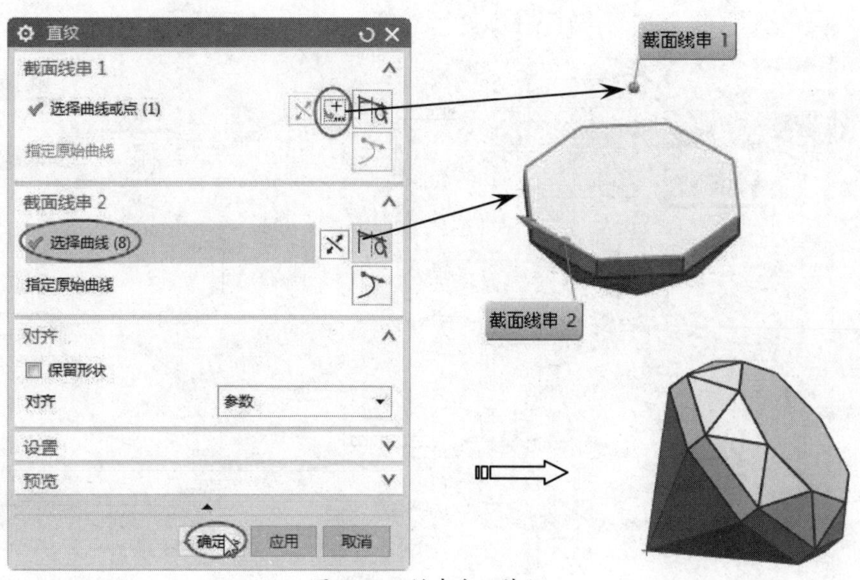

图 9-21 创建直纹特征

9.3.2 通过曲线组

【通过曲线组】方法是指通过一系列轮廓曲线（大致在同一方向）建立曲面或实体。轮廓曲线又叫截面线串。通过曲线组生成的特征与截面线串相关联，截面线串被编辑修改后，特征会自动更新。

在【曲面】组中单击【通过曲线组】按钮，弹出【通过曲线组】对话框，如图 9-22 所示。通过曲线组构建的曲面如图 9-23 所示。

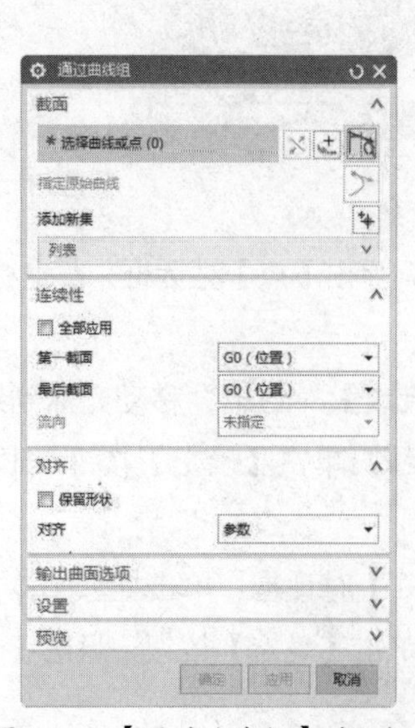

图 9-22 【通过曲线组】对话框

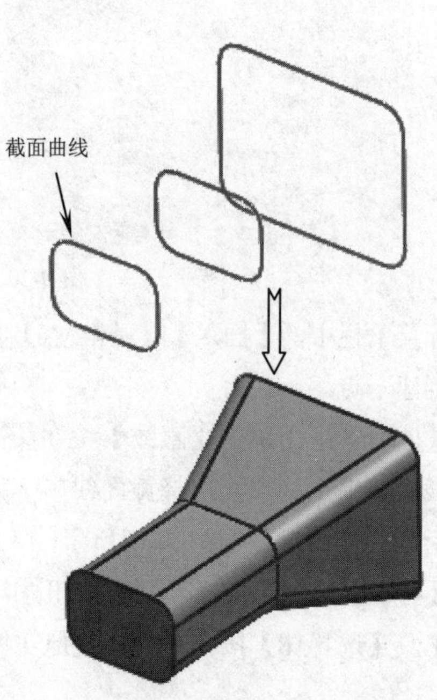

图 9-23 通过曲线组构建曲面

【通过曲线组】方法与【直纹面】方法类似，区别在于【直纹面】只适用于两条截面线串，并且两条截面线串之间总是相连的。而【通过曲线组】最多允许使用150条截面线串。

技巧点拨：

在选择截面线串时，截面曲线的矢量方向应保持一致，否则会使曲面发生扭曲变形。

上机实践——通过曲线组构建曲面

沐浴露瓶的设计效果如图9-24所示。这里仅介绍瓶身部分的造型。

图9-24　沐浴露瓶

① 打开本例源文件“9-2.prt”。

② 在【曲面】组中单击【通过曲线组】按钮，弹出【通过曲线组】对话框。

③ 按信息提示先选择椭圆1作为第一个截面，如图9-25所示。接着单击【添加新集】按钮，再按信息提示选择椭圆2作为第二个截面，如图9-26所示。

图9-25　选择第一个截面

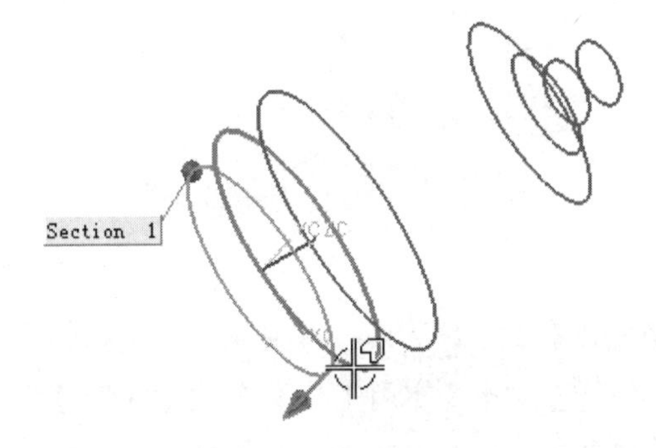

图9-26　选择第二个截面

④ 同理，继续以【添加新集】的方式来添加其余椭圆为截面（椭圆7不做添加），且必须保证截面的生成方向始终一致，如图9-27所示。

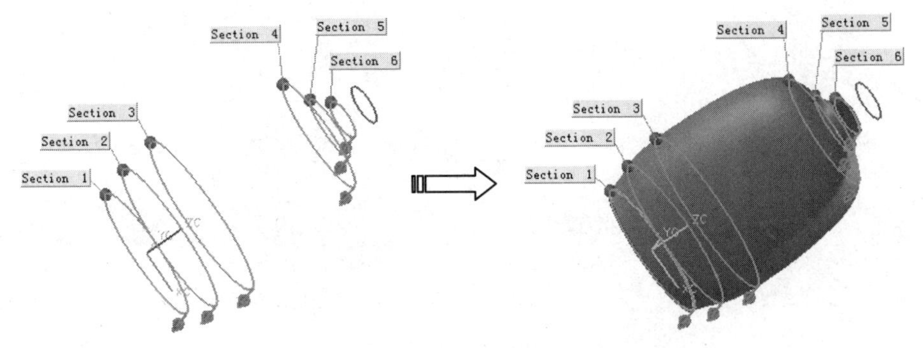

图9-27　添加其余截面

⑤ 保留对话框其余选项的默认设置，再单击【应用】按钮完成实体1的创建。

⑥ 在【特征】组中单击【圆柱】按钮，弹出【圆柱】对话框。在对话框中选择【轴、直径和高度】类型，接着按信息提示在图形区中选择*ZC*方向上的矢量轴，激活【指定点】

命令，再选择如图 9-28 所示截面的圆心作为参考点。

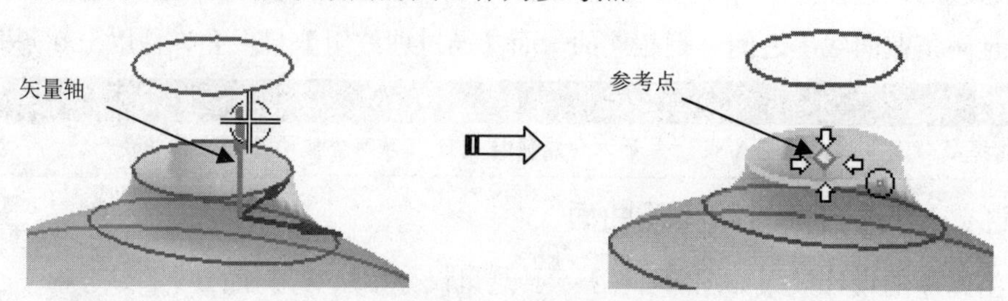

图 9-28 选择圆柱轴的矢量和参考点

⑦ 在对话框的【尺寸】选项区中设置圆柱直径为 30、高度为 20，最后单击【确定】按钮，完成圆柱体的创建，如图 9-29 所示。

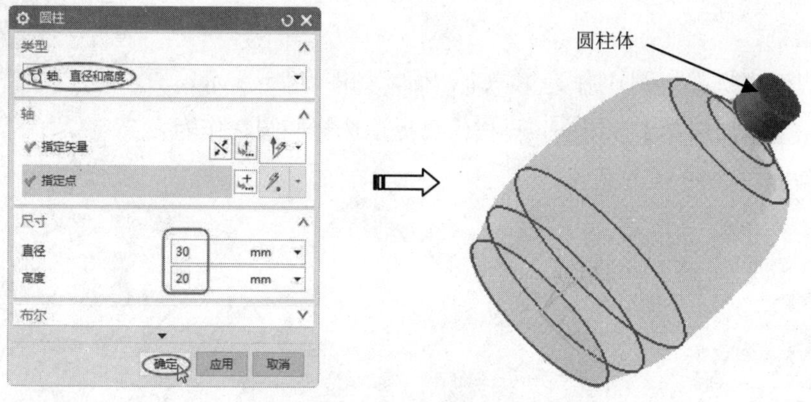

图 9-29 创建圆柱体

⑧ 使用【合并】工具，将实体 1 和圆柱体合并，得到瓶身主体。

⑨ 在上边框条【实用工具】组的【WCS】下拉菜单中单击【WCS 定向】按钮，接着在图形区中选中 *XC* 方向的手柄，并在弹出的浮动文本框中输入距离值 40，按 Enter 键工作坐标系向 *XC* 正方向平移。在图形区中选中 *ZC* 方向的手柄，并在弹出的浮动文本框中输入距离值 106，按 Enter 键工作坐标系向 *ZC* 正方向平移，如图 9-30 所示。

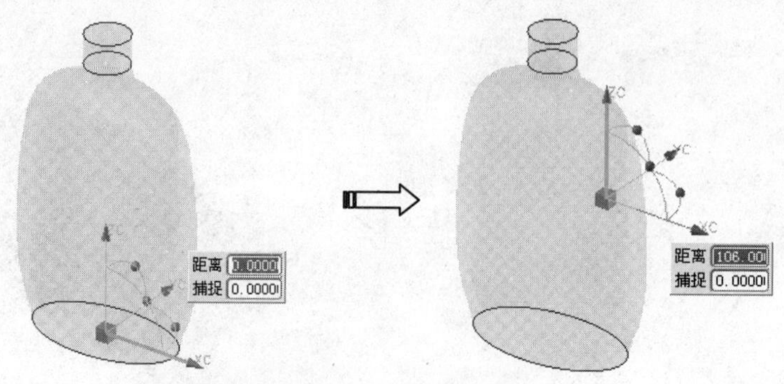

图 9-30 平移工作坐标系

⑩ 选中 *YC-ZC* 平面上的旋转柄，然后在浮动文本框中输入角度值 90，按 Enter 键工作坐标系绕 *XC* 轴旋转，如图 9-31 所示。

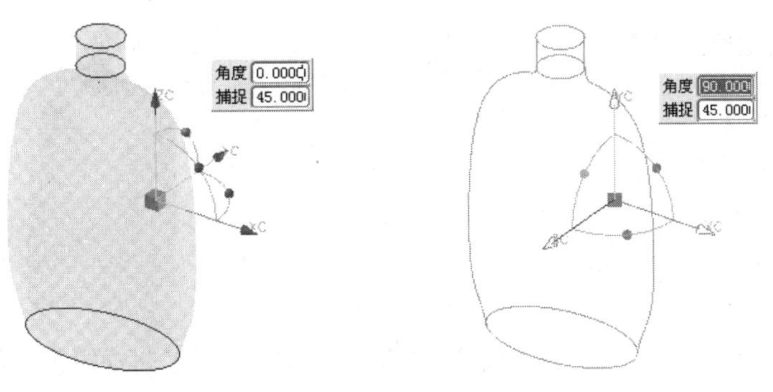

图 9-31　旋转工作坐标系

⑪ 在【曲线】选项卡中单击【椭圆】按钮，弹出【点】对话框。在该对话框中输入椭圆圆心坐标值【*XC*=0、*YC*=0、*ZC*=0】，单击【确定】按钮，弹出【椭圆】对话框。

⑫ 在【椭圆】对话框中输入长半轴的值 16、短半轴的值 40，保留其余参数的默认值，然后单击【确定】按钮，程序自动创建椭圆，如图 9-32 所示。

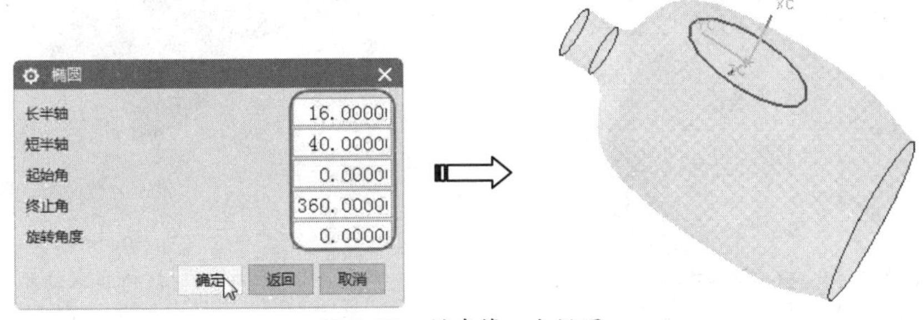

图 9-32　创建第一个椭圆

⑬ 单击【椭圆】对话框中的【返回】按钮，返回【点】对话框。在【点】对话框中输入第二个椭圆的圆心坐标值【*XC*=-4、*YC*=0、*ZC*=40】，单击【确定】按钮。

⑭ 随后又弹出【椭圆】对话框。在对话框中输入第二个椭圆的参数值：长半轴的值为 22，短半轴的值为 55。完成后单击【确定】按钮，在图形区中创建椭圆，如图 9-33 所示。

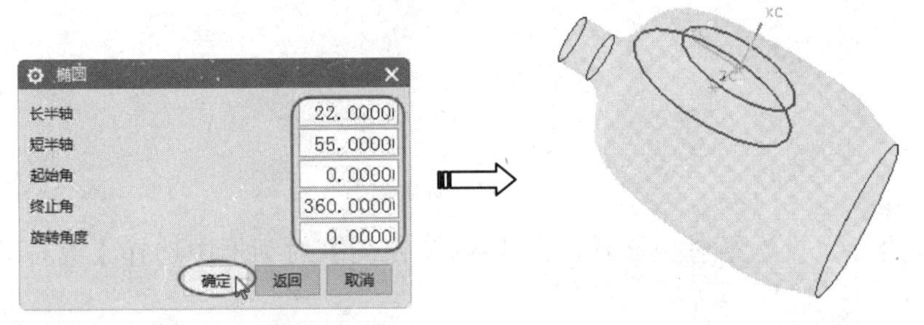

图 9-33　创建第二个椭圆

⑮ 同理，第三个椭圆的圆心坐标值为【*XC*=-4、*YC*=0、*ZC*=-40】。然后在【椭圆】对话框中输入椭圆参数值：长半轴的值为 22，短半轴的值为 55。完成后单击【确定】按钮，在图形区中创建椭圆，如图 9-34 所示。

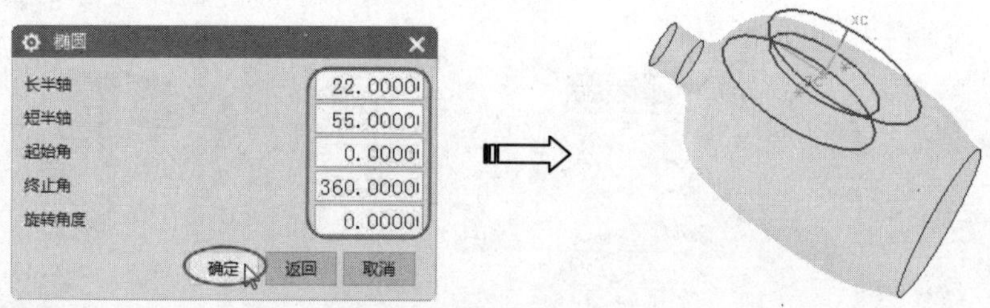

图 9-34 创建第三个椭圆

⑯ 在【曲面】组中单击【通过曲线组】按钮，弹出【通过曲线组】对话框。

⑰ 以【添加新集】的方式来选择和添加椭圆 3、椭圆 1 和椭圆 2 作为截面 1、截面 2 和截面 3，如图 9-35 所示。

⑱ 保留对话框中其余选项的默认设置，再单击对话框中的【确定】按钮，完成实体特征的创建，如图 9-36 所示。

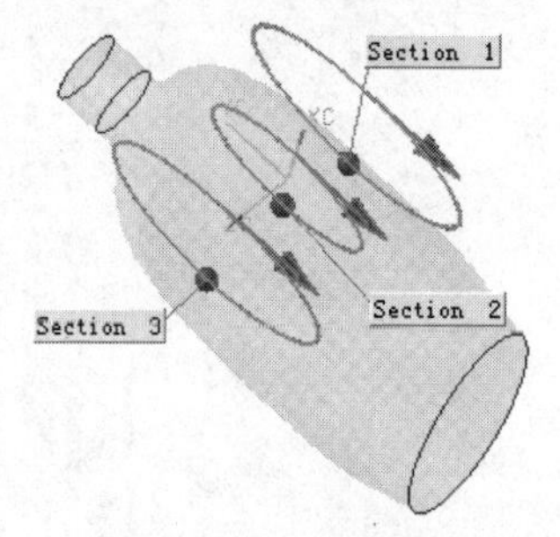

图 9-35 选择并添加的三个截面

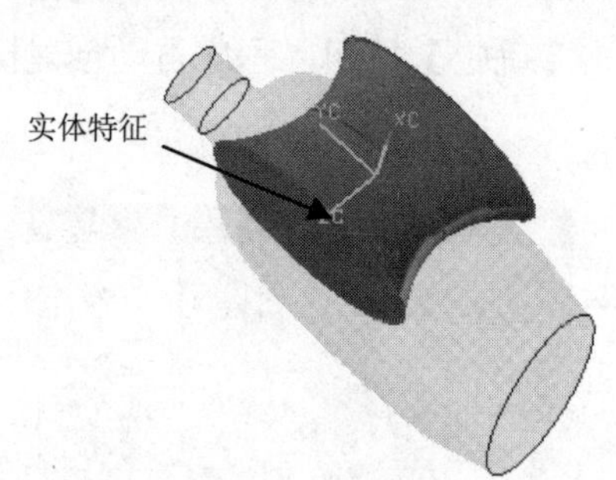

图 9-36 创建实体特征

⑲ 使用【减去】工具，以瓶身主体作为目标体、实体特征为工具体，并创建把手，如图 9-37 所示。

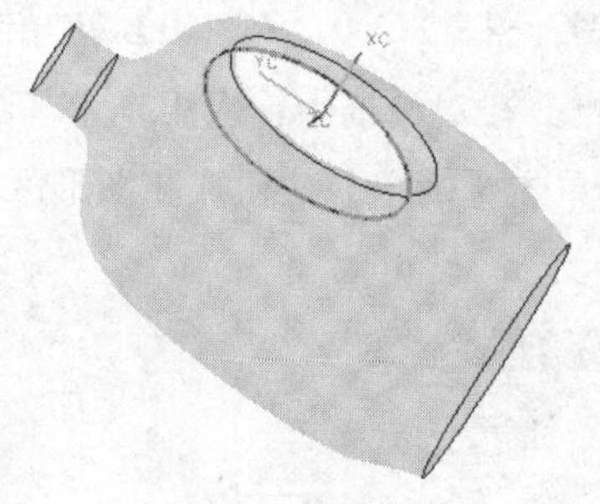

图 9-37 创建把手

⑳ 将工作坐标系设为绝对坐标系，在【WCS 定向】对话框中选择【绝对 CSYS】类型即可。

㉑ 使用【椭圆】工具，以绝对坐标系的原点作为椭圆的圆心，椭圆的长半轴为 47.5、短半轴为 25，并创建如图 9-38 所示的椭圆。

㉒ 执行菜单栏中的【编辑】|【曲线】|【分割曲线】命令，弹出【分割曲线】对话框。在此对话框中选择【等分段】类型，然后选择上一步骤创建的椭圆作为要分割的对象，单击【确定】按钮，椭圆被分割成两段，如图 9-39 所示。

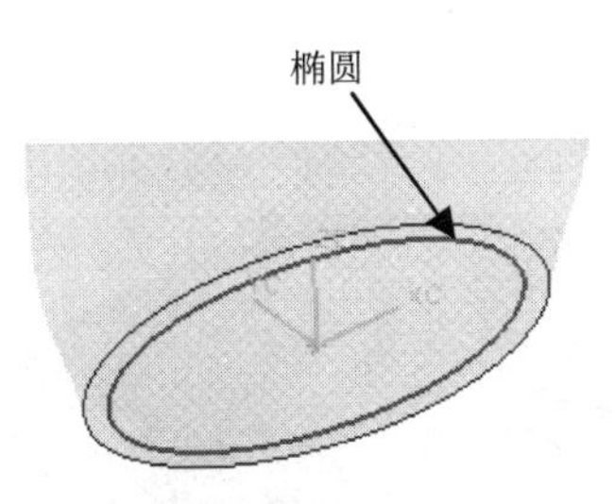

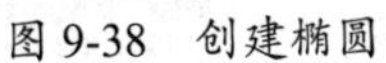

图 9-38 创建椭圆

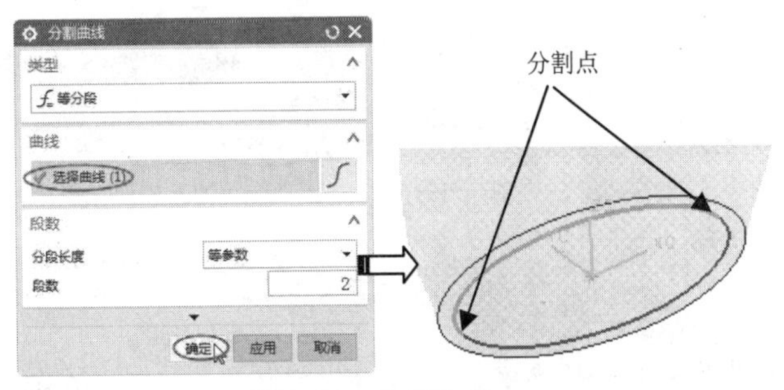

图 9-39 分割椭圆

㉓ 执行菜单栏中的【插入】|【曲线】|【直线和圆弧】|【圆弧（点-点-点）】命令，弹出【圆弧（点…】对话框和浮动文本框。

㉔ 按信息提示选择椭圆的两个分割点作为圆弧的起点和终点，然后在浮动文本框中输入圆弧的中点坐标参数【*XC*=0、*YC*=0、*ZC*=5】，最后按鼠标中键完成圆弧的创建，如图 9-40 所示。

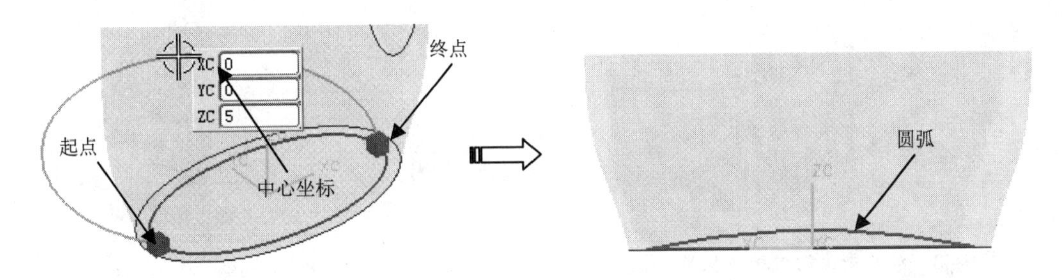

图 9-40 创建圆弧

㉕ 在【曲面】组中单击【通过曲线组】按钮，打开【通过曲线组】对话框。以【添加新集】的方式选择三段弧作为截面 1、截面 2、截面 3，保留对话框中其余选项的默认设置，单击【确定】按钮完成曲面的创建，如图 9-41 所示。

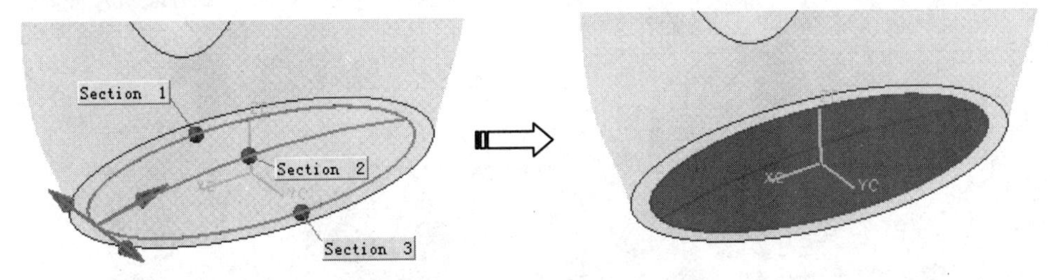

图 9-41 选择截面并创建曲面

㉖ 在【特征】组中单击【修剪体】按钮，弹出【修剪体】对话框。按信息提示选择瓶身主体作为目标体，再选择上一步骤创建的曲面作为工具面，保留默认的修剪方向，单击【确定】按钮完成修剪体操作，如图 9-42 所示。

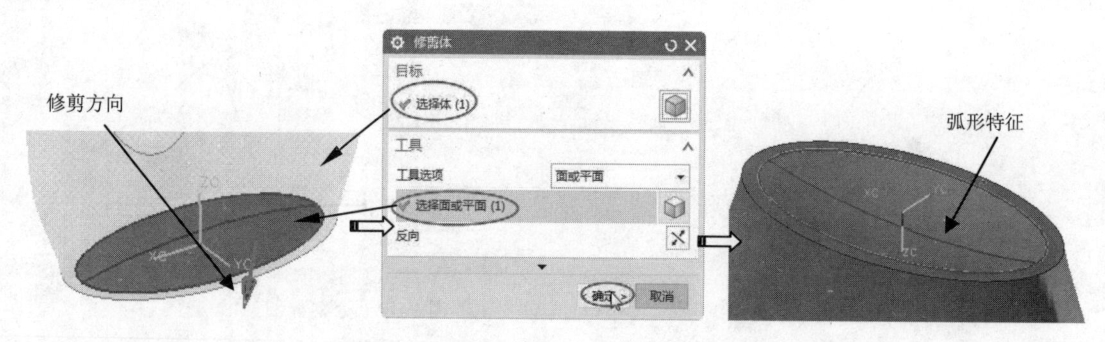

图 9-42 修剪瓶身主体创建底座形状特征

㉗ 使用【特征】组中的【边倒圆】工具，选择把手上的左右两条边进行倒圆，其圆角值为 1，如图 9-43 所示。

㉘ 再选择底座形状上的内、外边进行倒圆角，其圆角值为 2.5，如图 9-44 所示。

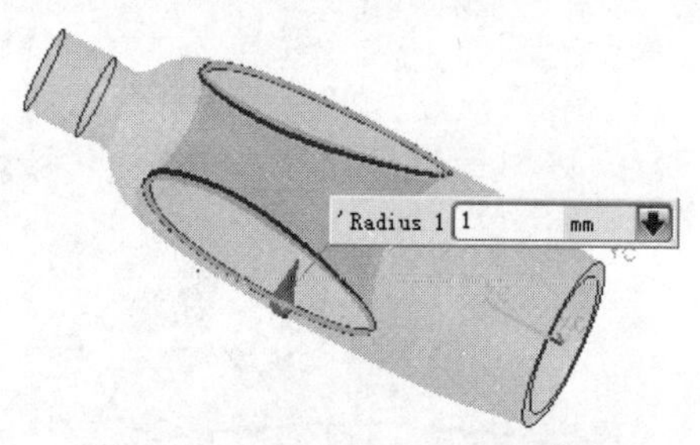

图 9-43 对把手上的边进行倒圆

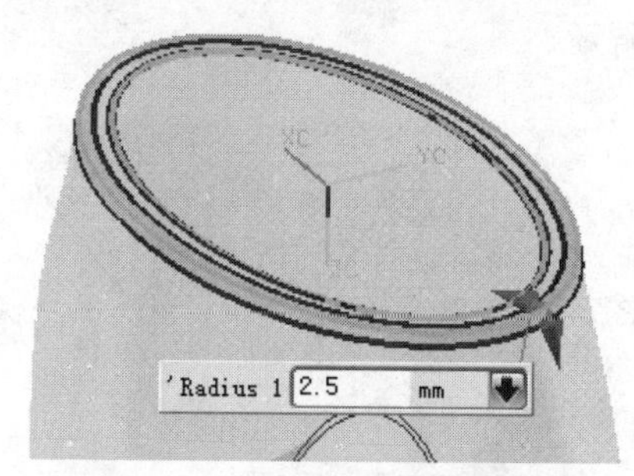

图 9-44 对底座特征进行倒圆角

㉙ 单击【特征】组中的【抽壳】按钮，弹出【抽壳】对话框。在此对话框中选择【移除面，然后抽壳】类型，接着按信息提示选择瓶口端面作为要移除的面，然后在对话框中设置抽壳厚度值为 1.5，最后单击【确定】按钮完成抽壳操作，如图 9-45 所示。

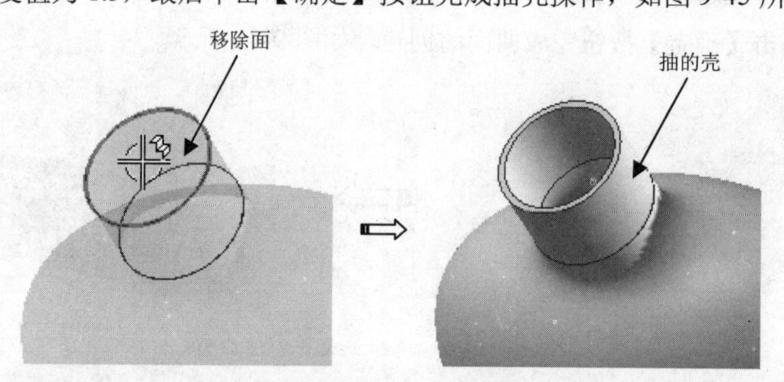

图 9-45 完成瓶身主体的抽壳

技巧点拨：

瓶口螺纹特征属于外螺纹，而 UG 提供的螺纹创建工具只能创建内螺纹特征，因此瓶口螺纹特征需使用【螺旋线】工具、【草图】工具和【扫掠】工具来共同完成。

㉚ 在【特征】组中单击【拉伸】按钮，弹出【拉伸】对话框。按信息提示选择瓶口处的一条边作为拉伸截面，如图 9-46 所示。

㉛ 然后在对话框中设置如下参数：选择拉伸矢量为 *ZC* 轴，拉伸开始距离为 0、拉伸结束距离为 2，选择【求和】选项，在【偏置】选项区中选择【两侧】选项，并输入偏置的开始值 0、结束值 3，如图 9-47 所示。

㉜ 最后单击【确定】按钮完成拉伸特征的创建，如图 9-48 所示。

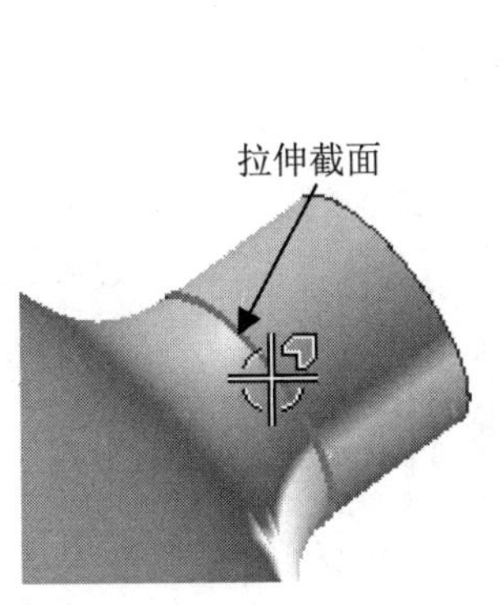

图 9-46 选择拉伸截面

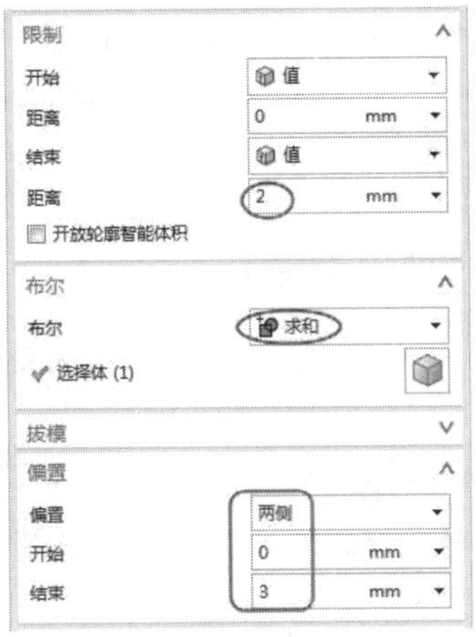

限制
开始 值
距离 0 mm
结束 值
距离 2 mm
开放轮廓智能体积
布尔
布尔 求和
选择体 (1)
拔模
偏置
偏置 两侧
开始 0 mm
结束 3 mm

图 9-47 设置拉伸参数

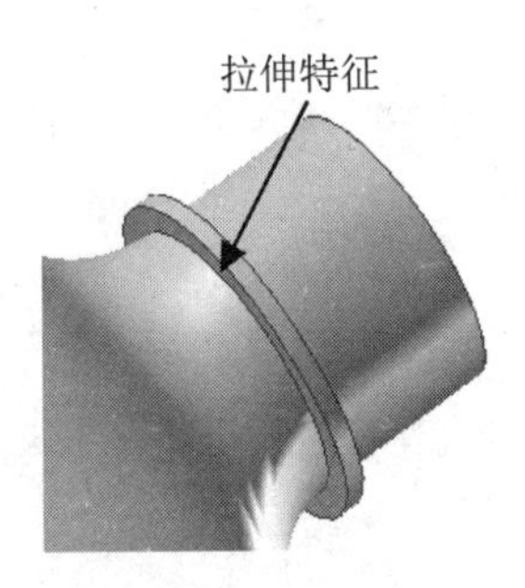

图 9-48 创建拉伸特征

㉝ 至此完成了沐浴露瓶的造型。

9.3.3 通过曲线网格

通过曲线网格就是通过一个方向的截面曲线和另一方向的引导线创建体，此时直纹形状匹配曲线网格。通常把第一组截面曲线线串称为主曲线，把另一方向的引导线串称为交叉曲线。由于没有对齐选项，在生成曲面时主曲线上的尖角不会生成锐边。

在【曲面】组中单击【通过曲线网格】按钮，弹出【通过曲线网格】对话框，如图 9-49 所示。通过曲线网格生成的曲面如图 9-50 所示。

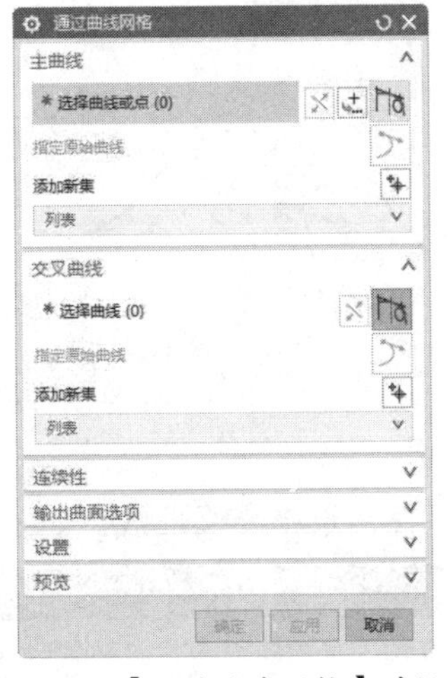

图 9-49 【通过曲线网格】对话框

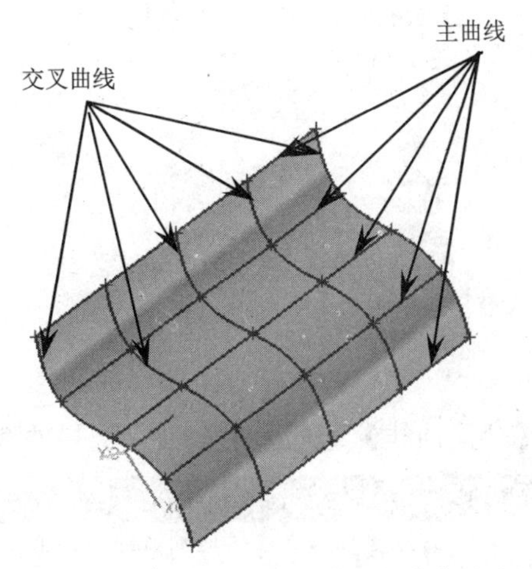

图 9-50 通过曲线网格生成的曲面

以【通过曲线网格】方法来构建曲面有以下几个特点：

- 生成曲面或体与主曲线和交叉曲线相关联。
- 生成曲面为双多次三项式，即曲面在行与列两个方向均为三次。
- 主曲线封闭，可重复选择第一条交叉线作为最后一条交叉线，可形成封闭实体。
- 选择主曲线时，点可以作为第一条截面线和最后一条截面线的可选对象。

上机实践——灯罩曲面造型

本例要创建如图 9-51 所示的灯罩曲面。

① 打开本例源文件“9-3.prt”，如图 9-52 所示。

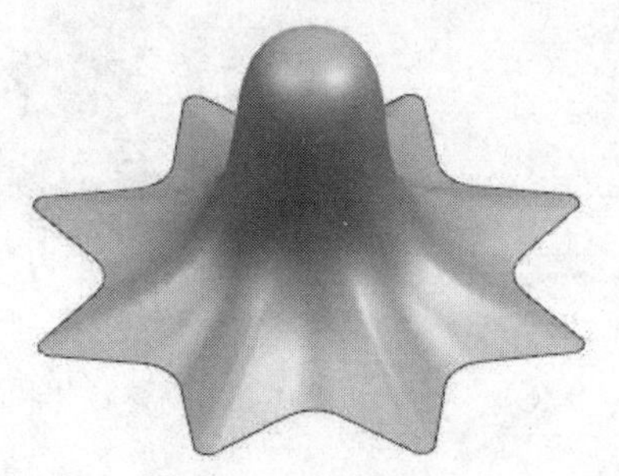

图 9-51 灯罩曲面

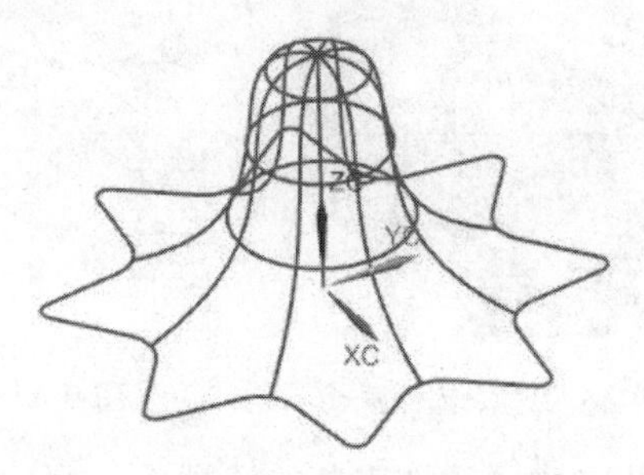

图 9-52 打开的灯罩曲线

② 在【曲面】组中单击【通过曲线网格】按钮，打开【通过曲线网格】对话框。

③ 首先选择主曲线，如图 9-53 所示。

技巧点拨：

每选择一条主曲线，需单击【添加新集】按钮进行添加。不要一次性地选择主曲线，否则不能创建曲面。

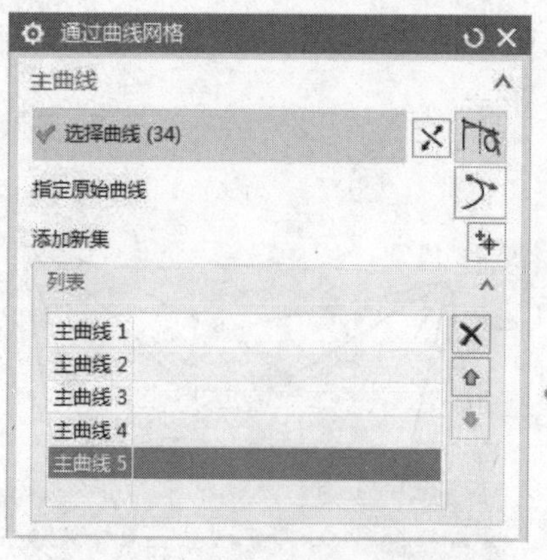

主曲线 1 为 1 个点

图 9-53 选择主曲线

④ 在【交叉曲线】选项区中激活【选择曲线】命令，然后选择交叉曲线，如图 9-54 所示。

技巧点拨：

在选择交叉曲线时，一定要将阵列前的原始曲线作为最后的交叉曲线。如果作为交叉曲线 1 会出现坏面，如图 9-55 所示。作为中间的交叉曲线，会弹出警告信息，如图 9-56 所示（仅限于本例）。

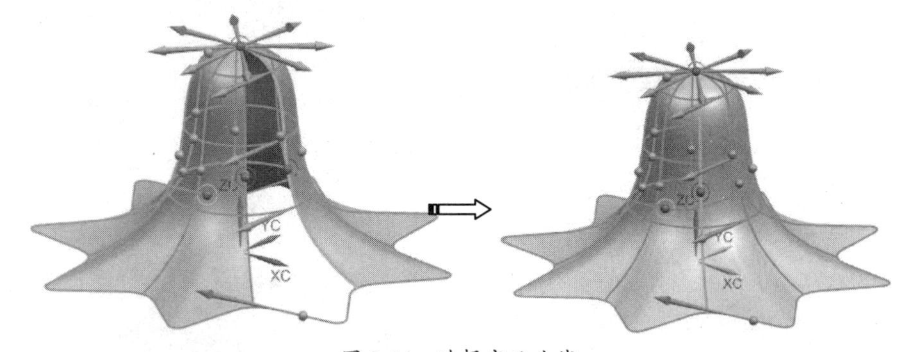

图 9-54　选择交叉曲线

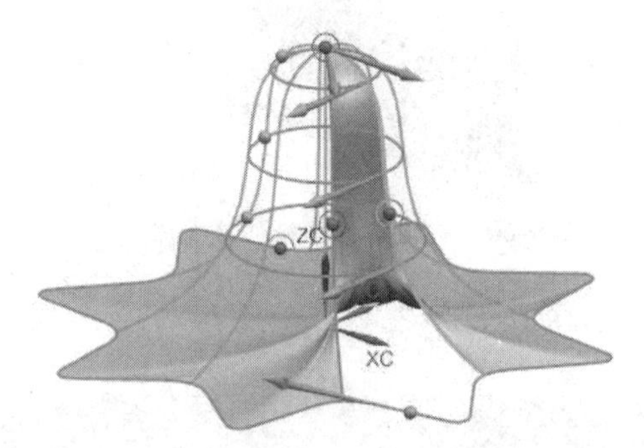

图 9-55　作为交叉曲线 1 的情况　　　　图 9-56　作为中间的交叉曲线的情况

⑤　选择中间的直线作为脊线，然后设置体类型为【片体】，如图 9-57 所示。

⑥　最后单击【确定】按钮，创建网格曲面——灯罩曲面，如图 9-58 所示。

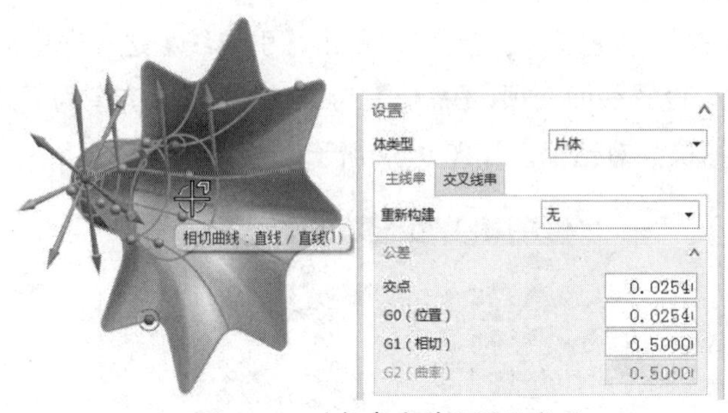

图 9-57　选择脊线并设置体类型

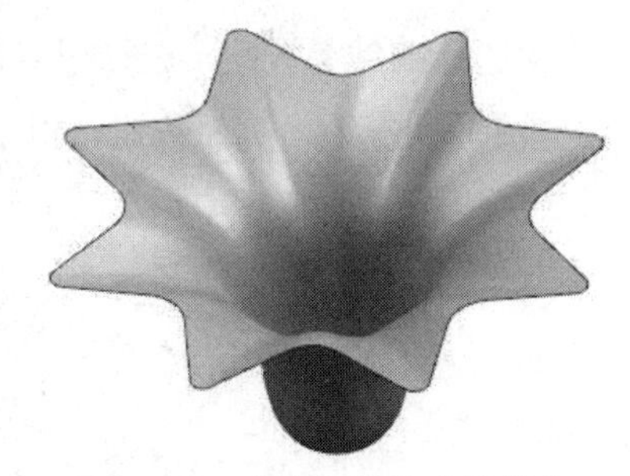

图 9-58　完成灯罩曲面的创建

9.3.4　扫掠曲面

【扫掠】是使用轮廓曲线沿空间路径扫掠而生成特征的一种曲面构建方法。其中扫掠路径称为引导线（最多三根），轮廓线称为截面线。引导线和截面线均可以由多段曲线组成，但多段曲线之间必须相切连续。扫掠方法是所有曲面建模中最复杂、最强大的一种，在工业设计中使用广泛。

在【曲面】组中单击【扫掠】按钮，弹出【扫掠】对话框，如图 9-59 所示。通过该对话框用户需要定义截面曲线、引导线和脊线，才能创建扫掠特征，如图 9-60 所示。

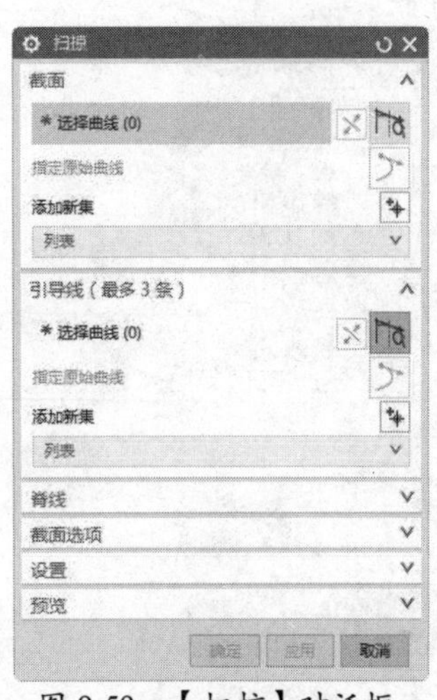

图 9-59 【扫掠】对话框

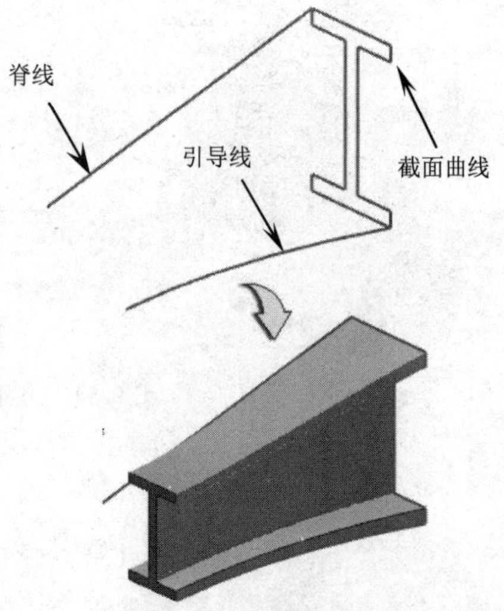

图 9-60 构建扫掠特征的三要素

上机实践——创建扫掠曲面

本实例主要设计牙刷柄的造型，如图 9-61 所示。

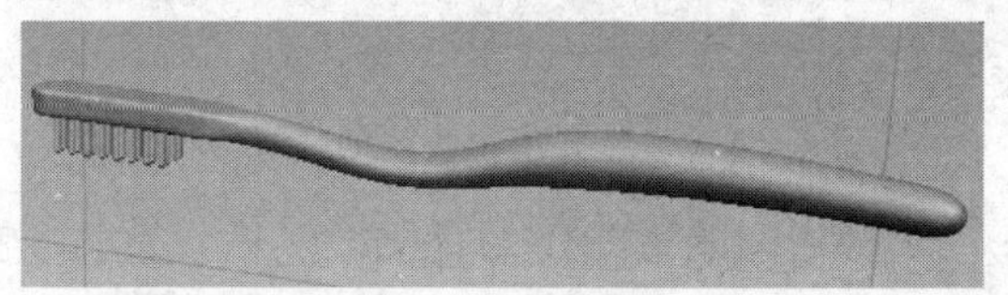

图 9-61 牙刷柄造型

① 打开本例源文件“9-4.prt”。

② 执行菜单栏中的【插入】|【扫掠】|【扫掠】命令，弹出【扫掠】对话框。

③ 选择截面曲线，每选择一条链按下鼠标中键（添加新集）。单击【引导线】选项区中的【选择曲线】按钮，选择引导曲线，设置截面选项，【插值】为【三次】、【对齐】为【弧长】。单击【确定】按钮，退出【扫掠】对话框，如图 9-62 所示。

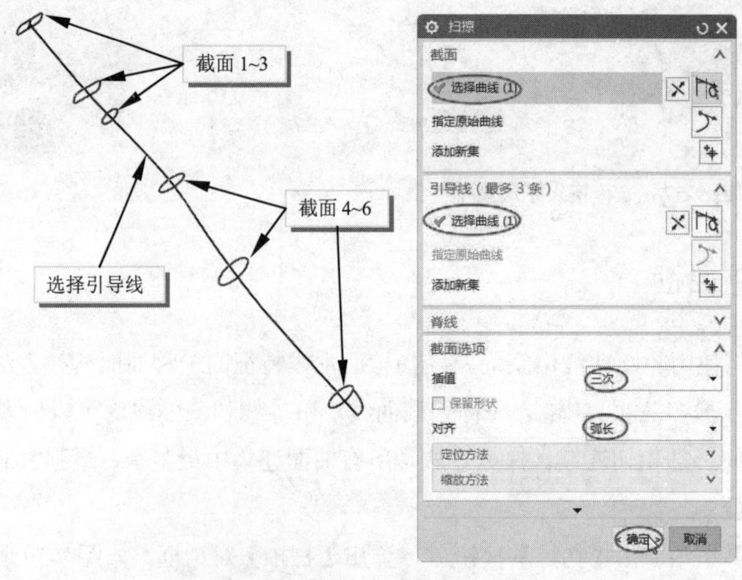

图 9-62 扫掠主体

技巧点拨：

由于牙刷需要光顺，因此采用三次插值。又由于截面曲线段数量不一致故采用【弧长】对齐方式。

④ 在【特征】组中单击【旋转】按钮，弹出【旋转】对话框。

⑤ 先选择半个轮廓曲线作为旋转的对象，再指定轴为中心直线，在【限制】文本框中输入旋转角度值 180，设置布尔求和运算，单击【确定】按钮，退出【旋转】对话框，结果如图 9-63 所示。

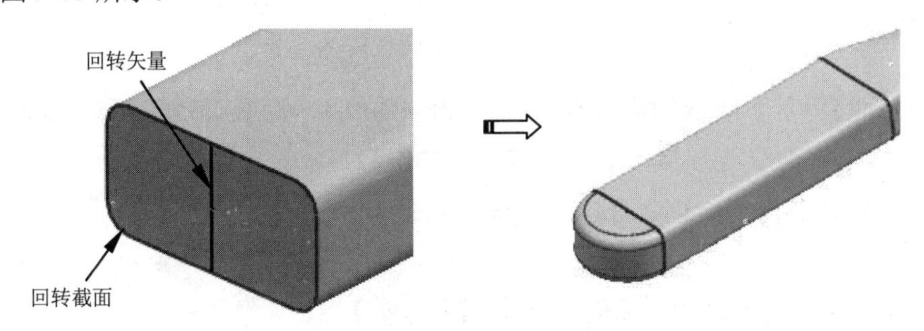

图 9-63 创建旋转实体

⑥ 执行菜单栏中的【插入】|【扫掠】|【扫掠】命令，弹出【扫掠】对话框。

⑦ 选择截面曲线为椭圆。单击【引导线】选项区中的【选择曲线】按钮，再选择两条引导曲线，每选择一条链按下鼠标中键。最后选择脊线为直线（曲线可重复使用），设置截面选项，【插值】为【三次】、【对齐】为【弧长】，单击【确定】按钮，如图 9-64 所示。

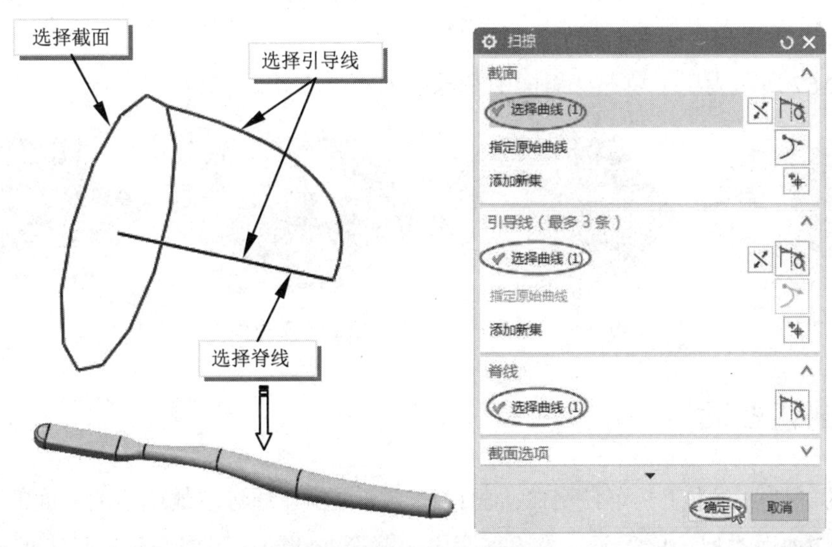

图 9-64 扫掠尾部

技巧点拨：

由于扫掠不支持点，所以单独使用一个截面沿两条逐渐缩小的曲线来扫掠尾部。

⑧ 在【特征】组中单击【合并】按钮，弹出【合并】对话框。单击任意实体为目标，选择其他实体为工具，单击【确定】按钮，完成合并。

⑨ 最终完成的牙刷柄造型如图 9-65 所示。

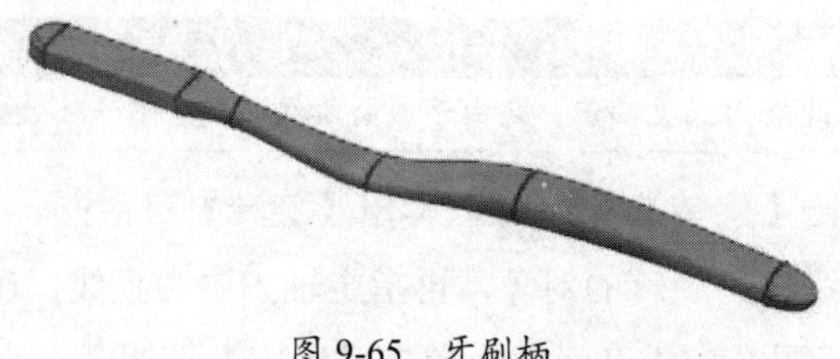

图 9-65 牙刷柄

9.3.5 N 边曲面

【N 边曲面】用于创建一组由端点相连曲线封闭的曲面，并指定其与外部面的连续性。在【曲面】组中单击【N 边曲面】按钮，弹出【N 边曲面】对话框，如图 9-66 所示。

图 9-66 【N 边曲面】对话框

该对话框中包含两种 N 边曲面创建类型：【已修剪】和【三角形】。

- 【已修剪】是指创建单个曲面，覆盖选定曲面的开放或封闭环内的整个区域。
- 【三角形】是指在选中曲面的闭环内创建一个由单独的、三角形补片构成的曲面。每个补片由每条边和公共中心点之间的三角形区域组成。

如图 9-67 所示为用于填充一组面中空隙区的不同方式。

图 9-67 填充一组面中空隙区的几种方式

9.3.6 剖切曲面

使用【剖切曲面】工具可使用二次曲线构造方法创建通过曲线或边的截面的曲面体（B 曲面）。剖切曲面类似于位于预先描述平面内的截面曲线的无限族，起始和终止于某些选定的控制曲线，并且通过这些曲线。

在【曲面】组的【更多】命令库中单击【剖切曲面】按钮，弹出【剖切曲面】对话框，如图 9-68 所示。也可以直接从【更多】命令库中选择多种创建剖切曲面的方法，如图 9-69 所示。

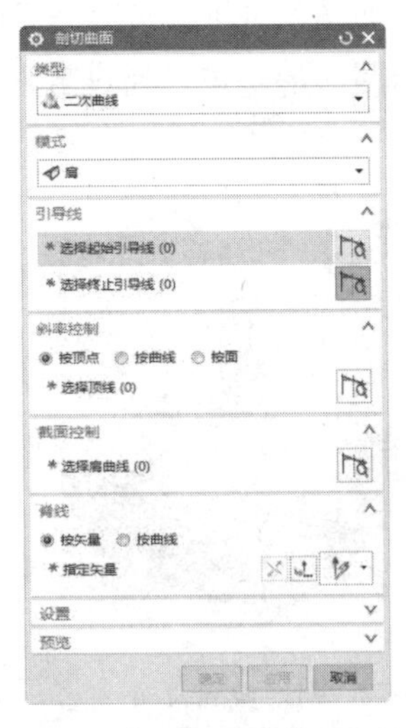

图 9-68 【剖切曲面】对话框

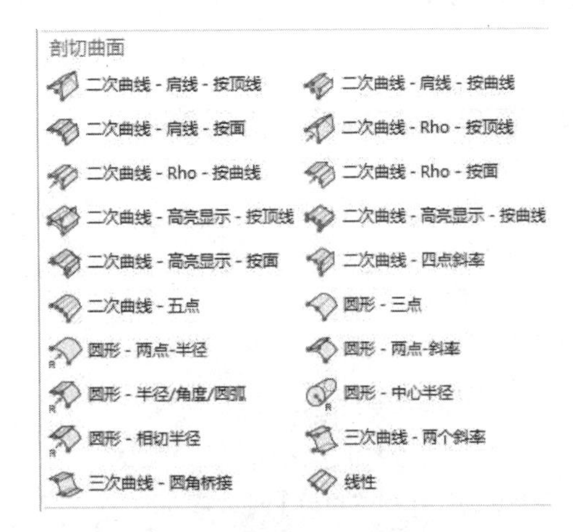

图 9-69 创建剖切曲面的多种方法

如图 9-70 所示为使用【三次曲线-两个斜率】方法来创建的剖切曲面。

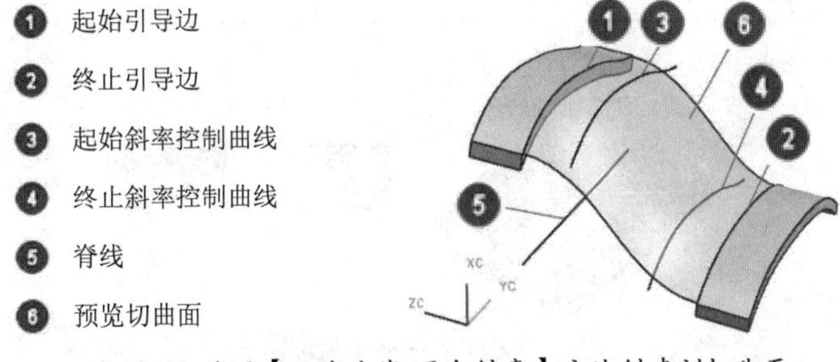

图 9-70 使用【三次曲线-两个斜率】方法创建剖切曲面

9.4 其他常规曲面设计

下面介绍的几个命令在 UG 建模中用得较少，它们在产品设计中应用得较多。

9.4.1 四点曲面

【四点曲面】是指在空间中确定四个点作为四边形曲面的顶点。此工具在创建支持基于曲面的 A 类工作流的基本曲面时很有用。还可以提高曲面阶次来得到更复杂的具有期望形状的曲面，通过这种方法用户可以很容易地修改这种曲面。

要创建四点曲面必须遵循下列这些指定条件：

- 在同一条直线上不能存在三个选定点。
- 不能存在两个相同的或在空间中处于完全相同位置的选定点。
- 必须指定四点才能创建曲面。如果指定三点或不到三点，则会显示出错信息。

在【曲面】组中单击【四点曲面】按钮，弹出【四点曲面】对话框，如图 9-71 所示。通过该对话框可在默认的 *XC-YC* 平面上选择四个点创建平面四边形，也可通过输入每个点的空间坐标参数来创建空间的非平面的四边形曲面，如图 9-72 所示。

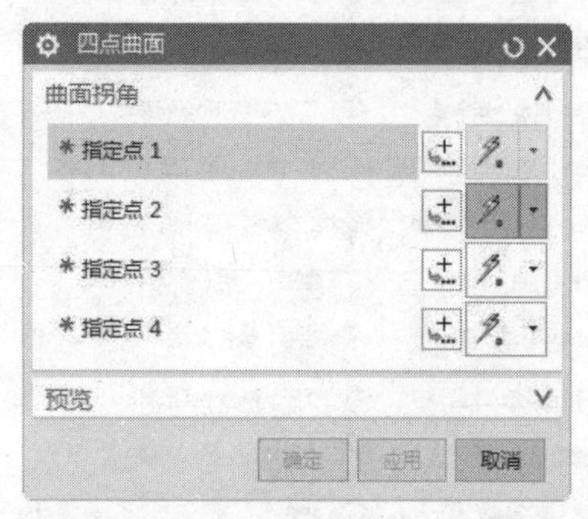

图 9-71 【四点曲面】对话框

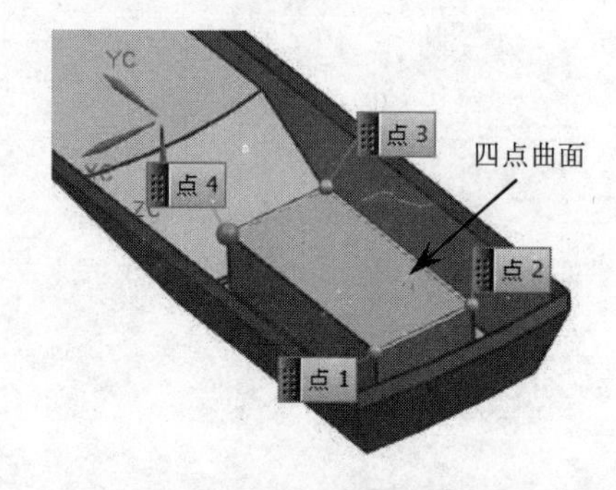

图 9-72 创建四点曲面

技巧点拨：

在创建四点曲面时，注意选择参考点的顺序。不能间隔选择参考点，否则不能正确创建曲面，并出现警报信息，如图 9-73 所示。

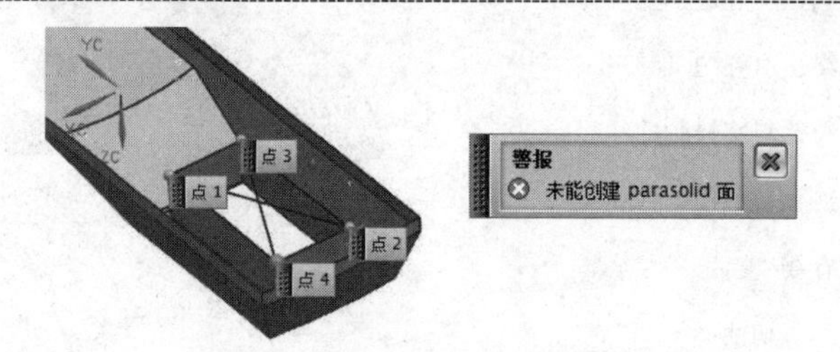

图 9-73 不能正确创建四点曲面

9.4.2 有界平面

使用【有界平面】命令可创建由一组端相连的平面曲线封闭的平面片体。曲线必须共面且形成封闭形状。要创建一个有界平面，必须建立其边界，并且在必要时定义所有的内部边界（孔）。

在【曲面】组中单击【有界平面】按钮，弹出【有界平面】对话框，如图 9-74 所示。

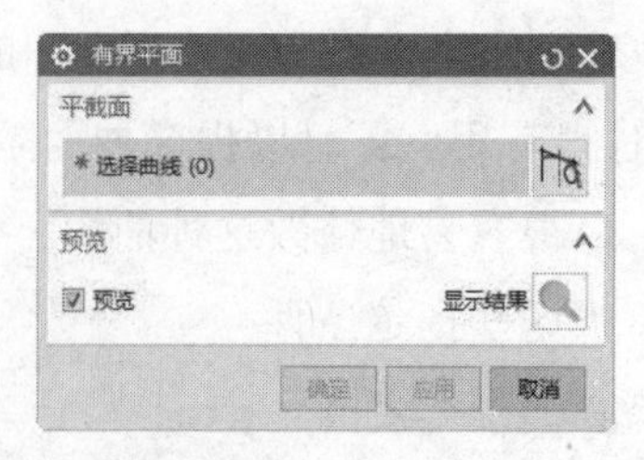

图 9-74 【有界平面】对话框

如图 9-75 所示为两种不同的有界平面创建方法。

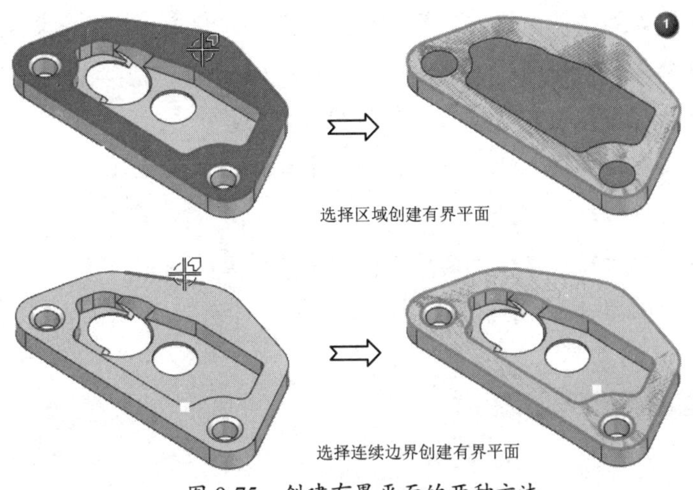

图 9-75 创建有界平面的两种方法

9.4.3 过渡曲面

使用【过渡】命令可以在两个或多个截面曲线相交的位置创建一个过渡特征。

在【曲面】组中单击【过渡】按钮，弹出【过渡】对话框，如图 9-76 所示。

通过该对话框可以在截面相交处设定相切或曲率条件，也可以设定不同的截面单元数目。

如图 9-77 所示为通过三个截面来构建的过渡曲面。

图 9-76 【过渡】对话框

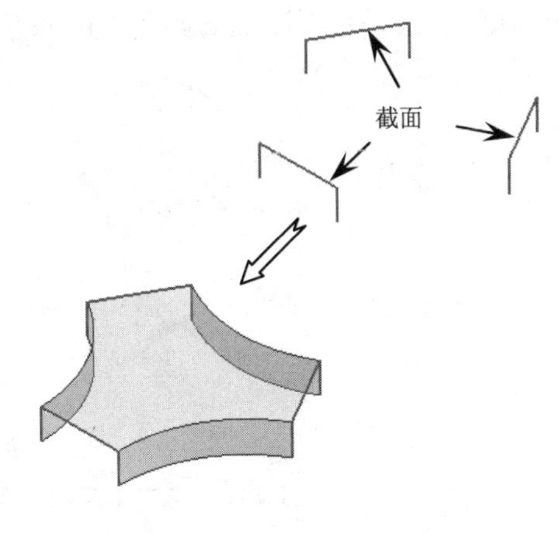

图 9-77 创建过渡曲面特征

9.4.4 条带构建器

【条带构建器】是指选择曲线、边等轮廓，按指定的矢量偏置后而生成的带状曲面。在【曲面】组中单击【条带构建器】按钮，弹出【条带】对话框，如图 9-78 所示。

对话框中的各选项含义如下：

- 【轮廓】选项区：定义条带曲面形状的轮廓，如曲线、边等。

- 【偏置视图】选项区：查看偏置轮廓的视图，此视图一定与轮廓偏移方向垂直。
- 距离：轮廓偏移的距离。
- 反向：单击此按钮，矢量方向更改为相反方向。
- 角度：在文本框中输入值，轮廓将与矢量成一定角度进行偏移。
- 距离公差：偏移距离时产生的误差。
- 角度公差：成一定角度进行偏移时所产生的误差。

如图 9-79 所示为条带曲面创建的过程。

图 9-78 【条带】对话框

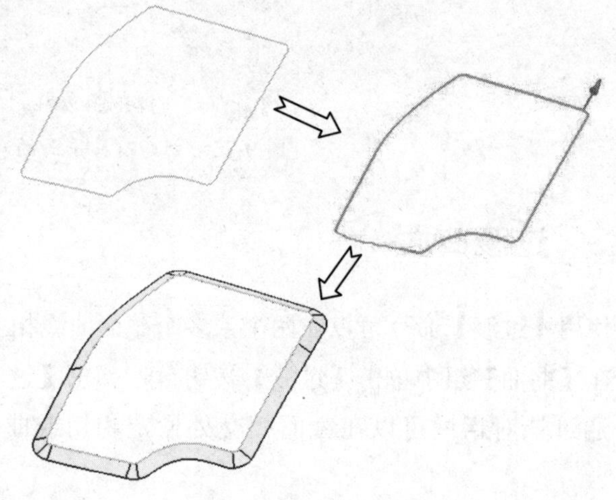

图 9-79 创建条带曲面

如图 9-80 所示为采用不同距离和角度的条带曲面结果。

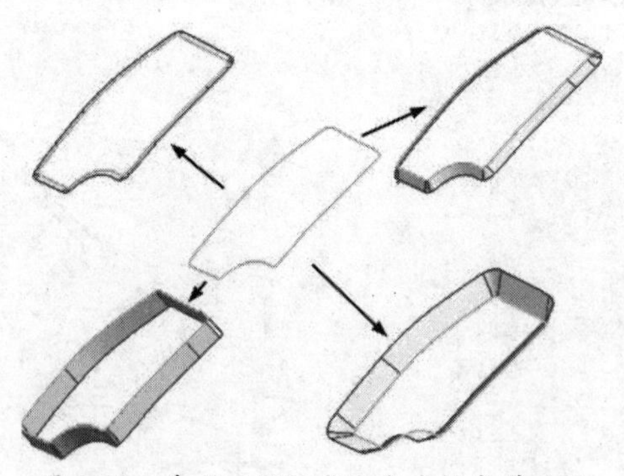

图 9-80 采用不同距离和角度的条带曲面

9.5 综合案例——小鸭造型

本案例要创建的小鸭造型如图 9-81 所示。

创建小鸭造型分三个阶段进行：身体造型、头部造型以及尾巴和翅膀的造型。

1. 身体造型

① 新建模型文件。

② 单击【直接草图】组中的【草图】按钮，打开【创建草图】对话框。选择 *ZX* 基准平面为草图平面，进入草图环境中绘制如图 9-82 所示的草图曲线。

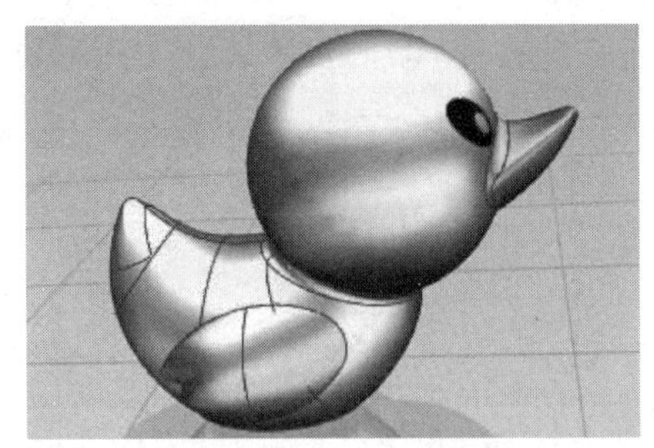

图 9-81 小鸭造型

③ 单击【特征】组中的【拉伸】按钮，打开【拉伸】对话框。选择上一步骤创建的草图曲线作为拉伸截面，创建拉伸开始距离为 0、结束距离为 2 的拉伸片体特征，如图 9-83 所示。

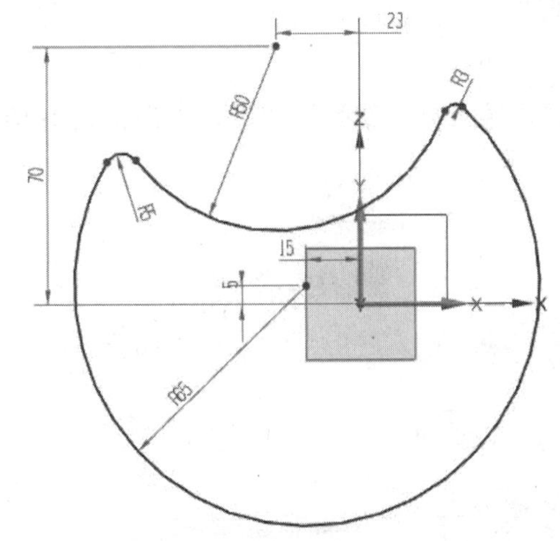

图 9-82 绘制草图曲线

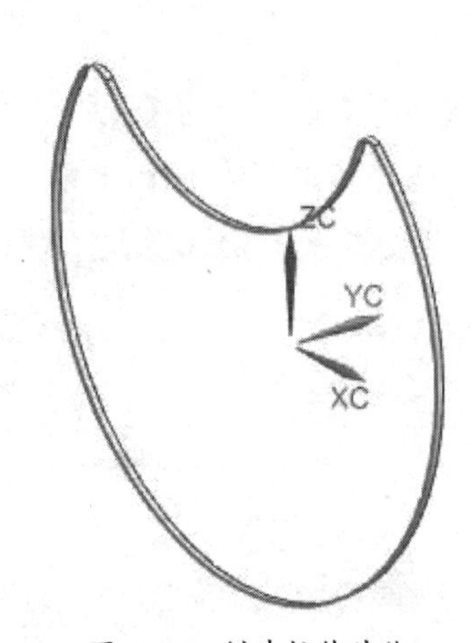

图 9-83 创建拉伸片体

④ 单击【直接草图】组中的【草图】按钮，打开【创建草图】对话框。选择 *ZX* 基准平面为草图平面，进入草图环境中绘制如图 9-84 所示的草图曲线。

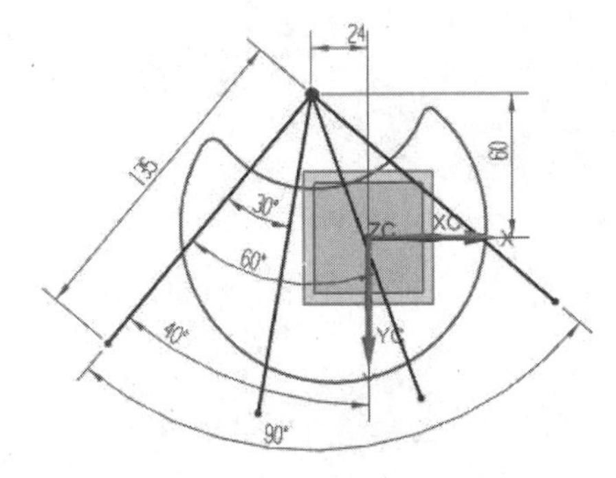

图 9-84 绘制草图曲线

⑤ 单击【曲面操作】组的【更多】命令库中的【分割面】按钮，打开【分割面】对话框，按如图 9-85 所示的步骤完成面的分割。

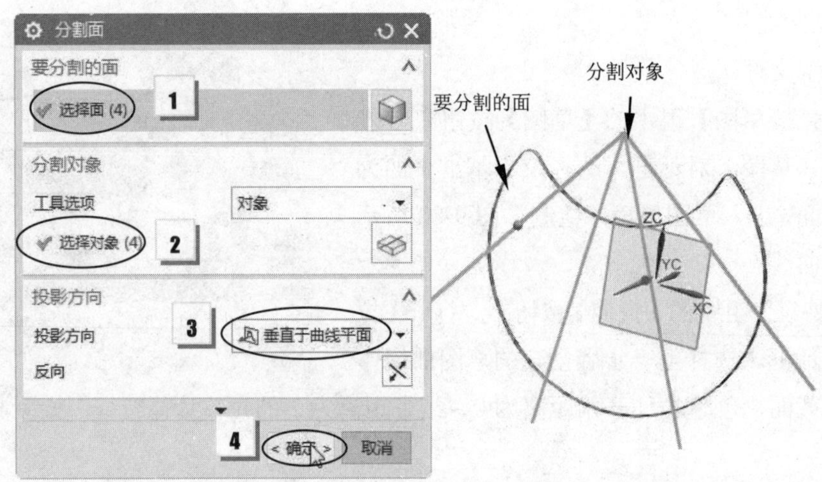

图 9-85 分割面

⑥ 在【曲线】选项卡的【派生曲线】组中单击【桥接曲线】按钮，然后按如图 9-86 所示的操作步骤创建桥接曲线。

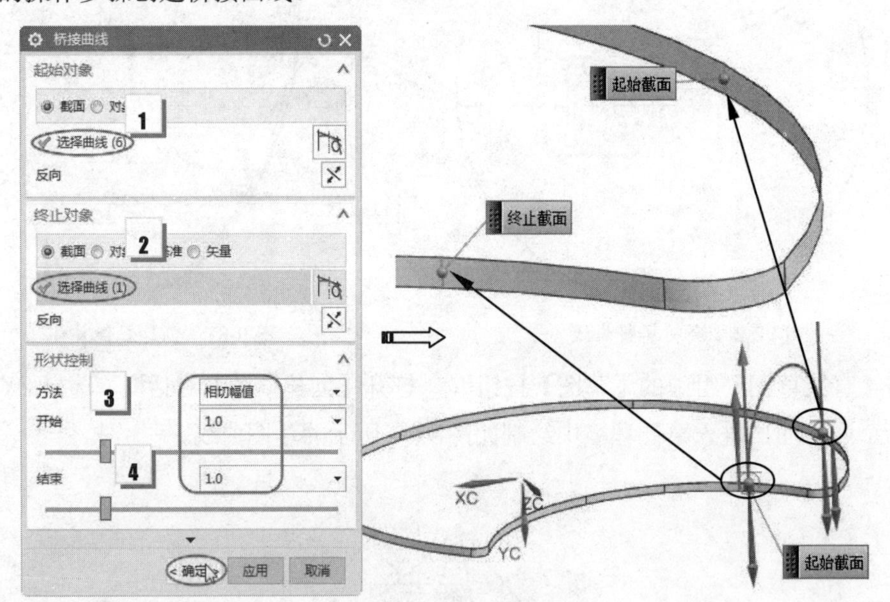

图 9-86 创建桥接曲线

⑦ 以同样的方式再分割面的其余三个位置并分别创建桥接曲线，如图 9-87 所示。

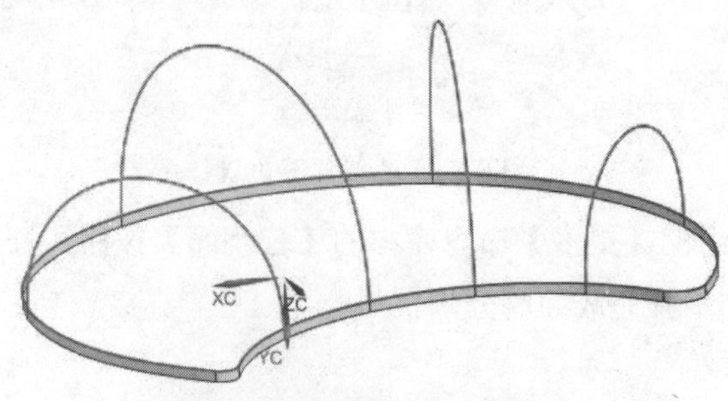

图 9-87 创建其余三条桥接曲线

⑧ 在【曲面】组中单击【通过曲线网格】按钮，打开【通过曲线网格】对话框，按如图 9-88 所示的步骤创建网格曲面。

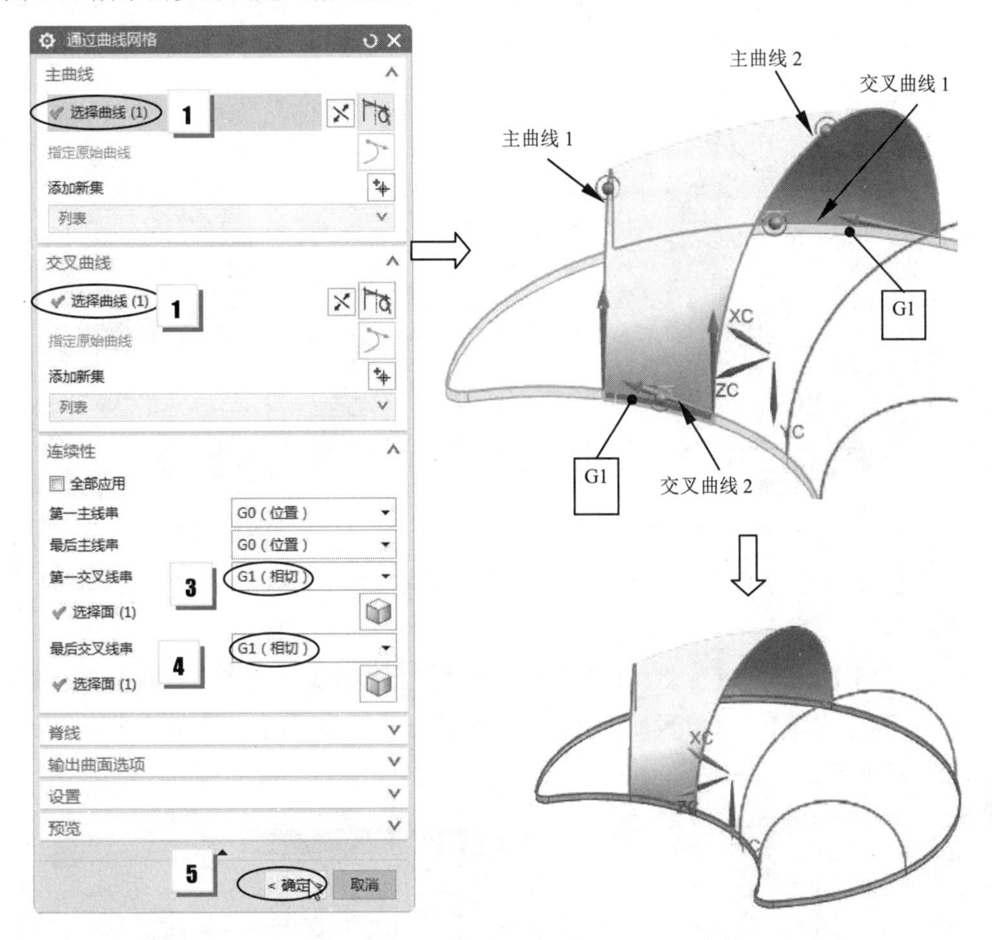

图 9-88　创建网格曲面

⑨ 以同样的方式创建其余三个网格曲面，结果如图 9-89 所示。

⑩ 在【特征】组的【更多】命令库中单击【镜像特征】按钮，选择所有的网格曲面，并将其镜像到另一侧，如图 9-90 所示。

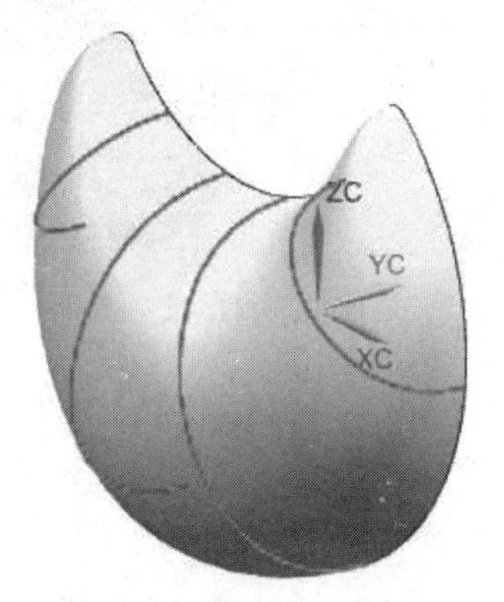

图 9-89　其余三个网格曲面

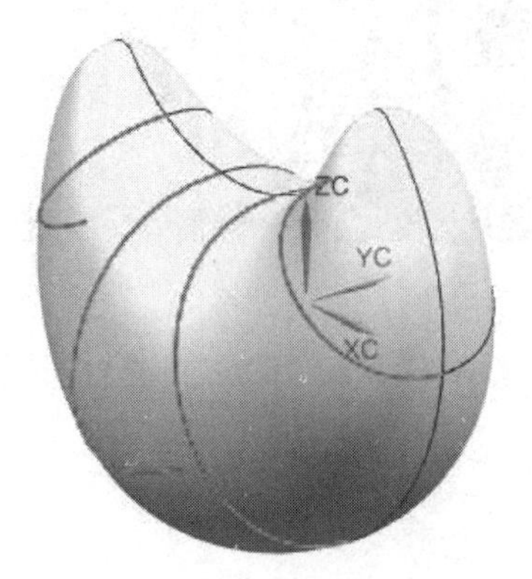

图 9-90　创建镜像特征

2. 头部造型

① 在【直接草图】组中单击【草绘】按钮，选择 *XZ* 平面绘制如图 9-91 所示的圆。

② 单击【特征】组的【设计特征】下拉菜单中的【球】按钮，选择【圆弧】类型，选择上一步骤绘制的圆创建一个球体，如图 9-92 所示。

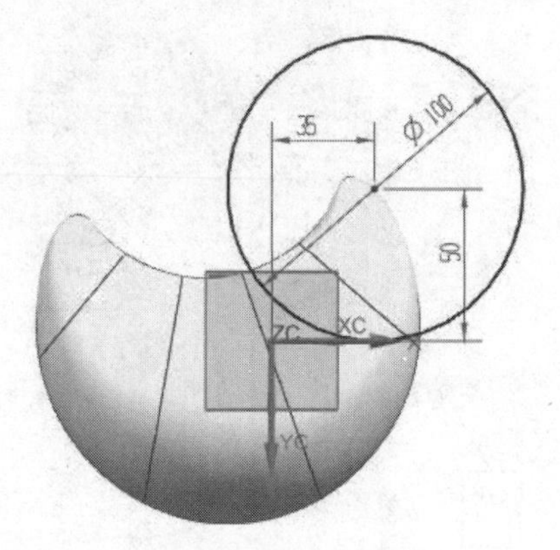

图 9-91　绘制圆

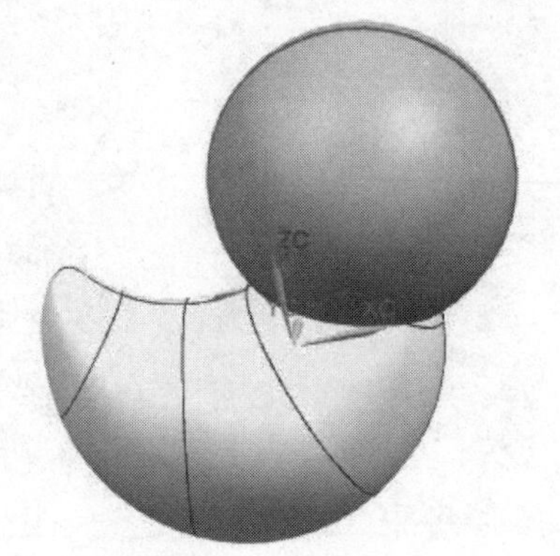

图 9-92　创建球体

③ 利用【直接草图】工具，在 *YZ* 基准平面上绘制如图 9-93 所示的曲线，并退出草图模式。

④ 在【曲线】选项卡的【派生曲线】组中单击【投影曲线】按钮，打开【投影曲线】对话框。然后选择上一步骤绘制的曲线，并将其沿矢量 *XC* 投影到头部的球体表面，结果如图 9-94 所示。

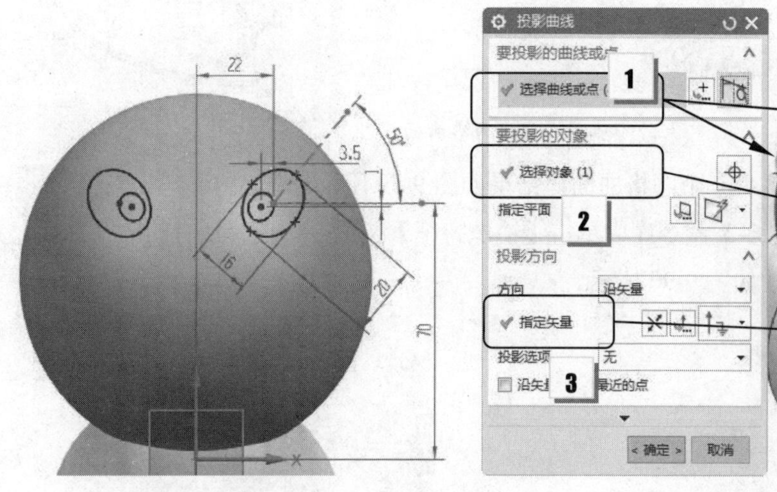

图 9-93　绘制曲线　　图 9-94　创建投影曲线

⑤ 利用【分割面】工具用投影的曲线分割球体表面，并改变各自的颜色，如图 9-95 所示。

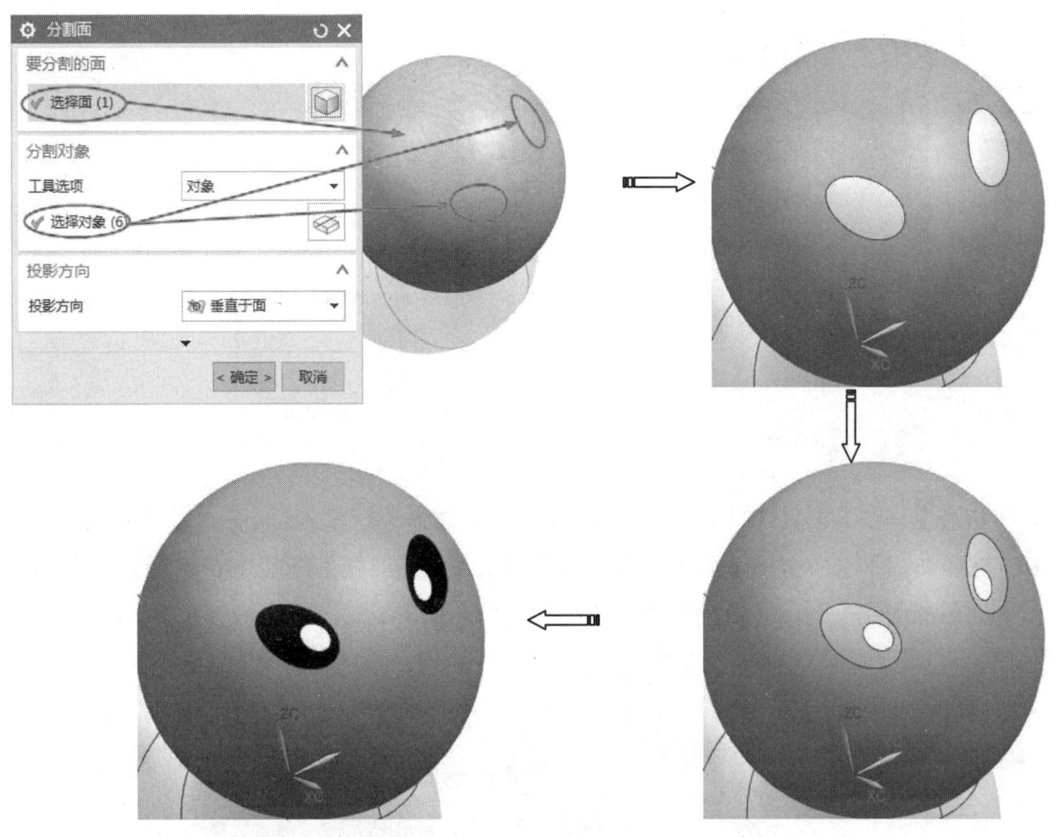

图 9-95 分割面

⑥ 利用【草图】工具在 *YZ* 平面上绘制如图 9-96 所示的草图曲线，并退出草图模式。

⑦ 利用【投影】工具将上一步骤绘制的曲线投影到头部的球体表面，如图 9-97 所示。

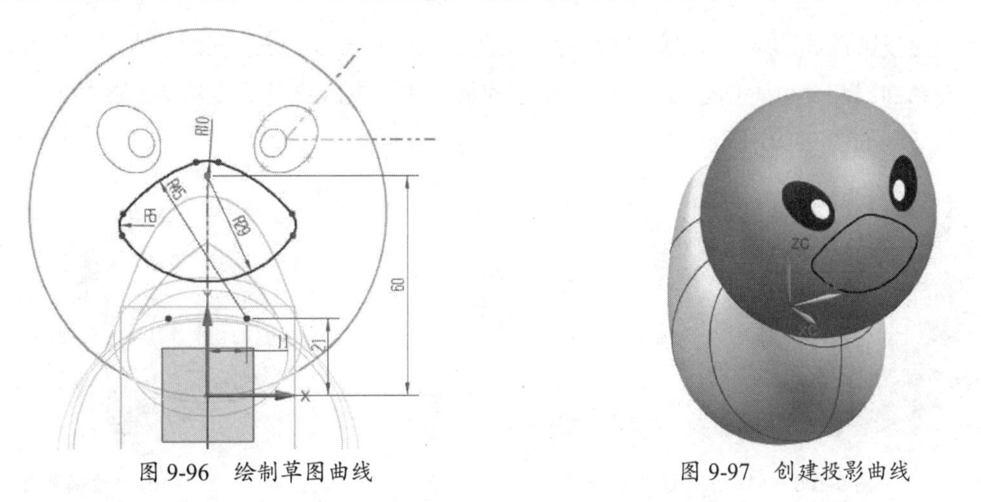

图 9-96 绘制草图曲线　　图 9-97 创建投影曲线

⑧ 将视图切换到前视图，在【曲线】选项卡的【派生曲线】组中单击【抽取曲线】按钮，打开【抽取曲线】对话框，按如图 9-98 所示的操作步骤抽取曲线。

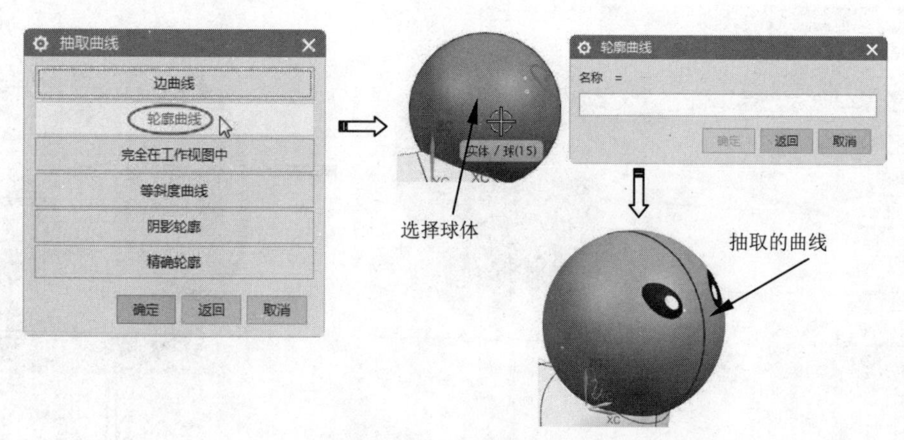

图 9-98 抽取曲线

⑨ 利用【草图】工具选择 *XZ* 平面为草绘平面，进入草绘模式。

⑩ 在【曲线】选项卡的【派生曲线】组中单击【投影曲线】按钮，选择如图 9-99 所示的草图曲线投影，并将投影的曲线转化为基准线。

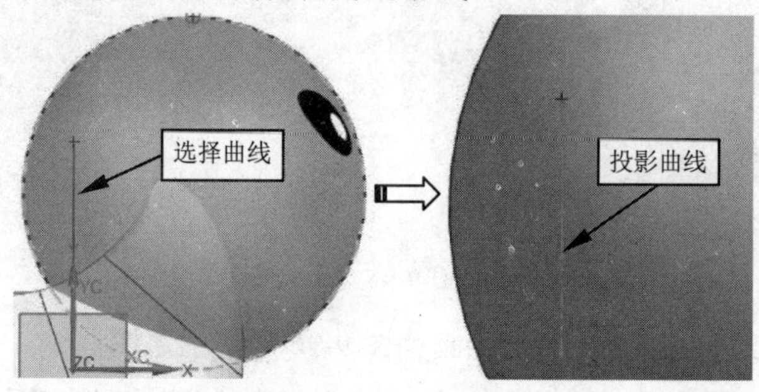

图 9-99 创建投影曲线

⑪ 利用投影曲线的端点作为定位参考绘制两条水平基准线，然后在两条水平基准线与球面轮廓曲线相交位置创建两个点，且将创建的水平基准线进行固定约束，如图 9-100 所示。

⑫ 再绘制如图 9-101 所示的草图，退出草绘模式。

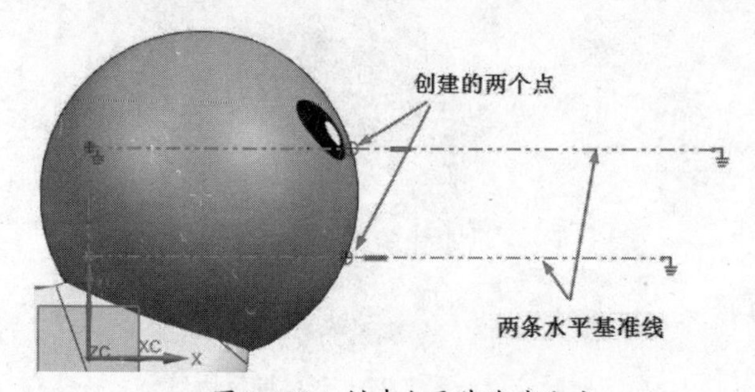

图 9-100 创建水平基准线和点

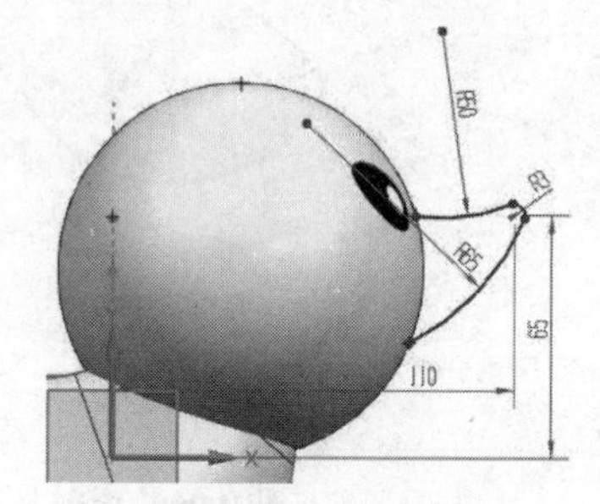

图 9-101 绘制草图

⑬ 在【曲线】选项卡中单击【艺术样条】按钮，通过如图 9-102 所示的三个点创建一条艺术样条曲线。

⑭ 在【曲线】选项卡中单击【点】按钮，打开【点】对话框，按如图 9-103 所示的步骤创建基准点。

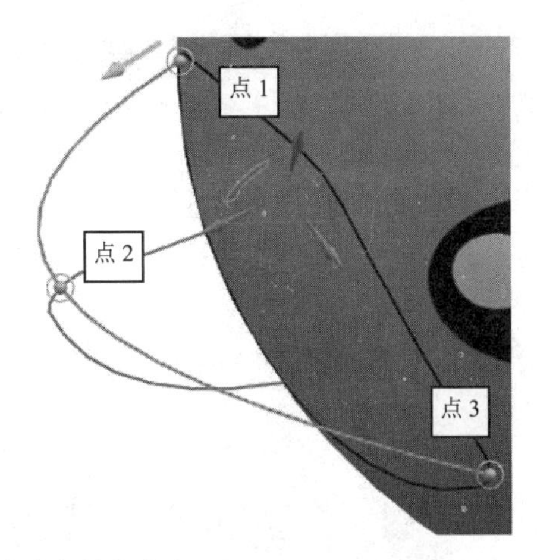

图 9-102 创建艺术样条曲线

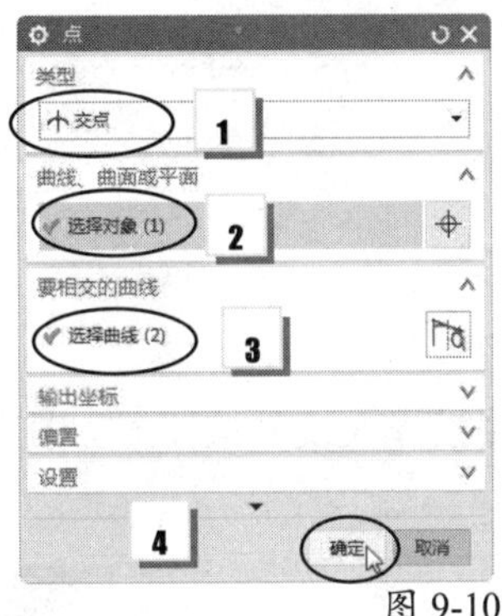

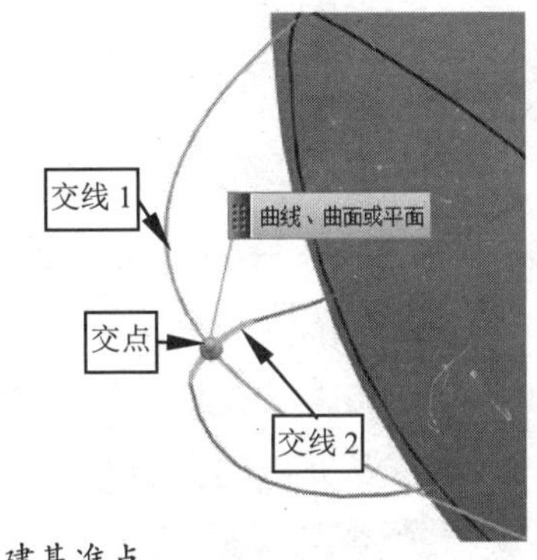

图 9-103 创建基准点

⑮ 利用【通过曲线网格】命令创建小鸭的嘴巴，如图 9-104 所示。

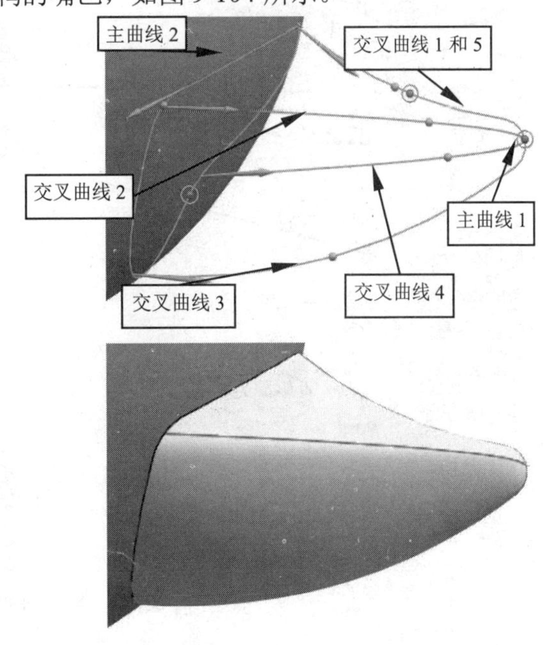

图 9-104 创建小鸭的嘴巴

技巧点拨：

主曲线 1 选择的是一个点，此点为上一步骤创建的基准点。

3. 尾巴和翅膀的创建

① 利用【草绘】工具在 *XZ* 平面上绘制如图 9-105 所示的曲线。

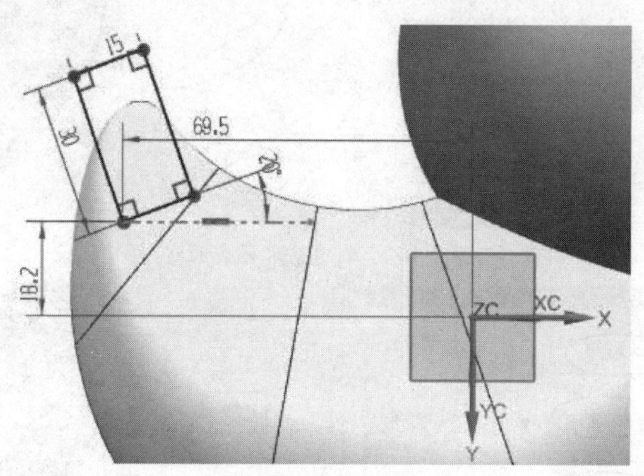

图 9-105 绘制曲线

② 在【曲线】选项卡的【派生曲线】组中单击【投影曲线】按钮，按如图 9-106 所示的步骤创建投影曲线，并以同样的方式投影至另一侧。

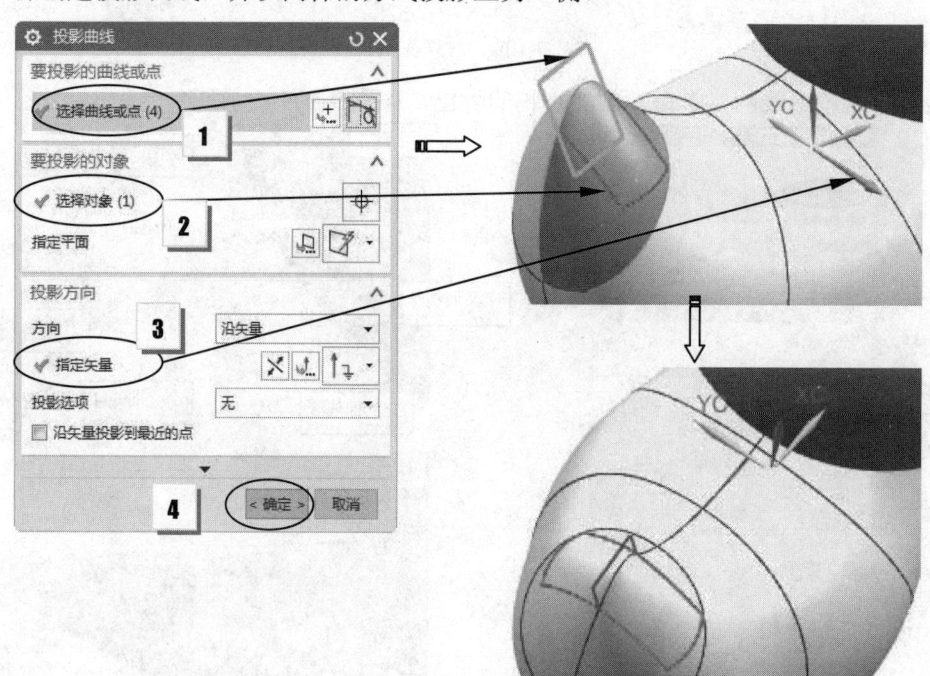

图 9-106 创建投影曲线

③ 在【曲面操作】组中单击【修剪片体】按钮，按如图 9-107 所示的操作步骤完成片体的修剪。

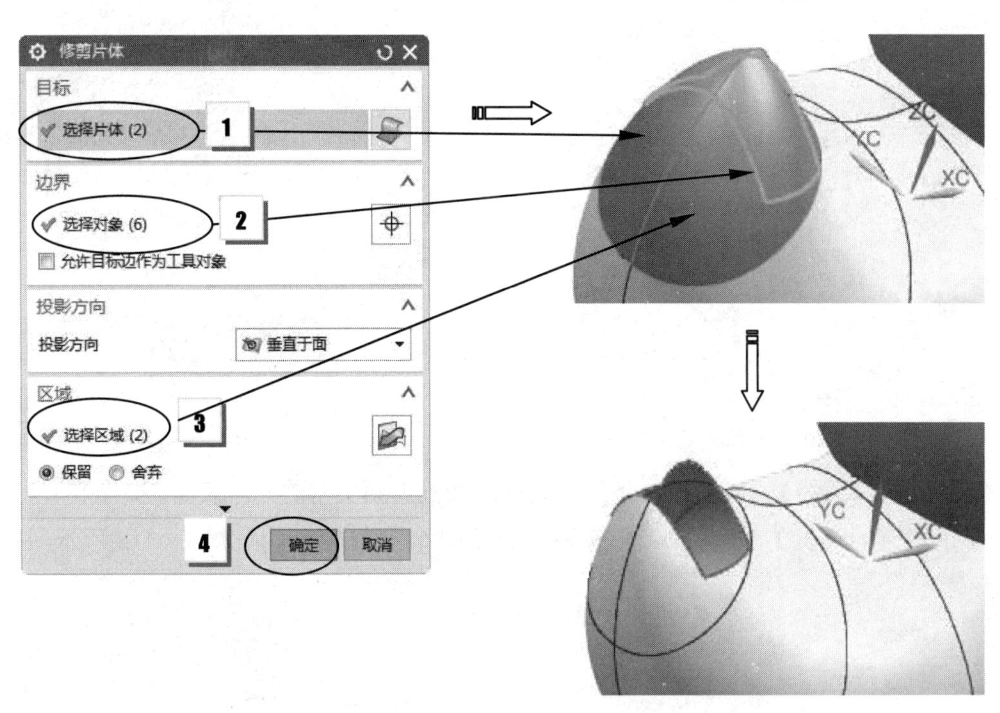

图 9-107 修剪片体

④ 显示拉伸距离为 2 的拉伸特征，并利用【通过曲线网格】工具创建网格曲面，如图 9-108 所示。

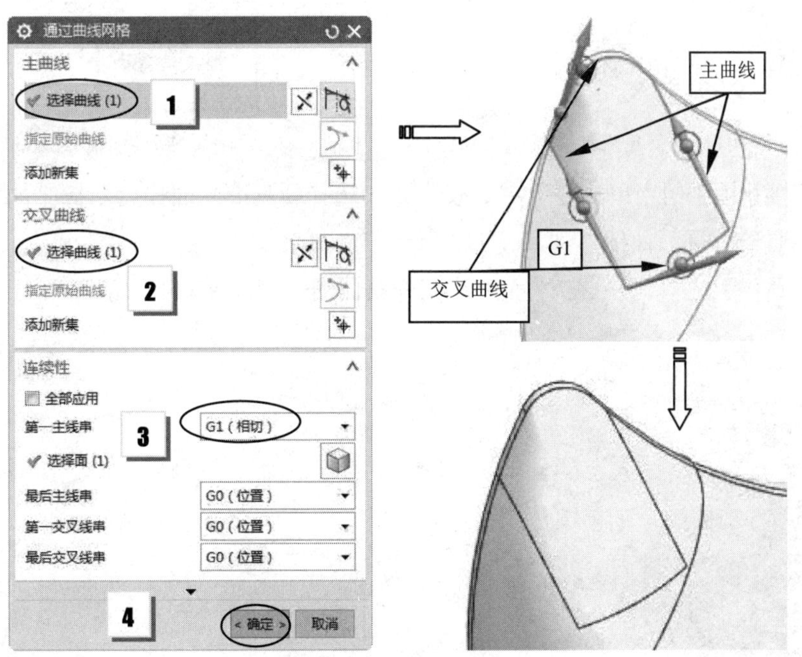

图 9-108 创建网格曲面

⑤ 利用【镜像】工具将刚创建的网格曲面镜像到另一侧。也可以采用同样的方式创建曲面，如图 9-109 所示。

⑥ 利用【草图】工具在 *XZ* 平面上绘制如图 9-110 所示的曲线，退出草图模式。

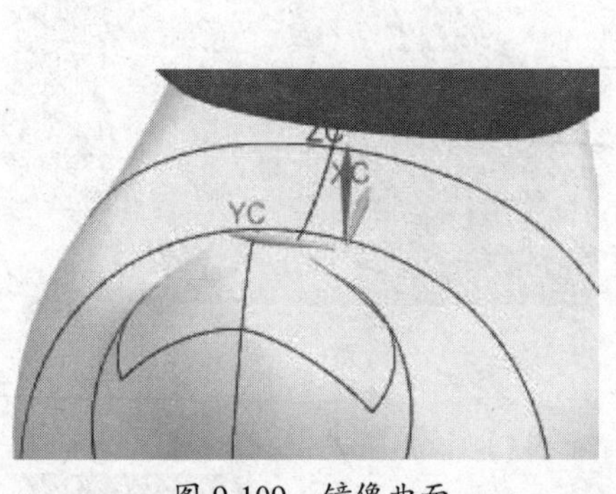

图 9-109　镜像曲面

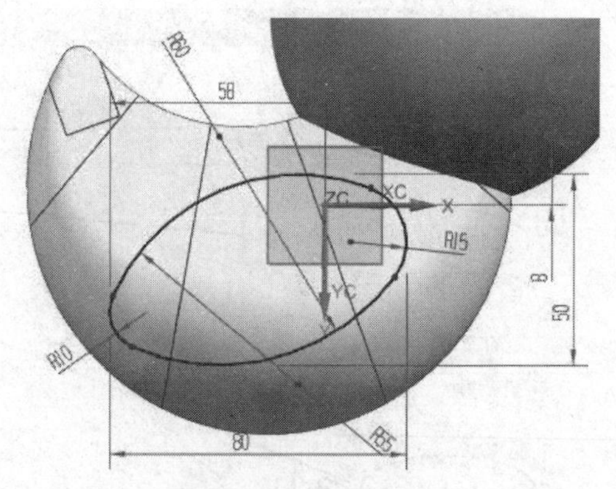

图 9-110　绘制曲线

⑦ 利用【投影曲线】工具将上一步骤绘制的曲线投影到小鸭的身体表面，如图 9-111 所示。

⑧ 利用【基准平面】工具将 *YZ* 平面偏置 15 创建一个基准平面，如图 9-112 所示。

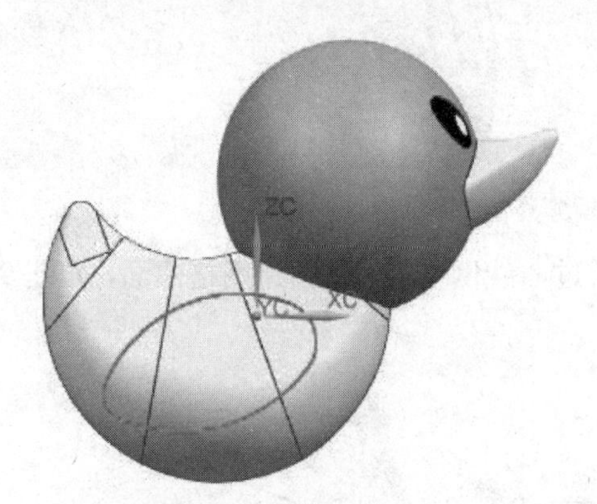

图 9-111　创建投影曲线

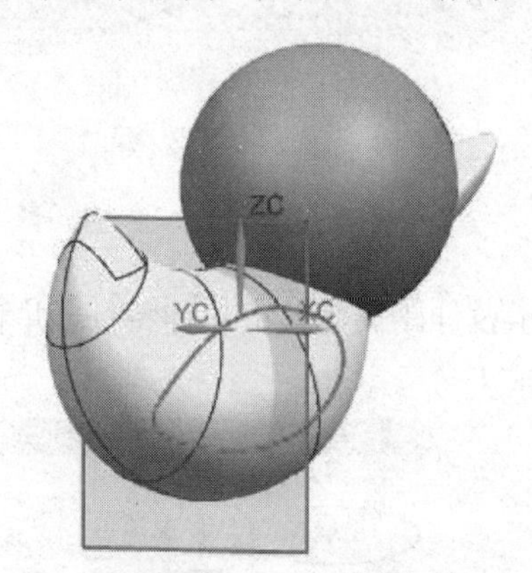

图 9-112　创建基准平面

⑨ 在【直接草图】组中单击【草图】按钮，选择新基准平面作为草图平面，再利用【圆弧】工具绘制圆弧曲线，如图 9-113 所示。

⑩ 利用【草图】工具，在 *XZ* 平面上绘制样条曲线，如图 9-114 所示。

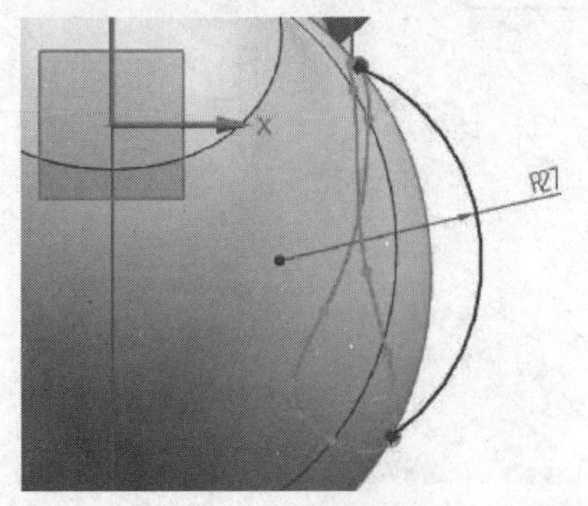

图 9-113　绘制圆弧曲线

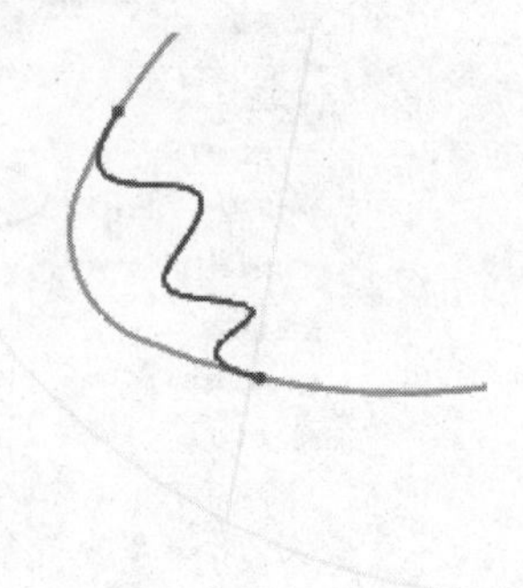

图 9-114　绘制样条曲线

⑪ 利用【投影】命令将样条曲线投影至小鸭身体表面。

⑫ 利用【通过曲线网格】工具，按如图 9-115 所示的操作步骤创建网格曲面。

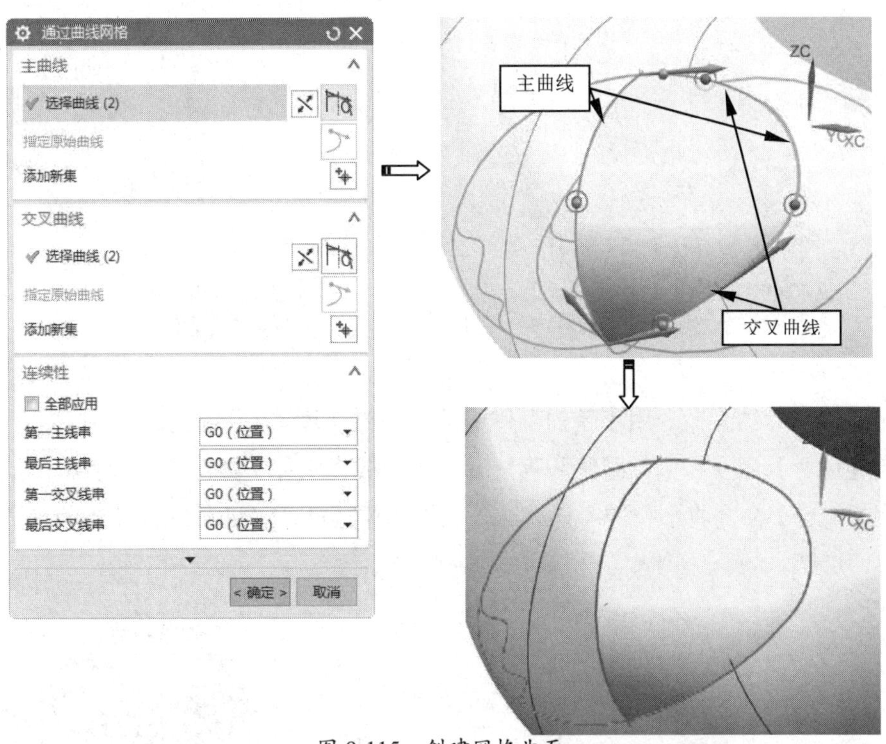

图 9-115 创建网格曲面

⑬ 以同样的方式创建另一只翅膀，结果如图 9-116 所示。

⑭ 将两曲面缝合，并镜像到身子的另一侧，如图 9-117 所示。

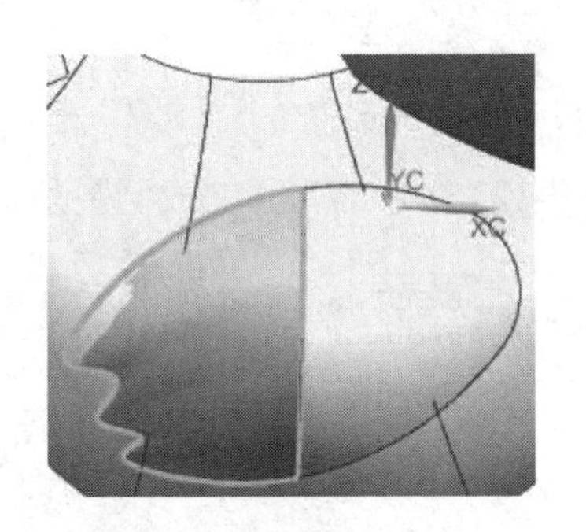

图 9-116 创建另一只翅膀

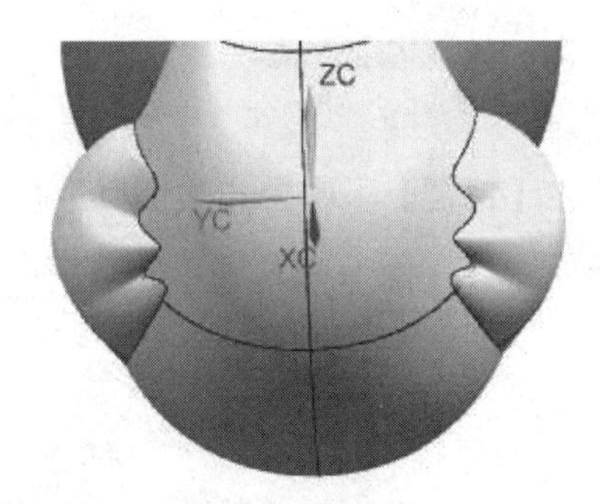

图 9-117 缝合并镜像曲面

⑮ 利用【基准平面】工具以【某一距离】的方式将 *XY* 平面向下偏移 50，再用创建的基准平面来修剪小鸭的身体，结果如图 9-118 所示。

⑯ 利用【特征】组中的【抽取几何特征】命令将头和眼睛的面抽取并将球体隐藏，如图 9-119 所示。

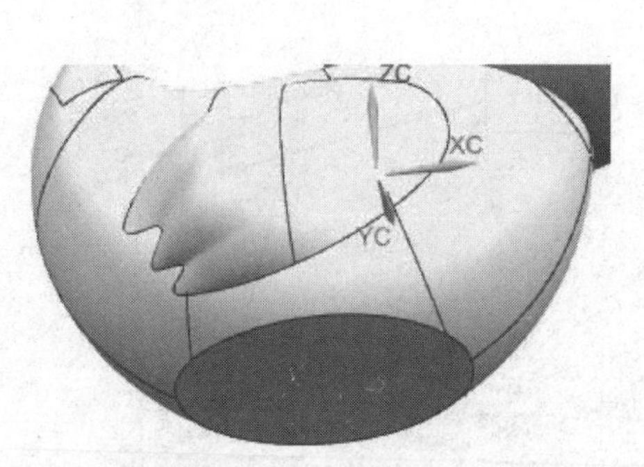

图 9-118 修剪片体

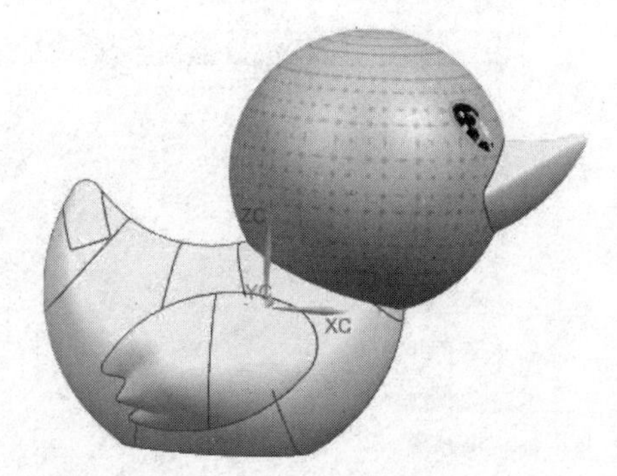

图 9-119 抽取几何特征

⑰ 利用【修剪片体】命令用小鸭的嘴修剪抽取的头部片体。

⑱ 利用【缝合】命令将头、眼睛和嘴进行缝合，成为实体，如图 9-120 所示。

⑲ 利用【缝合】命令将小鸭的身体缝合，成为实体特征，并将身体与头部合并，结果如图 9-121 所示。

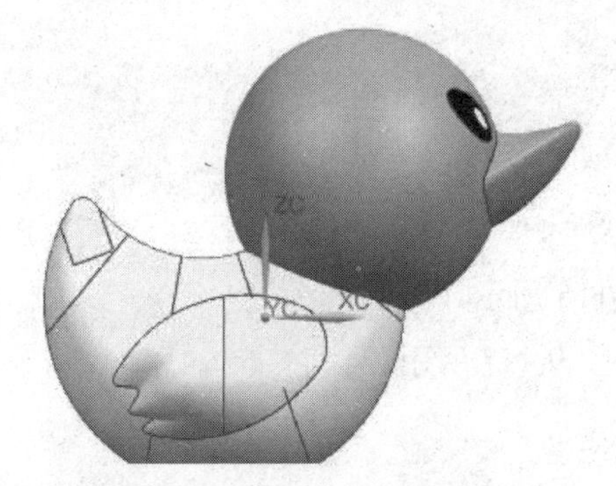

图 9-120 缝合头部

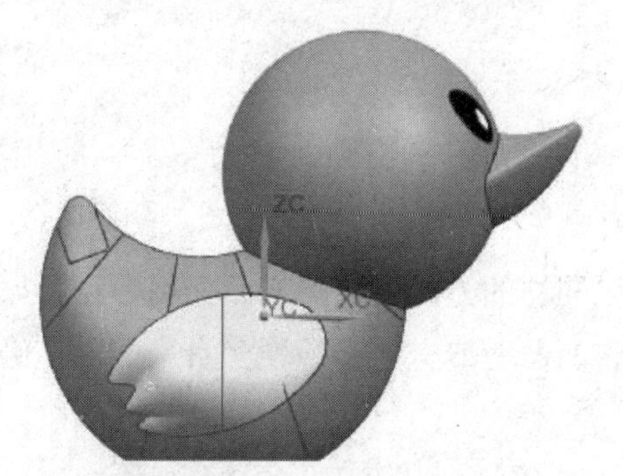

图 9-121 缝合身体并与头部合并

⑳ 单击【特征】组中的【边倒圆】按钮，按如图 9-122 所示的步骤完成倒圆角。改变小鸭子身体各部分的颜色，完成造型。

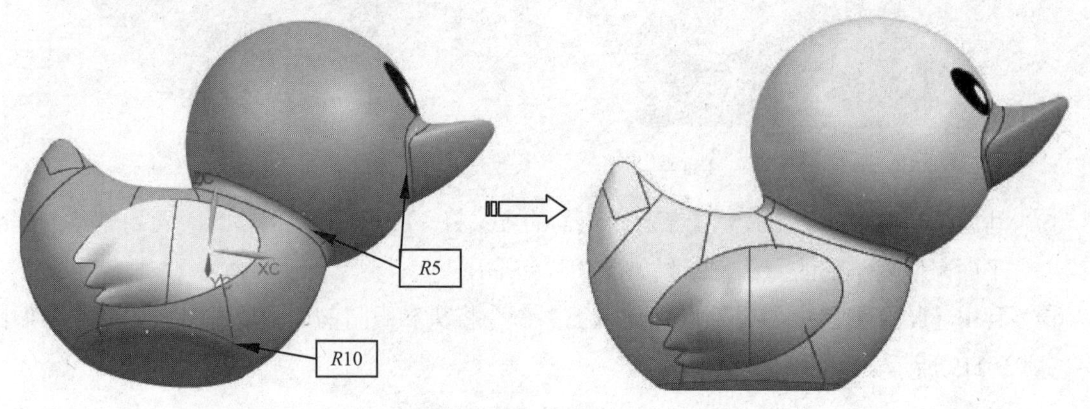

图 9-122 倒圆角

CHAPTER 10

曲面操作与编辑

本章导读

本章我们将学习 UG 曲面编辑、操作功能，包括曲面修剪与组合、关联复制、曲面的圆角及斜角操作等。

学习要点

☑ 曲面的修剪与组合

☑ 曲面的偏置

☑ 曲面的编辑

扫码看视频

10.1 曲面的修剪与组合

曲面的修剪与组合工具都是曲面的编辑工具，是曲面的布尔运算。在曲面造型过程中，这些工具作为后期处理工具，完成整个造型工作。

10.1.1 修剪片体

【修剪片体】命令能同时修剪多个片体。命令的输出可以是分段的，并且允许创建多个最终的片体。修剪的片体在选择目标片体时，光标的位置同时也指定了区域点。如果曲线不在曲面上，可以不额外进行投影操作，修剪的片体内部可以设置投影矢量。关于投影的具体选项如表 10-1 所示。

表 10-1 投影选项

垂直于面	用于定义投影方向或者沿着面法向压印的曲线或边。如果定义投影方向的对象发生更改，则得到的修剪曲面体会随之更新。否则，投影方向是固定的。
垂直于曲线平面	用于将投影方向定义为垂直于曲线平面。
沿矢量	用于将投影方向定义为沿矢量。如果选择 *XC* 轴、*YC* 轴或 *ZC* 轴作为投影方向，则当你更改工作坐标系 (WCS) 时，应该重新选择投影方向。
指定矢量	只对于投影方向的沿矢量类型可用。 用于定义投影方向的矢量。
反向	只对于投影方向的沿矢量类型可用。 使选定的矢量方向反向。
投影两侧	只对于投影方向的沿矢量和垂直于曲线平面类型可用。 用于使矢量沿选定片体的两侧进行投影。

执行菜单栏中的【插入】|【修剪】|【修剪片体】命令，弹出【修剪片体】对话框。

移动光标到绘图区，选择要修剪的片体，单击【边界】选项区中的【选择对象】按钮选择对象，如曲线、边缘、片体、基准平面等，单击【确定】按钮，退出【修剪片体】对话框，操作步骤如图 10-1 所示。

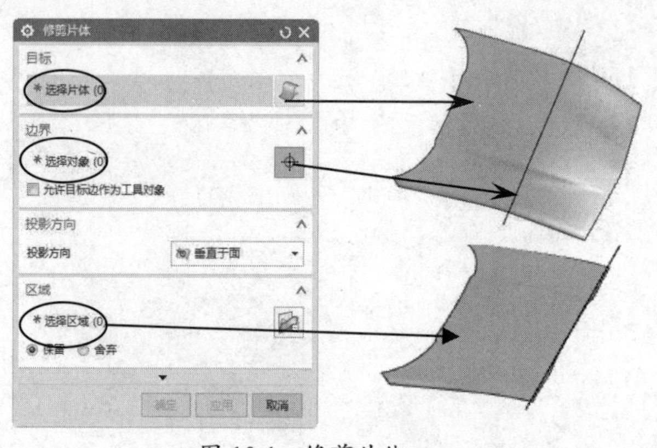

图 10-1 修剪片体

技巧点拨：

选择要修剪的片体，单击的位置就是保留或舍弃的区域点。

上机实践——绘制轮毂

本例要绘制如图 10-2 所示的轮毂图形。

① 新建模型文件。

② 动态旋转 WCS。双击坐标系，弹出坐标系操控把手和参数输入框，动态旋转 WCS，如图 10-3 所示。

图 10-2 轮毂

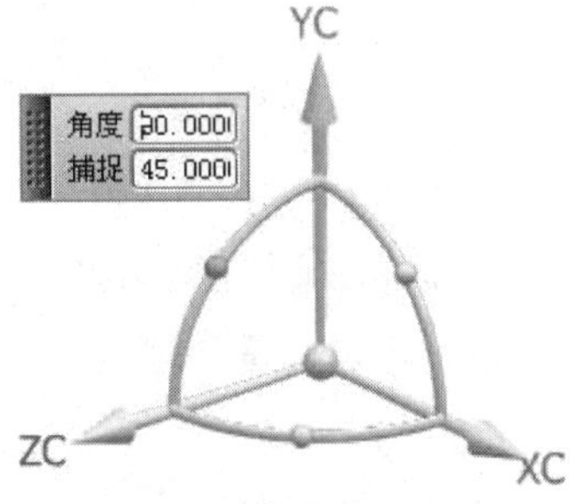

图 10-3 动态旋转 WCS

③ 绘制直线。执行菜单栏中的【插入】|【曲线】|【基本曲线】命令，弹出【基本曲线】对话框。设置【类型】为【直线】，直线端点分别为（245,70,0）和（245,-70,0），结果如图 10-4 所示。

④ 绘制圆弧。在【曲线】选项卡中单击【圆弧/圆】按钮，弹出【圆弧/圆】对话框。选择【三点画圆弧】类型，选取直线两个端点分别作为圆弧的起点和终点，设置支持平面为 *XC-ZC* 平面，选择中点选项为【半径】，输入半径值 500，最后单击【圆弧/圆】对话框中的【确定】按钮，完成圆弧曲线的绘制，如图 10-5 所示。

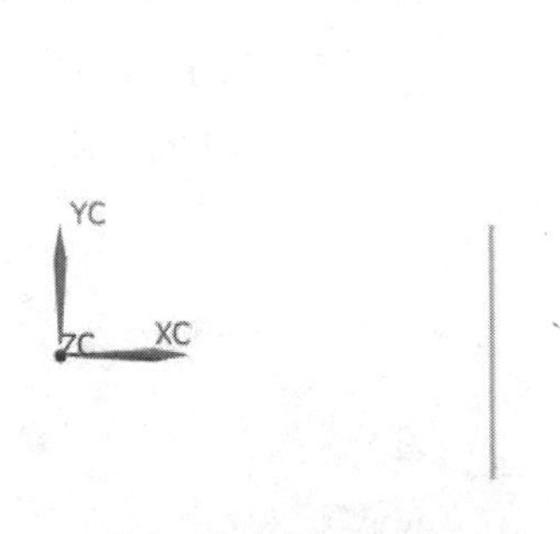

图 10-4 绘制直线

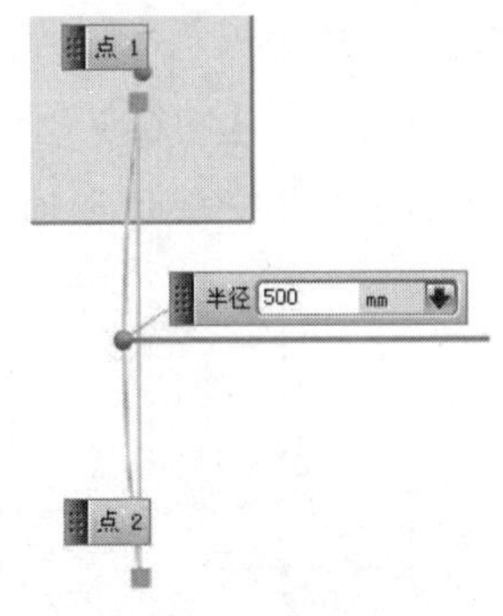

图 10-5 绘制圆弧

⑤ 绘制直线。执行菜单栏中的【插入】|【曲线】|【基本曲线】命令，弹出【基本曲线】对话框。设置【类型】为【直线】，长度分别为 15、7、8，结果如图 10-6 所示。

⑥ 绘制直线。执行菜单栏中的【插入】|【曲线】|【基本曲线】命令，弹出【基本曲线】对话框。设置【类型】为【直线】，先绘制水平过原点的直线，再绘制水平线的平行线，距离为 50，最后绘制角度为 168° 的直线，结果如图 10-7 所示。

⑦ 绘制圆弧。执行菜单栏中的【插入】|【曲线】|【基本曲线】命令，弹出【基本曲线】对话框。设置【类型】为【圆】，圆心为（0,-380,0），半径为 500，结果如图 10-8 所示。

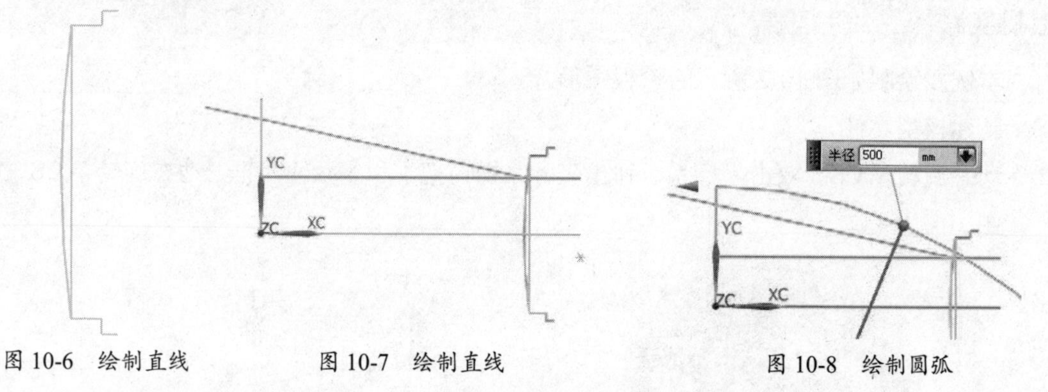

图 10-6　绘制直线　　图 10-7　绘制直线　　图 10-8　绘制圆弧

⑧ 创建旋转曲面。在【特征】组中单击【旋转】按钮，弹出【旋转】对话框。选取刚才绘制的直线，指定矢量和轴点，设置创建为片体，结果如图 10-9 所示。

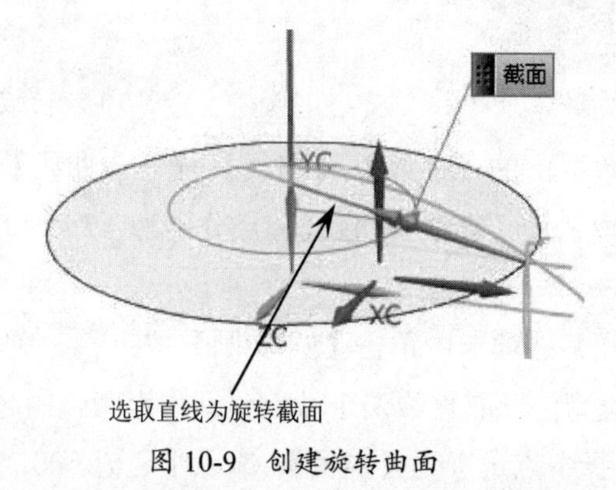

图 10-9　创建旋转曲面

⑨ 创建旋转曲面。在【特征】组中单击【旋转】按钮，弹出【旋转】对话框。选取刚才绘制的圆弧，指定矢量和轴点，设置创建为片体，结果如图 10-10 所示。

⑩ 创建旋转曲面。在【特征】组中单击【旋转】按钮，弹出【旋转】对话框。选取先前绘制的曲线链，指定矢量和轴点，设置创建为片体，结果如图 10-11 所示。

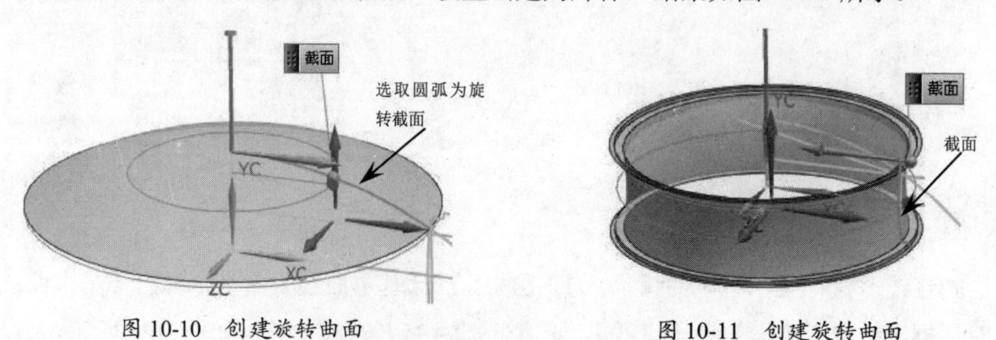

图 10-10　创建旋转曲面　　图 10-11　创建旋转曲面

⑪ 隐藏曲线。按 Ctrl+W 组合键，弹出【显示和隐藏】对话框。选择【曲线】类型再单击【隐藏】按钮━将所有的曲线隐藏，结果如图 10-12 所示。

⑫ 动态旋转 WCS。双击坐标系，弹出坐标系操控把手和参数输入框，动态旋转 WCS，如

图 10-13 所示。

⑬ 绘制草图。在菜单栏中执行【插入】|【在任务环境中插入草图】命令，弹出【创建草图】对话框。选取 *XY* 平面为草图平面，单击【确定】按钮后进入草图环境。在草图环境中绘制如图 10-14 所示的草图曲线。

图 10-12 隐藏曲线

图 10-13 动态旋转 WCS

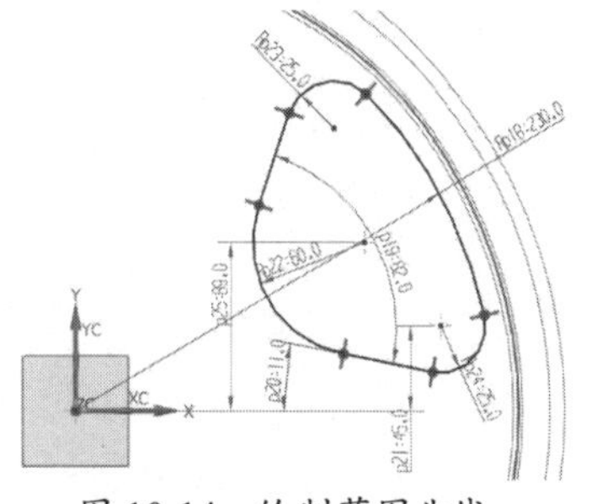

图 10-14 绘制草图曲线

⑭ 创建偏置曲线。在【曲线】选项卡的【派生曲线】组中单击【偏置】按钮，选取上一步骤绘制的草图曲线作为偏置参考，设置偏置距离为 14，确保偏置方向向内，单击【确定】按钮完成偏置曲线的创建，结果如图 10-15 所示。

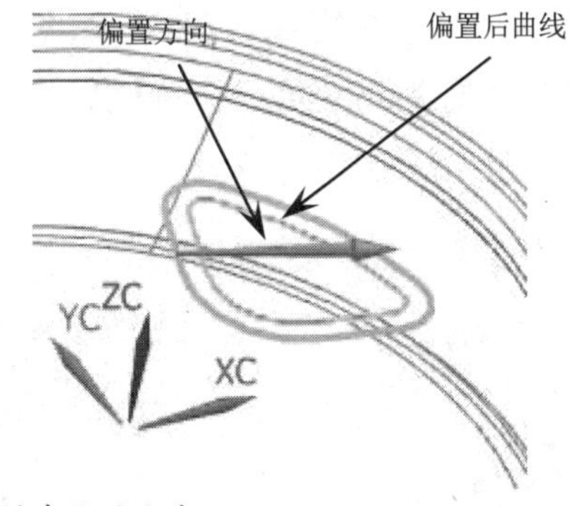

图 10-15 创建偏置曲线

⑮ 创建投影曲线。在【曲线】选项卡的【派生曲线】组中单击【投影曲线】按钮，选取上一步骤创建的偏置曲线作为要投影的曲线，在绘图区中选取要投影的对象并指定投影矢量，单击【确定】按钮完成投影曲线的创建，如图 10-16 所示。

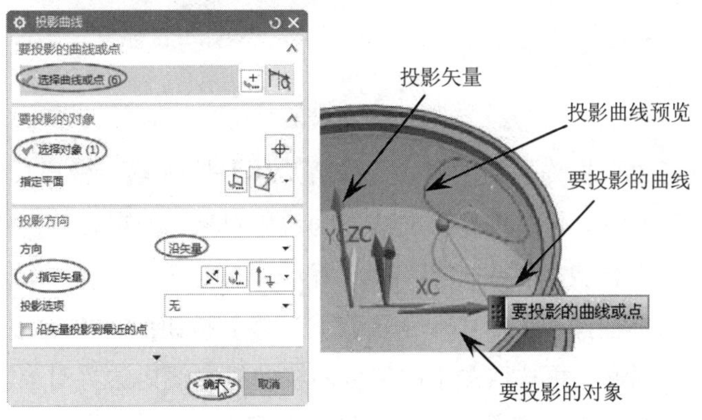

图 10-16 创建投影曲线

⑯ 创建投影曲线。在【曲线】选项卡的【派生曲线】组中单击【投影曲线】按钮，选取步骤 14 中所创建的偏置曲线作为要投影的曲线，再指定投影对象和投影矢量，最后单击【确定】按钮完成操作，结果如图 10-17 所示。

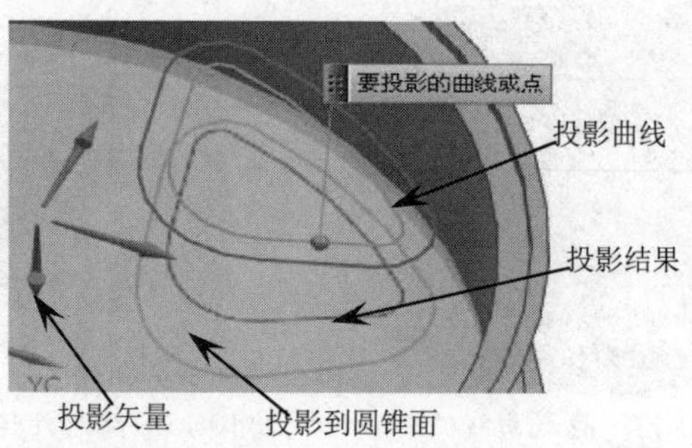

图 10-17 创建投影曲线

⑰ 旋转复制对象。选取投影曲线作为要移动的对象，执行菜单栏中的【编辑】|【移动对象】命令，弹出【移动对象】对话框。在【运动】下拉列表中选择【角度】选项，指定 *ZC* 轴为旋转矢量、指定轴点为坐标系原点，输入旋转角度值 360，单击【复制原先的】单选按钮，设置【距离/角度分割】为 6、【非关联副本数】为 5，最后单击【确定】按钮完成操作，如图 10-18 所示。

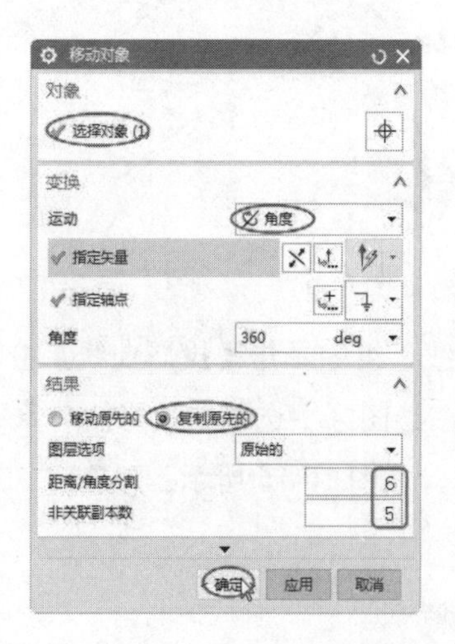

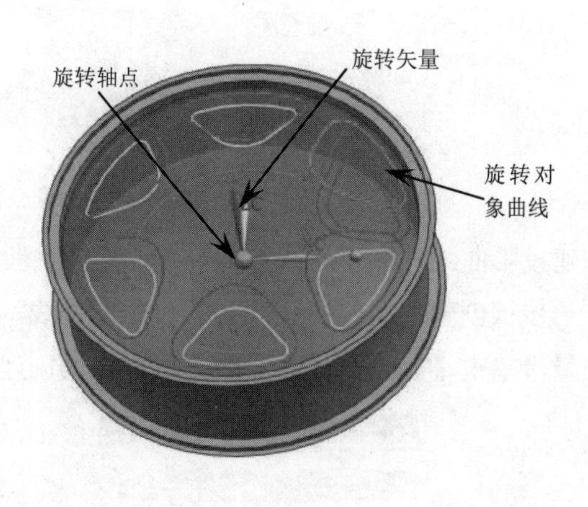

图 10-18 旋转复制对象

⑱ 修剪片体。在【曲面操作】组中单击【修剪片体】按钮，弹出【修剪片体】对话框。选取曲面为目标片体，再选取投影曲线作为边界对象，投影方向为沿指定的矢量，单击【确定】按钮完成修剪，结果如图 10-19 所示。

⑲ 修剪片体。在【曲面操作】组中单击【修剪片体】按钮，弹出【修剪片体】对话框。选取曲面为目标片体，再选取剩下的偏置曲线的投影线为边界对象，投影方向为沿指定的矢量，单击【确定】按钮完成修剪，结果如图 10-20 所示。

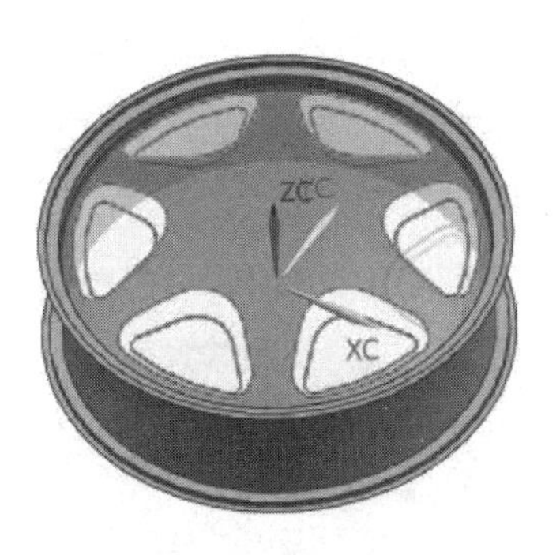

图 10-19　修剪片体

图 10-20　修剪片体

⑳　创建通过曲线组曲面。在【曲面】组中单击【通过曲线组】按钮，弹出【通过曲线组】对话框。依次选取修剪后的边界创建曲面，结果如图 10-21 所示。

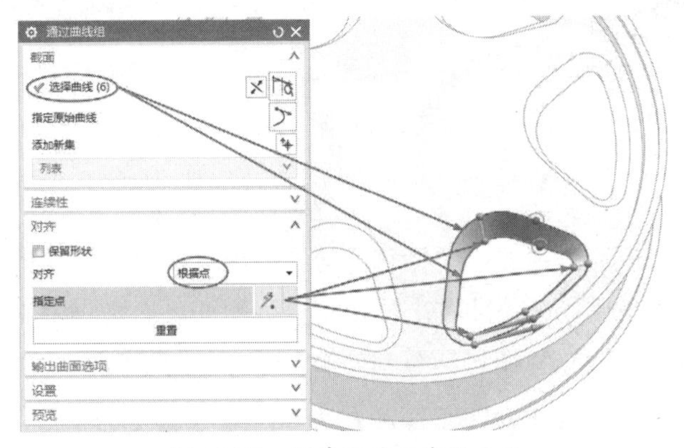

图 10-21　创建通过曲线组曲面

㉑　旋转复制对象。选取上一步创建的曲面作为要移动的对象，执行菜单栏中的【编辑】|【移动对象】命令，弹出【移动对象】对话框。在【运动】下拉列表中选择【角度】选项，指定旋转矢量为 *ZC* 轴、轴点为坐标系原点，输入旋转角度值 360，单击【复制原先的】单选按钮，设置【距离/角度分割】为 6、【非关联副本数】为 5，最后单击【确定】按钮完成旋转复制操作，如图 10-22 所示。

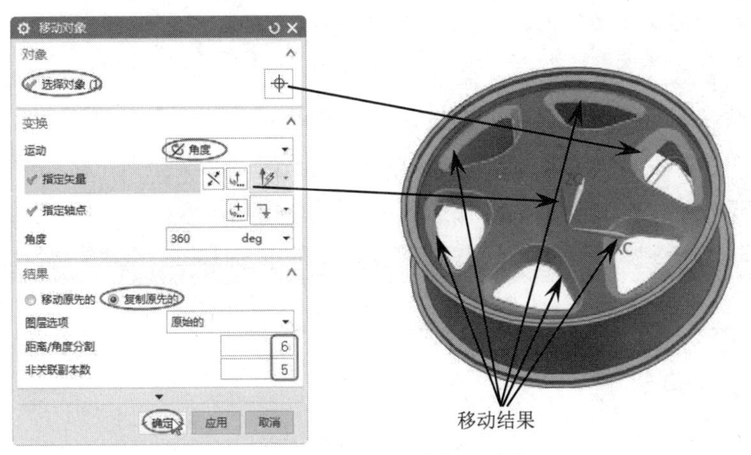

图 10-22　旋转复制对象

㉒ 缝合曲面。执行菜单栏中的【插入】|【组合】|【缝合】命令，弹出【缝合】对话框。选取目标片体，再选取工具片体，单击【确定】按钮完成缝合，结果如图 10-23 所示。

㉓ 隐藏曲线和草图。按 Ctrl+W 组合键，弹出【显示和隐藏】对话框。选择【曲线】和【草图】类型再单击【隐藏】按钮━将所有的曲线和草图隐藏，结果如图 10-24 所示。

图 10-23 缝合曲面

图 10-24 隐藏曲线和草图

10.1.2 分割面

【分割面】命令可以通过曲线、边缘和面等，将现有实体或片体的面（一个或多个）进行分割。分割面通常用于模具、冷冲模上的模型的分型面上。实物本身的几何、物体特性都没有改变。分割对象不一定要紧贴着被分割的面，它可以直接投影到表面进行分割。投影的方法有 3 种：垂直于面、垂直于曲线平面和沿矢量。具体含义如下：

- 垂直于面 ：指定分割对象的投影方向垂直于要分割的选定面。
- 垂直于曲线平面：如果选择多个曲线或边缘作为分割对象，软件会确定它们是否位于同一个平面内。如果是这种情况，投影方向则自动设置为垂直于该平面。
- 沿矢量：指定用于分割面操作的投影矢量。

技巧点拨：

如果选择一个曲线或边缘作为分割对象，系统会区分曲线/边缘所位于的平面，并且投影方向会自动设置为垂直于曲线平面，即垂直于这个平面。如果在同一个操作中选择位于不同平面内的其他曲线/边缘，则会保留先前设置的方向。如果要选择另一方向，则必须用矢量构造器设置新的方向。

单击【曲面操作】组中的【分割面】按钮，弹出【分割面】对话框。

选择要分割的面，在【分割对象】选项区中单击【选择对象】按钮，选择对象。单击【确定】按钮，退出【分割面】对话框，操作步骤如图 10-25 所示。

技巧点拨：

分割对象一定要大于要分割的面，或者封闭，使要分割的面具有完整的边界。

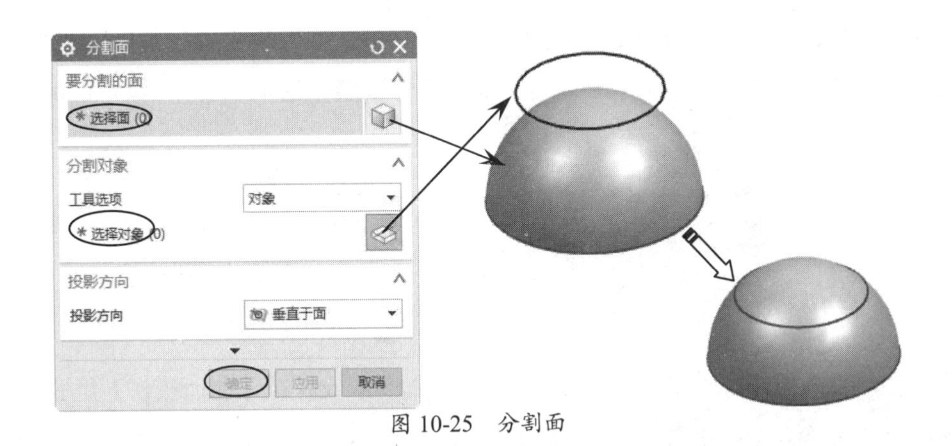

图 10-25　分割面

10.1.3　连结面

【连结面】命令和【分割面】命令是对立的，分割面后可以使用连结面进行连结。连结面有两种子类型：【在同一个面上】和【转换为 B 曲面】。具体含义如下：

- 在同一个面上：在选定片体和实体上移除多余的面、边缘和顶点。
- 转换为 B 曲面：可以用这个选项把多个面连结到一个 B 曲面类型的面上。选定的面必须相互是相邻的，属于同一个实体，符合 U-V 框范围，并且它们连结的边缘必须是等参数的。

执行菜单栏中的【插入】|【组合】|【连结面】命令，弹出【连结面】对话框。

单击【在同一个面上】按钮，弹出【连结面】对话框。移动光标到绘图区，选择要连结的曲面或实体，操作步骤如图 10-26 所示。

技巧点拨：

如果【连结面】命令未能完成任务，就会弹出【错误】对话框，如图 10-27 所示。如果完成任务则没有任何提示。

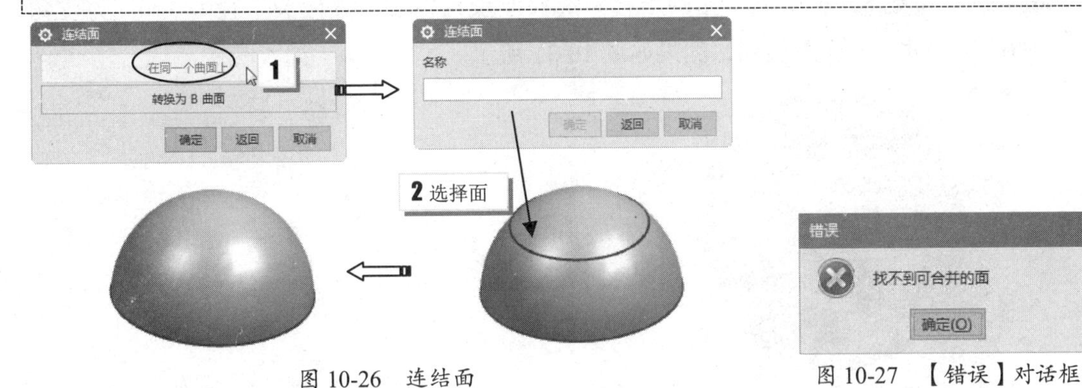

图 10-26　连结面

图 10-27　【错误】对话框

10.1.4　缝合曲面

【缝合】命令将两个或更多片体连结成一个片体。如果这组片体包围一定的体积，则创建一个实体。选定片体的任何缝隙都不能大于指定公差，否则将获得一个片体，而非实体。如果两个实体共享一个或多个公共（重合）面，还可以缝合这两个实体，如图 10-28 所示。

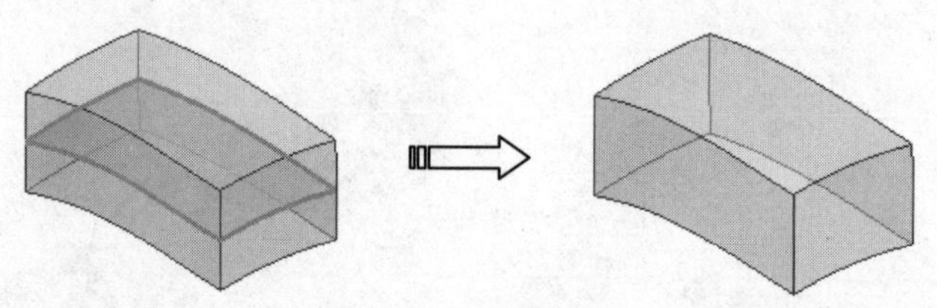

图 10-28　缝合实体

执行菜单栏中的【插入】|【组合】|【缝合】命令，或者在【曲面操作】组的【更多】命令库中单击【缝合】按钮，弹出【缝合】对话框。

移动光标到绘图区，选择任意一个曲面为目标，其他所有的曲面为工具，注意两拉伸辅助面除外。单击【确定】按钮，退出【缝合】对话框，操作步骤如图 10-29 所示。

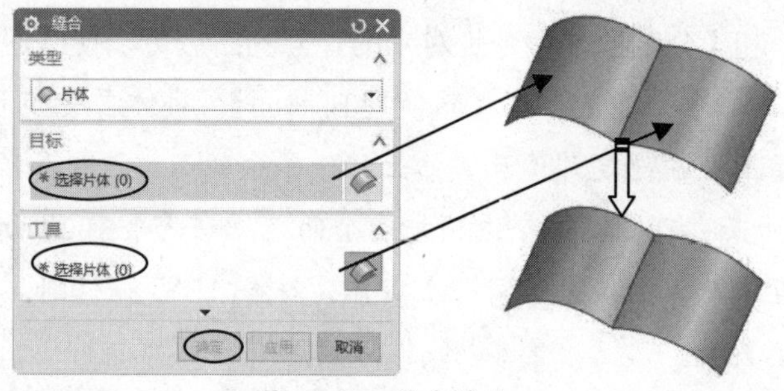

图 10-29　缝合片体

上机实践——绘制多面体

本例要绘制如图 10-30 所示的图形。

① 新建模型文件。

② 绘制八边形。单击【曲线】选项卡中的【多边形】按钮，在弹出的【多边形】对话框中输入边数 8，类型为外接圆半径，选取原点为中心，外接圆半径为 100，方位角为 0°，单击【确定】按钮，结果如图 10-31 所示。

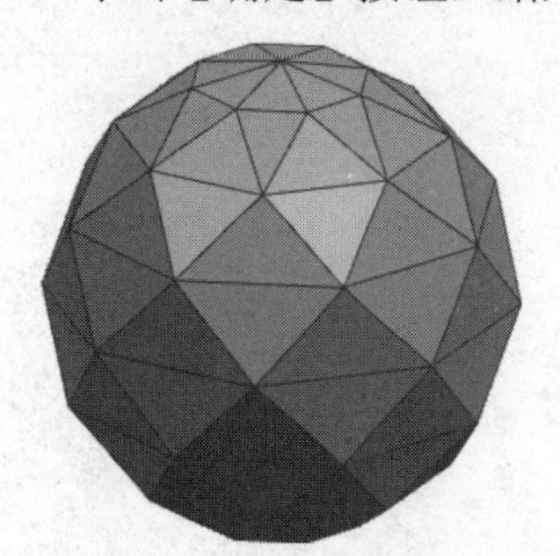

图 10-30　要绘制的图形

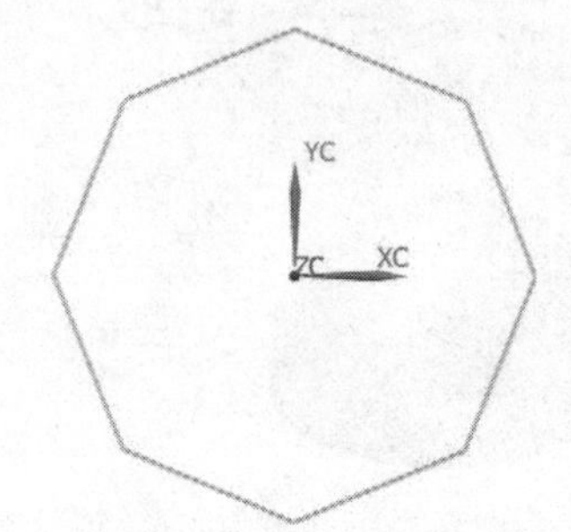

图 10-31　创建八边形

③ 动态旋转 WCS。双击绘图区中的 WCS，弹出坐标系操控把手和参数输入框，设置旋转角度和捕捉角度，完成 WCS 的动态旋转，如图 10-32 所示。

④ 绘制圆。执行菜单栏中的【插入】|【曲线】|【基本曲线】命令，弹出【基本曲线】对

话框，选取曲线类型为【圆】，选取原点为圆心，圆半径为 100，结果如图 10-33 所示。

⑤ 创建直线。执行菜单栏中的【插入】|【曲线】|【基本曲线】命令，打开【基本曲线】对话框。选取曲线类型为【直线】，再选取原点和圆端点来创建直线，结果如图 10-34 所示。

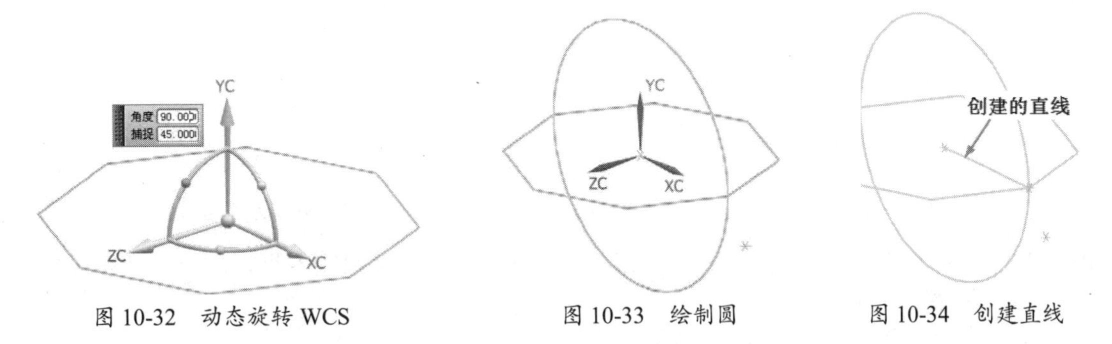

图 10-32 动态旋转 WCS　　图 10-33 绘制圆　　图 10-34 创建直线

⑥ 旋转变换对象。选取上一步骤创建的直线作为要变换的对象，执行菜单栏中的【编辑】|【移动对象】命令，弹出【移动对象】对话框。在【运动】下拉列表中选择【角度】选项，指定旋转矢量（*ZC* 轴）和轴点（坐标系原点），输入旋转角度值 90，单击【复制原先的】单选按钮，设置【距离/角度分割】和【非关联副本数】均为 4，最后单击【确定】按钮完成直线的旋转变换，结果如图 10-35 所示。

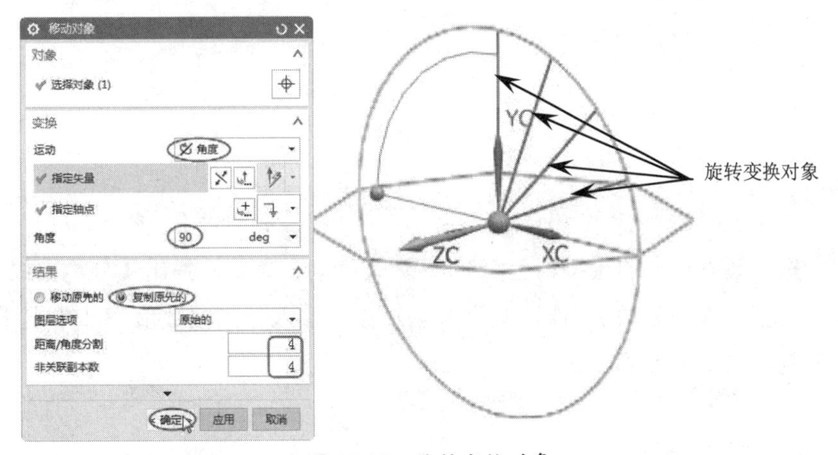

图 10-35 旋转变换对象

⑦ 创建水平直线。执行菜单栏中的【插入】|【曲线】|【基本曲线】命令，打开【基本曲线】对话框。选取曲线类型为【直线】，依次选取旋转变换的直线和圆的交点为起点，在 *XC* 平面上创建多条水平直线，结果如图 10-36 所示。

⑧ 执行菜单栏中的【插入】|【曲线】|【基本曲线】命令，打开【基本曲线】对话框。在【基本曲线】对话框中单击【修剪】按钮，弹出【修剪曲线】对话框，选取上一步骤创建的多条水平直线作为要修剪的曲线，再选取与 *YC* 轴重合的直线作为修剪边界，修剪结果如图 10-37 所示。

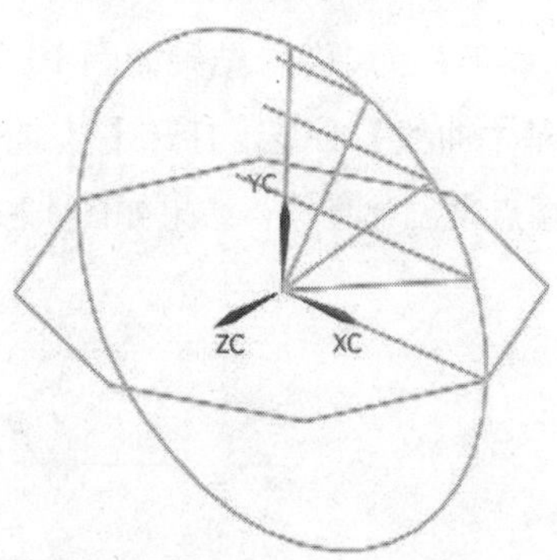

图 10-36　创建水平直线

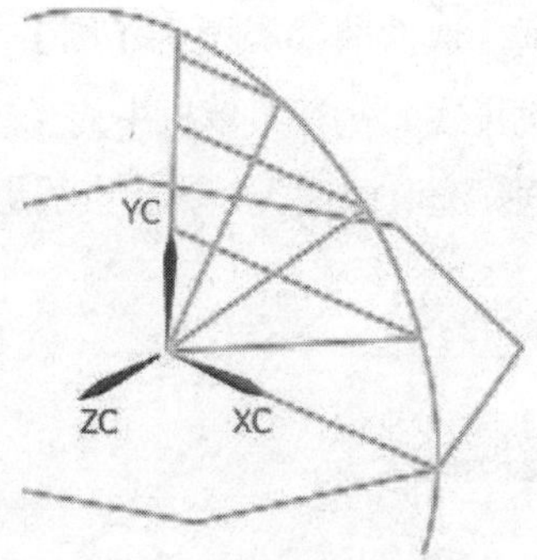

图 10-37　修剪水平直线

⑨ 动态旋转 WCS。双击坐标系，弹出坐标系操控把手和参数输入框，动态旋转 WCS，如图 10-38 所示。

⑩ 绘制圆。打开【基本曲线】对话框，设置【类型】为【圆】，选取直线左端点为圆心，选取直线右端点为半径，绘制结果如图 10-39 所示。

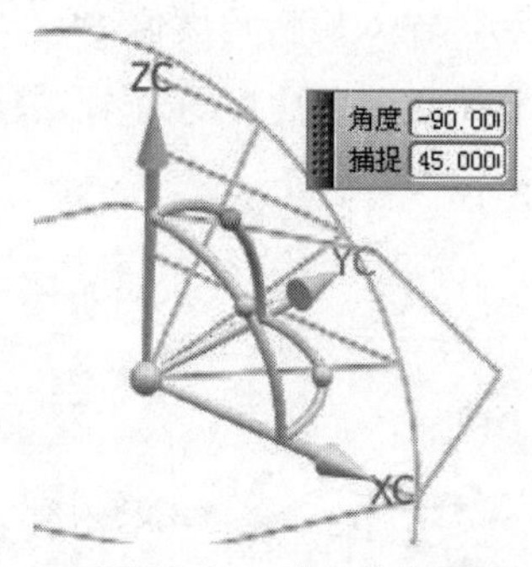

图 10-38　动态旋转 WCS

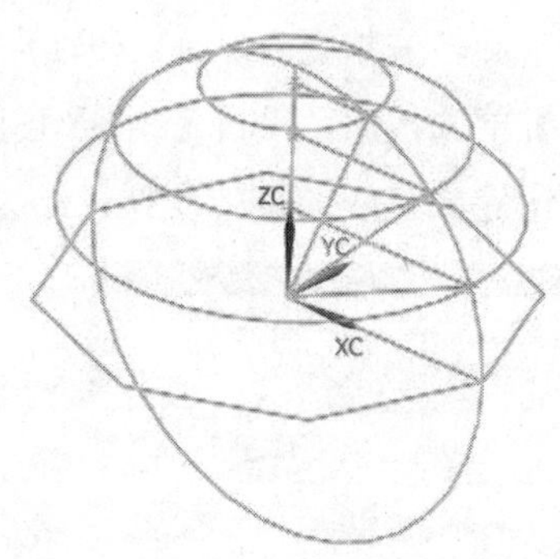

图 10-39　绘制圆

⑪ 分割圆。执行菜单栏中的【编辑】|【曲线】|【分割】命令，弹出【分割曲线】对话框。选取分割类型为【等分段】，选取圆为分割对象，输入分割段数值 8，单击【确定】按钮完成分割，结果如图 10-40 所示。

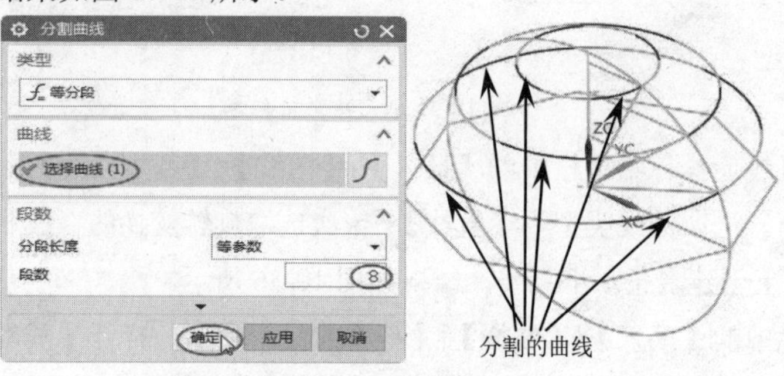

图 10-40　分割圆

⑫ 连接直线。打开【基本曲线】对话框，设置【类型】为【直线】，连接直线，结果如图 10-41 所示。

⑬ 创建有界平面。执行菜单栏中的【插入】|【曲面】|【有界平面】命令，弹出【有界平面】对话框。选取曲线，单击【确定】按钮完成曲面的创建，结果如图 10-42 所示。

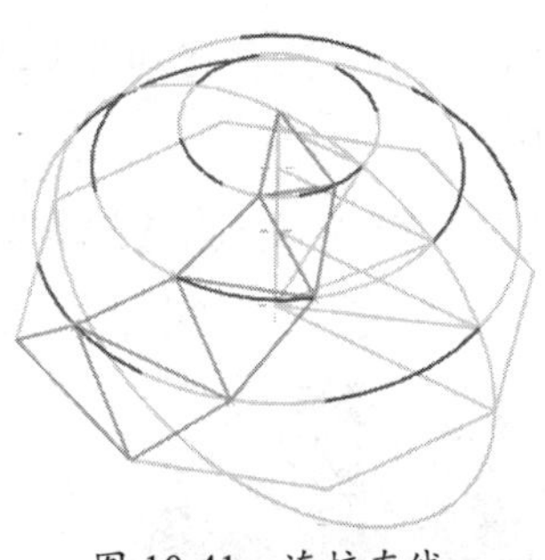

图 10-41　连接直线

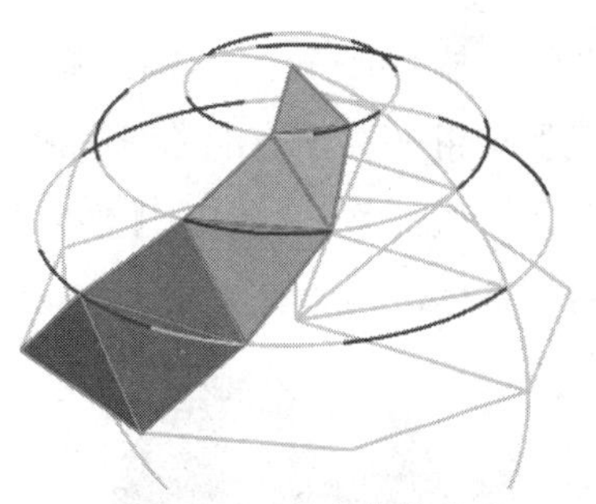

图 10-42　创建有界平面

⑭　旋转复制对象。选取要变换的曲面对象，执行菜单栏中的【编辑】|【移动对象】命令，【移动对象】对话框。在【运动】下拉列表中选择【角度】选项，指定旋转矢量为 *ZC* 轴、轴点为坐标系原点，输入旋转角度值 360，单击【复制原先的】单选按钮，设置【距离/角度分割】为 8、【非关联副本数】为 7，最后单击【确定】按钮完成旋转复制，如图 10-43 所示。

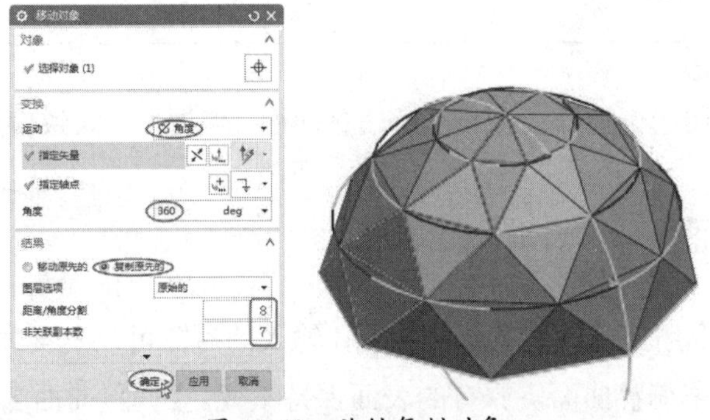

图 10-43　旋转复制对象

⑮　镜像变换。选取旋转复制的曲面作为要变换的对象，执行菜单栏中的【编辑】|【变换】命令，弹出【变换】对话框。选择【通过一平面镜像】选项，弹出【平面】对话框。通过该对话框指定 *XC-YC* 平面作为镜像平面，返回【变换】对话框中选择【复制】选项，自动完成镜像变换。最后单击【取消】按钮结束操作，如图 10-44 所示。

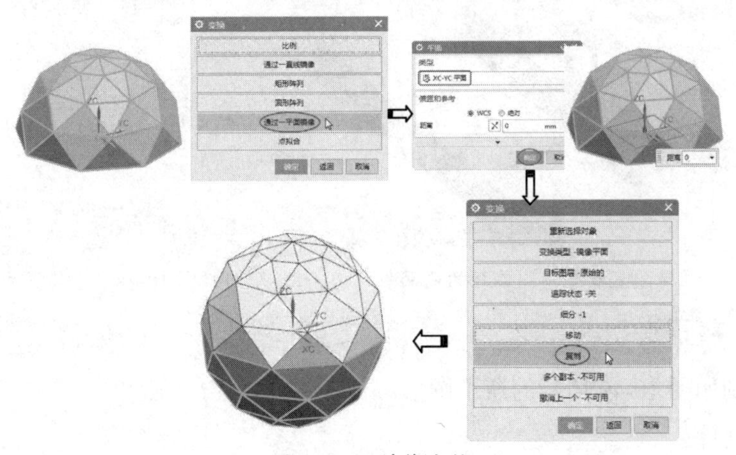

图 10-44　镜像变换

⑯ 隐藏曲线。按 Ctrl+W 组合键，弹出【显示和隐藏】对话框。选择【曲线】类型再单击【隐藏】按钮━将所有的曲线隐藏，结果如图 10-45 所示。

⑰ 缝合曲面。执行菜单栏中的【插入】|【组合】|【缝合】命令，弹出【缝合】对话框。选取目标片体，再选取工具片体，单击【确定】按钮完成缝合，结果如图 10-46 所示。

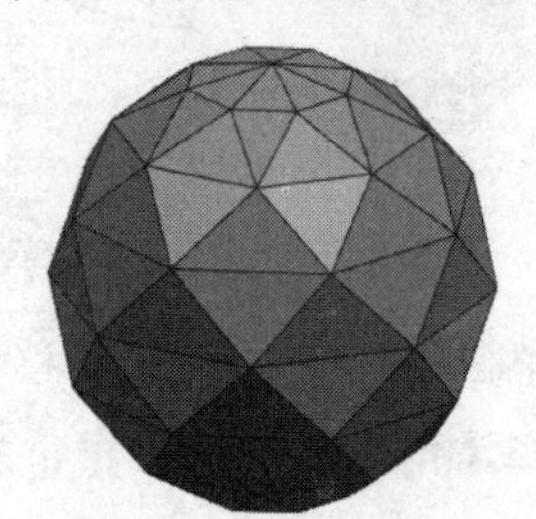

图 10-45　隐藏曲线

图 10-46　缝合曲面

10.2　曲面的偏置

本节介绍几种常用的偏置类曲面，包括偏置曲面、偏置面、大致偏置、可变偏置曲面等。

10.2.1　偏置曲面

【偏置曲面】命令用于创建现有面的偏置，输入的对象可以是实体表面或片体。偏置时沿选定面的法线方向来偏置曲面，原有的表面保持不变。【偏置曲面】命令还能偏置出多个不同距离的偏置曲面，如图 10-47 所示。

在【曲面操作】组中单击【偏置曲面】按钮，打开【偏置曲面】对话框，如图 10-48 所示。

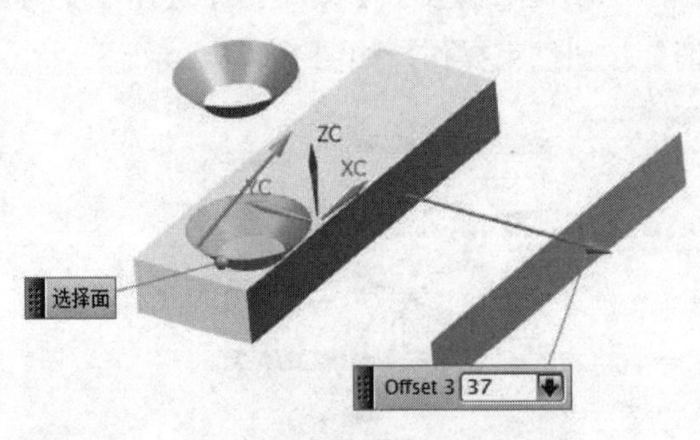

图 10-47　同时偏置多个不同偏距的曲面

图 10-48　【偏置曲面】对话框

上机实践——瓶子造型

本例要绘制如图 10-49 所示的瓶子图形。

① 新建模型文件。

② 动态旋转 WCS。双击坐标系，弹出坐标系操控把手和参数输入框，动态旋转 WCS，如

图 10-50 所示。

图 10-49　瓶子

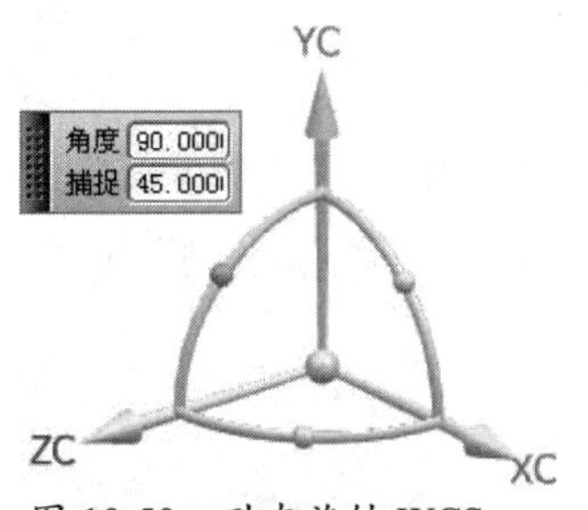

图 10-50　动态旋转 WCS

③　绘制草图。执行菜单栏中的【插入】|【在任务环境中绘制草图】命令，选取草图平面为 *XY* 平面，绘制的草图如图 10-51 所示。

④　旋转曲面。在【特征】组中单击【旋转】按钮，弹出【旋转】对话框。选取刚才绘制的草图，指定矢量和轴点，设置创建为片体，结果如图 10-52 所示。

⑤　绘制草图。执行菜单栏中的【插入】|【在任务环境中绘制草图】命令，选取草图平面为 *XY* 平面，绘制的草图如图 10-53 所示。

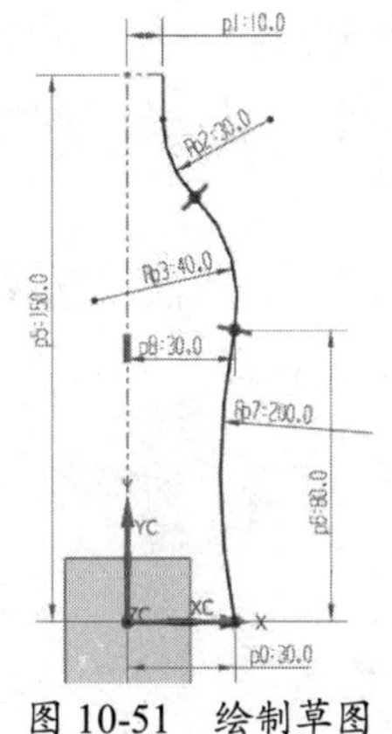

图 10-51　绘制草图

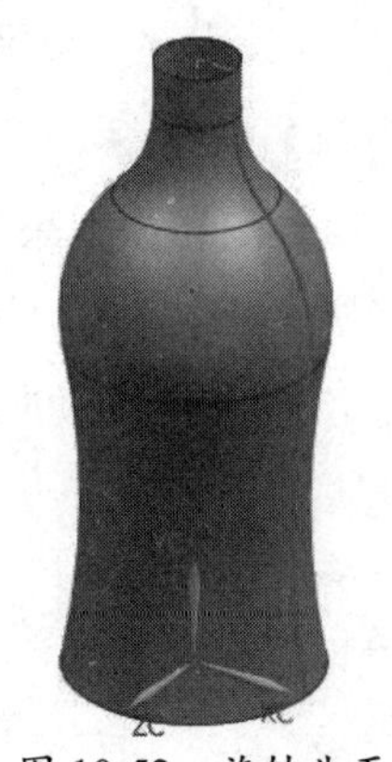

图 10-52　旋转曲面

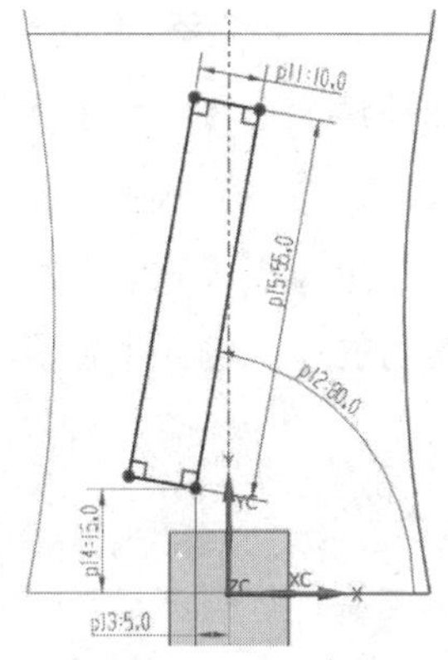

图 10-53　绘制草图

⑥　拉伸曲面。在【特征】组中单击【拉伸】按钮，弹出【拉伸】对话框。选取刚才绘制的草图，指定矢量，输入拉伸参数，结果如图 10-54 所示。

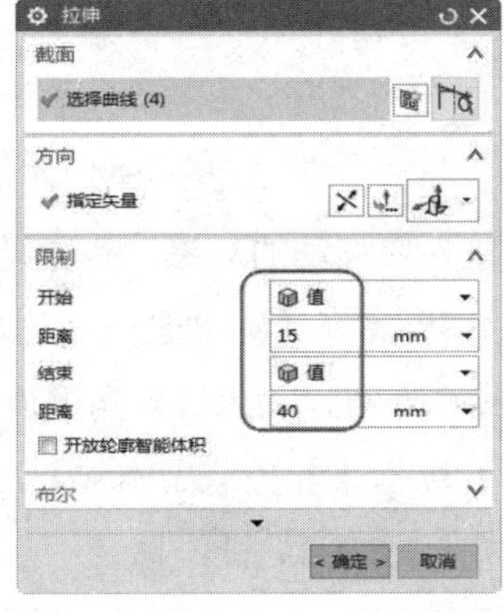

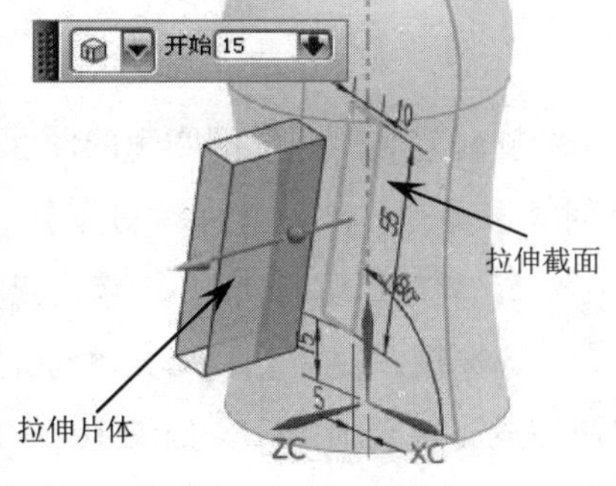

图 10-54　拉伸曲面

⑦ 偏置曲面。执行菜单栏中的【插入】|【偏置/缩放】|【偏置曲面】命令，弹出【偏置曲面】对话框。选取要偏置的片体，输入偏置值 5，单击【确定】按钮完成偏置，结果如图 10-55 所示。

⑧ 修剪和延伸曲面。在【曲面操作】组中单击【修剪和延伸】按钮，弹出【修剪和延伸】对话框。设置类型为制作拐角，选取目标片体后再选取工具片体，切换方向，结果如图 10-56 所示。

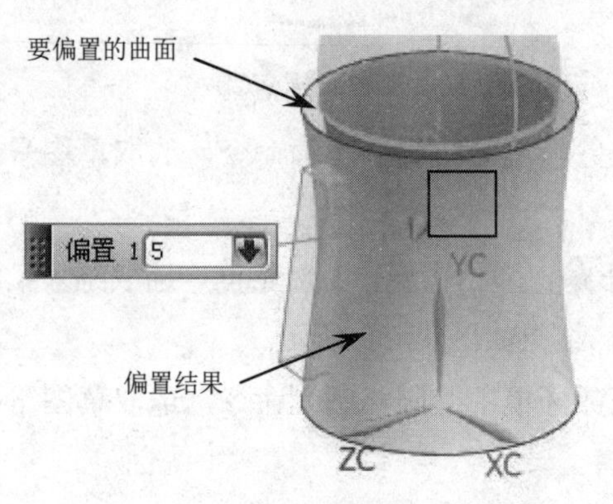

图 10-55 偏置曲面

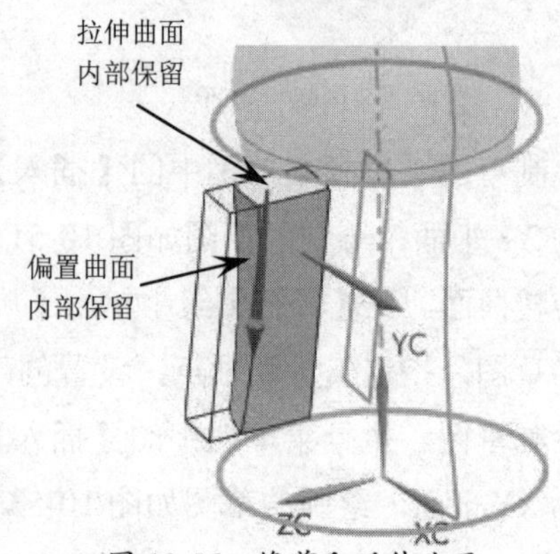

图 10-56 修剪和延伸曲面

⑨ 倒圆角。在【特征】组中单击【边倒圆】按钮，弹出【边倒圆】对话框。选取要倒圆角的边，输入半径值 5 后单击【确定】按钮，结果如图 10-57 所示。

⑩ 倒圆角。在【特征】组中单击【边倒圆】按钮，弹出【边倒圆】对话框。选取要倒圆角的边，输入半径值 2 后单击【确定】按钮，结果如图 10-58 所示。

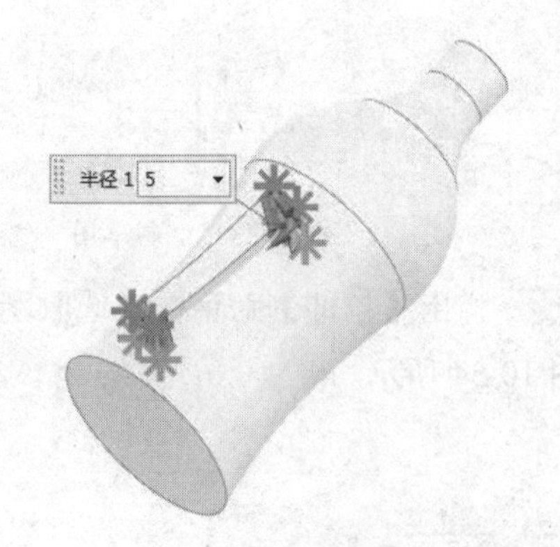

图 10-57 倒圆角

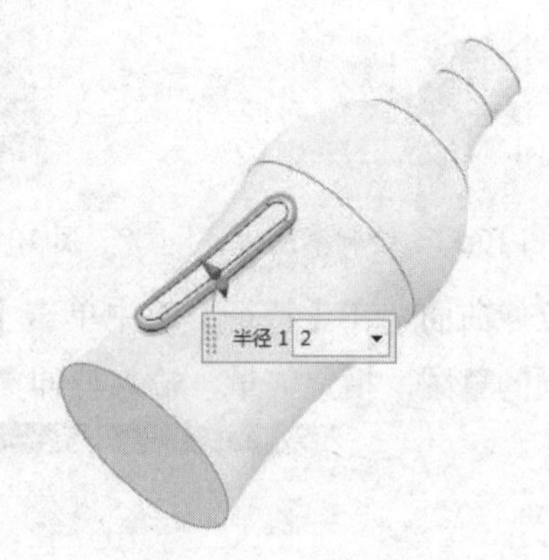

图 10-58 倒圆角

⑪ 创建曲面的旋转复制。选取倒圆角的曲面作为要移动的对象，执行菜单栏中的【编辑】|【移动对象】命令，弹出【移动对象】对话框。在【运动】下拉列表中选择【角度】选项，指定旋转矢量为 *YC* 轴、轴点为坐标系原点，输入旋转角度值 360，单击【移动原先的】单选按钮，设置【距离/角度分割】为 8、【非关联副本数】为 7，最后单击【确定】按钮完成旋转复制操作，如图 10-59 所示。

⑫ 修剪和延伸曲面。在【曲面操作】组中单击【修剪和延伸】按钮，弹出【修剪和延伸】对

话框。类型为制作拐角，选取目标片体后再选取工具片体，切换方向，结果如图 10-60 所示。

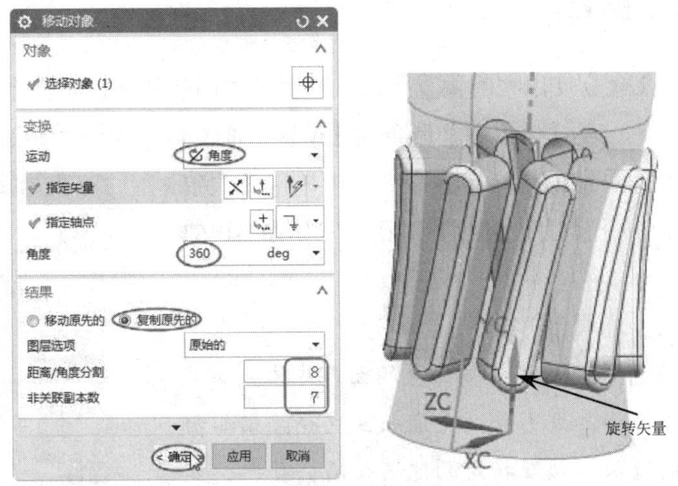

图 10-59 创建曲面的旋转复制

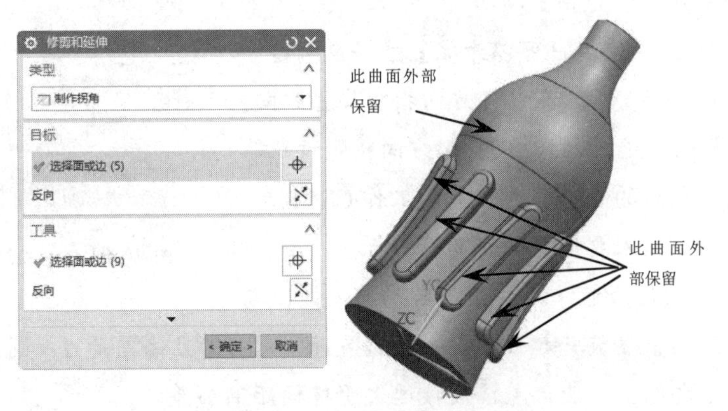

图 10-60 修剪和延伸曲面

⑬ 倒圆角。在【特征】组中单击【边倒圆】按钮，弹出【边倒圆】对话框。选取要倒圆角的边，输入半径值 5 后单击【确定】按钮，结果如图 10-61 所示。

⑭ 隐藏曲线。按 Ctrl+W 组合键，弹出【显示和隐藏】对话框。选择【曲线】类型再单击【隐藏】按钮━将所有的曲线隐藏，结果如图 10-62 所示。

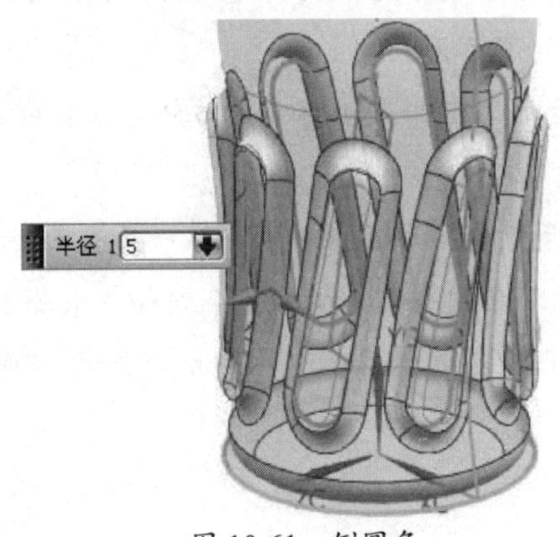

图 10-61 倒圆角

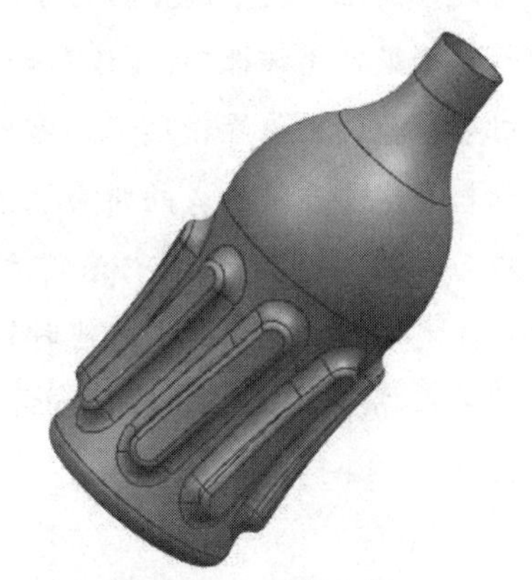

图 10-62 隐藏曲线

10.2.2 大致偏置

【大致偏置】命令使用大的偏置距离从一组实体面或片体创建一个没有自相交、锐边或拐角的偏置片体。这是【偏置面】命令和【偏置曲面】命令无法达到的偏置效果。

在【曲面操作】组的【更多】命令库中单击【大致偏置】按钮，弹出【大致偏置】对话框，如图 10-63 所示。

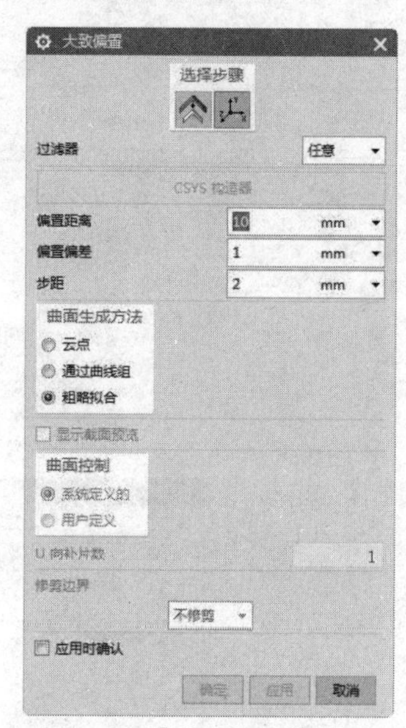

图 10-63 【大致偏置】对话框

对话框中的各选项含义如下：

- 偏置面/片体：选择要偏置的面或片体。如果选择多个面，则不会使它们相互重叠。相邻面之间的缝隙应该在指定的建模距离公差内。如果存在重叠，则会偏置顶面。
- 偏置 CSYS：使用户可以为偏置选择或构造一个坐标系（CSYS），其中 *Z* 方向指明偏置方向，*X* 方向指明步进或剖切方向，*Y* 方向指明步距跨越方向。默认的 CSYS 为当前的工作 CSYS。
- 偏置距离：输入要偏置的距离。
- 偏置偏差：表示允许的偏置距离范围，该值与【偏置距离】参数一起使用。如果偏置距离是 10 且偏差是 1，则允许的偏置距离在 9～11 之间。一般偏差值应该远大于建模距离公差。
- 步距：指定步距跨越距离。在【大致偏置】对话框中勾选【显示截面预览】复选框时，可以观察到步距，如图 10-64 所示。
- 云点：使用【云点】方式来创建曲面，构造的曲面逼近偏置后的云点，如图 10-65 所示。选择该方法将启用【曲面控制】选项，其用于指定曲面的补片数目。
- 通过曲线组：使用偏置后的曲面流线并通过曲线组的形式构建曲面，如图 10-66 所示。如果使用该选项，【边界修剪】选项则不可用。
- 粗略拟合：在偏置精度不太重要，且由于曲面自相交使得其他方法无法生成曲面，或如果这些方法生成的曲面很糟糕时，可以选择该选项。
- 曲面控制：使用多少补片来建立片体，仅用于云点曲面生成方法。一共有两个选项：软件定义（在建立新的片体时软件自动添加经过计算数目的 *U* 向补片来给出最佳结果）、用户定义（启用 *U* 向补片，用于指定在建造片体过程中所允许的 *U* 向补片数目）。

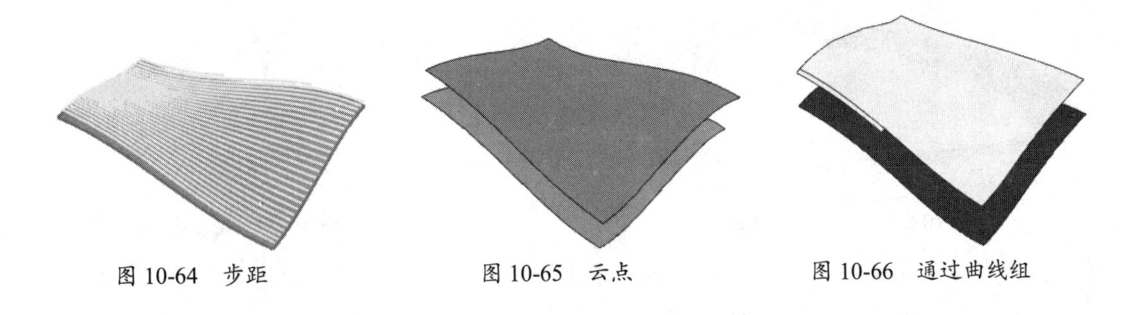

图 10-64　步距　　　　图 10-65　云点　　　　图 10-66　通过曲线组

10.2.3　可变偏置

【可变偏置】命令可以针对单个面创建可变的偏置曲面，偏置时必须指定四个点和对应的距离。

在【曲面操作】组的【更多】命令库中单击【可变偏置】按钮，弹出【可变偏置】对话框，如图 10-67 所示。

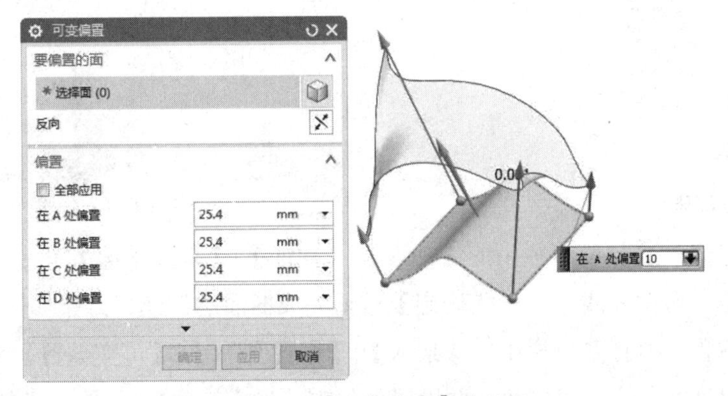

图 10-67　【可变偏置】对话框

对话框中的各选项含义如下：

- 要偏置的面：选取对象可以是实体或片体表面。
- 偏置：输入四点的偏置值。这四个偏置距离不应该相差太大，否则曲率变化突然会创建失败。
- 保持参数化：保持可变偏置曲面中的原始曲面参数。
- 方法：将插值方法指定为三次和线性。

上机实践——创建可变偏置曲面

本例要创建如图 10-68 所示的可变偏置曲面。

① 新建模型文件。

② 绘制圆。执行菜单栏中的【插入】|【曲线】|【基本曲线】命令，弹出【基本曲线】对话框。选取【类型】为【圆】，选取原点为圆心，圆半径为 100 和 130，结果如图 10-69 所示。

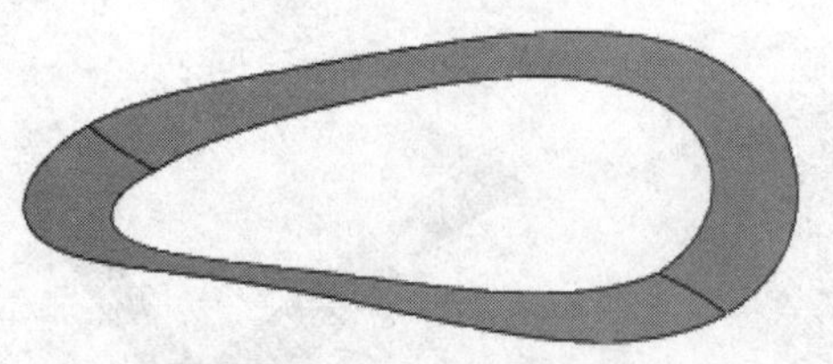

图 10-68 可变偏置曲面

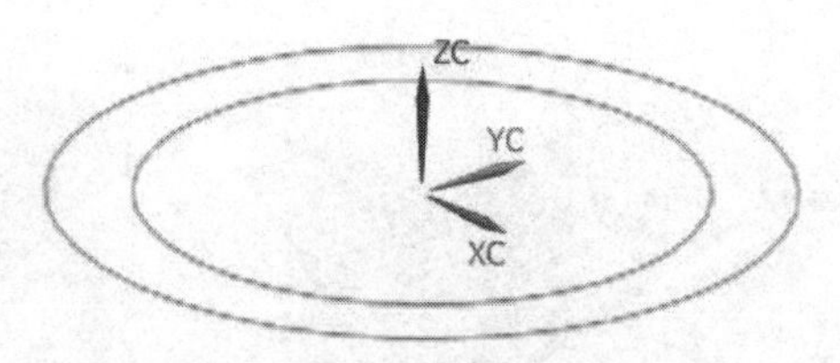

图 10-69 绘制圆

③ 绘制直线。在【曲线】选项卡中单击【直线】按钮，弹出【直线】对话框。绘制水平线，并设置参数，如图 10-70 所示。

④ 修剪曲线。执行菜单栏中的【插入】|【曲线】|【基本曲线】命令，弹出【基本曲线】对话框。在【曲线】选项卡中单击【修剪】按钮，弹出【修剪曲线】对话框。选取要修剪的曲线后，再选取修剪边界，结果如图 10-71 所示。

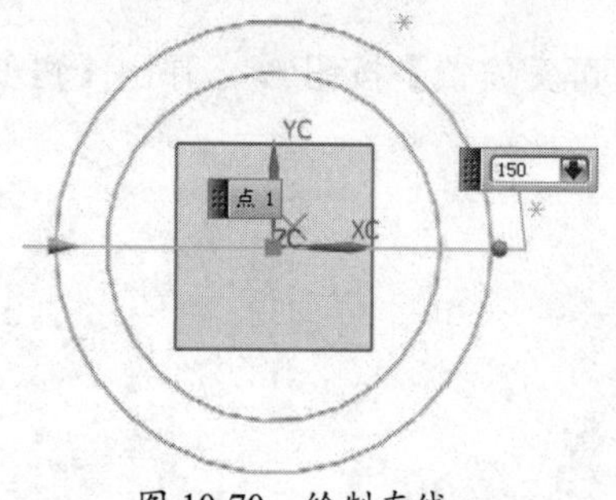

图 10-70 绘制直线

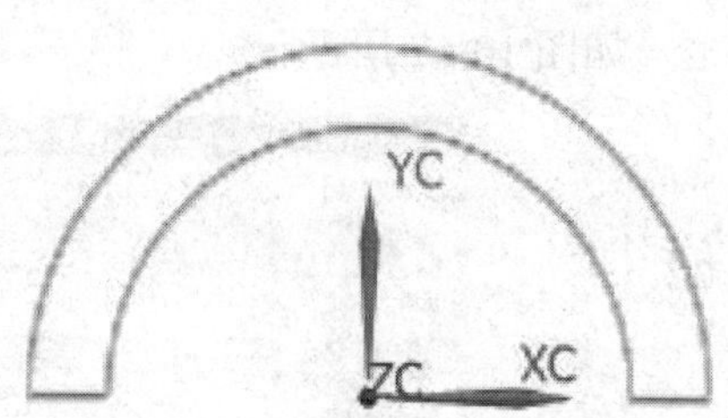

图 10-71 修剪曲线

⑤ 创建有界平面。执行菜单栏中的【插入】|【曲面】|【有界平面】命令，弹出【有界平面】对话框。选取曲线，单击【确定】按钮完成曲面的创建，结果如图 10-72 所示。

⑥ 创建可变偏置。执行菜单栏中的【插入】|【偏置/缩放】|【可变偏置】命令，弹出【可变偏置】对话框。输入偏置值，并设置偏置方法为【三次】，偏置结果如图 10-73 所示。

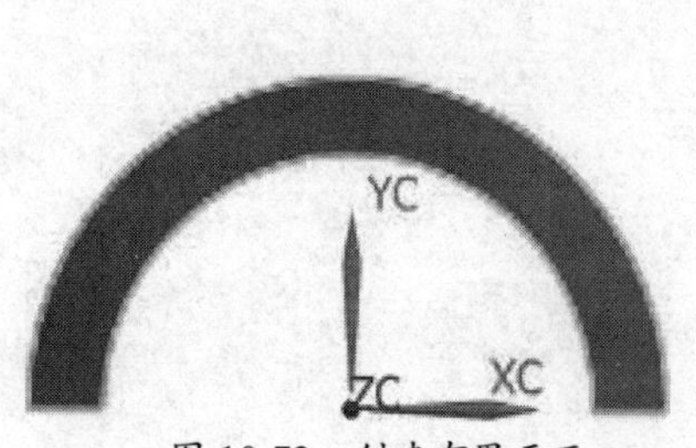

图 10-72 创建有界平面

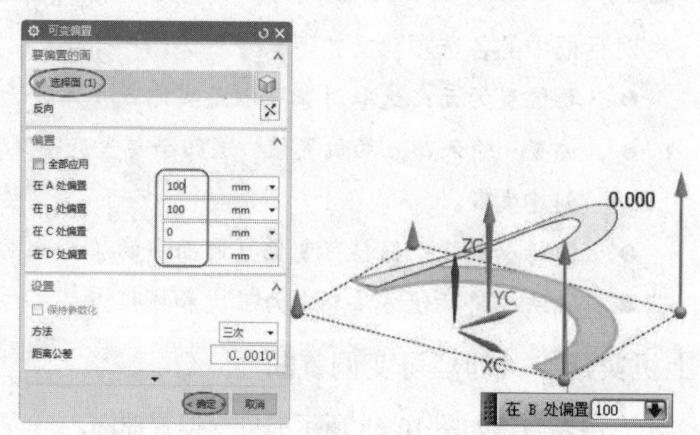

图 10-73 创建可变偏置

⑦ 镜像特征。执行菜单栏中的【插入】|【关联复制】|【镜像特征】命令，弹出【镜像特征】对话框。选取要镜像的曲面特征，再选取镜像平面，单击【确定】按钮完成镜像，结果如图 10-74 所示。

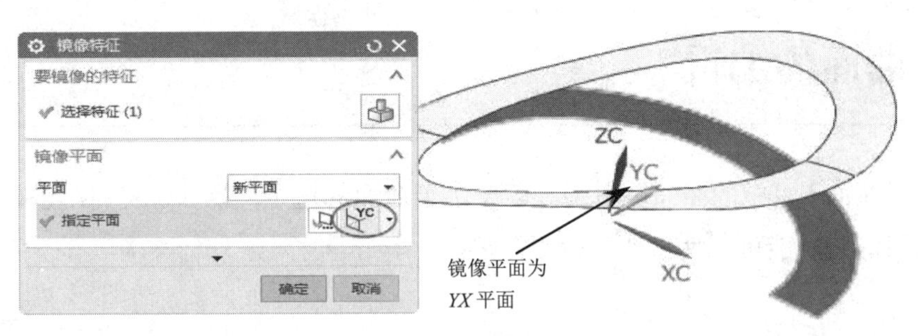

图 10-74　镜像特征

⑧ 选取先前创建的有界平面和曲线，按 Ctrl+W 组合键将其隐藏。创建完成的可变偏置曲面，如图 10-75 所示。

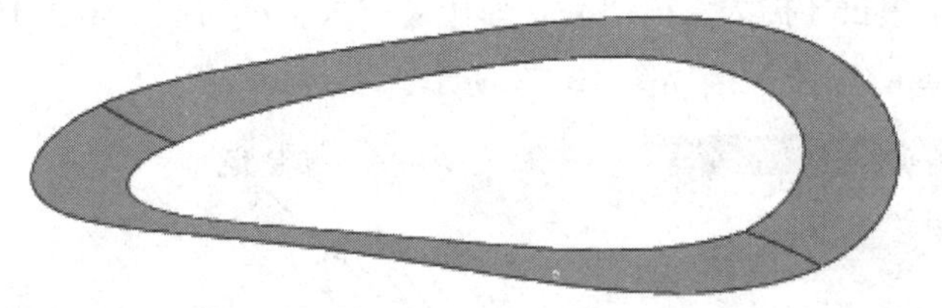

图 10-75　创建完成的可变偏置曲面

10.2.4　偏置面

【偏置面】工具可偏置一组曲面。【偏置面】与【偏置曲面】相比，前者所偏置的曲面会取代原有曲面，可按正方向或负方向来偏置面；而后者主要用于复制面，复制的面不会取代原曲面。

上机实践——创建偏置面

① 打开本例源文件“10-1.prt”。

② 执行菜单栏中的【插入】|【偏置/缩放】|【偏置面】命令，或者单击【偏置面】按钮，弹出【偏置面】对话框。

③ 偏置面。在【偏置】文本框中输入偏置值，单击【确定】按钮，退出【偏置面】对话框，操作步骤如图 10-76 所示。

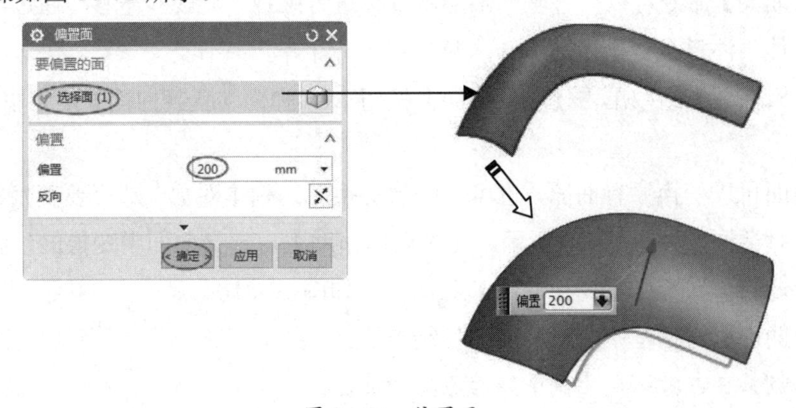

图 10-76　偏置面

10.3 曲面的编辑

【编辑曲面】组中的曲面编辑工具主要用于曲面的重定义操作。我们在进行曲面造型过程中，利用这些功能可以使工作变得更简单。

10.3.1 扩大

【扩大】命令可通过创建与原始面关联的新特征，更改修剪或未修剪片体或面的大小。在【编辑曲面】组中单击【扩大】按钮，弹出【扩大】对话框，如图 10-77 所示。利用【扩大】命令来扩大修剪的片体示例如图 10-78 所示。

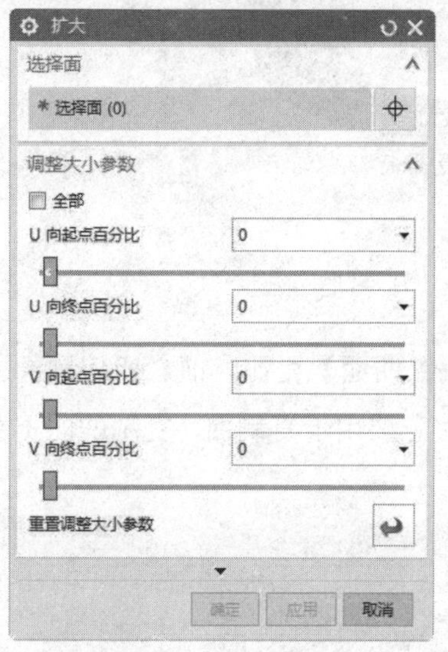

图 10-77 【扩大】对话框

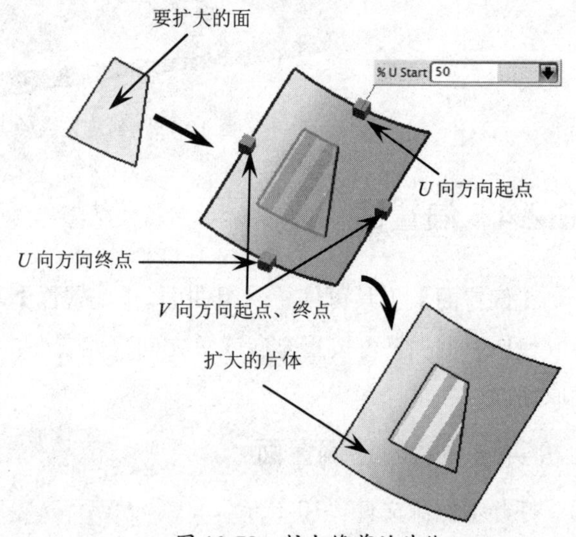

图 10-78 扩大修剪的片体

10.3.2 变换曲面

【变换曲面】命令可以在各坐标轴上对片体进行缩放、旋转和平移，通过滑块能灵活实时地编辑片体。注意执行变换命令一次只能编辑一个单一片体。

在【编辑曲面】组中单击【变换曲面】按钮，弹出【变换曲面】对话框，如图 10-79 所示。

变换曲面可以变换原有曲面，也可以创建变换后的副本对象。选择要变换的曲面后，会弹出【点】对话框，如图 10-80 所示。此对话框帮助用户定义曲面中变换的位置点，确定变换位置点后，将再次弹出【变换曲面】对话框，如图 10-81 所示。

【变换曲面】对话框中有三种曲面控制方式：

- 缩放：可以按一定比例来缩放原有曲面。

- 旋转：保持原有曲面大小，仅旋转曲面。
- 平移：保持原有曲面大小，仅平移曲面。

技巧点拨：

如果是先对曲面进行缩放，然后再旋转或平移，同样也会更改曲面大小。

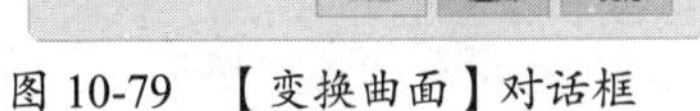

图 10-79　【变换曲面】对话框

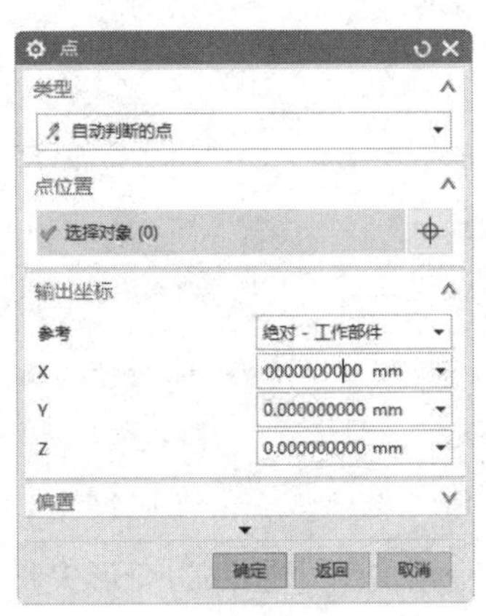

图 10-80　【点】对话框

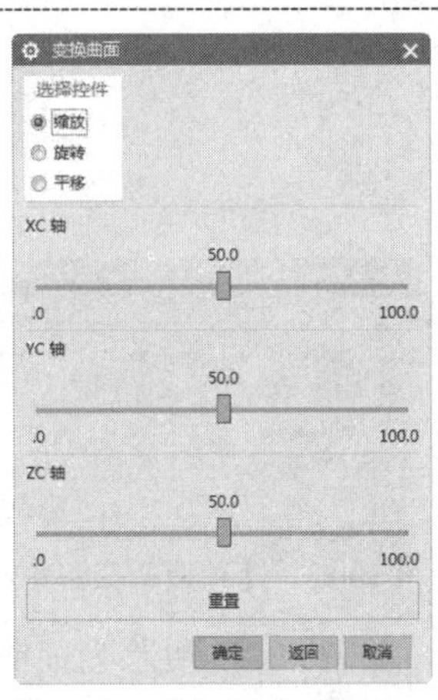

图 10-81　【变换曲面】对话框

如图 10-82 所示为三种曲面变换的控制结果。

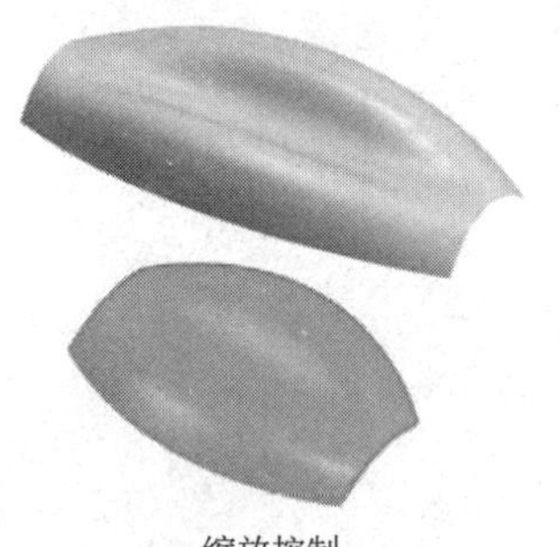

缩放控制

旋转控制

平移控制

图 10-82　三种曲面变换的控制结果

10.3.3　使曲面变形

【使曲面变形】命令可以通过对片体进行拉长、歪斜、扭曲等操作改变其外形。变形命令的参数有：拉长、折弯、歪斜、扭转、移位，控制选项有：水平、竖直、V 低、V 高和 V 中。

技巧点拨：

变形命令一次只能编辑一个单一片体。此外，曲面编辑工具只针对利用曲面功能来创建的曲面，而通过特征工具来创建的片体或曲面是不能进行编辑的。

执行菜单栏中的【编辑】|【曲面】|【变形】命令，或单击【编辑曲面】组中的【使曲面变形】按钮，弹出【使曲面变形】对话框，如图 10-83 所示。

选择要编辑的片体，*U*、*V* 方向被显示在绘图区。【使曲面变形】对话框中显示变形控制选项，如图 10-84 所示。

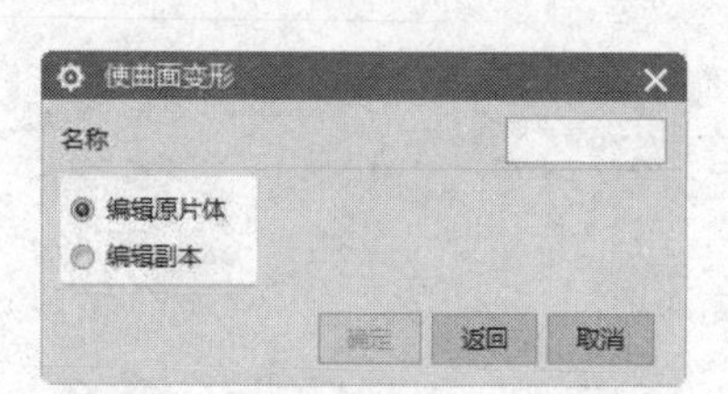

图 10-83 【使曲面变形】对话框

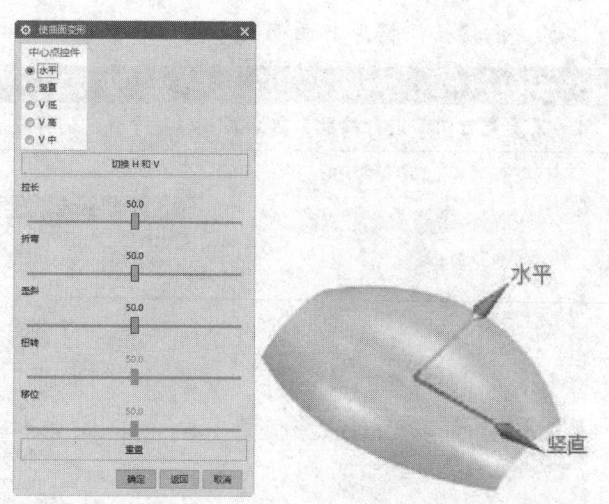

图 10-84 【使曲面变形】对话框中的控制选项

如图 10-85 所示为使曲面变形的五个控件的变形矢量示意图。

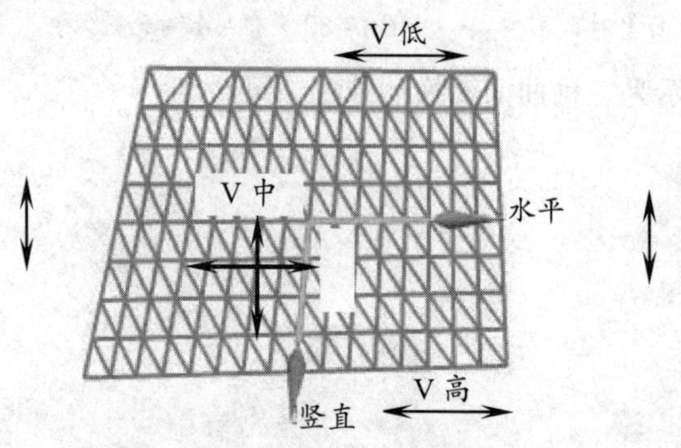

图 10-85 使曲面变形的五个控件

10.3.4 补片

实体或片体的面替换为另一个片体的面，从而修改实体或片体。还可以把一个片体补到另一个片体上，NX 12 中关于对象与对象之间结合主要的命令对比如表 10-2 所示。

表 10-2 结合命令对比

类 型	目 标	工 具	特 点
合并	实体	实体	实体间被结合
补片	实体	片体	实体与片体被结合或被修剪
缝合	片体	片体	片体结合
曲线连接	曲线或边缘	曲线或边缘	曲线结合

上机实践——补片操作

① 打开本例源文件“10-2.prt”。

② 执行菜单栏中的【插入】|【组合】|【补片】命令，或者单击【曲面操作】组中的【修

补】按钮，弹出【补片】对话框。

③ 首先选择一个实体，再单击工具【选择片体】按钮，选择片体。单击【确定】按钮，退出【补片】对话框，操作步骤如图 10-86 所示。

技巧点拨：

箭头的方向朝着实体才能向内部加材料。如果不对，选择工具面并单击反向图标调整。

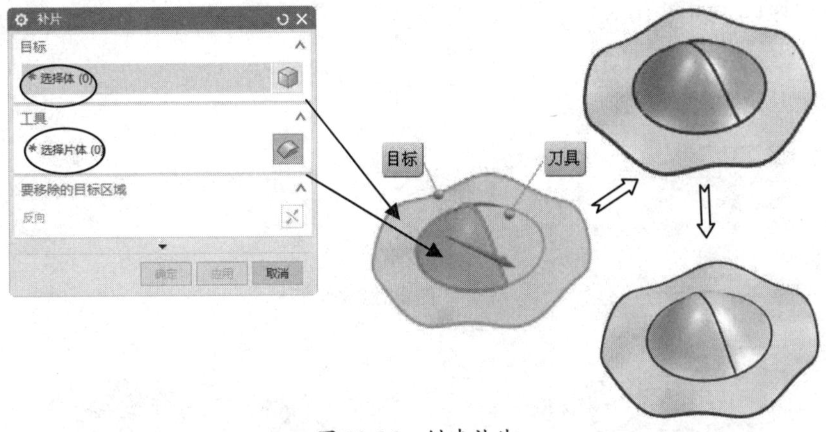

图 10-86 创建补片

技巧点拨：

修补命令没有执行成功的原因有两种：一是片体的边界没有和实体面吻合，有多余或欠缺的部分，如图 10-87 所示；二是片体内部不封闭。

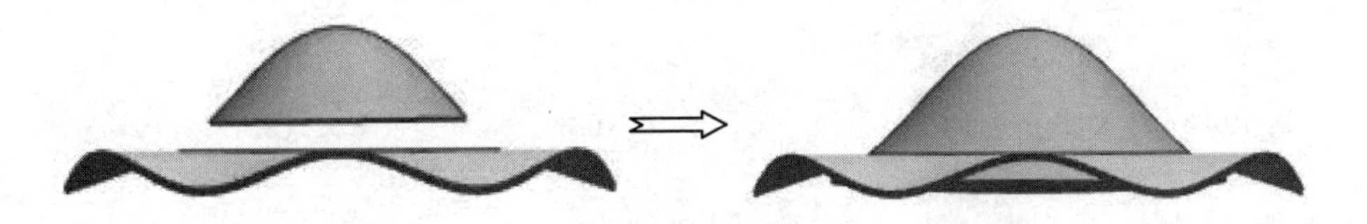

图 10-87 补片失败图例

10.3.5 X 型

【X 型】是一种曲面变形工具，用于变换或按比例移动样条的选定极点或成行的 B 曲面极点。如果关联地修改 B 曲面，则可使用 X 型的特征保存方法控制特征行为。

相对保存方法用于将曲面更改保存为增量移动，并在用户更新父项后自动将这些移动重新应用于输出曲面。绝对保存方法用于生成不受父曲面更改影响的特征。

在【编辑曲面】组中单击【X 型】按钮，弹出【X 型】对话框，如图 10-88 所示。

【X 型】对话框中提供了很多对象选择方法。可选对象包括极点、点手柄和极点多义线。用户可以使用以下选择方式来选择极点、点手柄和多义线：

- 单选；
- 取消单选（按住 Shift 键单击）；

- 矩形选择；
- 取消矩形选择（按住 Shift 键拖动矩形）；
- 选择成行或成列的极点手柄（单击极点手柄之间的多义线段）；
- 取消选择成行或成列的极点手柄（按住 Shift 键单击极点手柄之间的多义线段）。

在创建 X 型曲面的过程中，用户可以为样条或面的区域定义锁，这样在编辑样条或面时它们保持不受影响。如图 10-89 所示为在 X 型编辑过程中的曲面，选中了一条极点多义线来变形曲面。

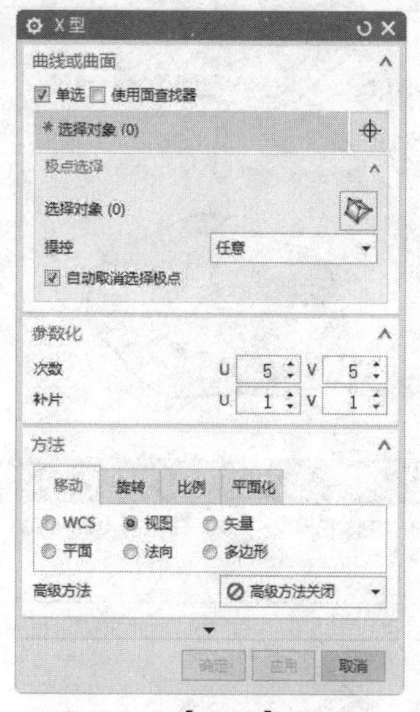

图 10-88 【X 型】对话框

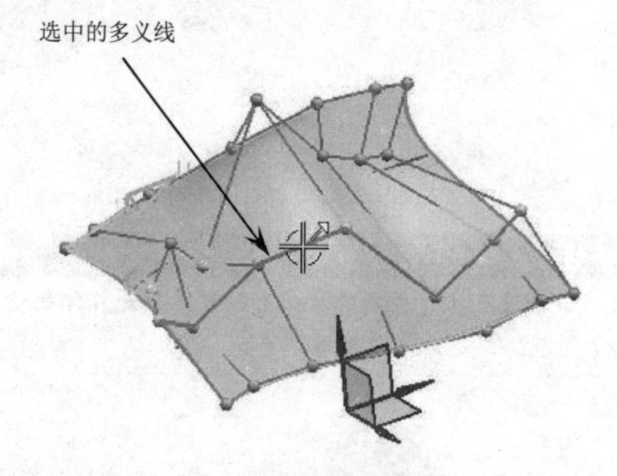

图 10-89 选中一条多义线进行编辑

10.4 综合案例——吸尘器手柄造型

本节将以一个工业产品——吸尘器手柄的壳体设计实例，介绍 UG 曲线、曲面及实体造型工具综合应用及构建技巧。吸尘器手柄模型如图 10-90 所示。

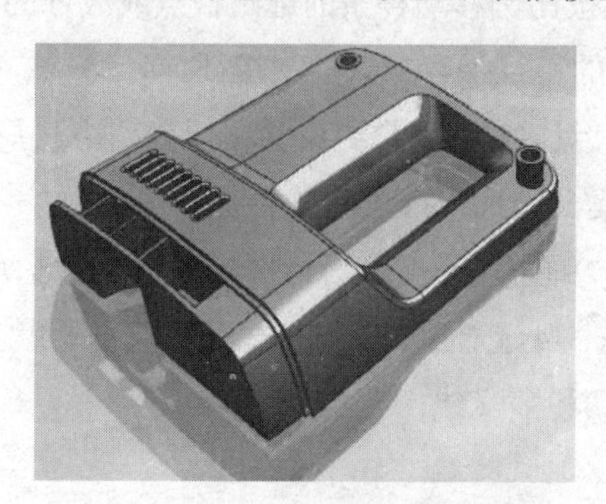

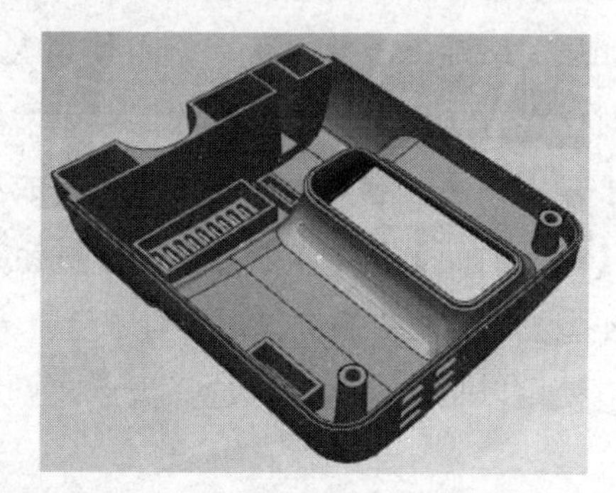

图 10-90 吸尘器手柄模型

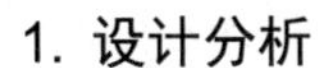

1. 设计分析

一般情况下，设计一个有父子关系的模型，通常是先构建模型主体，接着构建主体上的其他小特征。若各个小特征之间没有父子关系，可以不分先后顺序，只要便利就行。针对吸尘器模型，做出如下设计过程分析：

① 主体部分：主体部分可以曲面建模也可以实体建模。为了简化操作，本例采用实体建模。

② 方孔与侧孔：孔特征可以使用【孔】工具或者【拉伸】工具来构建。对于多个相同尺寸的孔系列，则可以使用【实例特征】工具进行阵列。

③ 加强筋：加强筋起到增加壳体强度的作用，它的厚度通常比外壳厚度小。加强筋特征一般使用【拉伸】工具来构建。

④ BOSS 柱：BOSS 柱是螺钉连接的固定载体，可以使用【旋转】工具或【拉伸】工具来构建。在其模具设计中，为了保证细长的 BOSS 柱在脱模运动过程中不被损毁，通常要进行拔模处理。

⑤ 槽：吸尘器手柄平底面中的槽特征，因其与外形走向相同，则可使用【拉伸】工具，执行偏置、布尔求差操作即可构建。

在构建吸尘器手柄模型的过程中，将按具有父子关系的先后顺序来构建主体及其他小特征。

2. 构建主体

① 打开本例源文件“xichenqi.prt”。打开的手柄构造曲线如图 10-91 所示。

② 使用【拉伸】工具，选择如图 10-92 所示的曲线，创建拉伸距离为 65 的实体特征。

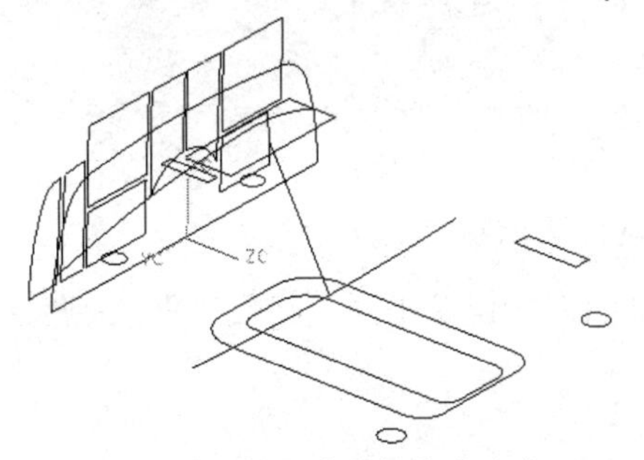

图 10-91　打开的手柄构造曲线

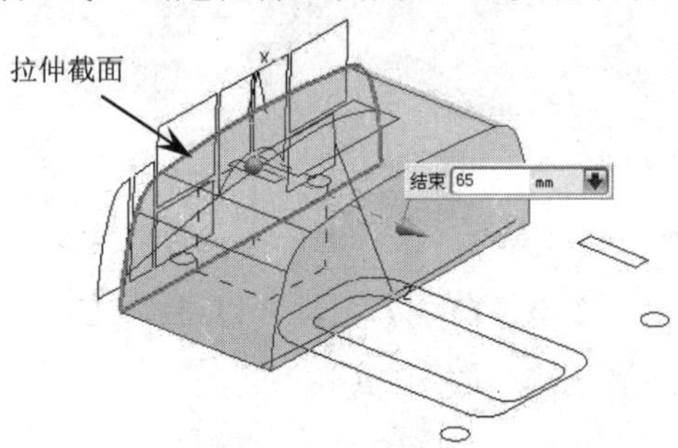

图 10-92　创建拉伸特征

③ 使用【扫掠】工具，选择如图 10-93 所示的截面曲线和引导线，创建扫掠曲面特征。

④ 在【特征】组中单击【修剪体】按钮，打开【修剪体】对话框。选择如图 10-94 所示的目标体和工具面，创建修剪体特征。

⑤ 使用【拉伸】工具，选择如图 10-95 所示的曲线，创建拉伸距离为 153 的实体特征。

⑥ 使用【合并】工具，将修剪体特征和上一步骤创建的拉伸实体进行合并。

⑦ 使用【边倒圆】工具，选择如图 10-96 所示的实体边，创建圆角半径为 15 的圆角特征。

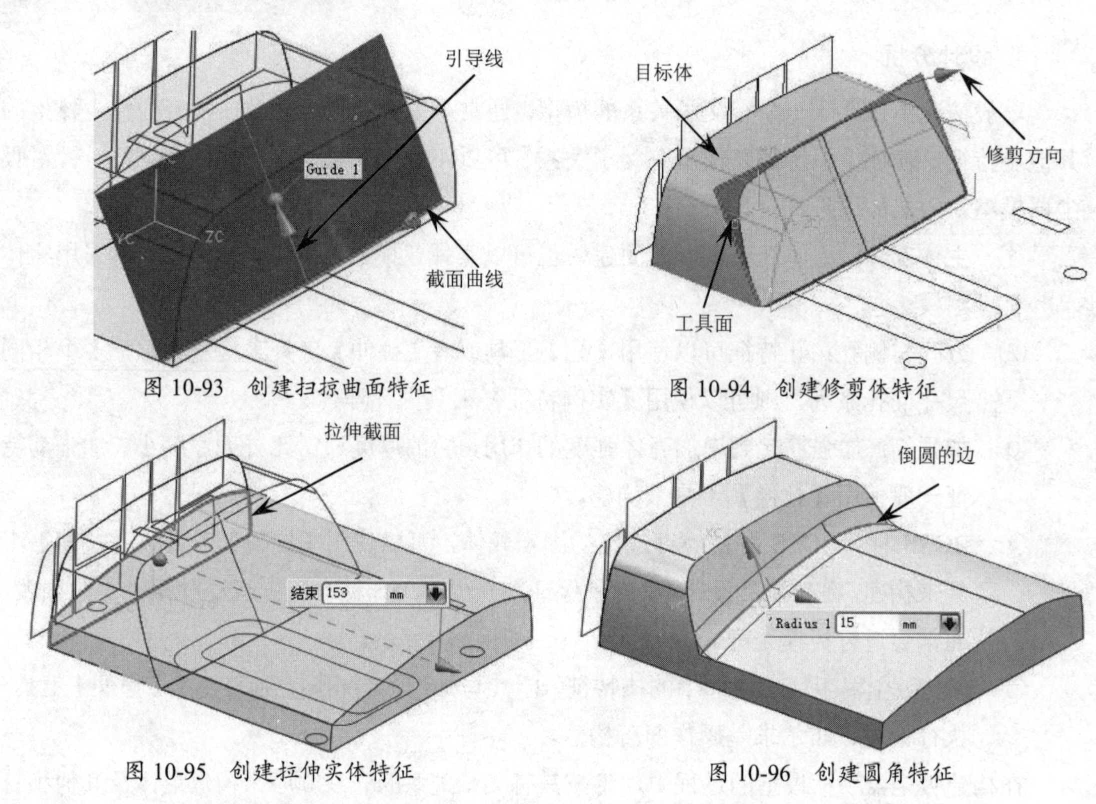

图 10-93　创建扫掠曲面特征

图 10-94　创建修剪体特征

图 10-95　创建拉伸实体特征

图 10-96　创建圆角特征

⑧　使用【投影曲线】工具，将如图 10-97 所示的草图曲线投影到拉伸实体弧形面上。

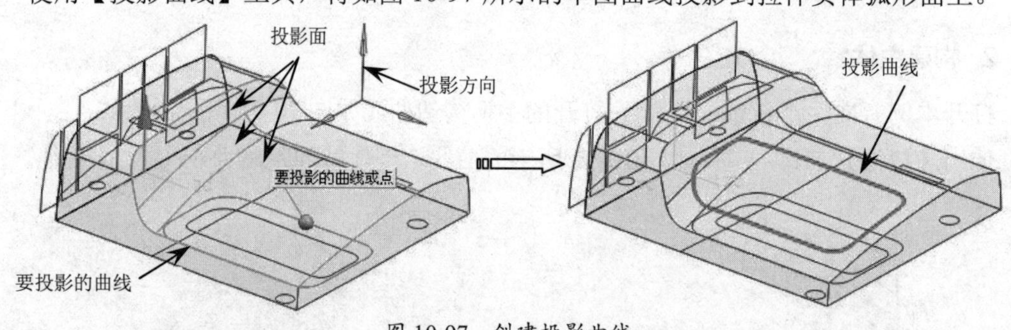

图 10-97　创建投影曲线

⑨　使用【镜像曲线】工具，以 *YC-ZC* 基准平面作为镜像平面，将投影曲线镜像至基准平面另一侧，如图 10-98 所示。

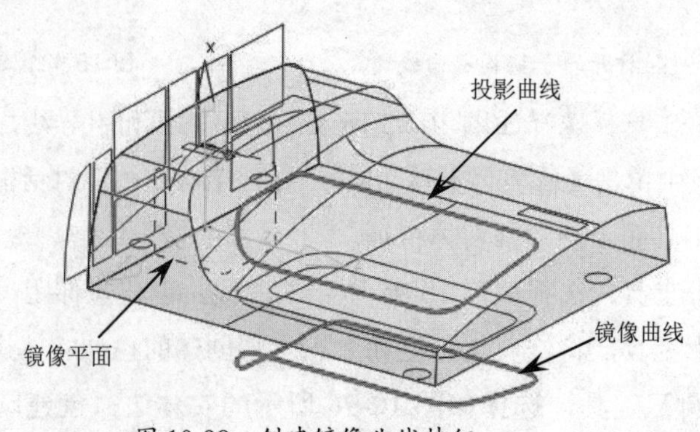

图 10-98　创建镜像曲线特征

⑩ 使用【通过曲线组】工具，按照如图 10-99 所示的操作步骤，选择三个截面（投影曲线、草图曲线和镜像曲线）创建通过曲线组曲面特征。

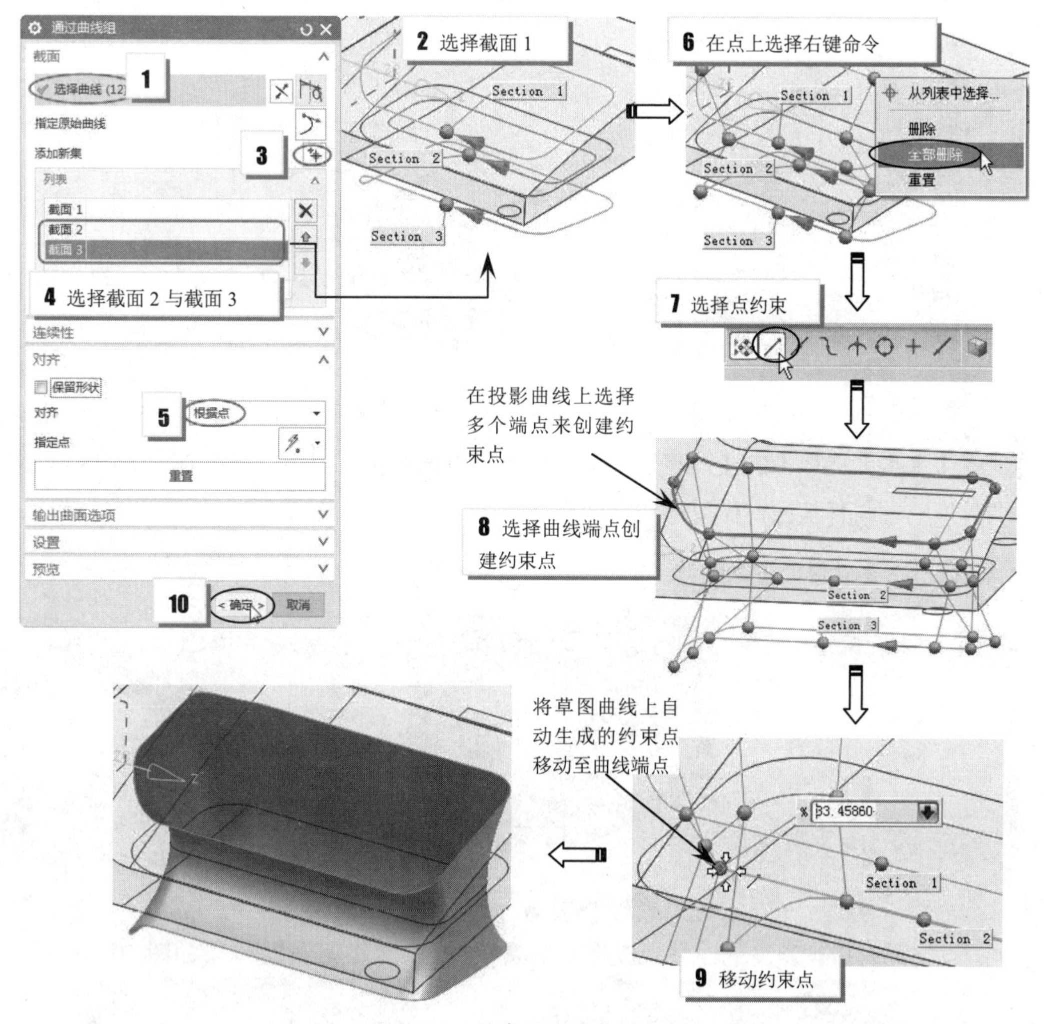

图 10-99 创建通过曲线组曲面

⑪ 使用【修剪体】工具，选择如图 10-100 所示的目标体和工具面，创建修剪体特征。

⑫ 使用【拉伸】工具，选择如图 10-101 所示的实体边缘，创建拉伸距离为 2、单侧偏置为 -2 的实体特征。

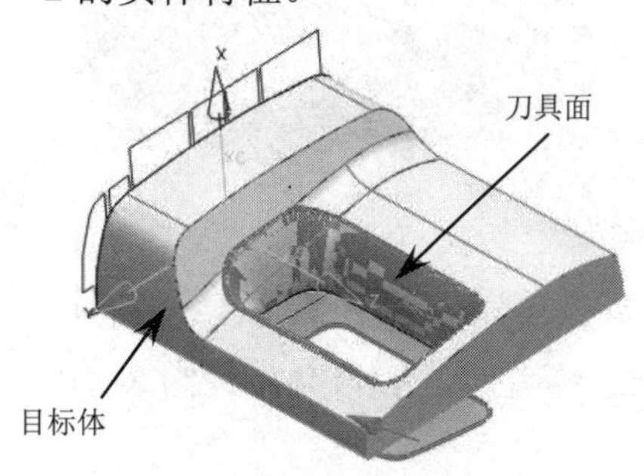

图 10-100 创建修剪体特征

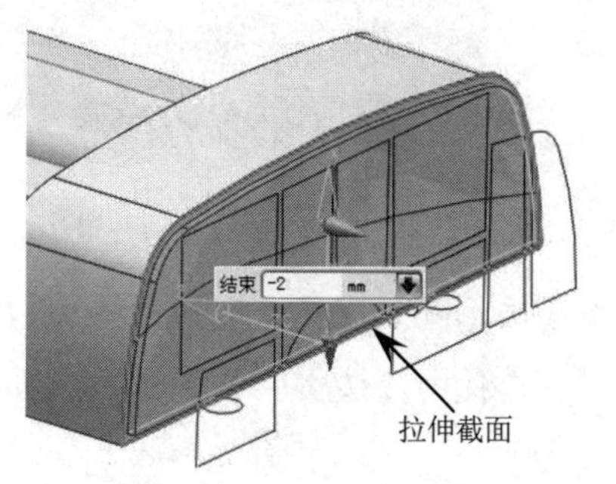

图 10-101 创建拉伸实体特征

⑬ 使用【拉伸】工具，在上一步骤创建的拉伸实体特征上选择边缘，创建拉伸距离为 15、拔模角度为 5、单侧偏置为-1.5 的实体特征，如图 10-102 所示。

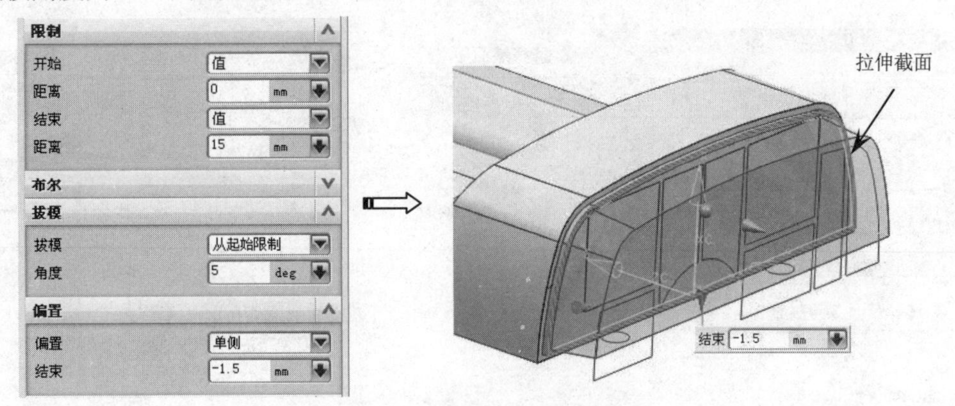

图 10-102 创建拉伸拔模实体特征

⑭ 使用【主页】选项卡的【同步建模】组中的【替换面】工具，选择如图 10-103 所示的要替换的面与替换面，做替换实体面操作。

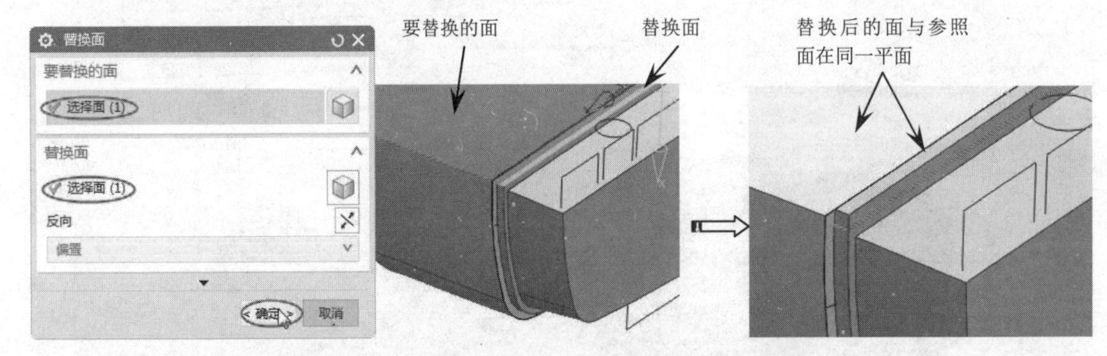

图 10-103 替换实体面

⑮ 同理，将具有拔模斜度的面替换成上一步骤中的【要替换的面】，结果如图 10-104 所示。

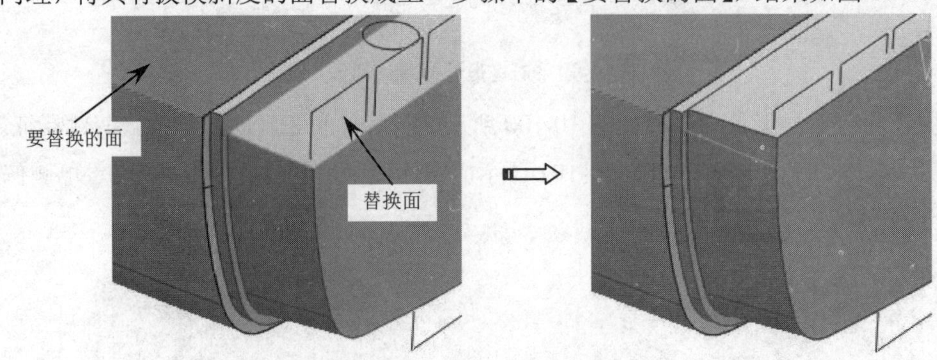

图 10-104 替换拔模面

⑯ 使用【边倒圆】工具，选择如图 10-105 所示的边创建圆角半径为 15 的圆角特征。

⑰ 同理，再使用【边倒圆】工具，选择如图 10-106 所示的边创建圆角半径为 3 的圆角特征。

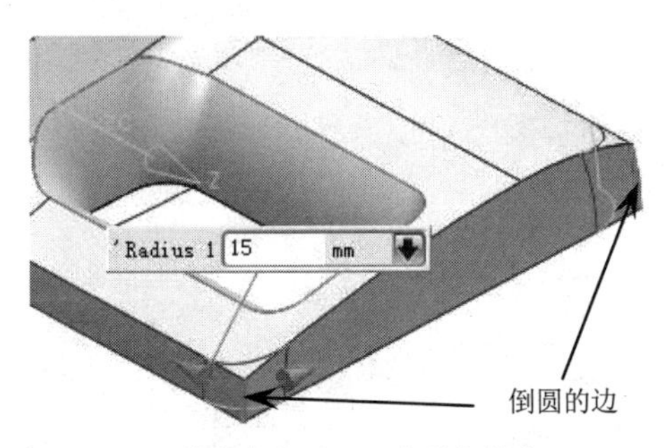

图 10-105 创建半径为 15 的圆角特征

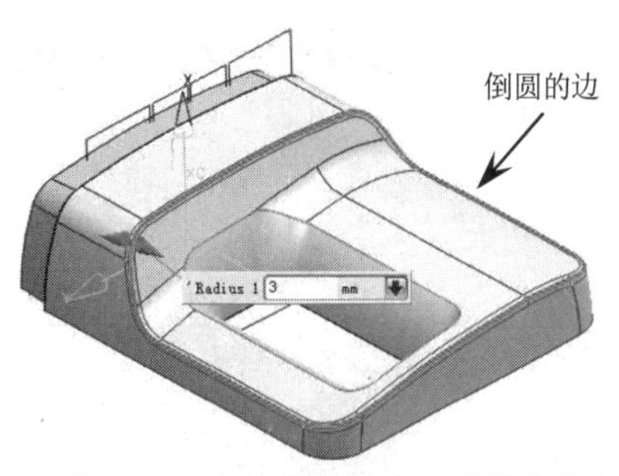

图 10-106 创建半径为 3 的圆角特征

⑱ 使用【抽壳】工具，选择手柄主体的水平面作为抽壳的面，抽取厚度为 3，结果如图 10-107 所示。

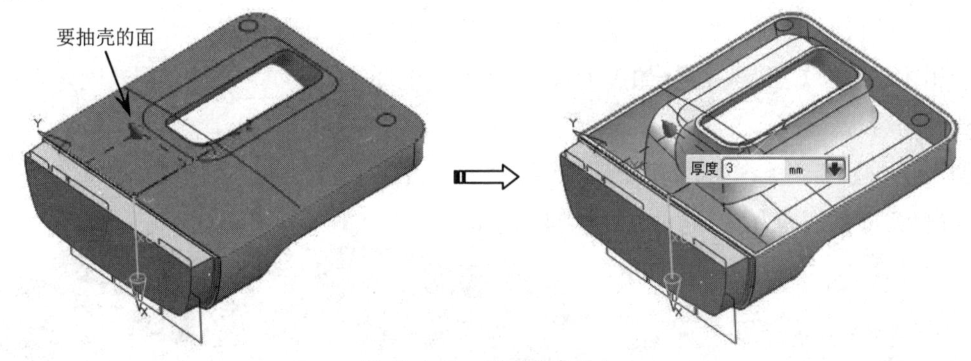

图 10-107 创建抽壳特征

⑲ 使用【求和】工具，将已创建的实体特征进行合并，就得到吸尘器手柄的主体模型。

⑳ 为了便于后续的设计操作，将已创建特征的曲线、曲面隐藏。

3. 构建方孔与侧孔

① 将视图切换至右视图。

② 使用【拉伸】工具，选择如图 10-108 所示的草图曲线，创建拉伸距离为 60 的减材料特征。

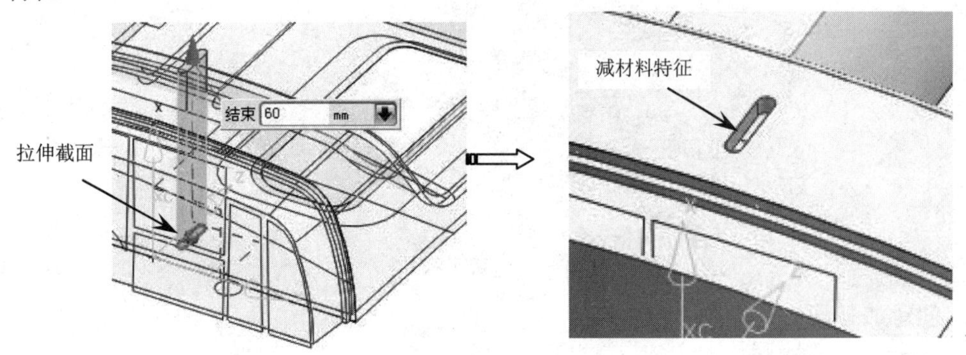

图 10-108 创建拉伸减材料特征

③ 使用【阵列几何特征】工具，选择减材料特征作为阵列对象，创建九个矩形阵列对象，如图 10-109 所示。

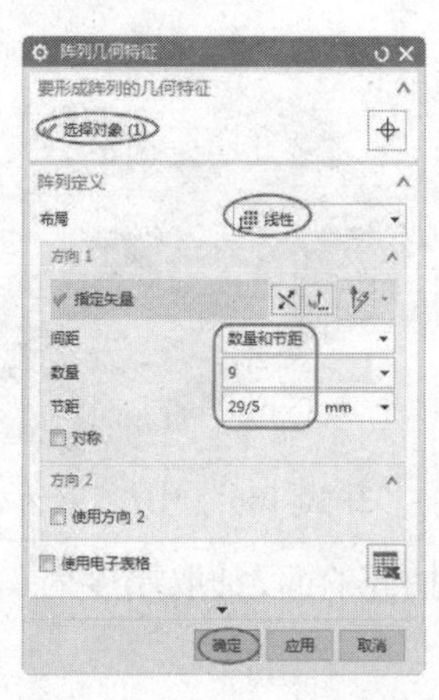

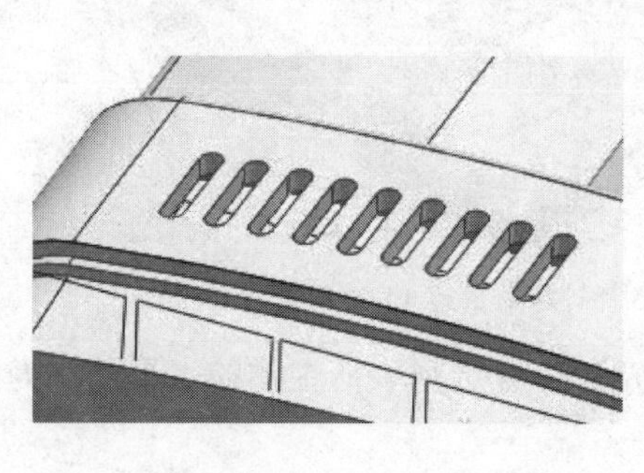

图 10-109　创建阵列对象特征

④ 使用【边倒圆】工具，选择如图 10-110 所示的阵列对象特征的边缘，创建圆角半径为 1 的圆角特征。

⑤ 使用【孔】工具，在主体模型侧面上绘制一个点，然后在该点上创建一个直径为 36、深度为 30 的简单孔特征，如图 10-111 所示。

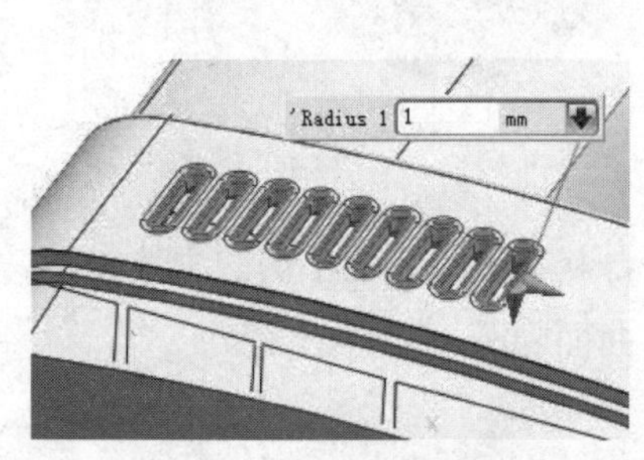

图 10-110　创建圆角特征

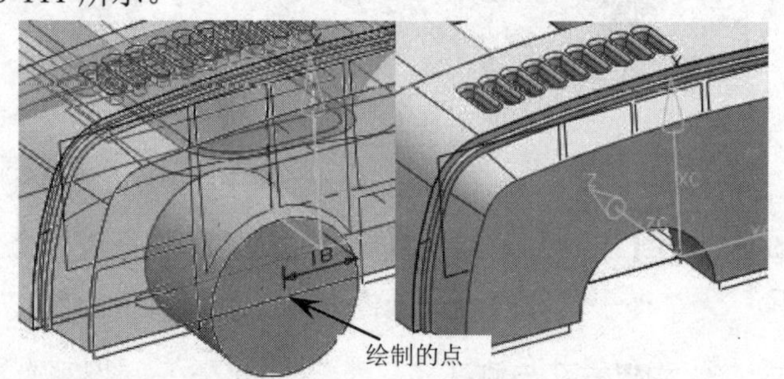

图 10-111　创建孔特征

⑥ 使用【拉伸】工具，选择手柄主体另一侧面作为草图平面，进入草绘模式中绘制如图 10-112 所示的草图后，再创建拉伸距离为 5 的减材料特征。

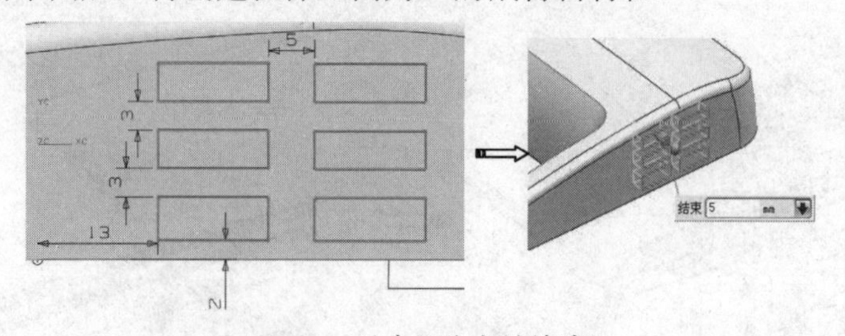

图 10-112　创建拉伸减材料特征

4. 创建加强筋

① 使用【拉伸】工具，选择如图 10-113 所示的草图曲线，创建拉伸距离为 16 的减材料特征。

② 使用【拉伸】工具，选择如图 10-114 所示的草图曲线，创建拉伸距离为 20 的减材料特征。

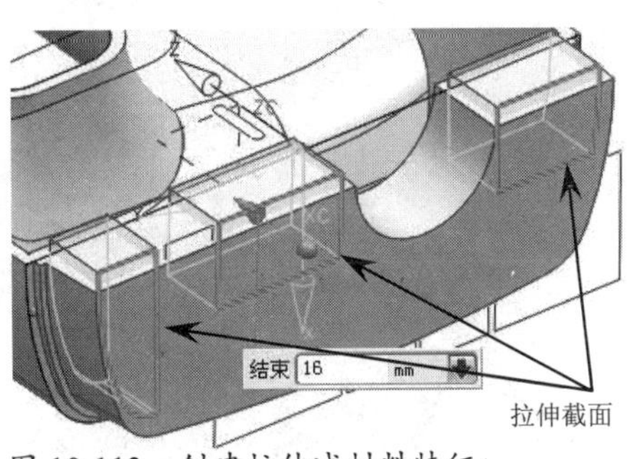

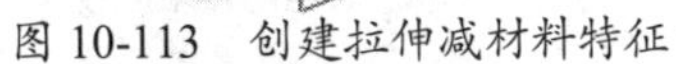

图 10-113 创建拉伸减材料特征

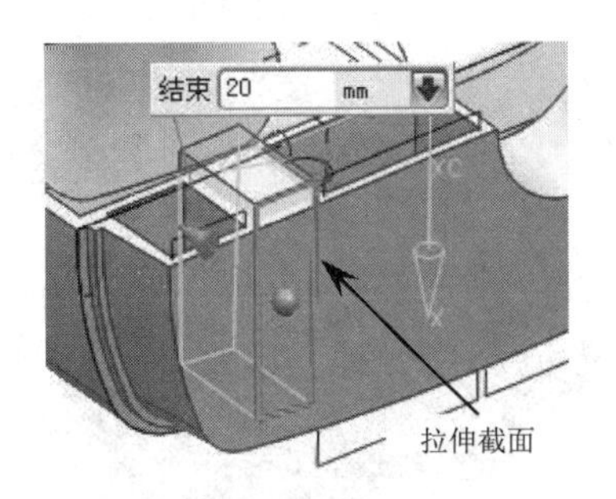

图 10-114 创建拉伸减材料特征

③ 使用【拉伸】工具，选择如图 10-115 所示的草图曲线，创建拉伸距离为 13 的减材料特征。

④ 使用【拉伸】工具，选择如图 10-116 所示的草图曲线，创建拉伸距离为 20 且两侧偏置 2 的加材料特征。

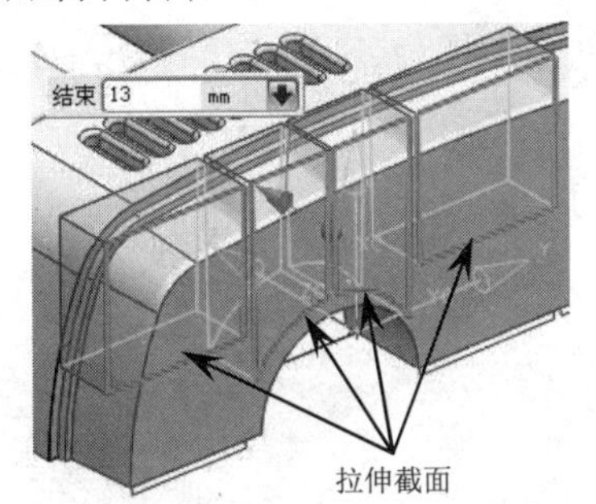

图 10-115 创建拉伸减材料特征

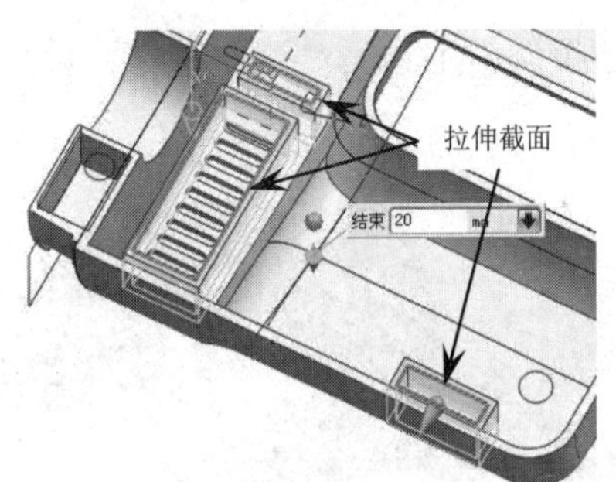

图 10-116 创建拉伸加材料特征

⑤ 使用【修剪体】工具，选择三个加强筋特征作为修剪目标体，选择加强筋所在的实体表面作为修剪工具面，创建修剪体特征，如图 10-117 所示。

⑥ 使用【求和】工具，将修剪体特征与手柄主体进行合并，加强筋特征全部构建完成。

5. 创建 BOSS 柱和槽特征

① 使用【拉伸】工具，选择两个草图圆曲线创建拉伸距离为 30 且两侧偏置-2.5 的拉伸实体特征，如图 10-118 所示。

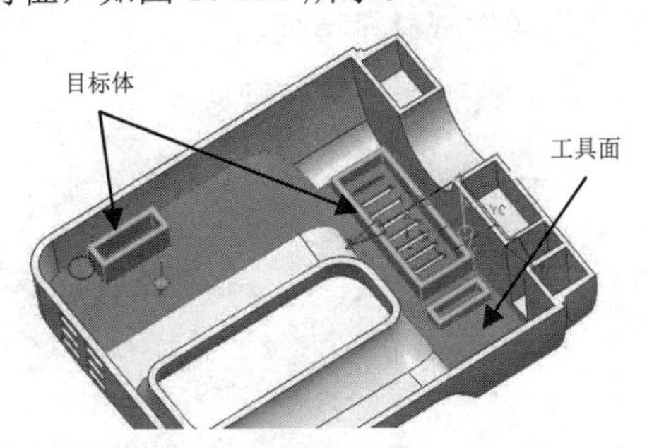

图 10-117 创建修剪体特征

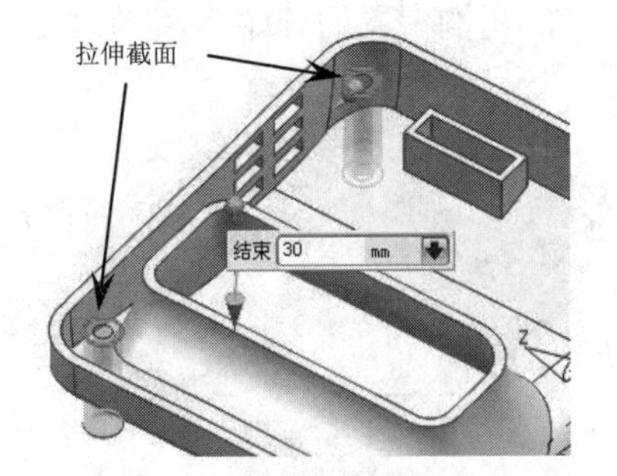

图 10-118 创建拉伸特征

② 使用【修剪体】工具，选择如图 10-119 所示的目标体和工具面，创建修剪体特征。

③ 使用【拔模】工具，以【从边】类型选择修剪体特征上边缘作为固定边，创建拔模角度为-2 的拔模特征，如图 10-120 所示。

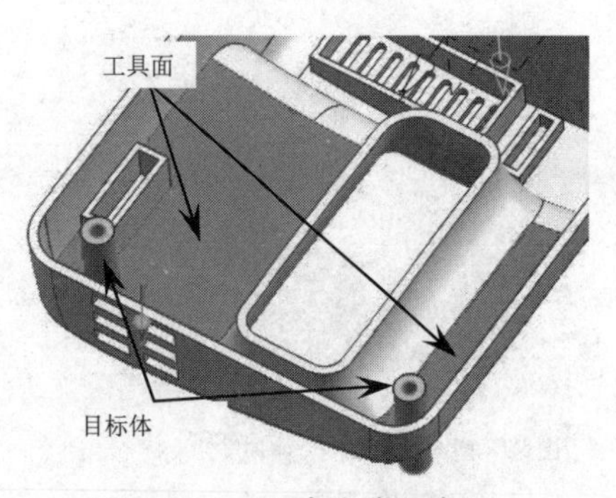

图 10-119　创建修剪体特征

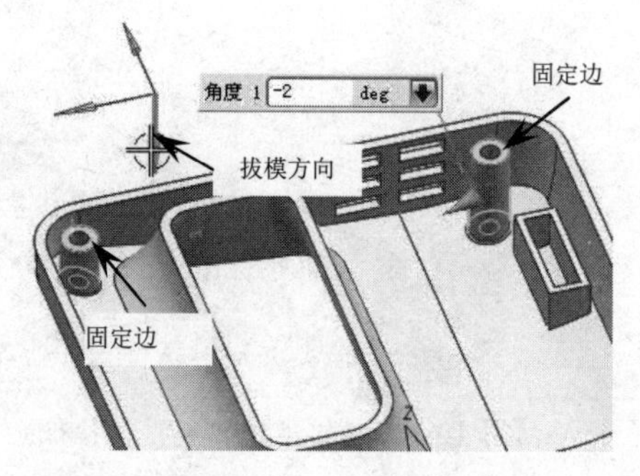

图 10-120　创建拔模特征

④ 使用【求和】工具，将拔模后的修剪体特征与手柄主体进行合并。

⑤ 使用【拉伸】工具，选择草图圆曲线作为拉伸截面，然后创建拉伸开始距离为 5、结束距离为 30，且单侧偏置-1 的拉伸减材料特征，如图 10-121 所示。

⑥ 使用【边倒圆】工具，对拉伸减材料特征边缘创建半径为 1 的圆角特征，如图 10-122 所示。

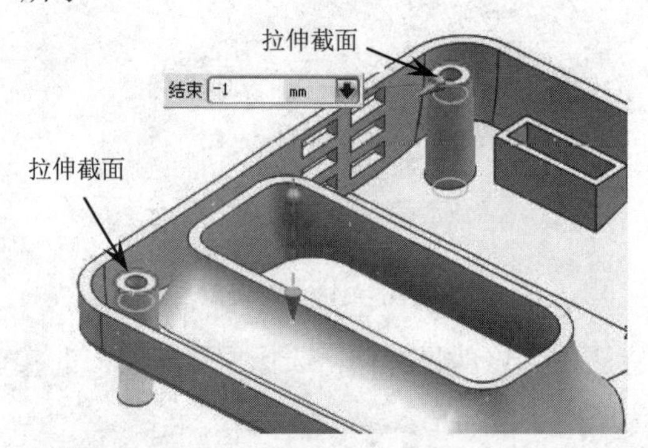

图 10-121　创建拉伸减材料特征

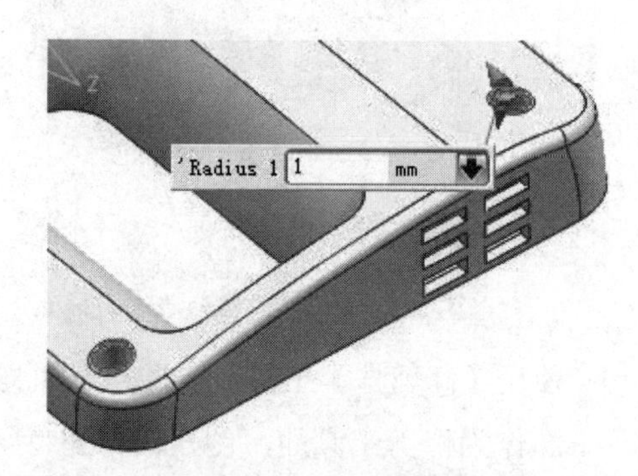

图 10-122　创建圆角特征

⑦ 使用【拉伸】工具，选择如图 10-123 所示的主体模型边缘作为拉伸截面，创建拉伸距离为 1.5，且两侧偏置的开始值为 1、结束值为 2 的减材料特征。

⑧ 使用【拉伸】工具，选择如图 10-124 所示的孔边缘作为拉伸截面，并创建拉伸距离为 1.5，两侧偏置的开始距离为-1.5、结束距离为 4 的减材料特征。

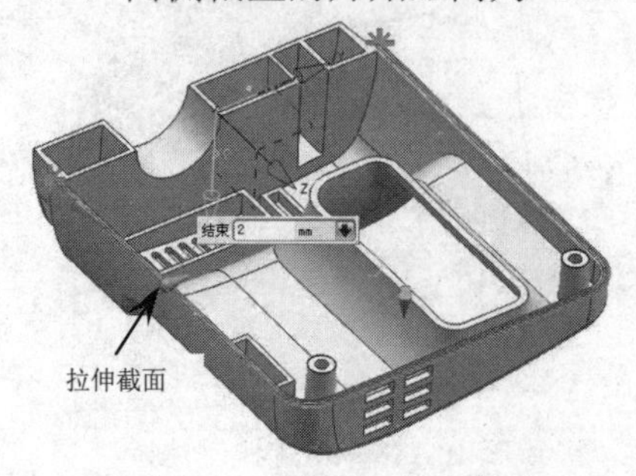

图 10-123　创建拉伸减材料特征

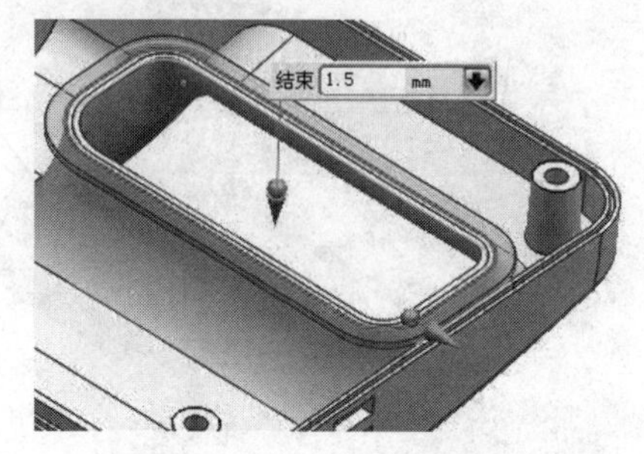

图 10-124　创建拉伸减材料特征

⑨ BOSS 柱特征与槽特征创建完成了。至此，吸尘器手柄造型设计工作全部结束，最后将结果保存。

CHAPTER 11

机械装配设计

本章导读

本章主要介绍 UG NX 12 的机械装配功能。学完本章，读者能够轻松掌握从底向上方法建立装配、建立装配配对条件、引用集、加载选项、自顶向下方法建立装配、几何链接器等重要知识。

学习要点

- ☑ 装配概述
- ☑ 组件装配设计（虚拟装配）
- ☑ 组件的编辑
- ☑ 爆炸装配

扫码看视频

11.1 装配概述

UG 装配过程是在装配中建立部件之间的链接关系，它是通过装配条件在部件间建立约束关系来确定部件在产品中的位置。在装配中，部件的几何体是被装配引用的，而不是复制到装配中。不管如何编辑部件和在何处编辑部件。整个装配部件保持关联性，如果某部件修改，则引用它的装配部件自动更新，反映部件的最新变化。

11.1.1 装配概念及术语

装配建模的过程是建立组件装配关系的过程。用户在进行装配设计之前，需先了解一些有关装配的基本概念及相关术语。

1. 装配建模的特点

装配件直接引用组件部件的主要几何体。可以在装配部件中看见各个相关组件通过使用配对条件参数化地装配组件。

2. 装配部件

装配部件是由零件和子装配构成的部件。在 UG 中允许向任何一个 Part 文件中添加部件构成装配，因此任何一个 Part 文件都可以作为装配部件。在 UG 中，零件和部件不必严格区分。需要注意的是，各装配部件的实际几何数据并不是存储在装配部件文件中的，而是存储在相应的部件（即零件文件）中。

3. 子装配

子装配是在高一级装配中被用作组件的装配，子装配也拥有自己的组件。子装配是一个相对的概念，任何一个装配部件可在更高级装配中用作子装配。

4. 组件对象

组件对象是一个从装配部件链接到部件主模型的指针实体。一个组件对象记录的信息有：部件名称、层、颜色、线型、线宽、引用集和配对条件等。

5. 组件

组件是装配中由组件对象所指的部件文件。组件可以是单个部件（即零件）也可以是一个子装配。组件是由装配部件引用而不是复制到装配部件中。

6. 单个零件

单个零件是指在装配外存在的零件几何模型，它可以添加到一个装配中去，但它本身不能含有下级组件。

7. 自底向上装配

自底向上装配是指在设计过程中，先设计单个零部件，在此基础上进行装配生成总体设计。这种装配建模需要设计人员交互地给定配合构件之间的配合约束关系，然后由UG系统自动计算构件的转移矩阵，并实现虚拟装配。

8. 自顶向下装配

自顶向下装配，是指在装配级中创建与其他部件相关的部件模型，是在装配部件的顶级向下产生子装配和部件（即零件）的装配方法。即先由产品的大致形状特征对整体进行设计，然后根据装配情况对零件进行详细设计。

9. 混合装配

混合装配是将自顶向下装配和自底向上装配结合在一起的装配方法。例如先创建几个主要部件模型，再将其装配在一起，然后在装配中设计其他部件，即为混合装配。在实际设计中，可根据需要在两种模式下切换。

10. 主模型

主模型是供UG模块共同引用的部件模型。同一主模型，可同时被工程图、装配、加工、机构分析和有限元分析等模块引用，当主模型修改时，相关应用自动更新。

11.1.2 装配中零件的工作方式

在一个装配体中零部件有两种不同的工作方式：工作部件和显示部件。

- 工作部件：既是图形区中正进行编辑、操作的部件，同时也是显示部件。
- 显示部件：在装配应用中，图形区中所有能看见的部件都是显示部件。而工作部件只有一个，当某个部件定义为工作部件时，其余显示部件将变为灰色。

技术要点：

只有工作部件才可以进行编辑修改工作。

11.1.3 引用集

所谓【引用集】，就是UG文件（*.prt）中被命名的部分数据，这部分数据就是要装入大批装配件中的数据。

在装配中，由于各部件含有草图、基准平面及其他辅助图形数据，如果要显示装配中各部件和子装配的所有数据，一方面容易混淆图形，另一方面由于引用零部件的所有数据，需要占用大量内存，因此不利于装配工作的进行。通过引用集可以减少这类混淆，提高机器的运行速度。在程序默认状态下，每个装配组件都有四个引用集：整个部件、空、FACET（面）和MODEL（模型）。

- 整个部件：即引用部件的全部几何数据。
- 空：空的引用集是不含任何几何对象的引用集，当部件以空的引用集形式添加到装配中时，在装配中看不到该部件。
- FACET（面）：这是一个小平面化（轻量化）实体的引用集。
- MODEL（模型）：引用部件在建模模式下创建的模型数据集。

11.1.4 装配环境的进入

UG 装配模块不仅能快速组合零部件成为产品，而且在装配中，可参照其他部件进行部件关联设计，并可对装配模型进行间隙分析、重量管理等操作。装配模型生成后，可建立爆炸视图，并可将其引入装配工程图中。同时，在装配工程图中可自动产生装配明细表，并能对轴测图进行局部挖切。

在 UG 欢迎界面窗口中新建一个采用装配模板的装配文件，或者在【应用模块】选项卡的【设计】组中单击【装配】按钮，既可进入装配工作环境中，如图 11-1 所示。

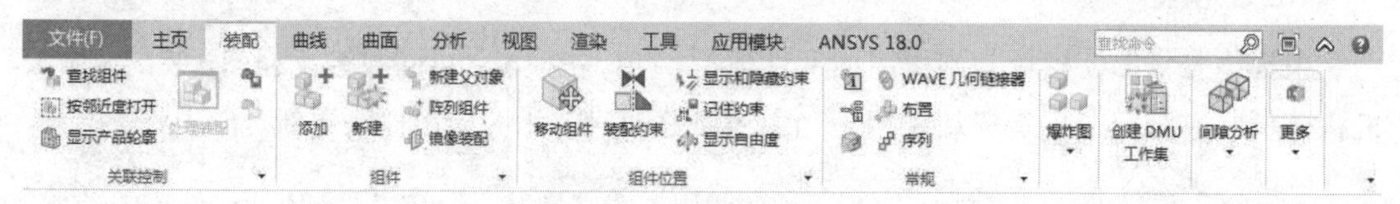

图 11-1 【装配】选项卡

11.2 组件装配设计（虚拟装配）

虚拟装配是指通过计算机对产品装配过程和装配结果进行分析和仿真、评价和预测产品模型，并做出与装配相关的工程决策，而不需要实际产品做支持。采用虚拟装配方法装配产品，装配体中的零件与原零件之间是链接关系，对原零件的修改会自动反映到装配体中，从而节约了内存，提高了装配速度，UG 采用的就是虚拟装配。

UG 虚拟装配分为自底向上装配（bottom-up）和自顶向下装配（top-down）。

11.2.1 自底向上装配

自底向上装配所使用的工具是【添加组件】。【添加组件】是指通过选择已加载的部件或从系统磁盘中选择部件文件，将组件添加到装配中。添加组件过程也是自底向上的装配过程。在【装配】选项卡的【关联控制】组中单击【添加组件】按钮，弹出【添加组件】对话框，如图 11-2 所示。

对话框中各选项的含义如下：

- 选择部件：是指在图形区中直接选择装配组件。
- 已加载的部件：若程序此前或者即将打开某个装配部件文件，则该部件文件被自动收集在此选项列表中，最后通过选择列表中的部件来进行装配。
- 最近访问的部件：是指此前进行装配过的组件。
- 打开：通过单击此按钮，可在系统磁盘中将装配部件加载进 UG 程序中。
- 重复：当一个装配体中需要添加多个相同的部件时，在【数量】文本框中输入相应的值即可。
- 定位：为组件的装配进行约束定位，其方法包括【绝对原点】、【通过原点】、【通过约束】和【移动】。

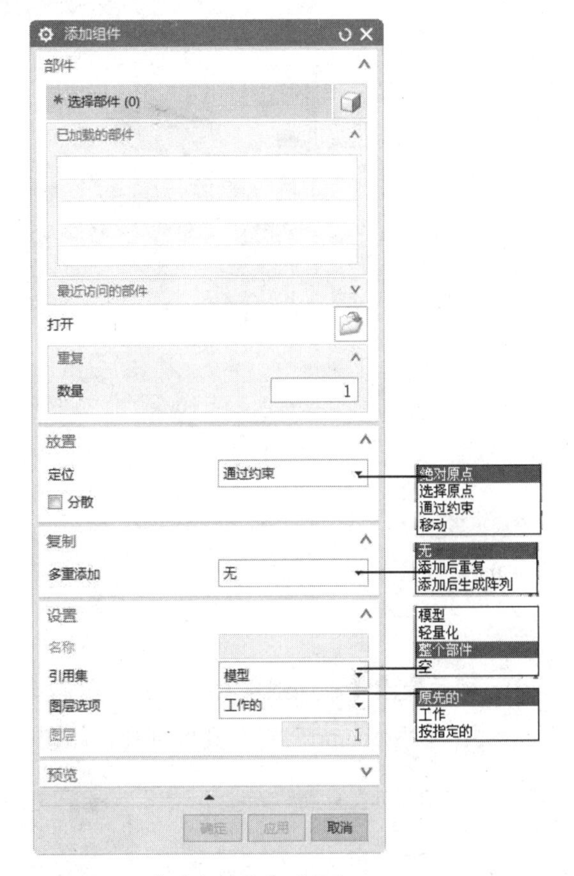

图 11-2　【添加组件】对话框

- 多重添加：用于组件的添加。它包括三种添加方法，【无】、【添加后重复】和【添加后生成阵列】。【无】是指重复不添加组件；【添加后重复】是指添加该组件后再重复添加一个或多个；【添加后生成阵列】是指将重复添加的组件进行阵列。
- 名称：组件的名称，用户可在此文本框中修改组件名称。
- 图层选项：用于设置组件在新图形窗口的层。它包括【原先的】、【工作】和【按指定的】三种层定义。【原先的】是指组件将以原来的所在图层作为新窗口中的图层；【工作】是指将组件指定到装配的当前工作层中；【按指定的】是指将组件指定到任何一个图层中，并可在下方的【图层】文本框中输入指定的层号。

要进行虚拟装配设计，需先创建一个装配文件。一般情况下，自底向上进行装配设计，则直接选择装配模板来创建文件。

上机实践——自底向上的装配设计

① 单击【新建】按钮，弹出【新建】对话框。在此对话框中选择【装配】模板，并在【名称】文本框中输入新文件名【assembly-1.prt】，单击【确定】按钮，完成装配文件的创建，如图 11-3 所示。

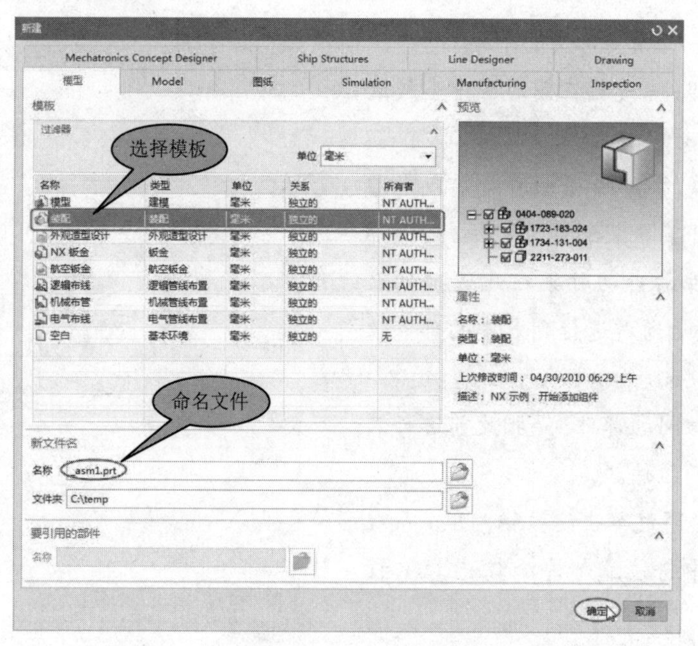

图 11-3 选择装配模板以创建装配文件

② 随后弹出【添加组件】对话框。单击该对话框中的【打开】按钮，将“11-1”文件夹中的“gujia.prt”组件文件打开，如图 11-4 所示。

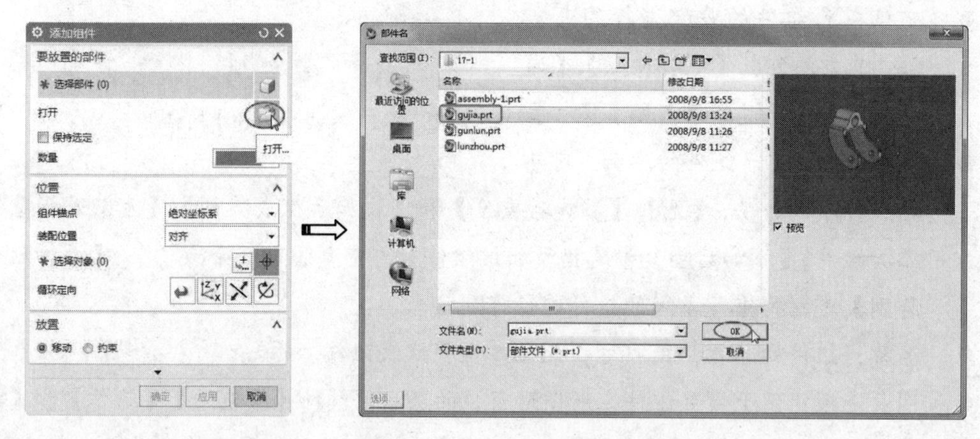

图 11-4 打开组件文件

③ 打开此组件文件后，弹出【组件预览】对话框，如图 11-5 所示。

④ 在【添加组件】对话框的【放置】选项区的【定位】下拉列表中选择【绝对原点】选项；在【设置】选项区的【引用集】下拉列表中选择【模型】选项，在【图层选项】下拉列表中选择【原始的】选项，如图 11-6 所示。

⑤ 单击【添加组件】对话框中的【应用】按钮，打开的第一个组件被自动添加到装配体文件中，并且基准坐标系与绝对坐标系自动重合，如图 11-7 所示。

⑥ 再单击【添加组件】对话框中的【打开】按钮，将“11-1”文件夹中的“gunlun.prt”组件文件打开，随后弹出该组件的【组件预览】对话框，如图 11-8 所示。

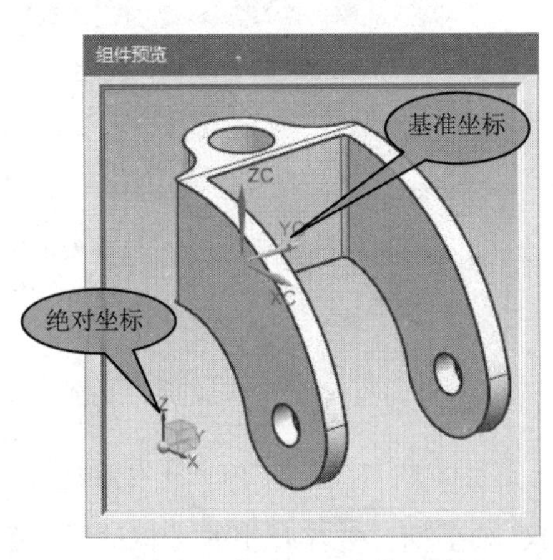

图 11-5 【组件预览】对话框

图 11-6 设置组件约束和引用集

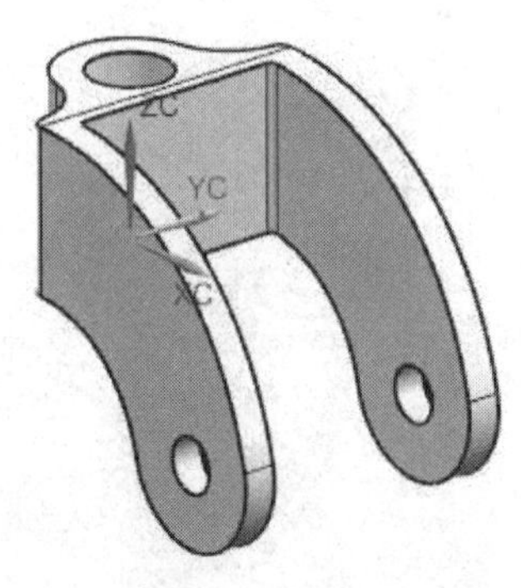

图 11-7 添加的第一个组件

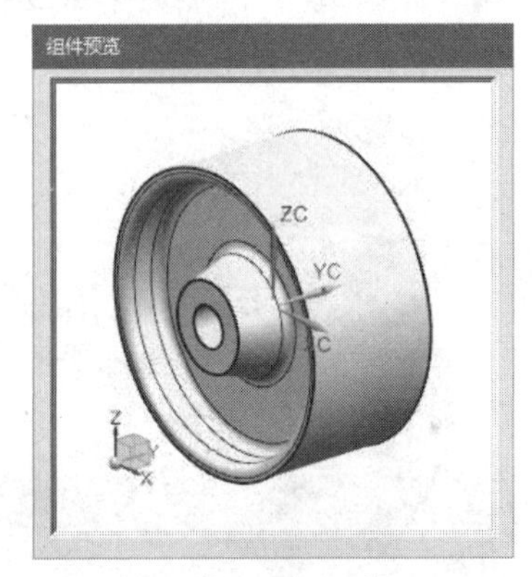

图 11-8 【组件预览】对话框

⑦ 在【添加组件】对话框的【放置】选项区的【定位】下拉列表中选择【移动】选项，然后单击【应用】按钮，弹出【点】对话框，如图 11-9 所示。

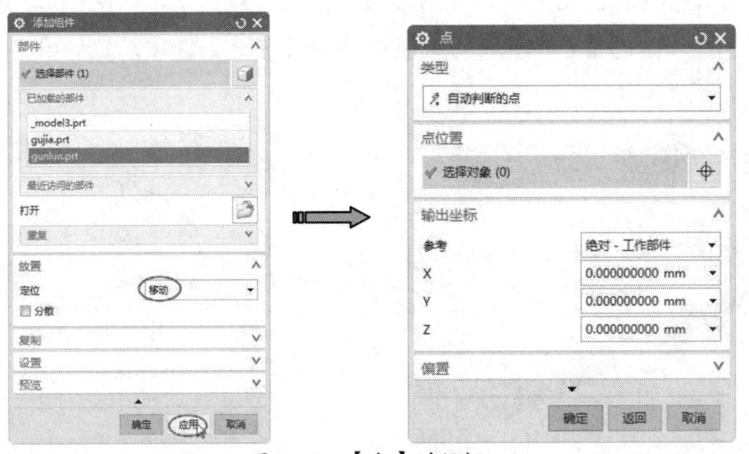

图 11-9 【点】对话框

⑧ 按信息提示，选择第一个组件上小圆孔的圆心作为移动参考点，如图 11-10 所示。

⑨ 选择参考点后，弹出【移动组件】对话框，如图 11-11 所示。

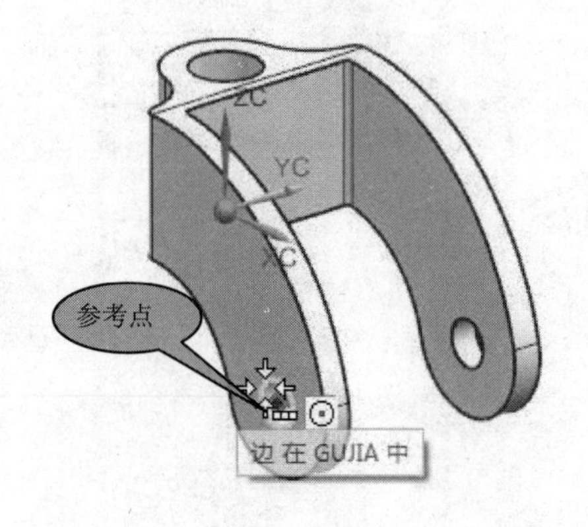

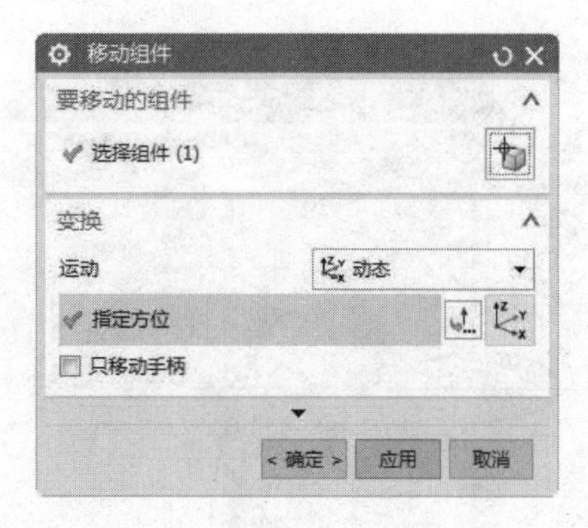

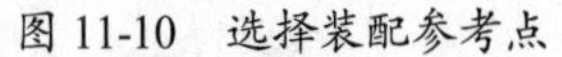
图 11-10 选择装配参考点

图 11-11 【移动组件】对话框

⑩ 在图形区中单击第二个组件的动态坐标系的 *YC* 轴手柄，并在弹出的【移动尺寸】文本框中输入距离值 35，然后单击【移动组件】对话框中的【确定】按钮，完成第二个组件的装配，如图 11-12 所示。

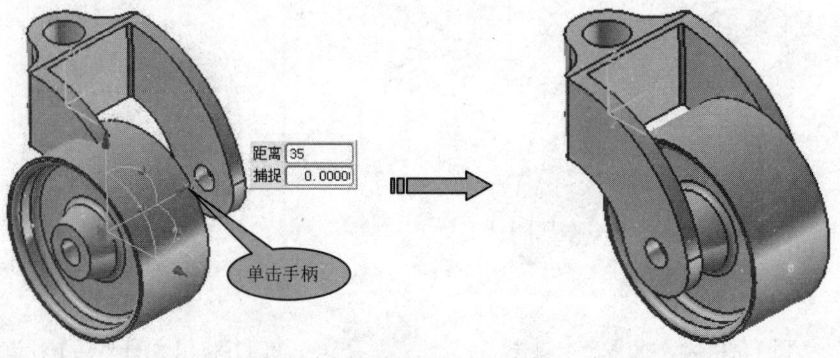

图 11-12 完成第二个组件的装配

⑪ 在【添加组件】对话框中再单击【打开】按钮，将“11-1”文件夹中的“lunzhou.prt”组件文件打开，并弹出第三个组件的【组件预览】对话框，如图 11-13 所示。

⑫ 在【放置】选项区的【定位】下拉列表中选择【移动】选项，然后单击【应用】按钮，如图 11-14 所示。

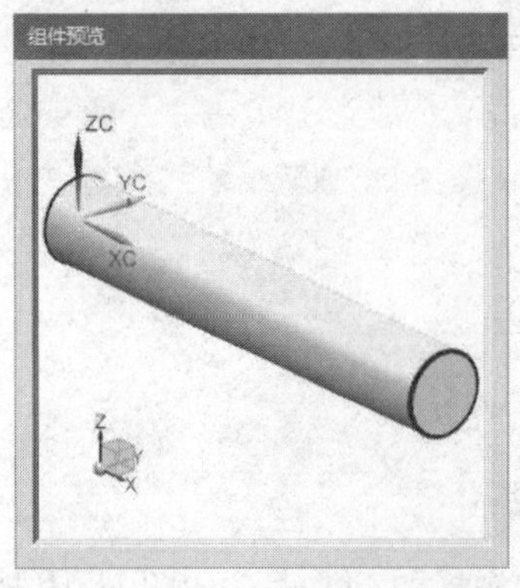

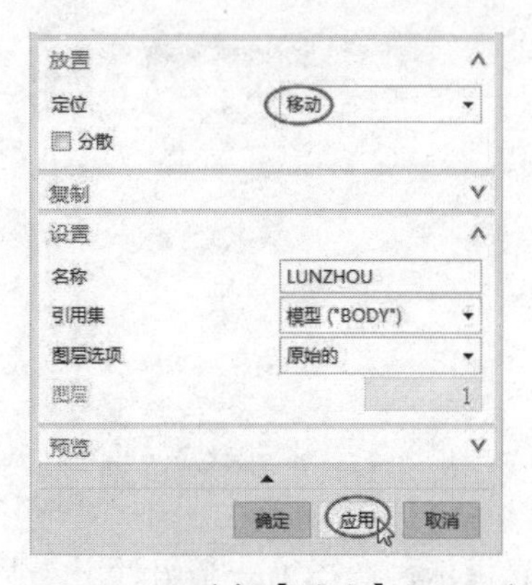

图 11-13 【组件预览】对话框

图 11-14 选择【移动】定位方式

⑬ 随后弹出【点】对话框，接着在第一个组件上选择小圆孔的圆心作为移动参考点。选择参考点后，将第三个组件添加到装配文件中，如图 11-15 所示。

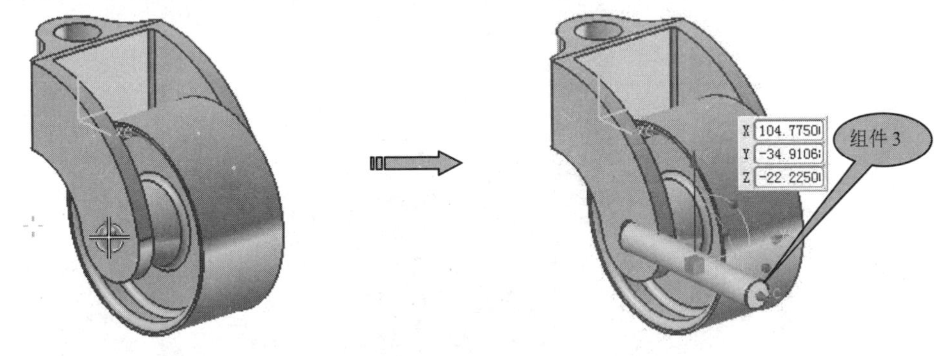

图 11-15 选择移动参考点

⑭ 弹出【移动组件】对话框，在此对话框中选择【绕轴旋转】类型，然后按信息提示在图形区中选择旋转轴，如图 11-16 所示。

⑮ 激活【旋转轴】选项区中的【指定点】命令，然后选择第三个组件的端面圆心作为旋转点，如图 11-17 所示。

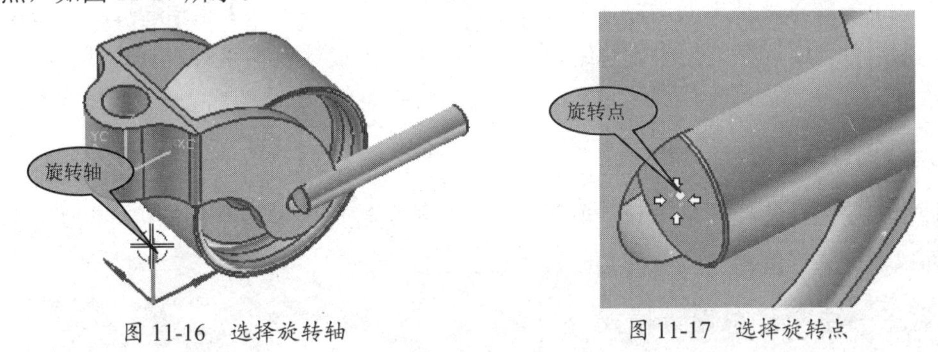

图 11-16 选择旋转轴　　图 11-17 选择旋转点

⑯ 在【绕轴的角度】选项区中输入角度值 90，然后按 Enter 键确认，第三个组件则自动旋转 90°，如图 11-18 所示。

⑰ 在【移动组件】对话框中选择【动态】类型，然后单击动态坐标系的 *YC* 轴手柄，并在弹出的【尺寸】文本框中输入距离值-5，按 Enter 键确认后，第三个组件被移动，如图 11-19 所示。

图 11-18 旋转组件　　图 11-19 平移组件

⑱ 单击【移动组件】对话框中的【确定】按钮，接着单击【移动组件】对话框中的【取消】按钮，完成装配设计并结束操作。装配设计结果如图 11-20 所示。

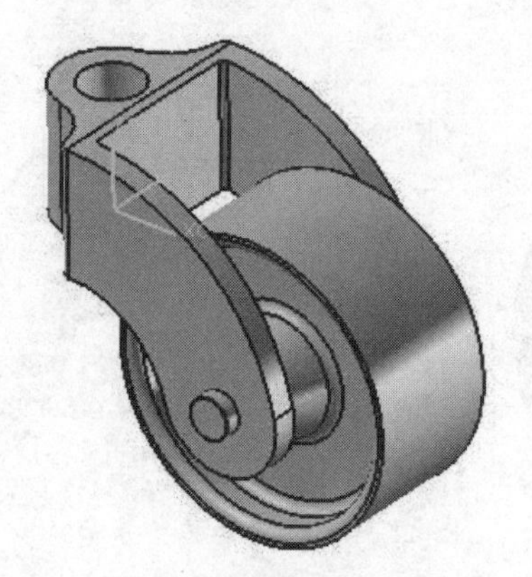

图 11-20 完成装配设计的装配体

11.2.2 自顶向下装配

自顶向下装配过程使用的工具命令是【新建组件】。【新建组件】是指通过选择几何体并将其保存为组件，或者在装配中创建组件。自顶向下装配设计包括两种设计模式：由分到总和由总至分。

1. 由分到总设计模式

这种模式是先在建模环境下设计好模型，然后将创建好的模型全部链接为装配部件。

下面以实例来详解由分到总的装配设计模式。

上机实践——由分到总设计模式

① 打开本例源文件“xiaoche.prt”，如图 11-21 所示。

图 11-21 打开源文件

② 在【装配】选项卡中单击【新建组件】按钮，弹出【新建文件】对话框。选择装配模板以创建装配文件，输入新的文件名【chejia】后，单击【确定】按钮，如图 11-22 所示。

③ 弹出【新建组件】对话框，按信息提示选择整个模型中的其中一个实体特征作为新组件，如图 11-23 所示。

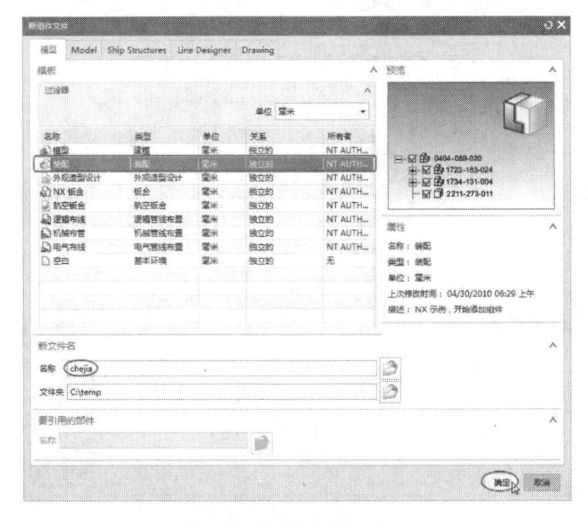

图 11-22 新建组件

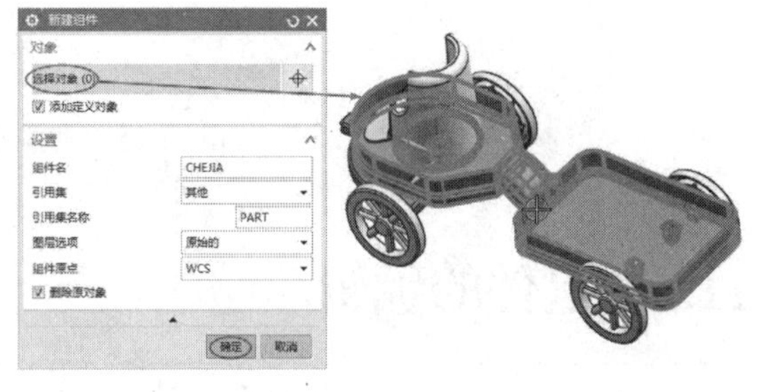

图 11-23 为新组件选择对象

④ 保留对话框中的选项默认设置，再单击【确定】按钮，完成第一个组件的创建。同时，程序自动创建原模型文件作为总装配文件，而新建的组件则成为其子文件。

⑤ 同理，在【装配】选项卡中再单击【新建组件】按钮，创建新组件文件后，并为其添加对象。最终，按此方法完成模型中其余组件的创建，在装配导航器中即可查看总装配文件创建完成的结果，如图 11-24 所示。

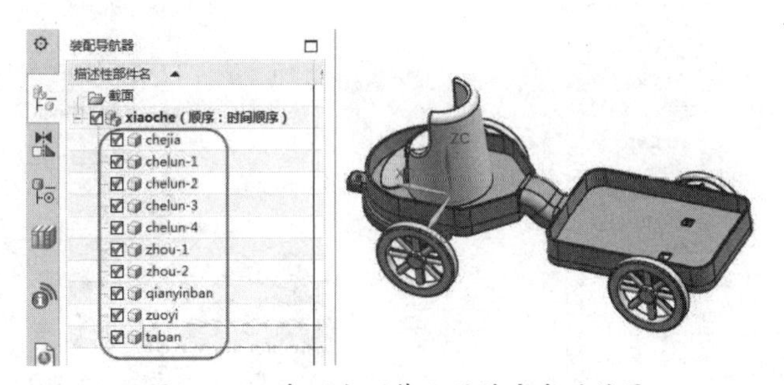

图 11-24 自顶向下装配设计完成的结果

2. 由总至分模式

由总至分模式则是先创建一个空的总装配文件，然后再依次创建多个新的装配文件。这些新装配文件将成为总装配文件的子文件，最后将子文件设为工作部件后，即可使用建模环境中的建模功能来创建组件模型。

此种模式与前一种模式所不同的是，当打开【新建组件】对话框后，不再选择特征作为组件，而是直接单击该对话框中的【确定】按钮，即可生成一个空的子装配文件，将此空文件设为工作部件后，接下来就可以进行组件的实体造型设计了，如图 11-25 所示。

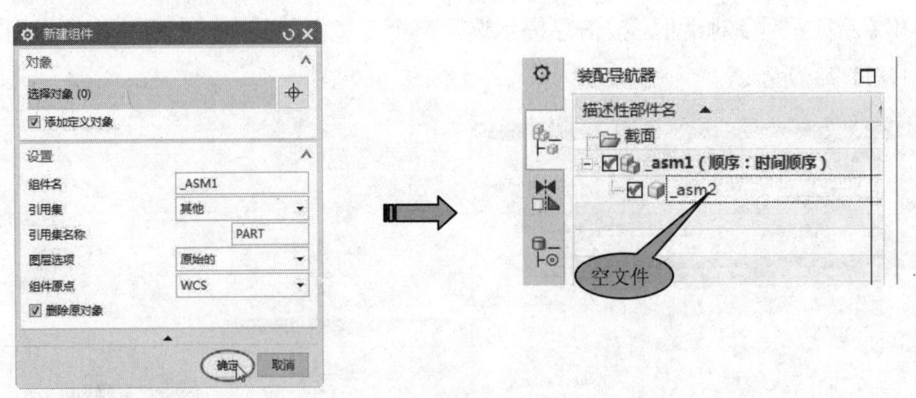

图 11-25 创建空的子装配文件

11.3 组件的编辑

组件添加到装配以后，可对其进行替换、移动、抑制、阵列和重新定位等操作。

除了在【装配】选项卡中使用对组件的编辑工具，还可以在【装配导航器】中或绘图工作区中单击鼠标右键，在弹出的快捷菜单中选择相关的编辑工具，如图 11-26 所示。

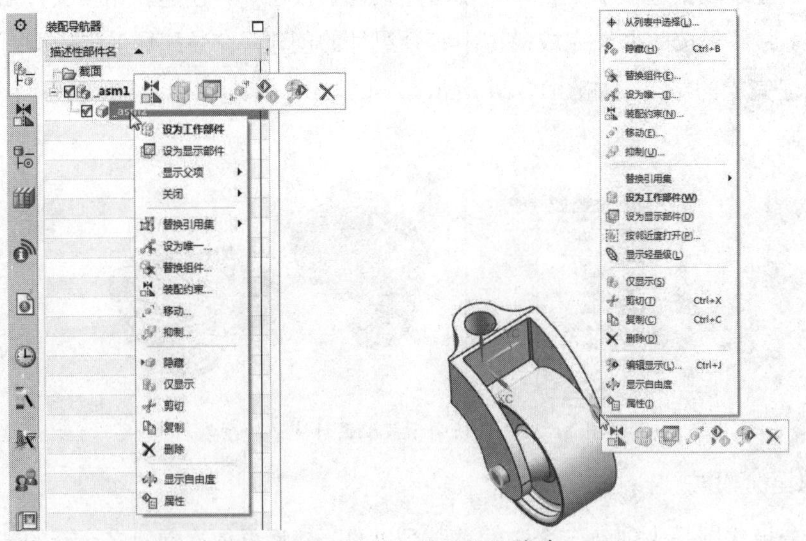

图 11-26 编辑组件的快捷菜单

11.3.1 新建父对象

【新建父对象】就是为当前显示的总装配部件文件再新建一个父部件文件。在【装配】选项卡中单击【新建父对象】按钮，在弹出的【新建父对象】对话框中输入父对象的名称及存放路径后，再单击【确定】按钮，即可创建一个新的父对象，如图 11-27 所示。

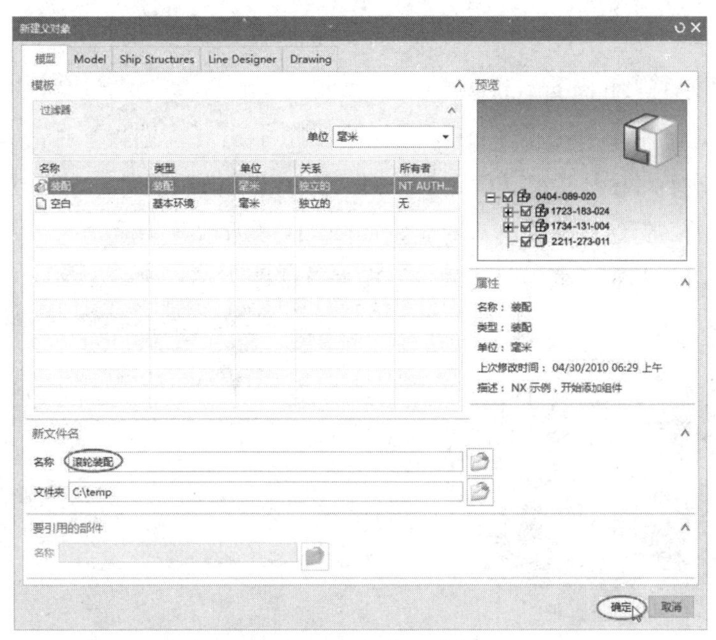

图 11-27 新建父对象

从装配导航器中就可以看到新建的父对象了，如图 11-28 所示。

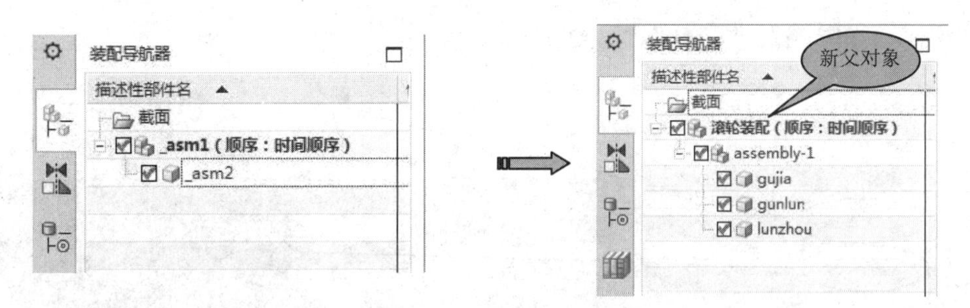

图 11-28 导航器中的新父对象

11.3.2 阵列组件

【阵列组件】就是将组件复制到矩形或圆形图样中。在【装配】选项卡中单击【阵列组件】按钮，弹出【类选择】对话框。选择一个要阵列的组件后，单击【确定】按钮，弹出【阵列组件】对话框，如图 11-29 所示。

图 11-29 【阵列组件】对话框

此对话框中包含三种阵列定义的布局选项，其含义如下：

- 线性：以线性布局的方式进行阵列。
- 圆形：以圆形布局的方式进行阵列。
- 参考：自定义的布局方式。

上机实践——创建组件阵列

① 打开本例源文件“zhuangpei.prt”。

② 在【装配】选项卡中单击【阵列组件】按钮，打开【类选择】对话框。

③ 单击【类选择】对话框中的【确定】按钮，再弹出【阵列组件】对话框，按信息提示选择装配体中的螺钉组件作为阵列对象，如图 11-30 所示。

④ 选择【阵列组件】对话框中的【圆形】布局，如图 11-31 所示。

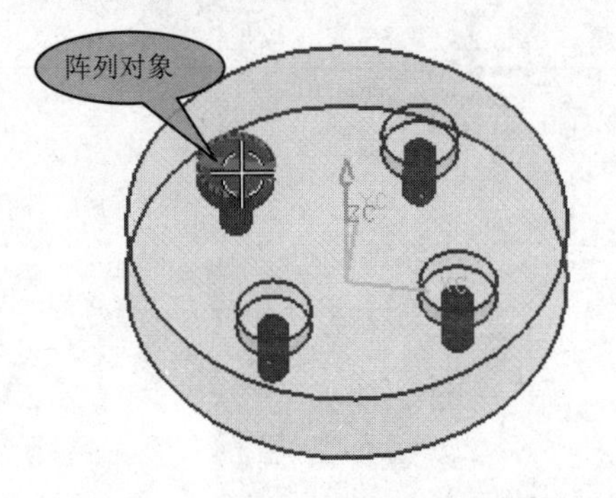

图 11-30 选择阵列对象

图 11-31 选择阵列布局

⑤ 指定旋转轴。激活【指定矢量】命令，选择 Z 轴为旋转轴，激活【指定点】命令，选择坐标系原点为旋转点，如图 11-32 所示。

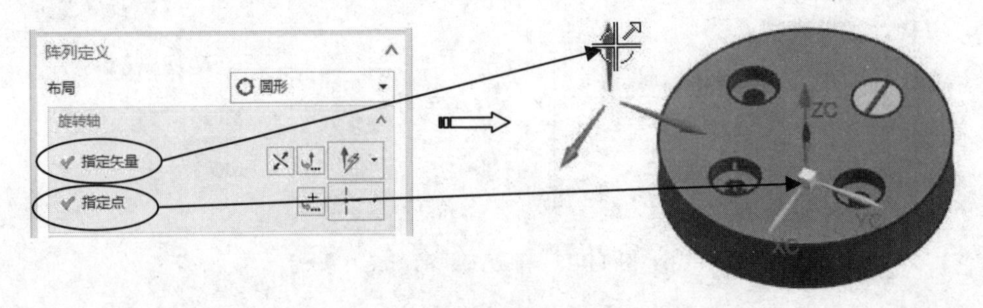

图 11-32 选择旋转轴

⑥ 选择旋转轴后，在【斜角方向】选项区中设置选项参数，最后再单击【确定】按钮，完成组件的阵列操作，如图 11-33 所示。

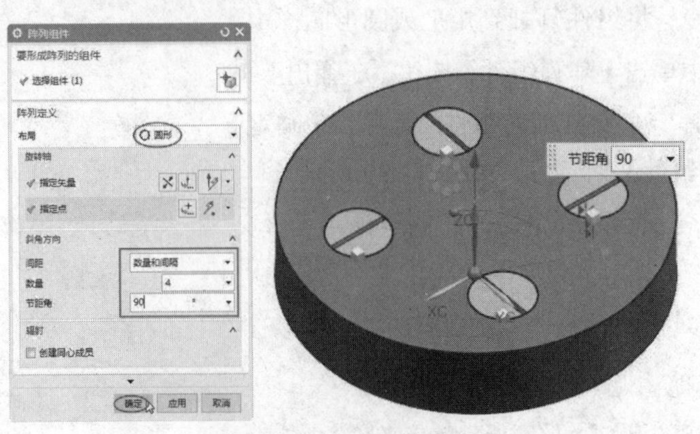

图 11-33 完成组件的阵列

11.3.3 替换组件

【替换组件】就是将一个组件替换为另一个组件。在【装配】选项卡中单击【替换组件】按钮，弹出【替换组件】对话框，如图 11-34 所示。

对话框中的各选项含义如下：

- 要替换的组件：即将被替换的组件。
- 替换件：用来替换被替换的组件。
- 浏览：通过浏览来打开替换部件。
- 维持关系：保留替换与被替换组件之间的关联关系。
- 替换装配中的所有事例：若勾选此复选框，将替换掉与被替换组件呈阵列关系的组件。

图 11-34 【替换组件】对话框

上机实践——替换组件

① 打开本例源文件“zhuangpei.prt”。

② 在【装配】选项卡中单击【替换组件】按钮，弹出【替换组件】对话框。

③ 按信息提示，选择装配体中的螺栓组件作为要替换的组件，如图 11-35 所示。

④ 在【替换件】选项区中激活【选择部件】命令，接着单击【浏览】按钮，将本例源文件中的“luosuan-1.prt”组件文件打开，之后该组件被自动收集到【未加载的部件】列表中，如图 11-36 所示。

⑤ 保留对话框中其余选项的默认设置，单击【确定】按钮，完成螺栓组件的替换，如图 11-37 所示。

图 11-35 选择要替换的组件

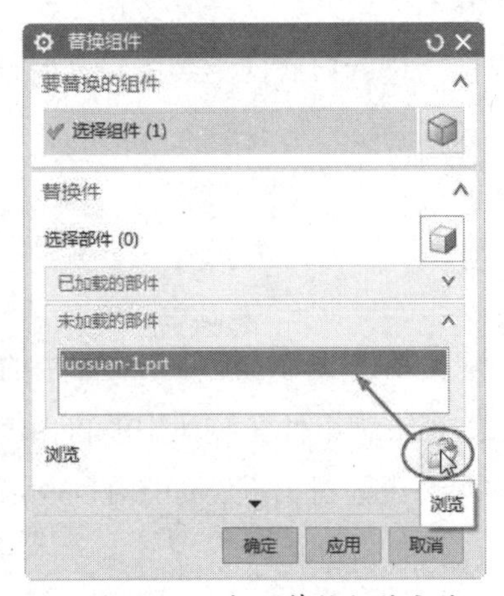

图 11-36 打开替换组件文件

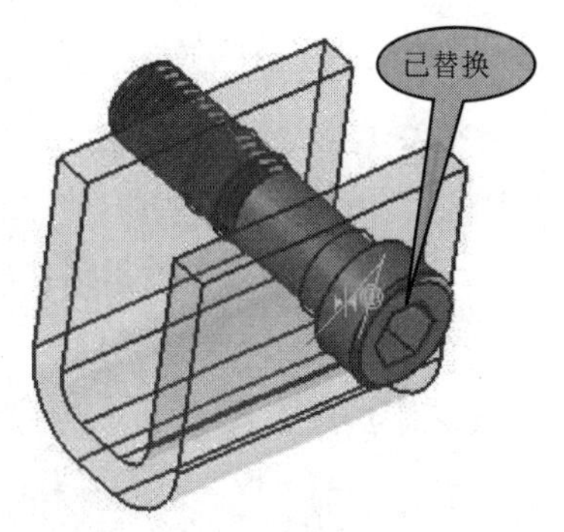

图 11-37 完成螺栓组件的替换

11.3.4 移动组件

【移动组件】就是移动装配中的组件。在【装配】选项卡中单击【移动组件】按钮，弹出【移动组件】对话框，如图 11-38 所示。

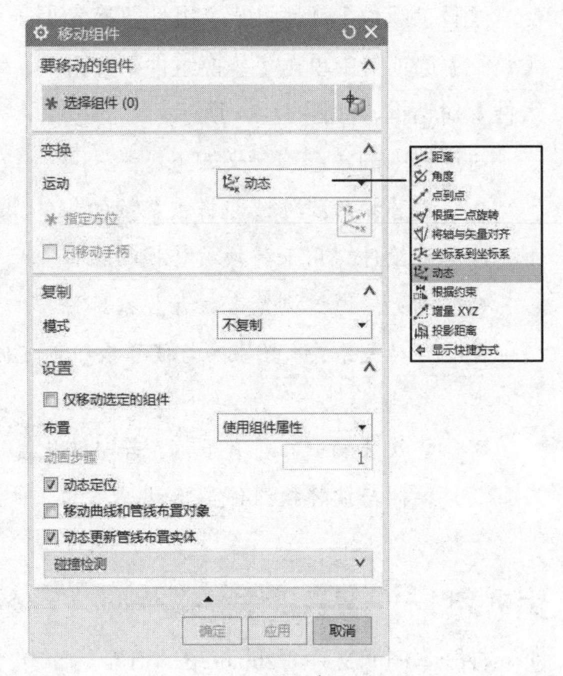

图 11-38 【移动组件】对话框

该对话框中包含多种组件运动的类型，这些类型及相关选项设置的含义如下：

- 动态：动态地平移或旋转组件的基准参照坐标系，使组件随着基准坐标系的位置变换而移动。
- 角度：绕指定的轴旋转而移动组件。
- 点到点：选择一个点作为位置起点，再选择一个点作为位置目标点，使组件平移。
- 根据三点旋转：指定一旋转轴，再以两个点作为旋转起点和终点，以此旋转组件。
- 将轴与矢量对齐：以两个矢量来作为组件的从方向和目标方向，再确定一个旋转点，使组件绕点旋转。
- 坐标系到坐标系：从自身基准坐标系到新指定的基准坐标系，为组件重定位。
- 根据约束：通过装配约束的方法来移动组件。
- 增量 XYZ：采用输入增量值的方法来移动组件。
- 投影距离：以矢量作为移动方向，并在矢量方向上加以一定的距离，使组件移动。

移动组件的具体操作过程在前面进行自底向上装配设计时已介绍过，因此本节就不做介绍了。

11.3.5 装配约束

【装配约束】是指组件的装配关系，以确定组件在装配中的相对位置。装配约束条件由一个或多个关联约束组成，关联约束限制组件在装配中的自由度。在【装配】选项卡中单击【装配约束】按钮，弹出【装配约束】对话框，如图 11-39 所示。

图 11-39 【装配约束】对话框

对话框的【设置】选项区中的选项含义如下：

- 布置：是指在选择约束对象时，可使用的组件属性。它包括【使用组件属性】和【应用到已使用的】选项。
- 动态定位：勾选此复选框，可对组件进行动态定位。
- 关联：勾选此复选框，约束后的组件与原先没约束的组件有父子关联关系。
- 移动曲线和管线布置对象：勾选此复选框，即可移动装配中的曲线和管线布置对象。
- 动态更新管线布置实体：勾选此复选框，即动态更新管线布置实体。

在【装配约束】对话框中包含了十种装配约束类型，如角度约束、中心约束、胶合约束、适合约束、接触对齐约束、同心约束、距离约束、固定约束、平行约束和垂直约束等。

1. 角度约束

角度约束是子装配组件与父装配部件成一定角度的约束。角度约束可以在两个具有方向矢量的对象间产生，角度是两个方向矢量的夹角。这种约束允许关联不同类型的对象，例如可以在面和边缘之间指定一个角度约束。

角度约束有两种类型：【方向角度】和【3D 角】。【方向角度】类型需要确定三个约束对象，即旋转轴、第一对象和第二对象。【3D 角】类型不需要旋转轴，只需选择两个约束对象，程序会自动判断出其角度，在其【角度】文本框中输入一定值后，即可约束组件。以【3D 角】类型进行角度约束的示例如图 11-40 所示。

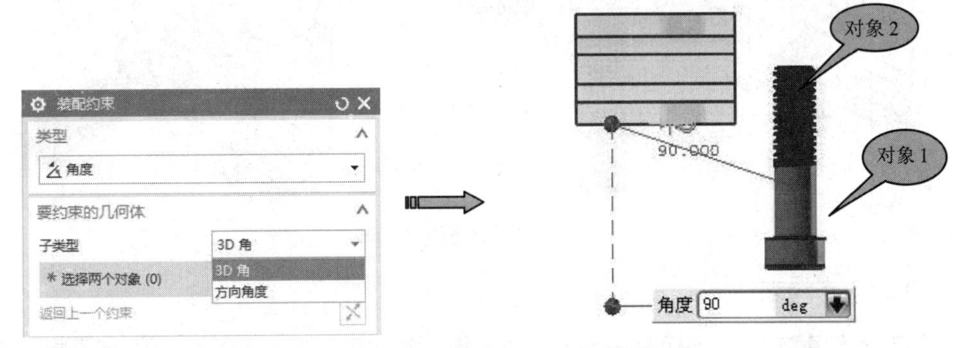

图 11-40 【3D 角】类型的角度约束

2. 中心约束

该约束是选择两个对象的中心或轴，使其中心对齐或轴重合。中心约束的选项设置如图 11-41 所示。其选项含义如下：

- 子类型：即组件内部特征，如点、线、面等。它包括三种子类型。
  - 1 对 2：是指选择子组件（要进行约束并产生移动的组件）上的一个特征和父

部件（固定不动的组件）上的两个特征来作为约束对象。

> 2 对 1：是指选择子组件上的两个特征和父部件上的一个特征来作为约束对象。
> 2 对 2：是指选择子组件上的两个特征和父部件上的两个特征来作为约束对象。

- 轴向几何体：即约束对象，包括【使用几何体】和【自动判断中心或轴】两重约束对象的选择方式。

3. 胶合约束

胶合约束是一种不做任何平移、旋转、对齐的装配约束。它以默认的当前位置作为组件的位置状态。胶合约束的选项设置如图 11-42 所示。当选择要约束的组件对象后，单击【创建约束】按钮，即可创建胶合约束。

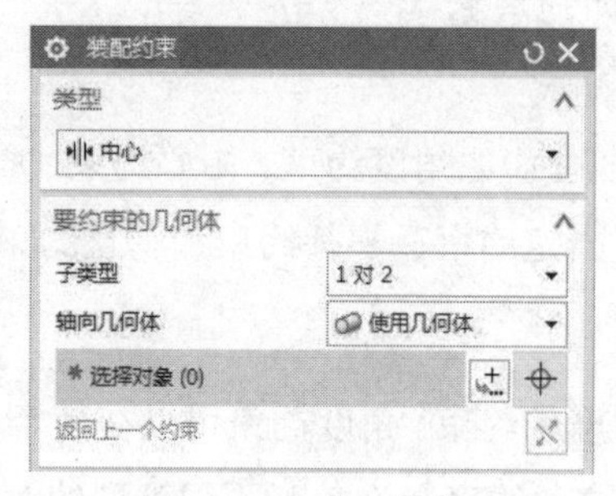

图 11-41 中心约束

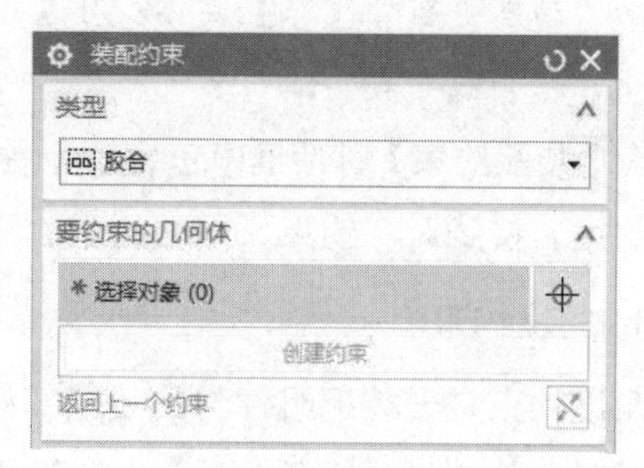

图 11-42 胶合约束

4. 适合约束

此类约束适合两个约束对象大小相等的情况。如将销钉装配至零件的孔上，销钉的直径与孔的直径必须相等，才可使用此约束。使用适合约束来装配组件的示例如图 11-43 所示。

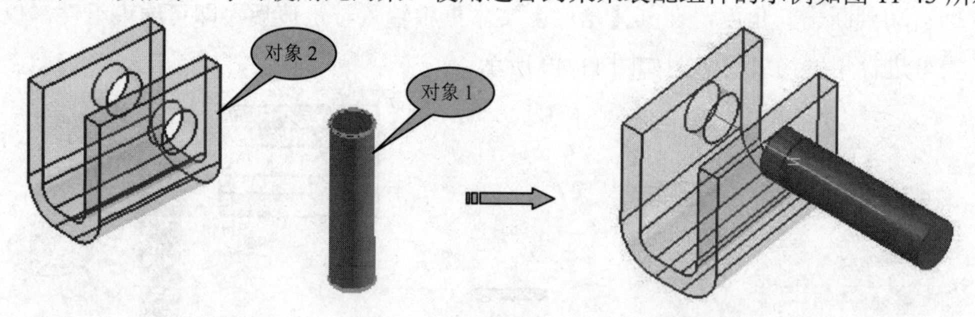

图 11-43 适合约束组件

5. 接触对齐约束

接触对齐约束实际上包括两种约束类型，接触约束和对齐约束。接触约束是指约束对象贴着约束对象；对齐约束是指约束对象与约束对象是对齐的，并且在同一个点、线或平面上。

技术要点：

约束对象只能是组件上的点、线、面。

接触对齐约束的选项设置如图 11-44 所示。该约束类型包括四种方位选项：

- 首选接触：此选项既包含接触约束，又包含对齐约束，但首先对约束对象进行的是接触约束。
- 接触：仅仅是接触约束。
- 对齐：仅仅是对齐约束。
- 自动判断中心/轴：自动将约束对象的中心或轴进行对齐或接触约束。

6. 同心约束

同心约束是将约束对象的圆心进行同心约束，如图 11-45 所示。此类约束适合于轴类零件的装配。操作时，只需选择两约束对象的圆心即可。

7. 距离约束

距离约束主要是调整组件在装配中的定位。当从配对组件上选择一个对象(点、线或面)，再在父部件上选择另一个约束对象后，可以在弹出的【距离】文本框中输入值，使组件得以重定位。

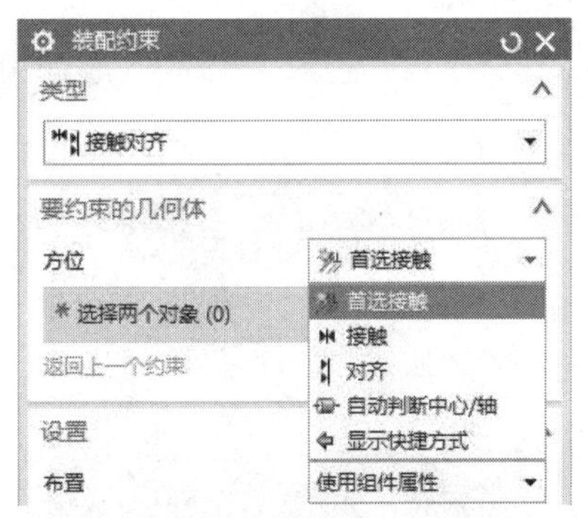

图 11-44 接触对齐约束

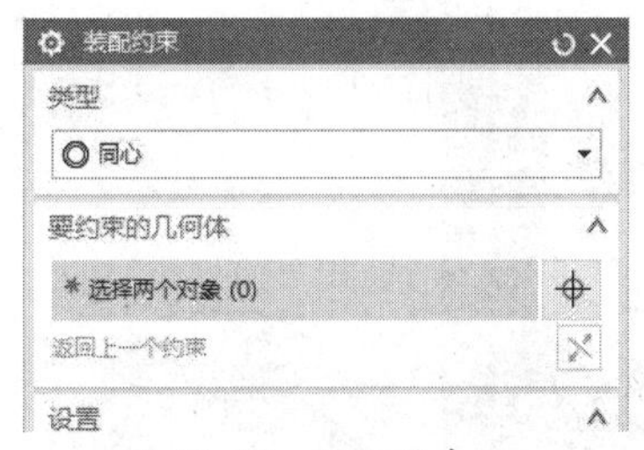

图 11-45 同心约束

8. 固定约束

固定约束与胶合约束类似，都是将组件固定在装配中的一个位置上，不再进行其他类型的约束。

9. 平行约束

该约束类型是约束两个对象的方向矢量彼此平行，操作步骤与接触约束相似。

10. 垂直约束

该约束类型是约束两个对象的方向矢量彼此垂直，操作步骤与接触约束相似。

上机实践——装配约束

① 打开本例源文件“zhuangpeiti.prt”，如图 11-46 所示。

② 在【装配】选项卡中单击【装配约束】按钮，打开【装配约束】对话框。

③ 在对话框中选择约束类型为【接触对齐】，接着在图形区中选择支架的底面作为第一对象，再选择底座上表面作为第二对象，如图 11-47 所示。

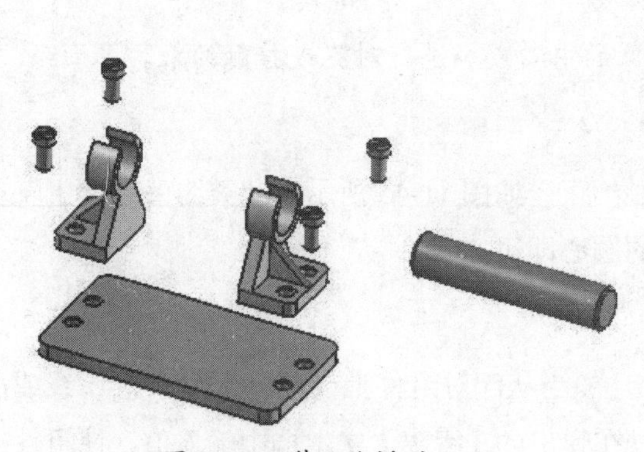

图 11-46　装配体模型

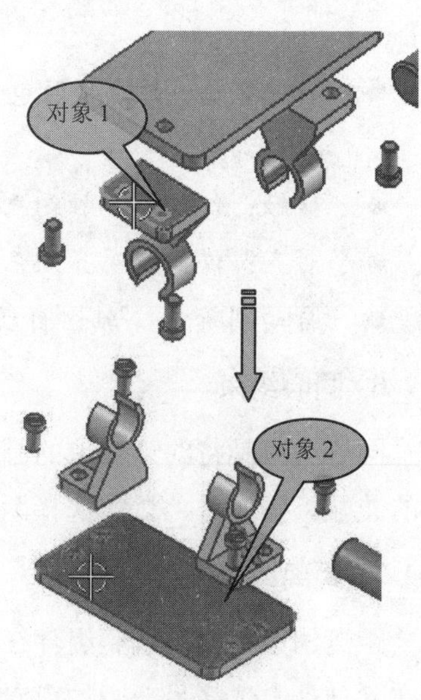

图 11-47　选择约束对象

④ 随后支架组件自动与底座组件接触，如图 11-48 所示。

⑤ 在对话框中选择【同心】约束类型，接着选择支架上螺纹孔边界作为同心约束对象 1，如图 11-49 所示。

图 11-48　支架与底座接触

图 11-49　选择同心约束对象 1

⑥ 选择底座上与支架螺纹孔相对应的螺纹孔边界作为同心约束对象 2，如图 11-50 所示。

⑦ 随后两个孔自动进行同心约束，约束后又显示约束符号，表示已进行约束，如图 11-51 所示。

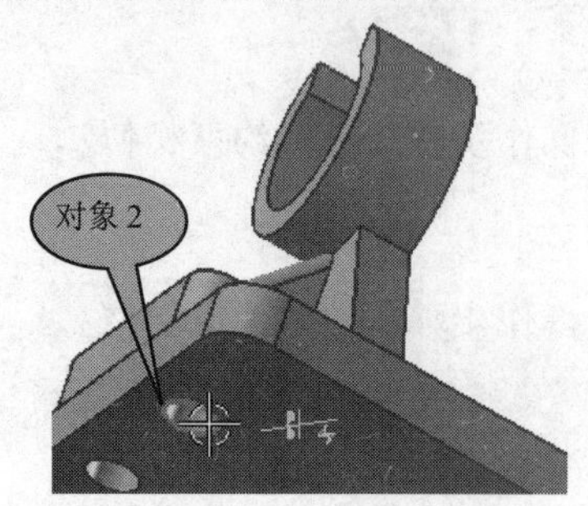

图 11-50　选择同心约束对象 2

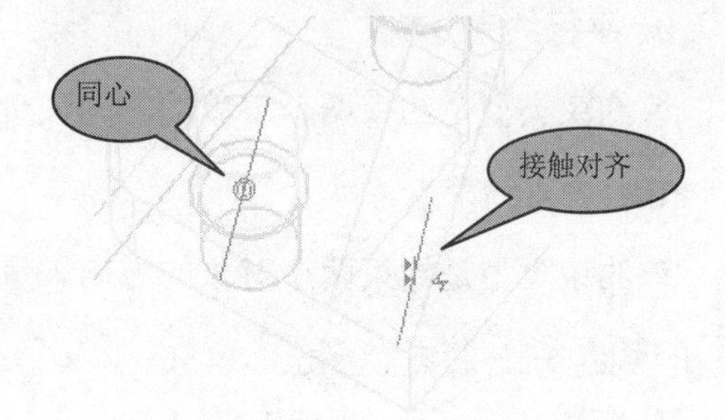

图 11-51　显示约束符号

⑧ 接着将支架与底座的另一个螺纹孔进行同心约束。

⑨ 同理，将另一支架与底座进行接触对齐约束和同心约束。装配约束结果如图 11-52 所示。

技术要点：

支架约束完成后，接着来装配约束螺钉。装配模型中共有四个相同的螺钉，因此，装配约束其中一个，其余的按此方法操作即可。

⑩ 在对话框中选择【适合】约束类型，然后依次选择螺钉螺纹面和支架螺纹孔面作为约束对象 1 与约束对象 2，如图 11-53 所示。

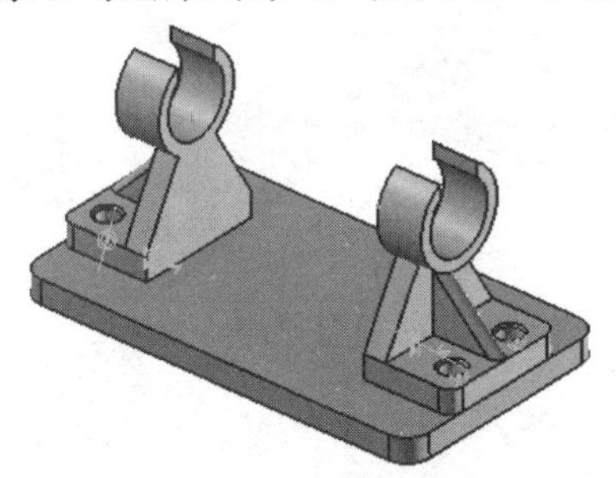

图 11-52 支架与底座的完全约束

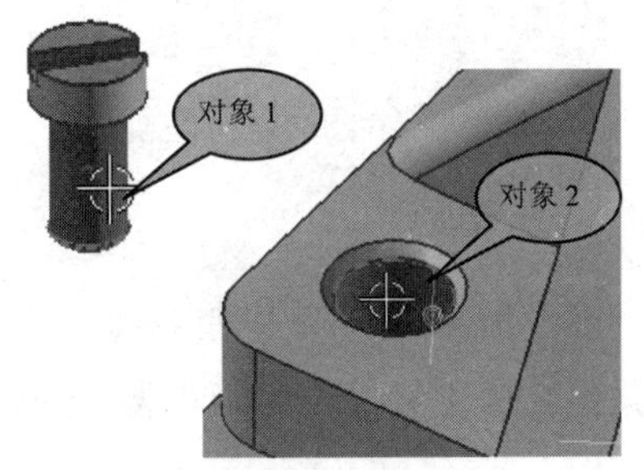

图 11-53 选择适合约束对象

⑪ 随后螺钉与支架螺纹孔进行适合约束，如图 11-54 所示。

⑫ 在对话框中选择【接触对齐】约束类型，然后选择螺钉头部下端面和支架上表面作为约束对象 1 与约束对象 2，如图 11-55 所示。

图 11-54 螺钉与螺纹孔的适合约束

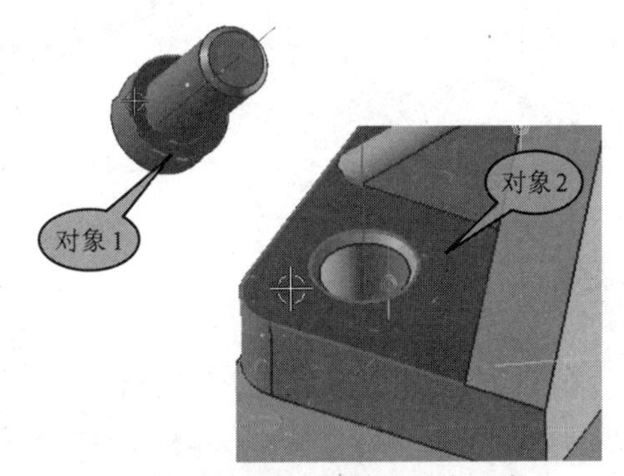

图 11-55 选择接触约束对象

⑬ 随后螺钉与支架表面进行接触约束，结果如图 11-56 所示。

⑭ 同理，将其余三个螺钉也按此方法进行装配约束，装配约束的结果如图 11-57 所示。

图 11-56 螺钉与支架表面的接触对齐约束

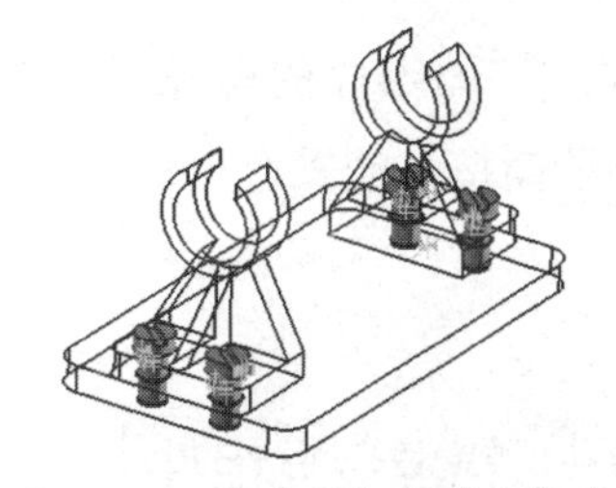

图 11-57 所有螺钉的装配约束结果

⑮ 当螺钉都进行装配约束后，最后就是对圆柱进行装配约束了。在【装配约束】对话框中选择【接触对齐】约束类型，接着在【方位】下拉列表中选择【接触】选项。

⑯ 按信息提示选择圆柱的圆弧表面作为第一对象，再选择支架上的内圆弧面作为第二对象，如图 11-58 所示。

⑰ 在对话框的【方位】下拉列表中选择【对齐】选项，然后依次选择圆柱端面和支架侧面作为约束对象 1 和约束对象 2，如图 11-59 所示。

图 11-58 选择接触约束对象　　图 11-59 选择对齐约束对象

⑱ 最终完成支架组件的所有装配约束，结果如图 11-60 所示。

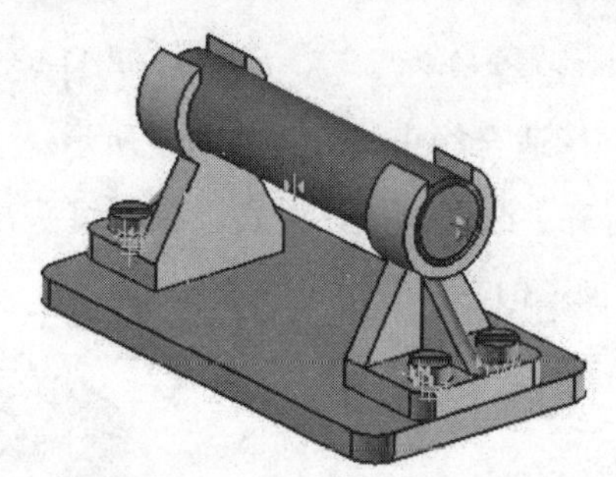

图 11-60 完成所有装配约束

11.3.6 镜像装配

【镜像装配】是指为整个装配体或单个装配组件创建镜像装配。在【装配】选项卡中单击【镜像装配】按钮，弹出【镜像装配向导】对话框，如图 11-61 所示。

装配体或装配组件的镜像操作与建模环境下的镜像体的操作类似。

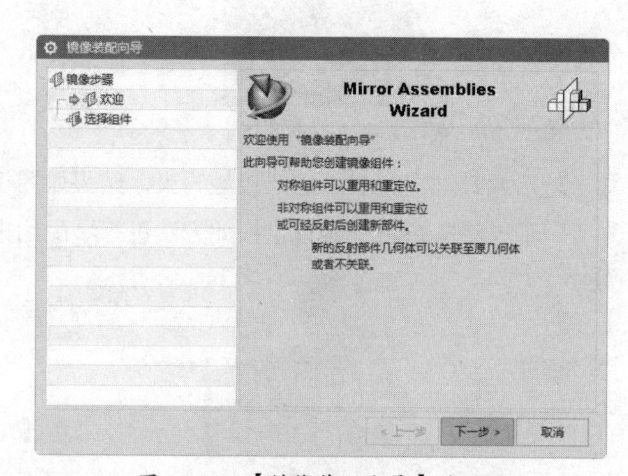

图 11-61 【镜像装配向导】对话框

上机实践——镜像装配组件

① 打开本例源文件 “jingxiang.prt”。

② 在【装配】选项卡中单击【镜像装配】按钮，弹出【镜像装配向导】对话框。

③ 单击该对话框中的【下一步】按钮，此时该对话框有操作信息提示：【希望镜像哪个组件？】。接着选择整个装配体的所有组件作为镜像的对象，选择的装配对象被自动添加

到对话框的【选定的组件】列表中，如图 11-62 所示。

图 11-62　选择镜像对象

④ 选择镜像对象后单击【下一步】按钮，随后对话框中又有操作信息提示：【希望使用哪个平面作为镜像平面？】。接着单击对话框中的【创建基准平面】按钮，弹出【基准平面】对话框，如图 11-63 所示。

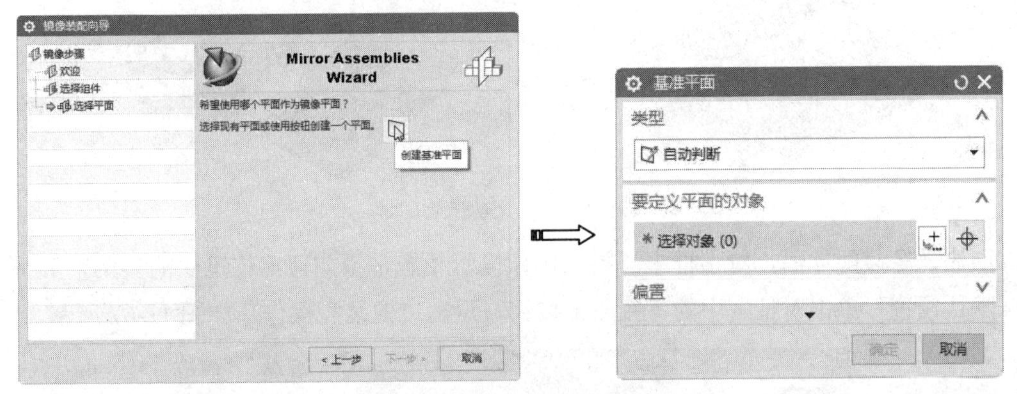

图 11-63　执行基准平面创建命令

⑤ 在【基准平面】对话框中选择【XC-ZC 平面】类型，并输入偏置距离值-10，如图 11-64 所示。

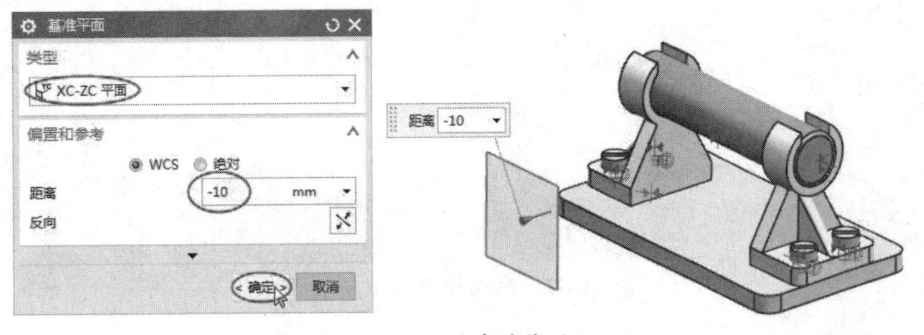

图 11-64　创建镜像平面

⑥ 单击【基准平面】对话框中的【确定】按钮返回【镜像装配向导】对话框，并单击该对话框中的【下一步】|【下一步】按钮，此时【镜像装配向导】对话框中的操作提示是【希望使用什么类型的镜像？】，如图 11-65 所示。

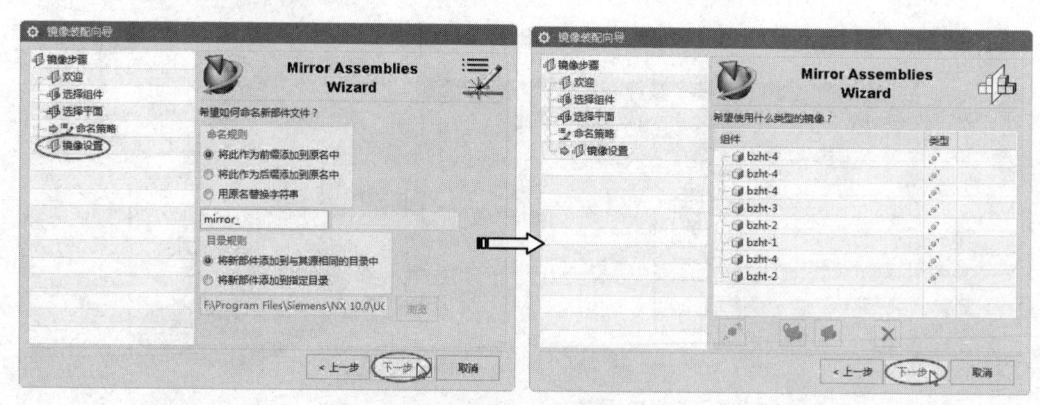

图 11-65 提示选择镜像类型

⑦ 保留默认的镜像类型，单击【下一步】按钮，程序自动创建镜像的装配体，如图 11-66 所示。

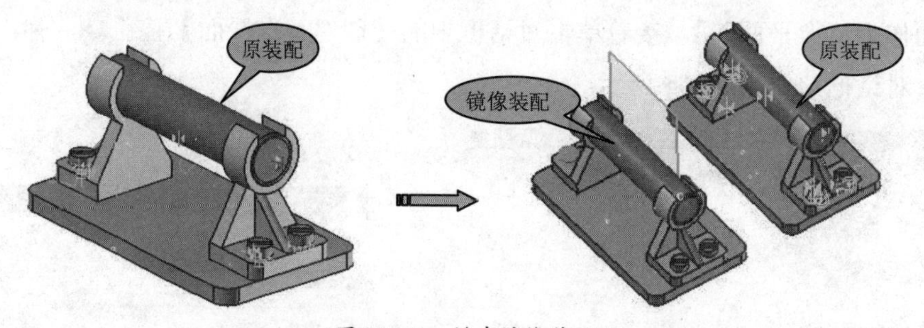

图 11-66 创建镜像装配体

⑧ 创建镜像装配体后，对话框中又显示操作提示【您希望如何定位镜像的实例？】，保留默认设置，单击对话框中的【完成】按钮，退出镜像装配操作，如图 11-67 所示。

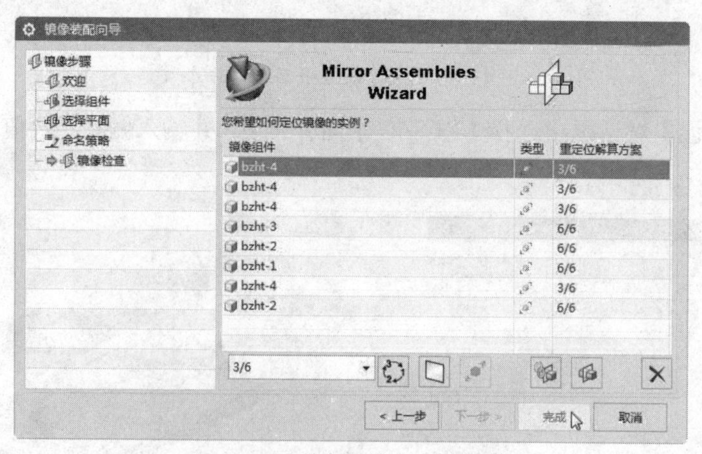

图 11-67 结束镜像装配的操作

11.3.7 抑制组件和取消抑制组件

【抑制组件】是指将显示部件中的组件及其子组件移除。抑制组件并非删除组件，组件的数据仍然保留在装配中，只是不执行一些装配功能。反之，要想将抑制的组件显示并能编辑，则使用【取消抑制组件】即可。

11.3.8　WAVE 几何链接器

在装配环境下进行装配设计，组件与组件之间是不能直接做布尔运算的，因此需要将这些组件进行链接复制，并生成一个新的实体，此实体并非装配组件，而是与建模环境下创建的实体类型是相同的。

在【装配】选项卡的【常规】组中单击【WAVE 几何链接器】按钮，弹出【WAVE 几何链接器】对话框，如图 11-68 所示。

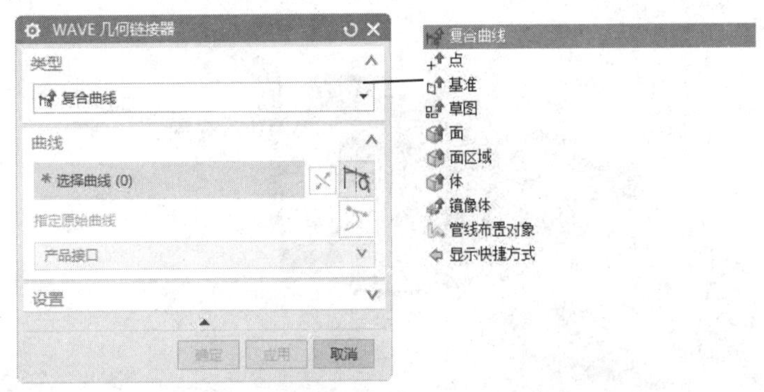

图 11-68　【WAVE 几何链接器】对话框

技术要点：

【WAVE 几何链接器】功能就是一个复制工具，与建模环境中的【抽取几何特征】命令类似。不同的是，前者是将装配体中的组件模型抽取出来转换成建模实体，后者是直接在建模环境中复制实体或特征。

对话框中包含九种链接类型，这九种类型及【设置】选项区中的选项含义如下：

- 复合曲线：是指装配中所有组件上的边。
- 点：是指在组件上直接创建点或点阵。
- 基准：选择组件上的基准平面进行复制。
- 草图：复制组件的草图。
- 面：选择组件上的面进行复制。
- 面区域：选择组件上的面区域进行复制。
- 体：选择单个组件进行复制，并生成实体。
- 镜像体：选择组件进行镜像复制，生成实体。
- 管线布置对象：选择装配中的管路（如机械管线、电气管线、逻辑管线等）进行复制。
- 关联：勾选此复选框，复制的链接体与原组件有关联关系。
- 隐藏原先的：勾选此复选框，原先的组件将被隐藏。
- 固定于当前时间戳记：将关联关系固定在当前时间戳记上。
- 允许自相交：允许复制的曲线自相交。

- 使用父部件的显示属性：以原组件的属性显示于装配中。
- 设为与位置无关：勾选此复选框，链接对象将与装配位置无关联。

11.4 爆炸装配

【爆炸装配】就是创建与编辑装配模型的爆炸图。装配爆炸图是在装配模型中组件按装配关系偏离原来的位置的拆分图形。爆炸图的创建可以方便用户查看装配中的零件及其相互之间的装配关系。装配模型的爆炸效果图如图 11-69 所示。

图 11-69 装配模型的爆炸效果图

爆炸图在本质上也是一个视图，与其他用户定义的视图一样，一旦定义和命名就可以被添加到其他图形中。爆炸图与显示部件关联，并存储在显示部件中。用户可以在任何视图中显示爆炸图形，并对该图形进行任何操作，该操作也将同时影响到非爆炸图中的组件。

单击【装配】选项卡中的【爆炸图】按钮，展开【爆炸图】组。该面板中包含用于创建或编辑装配爆炸图的工具，如图 11-70 所示。接下来对创建爆炸图的相关工具一一做介绍。

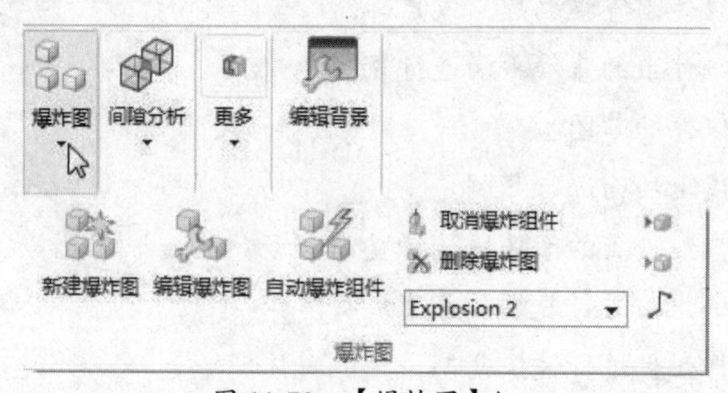

图 11-70 【爆炸图】组

11.4.1 新建爆炸图

【新建爆炸图】是指给装配中的组件进行重定位后，而生成组件分散图。在【爆炸图】组中单击【新建爆炸图】按钮，弹出【新建爆炸图】对话框，如图 11-71 所示。在对话框中为新的爆炸图命名后，单击【确定】按钮完成爆炸图的创建。

11.4.2 编辑爆炸图

【编辑爆炸图】是指在爆炸图中对组件重定位，以达到理想的分散、爆炸效果。在【爆炸图】选项卡中单击【编辑爆炸图】按钮，弹出【编辑爆炸图】对话框，如图 11-72 所示。

图 11-71 【新建爆炸图】对话框

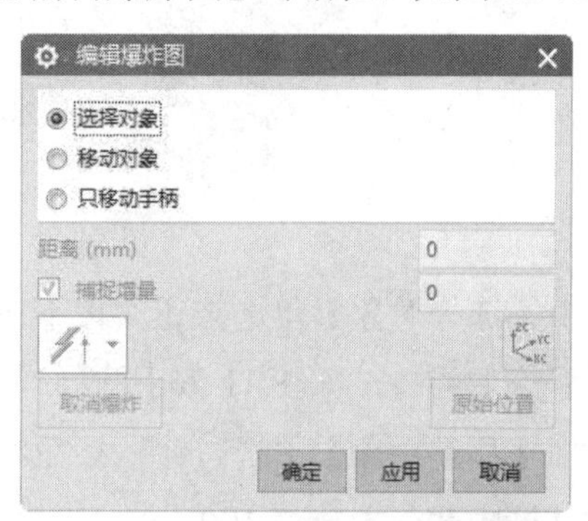

图 11-72 【编辑爆炸图】对话框

该对话框中有三个单选按钮，其含义如下：

- 选择对象：在装配中选择要重定位的组件对象。
- 移动对象：选择组件对象后，选中此单选按钮，即可对该组件进行重定位操作。组件的移动可由输入值来确定，也可拖动坐标手柄直接移动组件。
- 只移动手柄：组件不移动，只移动坐标手柄。

上机实践——创建并编辑爆炸图

① 打开本例源文件“gunlun.prt”。

② 在【爆炸图】组中单击【新建爆炸图】按钮，弹出【新建爆炸图】对话框。在对话框中为新的爆炸图命名后，单击【确定】按钮完成爆炸图的创建。

③ 在【爆炸图】组中单击【编辑爆炸图】按钮，打开【编辑爆炸图】对话框。

④ 按信息提示在装配模型中选择要爆炸的组件，如图 11-73 所示。

⑤ 在对话框中选中【移动对象】单选按钮，如图 11-74 所示。

图 11-73 选择要爆炸的组件

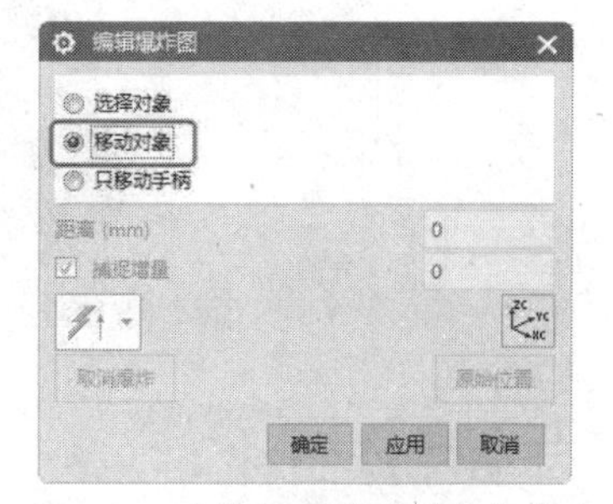

图 11-74 执行【移动对象】命令

⑥ 随后在图形区中拖动 *XC* 轴方向上的坐标手柄，向下拖动至如图 11-75 所示的位置，或者在对话框中被激活的选项中输入距离值 80，并按 Enter 键确认。

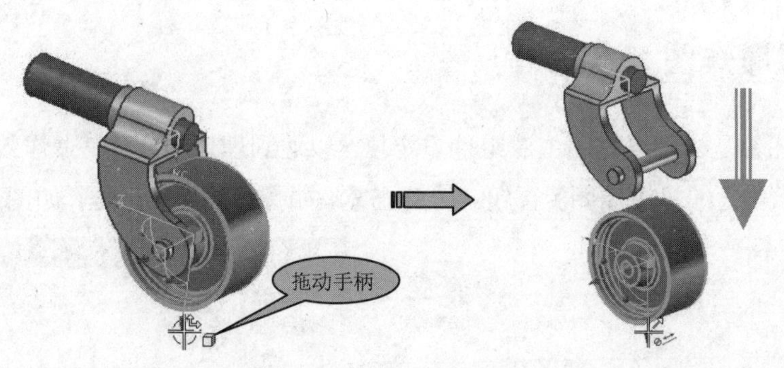

图 11-75　拖动手柄至合适位置

⑦ 选中【选择对象】单选按钮，按下 Shift 键选择高亮显示的轮子组件，然后选择销作为要爆炸的组件，如图 11-76 所示。

⑧ 选中【移动对象】单选按钮，然后将 *YC* 轴手柄拖动至如图 11-77 所示的位置，或者在对话框中输入距离值 100。

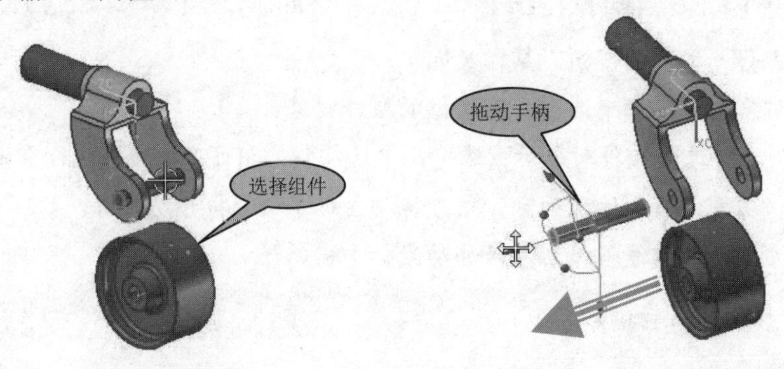

图 11-76　选择要爆炸的组件　　　　图 11-77　拖动手柄至合适位置

⑨ 同理，选择轴和垫圈作为要爆炸的组件，并将其重定位，最终编辑完成的爆炸图如图 11-78 所示。

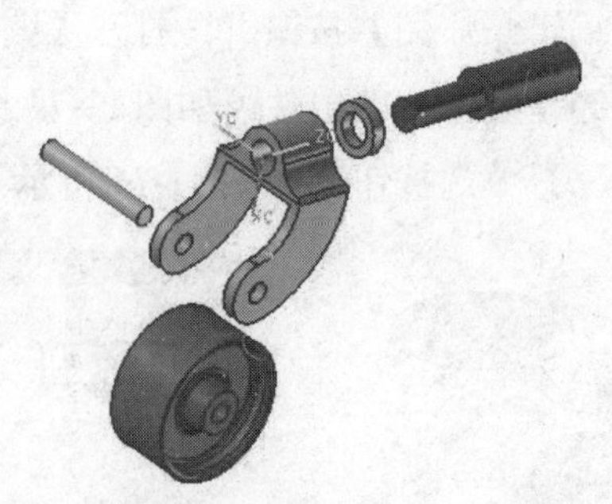

图 11-78　编辑完成的爆炸图

11.4.3　自动爆炸组件

【自动爆炸组件】是指通过输入统一的自动爆炸组件值，程序沿每个组件的轴向、径向等矢量方向进行自动爆炸。在图形区中选择要爆炸的组件后，再在【爆炸图】组中单击【自动爆炸组件】按钮，弹出【自动爆炸组件】对话框。

在【自动爆炸组件】对话框中输入距离值，再单击【确定】按钮，即可创建自动爆炸图，如图 11-79 所示。

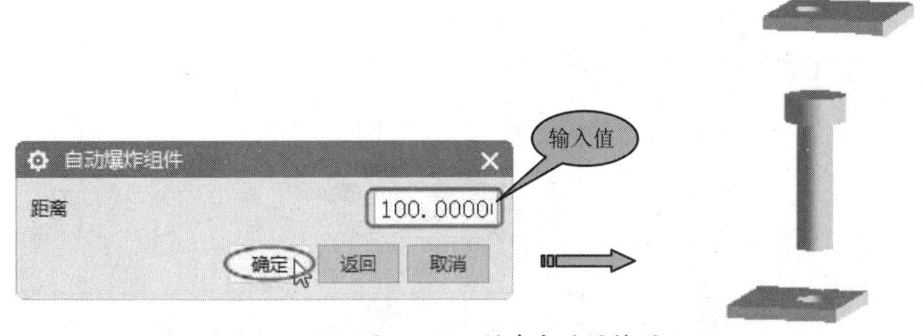

图 11-79 创建自动爆炸图

11.4.4 取消爆炸组件

【取消爆炸组件】是指将组件恢复到未爆炸之前的状态。在图形区中选择要取消爆炸的组件后，在【爆炸图】组中单击【取消爆炸组件】按钮，即可将爆炸图恢复到组件未爆炸时的状态，如图 11-80 所示。

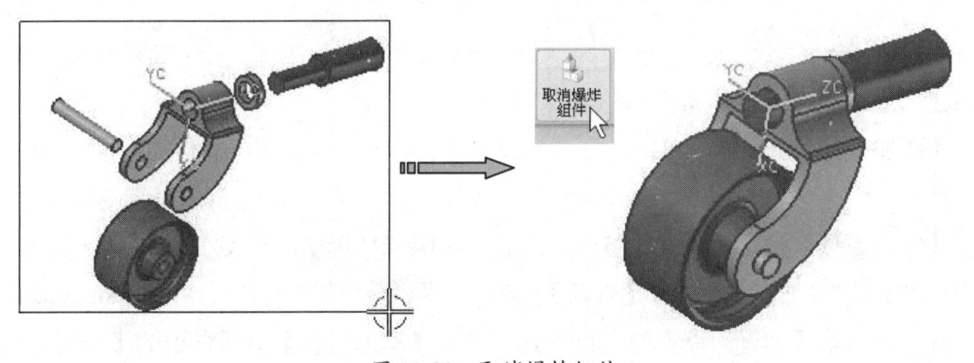

图 11-80 取消爆炸组件

11.4.5 删除爆炸图

【删除爆炸图】是指删除未显示在任何视图中的装配爆炸图。在【爆炸图】组中单击【删除爆炸图】按钮，弹出【爆炸图】对话框。对话框中列出了所有爆炸图的名称，在列表框中选择一个爆炸图，再单击【确定】按钮即可删除已建立的爆炸图，如图 11-81 所示。

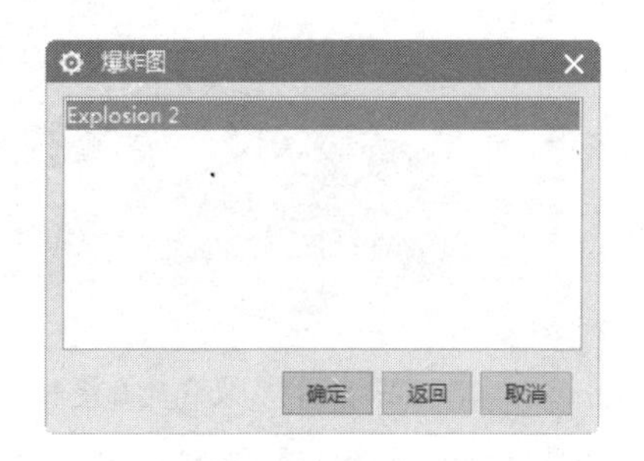

图 11-81 【爆炸图】对话框

技术要点：

在图形窗口中显示的爆炸图不能直接删除。如果要删除它，先要将其复位。

11.5 综合案例——装配台虎钳

本例装配的台虎钳爆炸效果如图 11-82 所示。

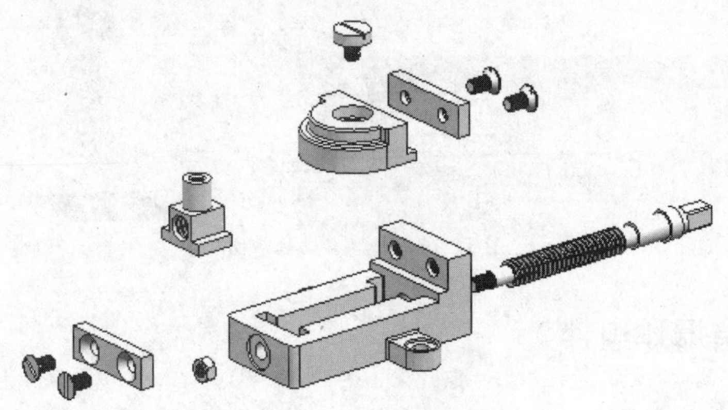

图 11-82 台虎钳装配图

台虎钳主要由两大部分构成，一是钳座，二是活动钳口。因此，装配台虎钳的顺序是，先装配钳座部分，接着装配活动钳口部分，最后再总装配。

1. 装配钳座

① 新建名为“qianzuo.prt”的装配文件。

② 在【添加组件】对话框中单击【打开】按钮，打开“台虎钳”文件夹中的“dizuo.prt”文件。

③ 以【绝对原点】的定位方式，将台虎钳底座装配到环境中，如图 11-83 所示。

④ 在【添加组件】对话框中单击【打开】按钮，将“台虎钳”文件夹中的“qiankouban.prt”文件打开。以【通过约束】的定位方式，单击【添加组件】对话框中的【应用】按钮，打开【装配约束】对话框。在【装配约束】对话框中选择【接触对齐】类型，如图 11-84 所示。

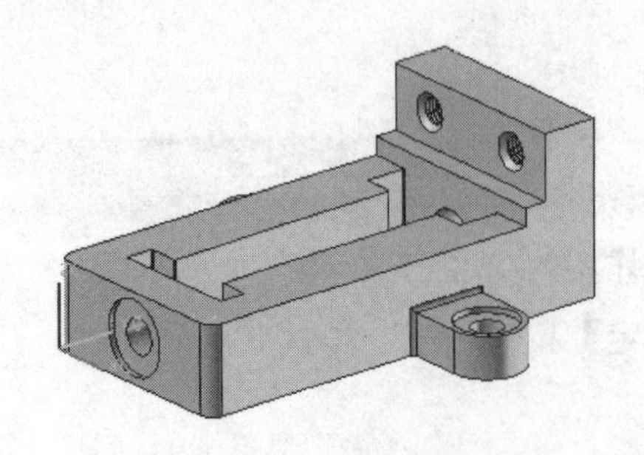

图 11-83 装配的台虎钳底座

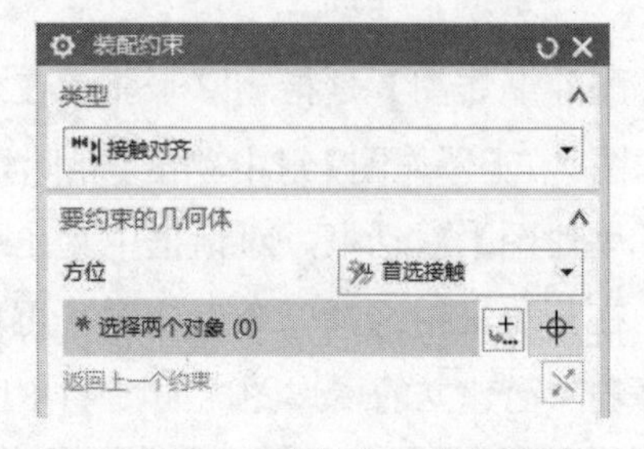

图 11-84 选择装配约束类型

⑤ 分别选择钳口板的表面和底座上的表面作为接触约束的两个对象，如图 11-85 所示。

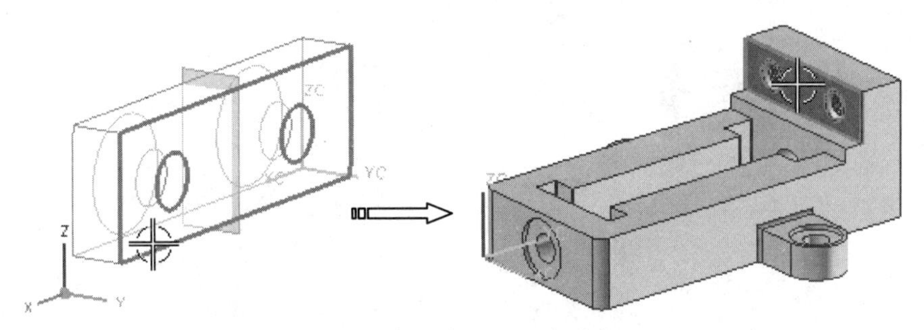

图 11-85　选择接触约束对象

⑥　将约束类型设置为【同心】，然后选择钳口板上一个孔的孔中心和底座上的孔中心作为同心约束的两个对象，如图 11-86 所示。

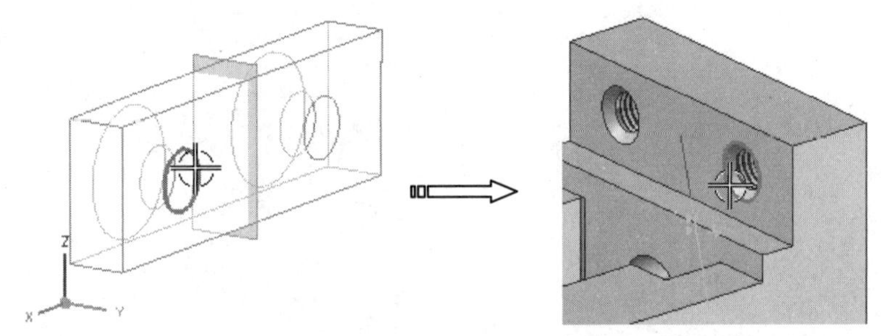

图 11-86　选择同心约束对象

⑦　选择钳口板上另一个孔的孔中心和底座上的孔中心作为同心约束的两个对象，如图 11-87 所示。

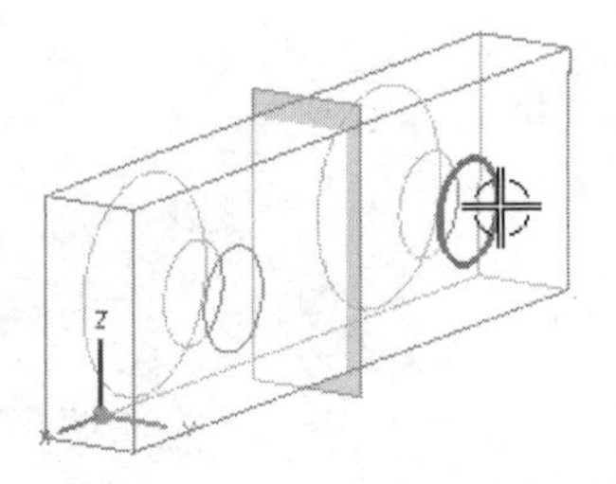

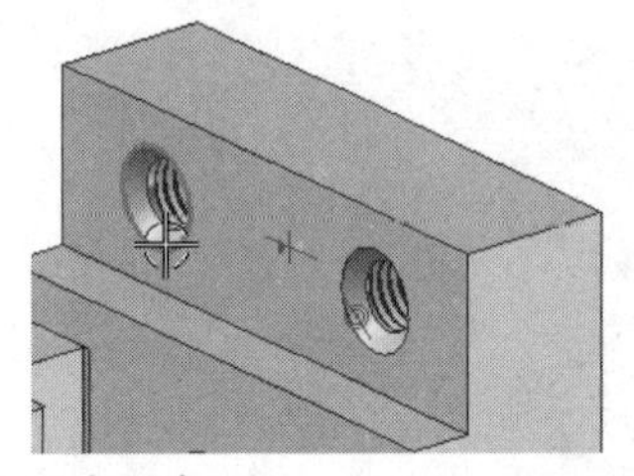

图 11-87　选择同心约束对象

⑧　单击对话框中的【确定】按钮，钳口板被装配到底座上，如图 11-88 所示。

⑨　在【添加组件】对话框中单击【打开】按钮，将“台虎钳”文件夹中的“luoding.prt”文件打开。

⑩　以【通过约束】的定位方式打开【装配约束】对话框后，以【适合】约束类型来选择螺钉斜面和钳口板孔的斜面作为适合约束对象，如图 11-89 所示。

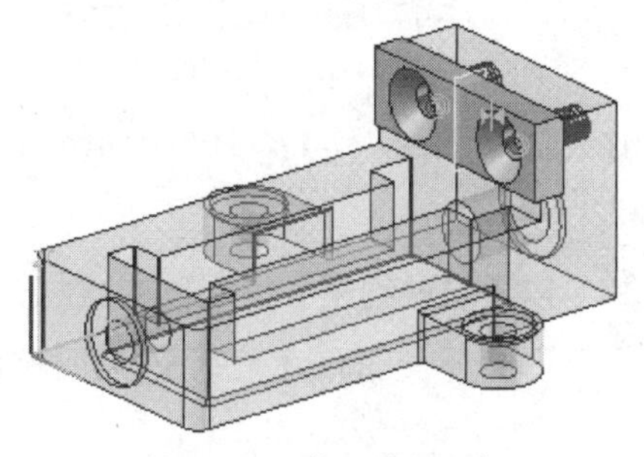

图 11-88　装配的钳口板

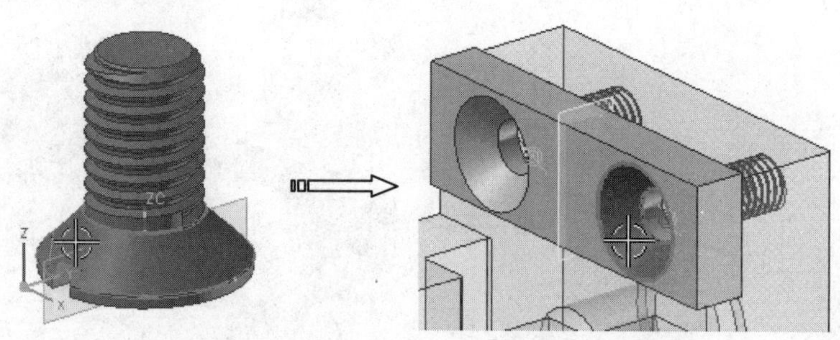

图 11-89　选择适合约束对象

⑪ 以【同心】约束类型来选择螺钉头顶端面中心和钳口板斜面中心作为同心约束对象，如图 11-90 所示。

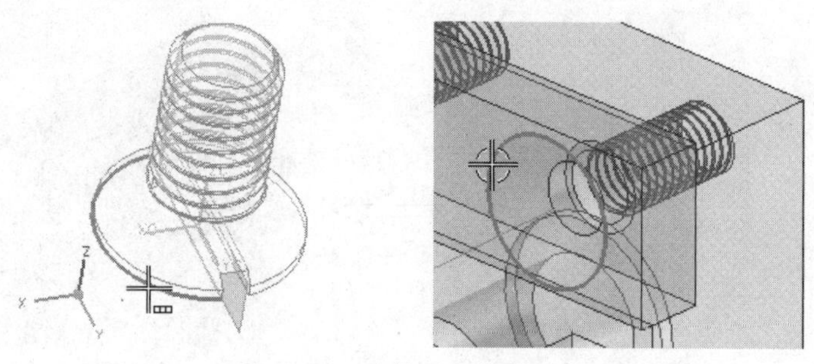

图 11-90　选择同心约束对象

⑫ 单击【装配约束】对话框中的【确定】按钮，螺钉被装配到钳口板上，如图 11-91 所示。同理，以相同方式再次选择此螺钉组件，并将其装配到钳口板的另一个孔上，如图 11-92 所示。

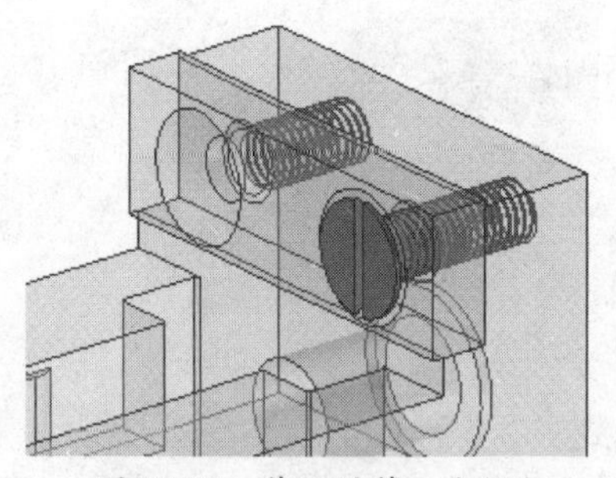

图 11-91　装配的第一个螺钉

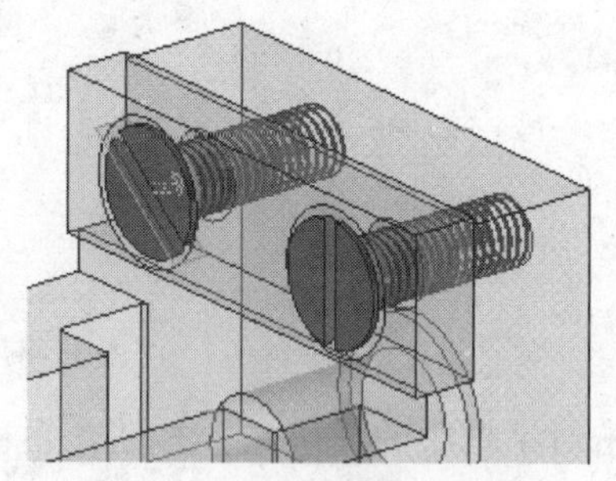

图 11-92　装配的第二个螺钉

⑬ 在【添加组件】对话框中单击【打开】按钮，打开“台虎钳”文件夹中的“luogan.prt”文件。

⑭ 以【通过约束】的定位方式打开【装配约束】对话框后，以【接触对齐】约束类型来选择螺杆表面和底座螺孔端面作为接触约束对象，如图 11-93 所示。

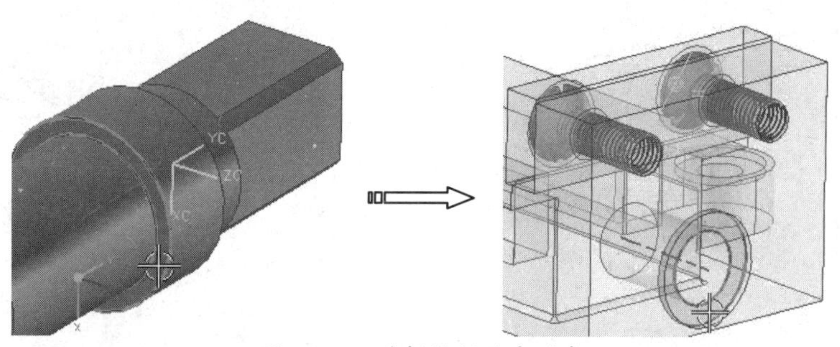

图 11-93　选择接触约束对象

⑮　以【同心】约束类型来选择螺杆圆柱中心和底座螺孔中心作为同心约束对象，如图 11-94 所示。

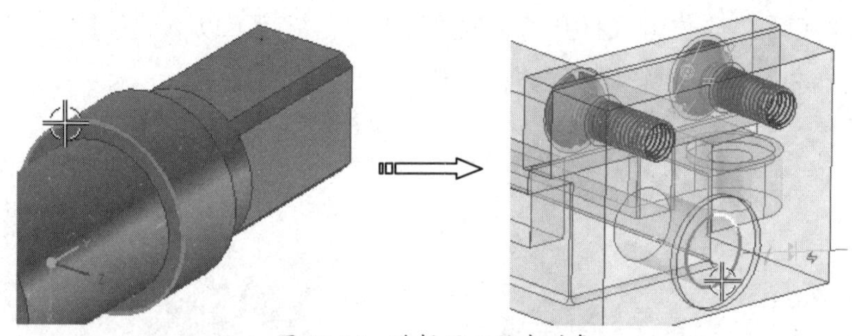
图 11-94　选择同心约束对象

⑯　单击【装配约束】对话框中的【确定】按钮，螺杆被装配到虎钳底座上，如图 11-95 所示。

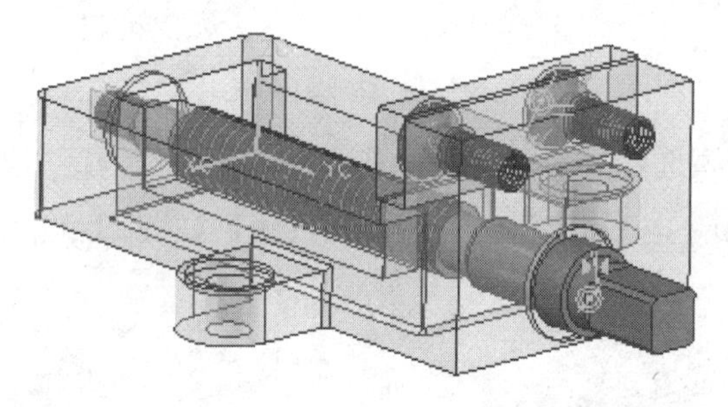

图 11-95　装配的螺杆

⑰　在【添加组件】对话框中单击【打开】按钮，打开“luomu.prt”文件。

⑱　以【通过约束】的定位方式打开【装配约束】对话框后，以【接触对齐】约束类型来选择螺母端面和底座螺孔端面作为接触约束对象，如图 11-96 所示。

⑲　同理，以【同心】约束类型选择螺母内圆中心和底座螺孔中心作为同心约束对象，并完成螺母的装配。

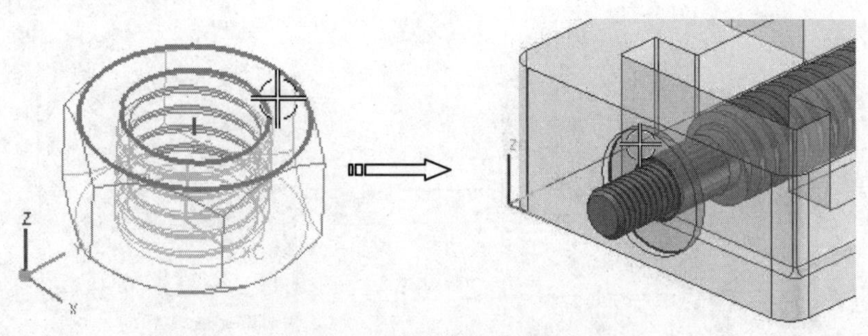

图 11-96 选择接触约束对象

⑳ 在【添加组件】对话框中单击【打开】按钮，打开“台虎钳”文件夹中的“fangkuailuomu.prt”文件。

㉑ 以【通过约束】的定位方式打开【装配约束】对话框后，以【平行】约束类型来选择方块螺母侧面和底座侧面作为平行约束对象，如图 11-97 所示。

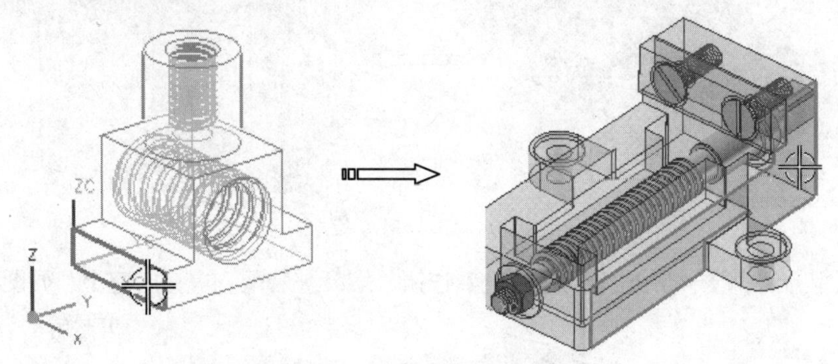

图 11-97 选择平行约束对象

㉒ 以【距离】约束类型选择方块螺母端面和底座内表面作为距离约束对象，并在【距离】文本框中输入值 60，按 Enter 键，完成距离约束，如图 11-98 所示。

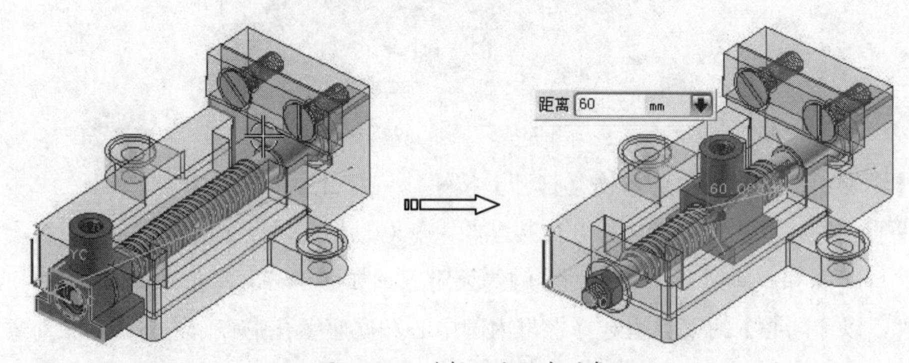

图 11-98 选择距离约束对象

㉓ 以【同心】约束类型来选择方块螺母螺孔中心和螺杆中心作为同心约束对象。最后单击【装配约束】对话框中的【确定】按钮，方块螺母被装配到螺杆上，如图 11-99 所示。

2. 装配活动钳口

活动钳口的装配和底座上钳口板、螺钉的装配是完全一样的，也需要新建一个装配文件，文件名为“huodongqiankou-A.prt”。首先将活动钳口组件装配在环境中，然后再装配钳口板、螺钉、沉头螺钉等，而装配过程这里就不再重复介绍了。装配完成的活动钳口如图 11-100 所示。

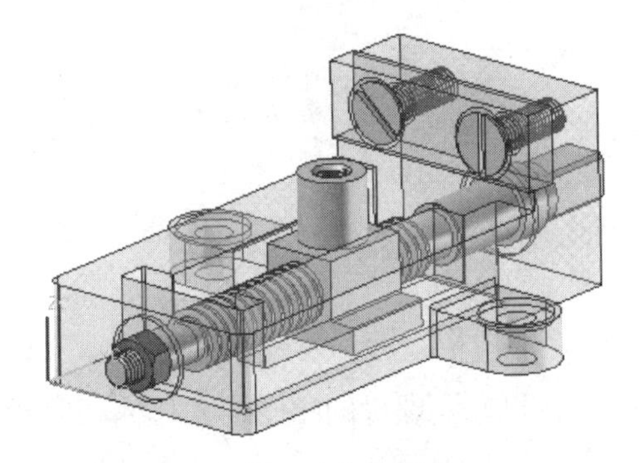

图 11-99 装配的方块螺母

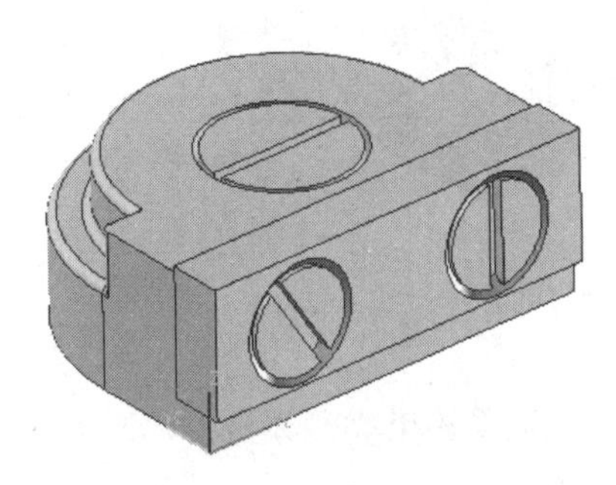

图 11-100 装配的活动钳口

3. 虎钳总装配

① 新建一个总装配文件，并命名为“huqian.prt”。

② 在弹出的【添加组件】对话框中单击【打开】按钮，然后将“qianzuo.prt”文件与“huodongqiankou-A.prt”文件同时打开，选择【通过约束】的定位方式，单击【确定】按钮，接着弹出【装配约束】对话框，如图 11-101 所示。

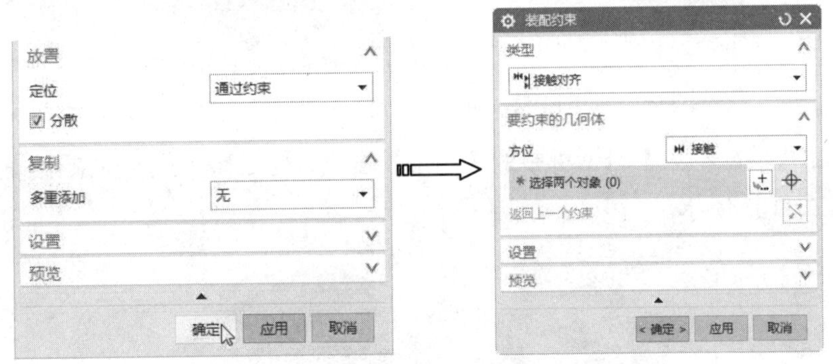

图 11-101 设置装配定位方式并取得原点坐标

③ 以【接触对齐】约束类型来选择活动钳口的底面和钳座的滑动面作为接触约束对象，如图 11-102 所示。

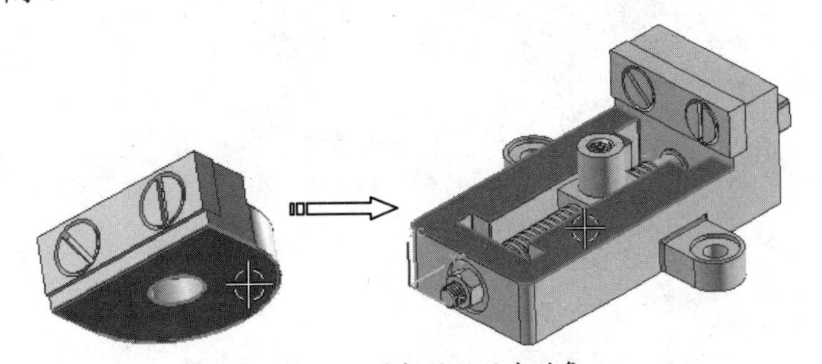

图 11-102 选择接触约束对象

④ 以【角度】约束类型来选择活动钳口的侧面和钳座的侧表面作为角度约束对象，并在【角度】文本框中输入角度值 270，并按 Enter 键，活动钳口则旋转了 270°，如图 11-103 所示。

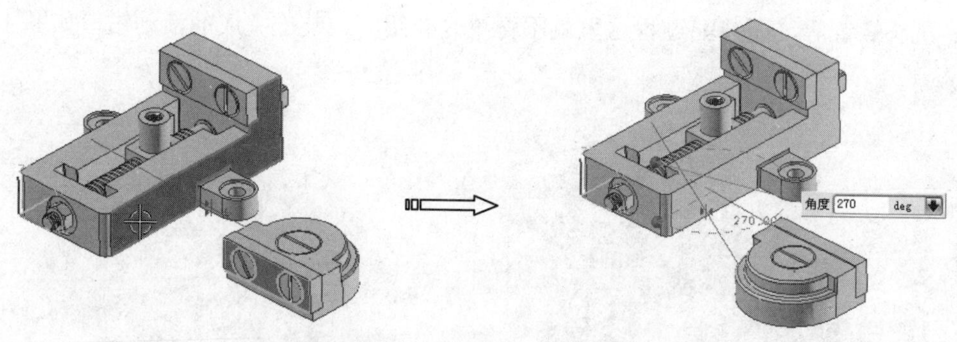

图 11-103　选择角度约束对象

⑤ 以【同心】约束类型来选择活动钳口的螺孔中心和方块螺母的螺孔中心作为同心约束对象，如图 11-104 所示。

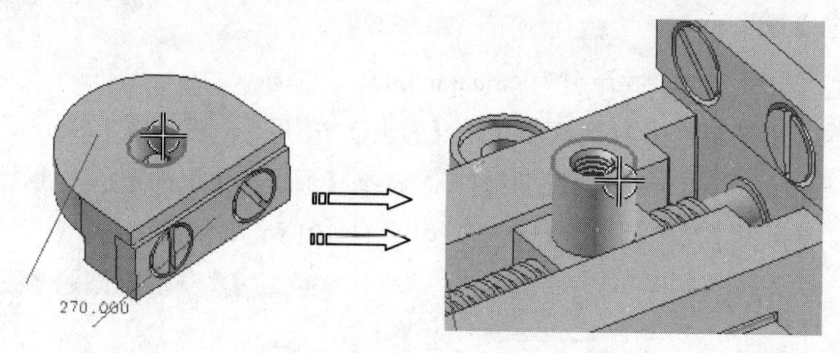

图 11-104　选择同心约束对象

⑥ 最后单击【装配约束】对话框中的【确定】按钮，完成整个虎钳的装配操作。装配的虎钳如图 11-105 所示。

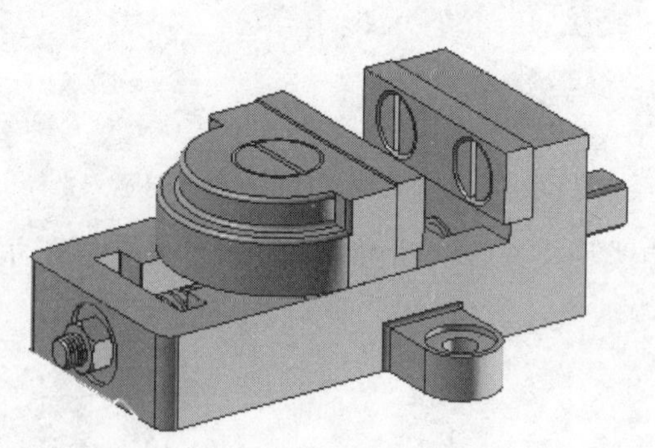

图 11-105　装配的虎钳

CHAPTER 12

工程图设计

本章导读

UG 制图基于建模中生成的三维模型，在制图模式中建立的二维图与三维模型完全相关，对三维模型做的任何修改，二维图会自动更改。本章将主要介绍非主模型模板的制作与图框制作、图纸布局、图纸编辑、标注及编辑修改、文字注释与公差添加、自定义符号、明细表制作等相关的制图功能。

学习要点

☑ 工程图概述

☑ 图纸与工程图视图的创建

☑ 尺寸标注

☑ 工程图注释

☑ 表格

☑ 工程图的导出

扫码看视频

12.1 工程图概述

利用 UG 的 Modeling（实体建模）功能创建的零件和装配模型，可以导引到 UG 的制图（工程图）功能中，快速地生成二维工程图。由于 UG 的制图功能是基于创建三维实体模型的二维投影所得到的二维工程图，因此工程图与三维实体模型是完全关联的，实体模型的尺寸、形状和位置的任何改变，都会引起二维工程图发生时时变化。

技术要点：

UG 的产品数据是以单一数据文件进行存储管理的。每个文件在特定时刻只赋予单一用户写的权利。如果所有开发者都基于同一文件进行工作，最后将导致部分人员的数据不能保存。

12.1.1 UG 制图特点

UG 制图基于建模中生成的三维模型，在制图中建立的二维图与三维模型完全相关，对三维模型做的任何修改，二维图会自动更改。其特点如下：

- 主模型方式支持并行工程，当设计员在模型上工作时，制图员可同时进行制图。
- 大多数制图对象的编辑和建立。
- 一个直观的、易于使用的、图形化的用户界面。
- 图与模型相关。
- 自动的正交视图对准。
- 用户可控制的图更新。
- 支持大部分 GB 制图标准。

UG 主模型利用 UG 装配机制建立这样一个工程环境使得所有工程参与者能共享三维设计模型，并以此为基础进行后续开发工作。

12.1.2 制图工作环境

在【应用模块】选项卡中单击【制图】按钮，即可进入 UG NX 12 制图工作环境界面，如图 12-1 所示。

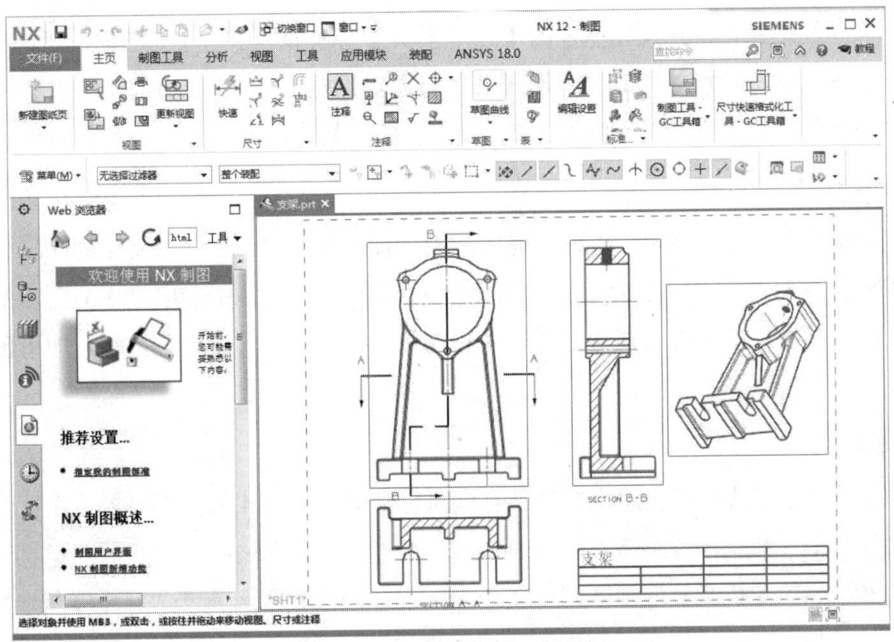

图 12-1　UG 制图工作环境界面

12.2　图纸与工程图视图的创建

在 UG 环境中，任何一个三维模型都可以通过不同的投影方法、不同的图样尺寸和不同的比例建立多样的二维工程图。UG 工程图的创建首先是建立图纸，以及图纸中视图的创建。接下来将工程图图纸的建立以及工程视图的创建一一做介绍。

12.2.1　图纸的建立

图纸的建立可由两个途径来完成。一是在 UG 欢迎界面窗口中单击【新建】按钮，在弹出的【新建】对话框中选择【图纸】选项卡，然后在【模板】列表中选择任意一个模板，在下方的【新文件名】选项区中输入新名称后，单击【确定】按钮，即可创建新的图纸页，如图 12-2 所示。

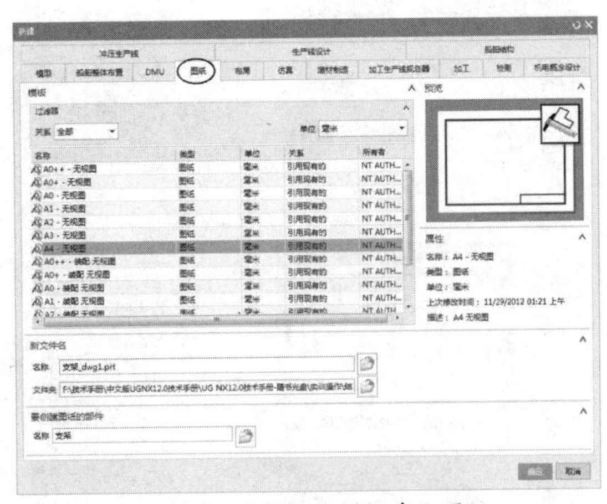

图 12-2　选择标准模板建立图纸

技术要点：

要创建图纸，可以在建模环境下先打开已有 3D 模型或设计 3D 模型，也可以在制图环境下创建基本视图时加载 3D 模型。

另一种途径是在 UG 建模环境中的【应用模块】选项卡中单击【制图】按钮，随后进入制图环境。进入制图环境的同时，弹出【工作表】对话框。

此对话框中包括三种图纸的定义方式：【使用模板】、【标准尺寸】和【定制尺寸】。

1. 使用模板

【使用模板】方式是使用 UG 程序提供的国际标准图纸模板。此类模板的图纸单位是英寸。在【工作表】对话框中选中【使用模板】单选按钮后，则弹出如图 12-3 所示的选项设置。用户在图纸模板的下拉列表中选择一个标准模板后，单击【确定】按钮，即可创建标准图纸。

2. 标准尺寸

【标准尺寸】方式可以让用户选择具有国家标准的 A0～A4 的图纸模板，并且可以选择图纸的比例、单位和视图投影方式。

对话框下方的【投影】选项区，主要是为工程视图设置投影方法。其中【第一角投影】是根据我国《技术制图》国家标准规定，而采用的第一角投影画法。【第三角投影】则是根据国际标准规定的投影画法，程序默认的是【第三角投影】。【标准尺寸】方式的选项设置如图 12-4 所示。

3. 定制尺寸

【定制尺寸】方式是用户自定义的一种图纸创建方式。用户可自行输入图纸的长、宽、名称，以及选择图纸的比例、单位、投影方法等。【定制尺寸】方式的选项设置如图 12-5 所示。

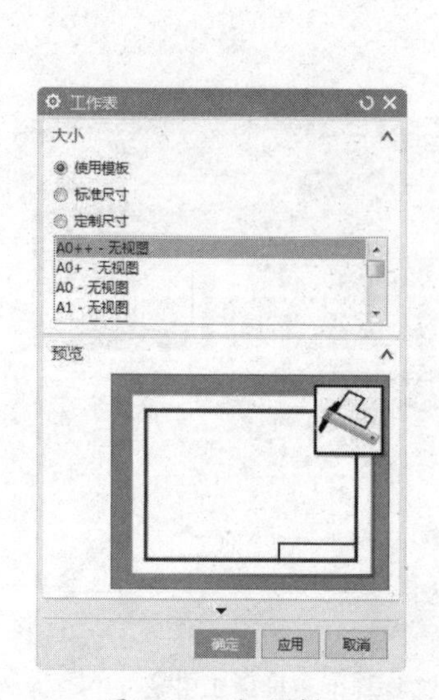

图 12-3 使用模板

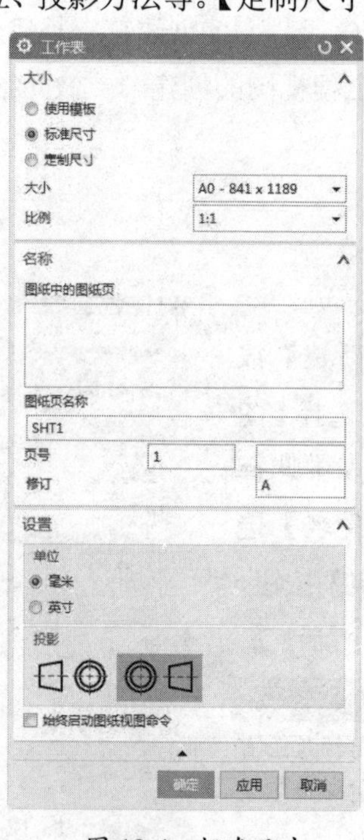

图 12-4 标准尺寸

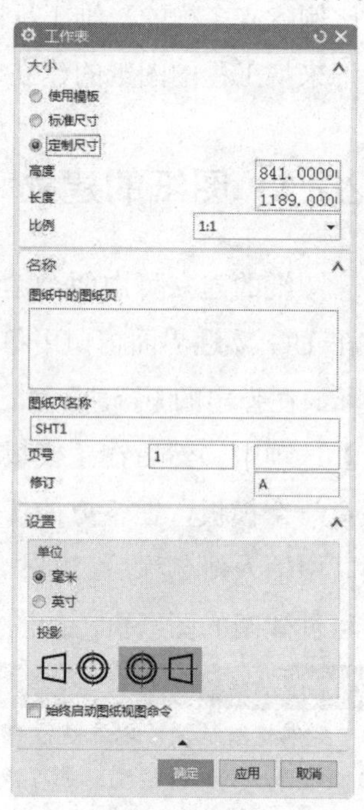

图 12-5 定制尺寸

12.2.2 基本视图

图纸建立之后，接着在图纸中添加各种基本视图。基本视图包括模型的俯视图、仰视图、前视图、后视图、左视图、右视图、正等轴侧图及轴侧图。当选择其中的一个视图作为主视图在图纸中创建后，并通过投影再生成其他视图。

创建图纸后，程序自动弹出【基本视图】对话框。也可以在【主页】选项卡中单击【基本视图】按钮，弹出【基本视图】对话框，如图 12-6 所示。

1. 部件

该选项区的作用主要是选择部件来创建工程图。如果是先加载了部件，再创建工程图，则该部件被收集在【已加载的部件】列表中。如果没有加载部件，则通过单击【打开】按钮来打开要创建工程图的部件，如图 12-7 所示。

图 12-6 【基本视图】对话框

图 12-7 【部件】选项区

2. 视图原点

该选项区用于确定视图放置点，以及放置主视图的方法，如图 12-8 所示。该选项区中的选项含义如下：

- 指定位置：在图纸框内为主视图指定原点位置。
- 方法：指定位置的方法。当图纸中没有视图做参照时，只有【自动判断】方法。若图纸中已经创建了视图，则由此增加四种方法——水平、竖直、垂直于直线和叠加。
  - 水平：选择参照视图后，主视图只能在其水平位置上创建。
  - 竖直：选择参照视图后，主视图只能在其竖直位置上创建。
  - 垂直于直线：在参照视图中选择直线或矢量，主视图将在直线或矢量的垂直方向上创建。
  - 叠加：选择参照视图后，主视图的中心将与参照视图的中心重合叠加。
- 跟踪：是指主视图以光标的放置来确定创建位置。勾选此复选框，主视图将在 X 方向或 Y 方向上确定位置。

3. 模型视图

该选项区的作用是选择基本视图来创建主视图，在【要使用的模型视图】下拉列表中就包括了六种基本视图和两种轴测视图，它们是俯视图、前视图、右视图、后视图、仰视图、左视图、正等测图、正三轴测图，如图 12-9 所示。

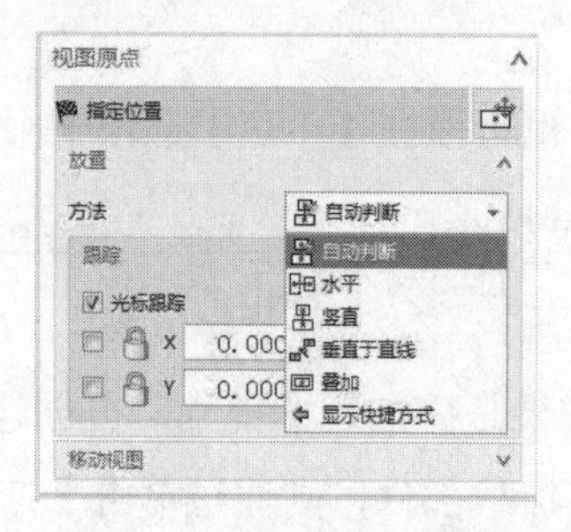

图 12-8 【视图原点】选项区

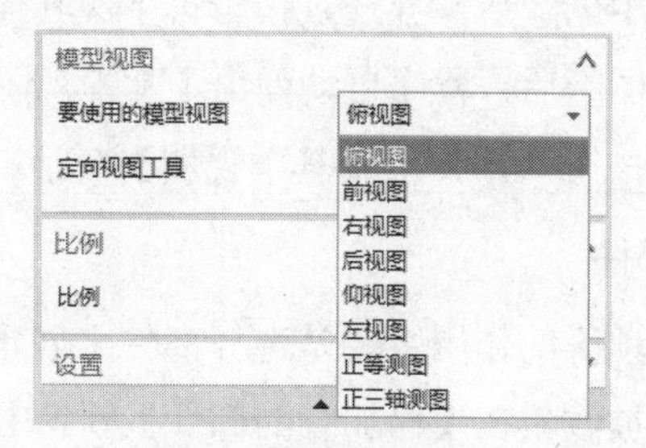

图 12-9 【模型视图】选项区

除此之外，还可单击【定向视图工具】按钮，在弹出的【定向视图工具】对话框及【定向视图】模型预览对话框中，自定义视图的方位，如图 12-10 所示。

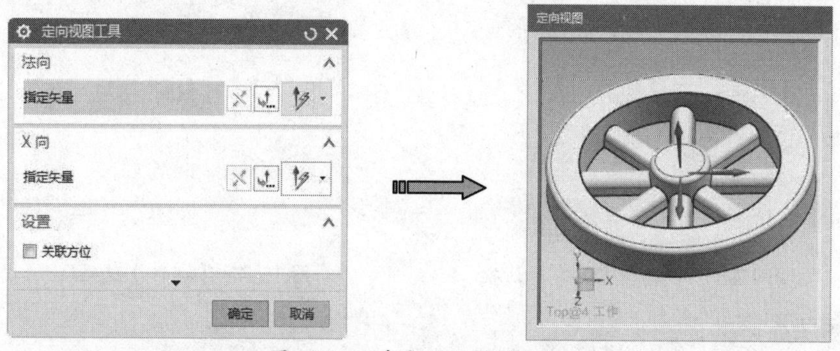

图 12-10 自定义视图的方位

4. 比例

该选项区用来设置视图的缩放比例。在【比例】下拉列表中包括多种给定的比例，如 1:2，表示视图缩小至原来的 1/2，5:1 则表示视图放大为原来的 5 倍，如图 12-11 所示。

除给定的固定比例值外，UG 程序还提供了【比率】和【表达式】两种自定义形式的比例。在【比例】下拉列表中选择【比率】选项，可在随后弹出的比例参数文本框中输入合适的比例值，如图 12-12 所示。

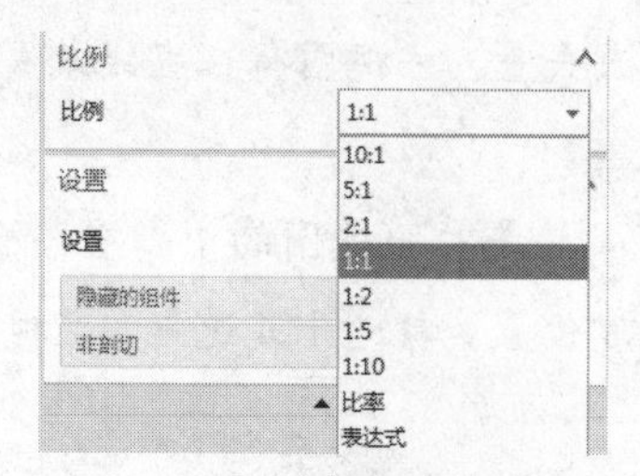

图 12-11 选择给定比例

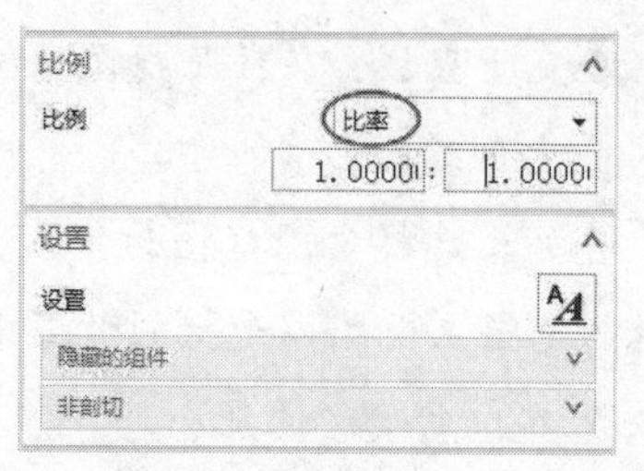

图 12-12 选择【比率】选项

5. 设置

该选项区主要用来设置视图的样式。在选项区中单击【视图样式】按钮，在弹出的【设置】对话框中选择视图样式的设置标签进行选项设置，如图 12-13 所示。

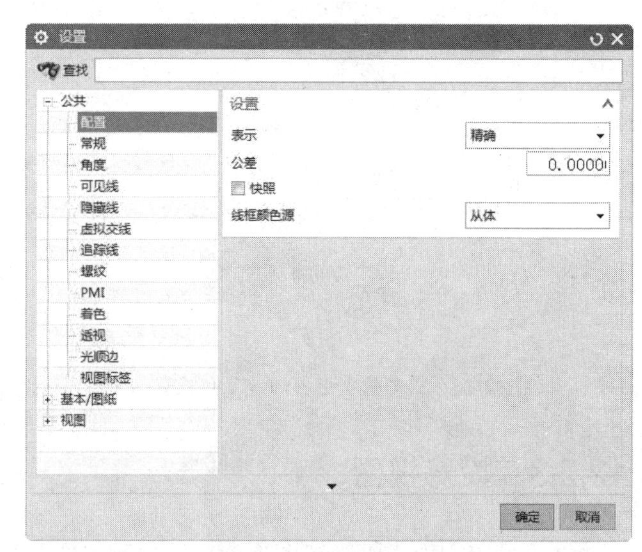

图 12-13 【设置】对话框

上机实践——创建基本视图

① 打开本例源文件“12-1.prt”。

② 在【应用模块】选项卡中单击【制图】按钮，弹出【工作表】对话框。选择【标准尺寸】单选按钮，并在【大小】下拉列表中选择【A4 - 210×297】选项，如图 12-14 所示。

③ 保留【图纸页】对话框中默认的图纸名及其余选项设置，单击【确定】按钮，进入制图环境。同时，弹出【基本视图】对话框。

④ 保留默认的放置方法和模型视图，在【比例】选项区的【比例】下拉列表中选择【2:1】选项，如图 12-15 所示。

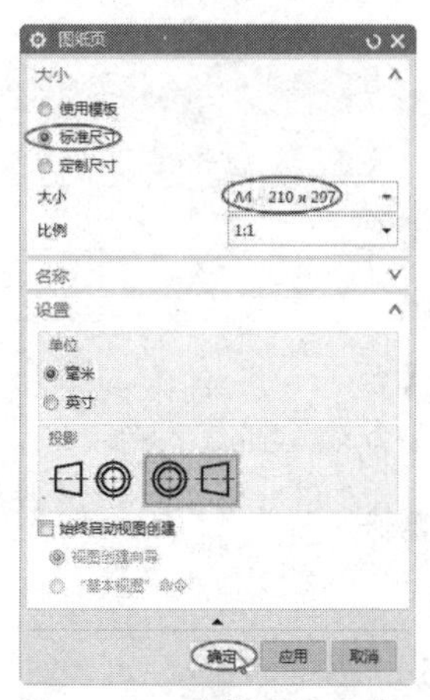

图 12-14 选择图纸尺寸

图 12-15 设置基本视图的比例

⑤ 按信息提示，在图纸框内为基本视图指定一放置位置，如图 12-16 所示。随后弹出【投影视图】对话框，单击此对话框中的【取消】按钮，完成基本视图的创建，创建的基本视图如图 12-17 所示。

技术要点：

图纸中的视图类型是根据模型在建模环境中的工作坐标系方位来确定的，如 TOP 视图就是从 *ZC* 轴到 *XC-YC* 平面的视角视图，LEFT 视图是从–*XC* 到 *YC-ZC* 平面的视角视图，等等。

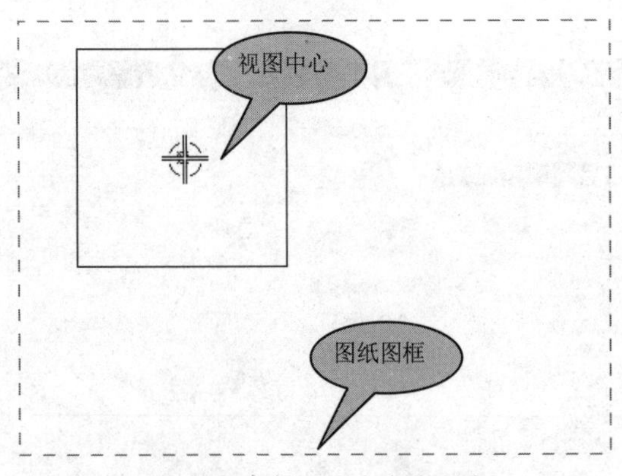

图 12-16 指定基本视图的放置位置

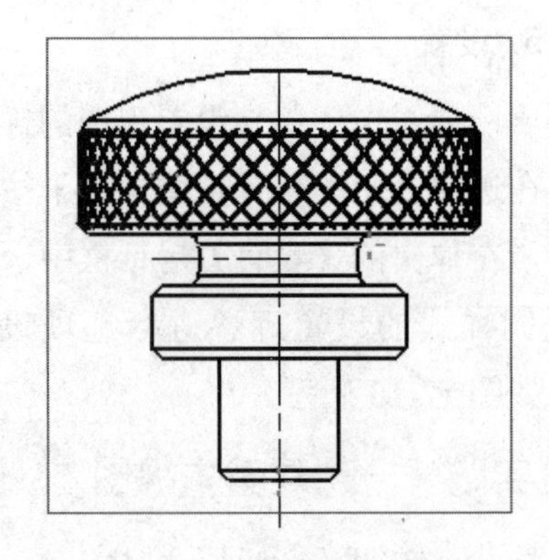

图 12-17 创建的基本视图

12.2.3 投影视图

在机械工程中，投影视图也称为向视图。它是根据主视图来创建的投影正交或辅助视图。在【主页】选项卡中单击【投影视图】按钮，弹出【投影视图】对话框，如图 12-18 所示。

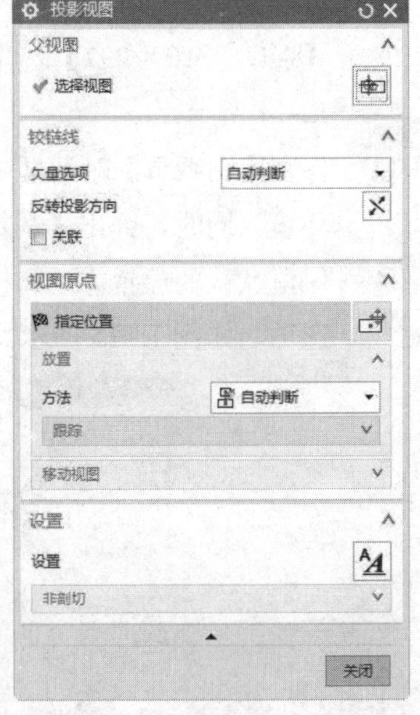

图 12-18 【投影视图】对话框

对话框中各选项区的功能含义介绍如下。

1. 父视图

该选项区的作用是选择创建投影视图的父视图（主视图）。

2. 铰链线

该选项区的功能主要是确定视图的投影方向及投影视图与主视图的关联关系等。选项区中的各选项含义如下：

- 矢量选项：此下拉列表中包括【自动判断】和【已定义】选项。【自动判断】是指用户自定义视图的任意投影方向；【已定义】是指通过矢量构造器来确定投影方向。
- 反转投影方向：是指投影视图与投影方向相反。
- 关联：勾选此复选框，投影视图与主视图保持关联关系。

3. 视图原点

该选项区的作用是确定投影视图的放置位置。该选项区的功能与【基本视图】对话框中的【视图原点】选项区相同。

4. 移动视图

该选项区的功能是移动图纸中的视图。在图纸中选择一个视图后，即可拖移此视图至任意位置。

5. 设置

该选项区的功能与【基本视图】对话框中的【设置】选项区相同。

上机实践——创建投影视图

① 打开本例源文件“12-2.prt”。

② 在【主页】选项卡中单击【投影视图】按钮，弹出【投影视图】对话框。

③ 同时程序自动选择图纸中的模型基本视图作为投影主制图，在【铰链线】选项区中取消勾选【反转投影方向】复选框，并以【自动判断】的方式来确定投影方向。

④ 按信息提示，在图纸中如图 12-19 所示的位置放置第一个投影视图。

⑤ 接着再在图纸中如图 12-20 所示的位置放置第二个投影视图。

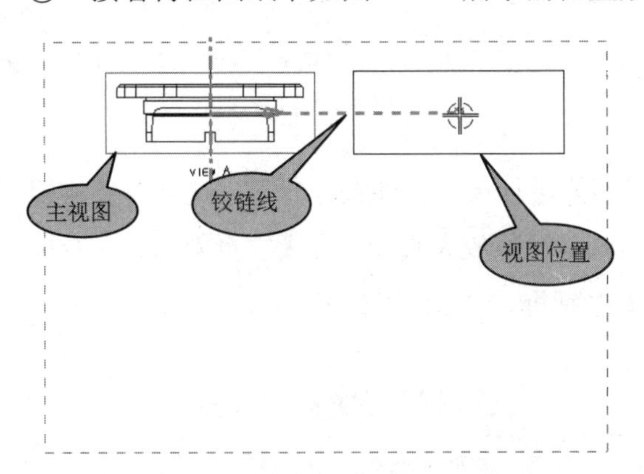

图 12-19　在图纸中放置第一个投影视图

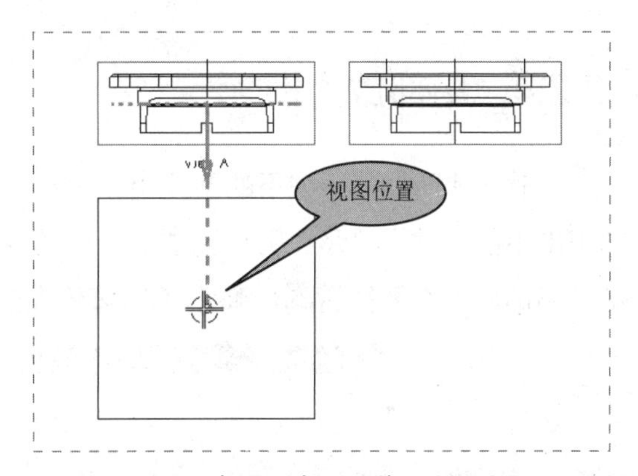

图 12-20　在图纸中放置第二个投影视图

⑥ 创建第二个投影视图后，接着在如图 12-21 所示的位置放置第三个投影视图。

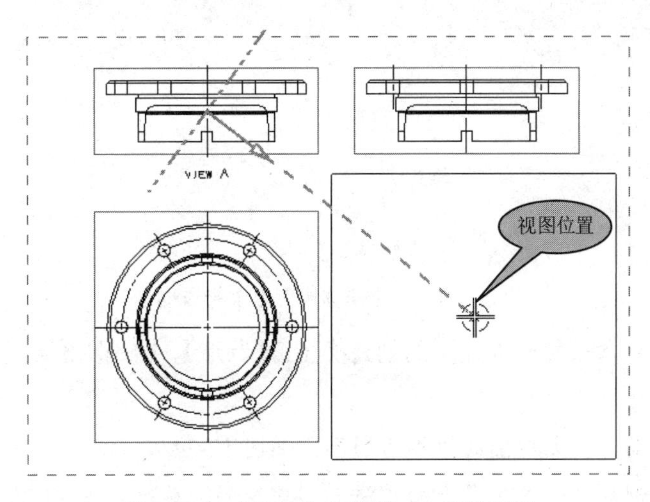

图 12-21　在图纸中放置第三个投影视图

⑦ 最后单击【投影视图】对话框中的【关闭】按钮，完成投影视图的创建，结果如图 12-22 所示。

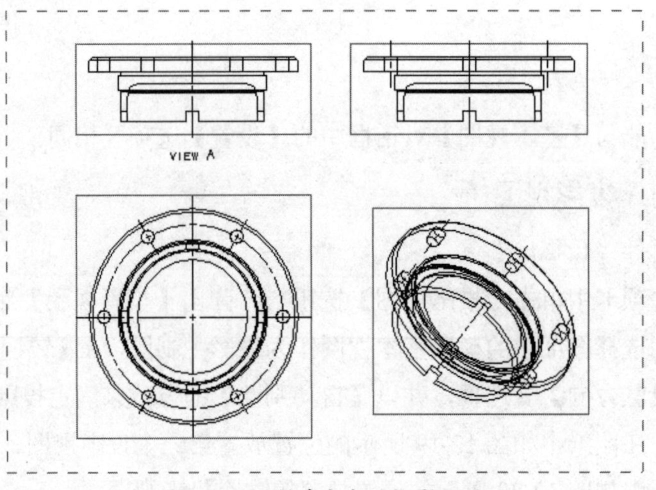

图 12-22 创建完成的投影视图

12.2.4 局部放大图

有时，视图中某些细小的部位由于太小，而不能进行尺寸标注或注释等，这就需要将视图中细小部分放大显示，则单独放大显示的视图就是局部放大视图。在【主页】选项卡中单击【局部放大图】按钮，弹出【局部放大图】对话框，如图 12-23 所示。

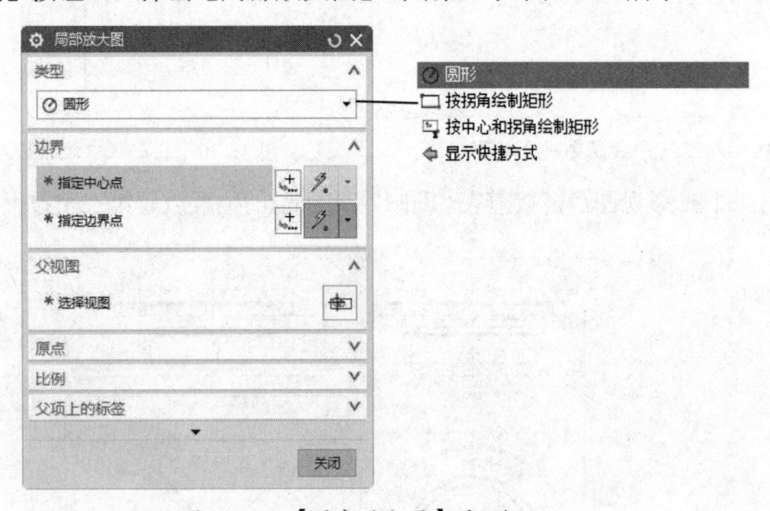

图 12-23 【局部放大图】对话框

在该对话框中包含三种放大视图的创建类型：【圆形】、【按拐角绘制矩形】和【按中心和拐角绘制矩形】。

- 圆形：即局部放大视图的边界为圆形，如图 12-24 所示。
- 按拐角绘制矩形：按对角点的方法来创建矩形边界，如图 12-25 所示。
- 按中心和拐角绘制矩形：以局部放大图的中心点及一个角点来创建矩形边界，如图 12-26 所示。

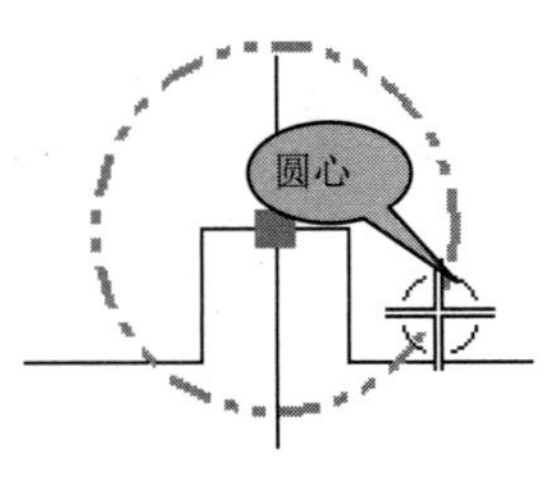

图 12-24 圆形

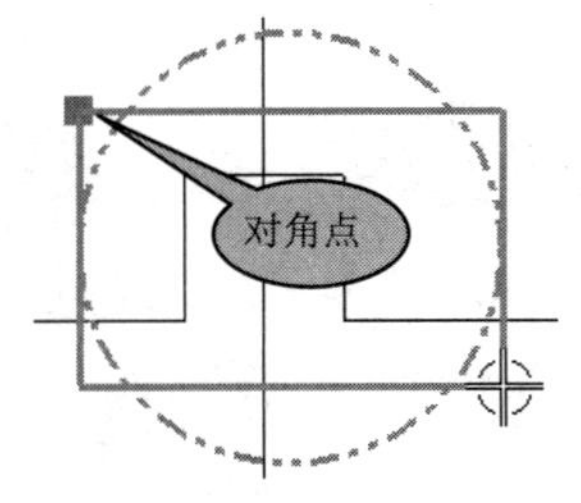

图 12-25 按拐角绘制矩形

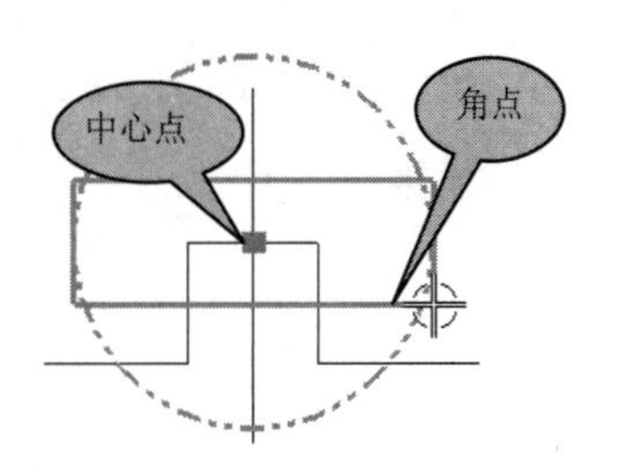

图 12-26 按中心和拐角绘制矩形

对话框中的各功能选项区的介绍如下：

1. 边界

该选项区的功能是确定局部放大图创建类型的参考点，即中心点和拐角点。

2. 父视图

该选项区的功能是选择一个视图作为局部放大图的父视图。

3. 原点

该选项区的功能是确定局部放大图的放置位置，以及局部视图的移动控制等，如图 12-27 所示。

4. 比例

该选项区的功能是设置局部放大图的比例。

5. 父项上的标签

该选项区的功能是在局部放大图的父视图上设置标签，其标签的设置共有六种：无、圆、注释、标签、内嵌和边界，如图 12-28 所示。

6. 设置

该选项区的功能与前面所讲的相同，这里不再赘述。

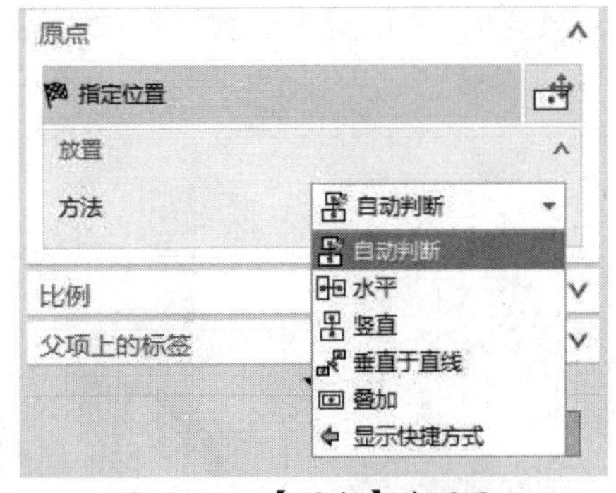

图 12-27 【原点】选项区

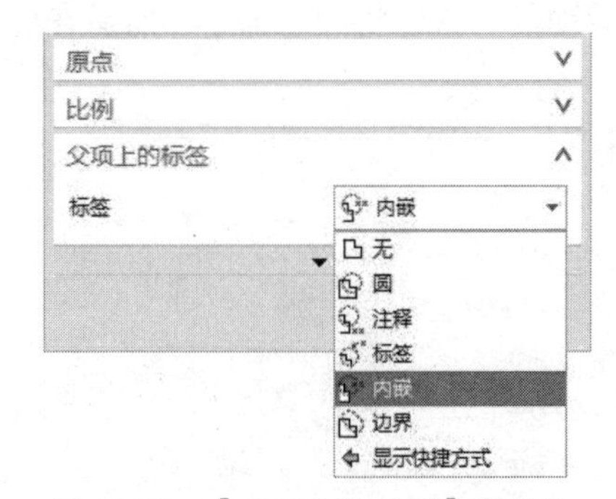

图 12-28 【父项上的标签】选项区

上机实践——创建局部放大图

① 打开本例源文件“12-3.prt”。源文件为已创建了主视图和投影视图的工程图纸，如图 12-29 所示。

图 12-29 打开的工程图纸

② 在【主页】选项卡中单击【局部放大图】按钮，弹出【局部放大图】对话框。

③ 保留该对话框中的【圆形】创建类型，在图形区中滑动鼠标滚轮将图纸放大，并按信息提示在主视图中选择一个点作为圆形的圆心，如图 12-30 所示。

④ 接着在旁边设置一点作为圆形的边界点，如图 12-31 所示。

图 12-30 指定圆形的圆心

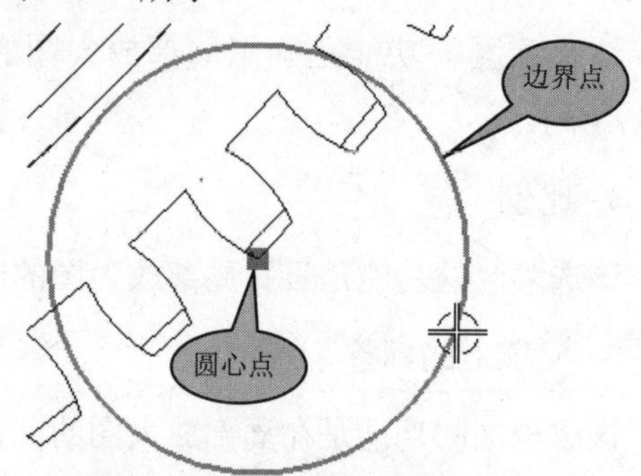

图 12-31 指定圆形的边界点

⑤ 在【比例】选项区的【比例】下拉列表中选择【2:1】选项，在【父项上的标签】选项区的【标签】下拉列表中选择【标签】选项，如图 12-32 所示。

⑥ 滑动鼠标滚轮将图纸缩小，然后在图纸的右下角选择一个位置来放置局部放大图，如图 12-33 所示。

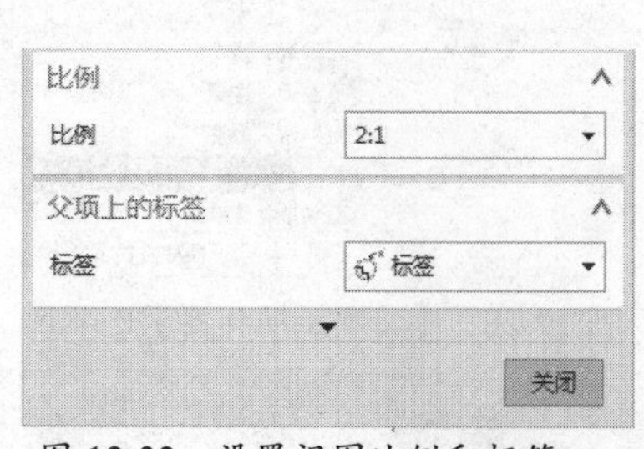

图 12-32 设置视图比例和标签

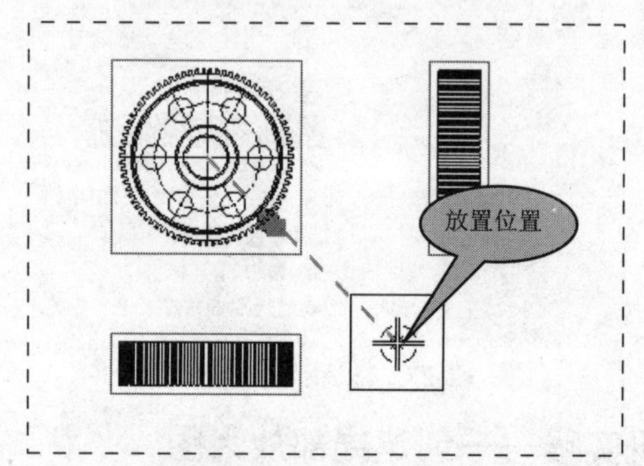

图 12-33 选择局部放大图的放置位置

⑦ 在图纸中选择放置位置后，即可生成局部放大图，如图 12-34 所示。最后单击【局部放大图】对话框中的【关闭】按钮，结束操作。

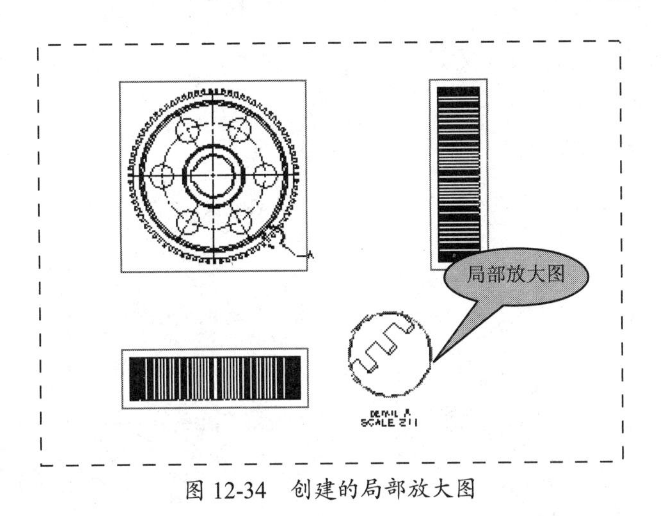

图 12-34 创建的局部放大图

12.2.5 剖切视图

在工程图中创建零件模型的剖切视图是为了表达零件内部结构、形状。零件的剖切视图包括全剖视图、半剖视图、旋转剖视图、折叠剖视图、定向剖视图、轴侧剖视图、局部剖、展开的点和角度剖视图等。其中，半剖视图、旋转剖视图、折叠剖视图、定向剖视图、轴侧剖视图等类型的剖视图与全剖视图均可使用【剖视图】工具来创建，局部剖可使用【局部剖视图】工具来创建，展开的点和角度剖视图则可以使用【剖切线】工具来创建。

本节将针对全剖视图、局部剖以及展开的点和角度剖视图及其创建工具做重点说明。

1. 全剖视图

用剖切面完全地剖开零件后生成的剖切视图称为全剖视图。全剖视图是根据所选的主视图来确定建立的。在【主页】选项卡中单击【剖视图】按钮，弹出【剖视图】对话框。当在图纸中选择一个视图后，【剖视图】对话框中则弹出剖切视图的创建与编辑功能命令，如图 12-35 所示。

图 12-35 【剖视图】对话框

对话框中各选项区的选项含义如下：

（1）截面线。

- 【动态】定义截面线：若零件中有多种不同的孔类型、筋类型等，则可通过选择不同的剖切方法（简单剖/阶梯剖、半剖、旋转剖、点到点剖）表达，如图 12-36 所示。

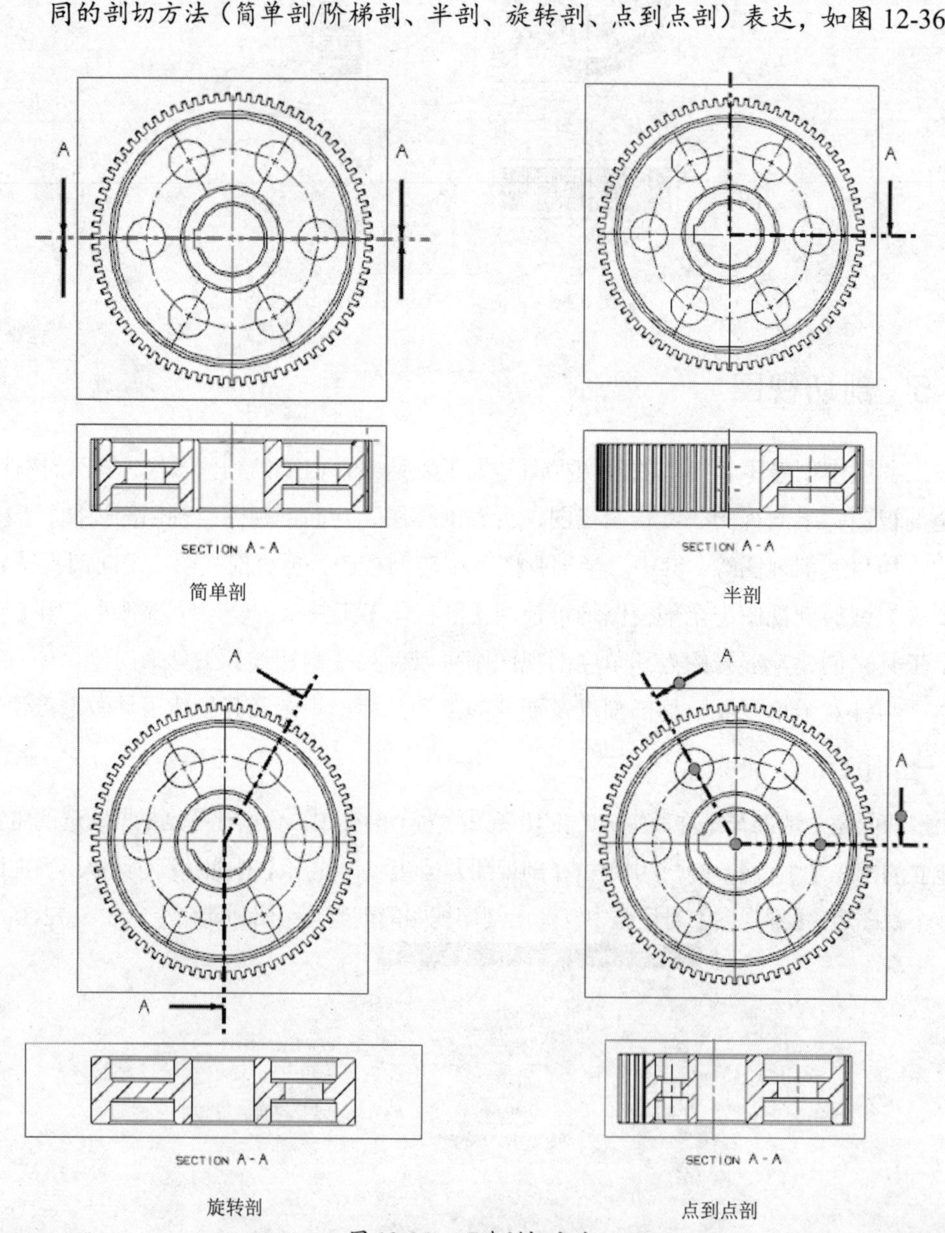

图 12-36　可选剖切方法

技术要点：

要编辑截面线，在关闭创建剖视图的【剖视图】对话框后，双击截面线即可，如图 12-37 所示。

- 选择现有的：如果利用【主页】选项卡的【视图】组中的【截面线】工具创建了截面线，可以直接选择现有的截面线来创建剖切视图。

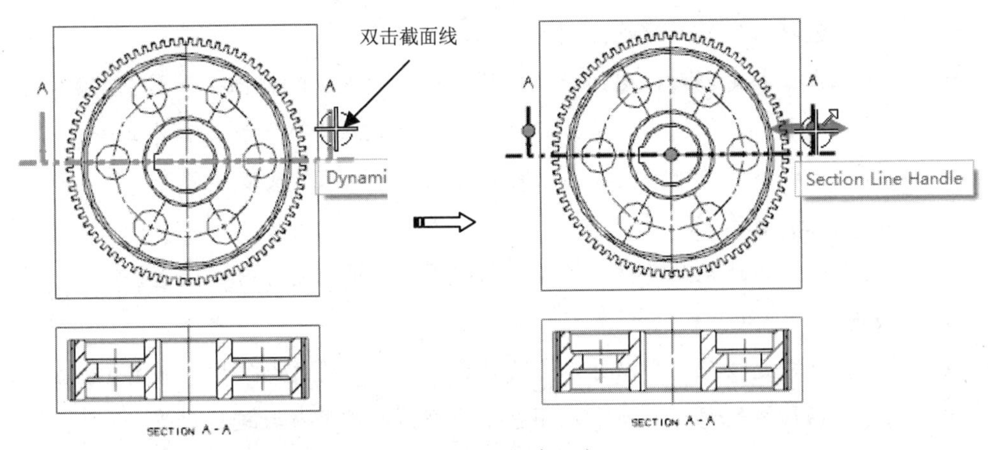

图 12-37　编辑截面线

（2）铰链线。

【矢量选项】下拉列表中包括【自动判断】和【已定义】选项。

- 自动判断：程序自动判断剖切方向。选择该选项，在定义剖切位置后，用户即可任意定义铰链线，如图 12-38 所示。
- 已定义：以指定方向的方式来定义剖切方向，如图 12-39 所示。
- 反向：使剖切方向相反。
- 关联：确定铰链线是否与视图相关联。

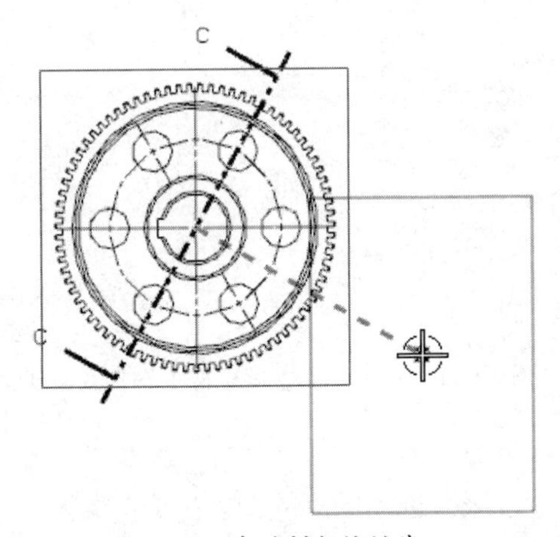

图 12-38　自动判断铰链线

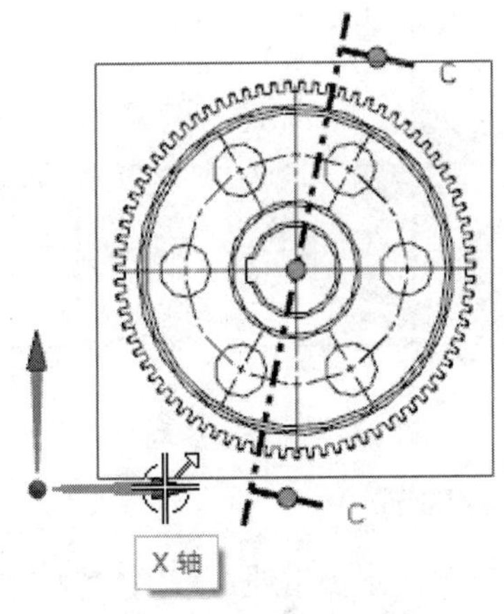

图 12-39 已定义铰链线

（3）Section Line Segments（部分线段）。

- 指定位置：当确定剖切线后，此按钮命令自动激活，即可在图纸中选择截面线中的剖切点重新放置。

（4）父视图。

- 选择视图：会自动选择基本视图为父视图，还可以选择其他实体作为剖视图的父视图。

（5）视图原点。

- 方向：包括正交的、继承方向的和剖切现有的。
- 指定位置：指定剖切视图的原点位置，以此放置剖切视图，如图 12-40 所示。
- 方法：放置剖切视图的方法，包括水平、竖直、垂直于直线和叠加等。
- 对齐：剖切视图相对于父视图的对齐方法，可以基于父视图放置、基于模型点放置和点到点放置等。
- 光标跟踪：勾选此复选框，可以输入视图原点的坐标系相对位置。

（6）设置。

- 设置：单击此按钮，可以打开【设置】对话框设置截面线型，如图 12-41 所示。用户可对剖切线的形状、尺寸、颜色、线型、宽度等参数进行设置。
- 非剖切：如果是装配体，可以选择不需要剖切的组件，创建的剖切图将不包括非剖切组件。

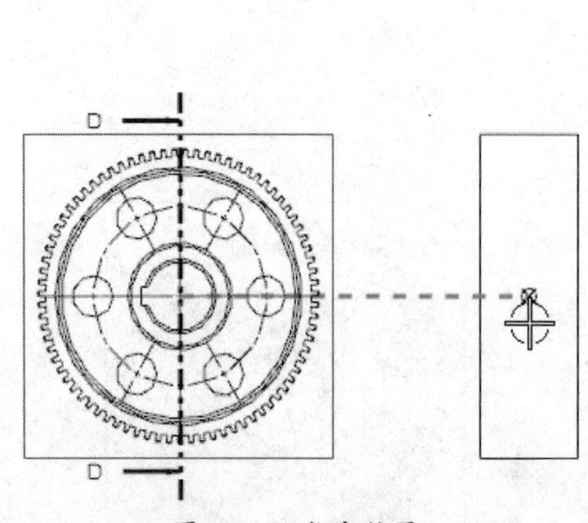

图 12-40 指定位置

图 12-41 在【设置】对话框中设置截面线型

2. 局部剖

局部剖视图是指通过移除父视图中的一部分区域来创建的剖视图。在【主页】选项卡中单击【局部剖】按钮，弹出【局部剖】对话框，如图 12-42 所示。在对话框的列表中选择一个基本视图作为父视图，或者直接在图纸中选择父视图，将激活如图 12-43 所示的一系列操作步骤按钮命令。

【局部剖】对话框中的选项、按钮命令的含义如下：

- 创建：用于创建局部剖视图。
- 编辑：用于编辑创建的局部剖视图。
- 删除：用于删除局部剖视图。
- 选择视图：单击此按钮，即可选择基本视图来作为局部剖视图的父视图。

图 12-42 【局部剖】对话框

图 12-43 激活步骤命令

- 指出基点：基点是用于指定剖切位置的点。
- 指出拉伸矢量：用于指定剖切投影方向。选择基点后，选择矢量的选项功能被自动弹出，如图 12-44 所示。
- 选择曲线：是指选择局部剖切的边界。激活此命令，可通过单击【链】按钮来自动选择，若选择过程中有错误，单击【取消选择上一个】按钮即可，如图 12-45 所示。

图 12-44 矢量选项功能

图 12-45 曲线选择方式

3. 展开的点和角度剖视图

展开的点和角度剖视图是指通过指定剖切段的位置和角度来创建的视图。这种方式也是先定义铰链线，然后选择剖切位置，并编辑剖切位置处剖切线的角度，最后再指定投影位置并生成剖视图。

12.3 尺寸标注

尺寸用来表达零件形状大小及其相互位置关系。零件工程图上所标注的尺寸应满足齐全、清晰、合理的要求。标注零件时，一般应对零件各组成部分结构形状的作用及其与相邻零件的有关表面之间的关系有所了解，在此基础上分清尺寸的主次，确定设计标准，从设计基准出发标注主要尺寸。其次，从方便加工方面考虑选择工艺基准，按形体分析的方法，注全确定形体形状所需的定形尺寸和定位尺寸等非主要尺寸。

在制图环境下，用于工程图尺寸标注的【尺寸】组，如图 12-46 所示。

面板上各工具的功能含义如下：

- 快速：该工具由系统自动推断出选用哪种尺寸标注类型进行尺寸标注，默认包括所有的尺寸标注形式。
- 线性：该工具用于标注工程图中所选对象间的水平尺寸、竖直、平行、垂直等。
- 径向：该工具用于标注工程图中所选圆或圆弧的半径尺寸，但标注不过圆心。
- 角度：该工具用于标注工程图中所选两直线之间的角度。
- 倒斜角：该工具用于创建具有 45° 的倒斜角尺寸。
- 厚度：该工具用于创建一个厚度尺寸，测量两条曲线之间的距离。
- 弧长：该工具用于标注工程图中所选圆弧的弧长尺寸。
- 周长尺寸：标注圆弧和圆的周长。
- 纵坐标：用来在标注工程图中定义一个原点的位置，作为一个距离的参考点位置，进而可以明确地给出所选择对象的水平或垂直坐标（距离）。

【尺寸】组中的各工具的对话框功能都相同，以一个工具对话框为例进行说明。在【尺寸】组中单击【快速】按钮，弹出【快速尺寸】对话框，如图 12-47 所示。

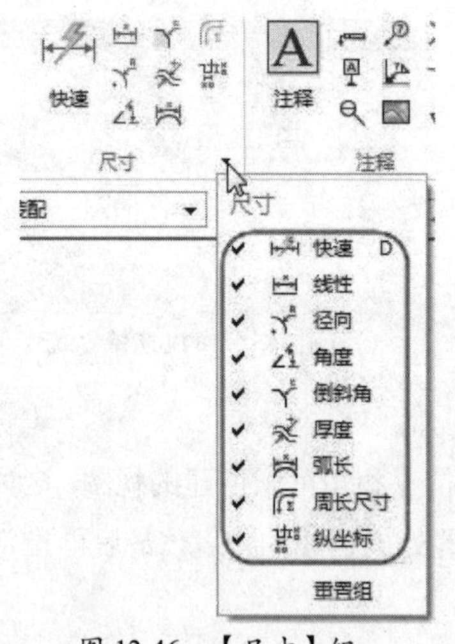

图 12-46 【尺寸】组

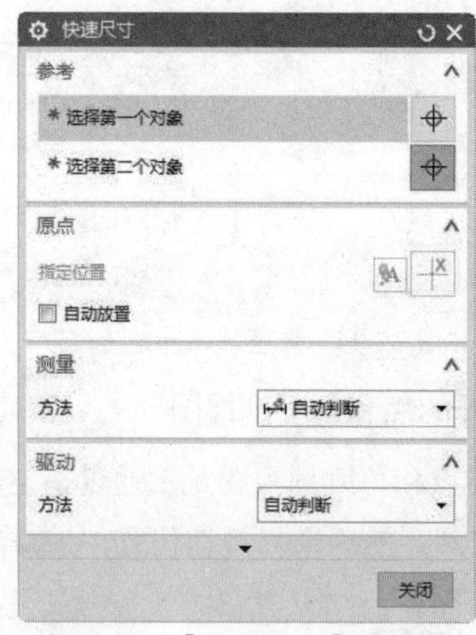

图 12-47 【快速尺寸】对话框

制图环境中的零件图尺寸标注方法与草图环境中草图尺寸标注是完全一样的，因此，标注过程就不再重复介绍了。

12.4 工程图注释

工程图的注释就是工程图中的标注制造技术要求。也就是用规定的符号、数字或文字说明制造、检验时应达到的技术指标，如尺寸公差、表面粗糙度、形状与位置公差、材料热处理及其他方面。本节将对【注释】组中的系列注释工具进行讲解，如图 12-48 所示。

图 12-48 【注释】组

12.4.1 文本注释

【注释】组中的工具主要用来创建和编辑工程图中的注释。单击【注释】按钮，弹出【注释】对话框，如图 12-49 所示。【注释】对话框中各选项区的功能介绍如下。

1. 原点

该选项区用于注释的参考点的设置。

- 指定位置：为注释指定参考点位置。参考点位置可通过在视图中自行指定，也可以单击【原点工具】按钮，在弹出的【原点工具】对话框中选择原点与注释的位置关系来确定，如图 12-50 所示。

图 12-49 【注释】对话框

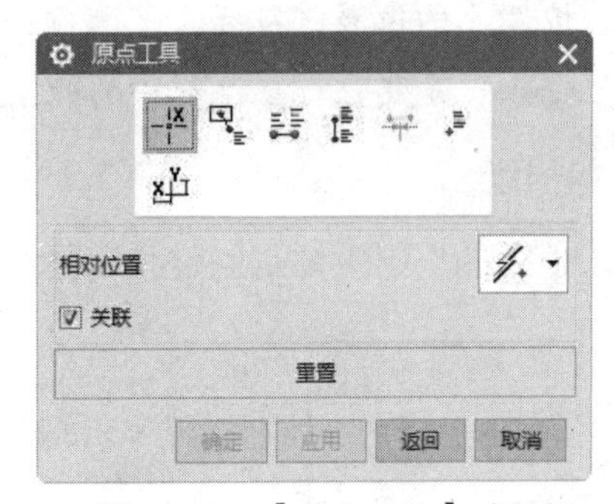

图 12-50 【原点工具】对话框

- 自动对齐：用于确定原点和注释之间的关联设置。该下拉列表中包括三个选项即【关联】、【非关联】和【关】。【关联】是指注释与原点有关联关系，当选择此选项时，下方的五个复选框全部打开。【非关联】是指注释与原点不保持关联关系，当选择此选项时，仅有【层叠注释】和【水平或竖直对齐】复选框被打开。【关】是指将下方的五个复选框全部关闭，即注释与原点不保持关联关系。
- 层叠注释：即新注释叠放于参照注释的上、下、左、右，如图 12-51 所示。
- 水平或竖直对齐：即新注释与参照注释呈水平或竖直放置，如图 12-52 所示。

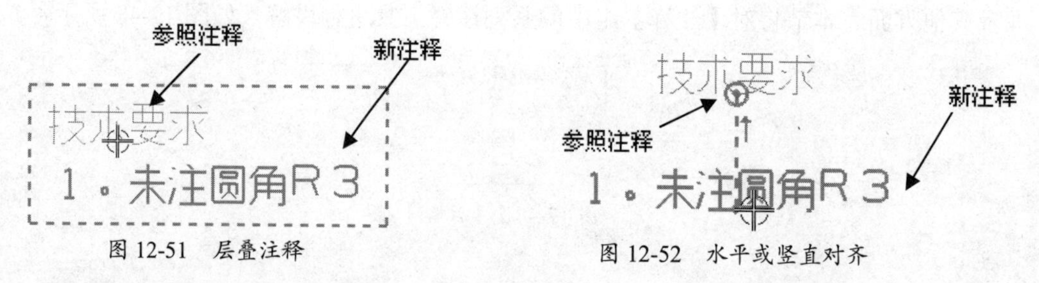

图 12-51　层叠注释　　　　图 12-52　水平或竖直对齐

- 相对于视图的位置：新注释以选定的视图中心作为位置参照并放置，如图 12-53 所示。
- 相对于几何体的位置：新注释以选定的几何体作为位置参照并放置，如图 12-54 所示。
- 捕捉点处的位置：新注释以捕捉点作为参考进行放置。

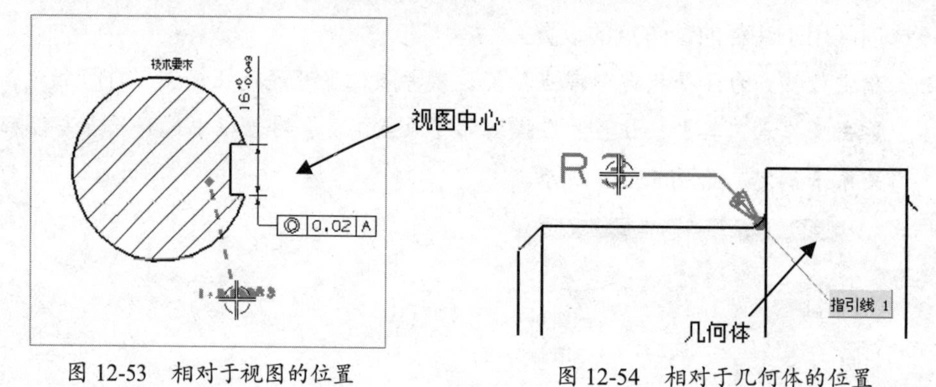

图 12-53　相对于视图的位置　　　　图 12-54　相对于几何体的位置

- 边距上的位置：勾选此复选框，可将注释放置在与模型几何体预置距离的位置上。
- 锚点：是指光标在注释中的位置，在其下拉列表中包括九种光标摆放位置。

2. 指引线

该选项区的作用主要是创建和编辑注释的指引线，其选项设置如图 12-55 所示。

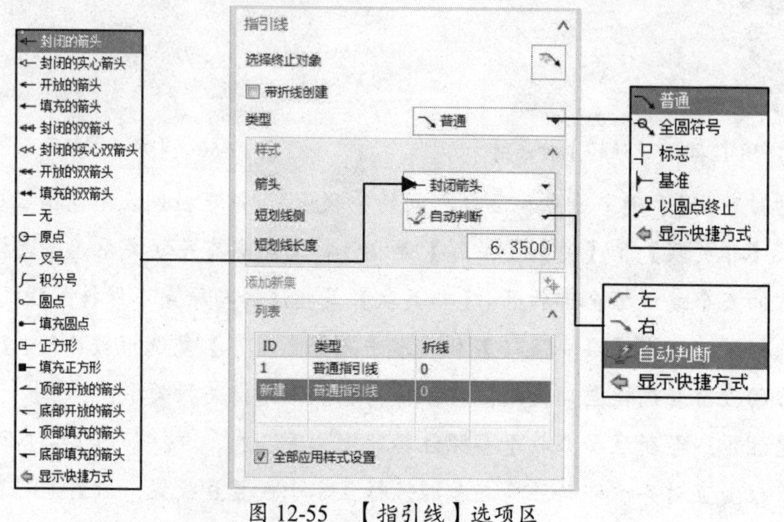

图 12-55　【指引线】选项区

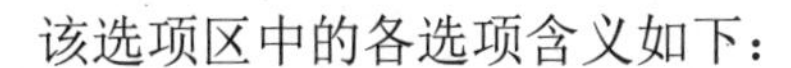

该选项区中的各选项含义如下：

- 选择终止对象：为指引线选择指引对象，如图 12-56 所示。
- 带折线创建：勾选此复选框，即可创建折弯的指引线，如图 12-57 所示。

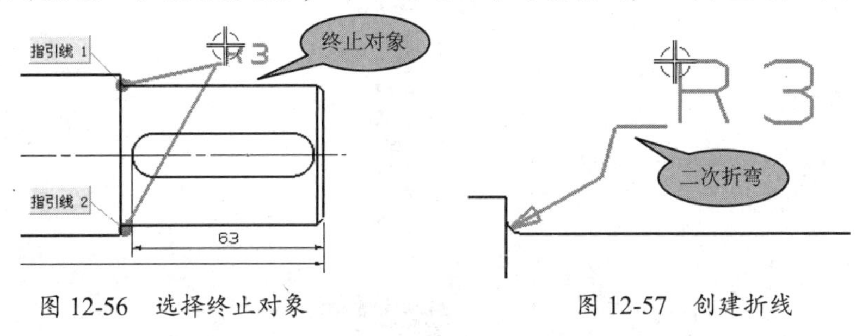

图 12-56 选择终止对象　　图 12-57 创建折线

- 类型：指引线的类型，其下拉列表中包括五种指引线。
- 样式：指引线的样式设置，包括箭头的设置、短画线侧的设置和短画线长度的设置。
- 添加新集：单击此按钮，添加新的折弯过渡点。
- 列表：列出创建的折线。

3. 文本输入

【文本输入】选项区的作用是创建和编辑注释的文本。

4. 设置

【设置】选项区主要用于注释文本的样式编辑，设置方法前面已介绍过。

12.4.2 形位公差标注

为了提高产品质量，使其性能优良，有较长的使用寿命，除应给定零件恰当的尺寸公差及表面粗糙度外，还应规定适当的几何精度，以限制零件要素的形状和位置公差，并将这些要求标注在图纸上。在【注释】组中单击【特征控制框】按钮，弹出【特征控制框】对话框，如图 12-58 所示。

【特征控制框】对话框中除【框】选项区外，其余选项区的功能及设置均与前面所讲的【注释】对话框相同，因此这里仅介绍【框】选项区的功能设置。在【框】选项区中的各选项组中选择选项来标注的形位公差如图 12-59 所示。

1. 特性

【特性】选项组中包括 14 个形位公差符号。

2. 框样式

【框样式】选项组中包括【单框】和【复合框】选项。【单框】就是单行并列的标注框；【复合框】就是两行并列的标注框。

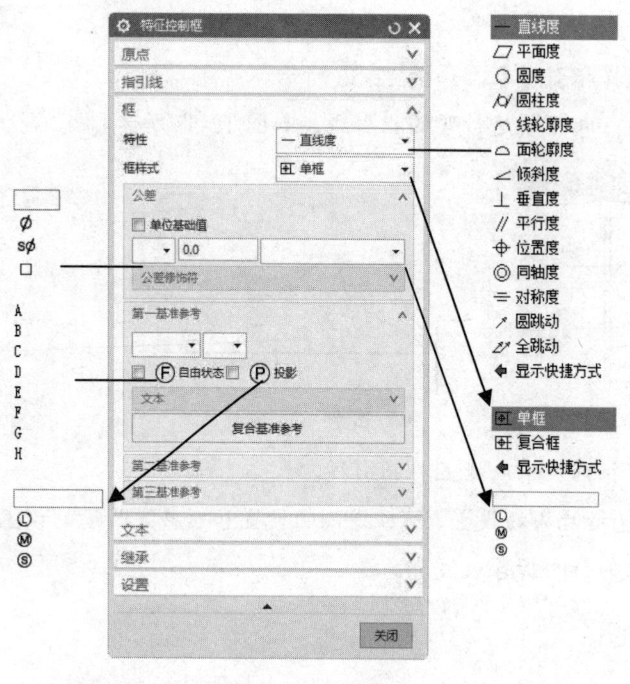

图 12-58 【特征控制框】对话框

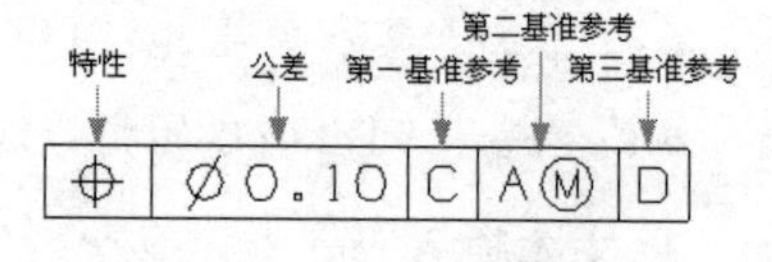

图 12-59 形位公差标注

3. 公差

【公差】选项组主要用来设置形位公差标注的公差值、形位公差遵循的原则和公差修饰等。

4. 第一基准参考

【第一基准参考】选项组主要用来设置第一基准以及遵循的原则、要求。

5. 第二基准参考

【第二基准参考】选项组主要用来设置第二基准以及遵循的原则、要求。

6. 第三基准参考

【第三基准参考】选项组主要用来设置第三基准以及遵循的原则、要求。

如图 12-59 所示的形位公差标注的含义是：公差带是直径公差值为 0.10 且以螺孔的理想位置轴线为轴线的圆柱面区域。第二基准 *A* 遵守最大实体要求，且自身又要遵守包容原则，而基准轴线 *A* 对基准平面 *C* 又有垂直度Ⓜ要求，故位置度公差是在基准 *A* 处于实效边界时给定的，当它偏离实效边界时，螺孔的理想位置轴线在必须垂直于基准平面 *B* 的情况下移动。

12.4.3 粗糙度标注

零件的表面粗糙度是指加工面上具有的较小间距和峰谷所组成的微观几何形状特性。一般由所采用的加工方法和其他因素形成。

在首次标注表面粗糙度符号时，制图环境中用于标注粗糙度的工具并没有被加载到 UG

程序中。用户要在 UG 安装目录的 UGII 子目录中找到环境变量设置文件【ugii_env.dat】，并用写字板将其打开，将环境变量【UGII_SURFACE_FINISH】的默认设置由 OFF 改为 ON。保存环境变量设置文件并重新启动 UG，然后才能进行表面粗糙度的标注工作。

在【注释】组中单击【表面粗糙度】按钮√，弹出【表面粗糙度】对话框，如图 12-60 所示。

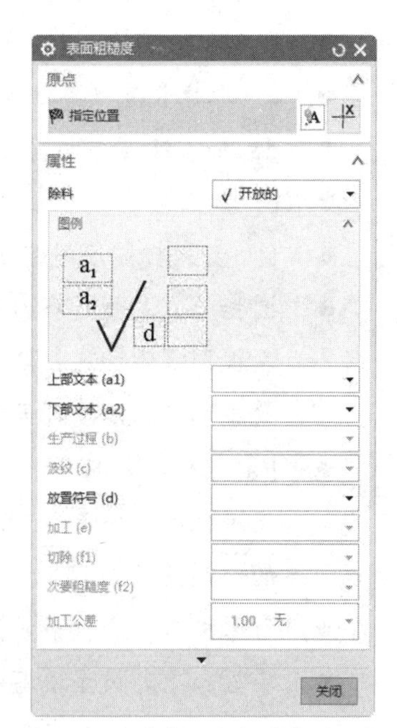

图 12-60 【表面粗糙度】对话框

该对话框中包含三方面的内容：符号、填写格式和标注方法。

1. 符号

对话框中总共有九个粗糙度符号，可将其分为三类。第一类：零件表面的加工方法。此类符号包括基本符号、基本符号-需要材料移除和基本符号-禁止材料移除。

- 基本符号：表示表面可由任何方法获得。当不加注粗糙度参数值或有关说明（例如表面处理、局部热处理状况等）时，仅适用于简化代号标注。
- 基本符号-需要材料移除：表示表面是用去除材料的方法获得的，例如车、铣、钻、磨、剪切、抛光、腐蚀、电火花加工、气割等。
- 基本符号-禁止材料移除：表示表面是用不去除材料的方法获得的，例如铸、冲压变形、热轧、冷轧、粉末冶金等。

第二类是标注参数及有关说明。它包括带修饰符的基本符号、带修饰符的基本符号-需要移除材料和带修饰符的基本符号-禁止移除材料。

- 带修饰符的基本符号：表示表面可由任何方法获得，但在符号上需标注说明或参数。
- 带修饰符的基本符号-需要移除材料：表示表面是用去除材料的方法获得的，但在符号上需标注说明或参数。
- 带修饰符的基本符号-禁止移除材料：表示表面是用不去除材料的方法获得的，但在符号上需标注说明或参数。

第三类是表面粗糙度要求。它包括带修饰符和全圆符号的基本符号、带修饰符和全圆符号的基本符号-需要移除材料及带修饰符和全圆符号的基本符号-禁止移除材料。

- 带修饰符和全圆符号的基本符号：表示表面是用去除材料的方法获得的，但在符号上需标注说明或参数，且所有表面具有相同的粗糙度要求。
- 带修饰符和全圆符号的基本符号-需要移除材料：表示表面是用去除材料的方法获得的，但在符号上需标注说明或参数，且所有表面具有相同的粗糙度要求。
- 带修饰符和全圆符号的基本符号-禁止移除材料：表示表面是用不去除材料的方法获得的，但在符号上需标注说明或参数，且所有表面具有相同的粗糙度要求。

2. 填写格式

表面粗糙度符号的填写格式所包含的字母以及符号文本、粗糙度、圆括号选项的含义如下：

- a1、a2：粗糙度高度参数的允许值（单位为 μm）。
- b：加工方法、镀涂或其他表面处理。
- c：取样长度（单位为 mm）。
- d：加工纹理方向符号。
- e：加工余量（单位为 mm）。
- f1、f2：粗糙度间距参数值（单位为 μm）。
- 圆括号：是指是否为粗糙度符号添加圆括号，它有四种添加方法：无（不添加）、左视图（添加在粗糙度符号左边）、右视图（添加在粗糙度符号右边）和两者皆是（添加在粗糙度符号两边）。
- Ra 单位：是指在取样长度内，轮廓偏距的算术平均值，它代表着粗糙度参数值。此单位有两种表示方法，一是以微米为单位的粗糙度，二是以标准公差代号为等级的粗糙度，如 IT。
- 符号文本大小（毫米）：粗糙度符号上的文本高度值。
- 重置：重新设置填写格式。

3. 标注方法

表面粗糙度在图样上的标注方法有多种。

- 符号方位：粗糙度符号为水平标注或是竖直标注。
- 指引线类型：粗糙度符号标注时指引线的样式。
- 在延伸线上创建：在模型边的延伸线或尺寸线上标注粗糙度符号。
- 在边上创建：在模型的边上标注粗糙度符号。
- 在尺寸上创建：在标注的尺寸线上标注粗糙度符号。
- 在点上创建：在指定的点上标注粗糙度符号。
- 用指引线创建：在创建的指引线上标注粗糙度符号。
- 重新关联：重新指定相关联的符号。
- 撤销：撤销当前所标注的粗糙度符号。

12.5 表格

【表格】组中的工具用来创建图纸中的标题栏。一个完整标题栏，应包括表格和表格文本。接下来将一一介绍创建和编辑标题栏的工具。

12.5.1 表格注释

【表格注释】是指在图纸中插入表格。在【表格】组中单击【表格注释】按钮，随后按信息提示在图纸的右下角处指明表格的放置位置，放置后程序自动插入表格，如图 12-61 所示，插入的表格如图 12-62 所示。

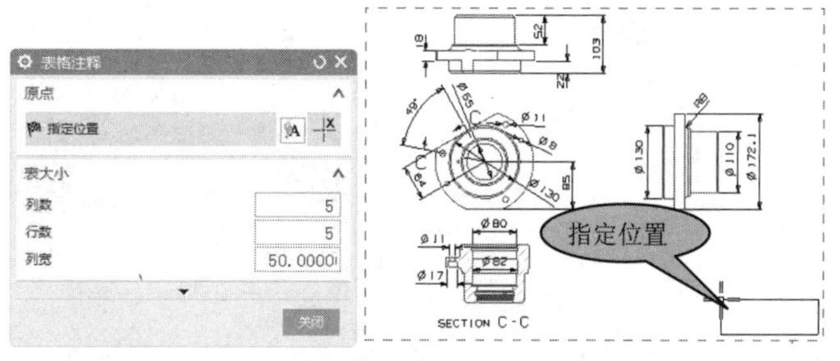

图 12-61 指定表格位置

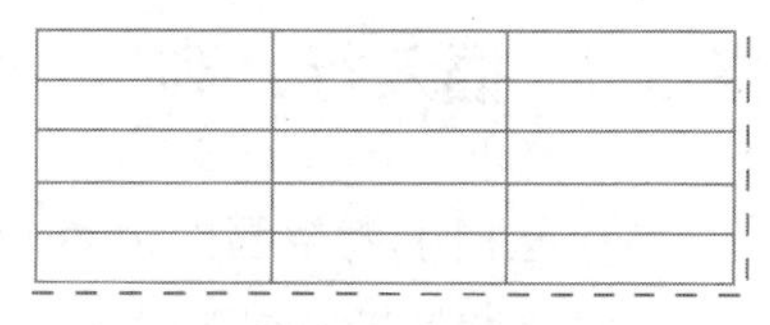

图 12-62 插入的表格

12.5.2 零件明细表

零件明细表用于创建装配工程图中零件的物料清单。在【表格】组中单击【零件明细表】按钮，然后在标题栏上方选择一个位置来放置零件明细表。零件明细表如图 12-63 所示。

图 12-63 零件明细表

12.5.3 编辑表格

所谓编辑表格，是指编辑选定的表格单元中的文本。首先选择一个单元格，接着在【表格】组中单击【编辑表格】按钮，此时在单元格处弹出文本框。用户在此文本框中输入正确的文本后，按鼠标中键或按 Enter 键即可完成编辑表格的操作，如图 12-64 所示。

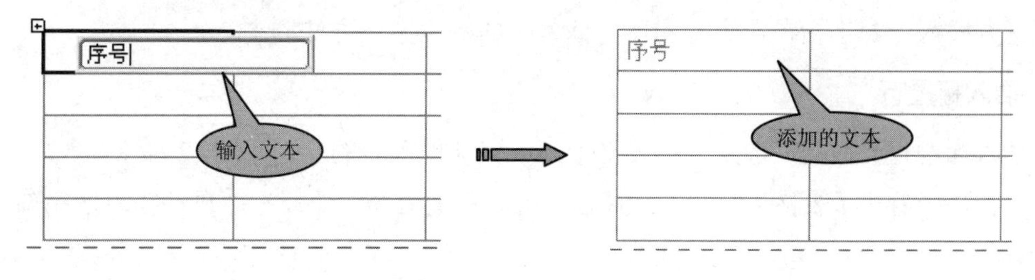

图 12-64 编辑表格

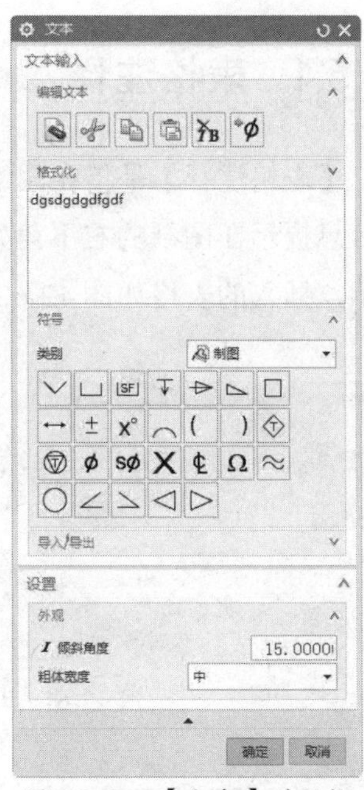

图 12-65 【文本】对话框

12.5.4 编辑文本

【编辑文本】是指使用【注释编辑器】来编辑选定单元格中的文本。首先选择有文本的单元格，然后在【表格】组中单击【编辑文本】按钮，弹出【文本】对话框，如图 12-65 所示。通过此对话框可对单元格中的文本进行文字、符号、文字样式、文字高度等选项的设置。

12.5.5 插入行、列

当标题栏中所填写的内容较多而插入的表格又不够时，就需要插入行或列。插入表格行或列的工具有【上方插入行】、【下方插入行】、【插入标题行】、【左边插入列】和【右边插入列】。

1. 上方插入行

【上方插入行】是指在选定行的上方插入新的行，如图 12-66 所示，在表格中选中一行，接着在【表格】组中执行【上方插入行】命令，随后程序自动在选定行的上方插入新的行。

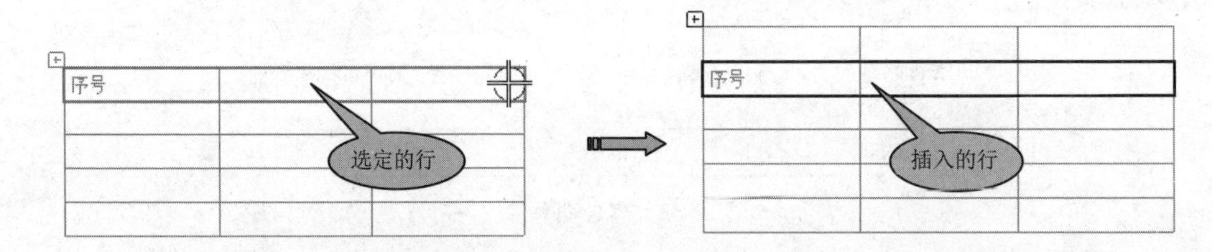

图 12-66 在选定行的上方插入行

技术要点：

选择行与列时，需注意光标的选择位置。选择行时，必须将光标靠近所选行的最左端或最右端。同理，选择列时，将光标靠近所选列的最上端或最下端，否则不能被选中。

2. 下方插入行

【下方插入行】是指在选定行的下方插入新的行。操作方法同上。

3. 插入标题行

【插入标题行】是指在选定行的表格顶部或底部插入新的行。如图 12-67 所示，在表格中选中一行，接着在【表格】组中执行【插入标题行】命令，随后程序自动在表格底部插入新的行。

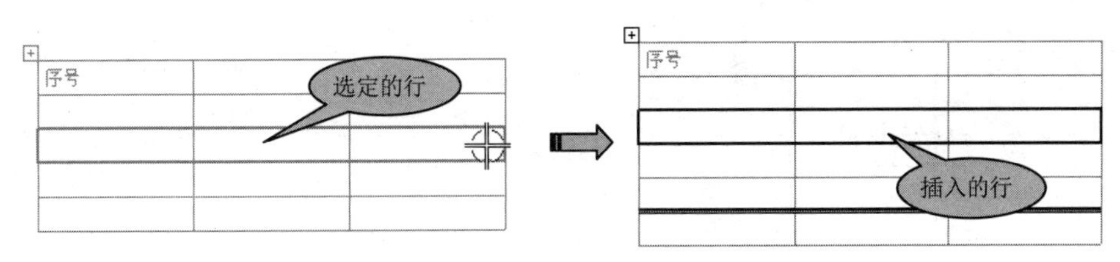

图 12-67 在表格底部插入行

4. 左边插入列

【左边插入列】是指在选定列的左边插入新的列。如图 12-68 所示，在表格中选中一列，接着在【表格】组中执行【左边插入列】命令，随后程序自动在选定列的左边插入新的列。

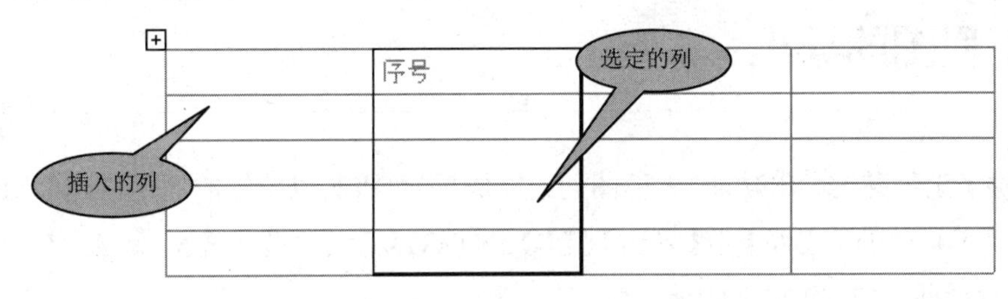

图 12-68 在选定列的左边插入列

5. 右边插入列

【右边插入列】是指在选定列的右边插入新的列。操作方法同上。

12.5.6 调整大小

【调整大小】是指调整选定行或选定列的高度或宽度。若选定行，使用【调整大小】工具只能调整其高度值；若选定列，则只能调整宽度值。如图 12-69 所示，在表格中选中一行，接着在【表格】组中单击【调整大小】按钮，并在随后弹出的【行高度】文本框中输入新值 10，按 Enter 键，选定行的高度被更改。

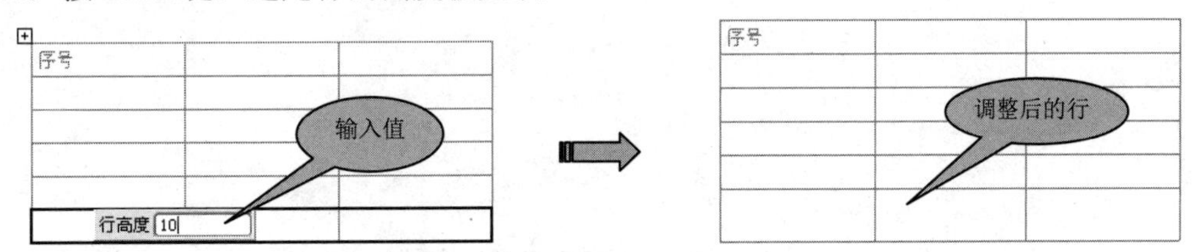

图 12-69 调整选定行的高度

12.5.7 合并或取消合并

【合并单元格】是指合并选定的多个单元格。多个单元格的选择方法是在一个单元格中按住左键，然后拖曳光标向左或向右、向上、向下至下个单元格，光标经过的单元格即被自动选中。如图 12-70 所示，在表格中选中三个单元格后，在【表格】组中执行【合并单元格】命令，随后选中的三个单元格被合并为一个单元格。

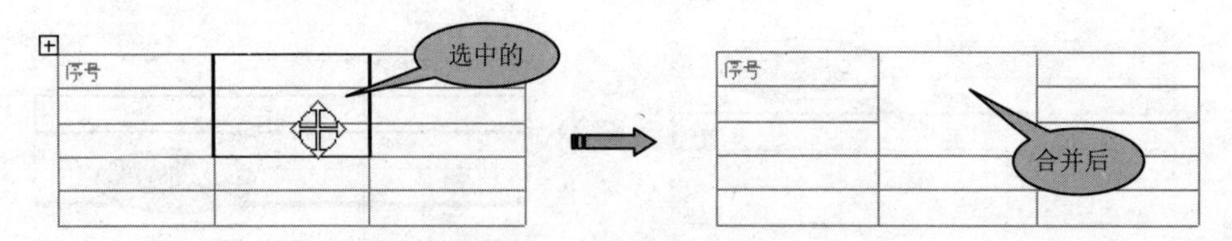

图 12-70 合并选定的三个单元格

【取消合并单元格】是指将合并的单元格拆解成合并前的状态。选择合并的单元格，然后执行【取消合并单元格】命令，即可将合并的单元格拆解。

12.6 工程图的导出

UG 提供了工程图的导出功能。工程图创建完成后，可将其以图纸的通用格式 DXF/DWG 导出。执行菜单栏中的【文件】|【导出】|【DXF/DWG】命令，弹出【AutoCAD DXF/DWG 导出向导】对话框，如图 12-71 所示。

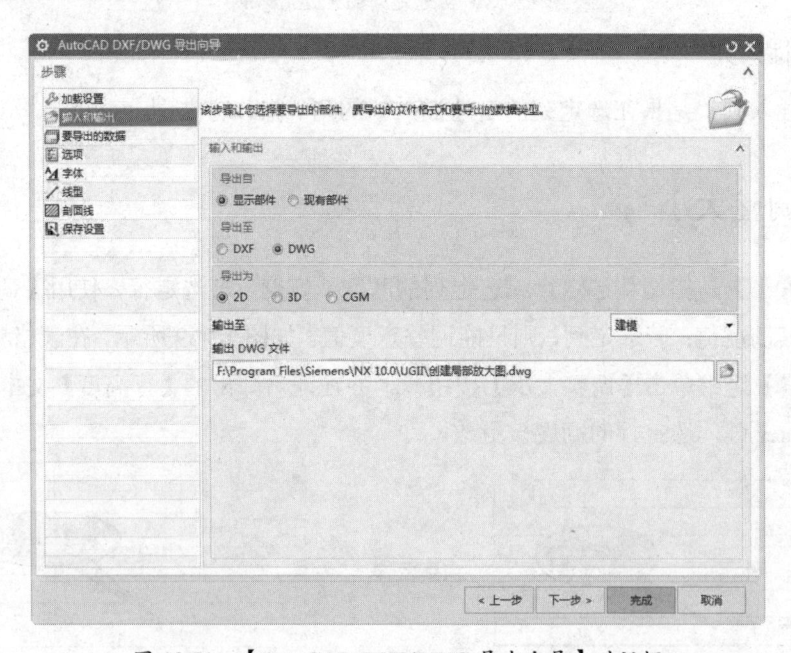

图 12-71 【AutoCAD DXF/DWG 导出向导】对话框

通过该对话框将导出文件的选项如格式、导出数据、导出路径等进行设置后，单击【确定】按钮，即可完成工程图的导出。

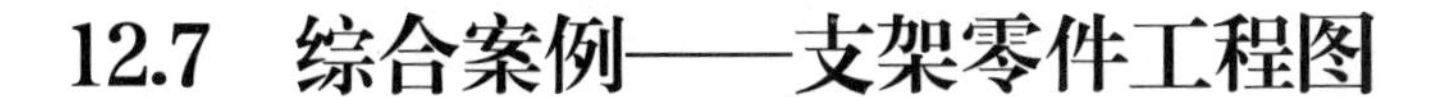

12.7 综合案例——支架零件工程图

为了更好地说明如何创建工程图、如何添加视图、如何进行尺寸的标注等工程图的常用操作，本节将以实例对整个图纸设计过程进行说明。

本例的支架零件工程图如图 12-72 所示。

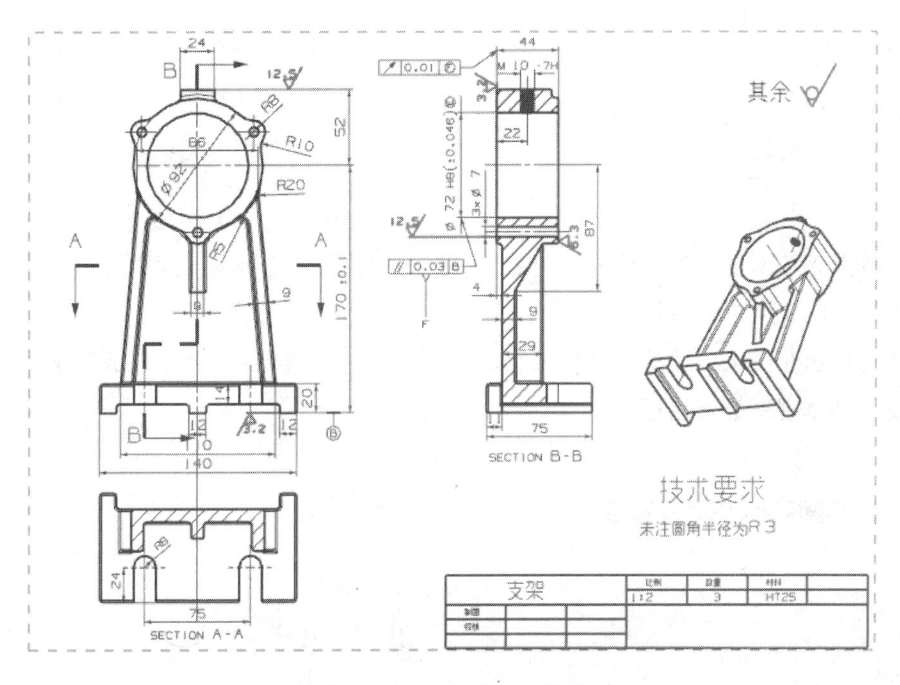

图 12-72 支架零件工程图

支架零件工程图可分为创建基本视图、创建剖切视图、添加中心线、工程图注释、创建表格等步骤来完成。

12.7.1 创建基本视图

① 在建模环境下打开支架零件文件，如图 12-73 所示。

② 在【应用模块】选项卡中执行【制图】命令，进入制图环境。在【主页】选项卡中单击【新建图纸页】按钮，弹出【工作表】对话框。在此对话框中选择【A3-297×420】图纸，在下方的【投影】选项区中选择【第一角投影】(国家标准)，最后单击【确定】按钮，如图 12-74 所示。

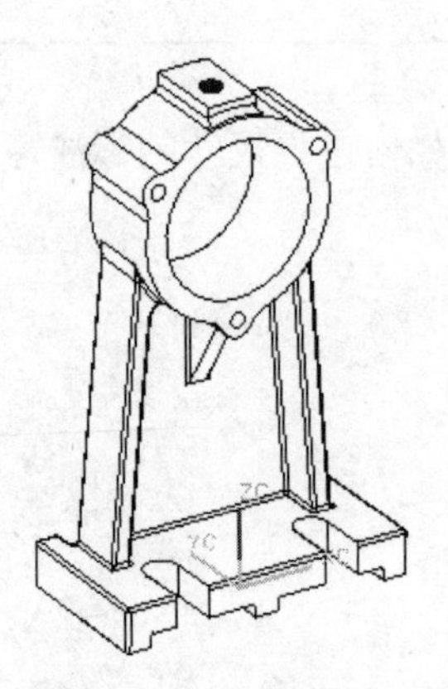

图 12-73　支架零件

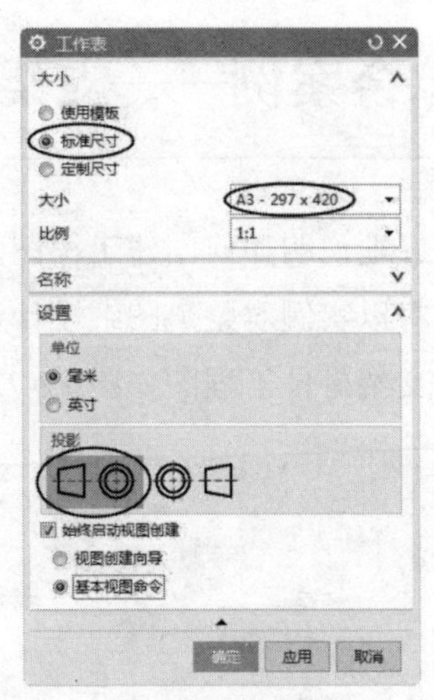

图 12-74　【工作表】对话框

③ 随后弹出【基本视图】对话框，在【比例】下拉列表中选择【比率】选项，并将比率更改为【0.8∶1】，如图 12-75 所示。

④ 按信息提示在图纸中选择一个位置来放置主视图，如图 12-76 所示。放置主视图后，再关闭【基本视图】对话框。

图 12-75　设置视图比率

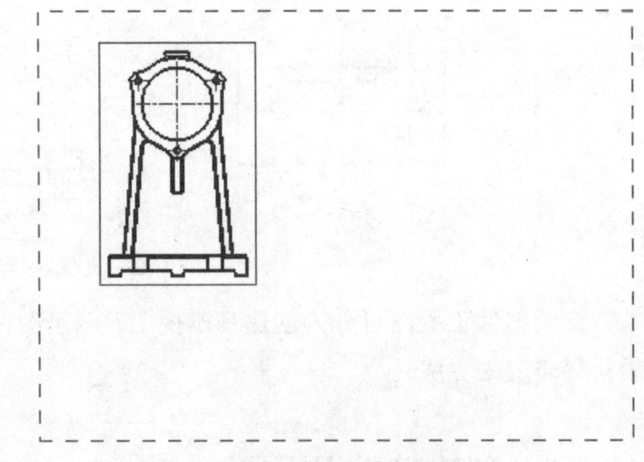

图 12-76　放置主视图

12.7.2　创建剖切视图

① 在【主页】选项卡中单击【剖视图】按钮，弹出【剖视图】对话框。

② 在【剖视图】对话框中单击【设置】按钮，弹出【设置】对话框。

③ 在该对话框的【视图标签】选项区的【字母】文本框中输入 A，在【截面线】选项区的【类型】下拉列表中选择 GB 标准【粗端，箭头远离直线】类型，然后关闭此对话框，如图 12-77 所示。

图 12-77 设置剖切线样式

技术要点：

可适当设置截面线的线宽，最好设置为 0.35mm。

④ 在图纸中选择主视图作为剖视图的父视图，如图 12-78 所示。

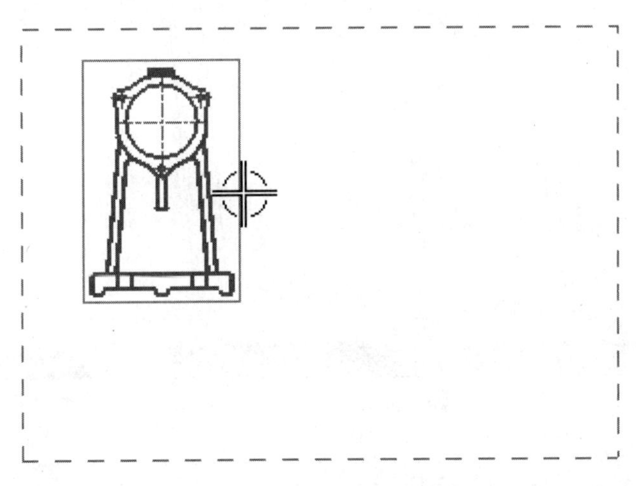

图 12-78 选择父视图

技术要点：

当图纸中仅有一个视图时，可以不用选择主视图，默认情况下是自动选择的。当图纸中有多个视图时，那么就必须手动选择父视图了。

⑤ 按信息提示，在视图上选择一点作为剖切位置，如图 12-79 所示。

⑥ 接着在主视图下方放置 *A-A* 剖切视图，如图 12-80 所示。接着关闭对话框。

⑦ 重新打开【剖视图】对话框。通过打开【设置】对话框输入字母 B，并将剖切线设为 GB 标准样式。

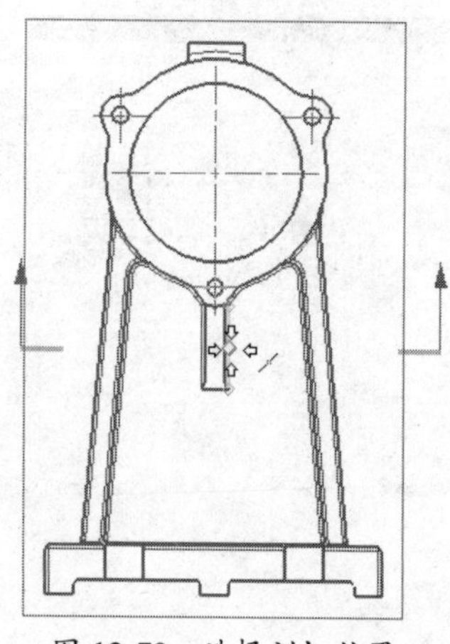

图 12-79 选择剖切位置

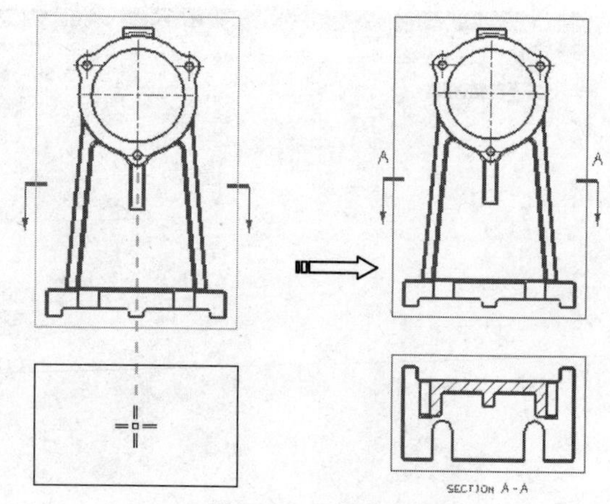

图 12-80 放置剖切视图

⑧ 选择主视图作为剖视图的父视图。然后在【剖视图】对话框的【截面线】选项区中选择【简单剖/阶梯剖】方法，并在主视图上选择第一个点，如图 12-81 所示。

⑨ 接着按信息提示在主视图上选择如图 12-82 所示的中心点作为剖切线的第二个点。

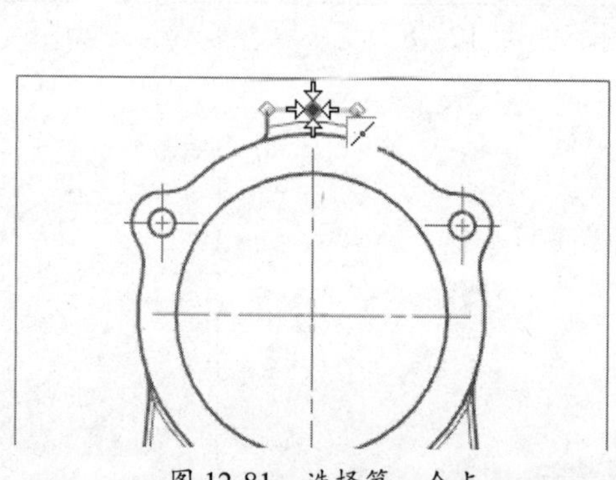

图 12-81 选择第一个点

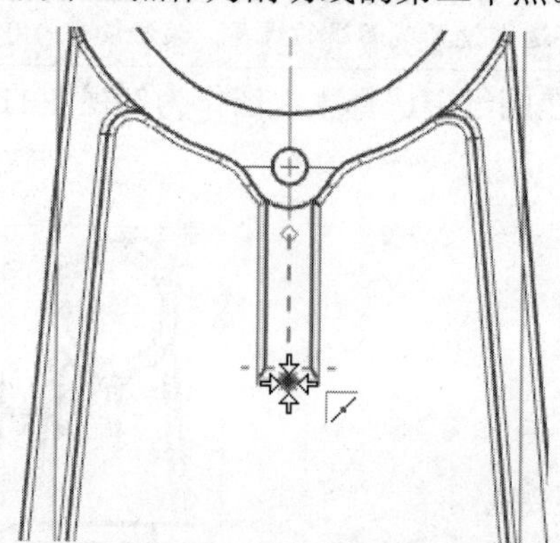

图 12-82 选择第二个点

技术要点：

选取第一个点后，必须要重新激活【Section Line Segments】选项区中的【指定位置】命令，否则自动生成最简单的剖切视图，达不到我们所要求的剖切样式。

⑩ 继续选择第三个点，如图 12-83 所示。

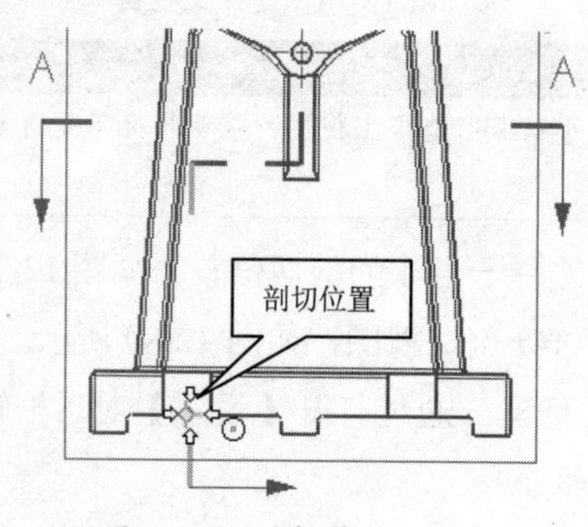

图 12-83 选择第三个点

技术要点：

指定三点后若发现剖切方向非理想方向，需要更改铰链线的【矢量选项】为【已定义】，并指定剖切方向。

⑪ 然后在主视图右侧放置 *B-B* 剖视图，如图 12-84 所示。完成后关闭对话框。

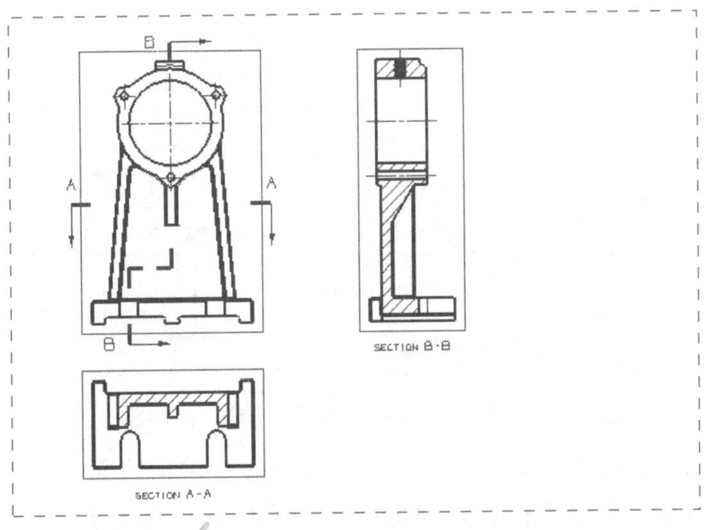

图 12-84　放置主视图的剖切视图

12.7.3　创建中心线

① 在【注释】组的【中心线】下拉菜单中选择【2D 中心线】按钮，弹出【2D 中心线】对话框。

② 在此对话框中选择【从曲线】类型，然后在视图中选择对象以创建中心线，如图 12-85 所示。

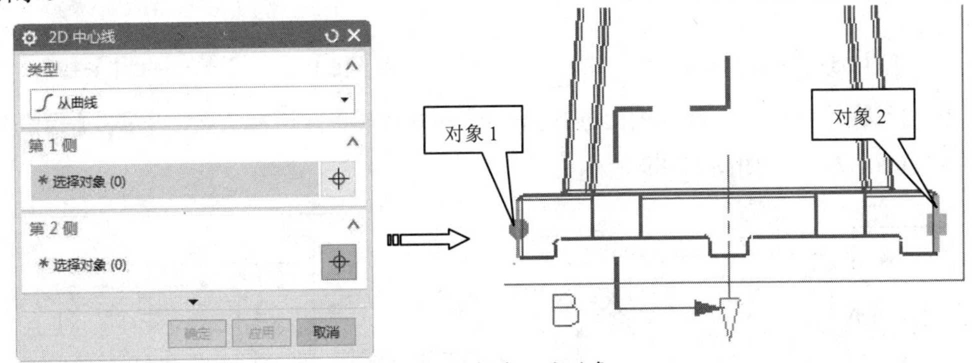

图 12-85　选择中心线对象

③ 在【设置】选项区中将【(C) 延伸】文本框中的值更改为 100，最后单击【确定】按钮，完成中心线的创建，如图 12-86 所示。

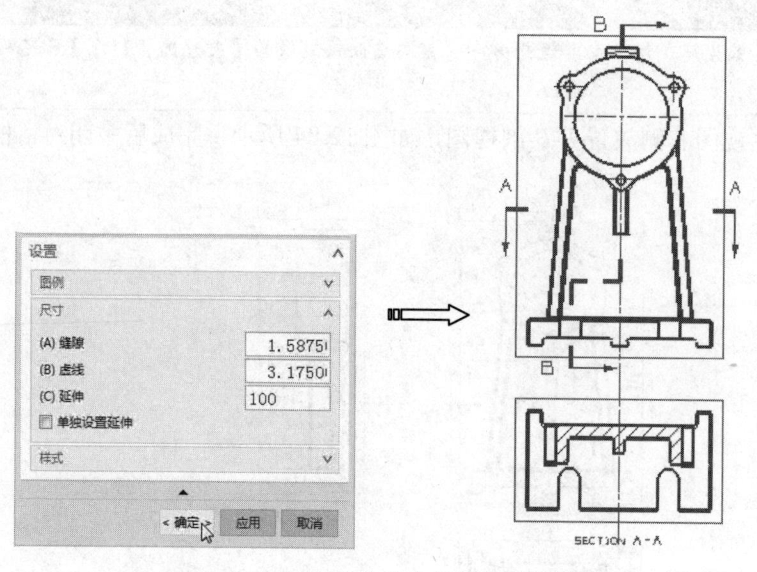

图 12-86　设置中心线延伸值并创建中心线

④　同理，在两个视图中创建如图 12-87 所示的延伸值为 10 的四条中心线。

⑤　在【中心线】组中单击【中心标记】按钮，弹出【中心标记】对话框，如图 12-88 所示。

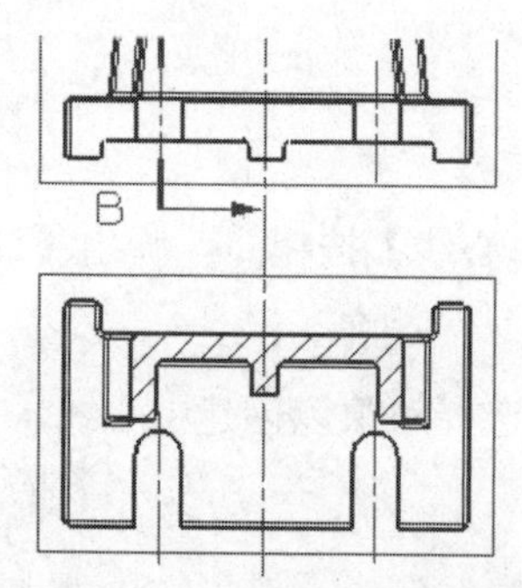

图 12-87　创建其余四条中心线

图 12-88　【中心标记】对话框

⑥　按信息提示在第一个剖视图上选择两个圆心作为中心标记参考点，再单击【确定】按钮，创建中心标记，如图 12-89 所示。

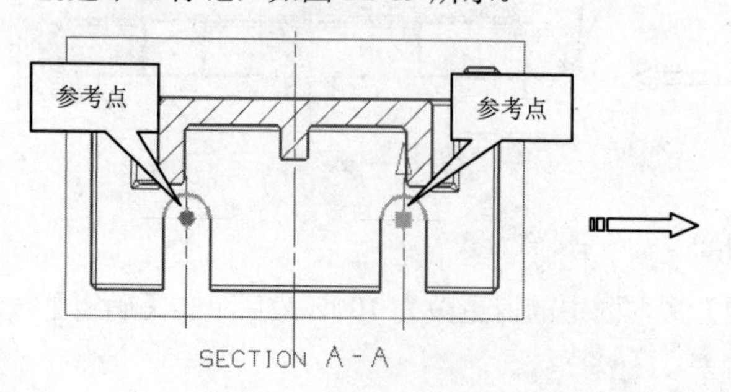

SECTION A-A

图 12-89　创建中心标记

12.7.4 工程图标注

① 使用【尺寸】组中的尺寸标注工具，在三个视图中标注合理的尺寸，标注结果如图 12-90 所示。

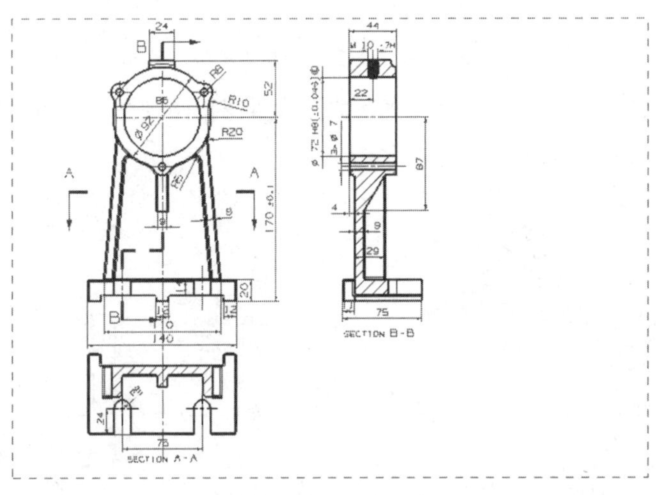

图 12-90 标注尺寸

② 在【注释】组中单击【特征控制框】按钮，打开【特征控制框】对话框。首先在【对齐】选项区的【自动对齐】下拉列表中选择【关】选项，如图 12-91 所示。

③ 接着在【框】选项区中设置如图 12-92 所示的参数。

图 12-91 关闭自动对齐

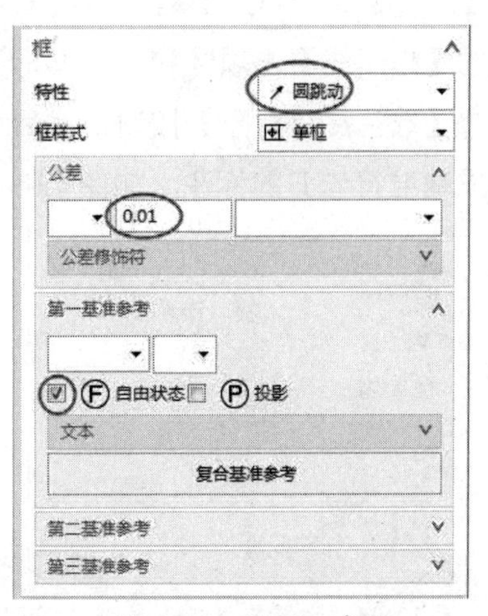

图 12-92 设置框参数

④ 在【指引线】选项区中单击【选择终止对象】按钮，然后在剖视图中选择参考尺寸，随后自动生成形位公差，如图 12-93 所示的参数。

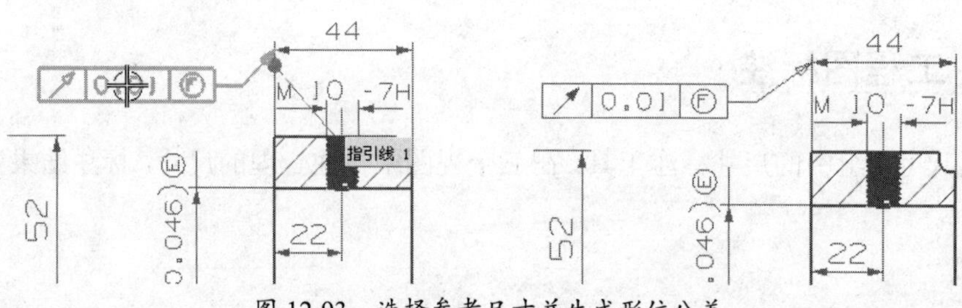

图 12-93 选择参考尺寸并生成形位公差

⑤ 继续在【框】选项区中设置形位公差参数，然后在相同视图上选择参考尺寸以放置形位公差特征框，如图 12-94 所示的参数。

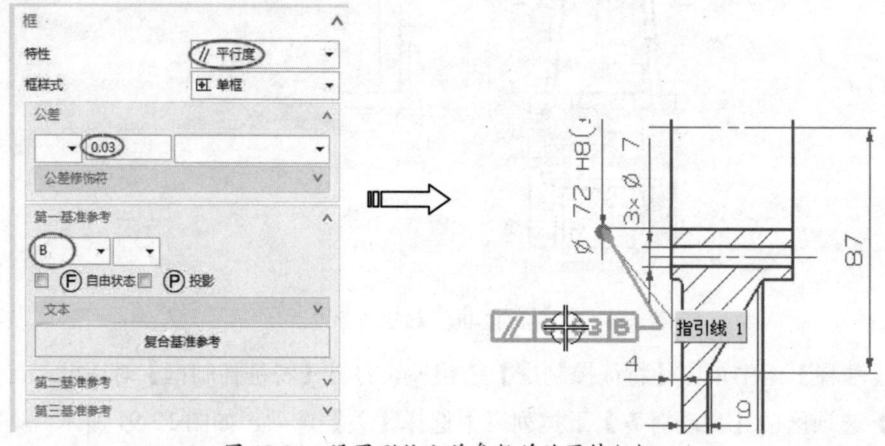

图 12-94 设置形位公差参数并放置特征框

⑥ 在【注释】组中单击【基准特征符号】按钮，弹出【基准特征符号】对话框。在对话框的【指引线】选项区和【基准标识符号】选项区中设置如图 12-95 所示的参数。

⑦ 单击【选择终止对象】按钮，然后选择上一步骤创建的形位公差特征框作为终止对象，完成基准符号 F 的标注，如图 12-96 所示。

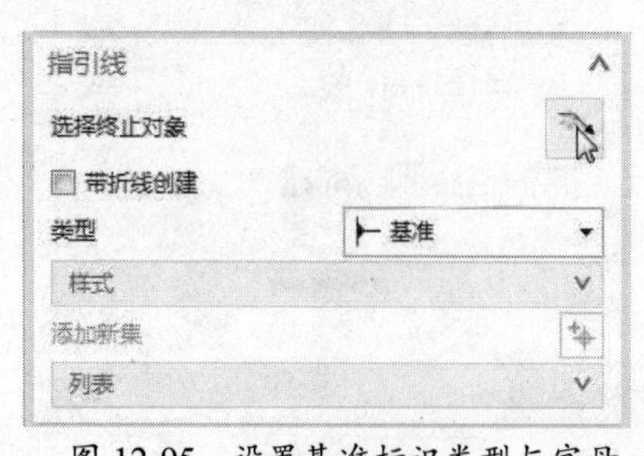

图 12-95 设置基准标识类型与字母

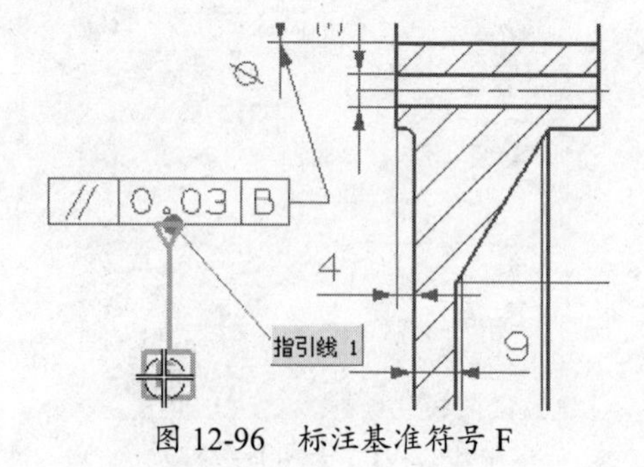

图 12-96 标注基准符号 F

⑧ 同理，在主视图中如图 12-97 所示的尺寸上标注基准符号 B。

⑨ 使用【表面粗糙度符号】工具，在图纸中如图 12-98 所示的零件实线和尺寸线上（共五处）进行标注。

技术要点：

若标注的符号或尺寸看不清，请读者参见视频文件或打开本例源文件。

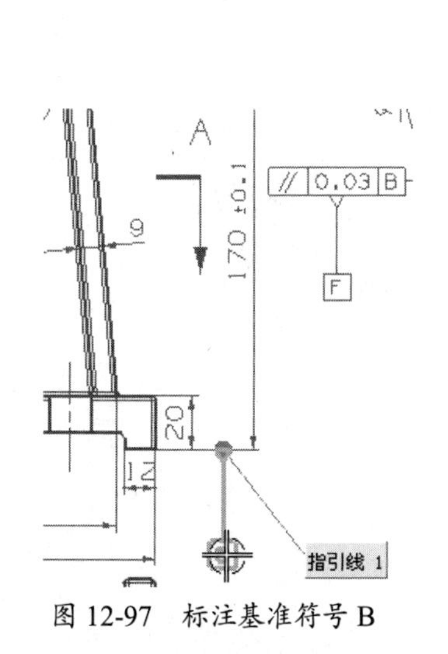

图 12-97 标注基准符号 B

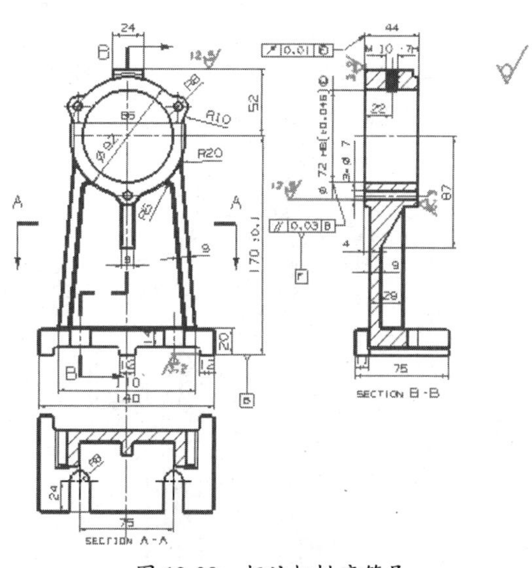

图 12-98 标注粗糙度符号

⑩ 使用【基本视图】工具在图纸右侧插入一个正等轴测图，其视图比率为 0.6∶1。并打开【设置】对话框，将【角度】选项区的角度值设置为 35，如图 12-99 所示。

图 12-99 设置视图旋转角度

⑪ 旋转视图后的结果如图 12-100 所示。

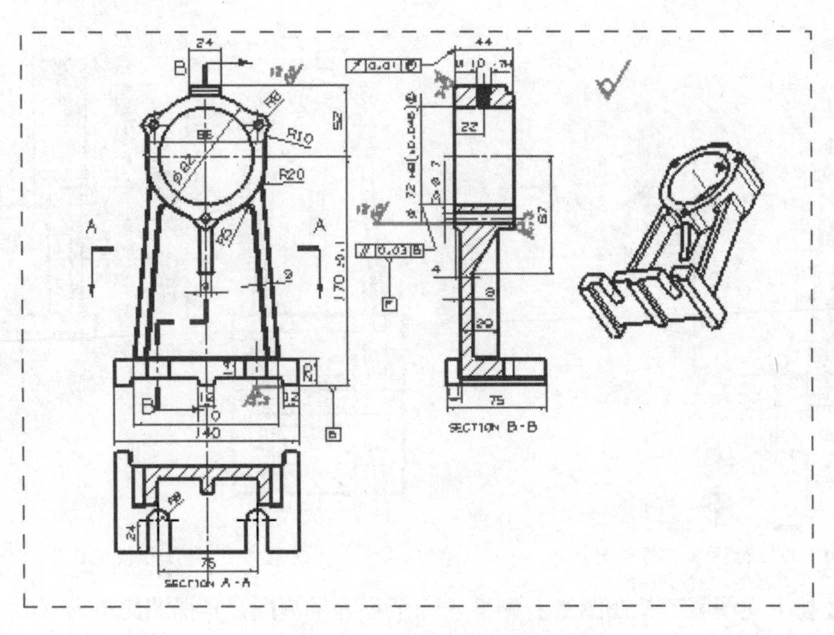

图 12-100　旋转视图后的结果

12.7.5 创建表格注释

① 在【表格】组中单击【表格注释】按钮，然后在图纸右下角放置表格，如图 12-101 所示。

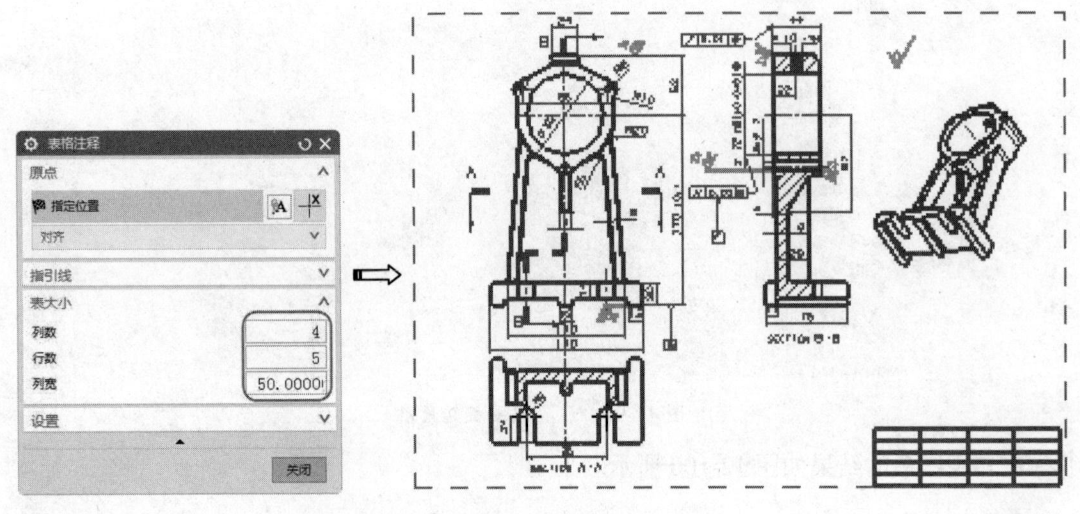

图 12-101　插入表格

② 使用【表格】组中的【左边插入列】工具，在表格中添加三列单元格，如图 12-102 所示。

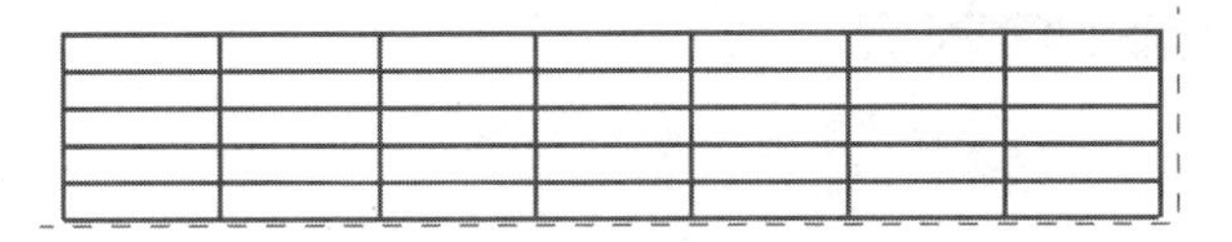

图 12-102　插入列单元格

③ 使用【合并单元格】工具合并选择的单元格，如图 12-103 所示。

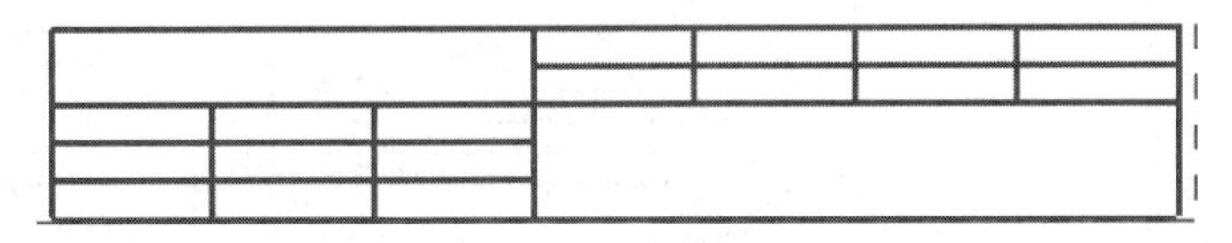

图 12-103　合并单元格

④ 添加文本时，先选中单元格，然后在【表格】组中单击【编辑文本】按钮，弹出【文本】对话框。

⑤ 在对话框的字体下拉列表中选择【宋体】，接着在字体大小下拉列表中选择 2.5，然后在文本框中输入【支架】，单击【确定】按钮后，在单元格中生成文本，如图 12-104 所示。

技术要点：

若要在单元格中间输入文本，则需在【文本】对话框中输入文字时按空格键以调整文本的位置。

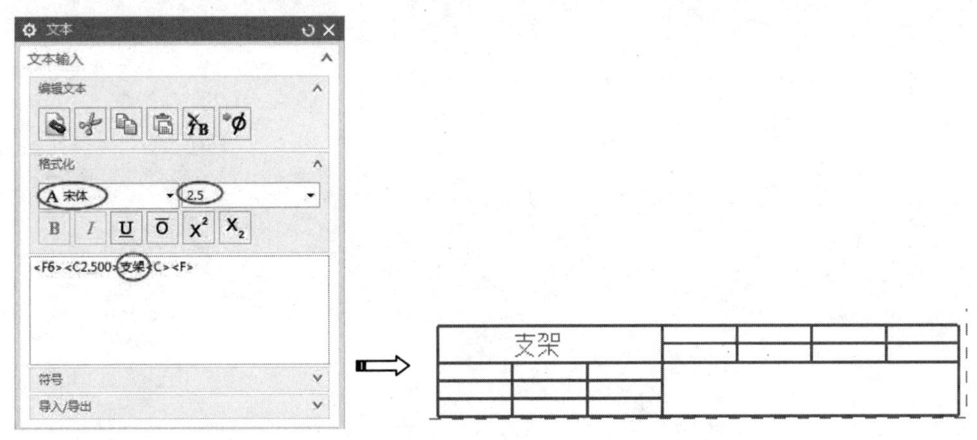

图 12-104　在单元格中输入文本

⑥ 同理，在表格的其他单元格中也输入文本，如图 12-105 所示。

支架			比例	数量	材料	
			1:2	3	HT25	
制图						
校核						

图 12-105　完成表格中文本的输入

⑦ 在【注释】组中单击【注释】按钮A，在弹出的【注释】对话框的【文本输入】选项区中设置如图 12-106 所示的参数及编辑文本。

⑧ 接着在表格上方放置编辑的文本，如图 12-107 所示。

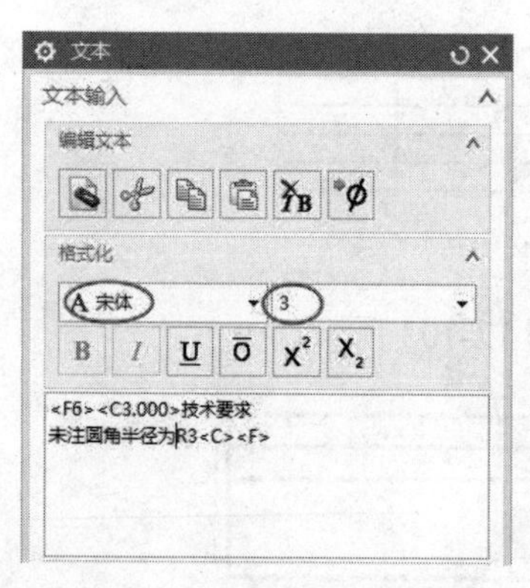

图 12-106　设置参数及文本输入

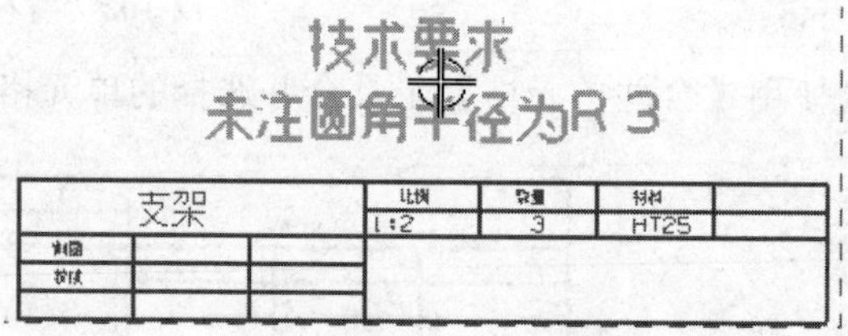

图 12-107　放置文本注释

⑨　最终，本例支架零件工程图创建完成。

反侵权盗版声明